今井 功 著

新装版

電磁気学を考える

サイエンス社

はしがき

電磁気学はむずかしいとよくいわれる．しかし物理学を学ぶ以上，力学とともに電磁気学は避けて通れないことも事実である．学生時代以来，腑に落ちない疑問の点の数々を残しながらも，電磁気学について大体のところは解ったつもりでいたが，電磁流体力学を研究するようになって，学生時代からの疑問点が蘇ってきた．そこで，あらためて電磁気の本を読み直してみると，ますます解らないところが出てくる．学生時代に理解できなかったのはむしろ当然であったようにも感じられる．実際，静電気，電磁誘導，電気回路，…などそれぞれの分野についてはとり扱いも筋が通っているようであるが，電磁気学という一つのまとまった体系の中でどのような位置をしめるのかがはっきりしない．悪くいえば，電磁気学とはこれら各分野の雑然たる集積のようにも感じられる．学生としてはじめて電磁気学を勉強するとき，これらの各分野をコマギレ的に追いかけてゆくとすれば，‘むずかしい’と思うのは無理もない話であろう．教える側にとっても同じ悩みがあるのではなかろうか．この責任は，現在の電磁気学の構成にあると思われる．すなわち，“電磁気学の基本法則は Maxwell の方程式である．これを知らなければ，電磁気学を本当に理解したことにはならない”という固定観念である．したがって，電磁気の講義をするときにも，Maxwell の方程式を到達目標として，それまではいわば間に合わせの説明で満足せざるを得ないといううしろめたさを感じることにもなるのではなかろうか．

筆者は流体力学を専攻するものであるが，流体現象を研究する際，もちろん，流体力学の基礎方程式として連続の方程式や Navier-Stokes の方程式を使うけれども，これらは必ずしも不可欠ではない．むしろ，これらの方程式を導くための基礎になる 質量・運動量・エネルギーの保存法則に立ちもどって考える方が有効なばあいがあるように思う．つまり，保存法則が基本であって，連続方程式，Navier-Stokes の方程式，…などは単にその数式的な表現に過ぎないのである．

電磁気学においても事情は同じではないか．このような視点で電磁気学を見ると，思いあたるふしが少くない．そこで，保存法則の立場で現在の電磁気学がどこまでまとめられるか，調べてみようと思い立った．意外にも，すべてがこの立場でおおわれることがわかった．すなわち，“電磁場は運動量とエネルギーの保存法則を満たす一つの力学系である”ということである．保存法則を基本法則とすれば，これから‘定理’としてMaxwellの方程式やLorentz力の公式が導かれる．したがって，この理論体系は従来の電磁気学の理論体系と同等である．しかし，Maxwellの方程式に頼らず説明できる事柄が多々ある．電磁波の現象がその一例である．

Maxwellの方程式という美しい偏微分方程式を基礎とする電磁気学が，力学より一段高級な理論体系を構成し，したがって初学者にとって難解であるのは止むを得ないという印象を与えるのではないか．むしろ，Faradayの直観的な力線のイメージに立ちもどるべきではないか．そうすれば，学生にも，また教える側にも，電磁気学は扱いやすくなるのではないか．

このような趣旨で『数理科学』に20回にわたって連載したものを整理し，さらに大幅に補足してまとめたものが本書である．

本書の構成は大まかにいって2部から成る．第1章～第8章は総論，第9章～第14章が各論に相当する．

まず第1章では，本書の趣旨を述べる．電磁気学を保存法則に基づいて構成するにいたった動機を述べ，在来の電磁気学の構成と新構成を比較する．

第2章では，考え方の筋道を明らかにするために，真空中の静電場を例にとって，新構成による理論展開を行なう．すなわち，電気力線の幾何学的および力学的性質を基本法則として採用すれば，静電場が渦無しの場であることやCoulombの法則が‘定理’として導かれることを示す．

第3章ではいよいよ本論に入り，一般の電磁場の基本法則を述べる．これは電気力線と磁力線の幾何学的および力学的性質として言明される．この基本法則を数式的に表わせば，Maxwellの方程式，Lorentz力の公式，Joule熱などが‘定理’として導かれる．これによって，在来の電磁気学の基礎がすべて得られたことになる．

第4章では基本法則を直観的なイメージで説明する．すなわちFaraday的な考察である．Faradayの電磁誘導の法則，Ampèreの回路法則，Biot-Savartの法則，Lorentz力の公式などが導かれる．電磁力線網が有力なイメージとして活用される．なお電磁波も定量的に議論される．これらの議論にはMaxwellの方程式はいっさい必要ではない．

第5章では物質中の電磁場が考察される．物質が原子・分子の集合であるとの立場で，それのつくる微視的な電磁場の平均量として巨視的な電磁場を考えるのである．そのためには，ベクトル量の平均値として，'横の平均' と '縦の平均' という新しい概念を提案する．これによって，電場 $\boldsymbol{E}$ と電束密度 $\boldsymbol{D}$，磁場 $\boldsymbol{H}$ と磁束密度 $\boldsymbol{B}$，の本質的な違いが明らかになる．

第6章では，物質中の電磁場に対する新しい理論構成を総括する．静電気学および静磁気学の基礎づけを行ない，とくに静磁気学について，$\boldsymbol{H}$ 方式と $\boldsymbol{B}$ 方式の役割と特徴を説明する．分極電荷，(分極)磁荷，磁化電流の役割が明らかになる．電磁運動量の消滅という観点から，物質に働く電磁力の一般式を導き，その応用例として電磁場中での連続物体の運動方程式を導く．また，電磁エネルギーの消滅という立場から熱力学的考察を行ない，物質内部の応力の電磁場依存性を議論する．

第7章では，電磁気の単位系を考える．複雑でわかりにくいと一般にいわれている単位系が，新しい理論構成によれば，ごく自然に導き出されることが示される．それは実質的にはMKSA単位系である．これと同等で，しかも電気と磁気に公平な単位系として，VAMS単位系を提案する．

第8章では，相対性理論への一つの入門の方法を述べる．電磁気学は一つのまとまった体系としては，当然相対性理論を包含すべきものと考えるからである．そのためには，基本法則として '電磁場の相対性' をつけ加えればよい．Lorentz変換や電磁場の変換法則がごく簡単に導かれる．

これで電磁気学を全般的におおう '総論' は完成する．つぎに '各論' に入る．

第9章では，運動物体の電磁気学に立ち入って考察する．その基礎は原理的には相対性であるが，$v/c \ll 1$ (v は物体の速度，c は光速)のばあいには，いわゆる '非相対論的近似' が成り立ち，座標変換についてはふつうのGalilei変換が成り立つので，素朴な考察が許される．また，電磁場の変換法則も直観的なイメージからただちに推察されるものである．つまり，ふつうの目的には，相対論的な考察は不必要である．Faradayの電磁誘導の法則がこの観点から議論される．誘導法則を '幾何学的な回路' の法則と '導線回路' の法則の2つに分類することの有効性を強調する．“磁場中を動く導体は電池である”という標語のもとに，単極誘導の現象を説明する．なお，‘磁力線の速度’という概念には合理的な根拠のないことを述べる．

第10章では，電気回路の理論を電磁気学の一環として基礎づける．とくに，回路上の各点の電位 ϕ および各部分の起電力 $\mathcal{E}$ に対して明確な定義を与える．“電気回路とは電磁エネルギーの移動・消長の舞台である”という立場をとる．

第11章は，孤立物体に働く電磁力に関する詳細な議論で，従来見られなかったものである．とくに，一様媒質中の静電磁場について，力とモーメントの一般公式を与える．電流を担う，あるいは帯磁した物体がつくる磁場に関して，物体の磁気モーメントの概念があるが，これを‘磁気モーメント’と‘電流モーメント’に区別することを提唱する．磁針は磁束密度 $\boldsymbol{B}$ を生み，電流回路は磁場 $\boldsymbol{H}$ を生む．そして，磁場から受ける力のモーメントは，磁針のばあいは $\boldsymbol{H}$ に比例し，電流回路のばあいには $\boldsymbol{B}$ に比例する．つまり，‘試験粒子’として磁針をとれば $\boldsymbol{H}$ が測定され，電流回路をとれば $\boldsymbol{B}$ が測定される．この意味で，磁場を表わす量として $\boldsymbol{B}$ と $\boldsymbol{H}$ のいずれが基本的であるかは，単に‘試験粒子’の選択によることがわかる．

第12章と第13章では，電磁場中の物体の各部分に働く力について議論する．保存法則から組織的に，物体の各部分に働く電磁力とそのモーメントの一般式を求め，これによって物体の‘運動方程式’と‘角運動量方程式’および‘エネルギー方程式’を導く．さらに，熱力学的考察を行なうことによって，物体内部の応力が電磁場によっていかに変化するかを議論する．これによって，応力を‘機械的応力’と‘熱力学的応力’に区別することの有効性が明らかになる．はじめの第12章は，任意の誘電性および磁性をもつ流体についての詳細な議論である．とくに非粘性の流体については，電磁場の存在するばあいに対する Bernoulli の定理の一般化が得られる．

最後の第14章では，電磁気学に関連するパラドックスのうち典型的なものをいくつかとり上げて考える．在来の電磁気学ではパラドックスと見なされるものが，新しい理論構成では明快に解決される．

Coulomb の法則から出発して Oersted の実験，Biot - Savart の法則，

Ampèreの法則，Faradayの電磁誘導の法則と進み，ついにMaxwellの方程式に到達して電磁気学が完成したというのが現在の通念であろう．Maxwellの方程式の美しさはいうまでもないが，これによって逆に数学に不慣れな者達には高嶺の花の嘆きを感じさせるのではなかろうか．本書で強調したかったのは，“Maxwellの理論体系はまだ整理し切れていない．むしろ，力線の性質と保存法則を基礎として再編成すべきではないか”，ということである．つまり

Faradayに帰れ——*Back to Faraday !*

である．この意味で，第4章の「電磁場の直観的イメージ」をとくに熟読していただきたい．

本書の根幹となるのは第3章と第5章であって残りはこれを敷衍したものである．ただ，学生諸君への講義の際などには，第4章の内容はぜひとも話していただきたいと思う．

本書を書くことができたのは，顧みれば学生時代に電磁気学をお教えくださった清水武雄先生と小谷正雄先生のお蔭である．両先生の学恩に心から感謝を捧げたい．もともと流体力学を専攻する筆者が心おきなく本書の構想を練ることができたのは，工学院大学で大学院担当教授として電気工学専攻科の雰囲気を味わう機会に恵まれたお蔭である．同僚諸氏の暖い心遣いに深く感謝する次第である．

末筆ながら，『数理科学』に連載中から絶えず筆者のわがままを許された村松武司氏と，本書の出版にあたりお世話いただいたサイエンス社の田島伸彦，大橋愛子，清水健史，土屋晴子の諸氏に感謝する．

1989年12月

今 井 功

本書を出版してから約10年の間に得られた新しい知見の幾つかを各章の‘まとめ’の項に**N**として付記することにした．電磁気学の新しい理論構成の補強に役立つことを期待したい．

2003年8月

著者

目　　次

11　孤立物体に働く電磁力

12　物質中の電磁場――誘電流体と磁性流体

1 序　　説

§1. は じ め に

電気と磁気については，小学校の理科以来いろいろ教わってきた．中学と高校では物理の中のひとつの分野として，また大学の物理学科では電磁気学という専門科目として講義を聞いた．そのお蔭で，電気と磁気についてはある程度知っているような気がする．しかし，ちょっとつっこんで考えると，どうもよくわからないということがしばしばある．力学と電磁気学は物理学の基礎であるといわれるのに，物理学科の卒業生としてこのようなあやふやな状態にあるのは，まことに情ない次第である．

これはわたしだけの悩みかと思えば，かならずしもそうではなさそうである．まわりの人達に聞いても似たりよったりの状態であるらしい．その理由はなにか？　もちろん，“電磁気学がむずかしい”というのがその答であろう．しかし，本当にむずかしいのだろうか？　学び方によっては，もっとわかりやすくなるのではなかろうか？

わたしは流体物理学を専攻するもので，電磁気学に対してはいわば傍観者の立場にあったが，電磁流体力学の問題を研究するようになって，電磁気学を勉強せざるを得ないことになった．こうして，一応 Maxwell の電磁場の方程式などを扱う機会はあった．しかし，この Maxwell の方程式の意味をどの程度理解していたかを反省すると，まことに心もとないものがある．たとえば，電磁現象は Maxwell の方程式**だけ**で記述できるのか？

このような抽象的な問題ではなくて，つぎのような具体的な問題を考えよう．

（1）　電場 $\boldsymbol{E}$ のなかに電荷 q がある．電荷にはどんな力が働くか．

（2）　一様な電場 $\boldsymbol{E}$ のなかに任意の形の導体がおかれている．導体に電荷 q を与えると，導体にはどんな力が働くか．

（3）　誘電率 ε の一様な媒質のなかに2個の小さい導体の球がある．これ

らの球に電荷 q_1, q_2 を与えたとき，球にはどんな力が働くか．(注意．媒質中に球を埋めこむためには，媒質に穴をあけなければならない．)

(4) 媒質中の電場 $\boldsymbol{E}$，電束密度 $\boldsymbol{D}$，磁場 $\boldsymbol{H}$，磁束密度 $\boldsymbol{B}$ の意味はなにか．

(5) 平行平板コンデンサーの両極板のあいだに働く力を求めよ．

多分，(1)，(4)，(5)は簡単な問題であろう．(2)，(3)は初心者(?)には簡単であるが，よく考えるとむずかしい問題ということになろうか．(5)は簡単といっても，どのような考え方で解を見出すのが標準的であろうか．

このような問題にすっきりした解答を与えたいというのが筆者の永年の望みであった．

§2. 電磁気学の構成

電磁気学はもちろん電磁気現象を組織的にまとめた学問体系である．古くから知られた磁石や静電気の現象が Coulomb の法則という数学的な法則にまとめられたのが，おそらく学問体系としての電磁気学のはじまりであろう．つぎに Galvani による動物電気の発見と Volta の電堆と電池の発明によって電流が電気学のなかに組み込まれる．そして Oersted による電流の磁気作用の発見，Ampère の電流相互作用の発見，Biot-Savart の法則，…と磁気現象が電気現象にくり入れられてゆく．Faraday の電磁誘導の研究を中心として電磁気学の内容は次第に豊富になる．そして Maxwell の電磁場の方程式の提唱によって電磁気学の体系は完成の域に達する．

さて，現在われわれが電磁気学を学習するばあい，歴史的発展の線に沿って進むのがふつうのようである．すなわち，Coulomb の法則から出発して，静電場，静磁場，定常電流，電流と静磁場，電磁誘導と進み，Maxwell の方程式に到達して電磁波が説明される．もちろんこの間に電池や回路（直流や交流）の話がはいる．また物質中の電磁場についても，誘電率 ε や透磁率 μ など，ある程度教わることになる．これがだいたい‘教養の電磁気学’でやられる内容であろう．しかし‘専門の電磁気学’になると，順序を逆にして，Maxwell の方程式を基礎として理論を展開するという方式をとることもある．ある程度の基礎知識があるばあいには，この方式は確かにすぐれている．電磁気学の理論構成が夾雑物なしにつかめるからである．電磁気学を学ぶ，あるいは教えるばあいに，歴史的順序にしたがうべきか，Maxwell の方程式を出発点とすべきかについては種々議論があるようである．その議論に参加するつもりはないが，筆者としては，まず電磁気の理論の歴史的発展のごく簡単な概要を学び，その後 Maxwell の理論を基礎として——方程式を数学的に扱うという意味ではなく，電磁場理論を頭において——静電場なり電磁誘導なりの学習をするのがよいのではないかと思う．

§3. Maxwell の方程式

古典的な電磁現象が Maxwell の電磁場の方程式によって完全に記述されることはいまや周知の事実である．しかし，この方程式に到達するためには，歴史的発展の示すように，飛躍的な発想の転換が必要であった．たとえば変位電流の導入のように….

われわれの現在の予備知識を活用すれば，Maxwell の方程式はもっと手軽に，理解しやすい方法で得られるのではなかろうか？ また，Maxwell の方程式にしても，それだけで電磁現象を完全に記述し得るのであろうか？ たとえば，§1の問題(1)“電場 $\boldsymbol{E}$ のなかの電荷 q の受ける力は？”の答はもちろん $q\boldsymbol{E}$ であるとだれでもいうだろう．電場 $\boldsymbol{E}$ は‘単位電荷に働く力’として定義されているからである．しかし，そうだからといって，電荷 q には $q\boldsymbol{E}$ の力が働くといい切れるのか．つまり，“n 倍の電荷には n 倍の力が働く”という事実は Maxwell の方程式から導かれるのか，それとも，それとは独立な仮定なのか？ また，問題(5)にしても，よく使われる解法はエネルギー保存の法則，あるいは仮想変位の原理を使うものである．この法則や原理は Maxwell の方程式に含まれているのか，それとも独立なのか？ これもすぐ簡単には答えにくい疑問である．

§4. Maxwell の電磁場理論の再構成

電磁気学は大学で一応卒業のつもりであったのが，電磁流体力学の問題ととり組むようになって，電磁気学を復習しなければと思いたった．電磁流体力学というのは，電気伝導性のある流体が電磁場のなかで行なう運動を議論する学問分野である．その基礎方程式は流体力学の方程式と電磁場の方程式とを組み合わせたものであることはいうまでもない．まず興味をひいたのは，2つの方程式群がいちじるしい類似性をもつことであった．それは流れの場と電磁場のあいだに類似性があることを意味している．実際，電磁現象からアナロジー的考察によって流体現象を推測するのが極めて有効な方法であることはよく知られている．また，Faraday 自身，磁力線や電気力線の概念を流線とのアナロジーから得たともいわれている．しかし一方，この類似性にもかかわらず，その理論構成が流れの場と電磁場とでまったく異なるのは，筆者にはまことにふしぎであった．つまり，流れの場を支配する流体力学の基礎方程式が質量・運動量・エネルギーの保存法則から導かれるのに対して，電磁場の理論では単位電荷に働く力として電場を定義することから出発する．そして，保存法則とは直接関連がないように見える——もっとも，電位の定義などでエネルギーの保存法則が使われはするが——．実際，エネルギーの流れに相当する Poynting ベクトルが発見されたのは Maxwell の方程式が確立された後のことであった．

理論構成のちがう 2 つの場が共存する電磁流体力学というのはどうも気持がわるい．何とかならないものかと折りにふれては考えているうちに，**試験粒子** ——電場については単位電荷——を使わないで電磁場の理論を構成すればよいのではないかと思いついた．つまり，流体力学にならって，保存法則を基礎として進むのである．以下に述べるのは，このような試みをまとめたものである．たとえば Maxwell の方程式が自然な（すくなくとも筆者には）考え方で導かれる．もちろん，これは電磁場理論の再構成であって，結果そのものは従来のものと変りはない．しかし，$\boldsymbol{E}$ と $\boldsymbol{D}$，$\boldsymbol{H}$ と $\boldsymbol{B}$ の違いの意味が，とくに物質中の電磁場のばあいに，明らかになるという利点がある．また，たとえば §1 の(5)のような演習問題を扱うばあいでも，解が容易に得られるという実用的な効用があると思う．

§5.　電磁気学の構成——新旧の比較

まず，現在教科書などでふつうに見られる電磁気学の構成と，筆者の考える理論構成とを比較してみよう．表1には，静電場，静磁場，... のように，いわば歴史的順序で項目が配列されている．そして，Coulomb の法則など先頭にかかげられているのは，実験的に発見され，その項目で示される電磁気学の分野での‘基本法則’として採用されているものである．また，矢印→で

表　1

場の定義：試験電荷に働く力
静電場　Coulombの法則→Gaussの法則，電場のエネルギー，(Maxwell応力)
静磁場　{Coulombの法則 / Lorentz力，Ampèreの力} → Gaussの法則，磁場のエネルギー，(Maxwell応力)
定常電流　Ohmの法則，Joule熱，直流回路
電流と静磁場　Oerstedの発見，Biot-Savartの法則→Ampèreの法則，Ampèreの力→Lorentz力
電磁誘導　Faradayの法則，誘導起電力，交流回路
変位電流の導入
Maxwellの方程式：電磁場の基礎方程式
Poyntingベクトル，(電磁運動量)，電磁波

示されている法則は，その基本法則から‘論理的’に導き出された法則である．Faradayによって実験的に発見された電磁誘導の法則に対して，‘変位電流’の概念を理論的に導入することにより，Maxwellの方程式が提案され，ここに電磁気学の基礎が確立する．これが現在一般的に認められている電磁気学の骨組であろう．実際，電磁気学の授業についても，上記のような歴史的順序にしたがってMaxwellの方程式に到達することを主眼とする方式と，Maxwellの方程式を基礎として組織的に電磁現象を論ずる方式の2つのやり方がある．いずれにしても，電磁気学の基本法則はMaxwellの方程式であるという立場にはかわりがないように思われる．

これに対して，筆者の考えは，Maxwellの方程式の樹立だけでは電磁気学は完全に整理しきれてはいないということである．たとえば，場を定義するのに‘試験電荷’に働く力が使われる．(合理的に定義するには試験電荷の電気量は無限小でなければならない!)　それでは，有限の大きさの電荷や電流に働く力はどのように計算されるのか？　その方法も基本法則として明言しておく必要があるのではないか？　真空中を任意に加速運動する点電荷の受ける力は，Maxwellの方程式と電磁場の定義から疑義なく（それ以外になんらの仮定をすることなしに）求め得るのだろうか？

筆者の考える電磁気学の体系は表2と表3に示すようなものである．(後で詳しく述べるので，いまのところ，感じだけをくみとって頂ければ結構である．)

表の中の記号はつぎのとおりである．$\boldsymbol{D}$は電束密度，$\boldsymbol{B}$は磁束密度，qは

表 2

真空中の電磁場の基本法則
I. 運動量とエネルギーの保存
II. 力線の幾何学的性質
$\boldsymbol{D}$, $\boldsymbol{B}$, q, ρ, $\boldsymbol{J}$ の定義　電荷の保存
III. 力線の力学的性質
$\boldsymbol{E}$, $\boldsymbol{H}$; U, $\boldsymbol{g}$, $\boldsymbol{S}$, T_{ik} の定義
IV. 電磁場の相対性

⇩ 定理

Coulomb の法則, Biot-Savart の法則
Faraday の電磁誘導の法則, Ampère の回路法則
電磁波
Maxwell の方程式
Lorentz 力

⇩ 平均操作

物質中の電磁場
横平均 : $\hat{\boldsymbol{D}}$, $\hat{\boldsymbol{B}}$, $\hat{\boldsymbol{J}}$　縦平均 : $\hat{\boldsymbol{E}}$, $\hat{\boldsymbol{H}}$　空間平均 : $\hat{\rho}$, $\boldsymbol{P}$, $\boldsymbol{M}$
$\hat{\boldsymbol{D}}=\varepsilon_0\hat{\boldsymbol{E}}+\boldsymbol{P}$, $\hat{\boldsymbol{B}}=\mu_0\hat{\boldsymbol{H}}+\boldsymbol{M}$
Maxwell の方程式
$\hat{U}$, $\hat{\boldsymbol{g}}$, $\hat{\boldsymbol{S}}$, $\hat{T}_{ik}$
電磁力

表 3

I, II, III	⟶	静止系の電磁気学
IV	⟶	電磁場の変換法則, Lorentz変換
		運動系の電磁気学

電荷, ρ は電荷密度, $\boldsymbol{J}$ は電流密度, $\boldsymbol{E}$ は電場, $\boldsymbol{H}$ は磁場, U は電磁エネルギー密度, $\boldsymbol{g}$ は電磁運動量密度, $\boldsymbol{S}$ は Poynting ベクトル（電磁エネルギー流), T_{ik} は Maxwell 応力 (電磁運動量流). また平均値を記号＾で表わす. $\boldsymbol{P}$, $\boldsymbol{M}$ はそれぞれ電気分極, 磁気分極を表わし, 物質中の電磁場についてのみ現われる.

表の示すように，この体系では4つの基本法則を前提とすれば，そのほかに天下り的な仮定をなんら導入することなく電磁気学が展開される．とくに，静止系の電磁気学の議論にはI，II，IIIの3つの基本法則で足りるのである．法則IV（電磁場の相対性）は運動系の電磁気学においてはじめて必要になる．在来の教科書では，Einsteinの相対性理論が別にあるものとしてこれを電磁気学に導入して利用するようなとり扱いが見られるが，われわれの体系では，むしろ‘相対性’を自然な要請として電磁場の理論にとり入れてLorentz変換などを導くという立場をとるのである．

筆者の提唱する電磁気学の体系は，在来の電磁気学の諸法則を整理し直して得られたものである．その特徴は，電磁現象に関する物理量がすべて電磁場の量として定義され，しかも，力線の幾何学的性質に関するものと力学的性質に関するものとがはっきり区別されていることである．たとえば，$\boldsymbol{E}$と$\boldsymbol{D}$，$\boldsymbol{H}$と$\boldsymbol{B}$の物理的な意義はふつう不明確なままに（あるいは単に同じ物理量の異なる表現として）扱われているために，Maxwellの方程式の中でのそれらの量の現われ方に混乱をひきおこす心配があるが，われわれの扱いでは，そのおそれはまったくないのである．さらに，Maxwellの方程式と電荷に働くLorentz力の公式が，基本法則から‘定理’として導き出されることに注目してほしい．つまり，Maxwellの方程式は，電磁現象を数学的にとり扱うために便利な‘基礎方程式’ではあるが，‘基本法則’とよぶにはふさわしくないと考えられるのである．実際，電磁誘導，電磁波などの現象が，Maxwellの方程式に頼ることなく，直接‘基本法則’から初等的な考察によって説明できることは，この事実を証拠だてるものであろう．

2 真空中の静電場

§1. は じ め に

理論構成のすじ道を示すために，まず真空中の静電場のばあいを考えよう．中学程度の電磁気学の知識はもちろん仮定する．たとえば，同符号の電荷は反発し，異符号の電荷は引きあうこと，帯電した物体のまわりの空間は電場とよばれる状態になっていること，また電場は電気力線で表わされることなどである．これら電荷，電場，電気力線，… などの概念を明確に定義し，それらを支配する法則の意味を明らかにすることが最大の目的である．そのために，概念や法則の記述や説明は可能なかぎり2通りの方法で行なう．その1つは，数式に頼らず直観的なイメージを使うものである．もう1つは，その直観的考察を数学的に処理すればどうなるかを示すものである．これらの記述の種類を(F)，(M)という標識で示すことにしよう．それぞれ Faraday 的，Maxwell 的を意味するつもりである．

§2. 静電場の基本法則

静電場の基本法則はつぎのようにまとめられる．

I．電場は電気力線の走る空間である．電場を含む体系について，運動量とエネルギーの保存法則が成り立つ．電気力線はつぎのII，IIIの性質によって特徴づけられる．

II．電気力線の幾何学的性質　(F)電気力線に垂直な単位面積を D 本の電気力線がつらぬいているとき，その点での**電束密度**は D であるという(図1)．(M)電気力線の方向と向きをもつ大きさ D のベクトル $\boldsymbol{D}$ を**電束密度(ベクトル)**という．したがって法線ベクトル $\boldsymbol{n}$ の面積要素 $\varDelta S$ をつらぬく電気力線の数は $\boldsymbol{D}\cdot\boldsymbol{n}\varDelta S=\boldsymbol{D}\cdot\varDelta\boldsymbol{S}$ である．ただし $\varDelta\boldsymbol{S}=\boldsymbol{n}\varDelta S$ は面積要素ベクトルである(図2)．

(i)　真空中では電気力線はとぎれることなく続いている．もし空間のあ

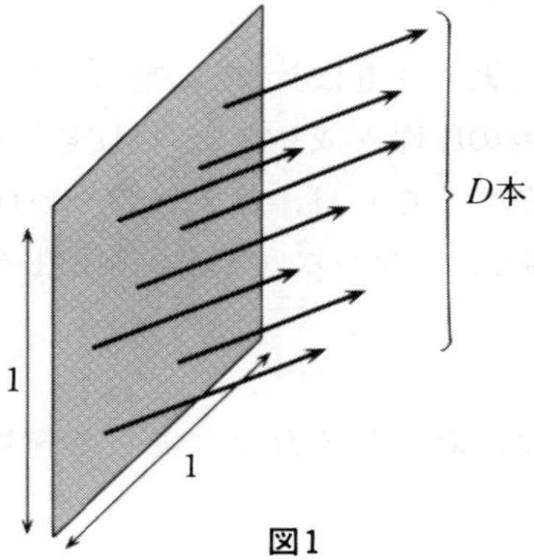

図1

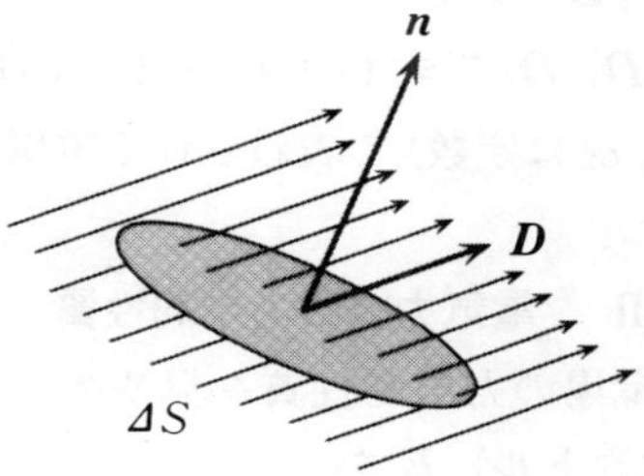

図2

る点から電気力線がわき出しているならば，その点に **正の電荷** があるという．また，ある点で電気力線がすいこまれているならば，その点に **負の電荷** があるという．したがって，電気力線の **向き** は正の電荷から負の電荷に向うものと約束する．**電荷の強さ**，すなわち **電気量** は，わき出す(あるいはすいこまれる)電気力線の数で定義される．すなわち，強さ q の電荷というのは，電気力線が q 本わき出している電荷のことである．(q の正負に応じて電荷は正あるいは負になる．) この定義からつぎの定理は明らかであろう．

［定理］　(Gauss の定理)　(F)任意の閉曲面 S を通って出ていく電気力線の数は S の内部に含まれる電気量に等しい．

電荷が連続的に分布しているばあい，単位体積あたりの電気量として **電荷密度** ρ を定義する．そうすると，上の定理はつぎの形に表わされる．

［定理］　(Gauss の定理)　(M)

$$\iint_S \boldsymbol{D}\cdot d\boldsymbol{S} = \iiint_V \rho dV. \tag{2.1}$$

ただし，V は閉曲面 S で囲まれた領域である．

よく知られているように，(2.1)を微分形で表わすとつぎのようになる．

$$\mathrm{div}\, \boldsymbol{D} = \rho. \tag{2.2}$$

(ii)　線形性――重ね合わせの原理

(F)ある2つの電場が存在するならば，それらを重ね合わせた電場も存在し得る．すなわち，電場について **重ね合わせの原理** が成り立つ．(M)電束密度 $\boldsymbol{D}_1, \boldsymbol{D}_2$ で表わされる2つの電場が存在するならば，$\boldsymbol{D} = c_1\boldsymbol{D}_1 + c_2\boldsymbol{D}_2$ (c_1, c_2 は定数) で表わされる電場も存在し得る．すなわち，電場は **線形性** をもつ．

III.　電気力線の力学的性質

電場の力学的性質を見やすくするために，電束密度 $\boldsymbol{D}$ に付随して **電場(ベクトル)** $\boldsymbol{E}$ を

$$\boldsymbol{E} \overset{\mathrm{def}}{=} \frac{1}{\varepsilon_0}\boldsymbol{D} \tag{2.3}$$

によって定義する．ここで ε_0 は普遍定数で，いわゆる **真空の誘電率** である．$\boldsymbol{E}$ は $\boldsymbol{D}$ と同様，場所の関数である．

(i)　(F) 1本の電気力線は単位長さあたり $(1/2)E$ のエネルギーを貯えている(図3)．ただし，E はその場所での電場の強さ $|\boldsymbol{E}|$ である．また，各電気力線には力線に沿って強さ E の張力が働き，かつ力線のまわりに強さ $(1/2)E$ の等方的な圧力(静水圧)を生み出している(図4)．これらを数学的に表現すれば，つぎのようになる．

(M)電場には単位体積あたり

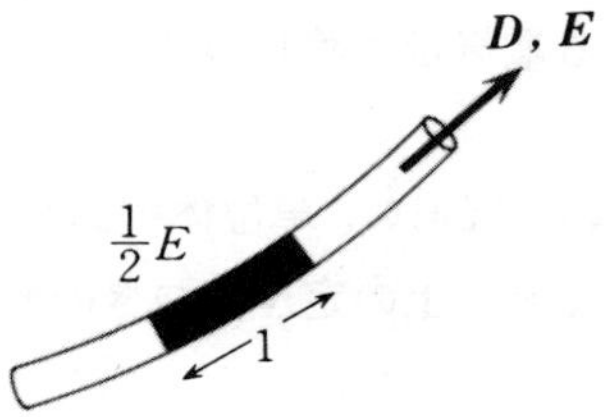

図3

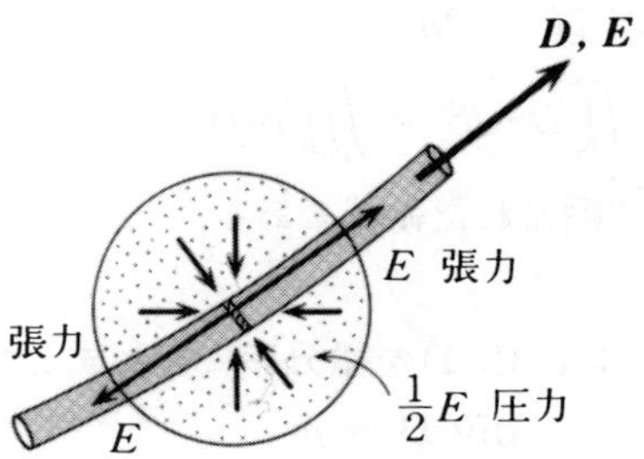

図4

$$U = \frac{1}{2}\boldsymbol{E}\cdot\boldsymbol{D} \tag{2.4}$$

の **電磁エネルギー** が貯えられている．また，法線方向が $\boldsymbol{n}$ の単位面積を通して

$$\boldsymbol{T}_n = \boldsymbol{E}D_n - U\boldsymbol{n} \tag{2.5}$$

の **電磁応力ベクトル** が働いている．$\boldsymbol{T}_n\,(T_{xn}, T_{yn}, T_{zn})$, $\boldsymbol{n}(n_x, n_y, n_z)$ のように成分で表わせば，(2.5)は

$$\boldsymbol{T}_n = \mathsf{T}\cdot\boldsymbol{n} = T_{in} = T_{ik}n_k \tag{2.6}$$

と書ける．ただし，$\mathsf{T}\,(T_{ik})$ は **電磁応力テンソル** であって，具体的には

$$T_{ik} = E_iD_k - U\delta_{ik} \tag{2.7}$$

で与えられる．(慣用のテンソル記法を使う．) T_{ik} はふつう **Maxwell 応力** とよばれるものであるが，本質的には，単位面積を通しての **電磁運動量の流れ** を表わすテンソルである．(法線方向が $\boldsymbol{n}$ の単位面積に力 $\boldsymbol{T}_n$ が働くというのは，その面を通って $\boldsymbol{n}$ の正の側から負の側に単位時間あたり $\boldsymbol{T}_n$ の運動量が流れていることである！) Maxwell 応力が **電磁運動量流テンソル** であることを確認した上で，今後慣習にしたがい T_{ik} を Maxwell 応力とよぶことにする．

けっきょく，(2.4)，(2.7)を直観的なイメージで表わしたものが上の(F)の表現である．

(ii)　真空には電場は力を及ぼさない．いいかえれば，真空は電磁運動量を吸収しない．また，真空は電磁エネルギーを吸収しない．あるいは，真空中では電磁運動量も電磁エネルギーも消滅しないということができる．

(i)で述べた電気力線の性質を使ってこの事実を表現すると，Faraday 的の考え方で

$$\text{(F)}\quad \int_C \boldsymbol{E}\cdot d\boldsymbol{r} = 0 \tag{2.8}$$

が導かれる．ただし，C は任意の閉曲線である．(2.8)は任意の閉曲線に沿っての **起電力** が 0 であることを述べるものである．また，(2.8)から，電場ベクトル $\boldsymbol{E}$ が

$$\boldsymbol{E} = -\operatorname{grad}\phi \tag{2.9}$$

のように，スカラー関数 ϕ を使って表わされることがわかる．ϕ は **静電ポテ**

ンシャル とよばれる.

Maxwell 的な計算をすれば，(2.8)の代わりに

$$\text{(M)}\quad \mathrm{rot}\,\boldsymbol{E} = 0 \tag{2.10}$$

が導かれる．すなわち，静電場は **渦無し** の場である．(2.8)，(2.9)，(2.10)が数学的に同等の表現であることは周知の通りである．なお，(2.8)，(2.10)の導き方については §5 で述べる．

(iii)　電荷が存在すれば，電場は電荷に力を及ぼす．すなわち，電荷は電磁運動量を吸収する．しかし，そのばあいでも(2.8)，(2.9)，(2.10)の関係が成り立つ．

§3.　基本法則の応用例

以上で静電場の基本法則はすべて尽されている．すなわち，静電場というのはエネルギー密度 U と運動量流 T_{ik} が場の強さ($\boldsymbol{E}$ または $\boldsymbol{D}$)の 2 次の同次式で定義される力学系の一種にほかならないということである．その結果，定理として

$$\mathrm{div}\,\boldsymbol{D} = \rho, \quad \mathrm{rot}\,\boldsymbol{E} = 0 \quad (\boldsymbol{D} = \varepsilon_0 \boldsymbol{E}) \tag{3.1}$$

の関係が得られるのである．ふつうの静電場の理論では，(3.1)がある意味で基本法則の役割りを演じているが，エネルギーや運動量の保存法則との関連があいまいであるように筆者には思われる．これに反して，ここで提案した理論の枠組は保存法則を基礎におくものであるから，その点のあいまいさは本来存在しないのである．

なお，(3.1)の 2 つの方程式はふつうの理論構成では同列におかれているが，それに対してわれわれの枠組では，$\mathrm{div}\,\boldsymbol{D} = \rho$ は単に電荷を定義するもので，$\mathrm{rot}\,\boldsymbol{E} = 0$ は電場の力学的な性質を述べるものであることに注意してほしい．つまり，2 つの方程式は異なるレベルに属するのである．

Q　静電場の基本法則がすべて尽されているといっても，これだけでは電荷にどんな力が働くかは何ともいえないのではないでしょうか？　また，Coulomb の法則が話のなかに出てこないのはふしぎですね．

A　下の例を見れば，その疑問は氷解するでしょう．また Coulomb の法則は，実は定理として導かれます．

例 1　平行平板コンデンサー

極板の面積が S, 極板の間隔が h の平行平板コンデンサーを考える．S が十分大きいとして，極板には一様な面密度 $\pm\sigma$ で電荷が与えられているとする(図 5)．電気力線は正の電荷から出て負の電荷に終るから，極板のあいだには単位面積あたり σ 本の電気力線が通っている．したがって電束密度は

$$D = \sigma. \tag{3.2}$$

したがって電場は

$$E = \frac{D}{\varepsilon_0} = \frac{\sigma}{\varepsilon_0}. \tag{3.3}$$

1 本の電気力線には張力 E が働き，まわりに静水圧 $(1/2)E$ を生み出すから，差し引き極板はコンデンサーの内部に向って電気力線 1 本あたり $(1/2)E$ の力で引かれる．したがって，極板は単位面積あたり

$$f = \frac{1}{2}E\cdot D = \frac{\sigma^2}{2\varepsilon_0} \tag{3.4}$$

の力で引かれる．これは正負の極板のあいだに引力 f が働いていることを意味する．

電気力線はまた単位長さあたり $(1/2)E$ のエネルギーを貯えている．したがって，極板に平行な底面をもつ単位体積の立方体は

$$U = \frac{1}{2}E\cdot D = \frac{\sigma^2}{2\varepsilon_0} \tag{3.5}$$

のエネルギーを貯えることになる．

極板のあいだに働く全体の力を $\tilde{f}$, コンデンサーに貯えられるエネルギーを $\tilde{U}$, 極板の全電気量を $\pm Q$ とすれば

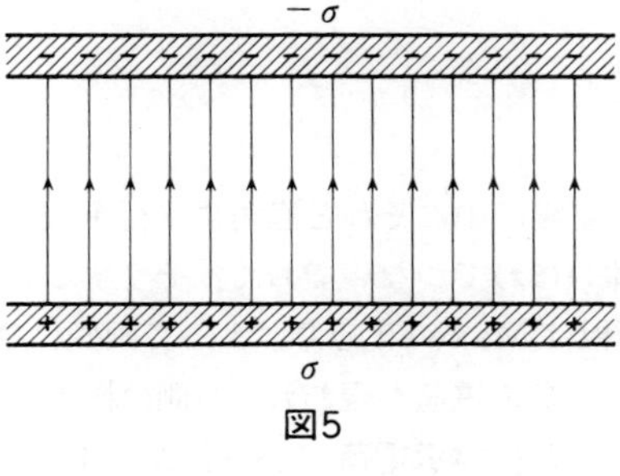

図5

$$Q = \sigma S, \tag{3.6}$$

$$\tilde{f} = fS = \frac{1}{2\varepsilon_0}\cdot\left(\frac{Q}{S}\right)^2\cdot S = \frac{Q^2}{2\varepsilon_0 S}, \tag{3.7}$$

$$\tilde{U} = USh = \frac{1}{2\varepsilon_0}\cdot\left(\frac{Q}{S}\right)^2\cdot Sh = \frac{Q^2 h}{2\varepsilon_0 S} \tag{3.8}$$

である．（力 $\tilde{f}$ が極板の間隔 h によらないことに注意！）

以上の考え方のすじ道は極めて初等的で，恐らく中学生にも理解しやすいものと思われる．とくに，正負の電荷のあいだに引力が働くことが‘場’の立場で説明されることに注意してほしい．

Maxwell 的にはつぎのように進む．

(M) 極板に垂直に x 軸をとると，$\boldsymbol{D} = (D, 0, 0)$, $\boldsymbol{E} = (E, 0, 0)$ で $D = \varepsilon_0 E$ である．(3.5)は(2.4)そのものである．また，(2.7)で $i = 1, k = 1$ を考えると

$$T_{xx} = E_x D_x - U = ED - \frac{1}{2}ED = \frac{1}{2}ED.$$

これは(3.4)にほかならない．つぎに(3.6)，(3.7)，(3.8)と進む．

さて，エネルギー保存の法則が§2のIとして保証されているから，実は(3.7)は(3.8)から導くことができる．すなわち，極板の1つを δh だけ動かしたとすると，コンデンサーに貯えられるエネルギー $\tilde{U}$ は

$$\delta\tilde{U} = \tilde{f}\delta h \tag{3.9}$$

だけ変化するはずである．実際，(3.8)から $d\tilde{U}/dh$ を計算すれば(3.7)が出てくるのである．ふつう教科書では極板のあいだに働く力を求めるのにエネルギーの原理を使うようであるが，前に述べた Maxwell 応力を用いるのがもっとも自然な方法であると筆者は考える．

例 2　電場の測定法

図6のように，一様な電場の中にそれと直角に平行平板コンデンサーをおく．ただし，両方の極板を導体のばねでつないでおく．そうすると，コンデンサーの中には電場は入りこまず，極板は Maxwell 応力によって両側にひっぱられる．左側の極板では電気力線が終るから負の電荷が現われ，右側の極板では電気力線が始まるから正の電荷が現われる．つまり **誘導電荷** である．このばあいの電場の状況は，例1のばあいのコンデンサーの内外を入れかえたのと同じであるから，極板に働く力 $\tilde{f}$

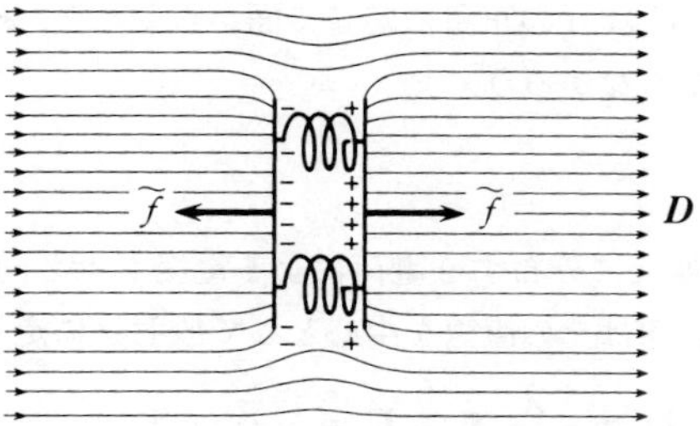

図6

と電束密度 D, 電場 E のあいだには，(3.4)に相当して

$$\tilde{f} = \frac{D^2}{2\varepsilon_0}S = \frac{\varepsilon_0 E^2}{2}S \tag{3.10}$$

の関係がある．S は極板の面積である．ばねの伸びを測れば $\tilde{f}$ がわかり，したがって D, E は(3.10)によって得られる．電場の測定法としては，実際上はともかく，原理的には恐らくこの方法が最も簡単なものであろう．(既知の電荷を使う必要がない!) とくに注意すべきは，Maxwell 応力が決して仮想的なものではないことがこの実験で確認できることである．なお，気圧を測定するための **アネロイド気圧計** と電場に対するここの測定法とを比較してみるのもおもしろいだろう．

例 3　平面電荷

一様な面密度 σ で平面上に分布する電荷による電場を考えよう(図 7)．電荷からわき出る電気力線は，**対称性** によって，面の両側に同じ密度で分布している．すなわち，単位面積あたり $\sigma/2$ 本の割合で面の両側に，それと直角に出ている．したがって電束密度 D, 電場 E は

$$D = \frac{1}{2}\sigma, \quad E = \frac{D}{\varepsilon_0} = \frac{\sigma}{2\varepsilon_0} \tag{3.11}$$

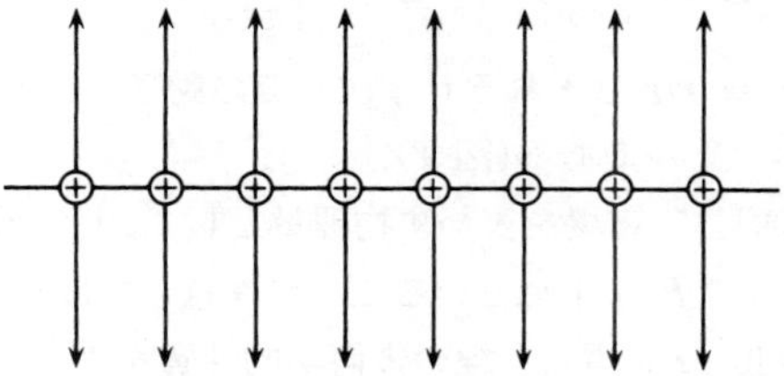

図7

である．ベクトル $\boldsymbol{D}, \boldsymbol{E}$ は σ の正負に応じて面から離れる，あるいは面に向う向きをもつことはいうまでもなかろう．

例 4　直線電荷

一様線密度 λ で直線上に分布する電荷による電場も上と同様の考え方で得られる．すなわち，電気力線はその直線を中心として放射状に走り，

$$\boldsymbol{D} = \frac{\lambda}{2\pi r}\hat{\boldsymbol{r}}, \quad \boldsymbol{E} = \frac{\lambda}{2\pi\varepsilon_0 r}\hat{\boldsymbol{r}} \tag{3.12}$$

である．ただし $\hat{\boldsymbol{r}} = \boldsymbol{r}/r$ は動径方向の単位ベクトル，$\boldsymbol{r}$ は動径ベクトル，また $r = |\boldsymbol{r}|$ である(図 8)．

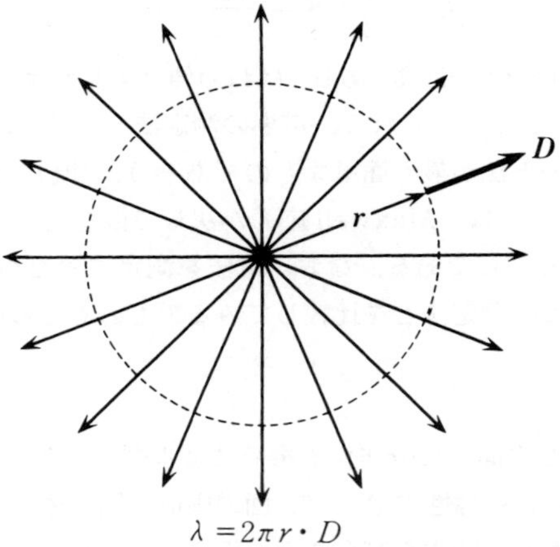

図8

例 5　点電荷

点電荷 q による電場も同様に求められる．すなわち

$$\boldsymbol{D} = \frac{q}{4\pi r^2}\hat{\boldsymbol{r}}, \quad \boldsymbol{E} = \frac{q}{4\pi\varepsilon_0 r^2}\hat{\boldsymbol{r}}. \tag{3.13}$$

ここで $\boldsymbol{r}$, $r = |\boldsymbol{r}|$, $\hat{\boldsymbol{r}} = \boldsymbol{r}/r$ はそれぞれ 3 次元での動径ベクトル，その大きさ，および動径方向の単位ベクトルである(図 9)．

N　例 3, 4, 5 を通じて，電場を表わす物理量として，まず $\boldsymbol{D}$ を求め，その後で $\boldsymbol{E} = \boldsymbol{D}/\varepsilon_0$ の関係によって $\boldsymbol{E}$ を求めていることに注意してほしい．これは，われわれの立場では，電束密度 $\boldsymbol{D}$ が電気力線の幾何学的性質を表わすものとして最も基本的な量と考えるからである．

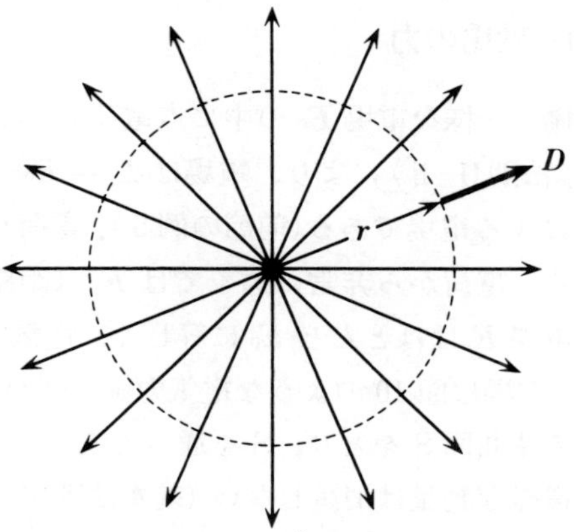

$q = 4\pi r^2 \cdot D$

図9

Q 例3, 4, 5では“電気力線は，**対称性**によって…”というような議論がされています．しかし，電気力線の基本的な性質Ⅰ, Ⅱ, Ⅲの中には**対称性**は含まれていないようですが….

A 確かに表面的には基本法則には対称性の要請は含まれていません．しかし，実際は，後で（§17の例）示すように，基本法則から**一意性**の定理が導かれ，それによって対称性が保証されます．上の議論はいわばその結果を先取りしたものです．

Q 例5の(3.13)はCoulombの法則ですね．

A そうであるともいえるし，そうでないともいえます．もし“点電荷のまわりの電場は点電荷からの距離の2乗に反比例する”というのがCoulombの法則であるとするなら，(3.13)は正にそれを表わしています．しかし，元来Coulombの法則は“2つの点電荷 q_1, q_2 の間に働く力は q_1, q_2 に比例し，距離の2乗に反比例する”というものです．(3.13)は電気力線の分布状態，すなわち $\boldsymbol{D}$, あるいはそれから導かれる $\boldsymbol{E}$, を表わすだけで，その電場に他の電荷をもちこんだとき，その電荷にどんな力が働くかについては何もいっておりません．その意味では(3.13)はCoulombの法則そのものではありません．しかし，実は“電場 $\boldsymbol{E}$ のなかにおかれた点電荷 q には $q\boldsymbol{E}$ の力が働く”ことが基本法則Ⅰ, Ⅱ, Ⅲから定理として導かれます――その証明は§4で行ないます．ですから，(3.13)とこの定理を組み合わせるとCoulombの法則が得られるといえるわけです．

§4.　電荷に働く電場の力

(i)　一様な電場　一様な電場 $\boldsymbol{E}_0$ の中に点電荷 q がおかれている．重ね合わせの原理（基本法則II-ii）により，電場は $\boldsymbol{E} = \boldsymbol{E}_0 + \boldsymbol{E}_1$ のように表わされる．$\boldsymbol{E}_1$ は点電荷による電場である（前節の例5）．電荷からは q 本の電気力線がわき出している．電荷から非常に遠くでは $\boldsymbol{E}_1$ は距離の2乗に逆比例して弱くなるから，電場 $\boldsymbol{E}$ はほとんど $\boldsymbol{E}_0$ に等しく，電気力線はほぼ平行線になる．したがって，電場は図10のような電気力線で表わされる．いま，電荷をとりかこむ任意の閉曲面Sをとり，Sを通って流入する電磁運動量を考えよう．真空中では電磁運動量は消滅しない（基本法則III-ii）から，流入したものはすべて電荷に到達し，そこで消滅することになる．ところが，基本法則Iにより，電場を含む体系について運動量は保存されるから，電荷のところで消滅した電磁運動量は別の形の運動量として復活しなければならない．つまり，電荷は電磁運動量を吸収してふつうの運動量（機械的運動量）に変換する．すなわち，電荷は電場から電磁運動量という形で運動量を受けとる．これが，電場が電荷に力を及ぼすということの意味である．

さて，電荷の吸収する電磁運動量を求めるには閉曲面Sをどのように選んでもよいが，計算上もっとも便利なのは図10の S_∞ であろう．これは電荷をとりかこむ非常に大きい筒形の閉曲面で，両方の底面は電気力線に直角，側

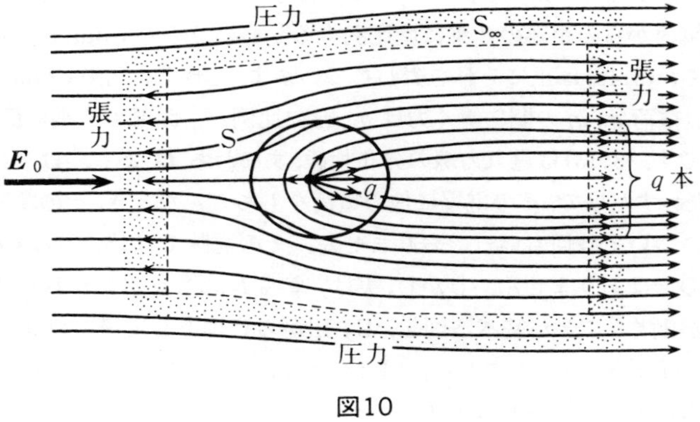

図10

面は電気力線に沿うようなものである．基本法則 III-i により，底面には電気力線1本あたり張力 E_0 が働いている．ところが，右側の底面をつらぬく電気力線の数は左側より q 本だけ多い．電荷からわき出したものがつけ加わるからである．したがって，筒は右向きに qE_0 の力で引っ張られる．なお，筒の全表面 S_∞ には単位面積あたり $(1/2)E_0D_0$ の静水圧が働いているが，その合力は 0 である．(任意の形の物体の表面に一様な静水圧が働くとき，その合力は 0 である！）けっきょく，筒の面 S_∞ を通って単位時間あたり $q\boldsymbol{E}_0$ の運動量が流入することになる．したがって，“一様な電場 $\boldsymbol{E}_0$ の中におかれた点電荷 q には $q\boldsymbol{E}_0$ の力が働く”のである．

(ii) 任意の電場 図11のように点電荷 q が任意の電場 $\boldsymbol{E}$ の中にあるとき，電荷に働く力を考えよう．(i)の考察と同様，電荷をとりかこむ適当な閉曲面Sを通って流入する電磁運動量を求めればよい．点電荷の位置ベクトルを $\boldsymbol{r}_0(x_0, y_0, z_0)$ とすれば，§3の例5で述べたように，この電荷による電場は

$$\boldsymbol{E}_1 = \frac{q}{4\pi\varepsilon_0}\frac{(\boldsymbol{r}-\boldsymbol{r}_0)}{|\boldsymbol{r}-\boldsymbol{r}_0|^3} \tag{4.1}$$

で与えられる．したがって，いま考える電場を $\boldsymbol{E} = \boldsymbol{E}_0 + \boldsymbol{E}_1$ のように分解して表わすと，$\boldsymbol{E}_0$ は点 $\boldsymbol{r} = \boldsymbol{r}_0$ においても特異性をもたない電場を表わすであろう．

さて，閉曲面Sとして，こんどは点電荷を含む非常に小さい閉曲面をとることにする．そうすると，電場 $\boldsymbol{E}_0$ はSの上および内部でほとんど変化しな

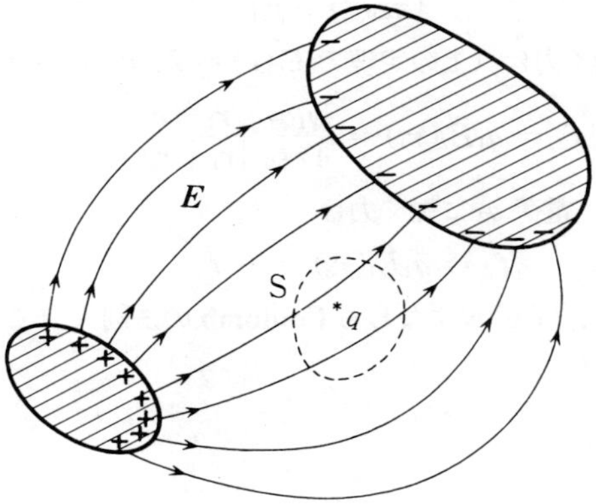

図11

い．したがって，電場 $\boldsymbol{E}$ のSの上および内部での状況は図10のSの付近の状況と同じになる．(つまり，図10は図11の点電荷の近くの拡大図と考えられる．）前に述べたように，Sを通って流入する電磁運動量は S_∞ を通って流入する電磁運動量に等しく，それは単位時間あたり $q\boldsymbol{E}_0$ であった．この $\boldsymbol{E}_0$ としては，いまのばあい，$\boldsymbol{E}_0(\boldsymbol{r}) = \boldsymbol{E}(\boldsymbol{r}) - \boldsymbol{E}_1(\boldsymbol{r})$ の点 $\boldsymbol{r} = \boldsymbol{r}_0$ での値をとればよい．こうして，つぎの結果が得られる．

[定理]　任意の電場 $\boldsymbol{E}(\boldsymbol{r})$ の中の点 $\boldsymbol{r} = \boldsymbol{r}_0$ に点電荷 q があるとき，電荷には

$$\tilde{\boldsymbol{f}} = q\boldsymbol{E}_0(\boldsymbol{r}_0) \tag{4.2}$$

の力が働く．ただし，

$$\boldsymbol{E}_0(\boldsymbol{r}) = \boldsymbol{E}(\boldsymbol{r}) - \frac{q(\boldsymbol{r}-\boldsymbol{r}_0)}{4\pi\varepsilon_0|\boldsymbol{r}-\boldsymbol{r}_0|^3} \tag{4.3}$$

である．なお，$\boldsymbol{E}_0(\boldsymbol{r}_0)$ はつぎのようにも表わされる．

$$\boldsymbol{E}_0(\boldsymbol{r}_0) = \lim_{\delta r \to 0}\left\{\boldsymbol{E}(\boldsymbol{r}_0 + \delta\boldsymbol{r}) - \frac{q}{4\pi\varepsilon_0|\delta\boldsymbol{r}|^3}\delta\boldsymbol{r}\right\}. \tag{4.4}$$

N　(4.2)の右辺が $q\boldsymbol{E}(\boldsymbol{r}_0)$ ではなくて $q\boldsymbol{E}_0(\boldsymbol{r}_0)$ であることに注意！ $\boldsymbol{E}_0(\boldsymbol{r})$ は電荷自身のつくる電場をさし引いた電場である．たとえば2点 $\boldsymbol{r}_1, \boldsymbol{r}_2$ に電荷 q_1, q_2 があるときの電場は

$$\boldsymbol{E}(\boldsymbol{r}) = \boldsymbol{E}_1(\boldsymbol{r}) + \boldsymbol{E}_2(\boldsymbol{r}),$$

$$\boldsymbol{E}_i(\boldsymbol{r}) = \frac{q_i}{4\pi\varepsilon_0}\frac{\boldsymbol{r}-\boldsymbol{r}_i}{|\boldsymbol{r}-\boldsymbol{r}_i|^3} \quad (i = 1, 2)$$

である．電荷 q_1 に働く力は（上の定理で $\boldsymbol{E}_0(\boldsymbol{r}) = \boldsymbol{E}_2(\boldsymbol{r})$, $\boldsymbol{r}_0 = \boldsymbol{r}_1$ として）

$$\tilde{\boldsymbol{f}}_1 = q_1\boldsymbol{E}_2(\boldsymbol{r}_1) = \frac{q_1 q_2}{4\pi\varepsilon_0}\frac{\boldsymbol{r}_1-\boldsymbol{r}_2}{|\boldsymbol{r}_1-\boldsymbol{r}_2|^3} \tag{4.5}$$

である．同様にして，電荷 q_2 に働く力は

$$\tilde{\boldsymbol{f}}_2 = q_2\boldsymbol{E}_1(\boldsymbol{r}_2) = -\tilde{\boldsymbol{f}}_1 \tag{4.6}$$

で与えられる．(4.5)，(4.6)がすなわち **Coulomb の法則** である．

§5.　静電ポテンシャル

任意の静電場 $\boldsymbol{E}(\boldsymbol{r})$ の中の点 $\boldsymbol{r}_0$ に点電荷 q をもちこんだとき，点電荷に働く電気力は，前節の定理(4.2)により

$$\tilde{\boldsymbol{f}} = q\boldsymbol{E}(\boldsymbol{r}_0) \tag{5.1}$$

で与えられる．(ここの $\boldsymbol{E}(\boldsymbol{r})$ は前節の定理の $\boldsymbol{E}_0(\boldsymbol{r})$ に相当することに注意!）このとき，点電荷を静止させておくために，機械的な力 $\boldsymbol{f}^{(\mathrm{mech})}$ を加える必要がある：

$$\boldsymbol{f}^{(\mathrm{mech})} = -\tilde{\boldsymbol{f}}. \tag{5.2}$$

いま，任意の閉曲線Cに沿って点電荷を静かに1周させるものとする(図12)．（ここで‘静かに’というのは，電荷が加速度を生じないように電気力と機械力をつりあわせて，という意味である．）このばあい，機械力のする仕事は

$$\int_C \boldsymbol{f}^{(\mathrm{mech})}\cdot d\boldsymbol{r} = -\int_C \tilde{\boldsymbol{f}}\cdot d\boldsymbol{r} = -q\int_C \boldsymbol{E}(\boldsymbol{r})\cdot d\boldsymbol{r}$$

である．基本法則Iにより静電場を含む体系についてエネルギー保存の法則が成り立つことを要求すれば，機械的な仕事は静電場のエネルギーの増加として現われるはずである．ところが，点電荷がCを1周すると静電場の状態はもとにもどる．したがって，エネルギーの増加はないはずである．すなわち

$$\int_C \boldsymbol{E}(\boldsymbol{r})\cdot d\boldsymbol{r} = 0 \tag{5.3}$$

の関係が任意の閉曲線Cについて成り立たなければならない．

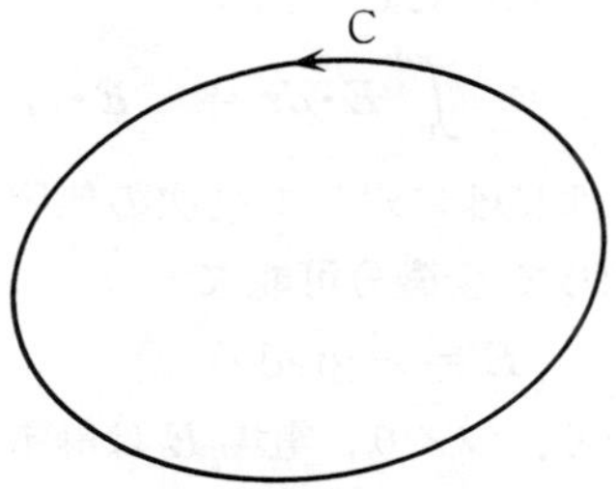

図12

いま，2点A, Pを結ぶ任意の曲線Cに沿っての線積分：

$$\phi(\mathrm{P}\,;\,\mathrm{C}) = -\int_{\mathrm{A(C)}}^{\mathrm{P}} \boldsymbol{E}\cdot d\boldsymbol{r} \tag{5.4}$$

を考えると，点Aを固定したとき，これは一般に点Pと積分路Cの関数として変化する．しかし，もし(5.3)の条件が成り立てば，これは積分路には依存しない．なぜなら，別の積分路C′をとり，A(C)P, P(C′)Aをつないで閉曲線をつくって(5.3)を適用すると，

$$\int_{\mathrm{A(C)P}} + \int_{\mathrm{P(C')A}} = 0 \qquad \therefore \int_{\mathrm{A(C)P}} = \int_{\mathrm{A(C')P}}$$

が得られるからである(図13)．

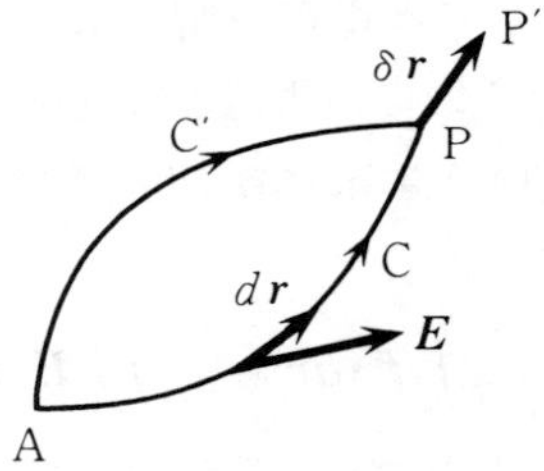

図13

けっきょく，(5.4)は

$$\phi(\mathrm{P}) = -\int_{\mathrm{A}}^{\mathrm{P}} \boldsymbol{E}\cdot d\boldsymbol{r} \tag{5.5}$$

のように表わされ，ϕは点P，すなわちその位置$\boldsymbol{r}(x, y, z)$の関数となる．$\phi(\mathrm{P})$を点Aに対する点Pの**静電ポテンシャル**という．また，点Aを静電ポテンシャルϕの**基準点**という．

いま，近接した2点$\mathrm{P}(\boldsymbol{r})$, $\mathrm{P}'(\boldsymbol{r}')$での$\phi$の値を考える．ただし，$\boldsymbol{r}'=\boldsymbol{r}+\delta\boldsymbol{r}$で$\delta\boldsymbol{r}$は微小ベクトルとする．このとき

$$\phi(\boldsymbol{r}+\delta\boldsymbol{r})-\phi(\boldsymbol{r}) = -\left(\int_{\mathrm{A}}^{\mathrm{P}'} - \int_{\mathrm{A}}^{\mathrm{P}}\right)\boldsymbol{E}\cdot d\boldsymbol{r}$$

$$= -\int_{\mathrm{P}}^{\mathrm{P}'} \boldsymbol{E}\cdot d\boldsymbol{r} = -\boldsymbol{E}\cdot\delta\boldsymbol{r} + o(\delta\boldsymbol{r}) \tag{5.6}$$

である．ただし，$o(\delta\boldsymbol{r})$は$|\delta\boldsymbol{r}|$に対して高次の無限小を意味する．(5.6)は$\phi(x, y, z)$がx, y, zに関して**全微分可能**で

$$\boldsymbol{E} = -\mathrm{grad}\,\phi \tag{5.7}$$

であることを意味している．つまり，電場$\boldsymbol{E}$は静電ポテンシャルの**勾配(グラディエント)**の符号を変えたものとして表わされるのである．

(5.7)の rot をとれば，ただちに

$$\mathrm{rot}\,\boldsymbol{E} = 0 \tag{5.8}$$

が得られる．すなわち，静電場は **渦無し** の場である．

けっきょく，静電場 $\boldsymbol{E}(\boldsymbol{r})$ については，(5.3)，(5.7)，(5.8)の関係が成り立つのである．これらはそれぞれ，(i) 任意の閉曲線に沿っての起電力が 0 であること，(ii) 静電場は静電ポテンシャルから導かれること，(iii) 静電場は渦無しであることを述べるものである．これで，基本法則IIIの(ii)で述べたことが証明された．

さて，

$$\phi(\mathrm{P}) \equiv \phi(\boldsymbol{r}) \equiv \phi(x, y, z) = \mathrm{const}$$

は曲面を表わす．これを **等ポテンシャル面** あるいは **等電位面** という．とくに $\phi = 0$ の曲面を **基準面** という．つぎの定理は容易に得られる．

［定理］　等ポテンシャル面は電気力線と直交する．すなわち，等ポテンシャル面は電気力線群に対する直交曲面群を表わす．

（証明）　(5.6)の関係を使う．2 点 P, P′ を 1 つの等ポテンシャル面 $\phi =$ const の上にとると，左辺は 0 である．したがって，右辺は

$$\boldsymbol{E}\cdot\delta\boldsymbol{r} = 0$$

を与える．これは $\boldsymbol{E} \perp \delta\boldsymbol{r}$ を表わす．■

例　点電荷

点電荷 q による電場は §3 の例 5 で求められ，

$$\boldsymbol{E} = \frac{q}{4\pi\varepsilon_0 r^2}\hat{\boldsymbol{r}} \tag{5.9}$$

である．電気力線は電荷から放射状に出ている．したがって，電荷を中心とする同心球面が直交曲面群で，したがって等ポテンシャル面である．その 1 つ，たとえば半径 R の球面を基準面に選べば，(5.5)により，静電ポテンシャルは

$$\phi = -\int_R^r \frac{q}{4\pi\varepsilon_0 r^2}dr = \frac{q}{4\pi\varepsilon_0}\left(\frac{1}{r} - \frac{1}{R}\right) \tag{5.10}$$

のように求められる．ふつう基準面として無限遠 $(R\to\infty)$ をとる．このとき

$$\phi = \frac{q}{4\pi\varepsilon_0 r} \tag{5.11}$$

である．

N　基本法則III-iiiでは，電荷が存在するときでも，静電場は渦無しであると述べている．これは，つぎのように考えればなっとくされるだろう．まず，点電荷だけが存在するばあいには，点電荷自身の場所では ϕ を考える必要はないし，点電荷以外では真空であるから確かに ϕ が存在する．つぎに，電荷密度 ρ が 0 でないばあいには，これを点電荷の集合と考えれば空間の任意の点は真空内にあるとみなせるので，やはり ϕ が存在することになる．(実在の電場は電子や陽子などの荷電粒子によることを考えると，この描像は不自然ではないだろう．)

§6.　電荷に働く力

§4 では直観的な方法で電荷に働く力を見出した．ここでは(M)的にとり扱ってみよう．

いま，任意の閉曲面 S によって囲まれた領域を V とする．S を通って流入する単位時間あたりの電磁運動量を $\tilde{\boldsymbol{f}}$ とすると，$\tilde{\boldsymbol{f}}$ は領域 V に働く力にほかならない．基本法則 III-i の(2.6)により

$$\tilde{\boldsymbol{f}} = \iint_{\mathrm{S}} \boldsymbol{T}_n dS = \iint_{\mathrm{S}} T_{ik} n_k dS = \iiint_{\mathrm{V}} \frac{\partial}{\partial x_k} T_{ik} dV. \tag{6.1}$$

ところが

$$\frac{\partial T_{ik}}{\partial x_k} = \frac{\partial}{\partial x_k}(E_i D_k - U\delta_{ik}) = E_i \frac{\partial D_k}{\partial x_k} + \frac{\partial E_i}{\partial x_k} D_k - \frac{\partial U}{\partial x_i}.$$

(2.4)により

$$\frac{\partial U}{\partial x_i} = \frac{\partial}{\partial x_i}\left(\frac{1}{2}\boldsymbol{E}\cdot\boldsymbol{D}\right) = \frac{\partial}{\partial x_i}\left(\frac{\varepsilon_0}{2}E^2\right) = \varepsilon_0 E_k \frac{\partial E_k}{\partial x_i} = \frac{\partial E_k}{\partial x_i} D_k.$$

したがって

$$\frac{\partial T_{ik}}{\partial x_k} = E_i \frac{\partial D_k}{\partial x_k} + \left(\frac{\partial E_i}{\partial x_k} - \frac{\partial E_k}{\partial x_i}\right) D_k = \rho \boldsymbol{E} + \mathrm{rot}\, \boldsymbol{E} \times \boldsymbol{D} \tag{6.2}$$

である．ただし，(2.2)を使う．

ところが，静電場では基本法則III-iiiにより $\mathrm{rot}\, \boldsymbol{E} = 0$ が成り立つから，(6.2)を(6.1)に代入して

$$\hat{\boldsymbol{f}} = \iiint_V \rho \boldsymbol{E}\, dV \tag{6.3}$$

が得られる．これは“電荷 ρdV に $(\rho dV)\boldsymbol{E}$ の力が働く”と解釈されるので，読者には多分おなじみの結果であろう．(むしろ，在来の静電気学では，これによって電場 $\boldsymbol{E}$ が定義されている．)

さて，(6.3)から特別なばあいとして点電荷 q に働く力が導き出されるだろうか？　点電荷の位置を $\boldsymbol{r}_0$ とすると，$\boldsymbol{r} \neq \boldsymbol{r}_0$ では $\rho = 0$, $\boldsymbol{r} = \boldsymbol{r}_0$ では $\rho = \infty$ である．そして $\iiint_V \rho\, dV = q$ である．したがって，(6.3)は，極限として

$$\tilde{\boldsymbol{f}} = \boldsymbol{E}(\boldsymbol{r}_\theta)\iiint_V \rho\, dV = q\boldsymbol{E}(\boldsymbol{r}_0)$$

を与える….　このような議論は一見もっともらしいが，$\boldsymbol{E}(\boldsymbol{r}_0)$ とはいったい何を意味するのだろうか？　点電荷の占める場所で電場はどうなっているのか？　この点を明確にしておかなければ，上の公式(？)は使いようがないのである．

§7.　自己力と自己モーメント

任意に帯電した物体を考える(図 14)．物体は導体でも絶縁体でもよい．電荷によって物体の内部および外部には電場 $\boldsymbol{E}$ ができている．この電場の中に

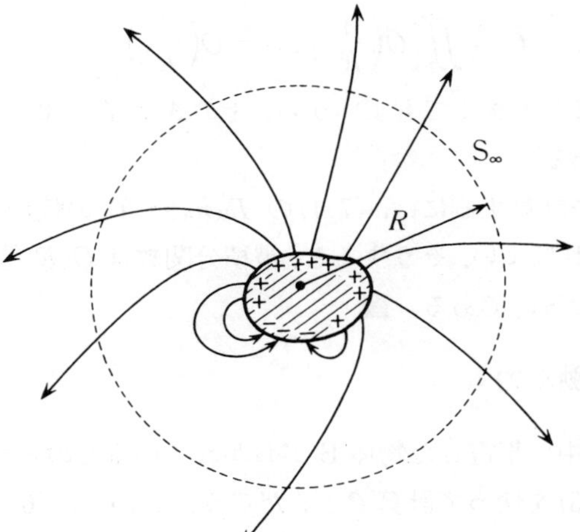

図14

帯電体の電荷が存在するのであるから，これらの電荷には力が働き，その合力として帯電体には力が働くことになる．これを帯電体の **自己力** とよぶことにしよう．同様の理由で，帯電体は自分自身のつくる電場によって回転力を受けるものと想像される．その回転力のモーメントを **自己モーメント** とよぼう．しかし，実は，つぎの定理が成り立つのである．

［定理］　帯電体の自己力および自己モーメントは 0 である．

これを見るには，(6.3)の公式ではなくて，もとにかえって電磁運動量の流れを考える．すなわち，帯電体をとりかこむ非常に大きい半径 R の球面 S_∞ をとり，S_∞ を通って流入する運動量を考えると，帯電体に働く力は

$$\tilde{\boldsymbol{f}} = \iint_{S_\infty} T_{ik} n_k dS \tag{7.1}$$

で与えられる．ただし，$T_{ik} = E_i D_k - U\delta_{ik}$, $U = (1/2)\boldsymbol{E}\cdot\boldsymbol{D}$ である．いま，帯電体の電荷の総量を q とすれば，物体から全体として q 本の電気力線が出ていくから，無限の遠方では電場は点電荷 q によるものと見なせるであろう．したがって

$$D \sim \frac{q}{4\pi r^2}, \quad E \sim \frac{q}{4\pi\varepsilon_0 r^2} \quad (r\to\infty)$$

である．そこで，球面 S_∞ の上では $T_{ik} = O(R^{-4})$ となり

$$\tilde{\boldsymbol{f}} = \iint_{S_\infty} O\left(\frac{1}{R^4}\right) dS = O\left(\frac{1}{R^2}\right)$$

である．R はいかほど大きくてもよいから，上の式は $\tilde{\boldsymbol{f}} = 0$ を意味する．つまり自己力は 0 である．

自己モーメントを計算するには，(7.1)の $T_{ik}n_k = \boldsymbol{T}_n$ の代わりにそのモーメント $\boldsymbol{r}\times\boldsymbol{T}_n$ をとればよい．そうすると，被積分関数は $O(R^{-3})$ となるから，結果はやはり 0 になるのである．▨

§8.　帯電体に働く力

任意の電場 $\boldsymbol{E}$ の中に帯電した物体 B がおかれているものとする(図 15)．物体に働く力は(6.3)を使って計算できるだろう．しかし，(6.3)はつぎのよ

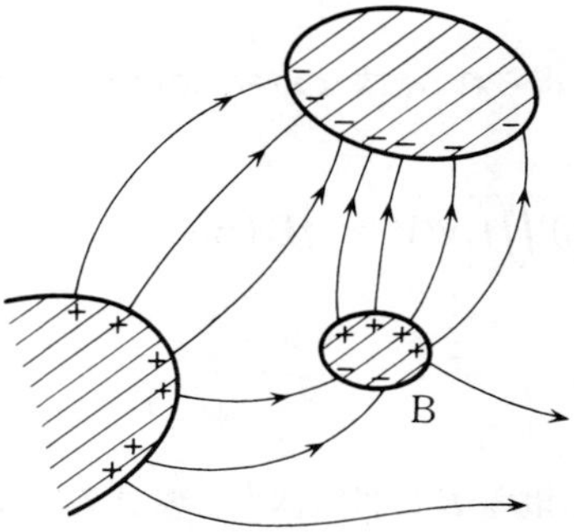

図15

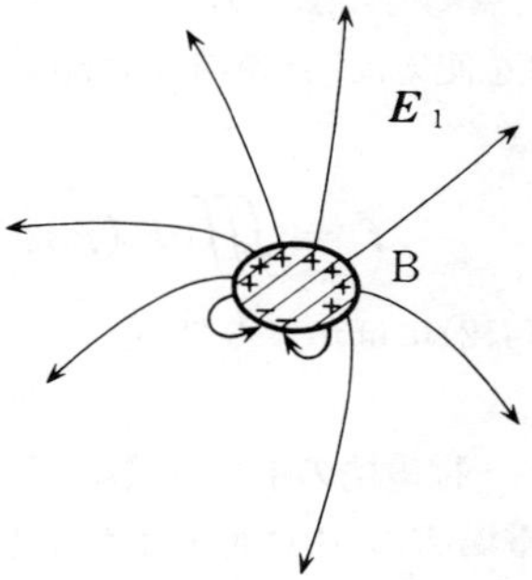

図16

うに変形することができる．

物体Bをとり除いたときの電場を $\boldsymbol{E}_0$ とする．ただし，物体B以外の電荷の分布状態はもとどおり保っておくとする．また，物体Bが帯電状態を保ったまま単独に存在するばあいの電場を $\boldsymbol{E}_1$ とする（図16）．電場の線形性により，明らかに

$$\boldsymbol{E} = \boldsymbol{E}_0 + \boldsymbol{E}_1 \tag{8.1}$$

である．両辺に ε_0 を掛けて div をとると

$$\rho = \rho_0 + \rho_1. \tag{8.2}$$

ただし，ρ_0, ρ_1 は $\boldsymbol{E}_0, \boldsymbol{E}_1$ に対応する電荷密度である．(8.1)，(8.2)を(6.3)に代入すると

$$\tilde{\boldsymbol{f}} = \iiint_{\mathrm{V}} \rho_1 \boldsymbol{E}_0 dV + \iiint_{\mathrm{V}} \rho_1 \boldsymbol{E}_1 dV$$

が得られる．ρ_0 を含む項がないのは，積分領域Vが実は物体Bであり，そこでは $\rho_0 = 0$ だからである．また，第2の積分は帯電体Bの自己力にほかならないから，これも0である．物体Bでは $\rho_1 = \rho$ であるから，上の式は，けっきょく

$$\tilde{\boldsymbol{f}} = \iiint_{\mathrm{V}} \rho \boldsymbol{E}_0 dV \tag{8.3}$$

となる．この式は(6.3)とよく似ているが，現実の電場 $\boldsymbol{E}$ の代わりに帯電体の電荷にわずらわされない電場 $\boldsymbol{E}_0$ が使われている点に注意してほしい．

例 1　点電荷に働く力

(8.3)を使えば，点電荷 q に働く力が容易に得られる．すなわち，電荷の位置を $\boldsymbol{r}_0$ とすれば

$$\tilde{\boldsymbol{f}} = \iiint \rho \boldsymbol{E}_0(\boldsymbol{r}_0) dV = \boldsymbol{E}_0(\boldsymbol{r}_0) \iiint \rho dV = q\boldsymbol{E}_0(\boldsymbol{r}_0).$$

これは(4.2)にほかならない．

例 2　一様電場の中の帯電体

一様電場 $\boldsymbol{E}_0$ の中に帯電体をおくと，現実の電場 $\boldsymbol{E}$ は帯電体の影響で $\boldsymbol{E}_0$ とはちがったものになる．このばあい，帯電体に働く力を(6.3)の式で計算しようとすると，ρ, $\boldsymbol{E}$ ともに場所の関数として未知である．(たとえば導体のばあいには静電誘導により電荷分布が変化する！) しかし，(8.3)を使えば，$\boldsymbol{E}_0$ は一定であるから，ただちに

$$\tilde{\boldsymbol{f}} = q\boldsymbol{E}_0, \quad q = \iiint_{\mathrm{V}} \rho \, dV \tag{8.4}$$

が得られる．すなわち，帯電体の形や電荷の分布状態に関係せず，力は全電気量だけできまるのである．

§9.　静電場のエネルギー

静電場の各点には，基本法則 III-i により，単位体積あたり $(1/2)\boldsymbol{E}\cdot\boldsymbol{D}$ のエネルギーが貯えられている．しかし，ある領域に含まれる静電エネルギーの'総量'を計算すると，静電ポテンシャル ϕ を使った比較的簡単な表現が得られる．これをつぎに示そう．

閉曲面 S でかこまれた領域 V に貯えられるエネルギーは

$$\tilde{U} = \iiint_{\mathrm{V}} \frac{1}{2} \boldsymbol{E}\cdot\boldsymbol{D} \, dV \tag{9.1}$$

$$= -\frac{1}{2} \iiint_{\mathrm{V}} \mathrm{grad}\, \phi \cdot \boldsymbol{D} \, dV \qquad \because \quad (5.7)$$

$$= -\frac{1}{2} \iiint_{\mathrm{V}} \{\mathrm{div}(\phi \boldsymbol{D}) - \phi \, \mathrm{div}\, \boldsymbol{D}\} dV$$

$$= -\frac{1}{2} \iint_{\mathrm{S}} \phi D_n dS + \frac{1}{2} \iiint_{\mathrm{V}} \rho \phi dV \tag{9.2}$$

のように表わされる．ただし，ベクトル解析の Gauss の定理と $\mathrm{div}\, \boldsymbol{D} = \rho$ の関係が使われている．(9.2)の体積積分は $\rho \neq 0$ の場所だけで積分をすればよ

いので，(9.1)によるよりもずっと便利である．とくに，領域Vの中に電荷が存在しないばあいには，$\tilde{U}$ は単に境界面Sに沿っての面積積分として表わされるのである．

さらに，帯電体による電場の全空間にわたるエネルギーを求めたいばあいには，(9.2)の面積積分は0になるから

$$\tilde{U}=\frac{1}{2}\iiint_{\mathrm{V}}\rho\phi dV \tag{9.3}$$

である．ここでVは $\rho \neq 0$ の場所だけをとればよいのである．

面積積分が0になることは自己力が0になるのと同様の論法で示される．すなわち，Sとして半径 R の非常に大きい球面をとると，(5.11)により $\phi=O(R^{-1})$, (5.9)により $D=O(R^{-2})$, したがって被積分関数は $O(R^{-3})$ となるからである．

N (9.3)式を真正面に受けとると，電場のエネルギーが電荷のみに集中しているかのように見える．たとえば，1個の点電荷 q だけが存在するばあい，積分領域Vは電荷の位置 $\boldsymbol{r}_0$ の近傍に限られるとして

$$\tilde{U}=\frac{1}{2}\phi(\boldsymbol{r}_0)\iiint_{\mathrm{V}}\rho\,dV=\frac{1}{2}q\,\phi(\boldsymbol{r}_0)$$

のような計算を行ないかねない．$\rho(\boldsymbol{r})$ と $\phi(\boldsymbol{r})$ は両方とも $\boldsymbol{r}\to\boldsymbol{r}_0$ のとき∞になるから，もちろんこのような計算は許されないのである．

例　帯電した導体球

半径 a の導体の球に電荷 q を与えたとする．このとき，電荷は球の表面に分布する．（その理由については，導体の定義とともに後で述べる．）そして ϕ は球面上で一定値 $\phi(a)$ をとる(∞ではない!)．したがって，(9.3)は

$$\tilde{U}=\frac{1}{2}\iiint_{\mathrm{V}}\rho\phi(a)dV=\frac{1}{2}\phi(a)\iiint_{\mathrm{V}}\rho\,dV=\frac{1}{2}q\,\phi(a)$$

となる．(5.11)を使えば，けっきょく

$$\tilde{U}=\frac{q^2}{8\pi\varepsilon_0 a} \tag{9.4}$$

が得られる．つまり，上の **N** で述べた計算法は実行可能である．しかし，ここで $a\to 0$ という極限移行によって点電荷による静電場のエネルギーを求めようとしても，それは不可能である．すなわち，**自己エネルギー** は発散する．

§10.　静電ポテンシャルの意味づけ

(6.3)から(8.3)を導いたのと同様の手続きを(9.3)について行なってみよう．2つの電場 $\boldsymbol{E}_0, \boldsymbol{E}_1$ を重ね合わせたとき，電場のエネルギーがどうなるかを考える．

$$U = \frac{1}{2}\boldsymbol{E}\cdot\boldsymbol{D} = \frac{1}{2}(\boldsymbol{E}_0+\boldsymbol{E}_1)\cdot(\boldsymbol{D}_0+\boldsymbol{D}_1)$$

であるから

$$U = U_0+U_1+U' \tag{10.1}$$

と表わされる．ただし

$$U_0 = \frac{1}{2}\boldsymbol{E}_0\cdot\boldsymbol{D}_0, \quad U_1 = \frac{1}{2}\boldsymbol{E}_1\cdot\boldsymbol{D}_1, \tag{10.2}$$

$$U' = \frac{1}{2}(\boldsymbol{E}_0\cdot\boldsymbol{D}_1+\boldsymbol{E}_1\cdot\boldsymbol{D}_0) = \boldsymbol{E}_0\cdot\boldsymbol{D}_1 \tag{10.3}$$

である．U_0, U_1 はそれぞれ $\boldsymbol{E}_0, \boldsymbol{E}_1$ が単独に存在するときのエネルギー，U' は相互干渉によるエネルギーを表わす．全空間での総量を考えると

$$\tilde{U} = \tilde{U}_0+\tilde{U}_1+\tilde{U}'. \tag{10.4}$$

とくに干渉によるエネルギー $\tilde{U}'$ はつぎのように表わすことができる．

$$\begin{aligned}\tilde{U}' &= \iiint_{\mathrm{V}}\boldsymbol{E}_0\cdot\boldsymbol{D}_1 dV = -\iiint_{\mathrm{V}}\mathrm{grad}\,\phi_0\cdot\boldsymbol{D}_1 dV\\ &= -\iiint_{\mathrm{V}}\{\mathrm{div}(\phi_0\boldsymbol{D}_1)-\phi_0\,\mathrm{div}\,\boldsymbol{D}_1\}dV\\ &= -\iint_{\mathrm{S}}\phi_0 D_{1n}dS + \iiint_{\mathrm{V}}\rho_1\phi_0 dV.\end{aligned}$$

電場 $\boldsymbol{E}_0, \boldsymbol{E}_1$ はともに有界の領域に分布した電荷によって生じたものと考えると，非常に大きい半径 R の球面をSとするとき，$\phi_0 = O(R^{-1}), D_1 = O(R^{-2})$ である．したがって，(9.3)を得たのと同様の論法により，上の式の面積積分は消える．けっきょく

$$\tilde{U}' = \iiint_{\mathrm{V}}\rho_1\phi_0 dV \tag{10.5}$$

が得られる．

とくに，$\boldsymbol{E}_1$ が点電荷 q による電場のばあいには，(10.5)は

$$\tilde{U}' = q\,\phi_0(\boldsymbol{r}_0) \tag{10.6}$$

となる．ただし，$\boldsymbol{r}_0$ は電荷の位置である．この結果を定理としてまとめておこう．

［**定理**］　任意の電場 $\boldsymbol{E}(\boldsymbol{r})$ の中の点 $\boldsymbol{r} = \boldsymbol{r}_0$ に点電荷 q をもちこむと，電場のエネルギーは $q\,\phi_0(\boldsymbol{r}_0)$ だけ変化する．ただし，$\phi(\boldsymbol{r})$ は静電ポテンシャルである．

在来の静電気学では，静電ポテンシャル ϕ というのは‘電場の中におかれた単位電荷のもつエネルギー’であると解釈されているが，ここの理論構成では，エネルギーは電場そのものの中に分布し，ϕ は単位電荷をもちこんだときの‘変化’を表わすと考えられるのである．そして，もとの電場のエネルギー $\tilde{U}_0$ および電荷の自己エネルギー $\tilde{U}_1$ はもちろん不変に保たれているのである．

§11.　静電気学の再構成

“静電場は電気力線の走る空間であって，電気力線は幾何学的性質と力学的性質によって特徴づけられ，かつ静電場を含む体系について運動量とエネルギーの保存法則が成り立つ”ということを基本法則として採用すれば，静電場の理論は完結する．実際，在来の静電場の理論では，“電場 $\boldsymbol{E}$ の中におかれた電荷 q には $q\boldsymbol{E}$ の力が働く”ことと，‘Coulomb の法則’とを出発点とするのであるが，これらは上記の基本法則から‘定理’として導かれるのである．この証明は§4で与えた．さらに§5では，静電場 $\boldsymbol{E}$ が渦無しの場であること，つまり静電ポテンシャル ϕ が存在して $\boldsymbol{E} = -\mathrm{grad}\,\phi$ の形に表わされることを示した．また，ϕ の物理的の意味づけとして，点 $\boldsymbol{r}_0$ に単位電荷をもちこんだときの静電場のエネルギーの変化が $\phi(\boldsymbol{r}_0)$ であって，ふつう言われるように単位電荷のもつエネルギーではないことを述べた．

基本法則としては，もちろん，内部的に矛盾があってはこまる．そこで，まずこの点に検討を加えよう．つぎに，基本法則をより簡潔な形にまとめる．さらに，これにもとづいて静電気学を講義するばあいを想定して，その導入部に対する試案を述べる．

§12. 運動量の保存

静電場の基本法則は，I (運動量・エネルギーの保存法則)，II (電気力線の幾何学的性質)，III (電気力線の力学的性質) から成り立っている．その詳細は§2で述べたとおりである．さて，これらの間に相互矛盾はないだろうか．IIとIIIはいわば定義であって，これには問題はない．ただ，IIIでは，電気力線の性質として，エネルギーをもち，運動量を伝える（つまり応力が働いている）ことが規定されている．このエネルギーと運動量が単に静電場の範囲内での約束事ではなくて，静電場を含む広い体系において‘ふつう’のエネルギーと運動量として通用するというのがIの意味である．この点に矛盾はないのだろうか？

真空中では電磁運動量は消滅しない(III-ii)．したがって，静電場を含む体系を考えるばあいでも，その体系に含まれる物体など他の要素との間に運動量のやりとりがなければ，別に矛盾はおこらない．問題になるのは，運動量のやりとりのあるばあいである．

さて，閉曲面Sで囲まれた領域Vを考える．(6.3)によれば，Sを通ってVに流入する電磁運動量は，単位時間あたり

$$\tilde{\boldsymbol{f}} = \iiint_V \rho \boldsymbol{E}\, dV \tag{12.1}$$

である．静電場，すなわち時間的に変化しない電場では，領域Vに含まれる電磁運動量も時間的に変化しないはずである．したがって，流入した電磁運動量 $\tilde{\boldsymbol{f}}$ はV内のどこかで消滅しなければならない．したがって

$$\boldsymbol{f} = \rho \boldsymbol{E} \tag{12.2}$$

は単位体積あたり，単位時間あたりの電磁運動量の消滅を表わすのである．

静電場を含む体系で運動量が保存されることを要請すれば，上述の消滅した電磁運動量はなんらかの形の運動量として復活しなければならない．そこで，われわれは電磁運動量がふつうの（つまり機械的な）運動量に転換すると解釈するのである．たとえば，帯電した物体を電場の中におくと，電荷は電磁運動量を吸収して機械的運動量に転換して物体に伝える．これがすなわち物体に電気力が働くということの意味である．このように電磁運動量が電荷のところでふつうの運動量に転換されると解釈すれば，運動量保存の法則

は自動的に成り立つことになる．

§13.　エネルギーの保存

基本法則IIIで定義された電磁エネルギーが，静電場を含む広い体系で，ふつうのエネルギーとしてふるまうことを確かめよう．電場の中に電荷が存在すると，そこで電磁運動量が消滅して機械的運動量として再生する．したがって，電荷をになう粒子なり物体なりの運動量が変化する．つまり粒子や物体には電気力が働く．静電場では状態は時間的に変化しないから，電荷の位置は不変に保たれているはずである．そのためには，電荷をになう粒子や物体になんらかの力を加えて，電気力とつりあわせてやる必要がある．その力を単位体積あたり $\boldsymbol{f}^{(\mathrm{mech})}$ としよう．電気力は，(12.2)により，単位体積あたり $\boldsymbol{f} = \rho\boldsymbol{E}$ である．そして，つりあいの条件として

$$\boldsymbol{f}^{(\mathrm{mech})} + \boldsymbol{f} = 0 \tag{13.1}$$

が成り立つのである．

いま，領域Vの内部にある各電荷にそれぞれ微小な変位 $\delta\boldsymbol{r}$ を行なわせるために必要な仕事 δW を考えよう．(電荷を変位させるというのは，実は電荷をになっている粒子なり物体なりを変位させることである．) その際，電気力 $\boldsymbol{f}$ につりあう機械力 $\boldsymbol{f}^{(\mathrm{mech})}$ を加えておく必要があるから

$$\begin{aligned}\delta W &= \iiint_{\mathrm{V}} \boldsymbol{f}^{(\mathrm{mech})}\cdot\delta\boldsymbol{r}\,dV \\ &= -\iiint_{\mathrm{V}} \delta\boldsymbol{r}\cdot\boldsymbol{f}\,dV \qquad \because\ (13.1) \\ &= -\iiint_{\mathrm{V}} \delta\boldsymbol{r}\cdot\boldsymbol{E}\,\rho dV \qquad \because\ (12.2)\end{aligned}$$

である．さて，静電場は静電ポテンシャル ϕ を使って

$$\boldsymbol{E} = -\mathrm{grad}\,\phi \tag{13.2}$$

のように表わされる．したがって

$$\begin{aligned}\delta W &= \iiint_{\mathrm{V}} \delta\boldsymbol{r}\cdot\mathrm{grad}\,\phi\,\rho dV = \iiint_{\mathrm{V}} \delta\phi\,\rho dV \\ &= \iiint_{\mathrm{V}} \{\phi(\boldsymbol{r}+\delta\boldsymbol{r})-\phi(\boldsymbol{r})\}\rho dV\end{aligned}$$

と書ける．さて，§10で定理として述べたように，電荷 ρdV を点 $\boldsymbol{r}$ にもちこんだときの静電場の電磁エネルギーの変化が $\phi(\boldsymbol{r})\rho dV$ である．したがって，

$\{\phi(\boldsymbol{r}+\delta\boldsymbol{r})-\phi(\boldsymbol{r})\}\rho dV$ は，電荷 ρdV を $\delta\boldsymbol{r}$ だけ変位させたときの電磁エネルギーの変化である．したがって，静電場の電磁エネルギーを $\tilde{U}$ とすると

$$\delta\tilde{U} = \iiint_V \{\phi(\boldsymbol{r}+\delta\boldsymbol{r})-\phi(\boldsymbol{r})\}\rho dV \tag{13.3}$$

となり，

$$\delta W = \delta\tilde{U} \tag{13.4}$$

の関係が得られる．

この関係は，電荷を変位させるためになされた機械的な仕事が静電場の電磁エネルギーの増加に等しいことを示している．つまり，機械的エネルギーが電磁エネルギーに転換したと考えられるのである．けっきょく，電磁エネルギーをエネルギーの1つの姿と解釈すれば，静電場を含む体系についてエネルギー保存の法則が成り立つことになるのである．

§14. 基本法則のまとめ

基本法則の内容のくわしい説明が終った段階で，これをまとめておこう．

0． 静電場は電気力線の走る空間である．

I． 静電場を含む体系で運動量およびエネルギーの保存法則が成り立つ．

II．（電気力線の幾何学的性質）

（**i**） 真空中では電気力線はとぎれることなく続いている．正の電荷からは電気力線がわき出し，負の電荷には吸いこまれる．

（**ii**） 線形性——重ね合わせの原理

III．（電気力線の力学的性質）

（**i**） 1本の電気力線は単位長さあたり $(1/2)E$ のエネルギーを貯えている．また各電気力線は，力線に沿って強さ E の張力が働き，かつ力線のまわりに強さ $(1/2)E$ の等方的な圧力を生み出している．

（**ii**） 真空には静電場は力を及ぼさない．

さて，静電場の理論はつぎのように展開される．まず，II-i により電束密度 $\boldsymbol{D}$, 電荷 q, 電荷密度 ρ が定義され，Gauss の定理の積分形と微分形が導かれる：

$$\iint_S \boldsymbol{D}\cdot d\boldsymbol{S} = \iiint_V \rho\, dV, \tag{14.1}$$

$$\operatorname{div} \boldsymbol{D} = \rho. \tag{14.2}$$

つぎに，IIIで電場 $\boldsymbol{E} = (1/\varepsilon_0)\boldsymbol{D}$ が導入され，III-i により電磁エネルギー密度 $U = (1/2)\boldsymbol{E}\cdot\boldsymbol{D}$，電磁エネルギー流(Maxwell 応力) $T_{ik} = E_i D_k - U\delta_{ik}$ が定義される．III-ii と I（運動量保存）により，帯電体に働く電場の力の公式が導かれる：

$$\tilde{\boldsymbol{f}} = \iiint_V \rho \boldsymbol{E}\, dV \qquad (6.3) \tag{14.3}$$

$$= \iiint_V \rho \boldsymbol{E}_0\, dV. \qquad (8.3) \tag{14.4}$$

とくに点電荷については

$$\tilde{\boldsymbol{f}} = q\boldsymbol{E}_0(\boldsymbol{r}_0), \quad \boldsymbol{E}_0(\boldsymbol{r}) = \boldsymbol{E}(\boldsymbol{r}) - \frac{q(\boldsymbol{r}-\boldsymbol{r}_0)}{4\pi\varepsilon_0|\boldsymbol{r}-\boldsymbol{r}_0|^3}. \qquad (4.2), (4.3) \tag{14.5}$$

つぎに I（エネルギー保存）と(14.5)により，静電場が渦無しの場であることがわかり，静電ポテンシャル ϕ が導入される：

$$\int_C \boldsymbol{E}\cdot d\boldsymbol{r} = 0, \tag{14.6}$$

$$\operatorname{rot} \boldsymbol{E} = 0, \tag{14.7}$$

$$\boldsymbol{E} = -\operatorname{grad} \phi. \tag{14.8}$$

閉曲面 S でかこまれた領域 V に貯えられる静電場のエネルギーは

$$\tilde{U} = \iiint_V \frac{1}{2}\boldsymbol{E}\cdot\boldsymbol{D}\, dV$$
$$= -\frac{1}{2}\iint_S \phi \boldsymbol{D}\cdot d\boldsymbol{S} + \frac{1}{2}\iiint_V \phi\, \rho dV \qquad (9.2) \tag{14.9}$$

のように表わされる．とくに，帯電体による電場の全空間にわたるエネルギーは

$$\tilde{U} = \frac{1}{2}\iiint_V \phi\, \rho dV \tag{14.10}$$

で与えられる．ここで積分領域 V としては，電荷の存在する ($\rho \neq 0$) ところだけをとればよい．

静電場 $\boldsymbol{E}_0 = -\operatorname{grad} \phi_0$ の中に電荷密度分布 ρ の帯電体をもちこむと，全空間の電場のエネルギーは

$$\tilde{U}' = \iiint_V \phi_0 \rho dV \qquad (10.5) \tag{14.11}$$

だけ変化する．とくに，任意の電場 $\boldsymbol{E}(\boldsymbol{r}) = -\mathrm{grad}\,\phi(\boldsymbol{r})$ の中の点 $\boldsymbol{r}_0$ に点電荷をもちこむと，電場のエネルギーは $q\phi(\boldsymbol{r}_0)$ だけ変化する．これが静電ポテンシャル ϕ の物理的な意味づけである．(14.10)と(14.11)は類似した形をもつが，係数1/2のちがいがあることに注意しなければならない．

在来の静電場の理論では，ふつう(14.2)と(14.7)とを基礎方程式として採用し，さらに(14.8)を使って

$$\Delta\phi = -\rho/\varepsilon_0, \quad \Delta \equiv \frac{\partial^2}{\partial x^2}+\frac{\partial^2}{\partial y^2}+\frac{\partial^2}{\partial z^2} \tag{14.12}$$

の形の方程式をとり扱う．(14.12)はいわゆるPoissonの方程式で，$\rho = 0$ のときにはLaplaceの方程式となる．われわれの理論構成では，(14.2)と(14.7)とをむしろ基本法則 I，II，III からの帰結とみなすのである．

Q　この理論構成にしたがって静電気学を講義することは，実際上，可能でしょうか．基本法則の説明だけでも時間が足りないということはありませんか？

A　基本法則そのものはまったくあたりまえのことで特に難しくはないと思います．ただIII-iだけはちょっと目新しく感じられるかも知れませんが，これも例のFaradayのゴムひもモデルを定量的に述べただけのものです．高校生にも十分理解できると思います．そこで，静電気学の理論では，まず基本法則を説明し，これから $\tilde{\boldsymbol{f}} = q\boldsymbol{E}$ の関係やCoulombの法則が成り立つこと，また静電場が渦無しで，静電ポテンシャル ϕ が存在することなどが導かれることを述べる．その証明は必ずしも必要ではありません．最初にこれだけやっておけば，あとは従来どおりの順序で講義をすればよいでしょう．ただ，つぎの‘電荷の役割’についてはぜひ話しておいてほしいと思います．

§15.　電 荷 の 役 割

点電荷 q は，(1)電場 $\boldsymbol{E}(\boldsymbol{r})$ の中にもちこむと $q\boldsymbol{E}(\boldsymbol{r})$ の力を受け，(2)そのまわりにCoulombの法則にしたがう電場をつくる．このように電荷が2つの役割をもつというのが在来の静電気学の立場である．われわれの立場では，電荷は単に電気力線のわき出し口(正電荷)あるいは吸い込み口(負電荷)という幾何学的な役割をもつ(図17a)．つまり，イガ栗やタンポポの種子の

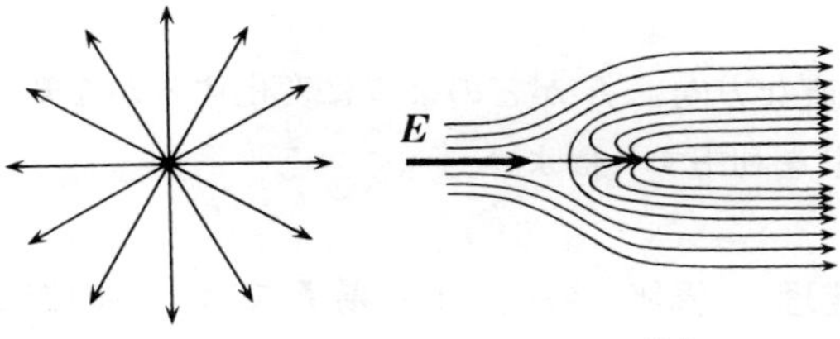

図17

ようなイメージをもつと考えるのである．これから上記の(2)Coulomb 電場がただちに結論される．電荷を電場の中におくと，栗のイガやタンポポの毛は吹き流されて，対称性を失う(図 17 b)．電気力線（イガや毛）の力学的性質により，電荷（栗の実やタンポポの種子）は毛のなびく方向にひっぱられる．これが上記の(1)の結果に導くのである(§ 4 を参照)．要するに，電荷自身は力学的な機能をもたないが，まわりの電場を変えるために，その電場の(電気力線の)力学的性質によって力を受けるのである．中性粒子が電場から力を受けないのは，まわりの電場をみださないから当然だといえる．

§ 16.　力線曲率の定理

静電場の電気力線の様子がわかっているばあいに電場 $\boldsymbol{E}$ を直観的に知る方法を考えよう．$\boldsymbol{E}$ の方向はもちろん電気力線の方向としてただちに知れる．その強さ $E = |\boldsymbol{E}|$ の力線方向の変化の有様は，電気力線の幾何学的性質($\boldsymbol{D}$ で表わされる)により，力線の間隔から読みとれる．それには，**電気力管**を考えるのが便利である．これは電気力線を壁とする管である(図 18)．その断面積を S とすると，電束密度 $\boldsymbol{D}$ の定義により，DS は 1 つの電気力管について一定である．したがって，$E = D/\varepsilon_0$ は S に反比例して変化するのであ

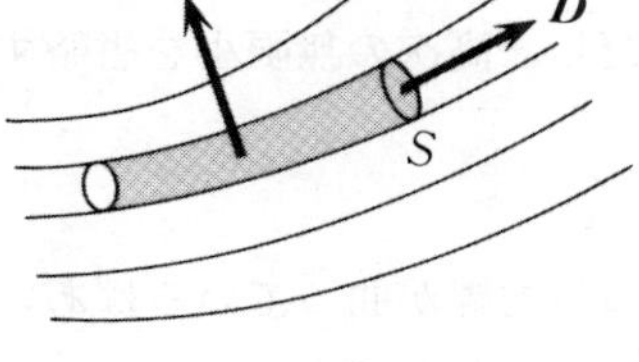

図18

る．

電気力線に垂直な方向に E がどのように変化するかを知るには，つぎの‘力線曲率の定理’を利用すればよい．

［力線曲率の定理］　渦無しのベクトル場 $\boldsymbol{F}$ では，場の強さ $F=|\boldsymbol{F}|$ はベクトル線の内側に向って強くなる．定量的には，F のベクトル線の法線方向の変化は

$$\frac{\partial F}{\partial n}=\frac{F}{R} \tag{16.1}$$

のように表わされる．ただし，R はベクトル線の曲率半径である．

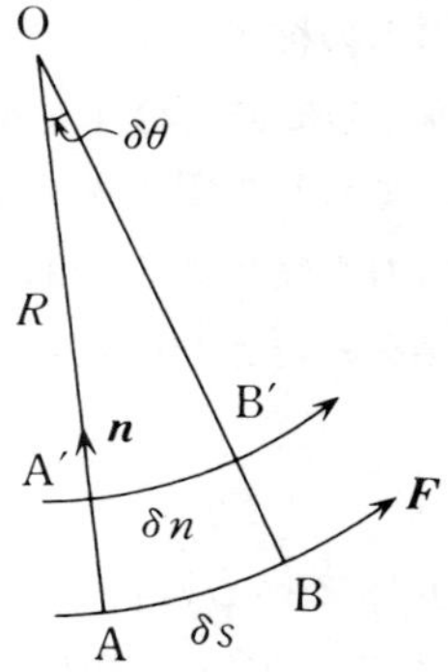

図19

（証明）　図19でA, Bは1つのベクトル線上の隣接した2点，Oは曲率中心である．$\overline{\mathrm{OA}}=\overline{\mathrm{OB}}=R$, $\angle\mathrm{AOB}=\delta\theta$ とする．$\overline{\mathrm{AA'}}=\overline{\mathrm{BB'}}=\delta n$ とすると，A′, B′ はベクトル線ABに隣接したベクトル線上にある．いま閉曲線ABB′A′ について(14.6)を適用すると，BB′, A′A についての線積分は消去されて

$$F\cdot R\ \delta\theta=(F+\delta F)\cdot(R-\delta n)\delta\theta$$

$$\therefore\quad R\,\delta F=F\ \delta n$$

の関係が得られる．ただし，高次の無限小を省略する．これは(16.1)にほかならない．■

この定理によれば，電気力線が曲っているばあいには，電場は電気力線の内側に向って強くなることがわかる．

例　強さが等しく同符号あるいは異符号の2個の点電荷があるばあい，電気力線はそれぞれ図20の(a)あるいは(b)のようになる．このとき，力線曲率の定理によれば，電場は，(a)のばあい，点A, B, Cのように進むにしたがって弱くなり，(b)のばあいには，逆に強くなる．このことから，同符号の点電荷のあいだには斥力，異符号の点電荷のあいだには引力が働くことが，つぎのようにして直観的に理解される．

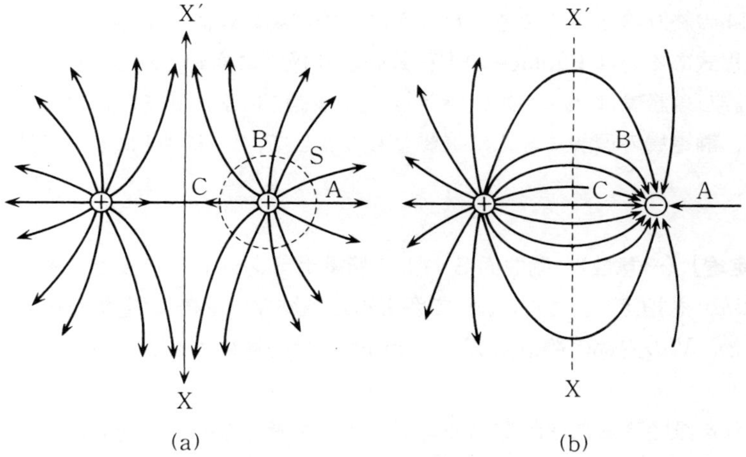

図20

図のように，右側の点電荷をとりかこむ1つの閉曲面Sを考える．ただし，Sは等ポテンシャル面であるとする．(静電場には確かに等ポテンシャル面が存在する!) Sを通って流入する運動量，つまり応力，は電気力線に沿う張力 E と等方的な圧力 $(1/2)E$ で与えられる．これは電気力線1本あたりの値であるから，単位面積あたりでは $D = \varepsilon_0 E$ を掛ける必要がある．さて，電気力線は等ポテンシャル面Sに垂直であるから，面Sに働く応力は電気力線1本あたり $E-(1/2)E$ の張力，したがって単位面積あたり $(1/2)E \cdot D = (1/2)\varepsilon_0 E^2$ の張力が面に垂直に働くことになる．(a)のばあいには，点電荷の右側(A)の方が左側(C)より E が大きいので，面Sに働く応力の合力（つまりSを通って流入する運動量）は右向きの成分をもつ．したがって，この点電荷は相手方の点電荷から遠ざかるような向きの力を受ける．すなわち，斥力が働くのである．

(b)のばあいも，まったく同様に議論すればよい．

なお，等ポテンシャル面Sの代わりに，2つの点電荷に対する対称面XX′をとって議論することもできる．(a)のばあいには，電気力線は面XX′に平行であるから，応力は圧力だけである．したがって，右側の電荷は右向きに押される．また，(b)のばあいには，対称面 XX′ は実は等ポテンシャル面の 1 つであるから，前の議論によって張力が働き，けっきょく，右側の点電荷は左向きにひっぱられるのである．

§17. 一　意　性

§14 の終りのところで述べたように，静電場の理論は数学的には Poisson の方程式あるいは Laplace の方程式のとり扱いに帰着される．したがって，その詳しい議論は，いわゆる‘ポテンシャル論’にまかせておけばよいのであるが，静電場の理解にとくに重要なものとして，‘一意性’について述べておこう．

[定理]（一意性）　閉曲面 S の上で静電ポテンシャル ϕ またはその法線微分 $\partial\phi/\partial n$ を指定し，さらに，S で囲まれた領域 V の内部で電荷分布 ρ を指定すると，V の内部の静電場 $\boldsymbol{E} = -\mathrm{grad}\,\phi$ は一意にきまる．

これを証明するには静電場のエネルギーを考えるのが便利である．領域 V に含まれる静電場のエネルギーは，(14.9)により

$$\begin{aligned}\tilde{U} &= \frac{1}{2}\iiint_{\mathrm{V}} \boldsymbol{E}\cdot\boldsymbol{D}\, dV \\ &= -\frac{1}{2}\iint_{\mathrm{S}} \phi D_n dS + \frac{1}{2}\iiint_{\mathrm{V}} \phi\, \rho\, dV \qquad (17.1)\end{aligned}$$

で与えられる(図 21)．これを基にして，つぎのように議論を進める．

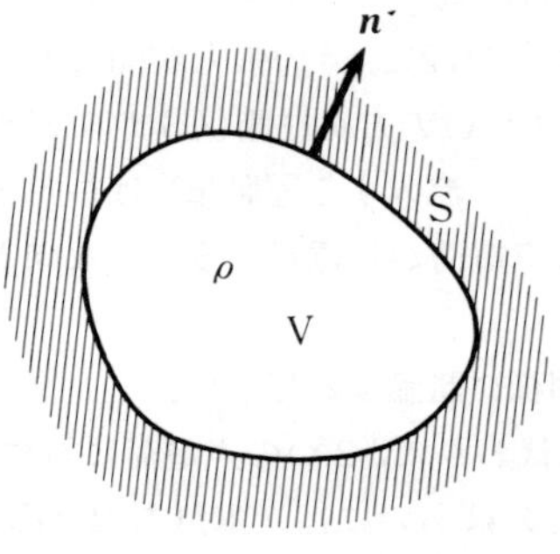

図21

（i） $\rho = 0$ のばあい，すなわち真空中の静電場を考える．$D_n = \varepsilon_0 E_n = -\varepsilon_0 \partial\phi/\partial n$ であるから，(17.1)は

$$\tilde{U} = \frac{\varepsilon_0}{2}\iint_S \phi \frac{\partial \phi}{\partial n} dS \tag{17.2}$$

となる．もし ϕ と $\partial\phi/\partial n$ のどちらかが閉曲面Sの上で0であれば，$\tilde{U} = 0$ である．ところが $\boldsymbol{E}\cdot\boldsymbol{D} = \varepsilon_0 E^2 \geqq 0$ であるから，$\tilde{U} = 0$ となるためにはVの内部いたるところで $\boldsymbol{E} = 0$ でなければならない．したがって，つぎの定理が得られる．

［定理］ 閉曲面Sの上で ϕ あるいは $\partial\phi/\partial n$ が0で，Sの内部の領域Vに電荷がなければ，Vには電場は存在しない．

（ii） 領域Vで ρ を指定し，境界面Sの上で ϕ あるいは $\partial\phi/\partial n$ を指定したとき，2つの静電場 $\boldsymbol{E}_1, \boldsymbol{E}_2$ が存在するものと仮定する．電場の線形性により，$\boldsymbol{E} = \boldsymbol{E}_1 - \boldsymbol{E}_2$ も静電場として可能である．ところが，仮定により，$\boldsymbol{E}$ に対してはVの内部に電荷は存在せず，Sの上では ϕ と $\partial\phi/\partial n$ のどちらかは0である．したがって，上の定理により $\boldsymbol{E} = 0$，すなわち $\boldsymbol{E}_1 = \boldsymbol{E}_2$ でなければならない．これで'一意性'の定理が証明された．▩

N 上では，1つの閉曲面Sで囲まれた領域Vについて考えたが，実は，図22のように，いくつかの閉曲面 $S_0, S_1, S_2, \ldots$ を境界面とする領域Vについても，結果はそのまま成り立つ．さらに，外側の境界面 S_0 が無限に大きくなって，領域Vが $S_1, S_2, \ldots$ を内部境界面とする無限領域になっているばあいでも，$r \to \infty$ のとき $\phi = O(1/r)$（したがって無限遠で電場が0になる）という条件のもとで，定理は成り立つ．

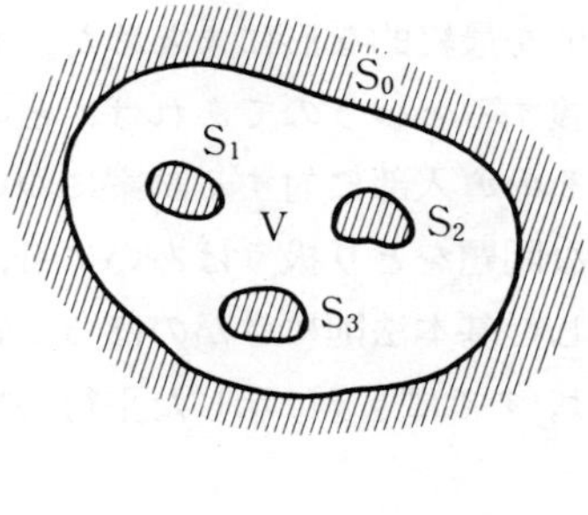

図22

ただし，r は(任意に選んだ)原点からの距離である．あるいは，この条件の代わりに，無限遠での静電場のふるまい——たとえば一様電場：$\phi = -\boldsymbol{E}\cdot\boldsymbol{r}$——を指定してもよい．

ただ注意しなければならないのは，上の議論は，ϕ が場所の1価関数であることを前提としていることである．たとえば，領域 V が多重連結のばあいには，(17.1)の式はこのままでは成り立たない．しかし，静電場のばあいには静電ポテンシャルの1価性が保証されているので，多重連結領域についても，上の一意性の定理は成り立つのである．(実は，静磁場についても静磁ポテンシャル ϕ_m が存在し，$\Delta\phi_m = 0$ が成り立つ．しかし，多重連結領域では，多価性をもつ ϕ_m が存在するので，'一意性の定理'はすこし変更する必要がある．)

［定理］（一意性）　複数個の閉曲面で囲まれた領域についても，内部領域，外部領域を問わず，また単連結，複連結を問わず，上の一意性の定理が成り立つ．ただし，外部領域については，無限遠での静電場のふるまいを指定する必要がある．

例　対称性

§3で，平面電荷，直線電荷，点電荷による電場を求める際に，'対称性'により…というような議論で行なった．この'対称性'なる性質は基本法則には含まれていない．しかし，上の'一意性の定理'によれば，なにか1つ条件にあう静電場が見つかれば，解はそれしかないことが保証されているのである．したがって，たとえば電荷の球状分布のように，境界条件になんらかの対称性があるばあいには，その対称性に応じた静電場を想定して解を求める．解が求まれば，それが確かに唯一の解であるといえるのである．

§18.　導体を含む静電場

§14では，静電場の基本法則を最終的な形にまとめた．もし，この基本法則にもとづいて静電気学を講義するというのであれば，どのような順序で話を進めればよいのだろうか．その導入部に対する試案についても簡単に述べた．静電気に関するいろいろな問題をとり扱うばあいにも，在来の静電気学の枠組をはなれて，直接，新しい基本法則にさかのぼって議論する方が考えやすいことがある．その一例は，すでに§3に示した平行平板コンデンサーのとり扱いである．つぎに，もっと一般的に，任意の導体を含む静電場について，新しい理論構成によるとり扱い方を説明しよう．

物体はその電気的性質により，**導体** と **絶縁体** に大別される．電気を伝えやすいものが導体，伝えにくいものが絶縁体である．これは常識的な分類であるが，もうすこし立ち入って考えると，自由に動き得る荷電粒子を多量に含む物体が導体で，そうでないものが絶縁体であるといえる．つまり，電場をかけると，導体では，荷電粒子は電気力を受けてただちに動き，その結果，電荷を運ぶ，つまり電気を伝えることになるからである．金属のばあいには‘自由電子’が，また電解質溶液のばあいには‘イオン’が上述の‘自由に動き得る荷電粒子’にあたるのである．

さて，静電場の中に導体がおかれているばあいを考えると，導体内の自由な荷電粒子は静止した状態にある．これは，荷電粒子の位置で電場が0であることを意味する．ところが，導体はその内部のいたるところに自由な荷電粒子を含むものであるから，内部の各点で電場は0になっていなければならない．そこで，この性質によって導体を定義することにする．

[**定義**]　導体とは，自由に動き得る荷電粒子を多量に含み，したがって，静電場において，内部の電場がいたるところ0であるような物体のことである．

この定義から出発すれば，つぎの定理が容易に得られる．

[**定理**]　静電場の中の導体について，つぎのことが成り立つ．

(i)　導体の内部で電場 $\boldsymbol{E}$ は0，静電ポテンシャル ϕ は導体の内部および表面で一定値をとり，導体の内外を通じて連続である．

(ii)　電荷は導体の内部には存在せず，表面電荷としてのみ存在する．

(iii)　導体表面（のすぐ外側）の電場は導体表面に直角で，その大きさは

$$D_n = \varepsilon_0 E_n = \sigma \tag{18.1}$$

のように与えられる．ただし，D_n, E_n はそれぞれ電束密度 $\boldsymbol{D}$, 電場 $\boldsymbol{E}$ の法線成分で，σ は表面電荷の面密度である．

(iv)　導体の表面には単位面積あたり $\sigma^2/2\varepsilon_0$ の張力が働く．

（証明）　任意の点Aを基準点とするとき，点Pの静電ポテンシャルは，(5.5)により，

$$\phi(\mathrm{P}) = -\int_{\mathrm{A(C)}}^{\mathrm{P}} \boldsymbol{E}\cdot d\boldsymbol{r} \tag{18.2}$$

で与えられる．ここで，CはAとPと結ぶ任意の曲線である．したがって，導体内に任意に点Bをとると，

$$\phi(\mathrm{P}) = \phi(\mathrm{B}) - \int_{\mathrm{B}}^{\mathrm{P}} \boldsymbol{E}\cdot d\boldsymbol{r} \tag{18.3}$$

となる．導体内では，定義により $\boldsymbol{E} = 0$ であるから，$\phi(\mathrm{P}) = \phi(\mathrm{B}) = \mathrm{const.}$ また，導体の内外を通じて，$\boldsymbol{E}$ が ∞ にならないかぎり，ϕ が連続であることが(18.3)の表式からわかる．これで(i)が証明された．

つぎに，電荷密度は $\rho = \mathrm{div}\,\boldsymbol{D}$ で与えられる．導体内では $\boldsymbol{D} = \varepsilon_0\boldsymbol{E} = 0$ であるから，ただちに $\rho = 0$ が得られる．したがって，導体に電荷があるとすれば，表面に分布するほかはない．これで(ii)が証明された．

(i)により，導体の表面は等ポテンシャル面である．また，ϕ の連続性により，導体の外部の静電場に対しても，導体表面は等ポテンシャル面になっている．したがって，電気力線は導体表面に直角に走っている．

さて，電気力線は導体内には存在しない．したがって，導体の外部を走る電気力線は導体の表面でたち切れている．これは導体表面に電荷が存在することを意味する(図23)．その面密度 σ はGaussの定理によってただちに知

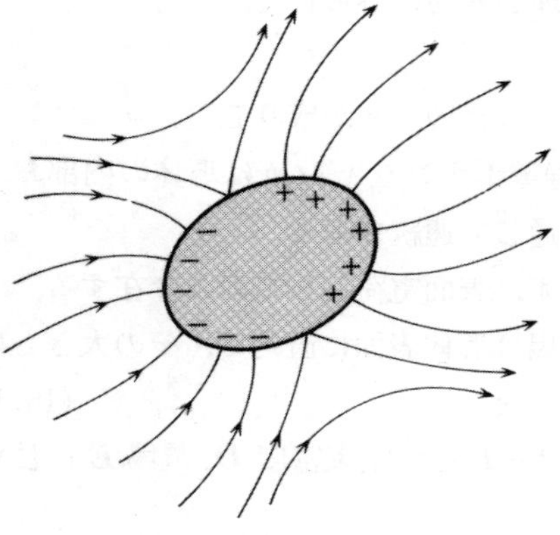

図23

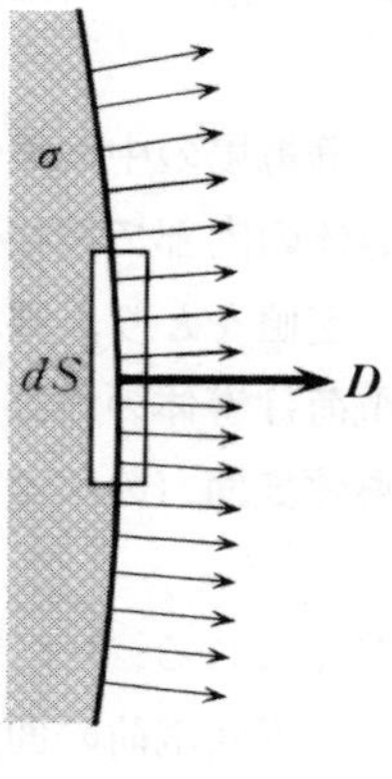

図24

られる．すなわち，図24のように，表面をはさんで底面積 dS の薄いせんべい状の領域をとると，その中に含まれる電荷は σdS である．また，その領域から出てゆく電気力線の総数は $D_n dS$ である．したがって，$\sigma dS = D_n dS$ でなければならない．これから(18.1)が得られる．

つぎに，同じせんべい状の領域について運動量保存の法則を考える．電気力線1本あたり，張力は E，圧力は $(1/2)E$ であるから，面積 dS をつらぬく電気力線の本数 σdS をかけて，

$$\left(E - \frac{1}{2}E\right)\sigma dS = \frac{1}{2}E\sigma dS = \frac{\sigma^2}{2\varepsilon_0}dS$$

だけの張力がこの領域に働くことになる．したがって，単位面積あたりでは，張力は $\sigma^2/2\varepsilon_0$ である．これで(iv)が証明された．■

Q 導体の内部では電場は0，外部では上の(iii)のように電場が与えられるということですが，ちょうど導体の表面では電場はどうなりますか？

A 導体表面で電場が不連続的に変化するということが重要で，‘表面での電場’というのはいわば無意味な概念です．つまり，それを使わなくても，たとえば導体に働く力など，物理的に重要な量はすべて求められるのです．

Q しかし，(iv)を導く論法にこういうのがありますね．導体の内部で $\boldsymbol{E} = 0$，導体のすぐ外側で $\boldsymbol{E} = (\sigma/\varepsilon_0)\boldsymbol{n}$，ただし $\boldsymbol{n}$ は導体表面の法線ベクトル．導体表面では，電場は内外の平均をとって $(1/2)\boldsymbol{E} = (\sigma/2\varepsilon_0)\boldsymbol{n}$，したがって，面密度 σ の表面電荷には，単位面積あたり $\sigma^2/2\varepsilon_0$ の張力が働く……．この議論では‘表面の電場’が $(1/2)\boldsymbol{E}$ であるということが使われているのではありませんか？

A 上の証明では，せんべい状の領域の表面での電場が使われているだけで，導体表面そのものでの電場は使われていません．ところが，あなたのいわれる証明で使われているのは，考える点での表面電荷をとり除いたときに現われる**であろう**電場です．それは確かに $(1/2)\boldsymbol{E}$ になります．（しかし，その証明が必要です．）だからといって，‘表面の電場’そのものが $(1/2)\boldsymbol{E}$ であるとはいえません．実際，現実の導体では，表面の近くで電場は0から $(\sigma/\varepsilon_0)\boldsymbol{n}$ まで，急激ではありますが連続的に変化します．上の証明の利点はこのようなばあいについてもそのまま成り立つことです．

N 上の‘導体’の定義は流体力学での‘流体’の定義にならうものである．常識的には，液体と気体とをひとまとめにして流体という．すなわち，固有の形をもたず自由自在に変形する物体が流体である．しかし，このようなあいまいな表現では

数学的な議論を展開するのに不便である．そこで，流体力学では，“静止状態において，応力が接線成分をもたず，法線成分が圧力である”ような物体として‘流体’を定義するのである．流体が運動するばあいには，接線応力は必ずしも0ではない．しかし，常識的に粘性のない流体では，運動中でも接線応力はほとんど現われない．そこで流体力学では，“運動中でも接線応力が0である”ような流体という理想化を行なって‘完全流体’を定義する．そして，運動中の実在流体に接線応力が現われるのは，流体が‘粘性’をもつからであると考えるのである．

“電気を伝えやすい”という常識的な表現が，“静電場において内部の電場が0”という数量的な定義によって明確になることは明らかであろう．‘導体’に対するこの定義からは，もちろん，一般の電磁場において導体中の電場が0になるかどうかはわからない．その点をはっきりさせるためには，さらに‘完全導体’や‘電気抵抗’などの概念を導入する必要がある．これらについては後で述べることになるだろう．

§19. 導体系のエネルギー

静電場にいくつかの導体がおかれているばあいについて，その系のエネルギーを考えよう．このばあい基本になるのは，“電気力線は単位長さあたり $(1/2)E$ のエネルギーを貯えている”ということである．静電場では静電ポテンシャル ϕ が存在するから，この事実はつぎのように言い表わすことができる．

［定理］ 静電場では，1本の電気力線上の2点 P_1, P_2 の間に貯えられる電磁エネルギーは $(1/2)|\phi(P_1)-\phi(P_2)|$ である．ただし $\phi(P)$ は点Pでの静電ポテンシャルの値である．

（証明） 電気力線上に，力線の走る向きに（電場の向きに）2点 P_1, P_2 をとると

$$\int_{P_1}^{P_2} E ds = \int_{P_1}^{P_2}\left(-\frac{\partial\phi}{\partial s}\right)ds = \phi(P_1)-\phi(P_2)$$

である．これはエネルギーであるから，もちろんその値は正である．もし2点 P_1, P_2 が力線の走る向きと逆にならんでいるとすると，$E=|\boldsymbol{E}|=\partial\phi/\partial s$ となり，上式の右辺の符号が変わる．けっきょく，2点 P_1, P_2 の任意の配置に対しては，上式の右辺の絶対値をとればよいのである．■

N 電気力線がエネルギーを貯えるといっても，もちろん，エネルギーが電気力線に集中して存在するわけではない．くわしくいえば，電気力線を骨格とする断面積 S の電気力管を考えると，それには DS 本の力線が通っている(図 25)．そこで，電気力管の P_1, P_2 の間の部分に $(1/2)|\phi(P_1)-\phi(P_2)|DS$ のエネルギーが貯えられているというのが上の定理の意味である．ここで‘DS 本’といっても，DS は整数でなくてもよい．要するに，DS は電気力線をわき出している電荷の量を表わすわけであるから，電気量の単位を適当に小さくとっておけば，DS はいくらでも整数に近くなるのである．これまでも，‘電気力線 1 本あたり’という表現をしばしば用いてきたが，これは電気力管についての簡略な表現であることを忘れてはならない．

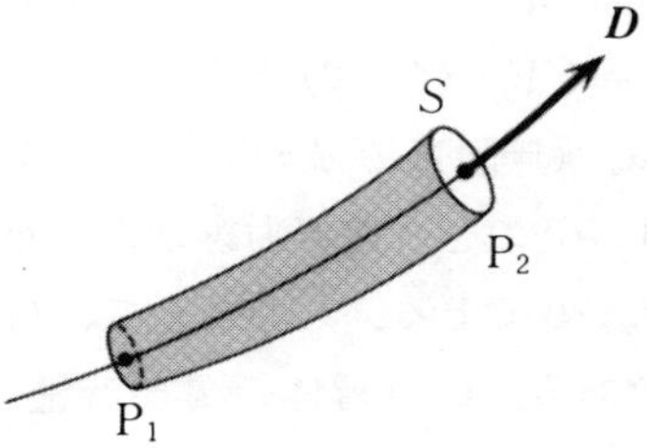

図25

例 導体上の 1 点から出た電気力線は，同じ導体上の点に到達することはない．なぜなら，もし同じ導体上の 2 点 P_1, P_2 を結ぶ電気力線があるとすれば，その電気力線に貯えられるエネルギーは，上の定理により，$(1/2)|\phi(P_1)-\phi(P_2)|$ である．ところが，同じ導体上では ϕ は一定であるから，$\phi(P_1)-\phi(P_2)=0$．したがって，その電気力線に貯えられるエネルギーは 0 となり，本来エネルギーが正であるべきことと矛盾するからである．

まず，導体が 1 個だけあるばあいを考えよう．これに電荷 Q を与えると，図 26 のような電場が現われる．すなわち，電荷は面密度 σ の表面電荷として分布し，それから電気力線が無限遠までのびている．(上の例で述べたように，導体から出て導体にもどるような力線は存在しない！) さて，静電ポテンシャル ϕ が存在して，導体上では一定値をとる．これを V としよう．表面電荷の面密度は $\sigma=-\varepsilon_0\partial\phi/\partial n$ で与えられるから，全電気量 Q は

$$Q=\iint_S \sigma\, dS=-\varepsilon_0\iint_S \frac{\partial\phi}{\partial n}dS \tag{19.1}$$

のように表わされる．ただし，S は導体の表面を表わす．ϕ は V に比例するから，σ も Q も V に比例する．したがって

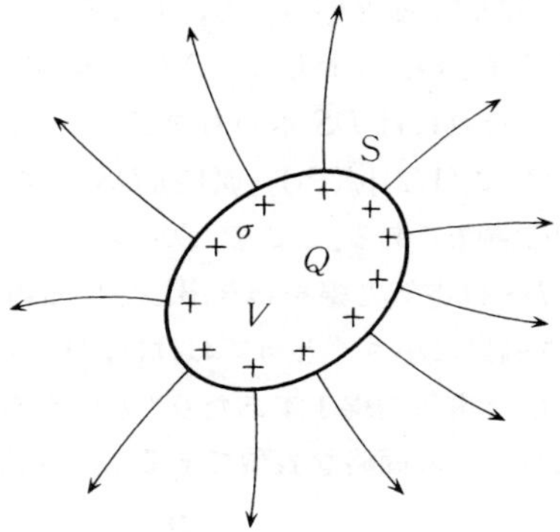

図26

$$Q = CV \quad (C>0) \tag{19.2}$$

のような比例関係が成り立つ．（無限遠で ϕ が 0 になるように静電ポテンシャルが定められている！）　$V>0$ のとき電気力線は導体から出てゆくから，表面電荷は正，したがって $Q>0$ である．したがって，(19.2)の比例定数 C は正でなければならないのである．C は導体の **電気容量** とよばれる．

導体から無限遠まで走る電気力線は，上の定理により，1 本あたり $(1/2)|V-0|=(1/2)|V|$ のエネルギーを貯えている．導体の電荷は Q であるから，電気力線の総数は $|Q|$ 本．したがって，電場の全エネルギー $\tilde{U}$ は

$$\tilde{U} = \frac{1}{2}|Q|\cdot|V| = \frac{1}{2}QV \tag{19.3}$$

となる．ここで絶対値記号をとり除いたのは，$V \gtrless 0$ に応じて $Q \gtrless 0$ となるからである．(19.2)により，(19.3)は

$$\tilde{U} = \frac{1}{2}CV^2 = \frac{1}{2C}Q^2 \tag{19.4}$$

の形に表わすこともできる．

つぎに，一般の導体系の考察に移ろう．このばあい，(19.3)に対応してつぎの定理が成り立つ．

［定理］　中空の導体 B_0 の内部に N 個の導体 B_p $(p=1, 2, \ldots, N)$ がある(図 27)．導体 B_p の静電ポテンシャルを V_p，電荷を Q_p，導体の内部の静電場のエネルギーを $\tilde{U}'$，外部のそれを $\tilde{U}''$，全エネルギーを $\tilde{U}$ とすると

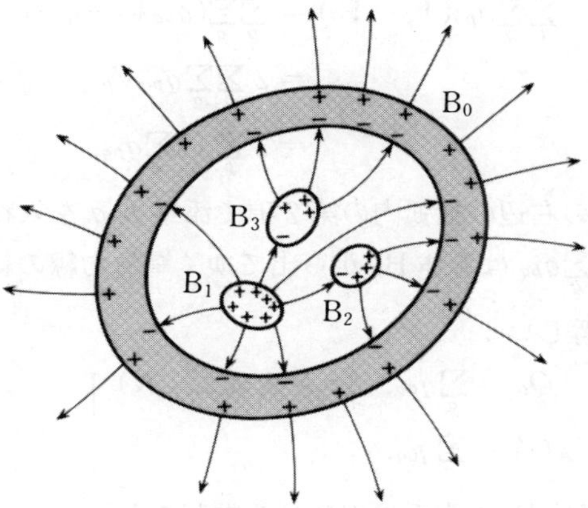

図27

$$\tilde{U} = \tilde{U}' + \tilde{U}'' = \frac{1}{2}\sum_{p=0}^{N} Q_p V_p \tag{19.5}$$

$$\tilde{U}' = \frac{1}{2}\sum_{p=1}^{N} Q_p (V_p - V_0) \tag{19.6}$$

$$\tilde{U}'' = \frac{1}{2}Q_0'' V_0, \quad Q_0'' = \sum_{p=0}^{N} Q_p \tag{19.7}$$

が成り立つ．

（証明）（F）まず Faraday 式に考察する．導体 B_p から出て導体 B_q に入る電気力線の本数を q_{pq} とする．($q_{pq}<0$ のばあいには電気力線は導体 B_q から出て導体 B_p に入る．）そうすれば

$$q_{pq} = -q_{qp} \tag{19.8}$$

である．この電気力線には1本あたり $(1/2)(V_p - V_q)$ のエネルギーが貯えられている．したがって，導体 B_0 の内部に含まれるエネルギー $\tilde{U}'$ は

$$\tilde{U}' = \frac{1}{2}\cdot\frac{1}{2}\sum_{p=0}^{N}\sum_{q=0}^{N} q_{pq}(V_p - V_q)$$

で与えられる．ここで1/2という因子がついているのは，導体 B_p と導体 B_q を結ぶ電気力線を2重に数えているからである．

さて，(19.8)により

$$\sum_p\sum_q q_{pq}(V_p-V_q) = \sum_p\sum_q(q_{pq}V_p+q_{pq}V_q)$$
$$= 2\sum_p\sum_q q_{pq}V_p$$
$$= 2\sum_p V_p\sum_q q_{pq}.$$

ただし，第1行の右辺の括弧内の第2項で添字 p, q を入れかえて，第2行が得られている．$\sum_q q_{pq}$ は導体 B_p から出てゆく電気力線の総数であるから，導体 B_p の電荷に等しい：

$$\left.\begin{aligned} Q_p &= \sum_q q_{pq}, \quad (p=1,2,\ldots,N) \\ Q_0' &= \sum_q q_{0q}. \end{aligned}\right\} \tag{19.9}$$

ただし，Q_0' は導体 B_0 の内面に現われる電荷であって，

$$Q_0' = -\sum_{p=1}^{N} Q_p \tag{19.10}$$

の関係がある．内部の導体から出た電気力線はけっきょく導体 B_0 に入りこむからである．

(19.9)，(19.10)を $\tilde{U}'$ の式に代入すると

$$\tilde{U}' = \frac{1}{2}\left(V_0Q_0' + \sum_{p=1}^{N} V_pQ_p\right) = \frac{1}{2}\sum_{p=1}^{N} Q_p(V_p-V_0).$$

すなわち(19.6)が得られた．

導体 B_0 の外部の静電場のエネルギー $\tilde{U}''$ については，単独の導体に対する結果(19.3)がそのまま成り立つ．ただし，電荷 Q としては，導体 B_0 の外側の表面に現われる電荷 $Q_0'' = Q_0 - Q_0'$ をとればよい．こうして(19.7)が得られる．(19.5)を得るには，単に(19.6)と(19.7)の和をとればよい．▨

(M)上の定理は，Maxwell 的の考察によればごく簡単に証明できる．そのためには，閉曲面Sの内部の領域Vに含まれる静電場のエネルギーの公式(14.9)，すなわち

$$\tilde{U} = -\frac{1}{2}\iint_S \phi\boldsymbol{D}\cdot d\boldsymbol{S} + \frac{1}{2}\iiint_V \phi\,\rho dV \tag{19.11}$$

を使う．導体 B_0 の実質部分の中に閉曲面Sをとると，そこでは $\boldsymbol{D}=0$ である．また，Sの内部では，電荷は B_0 の内面の表面電荷 Q_0' と，導体 $B_1, B_2, \ldots, B_N$ の電荷 $Q_1, Q_2, \ldots, Q_N$ だけである．したがって

$$\tilde{U}' = \frac{1}{2}Q_0' V_0 + \frac{1}{2}\sum_{p=1}^{N} Q_p V_p = \frac{1}{2}\sum_{p=1}^{N} Q_p (V_p - V_0)$$

が得られる．これは，すなわち，(19.6)である．(19.5)，(19.7)も同様の方法で得られる．

§20. 点電荷の系

N 個の点電荷の系による静電場を考えよう．点電荷の位置を $\boldsymbol{r}_p$，電荷を Q_p とすると，静電ポテンシャルは

$$\phi = \frac{1}{4\pi\varepsilon_0}\sum_{p=1}^{N}\frac{Q_p}{|\boldsymbol{r}-\boldsymbol{r}_p|} \tag{20.1}$$

で与えられる．§9 の **N** で説明したように，このばあいの静電場のエネルギーを求めるのに公式(19.11)を使うことはできない．**自己エネルギー** が発散するからである．そこで，自己エネルギーをさし引いた値を求めることにする．それには，公式(14.11)，すなわち

$$\tilde{U}' = \iiint_V \phi_0\, \rho\, dV \tag{20.2}$$

を利用する．これは，静電ポテンシャル $\phi_0(\boldsymbol{r})$ で表わされる静電場に電荷 $\rho\, dV$ をもちこんだときの静電場のエネルギーの‘変化’を表わす公式である．

まず，点電荷 Q_1 が単独に存在するばあい，電場のエネルギーは自己エネルギーだけであるから，これをさし引けば 0 である．ここへ第 2 の点電荷 Q_2 をもちこむと，電場のエネルギーは，(20.2)により，

$$\tilde{U}_2' = \frac{1}{4\pi\varepsilon_0}\frac{Q_1 Q_2}{r_{12}}, \quad r_{pq} = |\boldsymbol{r}_p - \boldsymbol{r}_q|$$

だけ変化する．この $\tilde{U}_2'$ は 2 個の点電荷による静電場のエネルギーから 2 つの点電荷の自己エネルギーをさし引いたものである．

さらに第 3 の点電荷 Q_3 をもちこむと，電場のエネルギーは，(20.1)と(20.2)により，

$$\tilde{U}_3' - \tilde{U}_2' = Q_3 \cdot \frac{1}{4\pi\varepsilon_0}\left(\frac{Q_1}{r_{13}} + \frac{Q_2}{r_{23}}\right)$$

だけ変化する．$\tilde{U}_3'$ は 3 個の点電荷による静電場のエネルギーから自己エネルギーをさし引いたものである．$\tilde{U}_2'$ を代入すると

$$\tilde{U}'_3 = \frac{1}{4\pi\varepsilon_0}\left(\frac{Q_1Q_2}{r_{12}} + \frac{Q_1Q_3}{r_{13}} + \frac{Q_2Q_3}{r_{23}}\right)$$

となる．以下同様に進めば，N 個の点電荷に対して

$$\tilde{U}'_N = \frac{1}{4\pi\varepsilon_0}\sum_{p<q}\sum\frac{Q_pQ_q}{r_{pq}} = \frac{1}{8\pi\varepsilon_0}\sum_{p\neq q}\sum\frac{Q_pQ_q}{r_{pq}} \tag{20.3}$$

が成り立つことがわかる．いま

$$V_p = \frac{1}{4\pi\varepsilon_0}\sum_q{}'\frac{Q_q}{r_{pq}} \equiv \left\{\phi(\boldsymbol{r}) - \frac{1}{4\pi\varepsilon_0}\frac{1}{|\boldsymbol{r}-\boldsymbol{r}_p|}\right\}_{r=r_p} \tag{20.4}$$

とおくと，これは点電荷 Q_p 以外の点電荷による静電ポテンシャルが点 $\boldsymbol{r}_p$ でとる値を表わす．この V_p を使えば，(20.3)は

$$\tilde{U}'_N = \frac{1}{2}\sum_p Q_pV_p \tag{20.5}$$

の形に書きかえられる．

(20.5)は導体系のエネルギーの公式(19.5)と同じ形をしているが，点電荷の自己エネルギーをさし引いたものであることに特に注意しなければならない．

§21. 容量係数，電位係数

1個の導体のばあいと同様，N 個の導体の系についても，各導体の電荷 Q_p と静電ポテンシャル V_p の間に線形関係が成り立つ：

$$Q_p = \sum_q C_{pq}V_q. \quad (p, q = 1, 2, \ldots, N) \tag{21.1}$$

ここで C_{pq} は各導体の形と相互の位置関係によってきまる定数で，**容量係数**とよばれる．線形性を満足するというだけならば C_{pq} の数値についてなんら制限はつかないが，容量係数の物理的な性質によって，$C_{pq} = C_{qp}$ などいろいろな制限がつく．これをつぎに示そう．

本質的な点ではちがいがないから，簡単のために，N 個の導体が無限にひろがる空間の中にあるばあいを考える．(§19 の定理で導体 B_0 がないばあいに相当する.)

静電場のエネルギーは，(19.5)により，

$$\tilde{U} = \frac{1}{2}\sum_p Q_pV_p \tag{21.2}$$

のように表わされる．(21.1)を(21.2)に代入すれば，$\tilde{U}$ は V_p の2次の同次式になる．したがって，一般に $\tilde{U}$ は

$$\tilde{U} = \frac{1}{2}\sum_p\sum_q C_{pq}V_pV_q, \quad C_{pq} = C_{qp} \tag{21.3}$$

の形に書き表わされるはずである．（ここの C_{pq} は(21.1)式の C_{pq} とは必ずしも等しくない．$(C_{pq}+C_{qp})/2$ に相当するものである．）

さて，導体 B_p の静電ポテンシャルが V_p で電荷が Q_p の状態を考える（$p = 1, 2, \ldots, N$）．いま，各導体 B_p に電荷 δQ_p を追加すると，静電ポテンシャルは δV_p だけ増加するだろう．このとき，静電場のエネルギーの増加は，(20.2)により，

$$\delta\tilde{U} = \sum_p V_p\delta Q_p \tag{21.4}$$

で与えられる．これはつぎのように変形できる．

$$\begin{aligned}\delta\tilde{U} &= \sum_p\{\delta(V_pQ_p) - Q_p\delta V_p\}\\ &= \delta(2\tilde{U}) - \sum_p Q_p\delta V_p. \qquad \because\ (21.2)\\ \therefore\quad \delta\tilde{U} &= \sum_p Q_p\delta V_p.\end{aligned} \tag{21.5}$$

これは

$$Q_p = \frac{\partial\tilde{U}}{\partial V_p} \tag{21.6}$$

を意味する．(21.3)にこの関係を適用すると

$$Q_p = \sum_q C_{pq}V_q, \quad C_{pq} = C_{qp} \tag{21.7}$$

が得られる．これは(21.1)と類似しているが，容量係数に**対称性**：$C_{pq} = C_{qp}$ があることを示すものである．

(21.7)を V について解くと

$$V_p = \sum_p A_{pq}Q_q, \quad A_{pq} = A_{qp} \tag{21.8}$$

の形になる．A_{pq} は**電位係数**とよばれる．その対称性：$A_{pq} = A_{qp}$ は容量係数 C_{pq} についてと同様の方法で証明できる．すなわち，電場のエネルギーは

$$\tilde{U} = \frac{1}{2}\sum_p\sum_q A_{pq}Q_pQ_q, \quad A_{pq} = A_{qp} \tag{21.9}$$

の形に表わされる．また，(21.4)から

$$V_p = \frac{\partial \tilde{U}}{\partial Q_p} \tag{21.10}$$

が得られ，これを(21.9)に適用すれば(21.8)が得られるというわけである．

C_{pq}, A_{pq} はつぎの性質をもつ．

[定理]　容量係数 C_{pq}, 電位係数 A_{pq} についてつぎの関係が成り立つ．

（i）　$C_{pp} > 0 > C_{pq}, \quad (p \neq q)$ (21.11)

$\sum_q C_{pq} > 0.$ (21.12)

（ii）　$A_{pp} > A_{pq} > 0, \quad (p \neq q).$ (21.13)

これを証明するには，静電ポテンシャルに関するつぎの一般的な定理を用いる．

[定理]　領域 V の内部に電荷がなければ，静電ポテンシャルは V の内部で極大値も極小値もとらない．

[定理]　導体 $B_1, B_2, \ldots$ を含む静電場では，静電ポテンシャル ϕ の極大値および極小値は導体の表面に現われる．したがって，導体の静電ポテンシャルをそれぞれ $V_1, V_2, \ldots$ とし，その最大値と最小値を $V_{\max}$, $V_{\min}$ とすれば，これらは静電場の ϕ の最大値および最小値を表わす．

[定理]　静電ポテンシャルが $V_{\max} \geqq 0$ の導体からは電気力線は出てゆくだけで，したがって電荷の面密度は $\sigma \geqq 0$, また電荷は $Q > 0$ である．同様に，$V_{\min} \leqq 0$ の導体では電気力線は入りこむだけで，したがって $\sigma \leqq 0$, $Q < 0$ である．

§22.　定 理 の 証 明

（i）　最初の定理は**調和関数**（$\Delta \phi = 0$ を満たす関数）の性質を表わすもので，つぎのように証明される．ϕ が極大になるような点 P が存在するものと仮定する．P を中心とする微小な球について Gauss の定理：

$$\iint_S \boldsymbol{D}\cdot d\boldsymbol{S} = -\varepsilon_0 \iint_S \frac{\partial \phi}{\partial n} dS = \iiint_V \rho\, dV$$

を適用する．球の内部に電荷はないから，右辺は 0．球の表面では $\partial\phi/\partial n \leqq 0$（点 P で ϕ が極大になる）であるから，中辺は正．これは矛盾である．したがって，ϕ が極大になるような点は存在しない．極小についても同様に証明できる．

閉曲面 S を境界とする領域 V についてこの定理を適用すると，閉領域[V]（領域 V と境界 S をあわせ考えたもの）で ϕ が最大あるいは最小になるのは S 上の点であることがわかる．第 2 の定理は，導体系についてこの事実を述べたものである．

第 3 の定理はつぎのように証明される．静電ポテンシャルが $V_{\max}$ の導体を考える．無限遠で $\phi\to 0$ ときめてあるから，$V_{\max}\geqq 0$ ならば，上の定理により，ϕ はこの導体上で最大値をとる．とくに，この導体の付近では $\phi\leqq V_{\max}$ である．電気力線は ϕ の大きいところから小さいところに向って走るから，この導体からは電気力線は出てゆくほかはない．電気力線が出てゆく点として，導体表面の電荷は正でなければならない．すなわち，$\sigma\geqq 0$ である．（特別の点で $\sigma=0$ となることはあり得る．）表面電荷の総和として，この導体の電荷は $Q>0$ である．$V_{\min}\leqq 0$ のばあいについても同様に証明できる．▩

（**ii**） いよいよ，容量係数に関する定理の証明に入る．いま，導体 B_p の静電ポテンシャルを

$$V_1 = 1, \quad V_p = 0 \quad (p \neq 1)$$

のように与えると，(21.7)により，電荷は

$$Q_1 = C_{11}, \quad Q_p = C_{p1} \quad (p \neq 1)$$

となる．このとき，$V_{\max}=1$, $V_{\min}=0$ である．

$V_1 = V_{\max}>0$ であるから，上の第 3 の定理により $Q_1>0$. また，$V_p = V_{\min} = 0\,(p\neq 1)$ であるから，同じ定理により，$Q_p<0$ である．したがって，$C_{11}>0>C_{1p}\,(p\neq 1)$ が得られた．どの導体の番号を 1 としてもよいから，一般に $C_{pp}>0>C_{pq}\,(p\neq q)$ とすることができる．すなわち(21.11)が証明された．

つぎに，すべての導体の静電ポテンシャルを 1 とすると，$V_p=1, Q_p=\sum_q C_{pq}$ となる．このとき，$V_{\max}=1$. そして，すべての導体 B_p について $V_p=$

$V_{\max}>0$ である．したがって，上の定理により，$Q_p>0$ が得られる．これは(21.12)にほかならない．

つぎに，電位係数を考える．

$$Q_1 = 1, \quad Q_p = 0 \quad (p \neq 1)$$

とすると，(21.8)により，

$$V_1 = A_{11}, \quad V_p = A_{p1} \quad (p \neq 1)$$

である．このばあい，$V_{\min}>0$ でなければならない．(さもなければ，その $V_{\min}$ をとる導体は，上の定理により，電荷が負でなければならないが，そのような導体は存在しない！）したがって $V_p(=A_{p1})$ はすべて正である．それゆえ $V_{\max}>0$. しかし $V_p(p\neq1)$ は $V_{\max}$ ではあり得ない．(さもなければ，$Q_p>0$ となり，$Q_p=0$ の仮定と矛盾する．）したがって $V_1 = V_{\max}$. これは $V_1>V_p$, すなわち $A_{11}>A_{p1}\,(p\neq1)$, を意味する．けっきょく，$A_{11}>A_{p1}>0\,(p\neq1)$ が得られた．番号 1 を p に，p を q に変えれば，(21.3)が得られる．■

§23.　ま　と　め

“電磁場は運動量とエネルギーの保存法則が成り立つ1つの力学系である”という立場で電磁気学を構成しようというのが本書の目的である．考え方のすじみちを明らかにするために，この章では，真空中の電磁場について詳しい説明をした．これをまとめたのが§14である．在来の静電場の理論では，$\operatorname{div}\boldsymbol{D}=\rho$, $\operatorname{rot}\boldsymbol{E}=0\,(\boldsymbol{D}=\varepsilon_0\boldsymbol{E})$ を‘基礎方程式’とみなし，電場 $\boldsymbol{E}$ を電荷 q に働く力 $\tilde{\boldsymbol{f}}=q\boldsymbol{E}$ によって定義するという構成になっている．そのため，微分方程式が電磁気学の理解に不可欠のように誤解(？)されているように思われる．ここで提唱する新しい理論構成では，基本法則としては本質的には運動量とエネルギーの保存法則のみで足りるのである．$\operatorname{div}\boldsymbol{D}=\rho$, $\operatorname{rot}\boldsymbol{E}=0$, $\boldsymbol{E}=-\operatorname{grad}\phi$, $\Delta\phi=0, \ldots$ などは，具体例について計算する際に便利な‘定理’としての役割をもつものとみなすべきである．つまり，電磁気学の理解には必ずしも微分方程式の知識を要しないのである．

§18以降では，導体系を含む静電場を材料として，新しい理論構成によるとり扱い方を示した．ここでとり扱った問題は多分読者諸氏もよくご存じのことと思う．ただ，とり扱い方にふつう見られるものと違いがあることにご注意願いたい．たとえば，導体系のエネルギーの表式を導く際に，微小な電荷を無限遠から運ぶというような操作はいっさいやっていないことなどである．

電気力線の性質や電荷の役割などについての考え方に十分習熟されたことと思うので，次章ではいよいよ一般の電磁場についての基本法則を述べ，これから Maxwell の方程式や Lorentz 力の公式などを導くことにする．

N §5 では(5.3)

$$\int_{\mathrm{C}} \boldsymbol{E}(\boldsymbol{r})\cdot d\boldsymbol{r} = 0$$

を導き出すために，ふつうよく用いられる方法，すなわち点電荷 q を静電場の中で動かすときに，機械力のする仕事が静電場のエネルギーの増加として現われるという事実を利用している．実は，上の関係式は，点電荷を導入するまでもなく，エネルギー保存の法則から直接導くことができる（拙著［28］第 11 章参照）．

3　電磁場理論の再構成

§1.　は　じ　め　に

古典物理学の基礎をなすものは力学と電磁気学であるとよくいわれる．もちろん，このことばにはまちがいはないが，これを聞くと，電磁気学には力学には含まれないなにか本質的に異なるものがあると思うのは大多数の人ではなかろうか．実は筆者もその一人であった．しかし，いわゆる電磁気学なるものの理論構成を勉強し直してみると，これは要するに力学の１つの応用分野に過ぎないのではないかと思うようになった．つまり，“流体力学は力学の１つの応用分野である”というのと同じ意味においてである．この事実は，電磁気学から‘試験電荷’の概念を追放する —— いささか過激な表現であるが —— ことによって明らかになる．すなわち，電磁場そのものにある種の力学的性質を与えることによって，在来の電磁気学の基本法則とみなされる Maxwell の方程式がごく自然に導かれるのである．この点，粘性流体の運動を支配する Navier-Stokes の方程式が Newton 力学の枠組のなかで導き出されるのとまったく同様である．

以下，この線に沿って電磁気学を再構成することを試みよう．

§2.　電磁場の基本法則

静電場のばあいにならい，一般の電磁場についてつぎのような基本法則を採用する．

0． 電磁場は **電気力線** と **磁力線** の走る空間である．

I． 電磁場を含む体系について，運動量とエネルギーの保存法則が成り立つ．

II．（力線の幾何学的性質）

（**i**）　真空中では，電気力線も磁力線もとぎれることなく続いている．力線の分布する粗密の状態を数量的に表わすために，**電束密度**（ベクトル）

$\boldsymbol{D}$ および **磁束密度**(ベクトル) $\boldsymbol{B}$ を定義する．$\boldsymbol{D}$ は電気力線の方向と向きをもち，その大きさ $D=|\boldsymbol{D}|$ は電気力線に直角な単位面積をつらぬく電気力線の本数を表わす．$\boldsymbol{B}$ は磁場に関する同様な量である．正の **電荷** からは電気力線がわき出し，負の電荷にはすいこまれる．電気力線が q 本わき出す電荷の **電気量** は q である．(q の正負に応じて，電荷は正あるいは負である．) 磁力線にはわき出しもすいこみもない．つまり，**磁荷** は存在しない．

(ii) 電荷は保存する．

(iii) 線形性 —— 重ね合わせの原理．ある 2 つの電磁場が存在するならば，それらを重ね合わせた電磁場も存在し得る．

Ⅲ．(力線の力学的性質)

電磁場の力学的性質を見やすくするために，電束密度 $\boldsymbol{D}$，磁束密度 $\boldsymbol{B}$ に付随して **電場**(ベクトル) $\boldsymbol{E}$，**磁場**(ベクトル) $\boldsymbol{H}$ を，$\boldsymbol{E}=(1/\varepsilon_0)\boldsymbol{D}$，$\boldsymbol{H}=(1/\mu_0)\boldsymbol{B}$ で定義する．ε_0, μ_0 は普遍定数で，それぞれ **真空の誘電率**，**透磁率** という．

(i) 1 本の電気力線は単位長さあたり $(1/2)E$ の **電磁エネルギー** を貯えている．また，各電気力線は，力線に沿って強さ E の **張力** が働き，かつ力線のまわりに強さ $(1/2)E$ の **等方的な圧力** を生み出している．同様に，各磁力線は単位長さあたり $(1/2)H$ の電磁エネルギーを貯えている．また，力線に沿って強さ H の張力が働き，かつ力線のまわりに強さ $(1/2)H$ の等方的な圧力を生み出している．

(ii) 電気力線と磁力線が角度 θ で交わっているばあいには，電磁場はその両者に直角方向の **電磁運動量** を貯えている．その大きさは単位体積あたり $DB\sin\theta$ で，その向きは，$\boldsymbol{E}$ から $\boldsymbol{H}$ の向きに右ねじを回すときねじの進む向きである．またその方向に，単位時間，単位面積あたり $EH\sin\theta$ の割合で電磁エネルギーが流れる．

(iii) 真空中では電磁運動量も電磁エネルギーも消滅しない．

以上は，数式を避けてできるだけ直観的なイメージを述べる Faraday 的な表現(F)である．これに対して Maxwell 的，すなわち，数学的な表現(M)を補足しておこう．

まず，II-i を数式で表わす．任意の閉曲面 S で囲まれた領域 V を考える．

V の中にある電荷の総量を Q とすれば，S を出てゆく電気力線は Q 本であるから

$$\iint_{\mathrm{S}} \boldsymbol{D}\cdot d\boldsymbol{S} = Q = \iiint_{\mathrm{V}} \rho\, dV \tag{2.1}$$

が成り立つ．ただし，右辺は電荷が **電荷密度** ρ で連続的に分布したときの表現である．(2.1)はいわゆる **Gauss の法則** である．ベクトル解析の Gauss の定理を使って左辺の面積積分を体積積分で表わし，右辺と比較すれば

$$\mathrm{div}\, \boldsymbol{D} = \rho \tag{2.2}$$

が得られる．磁場について同様の考察を行なうと，磁荷が存在しないことを考慮して，

$$\iint_{\mathrm{S}} \boldsymbol{B}\cdot d\boldsymbol{S} = 0, \tag{2.3}$$

$$\mathrm{div}\, \boldsymbol{B} = 0 \tag{2.4}$$

が得られる．

つぎに，II - ii を考える．空間の各点における電荷の移動状態を数量的に表わすために，**電流密度**（ベクトル）$\boldsymbol{J}$ を定義する．$\boldsymbol{J}$ は電荷の移動する方向に平行で，その大きさ $J = |\boldsymbol{J}|$ は $\boldsymbol{J}$ に直角な単位面積を単位時間あたりに通過する電荷の量に等しいように定める．さて，空間に固定した任意の閉曲面 S をとり，その内部の領域 V に含まれる電荷の総量 Q の時間的変化を考えると，電荷の保存により，つぎの関係が成り立つ．

$$\frac{dQ}{dt} = -\iint_{\mathrm{S}} \boldsymbol{J}\cdot d\boldsymbol{S}. \tag{2.5}$$

ここで，$\boldsymbol{J}\cdot d\boldsymbol{S} = J_n dS$ は面積要素 dS を通って領域 V から流出する電荷の量を表わすのである．(2.5)は **電荷保存の法則** を積分形で表現したものである．(2.5)の右辺を体積積分で表わし，(2.1)を代入すると

$$\frac{\partial \rho}{\partial t} + \mathrm{div}\, \boldsymbol{J} = 0 \tag{2.6}$$

が得られる．これは電荷保存の法則の微分形である．

N　‘電流’といえば，常識的には導線中を流れる電流のように，ある方向に‘流れ続ける’ものが想像されるであろう．しかし，上に定義した‘電流密度’は，ある面を通過する電気量を表わすだけで，‘縦方向に流れ続ける’というような概念は含ま

れていないことに注意すべきである．もっとも，導線中の電流については，導線のどの断面をとっても，そこを通過する電気量は等しいから，けっきょく，導線方向(縦方向)に流れ続けるという常識的なイメージが正当性をもつのである．

なお，電磁場を表わす物理量として導入された $\boldsymbol{D}, \boldsymbol{B}, q, \rho, \boldsymbol{J}$ はすべて力線の幾何学的な性質を表わす量であることに注意してほしい．

つぎに，IIIに対して Maxwell 的な表現を与えよう．まず，電磁場の力学的性質を表わす物理量として

$$\boldsymbol{E} = \frac{1}{\varepsilon_0}\boldsymbol{D}, \quad \boldsymbol{H} = \frac{1}{\mu_0}\boldsymbol{B} \tag{2.7}$$

が導入される．

電磁場には電磁エネルギーおよび電磁運動量が貯えられる．それらは，単位体積あたり，それぞれ

$$U = \frac{1}{2}\boldsymbol{E}\cdot\boldsymbol{D} + \frac{1}{2}\boldsymbol{H}\cdot\boldsymbol{B}, \tag{2.8}$$

$$\boldsymbol{g} = \boldsymbol{D}\times\boldsymbol{B} \tag{2.9}$$

である．つまり，U は **電磁エネルギー密度**，$\boldsymbol{g}$ は **電磁運動量密度** である．

電磁場の中の任意の面を横切って電磁エネルギーおよび電磁運動量の流れがある．これらは単位面積，単位時間あたり，それぞれ

$$\boldsymbol{S} = \boldsymbol{E}\times\boldsymbol{H}, \tag{2.10}$$

$$\boldsymbol{T}_n = T_{ik}n_k, \tag{2.11}$$

$$T_{ik} = E_iD_k + H_iB_k - U\delta_{ik} \tag{2.12}$$

で与えられる．$\boldsymbol{S}$ はいわゆる **Poynting ベクトル**，T_{ik} は **Maxwell 応力** である．

これで，電磁場に対する基本法則はすべていい尽された．

N $\boldsymbol{S}$ と $\boldsymbol{T}_n$ の方向について一言注意しておく．法線ベクトル $\boldsymbol{n}$ の単位面積を $\boldsymbol{n}$ の負の側から正の側に通過する量として $\boldsymbol{D}, \boldsymbol{B}, \boldsymbol{J}, \boldsymbol{S}$ が定義されている．これに対して $\boldsymbol{T}_n$ だけは，電磁運動量が $\boldsymbol{n}$ の正の側から負の側に通過するばあいを‘正の向き’としている．これは，運動量の注入が‘力を働かす’ことにほかならないこと，したがって，面を通過する運動量の流れが‘面に働く応力’に相当することを考慮した結果である．T_{ik} は **電磁運動量流テンソル** とよぶべきものであるが，従来の慣習に

したがって，本書でも Maxwell 応力とよぶことにした．

Q　電磁気学が本当にこれだけの基本法則で構成されるのですか？　たとえば，Coulomb の法則とか，Biot-Savart の法則とか，Lorentz 力など，従来の電磁気学で基礎になるものについてなんにもいっていないのはふしぎですね．

A　たとえば静電場のばあいには，$\boldsymbol{B}=\boldsymbol{H}=\boldsymbol{J}=0$ とすると，$\boldsymbol{S}=0$, $\boldsymbol{g}=0$ となり，上の基本法則は第 2 章の§14 で述べたものに帰着します．そして Coulomb の法則が導かれることもすでにご承知のとおりです．Biot-Savart の法則や，Lorentz 力なども，後で述べるように，同様の手続きで導かれます．

Q　$\boldsymbol{D}, \boldsymbol{E}, \ldots$などの物理量もなんだか抽象的で架空のもののような感じがしますが，実験的に測定可能なんでしょうか？

A　それについても後で説明します．ただひとつ注意しておきたいのは，$\boldsymbol{D}, \boldsymbol{E}, \ldots$などの **次元（ディメンション）** が基本法則からただちに読みとれることです．これも電磁気の単位系とともに後でくわしく説明しますが，とりあえず，次元だけは自分で確かめておくようおすすめします．

§3.　電磁運動量の消滅

空間に固定した任意の閉曲面 S の内部の領域 V に含まれる電磁運動量の時間的変化を考えよう．S を通って Maxwell 応力として電磁運動量が流れこんでくる．一方，V の内部では電磁場の時間的変化に応じて電磁運動量も変化する．そこで

$$\tilde{\boldsymbol{f}} = \iint_{\mathrm{S}} \boldsymbol{T}_n\, dS - \frac{\partial}{\partial t}\iiint_{\mathrm{V}} \boldsymbol{g}\, dV \tag{3.1}$$

を考えると，これは V に流入した電磁運動量のうち，そのまま V に貯えられるものをさしひいた分を表わしている．つまり，これだけの電磁運動量が V の内部で単位時間あたり消滅していることになる．

(2.11)によれば

$$\begin{aligned}\iint_{\mathrm{S}} \boldsymbol{T}_n\, dS &= \iint_{\mathrm{S}} T_{ik} n_k\, dS \\ &= \iiint_{\mathrm{V}} \frac{\partial}{\partial x_k} T_{ik}\, dV. \qquad \because\ \text{Green の公式}\end{aligned}$$

したがって，(3.1)は

$$\tilde{\boldsymbol{f}} = \iiint_V \boldsymbol{f}\, dV, \tag{3.2}$$

$$\boldsymbol{f} = \frac{\partial T_{ik}}{\partial x_k} - \frac{\partial \boldsymbol{g}}{\partial t} \tag{3.3}$$

のように書き表わされる．ただし，$\boldsymbol{f}$ は単位時間，単位体積あたりの電磁運動量の消滅を表わす．ところが，(2.12)，(2.8)，(2.2)，(2.4)，(2.9)を使って計算すると

$$\frac{\partial T_{ik}}{\partial x_k} = \rho\boldsymbol{E} + \mathrm{rot}\,\boldsymbol{E}\times\boldsymbol{D} + \mathrm{rot}\,\boldsymbol{H}\times\boldsymbol{B}, \tag{3.4}$$

$$\frac{\partial \boldsymbol{g}}{\partial t} = \dot{\boldsymbol{D}}\times\boldsymbol{B} + \boldsymbol{D}\times\dot{\boldsymbol{B}} \tag{3.5}$$

の関係が得られる．ただし，$\dot{\boldsymbol{D}} \equiv \partial\boldsymbol{D}/\partial t$ のように，時間微分 $\partial/\partial t$ を $\dot{}$ で表わす．

けっきょく

$$\boldsymbol{f} = \rho\boldsymbol{E} + (\mathrm{rot}\,\boldsymbol{E}+\dot{\boldsymbol{B}})\times\boldsymbol{D} + (\mathrm{rot}\,\boldsymbol{H}-\dot{\boldsymbol{D}})\times\boldsymbol{B} \tag{3.6}$$

となる．

§4.　電磁エネルギーの消滅

電磁エネルギーについて上と同様の考察をすると，(3.1)に対応して

$$\widetilde{W} = -\iint_S S_n\, dS - \frac{\partial}{\partial t}\iiint_V U\, dV \tag{4.1}$$

が得られる．S_n は Poynting ベクトル $\boldsymbol{S}$ の法線成分で，表面 S を通って流出する向きを正としている．したがって，(4.1)の右辺の第 1 項は領域 V に流入する電磁エネルギー，第 2 項は V の内部に貯えられる電磁エネルギーの減小を表わし，$\widetilde{W}$ は V の内部でおこる単位時間あたりの電磁エネルギーの消滅を表わすのである．(4.1)は

$$\widetilde{W} = \iiint_V W dV, \tag{4.2}$$

$$W = -\left\{\frac{\partial U}{\partial t} + \mathrm{div}(\boldsymbol{E}\times\boldsymbol{H})\right\} \tag{4.3}$$

と書き表わされ，さらに，(2.8)により，W は

$$W = -(\dot{\boldsymbol{D}} - \mathrm{rot}\,\boldsymbol{H})\cdot\boldsymbol{E} - (\dot{\boldsymbol{B}} + \mathrm{rot}\boldsymbol{E})\cdot\boldsymbol{H} \tag{4.4}$$

となる．

§5. Maxwellの方程式を導く

電磁運動量と電磁エネルギーの消滅は一般的に(3.6)と(4.4)のように表わされる．基本法則III-iiiによれば，真空中ではこれらは0でなければならない．そのためには，$\boldsymbol{D}, \boldsymbol{E}, \boldsymbol{B}, \boldsymbol{H}$ の間になんらかの関係が成り立つことが要求される．つぎに，この点を調べてみよう．

(3.6), (4.4)はそれぞれ

$$\boldsymbol{f} = \rho\boldsymbol{E} + (\mathrm{rot}\,\boldsymbol{E}+\dot{\boldsymbol{B}})\times\boldsymbol{D} + (\mathrm{rot}\,\boldsymbol{H}-\dot{\boldsymbol{D}})\times\boldsymbol{B}, \tag{5.1}$$

$$W = (\mathrm{rot}\,\boldsymbol{H}-\dot{\boldsymbol{D}})\cdot\boldsymbol{E} - (\mathrm{rot}\,\boldsymbol{E}+\dot{\boldsymbol{B}})\cdot\boldsymbol{H} \tag{5.2}$$

である．

（i） まず，真空中で電荷も電流もないばあいを考えよう：$\rho = 0, \boldsymbol{J} = 0$．このとき，(5.1), (5.2)は

$$\boldsymbol{f} = \boldsymbol{X}\times\boldsymbol{D} + \boldsymbol{Y}\times\boldsymbol{B}, \tag{5.3}$$

$$W = \boldsymbol{Y}\cdot\boldsymbol{E} - \boldsymbol{X}\cdot\boldsymbol{H} \tag{5.4}$$

のように表わされる．ただし

$$\boldsymbol{X} = \mathrm{rot}\,\boldsymbol{E} + \dot{\boldsymbol{B}}, \quad \boldsymbol{Y} = \mathrm{rot}\,\boldsymbol{H} - \dot{\boldsymbol{D}} \tag{5.5}$$

とおく．

さて，真空中では電磁運動量も電磁エネルギーも消滅しないから，$\boldsymbol{f} = 0$, $W = 0$ が $\boldsymbol{D}, \boldsymbol{E}, \boldsymbol{B}, \boldsymbol{H}$ のいかんに関わらず恒等的に成り立たなければならない．(5.3), (5.4)によれば，これは $\boldsymbol{X} = 0$, $\boldsymbol{Y} = 0$ の関係を予想させる．実際，この関係の成り立つことは次節で証明される．したがって

$$\mathrm{rot}\,\boldsymbol{E} + \dot{\boldsymbol{B}} = 0, \quad \mathrm{rot}\,\boldsymbol{H} - \dot{\boldsymbol{D}} = 0 \tag{5.6}$$

である．これは正に真空中の電磁場に対するMaxwellの方程式である．

(5.6)を積分形で表わせば

$$\int_{\mathrm{C}}\boldsymbol{E}\cdot d\boldsymbol{r} = -\iint_{\mathrm{S}}\dot{\boldsymbol{B}}\cdot d\boldsymbol{S} = -\frac{\partial}{\partial t}\iint_{\mathrm{S}}\boldsymbol{B}\cdot d\boldsymbol{S}, \tag{5.7}$$

$$\int_{\mathrm{C}}\boldsymbol{H}\cdot d\boldsymbol{r} = \iint_{\mathrm{S}}\dot{\boldsymbol{D}}\cdot d\boldsymbol{S} = \frac{\partial}{\partial t}\iint_{\mathrm{S}}\boldsymbol{D}\cdot d\boldsymbol{S} \tag{5.8}$$

となることは周知のとおりであろう．ただし，Cは任意の閉曲線，SはCを縁とする任意の開曲面である(図1)．

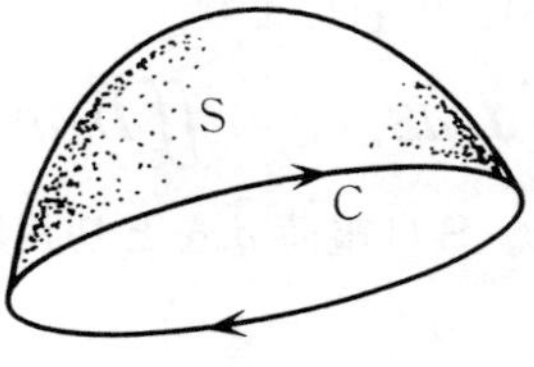

図1

（ii）　つぎに，電荷や電流が存在する一般のばあいに進む．このばあい，(5.7), (5.8)はどのような変更を受けるだろうか？

電荷があるといっても，それは電子・原子・分子などの担うものである．すなわち点電荷の集合とみなすことができる．そこで，電荷を避けるように閉曲線Cをとっても，これは実質的に‘任意’の閉曲線を表わすと考えることができるだろう(図2)．このCを縁とする開曲面Sを，電荷を避けるようにとると，真空中の電磁場として(5.7)の関係式がそのまま成り立つ．実は，たまたま電荷がS上にのっているとしても，結果に変わりはない．なぜなら，$\mathrm{div}\,\boldsymbol{B}=0$ の関係により，$\iint_{\mathrm{S}}\boldsymbol{B}\cdot d\boldsymbol{S}$ の面積積分は，開曲面Sを別の曲面S′（ただしCを縁とする）に変えても変化しない．そのS′を，電荷を避けるように選べばよいからである．

これに反して，(5.8)はこのままでは成立しない．いま，簡単のために，1個の電荷 q があるばあいを考えよう(図3)．この電荷が曲面 S_1 を横切るばあい，曲面 S_2 は完全に真空中にあり，かつ電荷とは無関係であるから，(5.8)はそのまま成り立つ：

$$\int_{\mathrm{C}}\boldsymbol{H}\cdot d\boldsymbol{r}=\iint_{\mathrm{S}_2}\dot{\boldsymbol{D}}\cdot d\boldsymbol{S}. \tag{5.9}$$

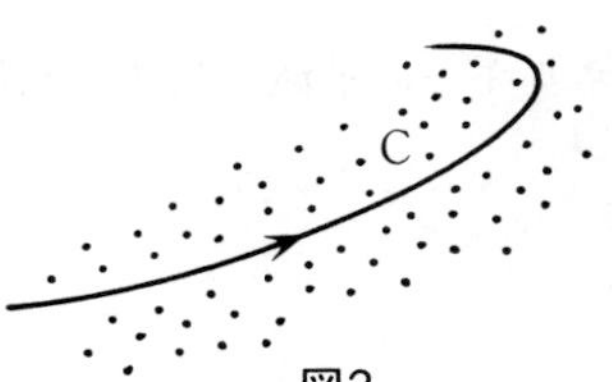

図2

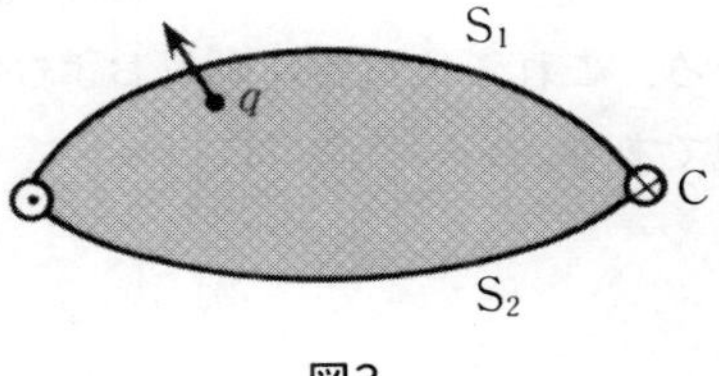

図3

さて，電荷の保存は，(2.5),(2.1)により，

$$\frac{dq}{dt} = -\iint_{S} \boldsymbol{J}\cdot d\boldsymbol{S}, \quad q = \iint_{S} \boldsymbol{D}\cdot d\boldsymbol{S} \tag{5.10}$$

のように表わされる．ただし，S は電荷 q をとり囲む任意の閉曲面である．(5.10)は

$$\iint_{S} (\dot{\boldsymbol{D}} + \boldsymbol{J})\cdot d\boldsymbol{S} = 0 \tag{5.11}$$

と書き表わすことができる．いま，S_1 と S_2 とをあわせて閉曲面 S をつくると，(5.11)は

$$\iint_{S_1} (\dot{\boldsymbol{D}} + \boldsymbol{J})\cdot d\boldsymbol{S} = \iint_{S_2} (\dot{\boldsymbol{D}} + \boldsymbol{J})\cdot d\boldsymbol{S} \tag{5.12}$$

となる．さて，電荷 q は S_1 を横切るが，S_2 は横切らない．すなわち，S_1 上では $\boldsymbol{J} \neq 0$，S_2 上では $\boldsymbol{J} = 0$ である．したがって，(5.9),(5.12)により，

$$\int_{C} \boldsymbol{H}\cdot d\boldsymbol{r} = \iint_{S_2} \dot{\boldsymbol{D}}\cdot d\boldsymbol{S} = \iint_{S_1} (\dot{\boldsymbol{D}} + \boldsymbol{J})\cdot d\boldsymbol{S}.$$

この関係は任意の開曲面 S_1 について，電荷が通過するか否かに関せず成り立つ．また，電荷が多数個あるばあいについても同様であることは明らかであろう．けっきょく，一般に，任意の開曲面 S について

$$\int_{C} \boldsymbol{H}\cdot d\boldsymbol{r} = \iint_{S} (\dot{\boldsymbol{D}} + \boldsymbol{J})\cdot d\boldsymbol{S} \tag{5.13}$$

が成り立つことになる．

(5.7),(5.13)を微分形で表現すれば

$$\mathrm{rot}\,\boldsymbol{E} + \dot{\boldsymbol{B}} = 0, \quad \mathrm{rot}\,\boldsymbol{H} - \dot{\boldsymbol{D}} = \boldsymbol{J} \tag{5.14}$$

が得られる．すなわち，電荷と電流が存在するような一般の電磁場に対する **Maxwell の方程式** が導かれた．

なお，このばあい，(5.14)を(5.1),(5.2)に代入すれば，それぞれ

$$\boldsymbol{f} = \rho\boldsymbol{E} + \boldsymbol{J}\times\boldsymbol{B}, \tag{5.15}$$

$$W = \boldsymbol{J}\cdot\boldsymbol{E} \tag{5.16}$$

となる．これらは電磁運動量および電磁エネルギーの消滅に対する具体的な表現である．

§6.　$\boldsymbol{X} = 0$, $\boldsymbol{Y} = 0$ の証明

証明は2つの段階で進む．すなわち，まず $\boldsymbol{X} = \lambda\boldsymbol{E}$, $\boldsymbol{Y} = \lambda\boldsymbol{H}$ (λ=const) であることを示し，つぎに $\lambda = 0$ を証明する．

（i）　(5.3), (5.4) で $\boldsymbol{f} = 0$, $W = 0$ とおけば，それぞれ

$$\boldsymbol{D}\times\boldsymbol{X} + \boldsymbol{B}\times\boldsymbol{Y} = 0, \tag{6.1}$$

$$\boldsymbol{H}\cdot\boldsymbol{X} - \boldsymbol{E}\cdot\boldsymbol{Y} = 0 \tag{6.2}$$

となる．(6.1) に $\boldsymbol{H}$ および $\boldsymbol{E}$ をスカラー的に掛けると

$$(\boldsymbol{H}\times\boldsymbol{D})\cdot\boldsymbol{X} + (\boldsymbol{H}\times\boldsymbol{B})\cdot\boldsymbol{Y} = 0,$$

$$(\boldsymbol{E}\times\boldsymbol{D})\cdot\boldsymbol{X} + (\boldsymbol{E}\times\boldsymbol{B})\cdot\boldsymbol{Y} = 0$$

が得られる．$\boldsymbol{D} = \varepsilon_0\boldsymbol{E}$, $\boldsymbol{B} = \mu_0\boldsymbol{H}$ を考慮すれば，これらは簡単に

$$\boldsymbol{S}\cdot\boldsymbol{X} = 0, \quad \boldsymbol{S}\cdot\boldsymbol{Y} = 0, \quad \boldsymbol{S} = \boldsymbol{E}\times\boldsymbol{H} \tag{6.3}$$

となる．$\boldsymbol{S}$ は Poynting ベクトルである．(6.3) は $\boldsymbol{X}$, $\boldsymbol{Y}$ が $\boldsymbol{S}$ に直交すること，つまり $\boldsymbol{E}$, $\boldsymbol{H}$ のつくる平面内にあることを意味する！　したがって

$$\boldsymbol{X} = a_1\boldsymbol{E} + b_1\boldsymbol{B}, \quad \boldsymbol{Y} = a_2\boldsymbol{H} + b_2\boldsymbol{D} \tag{6.4}$$

とおくことができる．これらを (6.1) に代入すると

$$\begin{aligned}\boldsymbol{D}\times\boldsymbol{X} + \boldsymbol{B}\times\boldsymbol{Y} &= b_1\,\boldsymbol{D}\times\boldsymbol{B} + b_2\,\boldsymbol{B}\times\boldsymbol{D} \\ &= (b_1 - b_2)\,\boldsymbol{D}\times\boldsymbol{B} = 0, \\ \therefore \quad b_1 &= b_2.\end{aligned}$$

同様に，(6.4) を (6.2) に代入すれば

$$\begin{aligned}\boldsymbol{H}\cdot\boldsymbol{X} - \boldsymbol{E}\cdot\boldsymbol{Y} &= a_1\boldsymbol{E}\cdot\boldsymbol{H} + b_1\boldsymbol{H}\cdot\boldsymbol{B} - a_2\boldsymbol{E}\cdot\boldsymbol{H} - b_2\boldsymbol{E}\cdot\boldsymbol{D} \\ &= (a_1 - a_2)\boldsymbol{E}\cdot\boldsymbol{H} - b_1(\boldsymbol{E}\cdot\boldsymbol{D} - \boldsymbol{H}\cdot\boldsymbol{B}) \qquad \because \quad b_1 = b_2 \\ &= 0\end{aligned}$$

が得られる．任意の $\boldsymbol{E}$, $\boldsymbol{H}$ に対して上の関係が恒等的に成り立つためには

$$a_1 = a_2, \quad b_1 = 0$$

でなければならない．けっきょく，(6.4) は，1つの定数 λ を使って

$$\boldsymbol{X} = \lambda\boldsymbol{E}, \quad \boldsymbol{Y} = \lambda\boldsymbol{H} \tag{6.5}$$

と表わされることになる．

(5.5) により $\boldsymbol{X}$, $\boldsymbol{Y}$ は $\boldsymbol{E}$, $\boldsymbol{H}$ の線形結合であり，また基本法則として電磁場は線形性を要請されるから，(6.5) の λ は定数でなければならないのであ

る．

（**ii**） (6.5)を(5.5)と組み合わせると

$$\mathrm{rot}\,\boldsymbol{E} + \dot{\boldsymbol{B}} = \lambda\boldsymbol{E}, \tag{6.6}$$

$$\mathrm{rot}\boldsymbol{H} - \dot{\boldsymbol{D}} = \lambda\boldsymbol{H} \tag{6.7}$$

が得られる．これは真空中の電磁場に対する‘基礎方程式’の候補者である．しかし，$\lambda = 0$ でなければならないことが，つぎのように示される．

いま，とくに定常な電磁場を考えると，(6.6),(6.7)は

$$\mathrm{rot}\,\boldsymbol{E} = \lambda\boldsymbol{E}, \quad \mathrm{rot}\,\boldsymbol{H} = \lambda\boldsymbol{H} \tag{6.8}$$

となる．両式の rot をとれば

$$\Delta\boldsymbol{E} = -\lambda^2\boldsymbol{E}, \quad \Delta\boldsymbol{H} = -\lambda^2\boldsymbol{H} \tag{6.9}$$

が得られる．なぜなら，$\mathrm{rot}\,\mathrm{rot} \equiv \mathrm{grad}\,\mathrm{div} - \Delta$ であり，また，真空中では $\mathrm{div}\,\boldsymbol{E} = 0$, $\mathrm{div}\,\boldsymbol{H} = 0$ が成り立つからである．

さて，静電場 $\boldsymbol{E}$ について考えよう．特別なばあいとして，$\boldsymbol{E}$ が座標 x だけの関数となるばあいを考えると，(6.9)の第 1 式は

$$\frac{d^2\boldsymbol{E}}{dx^2} = -\lambda^2\boldsymbol{E} \tag{6.10}$$

となる．この解は

$$\boldsymbol{E} = \boldsymbol{A}\cos\lambda x + \boldsymbol{B}\sin\lambda x \tag{6.11}$$

で与えられる．ただし，$\boldsymbol{A}, \boldsymbol{B}$ は任意の定数ベクトルである．このような静電場は現実には存在しない！　したがって，$\lambda = 0$ が結論される．($\lambda = 0$ に対しては(6.11)は一様な静電場 $\boldsymbol{E} = \boldsymbol{A}$ を表わす．)

けっきょく，$\boldsymbol{X} = 0$, $\boldsymbol{Y} = 0$ であって，われわれの‘基本法則’から導かれる‘基礎方程式’は Maxwell の方程式にほかならないのである．

N　(6.6),(6.7)が現実の電磁場を表わし得るためには $\lambda = 0$ でなければならないことは，より簡単に，つぎのようにしても理解されるだろう．すなわち，一様な静電磁場 $\boldsymbol{E}, \boldsymbol{H}$ が存在するとすれば，それに対して(6.6),(6.7)は $\lambda\boldsymbol{E} = 0$, $\lambda\boldsymbol{H} = 0$ となる．したがって $\lambda = 0$ でなければならない．

§7.　電磁場の基礎方程式

電磁場の基本法則から導かれる基礎的な方程式をまとめておこう．(2.2), (2.4), (5.14)は，それぞれ

$$\mathrm{div}\,\boldsymbol{D} = \rho, \tag{7.1}$$

$$\mathrm{div}\,\boldsymbol{B} = 0, \tag{7.2}$$

$$\mathrm{rot}\,\boldsymbol{E} + \frac{\partial \boldsymbol{B}}{\partial t} = 0, \tag{7.3}$$

$$\mathrm{rot}\,\boldsymbol{H} - \frac{\partial \boldsymbol{D}}{\partial t} = \boldsymbol{J}. \tag{7.4}$$

これらは，いわゆる Maxwell の方程式である．また，電荷保存の法則は (2.6)，すなわち

$$\frac{\partial \rho}{\partial t} + \mathrm{div}\,\boldsymbol{J} = 0 \tag{7.5}$$

のように表わされる．なお，電磁運動量および電磁エネルギーの消滅は，(5.15)と(5.16)，すなわち

$$\boldsymbol{f} = \rho\boldsymbol{E} + \boldsymbol{J}\times\boldsymbol{B}, \tag{7.6}$$

$$W = \boldsymbol{J}\cdot\boldsymbol{E} \tag{7.7}$$

で与えられる．

さて，基本法則 I によれば，電磁場を含む体系について，運動量とエネルギーの保存法則が成り立たなければならない．したがって，電磁運動量や電磁エネルギーが消滅するとすれば，それらはなんらかの形の運動量やエネルギーに変換されるはずである．たとえば，荷電粒子が電場の中にあると，荷電粒子は電磁運動量を吸収して力学的な運動量に変換する．したがって荷電粒子の運動状態が変化する．つまり，荷電粒子は電磁場から‘電磁力’を受けることになる．このように，(7.6)の $\boldsymbol{f}$ は，電荷および電流が電磁場から受ける力を表わすと解釈される．(もちろん単位体積あたりの値である.)

電磁エネルギーについても同様の考察ができる．電磁エネルギーが転換する行き先きとしてすぐ思いつくのは力学的エネルギーである．電荷および電流（をになう粒子なり物体なり）が力学的な力を受けるとき，その電荷や電流が速度 $\boldsymbol{v}$ で運動しているとすると，それらは仕事をされることになる．その結果，その粒子なり物体なりの力学的エネルギーが変化する．(7.7)の W

のうち，力学的エネルギーに転換する分をさしひいたものを

$$Q_J \equiv W - \boldsymbol{f}\cdot\boldsymbol{v} \tag{7.8}$$

とおこう．Q_J はなにか正体の知れぬエネルギーへの転換を表わすだろう．(7.6)，(7.7) を代入すると

$$Q_J = \boldsymbol{J}\cdot\boldsymbol{E} - (\rho\boldsymbol{E} + \boldsymbol{J}\times\boldsymbol{B})\cdot\boldsymbol{v} = (\boldsymbol{J} - \rho\boldsymbol{v})\cdot\boldsymbol{E} + (\boldsymbol{J}\times\boldsymbol{v})\cdot\boldsymbol{B}$$

となる．そこで，電流密度 $\boldsymbol{J}$ を 2 つの部分に分けて

$$\boldsymbol{J} = \rho\boldsymbol{v} + \boldsymbol{j} \tag{7.9}$$

とおく．$\rho\boldsymbol{v}$ は **携帯電流 (密度)**，$\boldsymbol{j}$ は **伝導電流 (密度)** とよばれる．前者は，電荷を含む物体が運動することによって生ずる電流を表わす．また後者は，ふつうの導体に見られるように，電気的中性状態 ($\rho = 0$) を保ちながら自由電子のような荷電粒子が動くことによって現われる．

さて

$$\begin{aligned} Q_J &= \boldsymbol{j}\cdot\boldsymbol{E} + \{(\rho\boldsymbol{v}+\boldsymbol{j})\times\boldsymbol{v}\}\cdot\boldsymbol{B} = \boldsymbol{j}\cdot\boldsymbol{E} + \boldsymbol{j}\cdot(\boldsymbol{v}\times\boldsymbol{B}) \\ &= \boldsymbol{j}\cdot(\boldsymbol{E} + \boldsymbol{v}\times\boldsymbol{B}). \end{aligned} \tag{7.10}$$

ただし，$\boldsymbol{v}\times\boldsymbol{v} = 0$, $(\boldsymbol{j}\times\boldsymbol{v})\cdot\boldsymbol{B} = \boldsymbol{j}\cdot(\boldsymbol{v}\times\boldsymbol{B})$ の関係を利用する．

ふつうの導体では，いわゆる **Ohm の法則**：

$$\boldsymbol{j} = \sigma\boldsymbol{E} \tag{7.11}$$

が成り立つことが実験的に確かめられている．ここで σ は物質定数で，**電気伝導率** とよばれる．ただし，(7.11) は導体が静止しているときに成り立つ関係であって，導体 (の各部分) が速度 $\boldsymbol{v}$ で運動しているばあいには

$$\boldsymbol{j} = \sigma(\boldsymbol{E} + \boldsymbol{v}\times\boldsymbol{B}) \tag{7.12}$$

のように一般化される．(これについては，後で Lorentz 変換に関連して説明する．) (7.12) が成り立つような導体を **Ohm 導体** とよぶことにしよう．

さて，Ohm 導体については，(7.10) は

$$Q_J = \frac{j^2}{\sigma} \tag{7.13}$$

となる．Q_J は電磁エネルギーから力学的エネルギーに転換した残り —— 上で，'正体のわからぬ' エネルギーと称したもの —— を表わしている．これがすなわち，電気抵抗による熱の発生，つまり **Joule 熱** である．けっきょく，Q_J は 単位体積，単位時間あたりに発生する Joule 熱を表わす．Joule 熱が伝導電流 $\boldsymbol{j}$ のみに依存することに注意してほしい．

電磁場の基礎方程式としては，Maxwell の方程式(7.1)～(7.4)のほか，それと同じレベルにあるものとして，(7.5)～(7.10)の諸式を考えなければならないのである．

N われわれの理論構成では，Maxwell の方程式のうち (7.1), (7.2) は単に $\boldsymbol{D}$, $\boldsymbol{B}$, ρ の定義を与えるという意味で，(7.3), (7.4) に比べて，より基礎的であるといえる．また，電荷保存の法則を表わす(7.5)も，$\boldsymbol{J}$ の定義を与えるという意味で，(7.3), (7.4)よりも基礎的である．それゆえ，Maxwell の方程式から電荷保存の法則を導くというのは，いわば本末顚倒の考え方というべきであろう．

§8. 基礎方程式の積分形

前の節では電磁場の基礎方程式を微分方程式の形で表わしたが，直観的なイメージをえがくには積分形で表わす方が便利である．また，幾何学的対称性をもつ電磁場について具体的な計算を行う際などにも積分形が適している．

さて，(7.1), (7.2), (7.5) に対する積分形は，もちろん(2.1), (2.3), (2.5), すなわち

$$\iint_{\mathrm{S}} \boldsymbol{D}\cdot d\boldsymbol{S} = Q = \iiint_{\mathrm{V}} \rho\, dV, \tag{8.1}$$

$$\iint_{\mathrm{S}} \boldsymbol{B}\cdot d\boldsymbol{S} = 0, \tag{8.2}$$

$$\frac{dQ}{dt} = -\iint_{\mathrm{S}} \boldsymbol{J}\cdot d\boldsymbol{S} \tag{8.3}$$

である．

つぎに，(7.3), (7.4)を考える．空間に固定した任意の開曲面 S について (7.3)の面積積分を行なえば，Stokes の定理を使って

$$\frac{\partial}{\partial t}\iint_{\mathrm{S}} \boldsymbol{B}\cdot dS = -\iint_{\mathrm{S}} \mathrm{rot}\, \boldsymbol{E}\cdot d\boldsymbol{S} = -\int_{\mathrm{C}} \boldsymbol{E}\cdot d\boldsymbol{r}$$

が得られる．ただし，C は開曲面 S の縁の閉曲線である．この等式の左辺で

$$\varPhi(\mathrm{S}) = \iint_{\mathrm{S}} \boldsymbol{B}\cdot d\boldsymbol{S} \tag{8.4}$$

は開曲面 S をつらぬく **磁束** である．(実は $\varPhi(\mathrm{S})$ は閉曲線 C のみに依存し，S にはよらない．)

さて，上の等式は

$$\frac{\partial}{\partial t}\Phi(\mathrm{S}) = -\int_{\mathrm{C}} \boldsymbol{E}\cdot d\boldsymbol{r} \tag{8.5}$$

と書き表わされる．これがすなわち **Faraday の（電磁誘導の）法則** である．(7.4)について同様の計算をすれば

$$\frac{\partial}{\partial t}\Psi(\mathrm{S}) + \iint_{\mathrm{S}} \boldsymbol{J}\cdot d\boldsymbol{S} = \int_{\mathrm{C}} \boldsymbol{H}\cdot d\boldsymbol{r} \tag{8.6}$$

が得られる．ただし

$$\Psi(\mathrm{S}) = \iint_{\mathrm{S}} \boldsymbol{D}\cdot d\boldsymbol{S} \tag{8.7}$$

は S をつらぬく **電束** である．$\Phi(\mathrm{S})$ とは異なり，$\Psi(\mathrm{S})$ はCのみならず開曲面Sのとり方に依存する．(8.6)は **Ampère の法則（の一般化）** である．

(8.5), (8.6)は開曲面S, したがってその縁の閉曲線Cが空間に固定しているばあいに成り立つ．もしSが時間的に変形するとすればどうなるのだろうか？　それを知るにはベクトル解析のつぎの公式：

$$\frac{d}{dt}\iint_{\mathrm{S}} \boldsymbol{F}\cdot d\boldsymbol{S} = \iint_{\mathrm{S}}\left(\frac{\partial \boldsymbol{F}}{\partial t} + \boldsymbol{v}\,\mathrm{div}\,\boldsymbol{F}\right)\cdot d\boldsymbol{S} + \int_{\mathrm{C}}(\boldsymbol{F}\times\boldsymbol{v})\cdot d\boldsymbol{r} \tag{8.8}$$

を使えばよい．ここで $\boldsymbol{v}$ は開曲面S上の各点が運動する速度である．$\boldsymbol{F}$ として $\boldsymbol{B}$ あるいは $\boldsymbol{D}$ をとると，それぞれ

$$\frac{d}{dt}\Phi(\mathrm{S}) = -\int_{\mathrm{C}}(\boldsymbol{E}+\boldsymbol{v}\times\boldsymbol{B})\cdot d\boldsymbol{r}, \tag{8.9}$$

$$\frac{d}{dt}\Psi(\mathrm{S}) + \iint_{\mathrm{S}}(\boldsymbol{J}-\rho\boldsymbol{v})\cdot d\boldsymbol{S} = \int_{\mathrm{C}}(\boldsymbol{H}-\boldsymbol{v}\times\boldsymbol{D})\cdot d\boldsymbol{r} \tag{8.10}$$

が得られる．これらは，**動く回路Cについての Faraday の法則** および **Ampère の法則** である．(8.9)の形の電磁誘導の法則はとくに応用上重要である．

N　$\dfrac{\partial}{\partial t}\Phi(\mathrm{S})$ と $\dfrac{d}{dt}\Phi(\mathrm{S})$

これらはともに $\Phi(\mathrm{S})$ の時間的変化の割合を表わすものであるが，前者は開曲面Sが時間的に不変に保たれるばあい，後者は変形するばあいを意味するものと約束しておく．Sを明示せず，単に $\partial\Phi/\partial t$, $d\Phi/dt$ のように書き表わすことがあるので注意する必要がある．現行の教科書などではこの区別が明確でないものが多い．

§9. 点電荷と線電流に働く力

(7.6)は,連続的な電荷密度と電流密度の分布があるときの電磁的な力を与える公式である．点電荷や線電流のように，点状の微小領域に電荷が集中したり，細い導線を電流が流れるばあいなどでは，(7.6)はこのままでは適用できない．このようなばあいには，点電荷や線電流を内部に含む適当な領域について(7.6)の積分を考えればよい．すなわち，第2章の§8で静電場の中の帯電体に働く力について考えたが,いまのばあいにも,それと同様の考え方をするのである．

いま，$\boldsymbol{E}_0(\boldsymbol{r}, t)$, $\boldsymbol{B}_0(\boldsymbol{r}, t)$ で表わされる任意の電磁場の中に帯電体をもちこんで動かす．(ここでは，電荷や電流をになう物体のことを帯電体ということにする．) 帯電体による電磁場を $\boldsymbol{E}_1(\boldsymbol{r}, t)$, $\boldsymbol{B}_1(\boldsymbol{r}, t)$ で表わせば，実際の電磁場は

$$\boldsymbol{E} = \boldsymbol{E}_0 + \boldsymbol{E}_1, \quad \boldsymbol{B} = \boldsymbol{B}_0 + \boldsymbol{B}_1 \tag{9.1}$$

となり，電荷密度と電流密度は帯電体の担うものだけで

$$\rho = \rho_1, \quad \boldsymbol{J} = \boldsymbol{J}_1 \tag{9.2}$$

である．そして，帯電体に働く力は，(7.6)により，

$$\begin{aligned}\tilde{\boldsymbol{f}} &= \iiint_V \rho_1(\boldsymbol{E}_0+\boldsymbol{E}_1)dV + \iiint_V \boldsymbol{J}_1\times(\boldsymbol{B}_0+\boldsymbol{B}_1)dV \\ &= \iiint_V \rho_1\boldsymbol{E}_0\, dV + \iiint_V \boldsymbol{J}_1\times\boldsymbol{B}_0\, dV + \tilde{\boldsymbol{f}}_1, \end{aligned} \tag{9.3}$$

$$\tilde{\boldsymbol{f}}_1 = \iiint_V \rho_1\boldsymbol{E}_1 dV + \iiint_V \boldsymbol{J}_1\times\boldsymbol{B}_1\, dV \tag{9.4}$$

のように表わされる．(積分領域Vとしては帯電体の占める領域だけをとればよい．) ここで $\tilde{\boldsymbol{f}}_1$ は帯電体に働く **自己力** である．静電場のばあいとは異なり,自己力は必ずしも0ではない．

まず，点電荷 q のばあいを考えよう．このばあい，帯電体はひじょうに小さく，

$$\iiint_V \rho_1 dV_1 = q, \quad \iiint_V \boldsymbol{J}_1 dV = q\boldsymbol{v} \tag{9.5}$$

とおくことができる．ただし，$\boldsymbol{v}$ は点電荷の速度である．そして，(9.3)は

$$\tilde{\boldsymbol{f}} = q\boldsymbol{E}_0 + q\boldsymbol{v}\times\boldsymbol{B}_0 + \tilde{\boldsymbol{f}}_1 \tag{9.6}$$

となる．自己力 $\tilde{\boldsymbol{f}}_1$ と静電力 $q\boldsymbol{E}_0$ を除いたものが，いわゆる **Lorentz 力** である．（静電力 $q\boldsymbol{E}_0$ を含めたものを Lorentz 力とよぶこともある．）

つぎに，線電流のばあいを考える．このばあい，帯電体としてひじょうに細い導線をとる．導線の **電荷線密度**（単位長さあたりの電荷）を λ，**電流**（導線の各断面を通る単位時間あたりの電荷）を I とすれば，上と同様の計算で，

$$\tilde{\boldsymbol{f}} = \lambda \boldsymbol{E}_0 + \boldsymbol{I} \times \boldsymbol{B}_0 + \tilde{\boldsymbol{f}}_1 \qquad (9.7)$$

が得られる．ただし，$\boldsymbol{I} = I\boldsymbol{e}$ で，$\boldsymbol{e}$ は線電流の方向の単位ベクトルである．また，$\tilde{\boldsymbol{f}}$, $\tilde{\boldsymbol{f}}_1$ は線電流の単位長さあたりに働く力で，$\tilde{\boldsymbol{f}}_1$ は自己力である．そして $\boldsymbol{I} \times \boldsymbol{B}_0$ が，いわゆる **Ampère の力** である．

(9.6)，(9.7) について注意すべきは，自己力 $\tilde{\boldsymbol{f}}_1$ の項が含まれていることである．特別なばあいとして，点電荷の速度 $\boldsymbol{v}$ が一定のばあい，および直線状の電流のばあいには，自己力は 0 になることが証明できる．点電荷や線電流に働く電磁力が Lorentz 力や Ampère の力として与えられるのは，このような特別なばあいに限るのである．

Q 自己力について説明してください．

A 帯電体が運動すると，その内部および外部の空間に電磁場ができます．したがって $\boldsymbol{g} = \boldsymbol{D} \times \boldsymbol{B}$ に相当して電磁運動量が空間に貯えられます．帯電体が等速運動するばあいには，電磁運動量の存在する領域がその密度を変えずに等速運動するだけで，その総量は時間的に変化しません．無限遠からの補給はないので，電磁運動量の消滅はおこりません．けっきょく，自己力は働かないことになります．点電荷は帯電体の特別なばあいと考えればよろしい．

Q 直線電流のばあいはどうですか？

A 直線電流 $\boldsymbol{J}_1$ が単独に存在するばあい，それを中心軸とする同心円状の磁場 $\boldsymbol{B}_1$ ができます．したがって $\boldsymbol{J}_1 \times \boldsymbol{B}_1$ は中心軸に向う方向をもつので，(9.4) の積分を行なうと 0 となります．

Q 自己力が 0 にならない例としてはどんなばあいがありますか？

A 点電荷が加速度運動をするばあいが 1 つの重要な例です．実際，Lorentz 力だけを考えると，$\boldsymbol{E}_0 = 0$, $\boldsymbol{B}_0 = 0$ ですから，$\tilde{\boldsymbol{f}} = 0$ となりますが，これは正しくありません．また，Ampère の力のばあいの例としては，導線が曲っているときに自己力が働くということがあります．このばあい，導線はその主法線と逆の向きに，すなわち曲がりの内側から外側に向かう方向に力を受けます．

§10. ま と め

一般の電磁場に対する基本法則を述べ，これから出発してMaxwellの方程式を導き出した．それと同時に，電荷と電流に働く電磁力を与える公式も導かれた．Lorentz力やAmpèreの力はその特別なばあいである．これらは電磁場の運動量に関連するものである．なお，電磁場のエネルギーに関連して Joule 熱の発生が理解される．さらに，Maxwellの方程式の積分形としてFaradayの電磁誘導の法則およびAmpèreの法則（の一般化）を導いた．これで電磁気学の骨格は一応完成した．

次章では，これらの基本法則と基礎方程式について直観的なイメージによる説明を行なうことにする．

N Maxwellの方程式を導く §5と§6の議論は電磁場の‘線形性’を考慮することによって大幅に簡明化される．$\mathrm{div}\,\boldsymbol{D}=\rho, \mathrm{div}\,\boldsymbol{B}=0$ はそれぞれ電気力線，磁力線の幾何学的性質を表わし，$\mathrm{rot}\,\boldsymbol{E}+\partial\boldsymbol{B}/\partial t=0, \mathrm{rot}\,\boldsymbol{H}-\partial\boldsymbol{D}/\partial t=\boldsymbol{J}$ はエネルギー保存の一つの表現であることがわかる（拙著［27］付録参照）．

4 電磁場の直観的イメージ

§1. はじめに

前章では，一般の電磁場に対して新しい基本法則を提案し，これから Maxwell の方程式が自然に導き出されることを示した．その際，電磁場を定義するのに，いわゆる‘試験粒子’を使用する必要はなく，電荷に働く電磁場の力を与える公式が基本法則そのものから，いわば定理として得られるのである．Maxwell の方程式は電磁場を数学的に記述するための‘基礎方程式’ではあるが，電磁現象を定性的に説明するためには，これは必ずしも必要ではない．むしろ，基本法則にさかのぼって考える方が理解しやすいと思われる．この章では，‘基本法則’に対する直観的イメージによって電流の磁気作用，電磁誘導，電磁波などが，Maxwell の方程式の助けを借りずに理解されることを示そう．

§2. 電磁場の直観的イメージ —— 電磁力線網

電磁現象を理解するには，その直観的なイメージをつかむことがかんじんである．われわれの‘基本法則’はごく簡単な事柄を述べるだけで，特に神秘的な要素は含まれていない．そしてその内容を直観的なイメージで表現することも容易である．

まず，電磁場は電気力線と磁力線の走る空間である．(このような力線を実験的に可視化することについては読者諸氏もよくご存じのことであろう．)

電気力線だけが存在する空間は静電場であり，磁力線だけが存在する空間が静磁場である．この両方のばあいには Faraday のゴムひもモデルが成り立つ．すなわち，電気力線については，1本の力線は，(i)単位長さあたり $(1/2)E$ のエネルギーを貯え，(ii)力線に沿って強さ E の張力が働き，力線のまわりに強さ $(1/2)E$ の等方的な圧力を生み出している．磁力線については，電場 $\boldsymbol{E}$ のかわりに磁場 $\boldsymbol{H}$ を使えば，同様の事柄が成り立つ．

このように，静電場あるいは静磁場が単独に存在するばあいには，‘空間に貯えられる’のはエネルギーだけであり，‘面を通って流れる’のは運動量だけである．（張力，圧力，一般的に応力というのは，面を通っての運動量の流れであることを思い出していただきたい．）

さて，電場と磁場が共存するばあいはどうだろうか？ このばあいには，空間にはエネルギーと同時に運動量が貯えられ，また，任意の面を通ってエネルギーと運動量の流れがある．その状況は直観的につぎのように表わされる．電気力線と磁力線によって編まれてできる網を **電磁力線網** とよぶことにしよう．テニスのラケットや餅網のようなものを想像すればよい．電磁場はこのような電磁力線網を積み重ねてできた空間であると考えることができる(図1)．電磁力線網は **電磁ネット** ともよばれる．

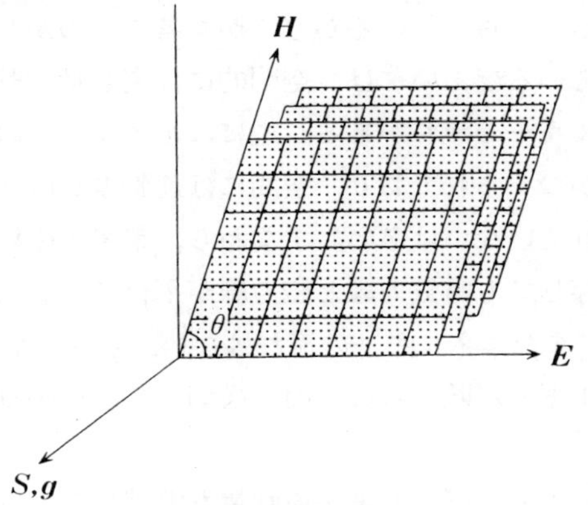

図1

まず，空間には単位体積あたり $U=(1/2)(\boldsymbol{E}\cdot\boldsymbol{D}+\boldsymbol{H}\cdot\boldsymbol{B})$ のエネルギーが貯えられる．これは，電磁力線網をつくる電気力線と磁力線のそれぞれが，1本につき，単位長さあたり，$(1/2)E$, $(1/2)H$ のエネルギーを貯えていることに対応する．また，空間には単位体積あたり $\boldsymbol{g}=\boldsymbol{D}\times\boldsymbol{B}$ の運動量が貯えられる．これは，電磁力線網に直角な方向をもつ運動量が単位体積あたり $DB\sin\theta$ の割合で貯えられることを意味する．ただし，θ は電気力線と磁力線のなす角度である．また，右ねじを電場の向きから磁場の向きにねじ回すとき，ねじの進む向きが電磁運動量 $\boldsymbol{g}$ の向きになっている．

つぎに，電磁力線網に直角にエネルギーの流れがある．その大きさは，単位時間，単位面積あたり $EH\sin\theta$ で，向きは $\boldsymbol{g}$ と一致する．すなわち，エネルギーの流れは $\boldsymbol{S}=\boldsymbol{E}\times\boldsymbol{H}$ というベクトルとして表わされる．これがいわゆるPoyntingベクトルである．さらに，任意の面を考えると，それを横切って運動量の流れがある．これは，その面に応力が働いていることを意味する．つまり，Maxwell応力である．Maxwell応力は，電磁力線網の面内に働く張力と，静水圧，つまり等方的な圧力に分解して考えることができる．前者はすでにおなじみの‘力線に沿って働く張力’である．後者は**電磁圧**とも称すべきもので，$p_{em}=U$ で与えられる．

電磁場の力学的性質は以上によっていい尽されている．力学的性質というのは，要するに，運動量とエネルギーに関する性質にほかならないからである．そこで，電磁場といえば，まず電気力線と磁力線の走る空間を思い浮かべ，電磁力線網がつくられているかどうかを考えるのがたいせつである．電磁力線網ができているばあいには，空間的には運動量が貯えられ，また面を横切ってのエネルギーの流れがある．逆に，エネルギーの流れがあれば必然的に電磁力線網がつくられており，空間には運動量が貯えられている．電磁力線網が形成されていないばあい，すなわち，電場と磁場が単独に存在するか，あるいは共存しても電気力線と磁力線が平行であるばあいにかぎり，運動量は存在せず，またエネルギーの流れはない．もちろん，そのばあいでも，空間的にはエネルギーが貯えられ，面を横切っての運動量の流れ（つまり応力）はある．

真空中では電磁エネルギーも電磁運動量も消滅しない．また，電磁場を含む一般の物理系についてエネルギーと運動量の保存法則が成り立つ．したがって，電荷や電流が存在するばあいには，電磁エネルギーや電磁運動量が消滅することもあり得る．しかし，そのばあいには，これらは他の形のエネルギーや運動量に変換して，電磁場を含む全体系については保存法則が成り立つのである．

以上が電磁場の基本法則の内容である．

§3.　電磁現象の全体像

前章では，われわれの基本法則から出発して，Maxwellの方程式や電荷に働く電磁力の公式がいわば定理として導き出されることを示した．それには

数学的な処理 —— Maxwell 的(M)とでもいうべき —— が必要であった.

しかし，直観的イメージによる Faraday 的(F)な考察によっても，電磁現象の本質的な様相はある程度とらえることができる．これをつぎに示そう.

（i）　**静電場**　静電場に関しては，第2章でくわしく議論したので，ここではくり返さない．ただ，§2.3の例1として述べた平行平板コンデンサーのとり扱いは，われわれの基本法則によるとり扱いの典型例として復習していただきたいと思う．（§2.3は第2章の§3を意味する.）

（ii）　**電流の磁気作用**　帯電体が運動すると，そのまわりに磁場が発生する．この事実を基本法則によって説明しよう．帯電体のまわりには電場が存在し，エネルギーが貯えられている．その密度は帯電体の近くでは大きく，遠くでは小さいであろう．（図2には点電荷 —— 小さい球状の帯電体 —— のばあいが示されている.）帯電体が運動すると，それに伴ってエネルギー密度の大きい領域が動いていく．いま，任意に面Sをとり，その付近のエネルギーの分布状態を考えると，帯電体の運動に応じてエネルギー密度が変っていく．真空中では電磁エネルギーは消滅することも発生することもないから，エネルギー密度の変化の原因としては，面Sを横切ってエネルギーの流れがあることしか考えられない．さて，前節で述べたように，エネルギーの流れがあることは，そこに電磁力線網が形成されていることを意味する．すなわ

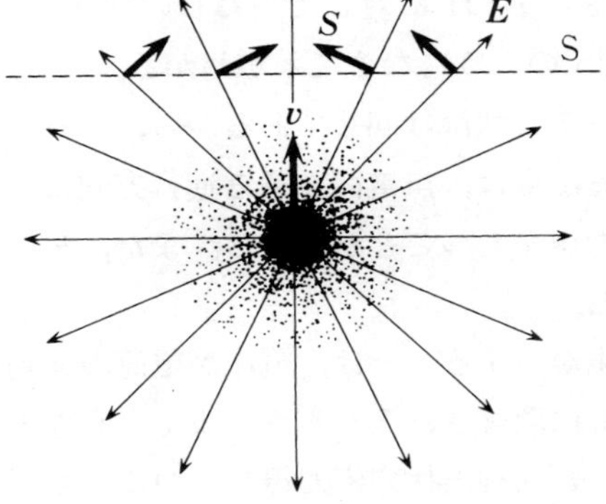

図2

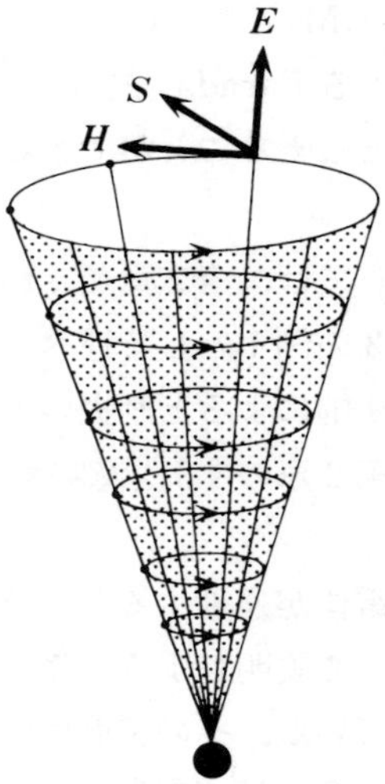

図3

ち，電気力線と交叉するような磁力線が存在するはずである．したがって，帯電体が運動するばあいには，必ず磁場が現われるのである．

点電荷のばあいには，その運動によって発生する磁場についてもう少し具体的なことがわかる．すなわち，対称性を考えると，磁場は点電荷の進行方向を軸とする軸対称性をもつはずである．それゆえ，電磁力線網は進行方向を軸とする円錐面である．その1つを図3に示す．さて，図2の点電荷の上方では，点電荷の運動につれてエネルギー密度が次第に増加する．これは円錐面を横切ってエネルギーが流入することを意味する．電磁力線網を横切るエネルギー流の向きが $\boldsymbol{E}, \boldsymbol{H}$ に対して右ねじの向きにあることを考えると，磁場 $\boldsymbol{H}$ の向きが図示のようになることがわかる．

どの円錐面についても状況は同じであるから，けっきょく，運動する点電荷によって発生する磁場は，点電荷を通る進行方向に平行な直線を中心軸とする同心円状の磁力線をもつことがわかる．また，その向きは，進行方向に対して右回りである．

電流によって磁場が生ずることは，電流が電荷の運動にほかならないことを考えると，ただちに理解されるだろう．また，直線電流による磁場が電流を右回りにとりかこむ同心円状の磁力線をもつことも明らかであろう．この事実は Oersted によってはじめて実験的に発見されたものである．

（**iii**）　**電磁誘導**　帯電体が運動すると磁場が生ずるのと同じように，磁石が運動すると電場が生ずる．その説明も，帯電体のばあいとまったく同様である．すなわち，磁石が動くと，それに伴って磁場のエネルギーの存在する領域が動き，したがってエネルギーの流れが生ずる．そのためには，電磁力線網が形成されていなければならず，磁力線と交叉するような電気力線が存在するはずだ，というわけである．図4は，円柱状の棒磁石が軸方向に運動するばあいを示す．このばあいにも，対称性により，電磁力線網は進行方向に関して対称な針金づくりの屑籠のような形になる．そして電気力線は対称軸上に中心をもつ円である．電場の向きは，運動する点電荷のばあいとは逆に，進行方向に対して左回りになる．それは，エネルギーの流れの向きが，$\boldsymbol{E}, \boldsymbol{H}$ に対して右ねじの向きにあるからである．

もし，図4のように円形の導線をおいたとすると，発生した電場によって，導線には，電流が流れるであろう．これが，Faraday によってはじめて実験的に発見された電磁誘導の現象である．

これまで，帯電体や磁石が運動するばあいについて考えてきたが，一般に，空間のある領域で電場や磁場が時間的に変化しているばあいには，その場所の電磁場のエネルギーが変化し，それを補うようなエネルギーの流れが必ずおこる．したがって電磁力線網が形成されなければならない．こうして，電場や磁場が時間的に変化するばあいには，それに伴って磁場や電場が必ず発生するのである．これがすなわち一般的な **電磁誘導** の現象である．

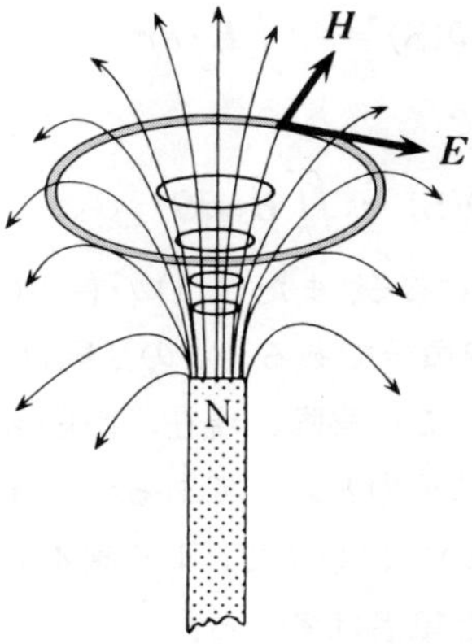

図4

(iv)　電磁波　帯電体や磁石が静止しているばあいには，そのまわりの空間はそれぞれ静電場あるいは静磁場としてエネルギーを貯えている．ところが，これらの物体が運動すると，必然的に電磁力線網が形成されて，空間はエネルギーと運動量を貯えることになる．(たとえば図2のばあい，帯電体の近くの灰色の領域ではエネルギー密度 U と運動量密度 $\boldsymbol{g}$ の値が大きい．) さて，運動している帯電体や磁石が急に静止したとすると，これらのエネルギーや運動量はどうなるのだろうか？　静止状態では静電場や磁場は単独に存在するだけで，電磁力線網は形成されず，したがって空間には運動量は貯えられていないはずである．さて，保存法則によれば，前述の運動量が突然消滅することはあり得ない．運動量が存在し続けるということは，電磁力線網が存続することを意味する．こうして，つぎの結論に達する．帯電体や磁石の運動によって形成された電磁力線網は，帯電体や磁石の運動がとまったあとも，それらの物体とは独立に存在し続ける．ただし，その電磁力線網はある場所に静止し続けるというのではなくて，電磁力線網の存在する領域 —— そこにはエネルギーと運動量が貯えられ，かつそれらの流れがある —— が，保存法則を満足するという条件のもとに，空間を移動してゆくという状況になっている．このようにエネルギーと運動量の保存法則にしたがいながら運動する電磁力線網がすなわち **電磁波** である．

§4.　Faradayの電磁誘導の法則

Faradayの電磁誘導の法則は

$$\frac{\partial}{\partial t}\Phi(\mathrm{S}) = -\int_{\mathrm{C}} \boldsymbol{E}\cdot d\boldsymbol{r} \tag{4.1}$$

のように表わされる．ここで

$$\Phi(\mathrm{S}) = \iint_{\mathrm{S}} \boldsymbol{B}\cdot d\boldsymbol{S} \tag{4.2}$$

は開曲面Sをつらぬく磁束である．また(4.1)の右辺は，開曲面Sの縁の閉曲線Cに沿っての電場 $\boldsymbol{E}$ の線積分である．この法則はFaradayの実験結果から帰納的に得られたものである．実際，現在，電磁気学ではそのように教えられている．歴史的には正にそのとおりであるが，現在の立場では，この法則が決して‘天下り’的なものではなくて，より基本的な法則から導かれることを注意すべきではないかと筆者は考える．

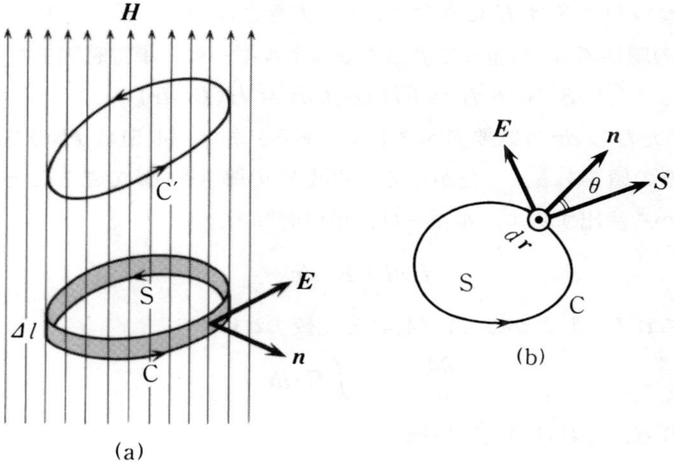

図5

前節の(iii)では，電磁誘導の現象に対する直観的なイメージを与えたが，これを定量的にとり扱うと(4.1)の関係式が得られる —— 少くとも裏づけられる —— ことをつぎに示そう．

まず，簡単なばあいからはじめる．一様な磁場 $\boldsymbol{H}$（磁束密度は $\boldsymbol{B}=\mu_0\boldsymbol{H}$）が時間的に変化するものとする(図5a)．磁場に直角な平面内に任意に閉曲線Cをとり，それの囲む面分をSとする．Sを底面とする厚さ Δl の薄い盤状の領域Vについてエネルギーの保存を考える．Vに含まれるエネルギーは

$$\tilde{U}=\left(\frac{1}{2}\boldsymbol{H}\cdot\boldsymbol{B}\right)S\Delta l=\frac{\mu_0}{2}H^2S\Delta l \tag{4.3}$$

である．ただし，S は面分Sの面積である．単位時間あたりのエネルギーの変化は

$$\frac{\partial\tilde{U}}{\partial t}=\mu_0H\frac{\partial H}{\partial t}S\Delta l=H\frac{\partial}{\partial t}(\mu_0HS\Delta l)$$
$$=H\Delta l\frac{\partial\Phi}{\partial t},\quad \Phi=BS \tag{4.4}$$

となる．Φ は面分Sをつらぬく磁束である．

さて，前節で述べた直観的イメージによれば，いまのばあいエネルギーの流れ $\boldsymbol{S}=\boldsymbol{E}\times\boldsymbol{H}$ があるはずで，対称性により $\boldsymbol{E}$ は磁場 $\boldsymbol{H}$ に直角な平面内にある．($\boldsymbol{H}$ に平行な成分 $\boldsymbol{E}_{/\!/}$ があるとしても，$\boldsymbol{E}_{/\!/}\times\boldsymbol{H}=0$ だから，$\boldsymbol{S}$ には

寄与しない!)　$\boldsymbol{S}$ は $\boldsymbol{E}$ に直角で，その大きさは $|\boldsymbol{S}| = EH$ である(図 5 b)．曲線 C の線要素 ds を通って流出するエネルギーは，単位時間あたり

$$|\boldsymbol{S}|\cos\theta\,ds = EH\cos\theta\,ds = H(\boldsymbol{E}\cdot d\boldsymbol{r}) \tag{4.5}$$

である．ただし $d\boldsymbol{r}$ は線要素ベクトルである．また，(4.5)は $\boldsymbol{H}$ の方向の単位幅あたりの値である．したがって，領域 V の厚みが Δl であることを考えると，V から流出するエネルギーは，単位時間あたり

$$H\Delta l\int_{\mathrm{C}}\boldsymbol{E}\cdot d\boldsymbol{r} \tag{4.6}$$

で与えられる．したがって，(4.4)と比較すれば

$$\frac{\partial\Phi}{\partial t} = -\int_{\mathrm{C}}\boldsymbol{E}\cdot d\boldsymbol{r} \tag{4.7}$$

が得られる．これは(4.1)にほかならない．

上の導き方では，閉曲線 C は磁場 $\boldsymbol{H}$ に垂直な平面上にのっていると仮定されている．しかし，この制限は容易にとり除くことができる．すなわち，図 5 a のように，C を $\boldsymbol{H}$ の方向に任意にずらせて得られる閉曲線を C′ とすると，C′ に沿う線積分で

$$\begin{aligned}\boldsymbol{E}\cdot d\boldsymbol{r} &= E_x dx + E_y dy + E_z dz \\ &= E_x dx + E_y dy \qquad \because\ E_z = 0\end{aligned}$$

と書ける．ただし，z 軸が磁場 $\boldsymbol{H}$ に平行になるように直角座標軸をとる．そして電場 $\boldsymbol{E}$ が磁場 $\boldsymbol{H}$ に直交することを考慮するのである．こうして，(4.7)の右辺の線積分で積分路 C を C′ に変更してもよいことがわかる．

つぎに，磁場 $\boldsymbol{H}$ が任意のばあいを考える．それには，開曲面 S を多数の網目に分割して考えればよい(図 6)．微小な網目の 1 つ 1 つについては，磁場

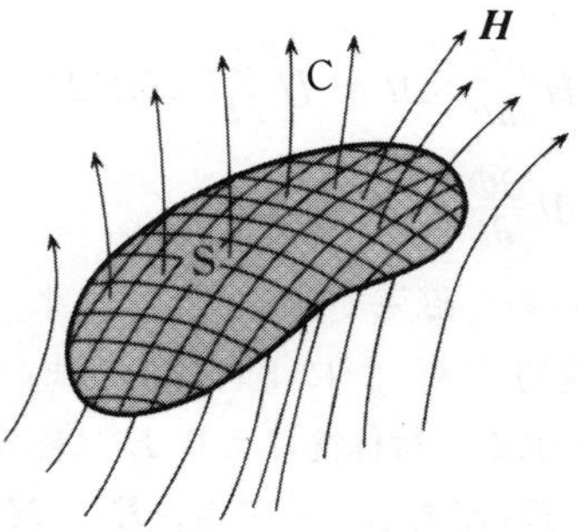

図6

$\boldsymbol{H}$ は一様であると考えられるので，(4.7)が成り立ち，これを総和すれば(4.1)が得られるのである．

§5.　Ampère の法則

Ampère の法則(の一般化)は

$$\frac{\partial}{\partial t}\Psi(\mathrm{S})+\iint_{\mathrm{S}}\boldsymbol{J}\cdot d\boldsymbol{S}=\int_{\mathrm{C}}\boldsymbol{H}\cdot d\boldsymbol{r} \tag{5.1}$$

のように表わされる．ここで

$$\Psi(\mathrm{S})=\iint_{\mathrm{S}}\boldsymbol{D}\cdot d\boldsymbol{S} \tag{5.2}$$

は開曲面 S をつらぬく電束で，$\boldsymbol{J}$ は電流密度，したがって $\iint_{\mathrm{S}}\boldsymbol{J}\cdot d\boldsymbol{S}$ は単位時間あたりに S を横切る電荷である．また C は開曲面 S の縁の閉曲線である．(5.1)の左辺の第 1 項を除いたものが，ふつう **Ampère の回路法則** とよばれるものである．歴史的には，まず定常電流についてこの法則が得られ，つぎに Maxwell によって第 1 項，つまり **変位電流** の項が付け加えられたのであるが，われわれの理論構成では，電流密度 $\boldsymbol{J}$ が 0 のばあいからはじめるのが自然である．

$\boldsymbol{J}=0$，すなわち開曲面 S を横切る電荷が存在しないばあいには，事情は Faraday の電磁誘導の法則のばあいとまったく同様で，(4.7)に対応して

$$\frac{\partial}{\partial t}\Psi(\mathrm{S})=\int_{\mathrm{C}}\boldsymbol{H}\cdot d\boldsymbol{r} \tag{5.3}$$

が得られる．

さて，いま簡単のために，単独の電荷が運動することによって電場 $\boldsymbol{E}$ が時

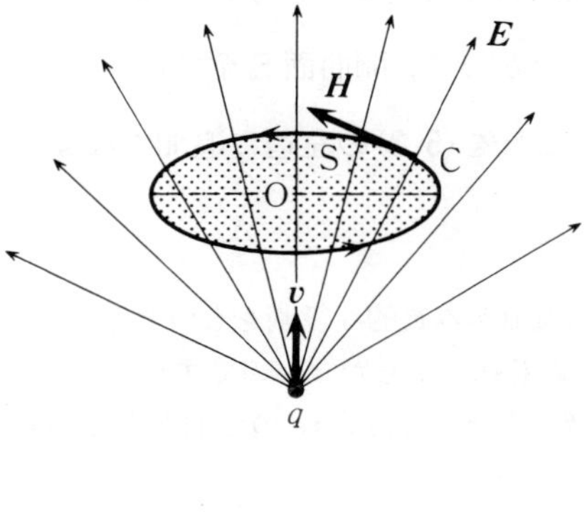

図7

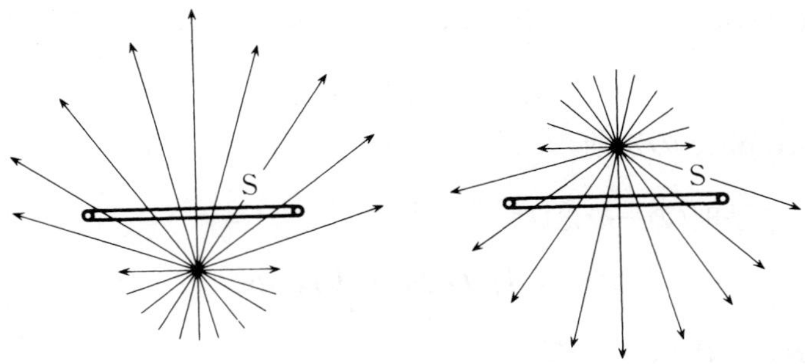

(a) (b)

図8

間的に変化するばあいを考えよう.(図7は閉曲線Cが円のばあいを示す.)図のばあいでは,開曲面Sをつらぬく電気力線の数 Ψ(S) はしだいに増加するので,(5.3)の右辺の線積分の値は正である.その値は閉曲線Cに依存するだけで,開曲面Sの選び方にはよらない.ところが,Ψ(S) の時間的変化ではなくて,各瞬間での Ψ(S) の値そのものを考えると,図8aのように点電荷が面Sの下側にあるときは Ψ(S) は正であるのに対して,図8bのように面Sの上側に来ると,Ψ(S) は負になる.つまり,電荷が面Sを通過する瞬間に Ψ(S) は不連続的に減少する.電荷の電気量を q とすると,電荷の出す電気力線は q 本であるから,上述の Ψ(S) の不連続的変化は $-q$ である.この不連線的変化は,本質的には(5.3)の右辺の値には影響しないはずである.(電束 Ψ(S) を勘定するのにたまたまその瞬間に電荷が通過するような開曲面Sを選んだことによるのである!)そこで,この不連続的変化を'補正'するためには,電荷 q が面Sを通過するたびごとに Ψ(S) に q だけ付け加えておけばよいだろう.さて,$\boldsymbol{J}\cdot d\boldsymbol{S}$ は単位時間あたりに面積要素(ベクトル) $d\boldsymbol{S}$ を通過する電気量である.したがって,開曲面S全体については,$\iint_{\mathrm{S}}\boldsymbol{J}\cdot d\boldsymbol{S}$ が補正項を与えるのである.これを(5.3)の左辺に追加すれば,けっきょく,(5.1)が得られる.

Q Ampèreの法則では電流が本質的な役割をもつと思っていましたが,この理論構成では単に'補正項'の意味しかもたないのですか?

A そうです.定常電流に対するAmpèreの法則とFaradayの電磁誘導の法則

の間には見たところなんら類似性は存在しません．ですから，Ampèreの法則から電磁誘導の法則を思いつくことは，Faradayの天才をもってしても容易のことではなかったことでしょう．定常電流という特殊のばあいには‘補正項’があたかも主役のようにふるまい，そのため，電場と磁場の対応関係がおおいかくされてしまうと考えられます．

§6.　Biot-Savartの法則

ふつう電磁気学の教科書では，Coulombの法則が静電気学の基本法則の役割をもつように，Biot-Savartの法則は電流の磁気作用を論ずる際の出発点となっている．この法則も，われわれの理論構成では，基本法則から導き出されるものである．しかもこれはAmpèreの法則(の一般化)の特別なばあい，すなわち(5.3)，から導かれるので，‘法則’というよりはむしろ‘公式’とでもよぶべき性格のものである．これをつぎに示そう．

点電荷 q が速度 $\boldsymbol{v}$ で運動するとき，そのまわりに磁場ができることは，すでに§3の(**ii**)で定性的に説明した．それは進行方向を軸とする同心円状の磁力線をもち，その向きは進行方向に対して右回りであるというのであった(図7)．したがって，磁場 $\boldsymbol{H}$ について知るべきことは，ただ大きさ $H=|\boldsymbol{H}|$ だけである．それには(5.3)を利用すればよい．

まず，$\Psi(\mathrm{S})$ を考える．電荷の現在位置から進行方向に距離 x の点Oをとり，Oを中心とする半径 y の円Cを考える(図9)．Cをつらぬく電気力線の数，すなわち電束 $\Psi(\mathrm{S})$ は $q\Omega/4\pi$ である．ただし，Ω は点電荷から円Cを見込む立体角で，

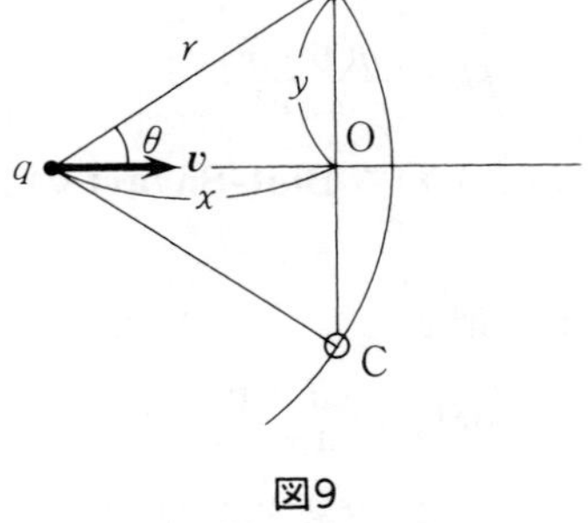

図9

$$\Omega = 2\pi(1-\cos\theta) \tag{6.1}$$

で与えられる．(一般に，‘点Pから曲線Cを見込む立体角’というのは，点Pを曲線C上の各点と結んで得られる錐面がPを中心とする単位半径の球面から切りとる面積のことである．) したがって

$$\Psi(\mathrm{S}) = \frac{q}{2}(1-\cos\theta). \tag{6.2}$$

$$\therefore\quad \frac{\partial\Psi}{\partial t} = \frac{q}{2}\sin\theta\cdot\dot{\theta}\quad\left(\dot{\theta}\equiv\frac{d\theta}{dt}\right). \tag{6.3}$$

図9から

$$x = y\cot\theta.$$

$$\therefore\quad \dot{x} = -y\,\mathrm{cosec}^2\theta\cdot\dot{\theta}.$$

ところが，点電荷の速度の大きさ $v\equiv|\boldsymbol{v}|$ は

$$v = -\dot{x} = y\,\mathrm{cosec}^2\theta\cdot\dot{\theta} \tag{6.4}$$

で与えられる．(6.4)を(6.3)に代入すれば

$$\frac{\partial\Psi}{\partial t} = \frac{qv}{2y}\sin^3\theta \tag{6.5}$$

となる．つぎに，(5.3)の右辺は

$$\int_{\mathrm{C}}\boldsymbol{H}\cdot d\boldsymbol{r} = \int_{\mathrm{C}}Hds = 2\pi y\,H \tag{6.6}$$

である．(6.5)，(6.6)を(5.3)に代入すれば

$$H = \frac{qv}{4\pi y^2}\sin^3\theta = \frac{qv\sin\theta}{4\pi r^2} \tag{6.7}$$

が得られる．ただし，$y = r\sin\theta$ の関係を使う．これで磁場 $\boldsymbol{H}$ の大きさがわかった．すでにわかっている磁場の方向を考えあわせると，けっきょく，磁場ベクトルとして

$$\boldsymbol{H} = \frac{q(\boldsymbol{v}\times\boldsymbol{r})}{4\pi r^3} \tag{6.8}$$

の表式が得られる．これがすなわち **Biot-Savart の法則** である．

N　ふつう Biot-Savart の法則は

$$\delta\boldsymbol{H} = \frac{\delta\boldsymbol{J}\times\boldsymbol{r}}{4\pi r^3} \tag{6.9}$$

という形で表現されている．そして‘連続的に流れている’電流の微小部分(電流要

素）$\delta\boldsymbol{J}$ によって磁場 $\delta\boldsymbol{H}$ がつくられると**考えて**磁場の計算をすればよいと述べられている．このような，いささかまわりくどい表現が使われる背景には，電流というのは‘流れ続ける’もので，その一部分を切り出すことは原理的に不可能である，というような考えがあるからであろう．前にも注意したように，歴史的には電流は‘流れ続ける’ものとして導入されたが，原理的には‘面を横切って’の電荷の移動を意味するだけなのである．Biot-Savart の法則を(6.8)の形に表現することは，上述のような疑点にわずらわされない点ですぐれていると筆者は考える．なお，(6.8)から(6.9)を得るには，単に $q\boldsymbol{v}\to\delta\boldsymbol{J}$, $\boldsymbol{H}\to\delta\boldsymbol{H}$ とおきかえればよい．

Q　(6.9)の Biot-Savart の法則はふつう定常電流のばあいに成り立つと考えられています．(6.8)を導く際のやり方を反省すると，単独電荷の運動という非定常な電磁場について考えています．そうだとすると，(6.8)は非定常電流のばあいにも成り立つのでしょうか？

A　(6.8)と(6.9)とは実質的に同じもので，非定常電流のばあいには近似的に成り立つとしかいえません．それは，つぎのように考えればわかります．もし厳密に成り立つとすれば，(6.8)で表わされる磁場 $\boldsymbol{H}$ と点電荷 q による電場 $\boldsymbol{E}$ とが対になって Maxwell の方程式を満足するはずです．それでは，とくに

$$\mathrm{rot}\,\boldsymbol{E}+\frac{\partial\boldsymbol{B}}{\partial t}=0 \tag{6.10}$$

はどうでしょう？　$\boldsymbol{E}$ は Coulomb 場ですから，もちろん $\mathrm{rot}\,\boldsymbol{E}=0$ です．したがって $\partial\boldsymbol{B}/\partial t=0$ でなければなりません．さて，$\boldsymbol{B}=\mu_0\boldsymbol{H}$ は円周方向の成分しかもちません．その大きさは $\mu_0 H$ です．そこで，簡単のために，点電荷が等速運動する（$v=\mathrm{const}$）ばあいについて計算します．

$$\begin{aligned}\frac{\partial H}{\partial t}&=\frac{qv}{4\pi y^2}\cdot 3\sin^2\theta\cos\theta\cdot\dot{\theta} &&\because\ (6.7)\\&=\frac{3qv^2}{4\pi y^3}\sin^4\theta\cos\theta &&\because\ (6.4)\\&=\frac{3qv^2}{4\pi r^3}\sin\theta\cos\theta.\end{aligned} \tag{6.11}$$

これは確かに 0 ではありません！　そこで，誤差の程度を見積るために，(6.10)を

$$\mathrm{rot}\,\boldsymbol{D}=-\varepsilon_0\mu_0\frac{\partial\boldsymbol{H}}{\partial t} \tag{6.12}$$

と書きかえると，右辺の大きさの程度は

$$\frac{v^2}{c^2}\frac{q}{r^3},\quad c=\frac{1}{\sqrt{\varepsilon_0\mu_0}}$$

であることがわかります．c は光速です．つまり，電荷の速度 v が光速に比べて小さいばあいには，(6.8) は Maxwell の方程式を近似的に満足することになります．v^2/c^2 のオーダーを無視するのがいわゆる **非相対論的近似** です．

§7. 平面電荷に働く力

一様面密度 σ で平面上に分布する電荷による電場は

$$\boldsymbol{D}=\pm\frac{\sigma}{2}\boldsymbol{n},\quad \boldsymbol{E}=\pm\frac{\sigma}{2\varepsilon_0}\boldsymbol{n} \tag{7.1}$$

で与えられる．ただし，$\boldsymbol{n}$ はその平面の法線ベクトルである（図 10）．このことは，電気力線が面の両側に単位面積あたり $\sigma/2$ 本の割合で出ていることからただちにわかる．

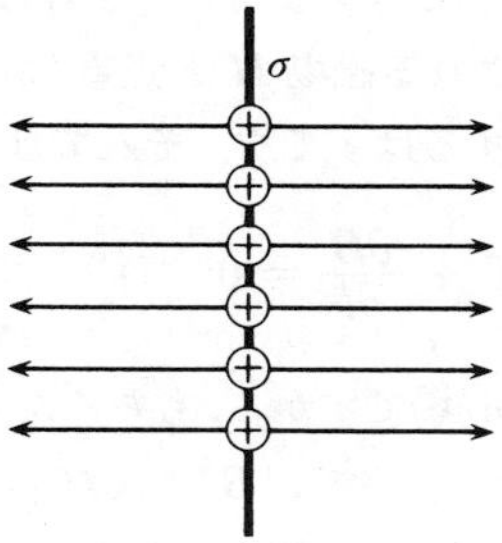

図10

さて，Maxwell 応力は

$$\boldsymbol{T}_n=\boldsymbol{E}D_n-p_e\boldsymbol{n}, \tag{7.2}$$

$$p_e=U=\frac{1}{2}\boldsymbol{E}\cdot\boldsymbol{D} \tag{7.3}$$

で与えられる．$\boldsymbol{E}D_n$ は電気力線に沿って働く **張力** を表わし，p_e は **電磁圧** である．（いまのばあい磁場はないから，‘電気圧’といってもよい．）

(7.1) を代入すると，(7.3) から $p_e=\sigma^2/(8\varepsilon_0)$ が得られる．また $\boldsymbol{E}D_n=2p_e\boldsymbol{n}$ である．けっきょく平面電荷は両側に等しい張力 p_e でひっぱられることになり，その合力は 0 である．すなわち，平面電荷の **自己力** は 0 である．

（ i ） つぎに，一様な電場 $\boldsymbol{E}_0$ の中に平面電荷をおく（図 11）．このとき電場は

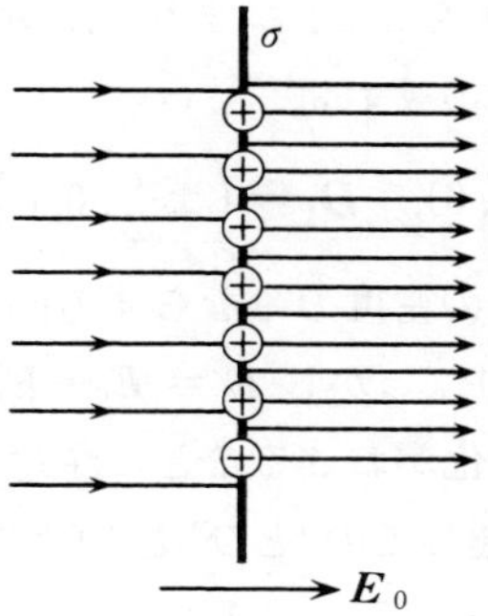

図11

$$\boldsymbol{E} = \boldsymbol{E}_0 + \boldsymbol{E}_1, \quad \boldsymbol{E}_1 = \pm\frac{\sigma}{2\varepsilon_0}\boldsymbol{n} \tag{7.4}$$

となる．電場は平面電荷の両側で対称性を失うから，Maxwell 応力も非対称となり，平面電荷には力が働くことになるだろう．まず，簡単なばあいとして，$\boldsymbol{E}_0$ が平面電荷に直角なばあいを考えよう．（図 11 はそのばあいを表わす．）このばあいも，電気力線に沿って働く張力 $\boldsymbol{E}D_n$ は $2p_e\boldsymbol{n}$ となり，電磁圧 p_e をさし引くと，平面電荷には面と直角に強さ p_e の張力が働くことになる．したがってその合力は，単位面積あたり

$$\tilde{\boldsymbol{f}} = \{p_e\}_\pm \boldsymbol{n} \tag{7.5}$$

で与えられる．ただし，記号 $\{\cdots\}_\pm$ の意味は，面を $\boldsymbol{n}$ の負の側から正の側に通過するときに量 Q におこる変化を $\{Q\}_\pm$ で表わすというものである．

さて，(7.3)により

$$\begin{aligned}\{p_e\}_\pm = \left\{\frac{1}{2\varepsilon_0}D^2\right\}_\pm &= \frac{1}{2\varepsilon_0}\{(D_0+D_1)^2\}_\pm \\ &= \frac{1}{2\varepsilon_0}\{D_0^2 + D_1^2 + 2D_0D_1\}_\pm \\ &= \frac{D_0}{\varepsilon_0}\{D_1\}_\pm = \sigma E_0.\end{aligned}$$

ただし，$\boldsymbol{D}_0 = \varepsilon_0\boldsymbol{E}_0$, $\boldsymbol{D}_1 = \varepsilon_0\boldsymbol{E}_1$ の関係を使い，また，$\{D_0^2\}_\pm = 0$, $\{D_1^2\}_\pm = 0$, $\{D_1\}_\pm = \sigma$ であることに注意する．けっきょく，(7.5)は

$$\tilde{\boldsymbol{f}} = \sigma\boldsymbol{E}_0 \tag{7.6}$$

のように表わされる．

（ii）つぎに，電場 $\boldsymbol{E}_0$ が任意の方向をもつばあいを考える．$\boldsymbol{n}$ の方向に x

軸をとり，$\boldsymbol{n}$ と $\boldsymbol{E}_0$ に直角に z 軸をとる．つまり，$\boldsymbol{E}_0$ が xy 平面に平行になるように xyz 座標軸を定める．そうすれば

$$\boldsymbol{E}_0 = (E_{0x},\, E_{0y},\, 0), \quad \boldsymbol{D}_1 = \left(\pm\frac{\sigma}{2},\, 0,\, 0\right) \tag{7.7}$$

である．このばあい，電気力線の密度のみならず方向も平面電荷を通過するとき不連続的に変化する(図12)．しかし $\boldsymbol{E} = \boldsymbol{E}_0 + \boldsymbol{E}_1$, $\boldsymbol{D} = \boldsymbol{D}_0 + \boldsymbol{D}_1$ については，x 成分のみに不連続的変化がおこることに注意しなければならない．

一般に，量 A の不連続面を通しての‘とび’と‘平均’をそれぞれ

$$\{A\} \equiv A_+ - A_-, \quad \langle A\rangle \equiv \frac{1}{2}(A_+ + A_-) \tag{7.8}$$

で表わすと

$$A_\pm = \langle A\rangle \pm \frac{1}{2}\{A\} \tag{7.9}$$

である．また，2つの量 A, B の積については，

$$\{AB\} = \{A\}\langle B\rangle + \langle A\rangle\{B\} \tag{7.10}$$

が成り立つ．

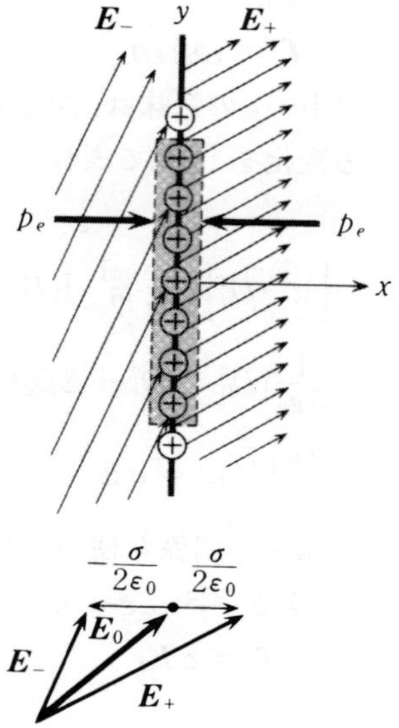

図12

そこで，まず，電気力線に沿う張力の不連続的変化を考える．

$$\{\boldsymbol{E}D_n\} = \{\boldsymbol{E}\}\langle D_n\rangle + \langle \boldsymbol{E}\rangle\{D_n\}. \tag{7.11}$$

ところが，一般に

$$\{\boldsymbol{E}_t\}_\pm = 0, \quad \{D_n\}_\pm = \sigma \tag{7.12}$$

の関係がある．ただし，$\boldsymbol{E}_t$ は不連続面に平行な $\boldsymbol{E}$ の成分で

$$\boldsymbol{E} = E_n\boldsymbol{n} + \boldsymbol{E}_t \tag{7.13}$$

で与えられる．(7.12)の関係は図 12 からも明らかであろう．(一般的には Faraday の電磁誘導の法則と Gauss の法則を使って容易に証明される．)

さて，(7.12)により

$$\{\boldsymbol{E}\} = \{E_n\}\boldsymbol{n} + \{\boldsymbol{E}_t\} = \frac{1}{\varepsilon_0}\{D_n\}\boldsymbol{n} = \frac{\sigma}{\varepsilon_0}\boldsymbol{n}.$$

これと，$\{D_n\} = \sigma$ とを(7.11)に代入すれば

$$\{\boldsymbol{E}D_n\} = \frac{\sigma}{\varepsilon_0}\langle D_n\rangle\boldsymbol{n} + \sigma\langle\boldsymbol{E}\rangle = \sigma(\langle E_n\rangle\boldsymbol{n} + \langle\boldsymbol{E}\rangle) \tag{7.14}$$

となる．

つぎに，電磁圧の不連続的変化を考える．

$$\{p_e\}_\pm = \frac{1}{2}\{\boldsymbol{E}\cdot\boldsymbol{D}\} = \{\boldsymbol{E}\}\cdot\langle\boldsymbol{D}\rangle$$

$$= \frac{\sigma}{\varepsilon_0}\boldsymbol{n}\cdot\langle\boldsymbol{D}\rangle = \frac{\sigma}{\varepsilon_0}\langle D_n\rangle = \sigma\langle E_n\rangle. \tag{7.15}$$

(7.14), (7.15)を(7.2)に代入すれば，ただちに

$$\{\boldsymbol{T}_n\}_\pm = \sigma\langle\boldsymbol{E}\rangle = \sigma\langle\boldsymbol{E}_0 + \boldsymbol{E}_1\rangle = \sigma\boldsymbol{E}_0 \tag{7.16}$$

が得られる．ただし，$\langle\boldsymbol{E}_0\rangle = \boldsymbol{E}_0, \langle\boldsymbol{E}_1\rangle = 0$ を考慮する．

$\{\boldsymbol{T}_n\}_\pm$ は不連続面に流入する電磁運動量であるから，これによって平面電荷に働く(単位面積あたりの)電気力 $\tilde{\boldsymbol{f}}$ が表わされる．したがって

$$\tilde{\boldsymbol{f}} = \sigma\boldsymbol{E}_0 \tag{7.17}$$

である．

§8. 平面電流に働く力

平面上を一様な密度で電流が流れているばあいを考えよう．一般に，曲面上を電荷が移動するとき，これを数量的に表わすために，**面電流密度（ベクトル）** $\boldsymbol{J}_s$ を定義する．$\boldsymbol{J}_s$ の方向は電荷の移動する方向を表わし，その大きさ

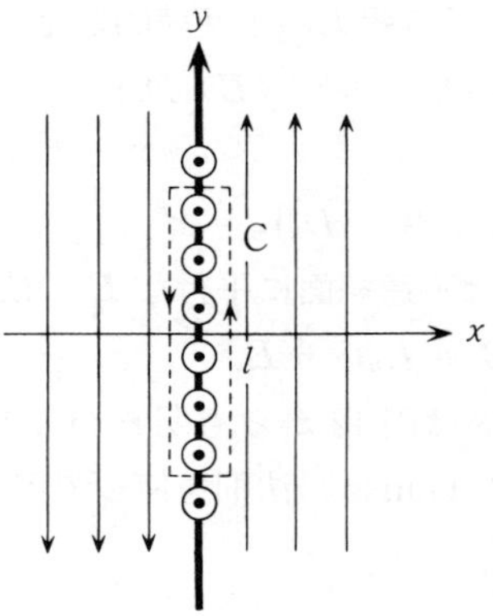

図13

$J_s = |\boldsymbol{J}_s|$ は，移動方向に直角に単位長さを単位時間あたりに通過する電気量を表わすのである．さて，電流の流れている平面に直角に x 軸，電流の方向に z 軸をとる(図 13)．つまり，yz 平面内を電流が流れている．そのばあい，電流によって誘導される磁場 $\boldsymbol{H}$ は Ampère の法則：

$$\iint_S \boldsymbol{J}\cdot d\boldsymbol{S} = \int_C \boldsymbol{H}\cdot d\boldsymbol{r} \tag{8.1}$$

を使えば容易に求められる．すなわち，閉曲線 C として図 13 の細いたんざく型の回路 C をとり，磁力線が，対称性により，y 軸方向に走ることを考慮すればよい．(8.1)の左辺は C をつらぬく電流の総和を表わすから，いまのばあい $J_s l$ である．ただし，l はたんざくの長さである．また，(8.1)の右辺は $H\cdot 2l$ となる．したがって $H = J_s/2$ となり

$$\boldsymbol{H} = \pm\frac{1}{2}J_s\boldsymbol{j} \quad (x \gtrless 0) \tag{8.2}$$

が得られる．ここで $\boldsymbol{j}$ は y 軸方向の単位ベクトルである．(8.2)は，また，

$$\{\boldsymbol{H}\}_{\pm} = J_s\boldsymbol{j} = J_s\boldsymbol{k}\times\boldsymbol{i} = \boldsymbol{J}_s\times\boldsymbol{n} \tag{8.3}$$

のように表わすこともできる．いまのばあい面電流密度ベクトルは $\boldsymbol{J}_s = J_s\boldsymbol{k}$ で，電流面の法線ベクトル $\boldsymbol{n}$ は $\boldsymbol{i}$ に一致するからである．

さて，Maxwell 応力は

$$\boldsymbol{T}_n = \boldsymbol{H}B_n - p_m\boldsymbol{n}, \tag{8.4}$$

$$p_m = U = \frac{1}{2}\boldsymbol{H}\cdot\boldsymbol{B} \tag{8.5}$$

で与えられる．$\boldsymbol{H}B_n$ は磁力線に沿って働く張力を表わし，p_m は電磁圧であ

る．(いまのばあい電場はないから，‘磁気圧’といってもよい．) (8.2)により $p_m = (\mu_0/8)J_s^2$ である．磁力線は電流面に平行であるから張力は働かない．したがって，電流面は両側から等しい磁気圧 p_m を受けるだけで，合力は 0 となる．けっきょく，平面電流が自分自身に及ぼす力，すなわち **自己力** は 0 である．

(i)　つぎに，一様な磁場 $\boldsymbol{H}_0$ (磁束密度 $\boldsymbol{B}_0 = \mu_0\boldsymbol{H}_0$) の中に平面電流をおく(図 14)．このとき磁場は

$$\boldsymbol{H} = \boldsymbol{H}_0 + \boldsymbol{H}_1, \quad \boldsymbol{H}_1 = \pm\frac{1}{2}J_s\,\boldsymbol{j} \tag{8.6}$$

となる．磁場は電流面の両側で対称性を失うので，Maxwell 応力も非対称となり，電流面は力を受けることになるだろう．まず，簡単なばあいとして，磁場 $\boldsymbol{H}_0$ が電流面に平行なばあいを考えよう．(図 14 はそのばあいを表わ

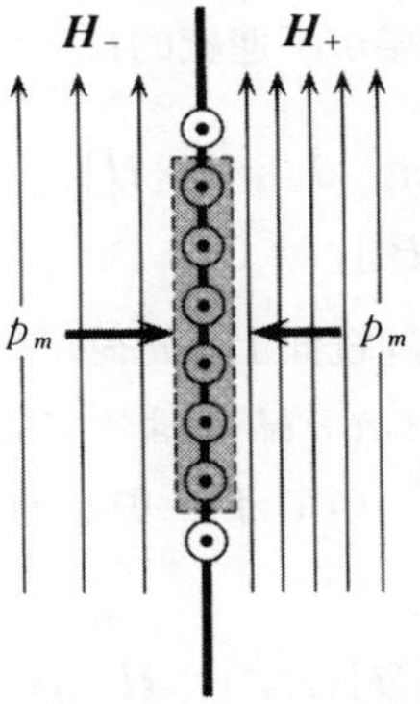

図14

す．) このばあいにも，電流面に働くのは磁気圧だけで，その合力は，単位面積あたり，

$$\tilde{\boldsymbol{f}} = -\{p_m\}_\pm \boldsymbol{i}$$

で与えられる．さて

$$p_m = \frac{\mu_0}{2}\boldsymbol{H}^2 = \frac{\mu_0}{2}(\boldsymbol{H}_0 + \boldsymbol{H}_1)^2$$

$$= \frac{\mu_0}{2}\{H_0^2 + H_1^2 + 2\,(\boldsymbol{H}_0\cdot\boldsymbol{H}_1)\}.$$

$$\therefore \quad \{p_m\}_\pm = \mu_0\{\boldsymbol{H}_0\cdot\boldsymbol{H}_1\}_\pm \qquad \because \quad \{H_0^2\}_\pm = \{H_1^2\}_\pm = 0$$

$$= \mu_0\boldsymbol{H}_0\cdot\{\boldsymbol{H}_1\}_\pm$$

$$= \boldsymbol{B}_0\cdot(J_s\boldsymbol{j}) \quad \because \quad (8.3)$$
$$= J_sB_{0y}.$$

したがって

$$\tilde{\boldsymbol{f}} = -J_sB_{0y}\boldsymbol{i} = -J_sB_{0y}(\boldsymbol{j}\times\boldsymbol{k}) = \boldsymbol{J}_s\times(B_{0y}\boldsymbol{j}).$$

ところが，いまのばあい，$\boldsymbol{J}_s = J_s\boldsymbol{k}$, $\boldsymbol{B}_0 = B_{0y}\boldsymbol{j}+B_{0z}\boldsymbol{k}$ であるから，$\boldsymbol{k}\times\boldsymbol{k} = 0$ を考慮して，上の式は

$$\tilde{\boldsymbol{f}} = \boldsymbol{J}_s\times\boldsymbol{B}_0 \tag{8.7}$$

と書き表わすことができる．

(ii)　つぎに，磁場 $\boldsymbol{H}_0$ が任意の方向をもつばあいを考えよう．このばあい，磁力線は電流面をつらぬくから，電流面には張力 $\boldsymbol{H}B_n$ も働くことになる．ここでは前節の(ii)と同様の方法でとり扱ってみよう．

一般に，1つの面を通して磁場が不連続的に変化するばあい，(7.12)に対応して

$$\{\boldsymbol{H}\}_\pm = \boldsymbol{J}_s\times\boldsymbol{n}, \quad \boldsymbol{J}_s = -\{\boldsymbol{H}\}_\pm\times\boldsymbol{n}, \tag{8.8}$$
$$\{B_n\}_\pm = 0 \tag{8.9}$$

の関係が成り立つ．(8.9)は，不連続面上に磁荷が存在しないことを示すものである．また，(8.8)は，$\boldsymbol{H} = H_n\boldsymbol{n}+\boldsymbol{H}_t$ のように磁場 $\boldsymbol{H}$ を分解して，$\boldsymbol{H}_t$ については(8.3)を適用し，H_n については(8.9)を適用すれば得られる．

さて

$$\{\boldsymbol{H}B_n\} = \{\boldsymbol{H}\}\langle B_n\rangle+\langle\boldsymbol{H}\rangle\{B_n\}$$
$$= \{\boldsymbol{H}\}\langle B_n\rangle. \quad \because \quad (8.9)$$

また，(8.6)により

$$\{p_m\}_\pm = \frac{1}{2}\{\boldsymbol{H}\cdot\boldsymbol{B}\} = \{\boldsymbol{H}\}\cdot\langle\boldsymbol{B}\rangle.$$

したがって，(8.4)により

$$\{\boldsymbol{T}_n\}_\pm = \{\boldsymbol{H}\}\langle B_n\rangle - (\{\boldsymbol{H}\}\cdot\langle\boldsymbol{B}\rangle)\boldsymbol{n}$$
$$= (\langle\boldsymbol{B}\rangle\cdot\boldsymbol{n})\{\boldsymbol{H}\} - (\langle\boldsymbol{B}\rangle\cdot\{\boldsymbol{H}\})\boldsymbol{n}$$
$$= \langle\boldsymbol{B}\rangle\times(\{\boldsymbol{H}\}\times\boldsymbol{n})$$
$$= -\langle\boldsymbol{B}\rangle\times\boldsymbol{J}_s \quad \because \quad (8.8)$$
$$= \boldsymbol{J}_s\times\langle\boldsymbol{B}\rangle \tag{8.10}$$

が得られる．ただし，第2行から第3行に移るとき，ベクトル積の公式：

$$\boldsymbol{A}\times(\boldsymbol{B}\times\boldsymbol{C}) = (\boldsymbol{A}\cdot\boldsymbol{C})\boldsymbol{B}-(\boldsymbol{A}\cdot\boldsymbol{B})\boldsymbol{C}$$

を使う．

$$\langle\boldsymbol{B}\rangle = \langle\boldsymbol{B}_0\rangle+\langle\boldsymbol{B}_1\rangle = \boldsymbol{B}_0$$

を考慮すれば，(8.10)はけっきょく

$$\tilde{\boldsymbol{f}} = \boldsymbol{J}_s\times\boldsymbol{B}_0 \tag{8.11}$$

を与える．すなわち，(8.7)の関係が任意の $\boldsymbol{B}_0$ に対して成り立つのである．

§9.　等速運動する帯電体の自己力と自己モーメント

第2章の§7で，真空中におかれた任意の帯電体の自己力と自己モーメントが0であることを述べた．これは帯電体によって静電場のみがつくられることを前提として得られた結論である．さて帯電体が運動するばあいには，電場と同時に磁場が現われる．その結果，空間には電磁エネルギーと同時に電磁運動量が貯えられる．いま，図15のように，帯電体Bをとりかこむ非常に大きい半径 R の球面Sをとり，その内部の領域Vに含まれる運動量を考えよう．Sを通って流入する運動量の一部はVに貯えられる運動量の増加のために費やされ，残りは帯電体に働く力 $\tilde{\boldsymbol{f}}$ を与える．静電場のばあいには，Vに含まれる運動量が0であるので話は簡単であったが，いまのばあいその考察が必要であるため，すこしめんどうになる．

特別なばあいとして，帯電体が等速運動をしているばあいを考えよう．しかも，帯電体の内部の電荷や電流の分布が時間的に変化しないものとする．このばあい，電磁場は帯電体に付随して形を変えずに動いていくことになる

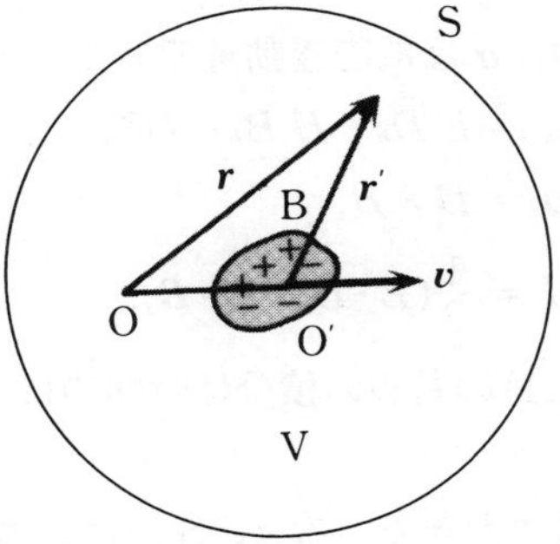

図15

だろう．そこで，図16のように，大きい球面Sを帯電体Bに固定してとることにすると，その内部の領域Vに含まれる電磁運動量は時間的に一定不変である．（図16には，時刻 $t=0, \delta t$ でのSをそれぞれ S_0, Sとして示してある．）さて，動く球面Sを通って δt 時間内に流入する運動量は，Sに働くMaxwell応力によるものと，Sが移動する間にとりこむもの（これは S_0 とSにはさまれた薄い球殻状の領域V′に含まれる電磁運動量で与えられる）の和として表わされる．そして，それ自身，領域Vに含まれる電磁運動量の変化（これは上述のように0である！）と帯電体に与える力積 $\tilde{\boldsymbol{f}}\delta t$ との和を表わす．したがって，$\tilde{\boldsymbol{f}}$ を求めるには，Sに働くMaxwell応力とV′に含まれる電磁運動量を計算すればよい．

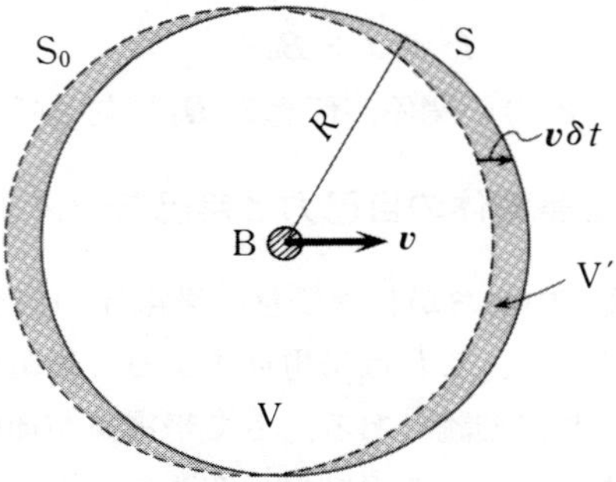

図16

以上を数式的に表わせば，つぎのように書ける．

$$\iint_S (\boldsymbol{T}_n + \boldsymbol{g} v_n) dS = \tilde{\boldsymbol{f}} + \frac{d}{dt}\iiint_V \boldsymbol{g}\, dV. \tag{9.1}$$

ここで $\boldsymbol{T}_n$ はMaxwell応力，$\boldsymbol{g}$ は電磁運動量である．すなわち

$$T_{ik} = E_i D_k + H_i B_k - U\delta_{ik},$$

$$\boldsymbol{g} = \boldsymbol{D}\times\boldsymbol{B},$$

$$U = \frac{1}{2}(\boldsymbol{E}\cdot\boldsymbol{D} + \boldsymbol{H}\cdot\boldsymbol{B}).$$

そして，いまのばあい，(9.1)の右辺の積分は時間的に一定不変であるから，右辺は単に $\tilde{\boldsymbol{f}}$ となる．

さて，Sの半径 R を非常に大きくとると，Sの付近の電磁場は，帯電体B

があたかも点電荷であるかのようにふるまうから

$$\boldsymbol{E} = O\left(\frac{1}{R^2}\right), \quad \boldsymbol{H} = O\left(\frac{1}{R^2}\right) \tag{9.2}$$

である．(前者は Coulomb の法則，後者は Biot-Savart の法則からただちに得られる．) したがって，

$$T_{ik} = O\left(\frac{1}{R^4}\right), \quad \boldsymbol{g} = O\left(\frac{1}{R^4}\right), \quad U = O\left(\frac{1}{R^4}\right) \tag{9.3}$$

である．球面 S の表面積が $4\pi R^2$ であることを考えると，上に述べた計算によって

$$\tilde{\boldsymbol{f}} = 0 \tag{9.4}$$

が得られることは明らかであろう．すなわち，**自己力**は 0 である．

自己モーメント $\boldsymbol{N}$ については，電磁角運動量について同様の計算を行なえばよい．すなわち

$$\iint_S \boldsymbol{r}\times(\boldsymbol{T}_n + \boldsymbol{g}v_n)dS = \boldsymbol{N} + \frac{d}{dt}\iiint_V \boldsymbol{r}\times\boldsymbol{g}\,dV. \tag{9.5}$$

ただし，$\boldsymbol{r}$ は原点 O からの位置ベクトルである．物体に固定した点 O′ からの位置ベクトルを $\boldsymbol{r}'$ とすれば，

$$\boldsymbol{r} = \boldsymbol{r}_0 + \boldsymbol{r}', \quad \boldsymbol{r}_0 = \boldsymbol{v}t \tag{9.6}$$

の関係がある．これを(9.5)の右辺の積分に代入すると，

$$\tilde{\boldsymbol{L}} = \iiint_V \boldsymbol{r}\times\boldsymbol{g}\,dV = \boldsymbol{r}_0\times\tilde{\boldsymbol{g}} + \tilde{\boldsymbol{L}}_0, \tag{9.7}$$

$$\tilde{\boldsymbol{g}} = \iiint_V \boldsymbol{g}\,dV, \quad \tilde{\boldsymbol{L}}_0 = \iiint_V \boldsymbol{r}'\times\boldsymbol{g}\,dV \tag{9.8}$$

となる．$\tilde{\boldsymbol{L}}$ は空間に固定した原点 O に関する全電磁角運動量で，$\tilde{\boldsymbol{L}}_0$ は物体に固定した点 O′ に関する電磁角運動量である．全電磁運動量 $\tilde{\boldsymbol{g}}$ と $\tilde{\boldsymbol{L}}_0$ が一定不変であるのに対して，$\tilde{\boldsymbol{L}}$ が変化することに特に注意しなければならない．

球面 S の半径 R が大きいばあい，(9.3)により，(9.5)の左辺は $O(R^{-1})$ となり，$R\to\infty$ に対して 0 となる．したがって，(9.5)は

$$\boldsymbol{N} = \tilde{\boldsymbol{g}}\times\boldsymbol{v} \tag{9.9}$$

を与える．ただし，$\dot{\boldsymbol{r}}_0 = \boldsymbol{v}$ を使う．

以上を定理としてまとめておこう．

［定理］　等速運動する帯電体の自己力は0である．しかし，自己モーメントは必ずしも0ではない．ただし，帯電体の電荷および電流の分布は時間的に一定不変とする．

帯電体の自己モーメントが必ずしも0ではないことはいささか奇妙である．これは電磁気学にある種のパラドックスの存在することをうかがわせる．これについては第14章の§10で説明する．

§10.　一様電磁場中を等速運動する帯電体に働く力

つぎに，一様な電磁場 $\boldsymbol{E}_0, \boldsymbol{H}_0$ の中を帯電体が等速運動するばあいを考えよう．帯電体による電磁場を $\boldsymbol{E}_1, \boldsymbol{H}_1$ とすると，現実の電磁場は

$$\boldsymbol{E} = \boldsymbol{E}_0 + \boldsymbol{E}_1, \quad \boldsymbol{H} = \boldsymbol{H}_0 + \boldsymbol{H}_1 \tag{10.1}$$

である．帯電体に働く力を求めるには，この $\boldsymbol{E}, \boldsymbol{H}$ を使って前節の考察を行えばよい．すなわち，帯電体に付随して動く非常に大きい球面Sをとり，その内部の領域Vに含まれる運動量の差引勘定をすればよいのである．球面Sの近くでは，前節の(9.2)に相当して

$$\boldsymbol{E}_1 = O\left(\frac{1}{R^2}\right), \quad \boldsymbol{H}_1 = O\left(\frac{1}{R^2}\right) \tag{10.2}$$

となり，この $\boldsymbol{E}_1, \boldsymbol{H}_1$ は球面Sの中心におかれた点電荷によるものと同じである．すなわち，帯電体の電荷や電流の分布状態のいかんにかかわらず，球面Sの近くでは同一の $\boldsymbol{E}_1, \boldsymbol{H}_1$ を使って力の計算をすることができるのである．こうして，つぎの定理が得られる．

［定理］　一様電磁場中を等速運動する帯電体に働く力は帯電体の形や内部の電荷および電流の分布状態によらず，全電気量 Q および帯電体の速度 $\boldsymbol{v}$ だけできまる．ただし，電荷および電流の分布状態は時間的に一定不変であるとする．

それではその力は Q と $\boldsymbol{v}$ の関数として具体的にどのように表わされるのか？　これに答えるのがつぎの Lorentz 力の公式である．

§11.　Lorentz 力

（ｉ）　まず電場 $\boldsymbol{E}_0$ のみが存在するばあいを考えよう．帯電体を一様電荷分布の薄い平板に変形する．ただし，その面は $\boldsymbol{E}_0$ に直角で，全電気量はもとどおり Q に保つものとする(図 17)．§7 の(ｉ)によれば，このとき平板に働く力は $Q\boldsymbol{E}_0$ である．そして前節の定理によれば，これが帯電体の受ける力を与えるのである．

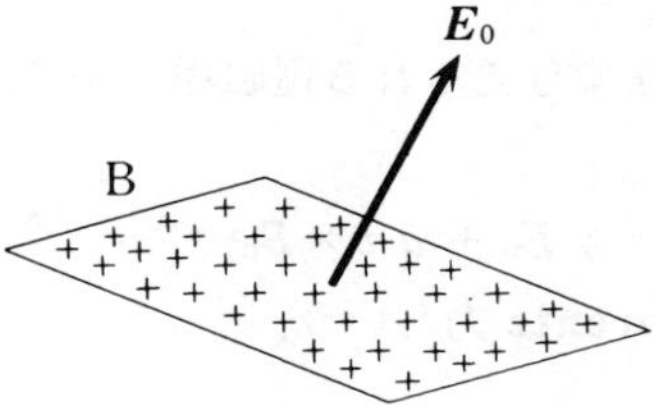

図17

（ii）　つぎに，磁場 $\boldsymbol{H}_0$ だけが存在するばあいを考える．このばあいも帯電体を一様電荷分布の平板に変形する．ただし，こんどは平板は帯電体の速度ベクトル $\boldsymbol{v}$ と磁場ベクトル $\boldsymbol{H}_0$ のつくる平面内にあるようにする(図 18)．平面電荷の運動は平面電流に同等であるから，§8 の(ｉ)が利用できる．すなわち，(8.7)により，帯電体に働く力は $Q\boldsymbol{v}\times\boldsymbol{B}_0$ であることがわかる．もちろん $\boldsymbol{B}_0=\mu_0\boldsymbol{H}_0$ である．

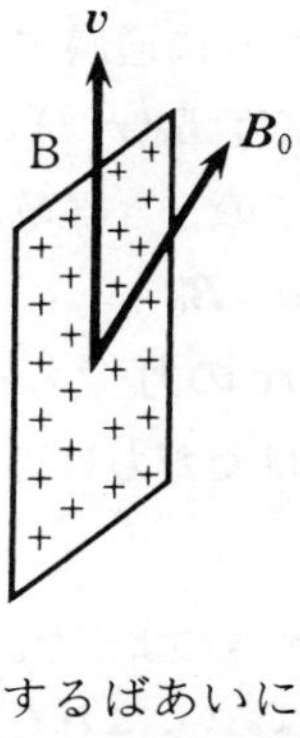

図18

（iii）　電場と磁場が共存するばあいには，(ｉ)と(ii)の結果を加え合わせればよい．すなわち，速度 $\boldsymbol{v}$ の等速運動をする帯電体には

$$\boldsymbol{F}=Q\boldsymbol{E}_0+Q\boldsymbol{v}\times\boldsymbol{B}_0 \tag{11.1}$$

の力が働くことになる．ただし，Q は帯電体の全電気量である．

(iv)　以上は，無限にひろがる空間に一様な電磁場があり，その中を有限の大きさの帯電体が等速運動するばあいである．もし電磁場が有限の領域に限られているとすればどうだろうか？　もちろん(11.1)の公式は成り立たない．しかし，もしも帯電体が非常に小さければ，そのまわりの電磁場はあたかも無限にひろがるかのように感じられるだろう．こうして，つぎの結論に達する．

[定理]　$\boldsymbol{E}_0(\boldsymbol{r}, t), \boldsymbol{B}_0(\boldsymbol{r}, t)$ で与えられる電磁場の中を速度 $\boldsymbol{v}$ で等速運動する点電荷 q は電磁場から

$$\tilde{\boldsymbol{f}} = q\,\boldsymbol{E}_0 + q\,\boldsymbol{v}\times\boldsymbol{B}_0 \tag{11.2}$$

の力を受ける．この力を **Lorentz 力**という．

電磁場が場所 $\boldsymbol{r}$ および時間 t の任意の関数であってもよいのに対して，速度 $\boldsymbol{v}$ は一定でなければならないことに特に注意すべきである．

§12.　Ampère の力

細い導線に電流が流れるばあい，すなわち **線電流** を考える．電流の方向の単位ベクトルを $\boldsymbol{e}$ とすると，線電流は定量的に $\boldsymbol{I} = I\boldsymbol{e}$ で表わされる．ただし，I は導線の各断面を単位時間あたりに通過する電気量であって，**線電流の強さ**(**大きさ**) を表わす．いま磁束密度 $\boldsymbol{B}_0(\boldsymbol{r}, t)$ の磁場の中に線電流 $\boldsymbol{I}$ (の流れている導体)をおくものとする．このとき線電流には単位長さあたり

$$\tilde{\boldsymbol{f}} = I\boldsymbol{e}\times\boldsymbol{B}_0 \tag{12.1}$$

の力が働く．これがすなわち **Ampère の力** である．この結果は Lorentz 力の公式(11.2)で $q\boldsymbol{v}\to I\boldsymbol{e}$ とおきかえればただちに得られる．

N　Ampère の力を理解するには，つぎのような直観的なイメージをつかむことが肝要である．直線電流が流れているばあい，これをとり囲んで同心円状の磁場 $\boldsymbol{H}_1$ ができる (図 19 a)．したがって磁気圧 p_m は直線電流のまわりに対称的に分布し，直線電流に働く合力は 0 である．いま，直線電流に垂直な方向の一様な磁場 $\boldsymbol{H}_0$ (図 19 b)をかけると，磁場は

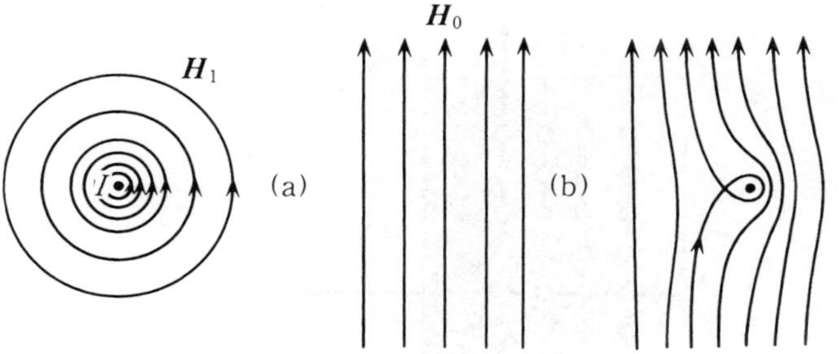

図19

$$\boldsymbol{H} = \boldsymbol{H}_0 + \boldsymbol{H}_1$$

となる(図 19 c). 直線電流の右側では磁場が助けあって強く，左側では弱くなる. したがって磁気圧 $p_m = (1/2)\mu_0 H^2$ の合力は左向きの力を与えるのである.

数式的な計算をする前に，まずこのような直観的な考察を行なっておけば，Ampère の力の方向について間違いをおかすようなことはないだろう.

§13. 電 磁 波

§3の(iv)では,直観的なイメージによって電磁波の定性的な説明を行なった. すなわち，電場や磁場が変化すると必然的に電磁力線網が形成され，電磁エネルギーと電磁運動量が空間的に貯えられ，しかも面を通ってそれらの流れが生ずる. そして，この電磁力線網の存在する領域が空間を移動していく現象が電磁波にほかならないというのであった. つぎに，この現象を定量的に考察してみよう.

いま, 最も簡単なばあいとして, $x<0$ の半空間には一様な電磁場があり，したがって一様な電磁力線網が形成されているものとする (図 20). ただし,

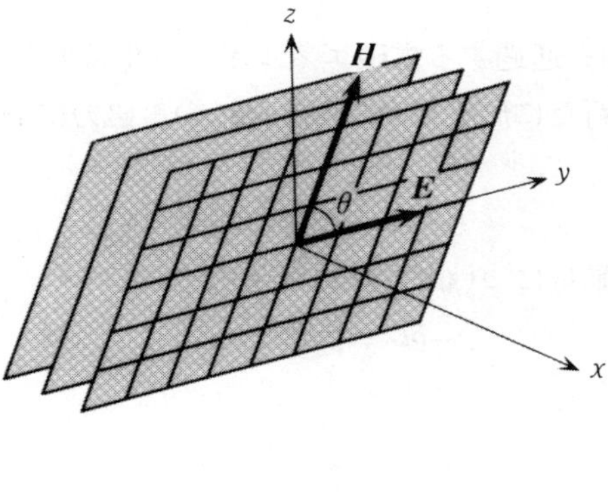

図20

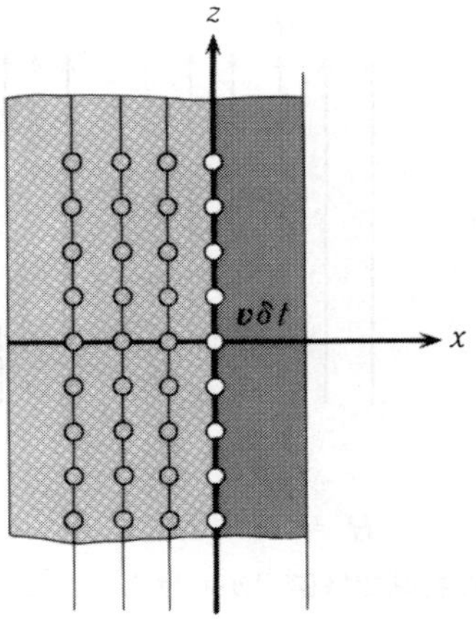

図21

$x>0$ の半空間には電磁場は存在しないとする．さて，$x<0$ では電場 $\boldsymbol{E}$ の方向は y 軸に平行で，磁場 $\boldsymbol{H}$ はそれと角 θ をなし，かつ yz 面内にあるものとする．つまり，電磁力線網の網の面は yz 面に平行であるとする．そこで，$x<0$ の半空間では，単位体積あたり $U=(1/2)(ED+HB)$ の電磁エネルギーと x 方向の電磁運動量 $g=DB\sin\theta$ が貯えられている．また，網の面を通って，単位面積について単位時間あたり $S=EH\sin\theta$ の割合で電磁エネルギーが流れ，さらに網の面には電磁圧 $p_{em}=U$ が働いている．(電磁圧が働くというのは，面に直角な方向の運動量が流れこんでいるということである！)

さて，電磁力線網の先頭の面 ($x=0$) を考えると，それを横切って $x<0$ の側から $x>0$ の側に電磁エネルギーと電磁運動量が流れこんでゆく．その結果，$x>0$ の側には新しく電磁力線網が形成される．つまり，電磁力線網の先頭が $x>0$ の側に進んでいくことになる．その速度 v はつぎのように計算される．

時間 δt の間に網の面を通過する電磁エネルギーは単位面積あたり $S\delta t$ である (図 21)．これが，新たに形成された厚さ $v\delta t$ の電磁力線網に貯えられるのであるから

$$S\delta t = Uv\delta t$$

の関係がある．電磁運動量について同様に考えると

$$p_{em}\delta t = gv\delta t$$

が得られる．したがって

$$S = Uv, \quad p_{em} = gv \tag{13.1}$$

の関係が成り立つ．

$$S = EH \sin\theta, \quad g = DB \sin\theta \tag{13.2}$$

$$p_{em} = U = \frac{1}{2}(ED + HB) \tag{13.3}$$

を代入すると，$D = \varepsilon_0 E$, $B = \mu_0 H$ を考慮して

$$v^2 = \frac{S}{g} = \frac{EH}{DB} = \frac{1}{\varepsilon_0 \mu_0} \tag{13.4}$$

が得られる．そこで

$$c = \frac{1}{\sqrt{\varepsilon_0 \mu_0}} \tag{13.5}$$

とおくと，$v = c$ である．c は真空の誘電率 ε_0 と透磁率 μ_0 とできまる普遍定数で，もちろん速度の次元をもつ．$\boldsymbol{E}, \boldsymbol{H}$ のいかんに関わらず，電磁力線網は一定の速度 c で移動するのである．c がすなわち **真空中の光速度** である．

さて，(13.1)はつぎのように変形することができる．

$$\varepsilon_0 E^2 + \frac{B^2}{\mu_0} = 2\varepsilon_0 cEB \sin\theta.$$

$$\therefore \quad E^2 + B^2c^2 = 2EBc \sin\theta.$$

$$\therefore \quad (E - Bc)^2 = 2EBc(\sin\theta - 1) \leqq 0.$$

これが成り立つためには

$$E = Bc, \quad \theta = \frac{\pi}{2} \tag{13.6}$$

でなければならない．すなわち，電場 $\boldsymbol{E}$ と磁場 $\boldsymbol{H}$ は直交し，進行方向に対して‘右ねじ’の関係になっている．しかも，その強さについて $E = Bc$ という関係がなければならないのである．

ここで述べた電磁波はきわめて特殊のようであるが，実は‘重ね合わせ’によって任意の平面波のばあいに一般化することができる．

（i） 平面パルス波 任意の電磁場は，線形性によって，重ね合わせができる．そこで，上で述べた電磁場の符号を逆転したものを場所的にすこしずらせて重ね合わせると，パルス状の電磁波ができるのである(図 22)．

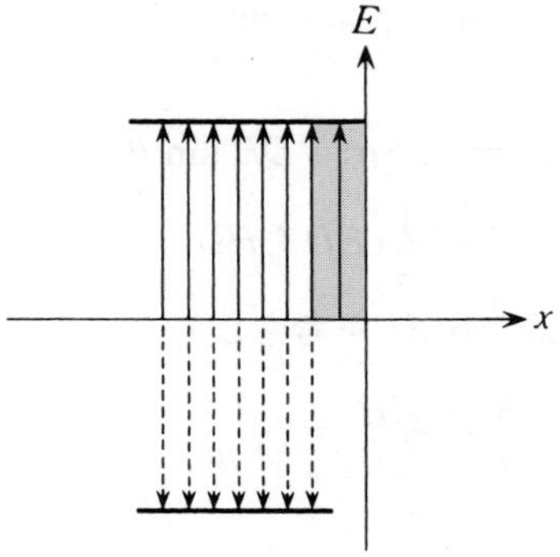

図22

（ii）　**任意の平面電磁波**　パルス状の電磁波を合成すれば任意の平面電磁波ができることは明らかであろう．その際，電場と磁場はそれぞれ $\boldsymbol{E}(x-ct)$, $\boldsymbol{H}(x-ct)$ のように $x-ct$ の関数として表わされる．進行方向（x 軸方向）に対して，$\boldsymbol{E}, \boldsymbol{H}$ は‘右ねじ’の関係をなす‘横波’で，振幅の間には $E = Bc$ の関係がある以外には，$\boldsymbol{E}$ の方向も振幅 E も $x-ct$ の任意の関数として変化し得るのである．（正弦波はその特別なものである！）

N　ふつう電磁気学を学習する際，まず Coulomb の法則，Biot-Savart の法則，Lorentz 力などが‘天下り’的に与えられ，Ampère の法則，Faraday の電磁誘導の法則と進んでいく．“これらの諸法則はいずれも実験結果を抽象して得られたものであって，それぞれある適用範囲の中で成り立つ．そして，最終的には Maxwell の方程式として統合される”というように説明される．これに対して筆者の主張は，最終的にまとめられた基本法則としては，Maxwell の方程式ではなく，電磁力線の幾何学的および力学的性質を採用すべきだということである．その理由は，直観的なイメージがつかみやすいこと，それによって上記の諸法則が初等的な数学の知識だけで導き出せることである．したがって，電磁気学を学ぶのに‘天下り’的要素は最小限におさえられるのである．たとえば，Coulomb の法則について語るとき，“この法則は実験的に得られた．しかし，基本法則からこのようにして導かれる…”というように話を進めることができる．とくに電磁波については，Maxwell の方程式の特解として扱うよりは，上で述べた電磁力線網による説明が推奨される．電磁波の本質 —— 速度 c の横波で，$\boldsymbol{E}$ と $\boldsymbol{H}$ が直交し，$E = Bc$ の関係があること，エネルギーと運動量をもつこと —— が一挙に示せるからである．

Q　高校や教養の電磁気学で，Coulomb の法則，Biot-Savart の法則などをすべて‘基本法則’から導いて見せることが必要なのでしょうか？

A　その必要はありません．重要なのは，それらの諸法則が‘天下り’ではなく，‘基本法則’から導けることを心得ておくことです．もちろん，Coulomb の法則は Gauss の法則（実は力線の幾何学的性質）から簡単に導けますから，これは是非やっておくべきでしょう．

Q　Maxwell の方程式は？

A　電磁現象の数式的な計算に重要であることはいうまでもありません．大学程度の電磁気学では当然出てくるでしょう．そして専門課程では，第 3 章のようなやり方で‘基本法則’から導くことが望ましいと思います．しかし，高校の段階では，“電磁現象を支配する‘基礎方程式’として Maxwell の方程式というものがある”，という程度にとどめておけばよいでしょう．

Q　‘基本法則’から電磁気学の法則がすべて導き出されることはよくわかりました．しかし，Maxwell の方程式からもそれらの法則が導かれます．そうだとすると，‘基本法則’は Maxwell の方程式と同等だということにはなりませんか？

A　‘基本法則’からは Maxwell の方程式が必然的に導かれます．したがって，Maxwell の方程式から導かれる事柄はすべて‘基本法則’から一義的に導かれることになります．しかし，Maxwell の方程式だけでは電磁現象をすべて説明することはできません．力に関すること，たとえば Ampère の力や Lorentz 力は Maxwell の方程式とは独立なもので，それからは導けないことに注意する必要があります．

§14. 帯電体と磁石の運動によって誘導される電磁場

帯電体が運動すると，それにつれて電荷が運動する．つまり電流が生ずる．それによって磁場が発生することは Biot-Savart の法則から容易に想像されるだろう．また，電場と磁場の類似から，磁石の運動によって電場が誘導されることも予想される．実は，この事情はすでに §3 で定性的に述べたことである．これを定量化するとつぎの定理が得られる．

［定理］　静止状態で電束密度 $\boldsymbol{D}$ の電場を生ずる帯電体が速度 $\boldsymbol{v}$ で運動するとき，

$$\boldsymbol{H} = \boldsymbol{v} \times \boldsymbol{D} \tag{14.1}$$

の磁場を発生する．また，静止状態で磁束密度 $\boldsymbol{B}$ の磁場を生ずる磁石が速度

$\boldsymbol{v}$ で運動するとき，

$$\boldsymbol{E} = -\boldsymbol{v}\times\boldsymbol{B} \tag{14.2}$$

の電場を発生する．

（証明）　まず，帯電体のばあいを考える．帯電体とともに動く回路 C についての Ampère の法則は，(3.8.10) により ((3.8.10) は第 3 章の (8.10) 式を表わす)

$$\int_C (\boldsymbol{H}-\boldsymbol{v}\times\boldsymbol{D})\cdot d\boldsymbol{r} = \frac{d}{dt}\Psi(\mathrm{S}) \tag{14.3}$$

のように表わされる (図 23)．$\Psi(\mathrm{S})$ は C を縁とする開曲面 S をつらぬく電束で，時間的に一定不変である．したがって (14.3) の右辺は 0 である．いま

$$\boldsymbol{F} \equiv \boldsymbol{H}-\boldsymbol{v}\times\boldsymbol{D} \tag{14.4}$$

とおいて，$\boldsymbol{F}=0$ となることを証明しよう．

まず，$\boldsymbol{H}\perp\boldsymbol{v}$ であることに注意する．なぜなら，物体の担う各電荷のつくる磁場は，その速度ベクトルを中心軸とする円周方向をもつから，速度 $\boldsymbol{v}$ に対して垂直である (図 24)．したがって，それらを合成した結果得られる $\boldsymbol{H}$ も $\boldsymbol{v}$ に垂直だからである．

さて，$\boldsymbol{v}\times\boldsymbol{D}$ は $\boldsymbol{v}$ に垂直である．したがって $\boldsymbol{F}\perp\boldsymbol{v}$ である．いま，ある点 P で $\boldsymbol{F}\neq 0$ であると仮定しよう．P に近接して $\overrightarrow{\mathrm{PP'}} /\!/ \boldsymbol{F}$ となるように点 P′ をとり，図 23 に示すような細長い長方形 PP′Q′Q を閉曲線 C として採用すると，(14.3) は

$$\int_{\mathrm{P}}^{\mathrm{P'}} \boldsymbol{F}\cdot d\boldsymbol{r} = |F|\delta s = 0, \quad \delta s = \overline{\mathrm{PP'}} \tag{14.5}$$

となる．辺 P′Q′, QP に沿っては $\boldsymbol{F}\perp d\boldsymbol{r}$ であるから積分には寄与せず，また，Q, Q′ を十分遠方にとれば $\boldsymbol{F}\to 0$ となり，Q′Q に沿う積分も 0 となるから

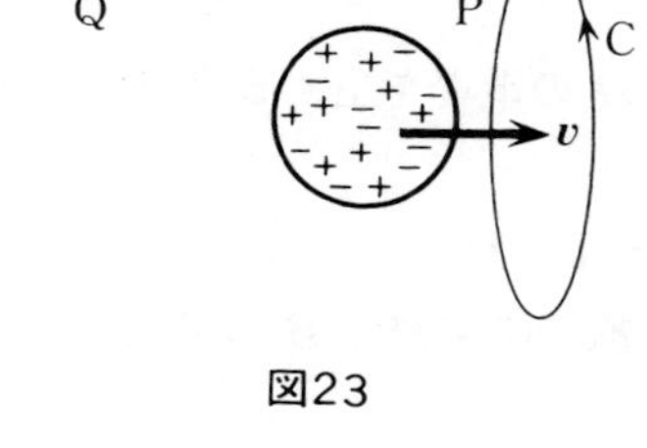

図23

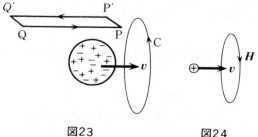

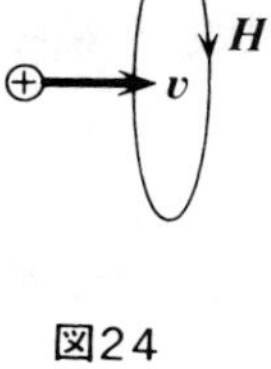

図24

である．(14.5)は $\boldsymbol{F} \neq 0$ の仮定が矛盾に導くことを示す．つまり(14.1)が成り立つことになる．

磁石については，動く回路に対する Faraday の法則 (3.8.9)，すなわち

$$\int_{\mathrm{C}} (\boldsymbol{E} + \boldsymbol{v} \times \boldsymbol{B}) \cdot d\boldsymbol{r} = -\frac{d}{dt} \boldsymbol{\Phi}(\mathrm{S}) \tag{14.6}$$

を使って同様の議論をすればよい．読者にまかせる．▩

例1　荷電粒子 q

このばあい，電場は Coulomb の法則 (2.3.13) により，電束密度

$$\boldsymbol{D} = \frac{q}{4\pi r^2} \hat{\boldsymbol{r}} \tag{14.7}$$

で与えられる (図 25)．したがって，上の定理の(14.1)により

$$\boldsymbol{H} = \frac{q}{4\pi r^2} \boldsymbol{v} \times \hat{\boldsymbol{r}} = \frac{q(\boldsymbol{v} \times \boldsymbol{r})}{4\pi r^3} \tag{14.8}$$

となる．これは **Biot-Savart の法則** (6.8) にほかならない．

例2　直線電流 I

直線上に線密度 λ で電荷が分布するばあい，(2.3.12)により

$$\boldsymbol{D} = \frac{\lambda}{2\pi r} \hat{\boldsymbol{r}} \tag{14.9}$$

である (図 26)．したがって，(14.1)により，

$$\boldsymbol{H} = \frac{\lambda}{2\pi r} \boldsymbol{v} \times \hat{\boldsymbol{r}} = \frac{\boldsymbol{I} \times \hat{\boldsymbol{r}}}{2\pi r}. \tag{14.10}$$

ただし，$\boldsymbol{I} = \lambda \boldsymbol{v}$ は‘電流’である．直線上に反対符号の電荷を同じ線密度で分布させ，逆向きに運動させても，$(-\lambda)(-\boldsymbol{v}) = \boldsymbol{I}$ として同じ電流が得られる．そこで，

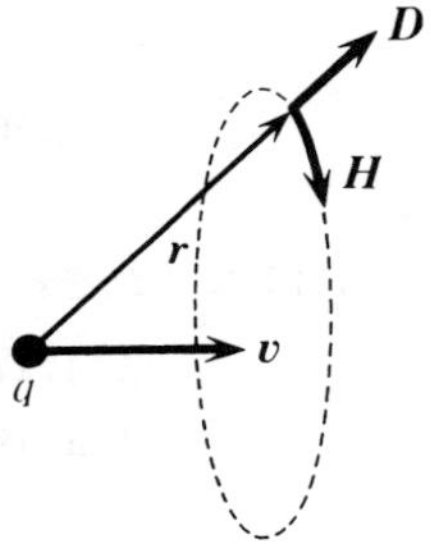

図25

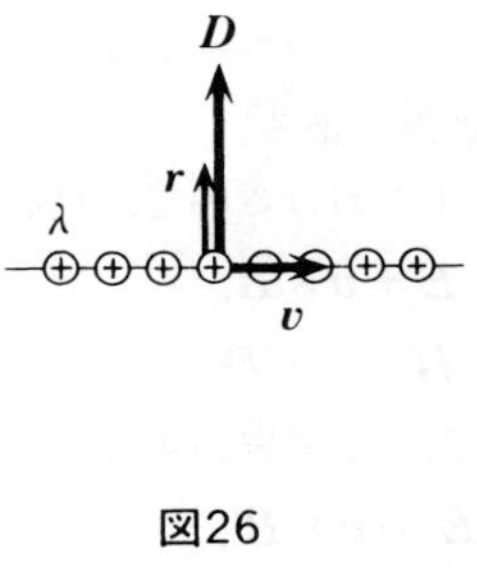

図26

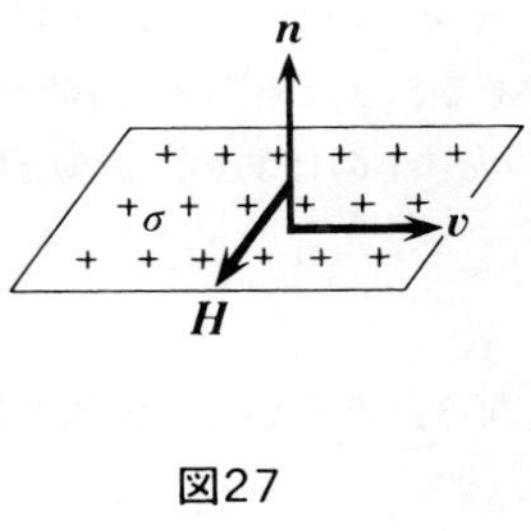

図27

両者を重ね合わせると，電荷が存在せず電流のみが存在するばあいの磁場の公式として，(14.10)がそのまま成り立つことがわかる．

例3　面電流 $\boldsymbol{J}_s$

一様な面密度 σ の平面電荷による電場は，(3.3.11)により，電束密度

$$\boldsymbol{D} = \pm\frac{\sigma}{2}\boldsymbol{n} \tag{14.11}$$

で表わされる (図27)．したがって，(14.1)により，

$$\boldsymbol{H} = \pm\frac{\sigma}{2}\boldsymbol{v}\times\boldsymbol{n} = \pm\frac{1}{2}\boldsymbol{J}_s\times\boldsymbol{n}. \tag{14.12}$$

ここで，$\boldsymbol{J}_s = \sigma\boldsymbol{v}$ は‘面電流密度’で，$\pm$は面の表裏に対応する．面を $\boldsymbol{n}$ の負の側から正の側に通過するときの $\boldsymbol{H}$ のとびは

$$\{\boldsymbol{H}\}_\pm = \boldsymbol{J}_s\times\boldsymbol{n} \tag{14.13}$$

となる．これは(8.3)と一致する．

N　上の定理は，座標系によって電磁場が異なるように見えることを意味している．すなわち，帯電体に固定した座標系 S′ が観察者の座標系 S に対して速度 $\boldsymbol{v}$ で運動しているとき，S′ 系で $\boldsymbol{H} = 0$ であるのに S 系では $\boldsymbol{H} = \boldsymbol{v}\times\boldsymbol{D}$ で表わされる磁場が存在するというのである．また，磁石については，S′ 系で $\boldsymbol{E} = 0$ であるのに，S 系では $\boldsymbol{E} = -\boldsymbol{v}\times\boldsymbol{B}$ で表わされる電場が存在する．このように，電磁場は座標系に依存して変化するのである．この事情は第8章で詳しく議論する．その結果，たとえば

$$\boldsymbol{E}' = \boldsymbol{E}_{/\!/} + \gamma(\boldsymbol{E}+\boldsymbol{v}\times\boldsymbol{B})_\perp, \tag{14.14}$$

$$\boldsymbol{H}' = \boldsymbol{H}_{/\!/} + \gamma(\boldsymbol{H}-\boldsymbol{v}\times\boldsymbol{D})_\perp \tag{14.15}$$

のような変換法則が成り立つことがわかる．ただし，記号 $/\!/$, $\perp$ はそれぞれ $\boldsymbol{v}$ に平行および垂直方向の成分を表わす．また

$$\gamma = (1-v^2/c^2)^{-1/2}, \quad c^2 = 1/\varepsilon_0\mu_0 \tag{14.16}$$

である．c はもちろん真空中の光速度である．

$v/c \ll 1$ のばあい，近似的に $\gamma = 1$ とおけるので，(14.14), (14.15)はそれぞれ

$$\boldsymbol{E}' = \boldsymbol{E}+\boldsymbol{v}\times\boldsymbol{B}, \tag{14.17}$$

$$\boldsymbol{H}' = \boldsymbol{H}-\boldsymbol{v}\times\boldsymbol{D} \tag{14.18}$$

となる．あるいは，S 系の量を S′ 系の量で表わすと

$$\boldsymbol{E} = \boldsymbol{E}'-\boldsymbol{v}\times\boldsymbol{B}', \tag{14.19}$$

$$\boldsymbol{H} = \boldsymbol{H}' + \boldsymbol{v} \times \boldsymbol{D}' \tag{14.20}$$

となる.

$\boldsymbol{H}' = 0$ ($\therefore \boldsymbol{B}' = 0$) のばあい(14.19), (14.20)は

$$\boldsymbol{E} = \boldsymbol{E}', \quad \boldsymbol{H} = \boldsymbol{v} \times \boldsymbol{D}', \tag{14.21}$$

$$\therefore \quad \boldsymbol{D} = \boldsymbol{D}', \quad \boldsymbol{H} = \boldsymbol{v} \times \boldsymbol{D} \tag{14.22}$$

を与える. (14.22)の第2式は(14.1)と一致する.

同様に, $\boldsymbol{E}' = 0$ ($\therefore \boldsymbol{D}' = 0$) のばあい(14.19), (14.20)は

$$\boldsymbol{E} = -\boldsymbol{v} \times \boldsymbol{B}', \quad \boldsymbol{H} = \boldsymbol{H}', \tag{14.23}$$

$$\therefore \quad \boldsymbol{B} = \boldsymbol{B}', \quad \boldsymbol{E} = -\boldsymbol{v} \times \boldsymbol{B} \tag{14.24}$$

を与える. (14.24)の第2式は(14.2)と一致する.

上の定理の(14.1), (14.2)では暗黙のうちに $\boldsymbol{D} = \boldsymbol{D}', \boldsymbol{B} = \boldsymbol{B}'$ を仮定している. この事実は, それぞれ $\boldsymbol{H}' = 0, \boldsymbol{E}' = 0$ のばあいには, 確かに上のように証明されるのである. また, 上の例1～例3での $\boldsymbol{D}$ は厳密には $\boldsymbol{D}'$ であることを注意する.

(14.14), (14.15)はいわゆる **電磁場の Lorentz 変換** であり, (14.17), (14.18)はその **非相対論的近似** である.

帯電体や磁石の運動によって新しく磁場や電場が現われることはわれわれの基本法則 I ～IIIから導かれるのであるが, これらの法則が, たがいに等速運動する座標系について, 同じ形で成り立つこと (相対性) を要請すると, ごく自然に **Einstein の相対性理論** に導かれる. この事情は第8章で説明される. 教科書によっては, '相対性理論' という高級な理論がすでに別にあって, それを借用して電磁気学を構成するという形式をとるものがある. われわれはむしろ, それとは逆に, 電磁気学の中に '相対性理論' がある意味ですでに含まれているという立場をとるのである.

Q 帯電体の運動によって磁場が生ずるというのなら, その磁場は帯電体に伴って動くことになり, 電場が生ずる. その電場はまた磁場を生ずる.... そのような複雑なからみあいが簡単に(14.1)の式で表わせるのでしょうか?

A 確かにその通り事情は複雑です. まず, 帯電体が静止状態で生ずる電場を $\boldsymbol{E}$ とすると, 電束密度は $\boldsymbol{D} = \varepsilon_0 \boldsymbol{E}$, 運動によって生ずる磁場 $\boldsymbol{H}_1$ は(14.1)によって $\boldsymbol{H}_1 = \boldsymbol{v} \times \boldsymbol{D}$ で, その磁束密度は $\boldsymbol{B}_1 = \mu_0 \boldsymbol{H}_1$ です. これは, (14.2)により, 電場 $\boldsymbol{E}_1 = -\boldsymbol{v} \times \boldsymbol{B}_1$ を生じます. すなわち

$$\begin{aligned}\boldsymbol{E}_1 &= -\boldsymbol{v} \times (\mu_0 \boldsymbol{H}_1) = -\boldsymbol{v} \times \{\mu_0 (\boldsymbol{v} \times \varepsilon_0 \boldsymbol{E})\} \\ &= -\varepsilon_0 \mu_0\, \boldsymbol{v} \times (\boldsymbol{v} \times \boldsymbol{E}).\end{aligned}$$

$\varepsilon_0\mu_0 = 1/c^2$ を代入すると，$\boldsymbol{E}_1$ は $\boldsymbol{E}$ に対して $O(v^2/c^2)$ の程度であることがわかります．つまり，$O(v^2/c^2)$ を無視する‘非相対論的近似’では $\boldsymbol{E}_1 = 0$ と考えてもよいわけです．要するに，(14.1)，(14.2) は非相対論的近似で成り立つ公式ということができます．同じ事情は Biot-Savart の法則についてもいえます．§6 の Q. & A. を思い出してください．

§15.　ま　と　め

電磁気学を理解するには，電磁場に対する直観的なイメージを身につけることがかんじんである．新しい基本法則はこのイメージをつくり上げるのに適している．とくに電磁力線網のイメージは有効である．これを使って，まず電磁現象の全体像を定性的に説明した．その議論のすじみちは高校生にも十分理解できるものと思う．さらに議論を定量化して，Faraday の電磁誘導の法則，Ampère の法則（の一般化），Biot-Savart の法則をつぎつぎに導き出した．また，一様面密度の平面電荷に一様電場が及ぼす力と一様面電流密度の平面電流に一様磁場が及ぼす力の法則を求め，これらを基にして Lorentz 力と Ampère の力を導いた．最後に，平面電磁波について定量的な議論を行なった．これらの議論には Maxwell の方程式はまったく不要である．必要な数学的予備知識もごくわずかで，大学の初年級はもちろん，高校生にとっても決して難しくはないだろう．

これで真空中の電磁場についての考察は一応終わり，次章では物質中の電磁場の議論にはいる．

N　Faraday の電磁誘導の法則と Ampère の法則（の一般化）は電磁場の‘線形性’を考慮することによってエネルギーの保存法則から見通しよく導き出すことができる．したがって，これらは本質的にエネルギーの保存法則の数式的表現であることがわかる（拙著［28］第 12 章参照）．

5 物質中の電磁場——基本的な物理量

§1. は じ め に

いままで真空中の電磁場について考えてきた．これから，いよいよ物質中の電磁場について考える．現在われわれは物質が多数の荷電粒子によって構成されていることを知っている．これらの荷電粒子のつくり出す電磁場を重ね合わせたものが物質中の電磁場であると解釈すると，それは本質的には真空中の電磁場となんら異なるところはない．ただ，その電磁場は，各荷電粒子の現在位置や速度によって，空間的にも時間的にも極めて複雑に変化するので，これを詳細厳密に考察することは不可能である．また，実際上その必要もない．物質の巨視的な電磁的性質に影響するのは，微視的な電磁場のなんらかの平均値であって，それがわかればよいからである．しかし，はたしてそのような適切な‘平均値’が存在するのだろうか？

この章では，まず，物質中の電磁場を平均的に表わす基本量として，$\hat{\boldsymbol{D}}, \hat{\boldsymbol{B}}$; $\hat{\boldsymbol{E}}, \hat{\boldsymbol{H}}$ の4種のベクトルを定義する．$\hat{\boldsymbol{D}}, \hat{\boldsymbol{B}}$ はそれぞれ電気力線および磁力線の幾何学性質を平均的に代表するものである．また，$\hat{\boldsymbol{E}}, \hat{\boldsymbol{H}}$ はそれぞれ力学的性質を代表する．微視的な電場を $\boldsymbol{E}$，電束密度を $\boldsymbol{D}\,(=\varepsilon_0\boldsymbol{E})$，磁場を $\boldsymbol{H}$，磁束密度を $\boldsymbol{B}\,(=\mu_0\boldsymbol{H})$ とするとき，$\hat{\boldsymbol{D}}, \hat{\boldsymbol{B}}$ はそれぞれ $\boldsymbol{D}, \boldsymbol{B}$ の‘横の平均’であり，$\hat{\boldsymbol{E}}, \hat{\boldsymbol{H}}$ はそれぞれ $\boldsymbol{E}, \boldsymbol{H}$ の‘縦の平均’である．これらの2種の‘平均’はふつう平均値をとるときに使われる‘空間的な平均’とは異なるものであることをあらかじめ注意しておきたい．

さらに，電荷密度 ρ，電流密度 $\boldsymbol{J}$ の平均値 $\hat{\rho}$, $\hat{\boldsymbol{J}}$ を定義すれば，物質中の電磁場の基本量はすべて出揃う．第一の目標は，物質中の電磁場に対するMaxwellの方程式をできるだけ見通しのよい方法で導くことである．

§2. 意味のある平均値

物質中の微視的な電磁場の平均値を求めようとする際には，どのような意味の‘平均値’をとるかについてあらかじめ十分考えておかなければならない．平均値といっても，たとえば，体重と身長の平均値などはまったくばかげている．一見意味がありそうなものにつぎのようなものがある．いま，気体の運動を考えよう．単位体積の中に N 個の分子があり，i 番目の分子の質量を m_i，速度を $\boldsymbol{v}_i$ とする．気体の平均速度 $\langle\boldsymbol{v}\rangle$ を求めよ．これに対して単純に算術平均をとって $(\sum\boldsymbol{v}_i)/N$ とすればよいのだろうか？　なるほどこれは平均値である．しかし，$\sum\boldsymbol{v}_i$ にはどんな物理的な意味があるのだろうか？このばあいには，むしろ，つぎのような平均を行なうのが適切であろう．まず，気体の密度 ρ, すなわち単位体積あたりの質量を考える：

$$\rho=\sum_i m_i. \tag{2.1}$$

つぎに，単位体積あたりの運動量：$\sum m_i\boldsymbol{v}_i$ を考える．そして

$$\langle\boldsymbol{v}\rangle\overset{\text{def}}{=}\frac{\sum m_i\boldsymbol{v}_i}{\rho}=\frac{\sum m_i\boldsymbol{v}_i}{\sum m_i} \tag{2.2}$$

によって‘平均速度’$\langle\boldsymbol{v}\rangle$ を定義するのである．この定義に現われる $\sum m_i$, $\sum m_i\boldsymbol{v}_i$ はそれぞれ単位体積あたりの気体の質量および運動量として明確な物理的意味をもっている．したがって，この‘平均速度’$\langle\boldsymbol{v}\rangle$ は確かに意味のある平均値なのである．

物質中の微視的な電磁場について平均操作を行うばあいにも，その平均操作が物理的に意味があるかどうかを確かめておく必要がある．従来のとり扱いでは，このような考慮が払われていないのではないかと筆者には思われる．たとえば，電場 $\boldsymbol{E}$ の平均値として，ふつう

$$\hat{\boldsymbol{E}}\overset{\text{def}}{=}\lim_{\varDelta V\to 0}\frac{1}{\varDelta V}\iiint_{\varDelta V}\boldsymbol{E}\,dV \tag{2.3}$$

がとられている．ここで $\varDelta V$ は巨視的には十分小さく，しかし微視的には十分多数の荷電粒子(物質を構成する)を含むような体積である．しかし，この定義にはつぎの2つの難点がある．

(i) 体積積分 $\iiint\boldsymbol{E}\,dV$ にはどんな物理的の意味があるのか？

(ii) 体積積分は，荷電粒子を含む領域についての積分である．荷電粒子を点電荷や2重極で代表させると，その位置に電場の特異性が現われる($\boldsymbol{E}$ は ∞ になる)．その処理は疑義なく行なえるか？

(ii)の難点は，荷電粒子を滑らかな電荷分布でおきかえるとか，あるいは δ 関数の導入によって避けられるかもしれない．これに反して，(i)の難点は本質的である．上述の気体の‘平均速度’を $(\sum \boldsymbol{v}_i)/N$ によって定義するのと同じ趣旨の操作を行なっているからである．

それではどうすればよいのか？　これに対して筆者の提案は，‘横の平均’および‘縦の平均’という新しい概念を導入することである．

§3. 横 の 平 均

(**i**)　考え方をはっきりさせるために，まず磁力線について考えよう．磁力線の幾何学的性質を表わすものとして，磁束密度 $\boldsymbol{B}$ が定義されている．これは単位面積をつらぬく磁力線の本数を表わすものである．さて，物質中ではそれを構成する原子・分子によって複雑な磁場がつくり出されている(図1)．

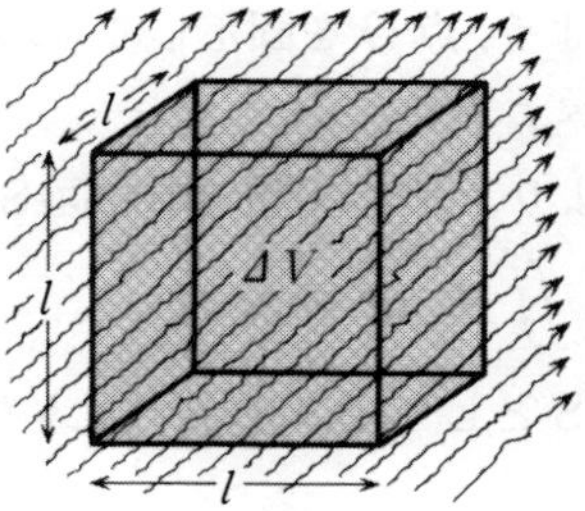

図1

しかし，複雑といっても，それは $\boldsymbol{B}$ によって正確に表わされるはずである．(場所 $\boldsymbol{r}$ と時間 t の関数として $\boldsymbol{B}(\boldsymbol{r}, t)$ が複雑に変化するだけである！)

いま，物質中の1点Oを含む微小な平面積 ΔS をとると，それをつらぬく磁力線の総数は

$$\iint_{\Delta S} \boldsymbol{B}\cdot d\boldsymbol{S}, \quad d\boldsymbol{S} = \boldsymbol{n}dS$$

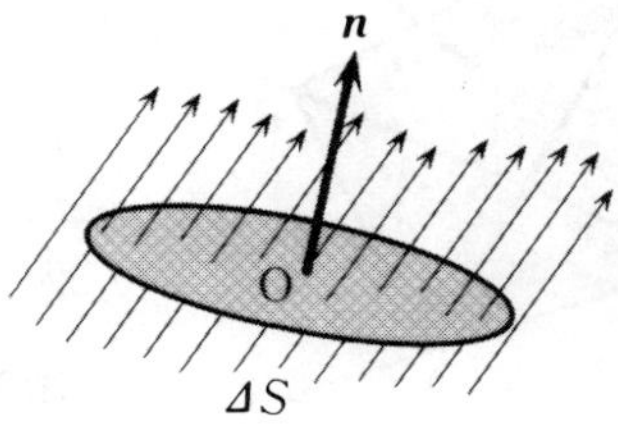

図2

で与えられる(図2)．$\boldsymbol{n}$ は平面積に対する法線ベクトルである．$\varDelta S$ は巨視的には微小であるが，原子・分子の相互の距離に比べてはるかに大きいスケールをもつものとする．さて，

$$\langle B_n \rangle_\perp \stackrel{\text{def}}{=} \lim_{\varDelta S \to 0} \frac{1}{\varDelta S} \iint_{\varDelta S} \boldsymbol{B} \cdot d\boldsymbol{S} \tag{3.1}$$

を考える．これは(2.3)と同じ形をしているが，面積積分であることに注意してほしい．このような極限値が存在することを仮定することは，物質が点Oの近くで巨視的には連続な性質をもつとすれば，きわめて合理的であろう．(3.1)はまた

$$\iint_{\varDelta S} \boldsymbol{B} \cdot d\boldsymbol{S} = \langle B_n \rangle_\perp \varDelta S + o(\varDelta S) \tag{3.2}$$

と書き表わすことができる．ここで $o(f)$ はいわゆる Landau の記号で，f に比べて高次の無限小であることを表わす．$\langle B_n \rangle_\perp$ をベクトル $\boldsymbol{B}$ の $\boldsymbol{n}$ **方向の横(の)平均** とよぶことにしよう．点Oを固定しても，方向 $\boldsymbol{n}$ によって $\langle B_n \rangle_\perp$ は変化する．その様子を調べよう．

磁力線の幾何学的性質により，$\boldsymbol{B}$ は任意の閉曲面Sに対して

$$\iint_{\mathrm{S}} \boldsymbol{B} \cdot d\boldsymbol{S} = 0 \tag{3.3}$$

を満足する．いま，閉曲面Sとして図3に示すような微小な4面体OABCをとると

$$\iint_{\varDelta S} \boldsymbol{B} \cdot d\boldsymbol{S} = \iint_{\varDelta S_x} B_x dS_x + \iint_{\varDelta S_y} B_y dS_y + \iint_{\varDelta S_z} B_z dS_z \tag{3.4}$$

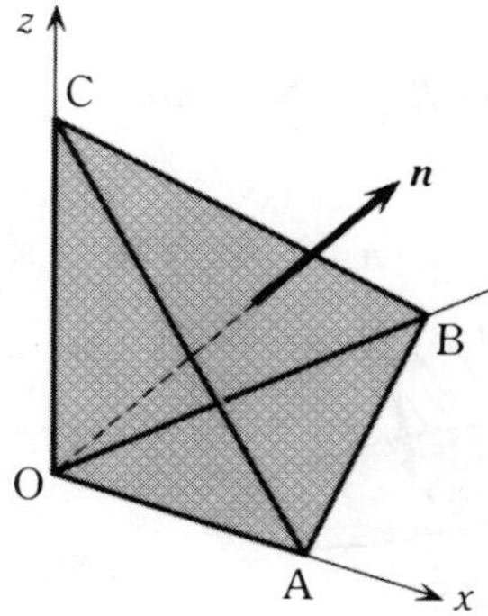

図3

が得られる．ただし，△ABC, △OBC, △OCA, △OABをそれぞれ $\varDelta S$, $\varDelta S_x$, $\varDelta S_y$, $\varDelta S_z$ と書く．△ABCの法線ベクトルを $\boldsymbol{n}(n_x, n_y, n_z)$ とすれば，各3角形の面積について

$$(\varDelta S_x, \varDelta S_y, \varDelta S_z) = (n_x, n_y, n_z)\varDelta S \tag{3.5}$$

の関係が成り立つ．

さて，(3.4)に(3.2)を適用すると

$$\langle S_n\rangle_\perp \varDelta S = \langle B_x\rangle_\perp \varDelta S_x + \langle B_y\rangle_\perp \varDelta S_y + \langle B_z\rangle_\perp \varDelta S_z + o(\varDelta S)$$

となる．ここで(3.5)を代入して，両辺を $\varDelta S$ で割ると

$$\langle B_n\rangle_\perp = \langle B_x\rangle_\perp n_x + \langle B_y\rangle_\perp n_y + \langle B_z\rangle_\perp n_z + o(1) \tag{3.6}$$

が得られる．いま

$$\langle \boldsymbol{B}\rangle_\perp \overset{\text{def}}{=} \langle B_x\rangle_\perp \boldsymbol{i} + \langle B_y\rangle_\perp \boldsymbol{j} + \langle B_z\rangle_\perp \boldsymbol{k} \tag{3.7}$$

で定義されるベクトル $\langle \boldsymbol{B}\rangle_\perp$ を考えると，(3.6)は

$$\langle B_n\rangle_\perp = \langle \boldsymbol{B}\rangle_\perp \cdot \boldsymbol{n} \tag{3.8}$$

のように表わされる．最初任意に xyz 軸を選んでおいて，それについて3個の量 $\langle B_x\rangle_\perp, \langle B_y\rangle_\perp, \langle B_z\rangle_\perp$ を求めておくと，任意の方向 $\boldsymbol{n}$ についての $\boldsymbol{B}$ の横平均 $\langle B_n\rangle_\perp$ が(3.8)によって計算されるのである．$\langle B_n\rangle_\perp$ はもともと座標軸の選び方によらないスカラー量であり，$\boldsymbol{n}$ はベクトル量であるから，$\langle \boldsymbol{B}\rangle_\perp$ は確かにベクトル量である．（(3.7)のように書いたからといって，座標変換に対して $\langle \boldsymbol{B}\rangle_\perp$ がベクトルとして変換するとは必ずしもいえない．(3.8)のように，なにかあるベクトルとの‘形式的’なスカラー積が確かにスカラーであることを確かめなければならない．）

ベクトル $\langle \boldsymbol{B}\rangle_\perp$ をベクトル場 $\boldsymbol{B}$ の**横(の)平均**とよぶことにする．$\langle \boldsymbol{B}\rangle_\perp$ はもちろん点Oの位置 $\boldsymbol{r}$ と考える時刻 t の関数である．しかし，$\boldsymbol{B}(\boldsymbol{r}, t)$ が微視的な関数として，$\boldsymbol{r}, t$ について小刻みに複雑に変化するのに対して，$\langle \boldsymbol{B}\rangle_\perp(\boldsymbol{r}, t)$ は巨視的な関数として $\boldsymbol{r}, t$ について滑らかに変化するのである．

（ii） 磁束密度 $\boldsymbol{B}$ の横平均 $\langle \boldsymbol{B}\rangle_\perp$ の導き方を反省してみると，磁力線に特有の性質は(3.3)以外にはなにも使っていない．そうすると，任意のベクトル場 $\boldsymbol{F}$ に対しても，横平均 $\langle \boldsymbol{F}\rangle_\perp$ を定義することが可能ではないかと期待される．ただ問題は(3.3)の条件である．

一般に，任意のベクトル場 $\boldsymbol{F}$ に対して，Gauss の定理：

$$\iint_{\mathrm{S}} \boldsymbol{F}\cdot d\boldsymbol{S} = \iiint_{\mathrm{V}} \mathrm{div}\boldsymbol{F}\,dV \tag{3.9}$$

が成り立つ．ここで S は任意の閉曲面，V は S の内部の領域である．いま，図 1 に示すような 1 辺の長さ l の立方体の中に閉曲面 S をとる．もし div$\boldsymbol{F}$ がふつう大，すなわち，$O(1)$ であれば，(3.9)の右辺の体積積分は $O(l^3)$ となる．したがって

$$\iint_{\mathrm{S}} \boldsymbol{F}\cdot d\boldsymbol{S} = O(l^3) \tag{3.10}$$

である．閉曲面として図 3 の 4 面体 OABC をとると，$\varDelta S = O(l^2)$ であるから，$O(l^3) = o(\varDelta S)$ となり，(3.4)の形の等式が $\boldsymbol{F}$ について成り立つ．ただし，右辺に誤差として $o(\varDelta S)$ をつけておけばよい．したがって

$$\langle F_n\rangle_\perp \overset{\mathrm{def}}{=} \lim_{\varDelta S\to 0}\frac{1}{\varDelta S}\iint_{\varDelta S} \boldsymbol{F}\cdot d\boldsymbol{S} \tag{3.11}$$

を定義し，さらに

$$\langle \boldsymbol{F}\rangle_\perp \overset{\mathrm{def}}{=} \langle F_x\rangle_\perp \boldsymbol{i} + \langle F_y\rangle_\perp \boldsymbol{j} + \langle F_z\rangle_\perp \boldsymbol{k} \tag{3.12}$$

を定義すれば，

$$\langle F_n\rangle_\perp = \langle \boldsymbol{F}\rangle_\perp \cdot \boldsymbol{n} \tag{3.13}$$

の関係が成り立つことが，$\boldsymbol{B}$ についての議論とまったく同じやり方で証明される．けっきょく，div$\boldsymbol{F} = O(1)$ の仮定のもとに，任意のベクトル場 $\boldsymbol{F}$ に対して，**横(の)平均** $\langle \boldsymbol{F}\rangle_\perp$ が定義されるのである．

(iii)　(3.11)の定義の式は

$$\iint_{\varDelta S} \boldsymbol{F}\cdot d\boldsymbol{S} = \langle \boldsymbol{F}\rangle_\perp \cdot \varDelta\boldsymbol{S} + o(\varDelta S) \tag{3.14}$$

と書くこともできる．ただし，$\varDelta\boldsymbol{S} = \boldsymbol{n}\varDelta S$ である．平面積 $\varDelta S$ の形は任意であってよい．これを利用すれば，図 1 の立方体の中にある任意の曲線 C に沿う線積分について

$$\int_{\mathrm{C}} \boldsymbol{F}\times d\boldsymbol{r} = \langle \boldsymbol{F}\rangle_\perp \times \varDelta\boldsymbol{r} + o(\varDelta s) \tag{3.15}$$

の等式が成り立つことが証明できる．ただし，C の両端を O, P とするとき，$\varDelta\boldsymbol{r} = \overrightarrow{\mathrm{OP}}$, $\varDelta s = |\varDelta\boldsymbol{r}| = \overline{\mathrm{OP}}$ である(図 4)．

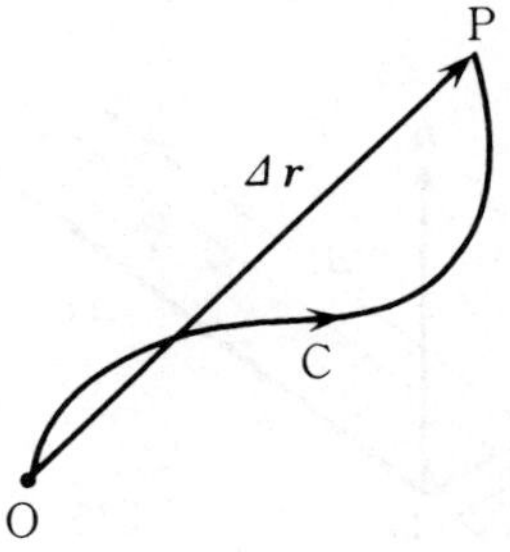

図4

(3.15)はつぎのように証明される．まず，任意の閉曲線 C に沿う線積分を C を縁とする開曲面 S についての面積積分で表わす公式：

$$\int_{\mathrm{C}} \boldsymbol{F} \times d\boldsymbol{r} = \iint_{\mathrm{S}} \left\{ (\mathrm{div}\boldsymbol{F}) d\boldsymbol{S} + \mathrm{rot}\boldsymbol{F} \times d\boldsymbol{S} - \frac{\partial \boldsymbol{F}}{\partial n} dS \right\} \tag{3.16}$$

に注意する．(Stokesの定理を変形すれば得られる．) C として，図1の立方体に含まれる閉曲線をとり，かつ $\boldsymbol{F}$ の空間的微分をふつう大，すなわち $O(1)$ と仮定すると，(3.16)の右辺の面積積分は $O(l^2)$ となる．すなわち

$$\int_{\mathrm{C}} \boldsymbol{F} \times d\boldsymbol{r} = O(l^2) \tag{3.17}$$

である．さて，図4の開曲線 C と線分 PO とをつないで得られる閉曲線について(3.17)を適用すると

$$\int_{\mathrm{C}} \boldsymbol{F} \times d\boldsymbol{r} = \int_{\mathrm{O}}^{\mathrm{P}} \boldsymbol{F} \times d\boldsymbol{r} + O(l^2) \tag{3.18}$$

となる．ただし，右辺の積分は線分 OP に沿う線積分である．

つぎに，線分 OP を1辺とするたんざく型の平面積 $\varDelta S$ について $\boldsymbol{F}$ の面積積分を考える(図5)．たんざくの長辺および短辺の方向の単位ベクトルをそれぞれ $\boldsymbol{e}, \boldsymbol{m}$ とし，たんざくの法線ベクトルを $\boldsymbol{n}$ とすると，

$$\varDelta \boldsymbol{r} = \boldsymbol{e}\varDelta s, \quad \boldsymbol{n} = \boldsymbol{e} \times \boldsymbol{m}, \tag{3.19}$$

$$\varDelta S = \lambda \varDelta s \tag{3.20}$$

の関係がある．ただし，λ は短辺の長さである．そして(3.14)の左辺と右辺はそれぞれ

$$\iint_{\varDelta S} \boldsymbol{F} \cdot d\boldsymbol{S} = \lambda \int_{\mathrm{O}}^{\mathrm{P}} (\boldsymbol{F} \cdot \boldsymbol{n}) ds,$$

$$\langle \boldsymbol{F} \rangle_{\perp} \cdot \varDelta \boldsymbol{S} + o(\varDelta S) = (\langle \boldsymbol{F} \rangle_{\perp} \cdot \boldsymbol{n}) \lambda \varDelta s + o(\lambda \varDelta s)$$

となる．そこで，両辺を等置して λ で割れば

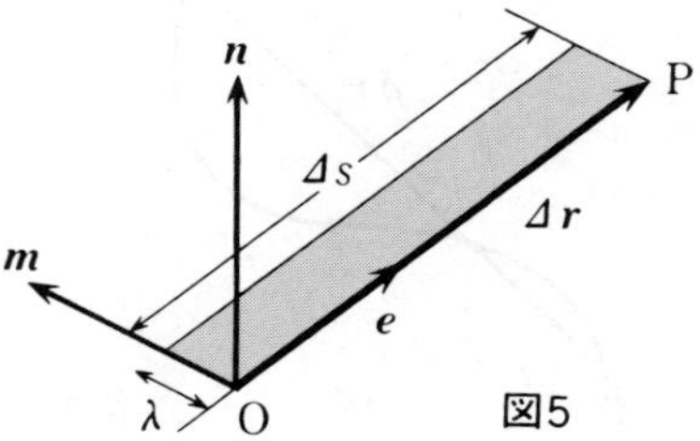

図5

$$\int_{O}^{P}(\boldsymbol{F}\cdot\boldsymbol{n})ds = (\langle\boldsymbol{F}\rangle_{\perp}\cdot\boldsymbol{n})\Delta s + o(\Delta s) \tag{3.21}$$

の関係が得られる．ここで $\boldsymbol{n}$ は $\Delta\boldsymbol{r}$ に直角な任意の方向であることに注意してほしい．

さて，(3.18)はつぎのように変化できる．

$$\begin{aligned}\int_{O}^{P}\boldsymbol{F}\times d\boldsymbol{r} &= \int_{O}^{P}\boldsymbol{F}\times\boldsymbol{e}ds = \int_{O}^{P}\boldsymbol{F}\times(\boldsymbol{m}\times\boldsymbol{n})ds \\ &= \int_{O}^{P}\{(\boldsymbol{F}\cdot\boldsymbol{n})\boldsymbol{m} - (\boldsymbol{F}\cdot\boldsymbol{m})\boldsymbol{n}\}ds \\ &= (\langle\boldsymbol{F}\rangle_{\perp}\cdot\boldsymbol{n})\boldsymbol{m}\Delta s - (\langle\boldsymbol{F}\rangle_{\perp}\cdot\boldsymbol{m})\boldsymbol{n}\Delta s + o(\Delta s) \quad \because\ (3.21) \\ &= \langle\boldsymbol{F}\rangle_{\perp}\times(\boldsymbol{m}\times\boldsymbol{n})\Delta s + o(\Delta s) \\ &= (\boldsymbol{F})_{\perp}\times\boldsymbol{e}\Delta s + o(\Delta s) \\ &= \langle\boldsymbol{F}\rangle_{\perp}\times\Delta\boldsymbol{r} + o(\Delta s).\end{aligned}$$

これを(3.18)に代入して，$O(l^2)=o(\Delta s)$ であることに注意すれば，けっきょく(3.15)が得られるのである．

(**iv**)　電束密度 $\boldsymbol{D}$，磁束密度 $\boldsymbol{B}$，電流密度 $\boldsymbol{J}$ はすべて単位面積を通過する量として定義されている．したがって，物質中での平均値を考える際には横の平均を考えるのが適切であろう．そこで

$$\hat{\boldsymbol{D}} \overset{\text{def}}{=} \langle\boldsymbol{D}\rangle_{\perp},\quad \hat{\boldsymbol{B}} \overset{\text{def}}{=} \langle\boldsymbol{B}\rangle_{\perp},\quad \hat{\boldsymbol{J}} \overset{\text{def}}{=} \langle\boldsymbol{J}\rangle_{\perp} \tag{3.22}$$

によって物質中の電束密度 $\hat{\boldsymbol{D}}$，磁束密度 $\hat{\boldsymbol{B}}$，電流密度 $\hat{\boldsymbol{J}}$ を定義することにする．これらは場所 $\boldsymbol{r}$ および時間 t の巨視的な関数である．

§4. 縦 の 平 均

（i） まず例として電場について考えよう．物質の中では電気力線は図1に示すように，きわめて複雑にふるまう．これを平均的な場として表わそうというのがわれわれの目標である．単位面積を電気力線が何本つらぬいているかを示すものとして，すでに巨視的な電束密度 $\hat{\boldsymbol{D}}$ が定義された．これは電気力線の幾何学的な性質を代表するものである．力学的性質を代表するものとしてはどんなものが考えられるだろうか？　われわれは，1本の電気力線は単位長さあたり $(1/2)E$ のエネルギーを貯えていることを知っている．ただし，E は電場ベクトル $\boldsymbol{E}$ の大きさ $|\boldsymbol{E}|$ である．したがって，1本の電気力線上の2点 O, P の間に貯えられるエネルギーは

$$\frac{1}{2}\int_{\mathrm{O}}^{\mathrm{P}} E\, ds = \frac{1}{2}\int_{\mathrm{O}}^{\mathrm{P}} \boldsymbol{E}\cdot d\boldsymbol{r}$$

である（図6）．これは電気力線がどんなに曲りくねっていても成り立つ事実である．こうして，図1の電気力線の1本1本にエネルギーが貯えられている．いま，もし，物質を構成している原子・分子が静止しているとすると，物質中の電場は静電場となり，静電ポテンシャル ϕ が存在する：

$$\boldsymbol{E} = -\mathrm{grad}\,\phi.$$

このばあい，線積分 $\int_{\mathrm{O}}^{\mathrm{P}} \boldsymbol{E}\cdot d\boldsymbol{r}$ は積分路の両端 O, P のみに依存し，積分路にはよらない．すなわち，積分路は電気力線からずれていてもよい．また，O, P が同一の電気力線上にのっていなくても，$\int_{\mathrm{O}}^{\mathrm{P}} \boldsymbol{E}\cdot d\boldsymbol{r} = \phi(\mathrm{O}) - \phi(\mathrm{P})$ は2点 O, P の電位差という物理的意味をもつのである．このばあい，電気力線と

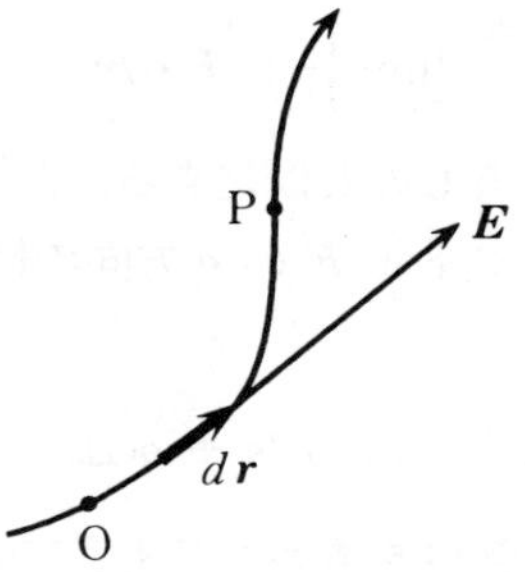

図6

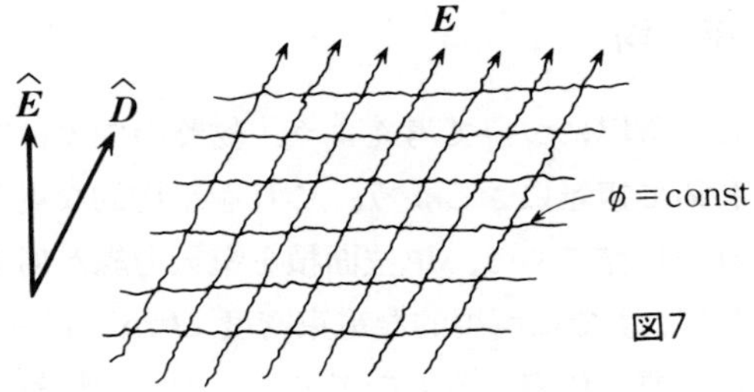

図7

等ポテンシャル面 $\phi=\mathrm{const}$ のふるまいはほぼ図7に示すようなものになるだろう．(原子・分子の近くでは電気力線や等ポテンシャル面は複雑な形をとる．図の曲線が小刻みに曲っているのはそれに対応するものである．また，図の曲線群は原子・分子の距離に比べてははるかに大きい間隔で描かれている．)

物質中の電場 $\boldsymbol{E}$ の力学的性質を代表するものとして，線積分 $\int \boldsymbol{E}\cdot d\boldsymbol{r}$ がすくなくともその1つであることが，以上からなっとくされるだろう．磁場 $\boldsymbol{H}$ についても事情は同じで，$\int \boldsymbol{H}\cdot d\boldsymbol{r}$ が磁場の力学的性質を代表する物理量の1つと考えられる．

(ii) 空間的・時間的に複雑に変化するベクトル量 $\boldsymbol{F}$ の平均値の1つとして，つぎに‘縦の平均’を考えよう．それには(i)の考察が基礎になる．

物質中に1点Oをとる．Oを通って任意に1つ直線をとる．その方向を表わす単位ベクトルを $\boldsymbol{e}$ とする．その直線上に点Pをとり，$\overrightarrow{\mathrm{OP}}=\Delta\boldsymbol{r}=\boldsymbol{e}\Delta s$ とする．いま

$$\langle F_e\rangle_{/\!/} \overset{\mathrm{def}}{=} \lim_{\Delta s\to 0}\frac{1}{\Delta s}\int_{\mathrm{O}}^{\mathrm{P}}\boldsymbol{F}\cdot d\boldsymbol{r} \tag{4.1}$$

で定義される極限値が存在するものと仮定する．ただし，積分は考える直線に沿って行なう．$\langle F_e\rangle_{/\!/}$ をベクトル $\boldsymbol{F}$ の **$\boldsymbol{e}$ 方向の縦(の)平均** とよぶことにしよう．(4.1)はまた

$$\int_{\mathrm{O}}^{\mathrm{P}}\boldsymbol{F}\cdot d\boldsymbol{r} = \langle F_e\rangle_{/\!/}\Delta s + o(\Delta s) \tag{4.2}$$

と書き表わすことができる．点Oを固定しても，方向 $\boldsymbol{e}$ によって $\langle F_e\rangle_{/\!/}$ は変

化する．その様子を調べよう．

一般に，任意のベクトル場 $\boldsymbol{F}$ に対して，Stokesの定理：

$$\int_{\mathrm{C}} \boldsymbol{F}\cdot d\boldsymbol{r} = \iint_{\mathrm{S}} \mathrm{rot}\boldsymbol{F}\cdot d\boldsymbol{S} \tag{4.3}$$

が成り立つ．いま，閉曲線Cを図1の立方体の中にとることにする．$\boldsymbol{F}$ および $\mathrm{rot}\boldsymbol{F}$ がふつう大，すなわち $O(1)$ であると仮定すると，(4.3)の左辺は $O(l)$，右辺は $O(l^2)$ である．したがって，巨視的に小さい領域については(4.3)の右辺は左辺に比べて無視できるのである．

さて，Oを原点として任意に xyz 軸をとる．点Pから xy 平面に下した垂線の足を P_2，P_2 から x 軸に下した垂線の足を P_1 とする(図8)．閉曲線Cとして折線 $\mathrm{OP_1P_2PO}$ をとると，(4.3)から

$$\int_{\mathrm{O}}^{\mathrm{P}} \boldsymbol{F}\cdot d\boldsymbol{r} = \int_{\mathrm{O}}^{\mathrm{P}_1} \boldsymbol{F}\cdot d\boldsymbol{r} + \int_{\mathrm{P}_1}^{\mathrm{P}_2} \boldsymbol{F}\cdot d\boldsymbol{r} + \int_{\mathrm{P}_2}^{\mathrm{P}} \boldsymbol{F}\cdot d\boldsymbol{r} + O(\varDelta s)^2$$

が得られる．ここで(4.2)を使うと

$$\int_{\mathrm{O}}^{\mathrm{P}} \boldsymbol{F}\cdot d\boldsymbol{r} = \langle F_x\rangle_{/\!/}\varDelta s_x + \langle F_y\rangle_{/\!/}\varDelta s_y + \langle F_z\rangle_{/\!/}\varDelta s_z + o(\varDelta s) \tag{4.4}$$

となる．ただし，

$$\overrightarrow{\mathrm{OP}} = \varDelta\boldsymbol{r} = (\varDelta s_x,\ \varDelta s_y,\ \varDelta s_z) \tag{4.5}$$

である．いま

$$\langle \boldsymbol{F}\rangle_{/\!/} \overset{\mathrm{def}}{=} \langle F_x\rangle_{/\!/}\boldsymbol{i} + \langle F_y\rangle_{/\!/}\boldsymbol{j} + \langle F_z\rangle_{/\!/}\boldsymbol{k} \tag{4.6}$$

によってベクトル $\langle \boldsymbol{F}\rangle_{/\!/}$ を定義すると，(4.4)は

$$\int_{\mathrm{O}}^{\mathrm{P}} \boldsymbol{F}\cdot d\boldsymbol{r} = \langle \boldsymbol{F}\rangle_{/\!/}\cdot\varDelta\boldsymbol{r} + o(\varDelta s) \tag{4.7}$$

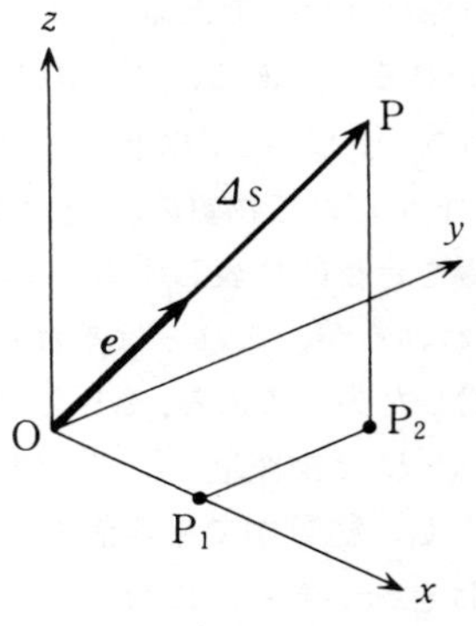

図8

となる．また，$\varDelta\boldsymbol{r} = \boldsymbol{e}\varDelta s$ に注意すれば，(4.2)は

$$\langle F_e \rangle_{/\!/} = \langle \boldsymbol{F} \rangle_{/\!/} \cdot \boldsymbol{e} \tag{4.8}$$

と表わすことができる．$\langle F_e \rangle_{/\!/}$ はスカラー，$\boldsymbol{e}$ はベクトルであるから，$\langle \boldsymbol{F} \rangle_{/\!/}$ は座標変換に際して確かにベクトルとしてふるまうのである．$\langle \boldsymbol{F} \rangle_{/\!/}$ をベクトル場 $\boldsymbol{F}$ の**縦(の)平均**とよぶことにしよう．$\langle \boldsymbol{F} \rangle_{/\!/}$ はもちろん点Oの位置によって，また考える時刻によって異なる値をとり得る．すなわち，$\langle \boldsymbol{F} \rangle_{/\!/}$ は位置 $\boldsymbol{r}$ と時間 t の巨視的な関数である．

(iii)　任意のベクトル場 $\boldsymbol{F}$ について，$\boldsymbol{F}$ と $\mathrm{rot}\boldsymbol{F}$ がふつう大であるという条件のもとに，縦平均 $\langle \boldsymbol{F} \rangle_{/\!/}$ を‘数学的’に定義することができた．しかし，これが‘物理的’に意味のある平均値を表わすためには，$\int \boldsymbol{F} \cdot d\boldsymbol{r}$ という線積分が物理的な意味をもつものでなければならない．電場 $\boldsymbol{E}$, 磁場 $\boldsymbol{H}$ については，このような線積分は電磁エネルギーに関連するものとして確かに意味をもっている．そこで

$$\hat{\boldsymbol{E}} \stackrel{\mathrm{def}}{=} \langle \boldsymbol{E} \rangle_{/\!/}, \quad \hat{\boldsymbol{H}} \stackrel{\mathrm{def}}{=} \langle \boldsymbol{H} \rangle_{/\!/} \tag{4.9}$$

によって物質中の電場 $\hat{\boldsymbol{E}}$ と 磁場 $\hat{\boldsymbol{H}}$ を定義することにする．これらは場所 $\boldsymbol{r}$ および時間 t の巨視的な関数である．

N　物質中の微視的な電場 $\boldsymbol{E}$ が巨視的にどんな効果を与えるかを表わす平均量として，$\hat{\boldsymbol{D}}$ と $\hat{\boldsymbol{E}}$ とを導入した．これらのベクトル量を幾何学的に表わすものとして，‘電束線’，‘電気力線’なるものが考えられるかも知れない．しかし，これらの2種類の曲線群が物質中に実在するものと考えてはならない．実在するのはただ1種，複雑に曲りくねった電気力線だけなのである．そして，平均のとり方によって，あるいは $\hat{\boldsymbol{D}}$, あるいは $\hat{\boldsymbol{E}}$ が現われるのである．(平均のとり方によっては，また別のベクトル量が現われるかも知れない．しかし，以下においおい明らかになるように，幸いにも，$\hat{\boldsymbol{D}}, \hat{\boldsymbol{E}}$ の2種のベクトルだけで物質の巨視的な電気現象が十分表わされるのである．）真空中では，電場を定量的に表わすのに，電束ベクトル $\boldsymbol{D}$，電場ベクトル $\boldsymbol{E}$ の2種のベクトルが使われるが，これらはそれぞれ電気力線の幾何学的および力学的性質を表わすのに適した表現である．そして，2つは $\boldsymbol{D} = \varepsilon_0 \boldsymbol{E}$ という関係で結ばれている．つまり，$\boldsymbol{D}$ と $\boldsymbol{E}$ は物理量として本質的に違いはない．真空中では正にそのとおりである．しかし，物質中で平均値を考える際には，$\boldsymbol{D}$ の横平均 $\langle \boldsymbol{D} \rangle_{\perp}$ と $\boldsymbol{E}$ の縦平均 $\langle \boldsymbol{E} \rangle_{/\!/}$ には意味があるのに対して，$\langle \boldsymbol{D} \rangle_{/\!/}$ と $\langle \boldsymbol{E} \rangle_{\perp}$ とは，数学

的にはともかく，物理的にはなんら意味がないのである．強いて言えば，

$$\langle \boldsymbol{D}\rangle_{/\!/} = \langle \varepsilon_0 \boldsymbol{E}\rangle_{/\!/} = \varepsilon_0\langle \boldsymbol{E}\rangle_{/\!/} = \varepsilon_0\hat{\boldsymbol{E}},$$

$$\langle \boldsymbol{E}\rangle_{\perp} = \langle \boldsymbol{D}/\varepsilon_0\rangle_{\perp} = \langle \boldsymbol{D}\rangle_{\perp}/\varepsilon_0 = \hat{\boldsymbol{D}}/\varepsilon_0$$

のような手続きで計算すべきものなのである．

$\boldsymbol{D} = \varepsilon_0\boldsymbol{E}$ からただちに $\hat{\boldsymbol{D}} = \varepsilon_0\hat{\boldsymbol{E}}$ が出てこないことに注意すべきである．磁場についても事情は同じである．一般に

$$\hat{\boldsymbol{D}} \neq \varepsilon_0\hat{\boldsymbol{E}}, \quad \hat{\boldsymbol{B}} \neq \mu_0\hat{\boldsymbol{H}} \tag{4.10}$$

である．また，$\hat{\boldsymbol{D}}$ と $\hat{\boldsymbol{E}}$ とは必ずしも平行であるとはかぎらない(図 7)．それでは $\hat{\boldsymbol{D}}$ と $\hat{\boldsymbol{E}}$，$\hat{\boldsymbol{B}}$ と $\hat{\boldsymbol{H}}$ はどんな関係で結ばれているのだろうか？　これについては後の節で考える．

§5. 空間的な平均

これはふつうにだれでも思いつく平均である．ある量 F が単位体積あたりいくらというように‘密度’で定義されているばあい，

$$\langle F\rangle \overset{\text{def}}{=} \lim_{\Delta V\to 0}\frac{1}{\Delta V}\iiint_{\Delta V} F\,dV \tag{5.1}$$

によって**空間的な平均**すなわち**体積平均**を定義することができる．F はスカラー量でもベクトル量でもよい．電荷密度 ρ は単位体積あたりの電気量であるから，その平均値は

$$\langle \rho\rangle \overset{\text{def}}{=} \lim_{\Delta V\to 0}\frac{1}{\Delta V}\iiint_{\Delta V} \rho\,dV \tag{5.2}$$

によって定義される．これはまた

$$\iiint_{\Delta V}\rho\,dV = \langle\rho\rangle\Delta V + o(\Delta V) \tag{5.3}$$

のように表わすこともできる．巨視的な電荷密度を記号的に

$$\hat{\rho} \overset{\text{def}}{=} \langle\rho\rangle \tag{5.4}$$

と表わすことにしよう．

電荷の面密度 σ，線密度 λ についても，上と同様の方法でそれらの平均値を考えることができる．

N 1　実は電荷密度 ρ 自身が，単位体積あたりの電気量として，‘空間’平均として定義されている．すなわち，(2.1)の m_i の代わりに電荷 q_i を使って $\rho = \sum q_i$ と

するのである．ただし，その‘単位体積’としては原子・分子の数百倍程度の微小なものを考えてもよい．(5.2)の $\varDelta V$ はそれに比べてはるかに大きい．

N 2　空間平均，横平均，縦平均

上では3種類の平均：空間平均 $\langle\cdot\rangle$，横平均 $\langle\cdot\rangle_{\perp}$，縦平均 $\langle\cdot\rangle_{/\!/}$ を導入した．参照の便宜のために，これらの定義と代表的な性質をまとめておこう．

$$\langle Q\rangle \overset{\text{def}}{=} \lim_{\varDelta V\to 0}\frac{1}{\varDelta V}\iiint_{\varDelta V} Q\,dV, \tag{5.5}$$

$$\langle \boldsymbol{F}\rangle_{\perp} \overset{\text{def}}{=} \langle F_x\rangle_{\perp}\boldsymbol{i} + \langle F_y\rangle_{\perp}\boldsymbol{j} + \langle F_z\rangle_{\perp}\boldsymbol{k}, \tag{5.6}$$

$$\langle \boldsymbol{F}\rangle_{/\!/} \overset{\text{def}}{=} \langle F_x\rangle_{/\!/}\boldsymbol{i} + \langle F_y\rangle_{/\!/}\boldsymbol{j} + \langle F_z\rangle_{/\!/}\boldsymbol{k}, \tag{5.7}$$

ただし

$$\langle F_n\rangle_{\perp} \overset{\text{def}}{=} \lim_{\varDelta S\to 0}\frac{1}{\varDelta S}\iint_{\varDelta S}\boldsymbol{F}\cdot d\boldsymbol{S}, \quad \varDelta\boldsymbol{S} = \boldsymbol{n}\,\varDelta S, \tag{5.8}$$

$$\langle F_e\rangle_{/\!/} \overset{\text{def}}{=} \lim_{\varDelta s\to 0}\frac{1}{\varDelta s}\int_{\mathrm{O}}^{\mathrm{P}}\boldsymbol{F}\cdot d\boldsymbol{r}, \quad \overrightarrow{\mathrm{OP}} = \varDelta\boldsymbol{r} = \boldsymbol{e}\,\varDelta s. \tag{5.9}$$

このように定義すれば，つぎの関係が成り立つ．

$$\langle F_n\rangle_{\perp} = \langle \boldsymbol{F}\rangle_{\perp}\cdot\boldsymbol{n}, \quad \langle F_e\rangle_{/\!/} = \langle \boldsymbol{F}\rangle_{/\!/}\cdot\boldsymbol{e}, \tag{5.10}$$

$$\iiint_{\varDelta V} Q\,dV = \langle Q\rangle\varDelta V + o(\varDelta V), \tag{5.11}$$

$$\iint_{\varDelta S}\boldsymbol{F}\cdot d\boldsymbol{S} = \langle \boldsymbol{F}\rangle_{\perp}\cdot\varDelta\boldsymbol{S} + o(\varDelta S), \tag{5.12}$$

$$\iint_{\varDelta S}\boldsymbol{F}\times d\boldsymbol{S} = \langle \boldsymbol{F}\rangle_{/\!/}\times\varDelta\boldsymbol{S} + o(\varDelta S), \tag{5.13}$$

$$\int_{\mathrm{O}}^{\mathrm{P}}\boldsymbol{F}\cdot d\boldsymbol{r} = \langle \boldsymbol{F}\rangle_{/\!/}\cdot\varDelta\boldsymbol{r} + o(\varDelta s), \tag{5.14}$$

$$\int_{\mathrm{O}}^{\mathrm{P}}\boldsymbol{F}\times d\boldsymbol{r} = \langle \boldsymbol{F}\rangle_{\perp}\times\varDelta\boldsymbol{r} + o(\varDelta s). \tag{5.15}$$

(5.11)は定義(5.5)の書きかえである．Q はスカラーでもベクトルでもよい．$\boldsymbol{F}$ はベクトルである．(5.13)以外はすべて上で証明した．(5.13)はつぎのようにして証明できる．平行4辺形 $\varDelta S$ を後出の§12の図13のように，辺に平行な辺をもつ微小平行4辺形に分割する．(図13では，$\varDelta\boldsymbol{r}$ に平行な線が波状の曲線になっているが，ここの証明では，直線とすればよい．) $\varDelta\boldsymbol{S} = \varDelta\boldsymbol{r}\times\varDelta\boldsymbol{r}'$, $d\boldsymbol{S} = d\boldsymbol{r}\times d\boldsymbol{r}'$ に注意すれば

$$\boldsymbol{F}\times d\boldsymbol{S} = \boldsymbol{F}\times(d\boldsymbol{r}\times d\boldsymbol{r}') = (\boldsymbol{F}\cdot d\boldsymbol{r}')d\boldsymbol{r} - (\boldsymbol{F}\cdot d\boldsymbol{r})d\boldsymbol{r}'.$$

$$\therefore \quad \iint_{\varDelta S} \boldsymbol{F}\times d\boldsymbol{S} = \int d\boldsymbol{r}\int \boldsymbol{F}\cdot d\boldsymbol{r}' - \int d\boldsymbol{r}'\int \boldsymbol{F}\cdot d\boldsymbol{r}$$
$$= \varDelta\boldsymbol{r}\,(\langle\boldsymbol{F}\rangle_{/\!/}\cdot\varDelta\boldsymbol{r}') - \varDelta\boldsymbol{r}'(\langle\boldsymbol{F}_{/\!/}\rangle\cdot\varDelta\boldsymbol{r}) \qquad \because \ (5.14)$$
$$= \langle\boldsymbol{F}\rangle_{/\!/}\times(\varDelta\boldsymbol{r}\times\varDelta\boldsymbol{r}')$$
$$= \langle\boldsymbol{F}\rangle_{/\!/}\times\varDelta\boldsymbol{S}.$$

ただし，高次の無限小 $o(\varDelta S)$ を省略する．これで(5.13)が証明された．■

§6.　物質中の電磁場の積分法則

真空中の電磁場の基本法則は電束密度 $\boldsymbol{D}$，電場 $\boldsymbol{E}(=\boldsymbol{D}/\varepsilon_0)$，磁束密度 $\boldsymbol{B}$，磁場 $\boldsymbol{H}(=\boldsymbol{B}/\mu_0)$，電荷密度 ρ，電流密度 $\boldsymbol{J}$ だけを使って表わされる．物質中では，これらの物理量の平均値についてどれだけのことがいえるのだろうか？

まず，電気力線の幾何学的性質は，(3.2.1)すなわち

$$\iint_{\mathrm{S}} \boldsymbol{D}\cdot d\boldsymbol{S} = Q = \iiint_{\mathrm{V}} \rho\, dV \tag{6.1}$$

のように表わされる．ここで Q は閉曲面Sで囲まれた領域Vに含まれる全電気量である．左辺の面積積分を実行するには，閉曲面Sを巨視的には微小で微視的には大きい面積要素 $\varDelta S$ に分割し，(3.14)，(3.22)により

$$\iint_{\varDelta S} \boldsymbol{D}\cdot d\boldsymbol{S} = \langle\boldsymbol{D}\rangle_{\perp}\cdot\varDelta\boldsymbol{S} = \widehat{\boldsymbol{D}}\cdot\varDelta\boldsymbol{S}$$

であることに注意する．(ただし $o(\varDelta S)$ は省略する．) これを総和すれば，$\varDelta\boldsymbol{S}$ を改めて $d\boldsymbol{S}$ と書くことにより，(6.1)の左辺は $\iint_{\mathrm{S}} \widehat{\boldsymbol{D}}\cdot d\boldsymbol{S}$ となる．同様に，(6.1)の右辺は，領域をまず巨視的には微小な領域 $\varDelta V$ に分割し，(5.3)を考慮し，さらに $\varDelta V$ を dV と書きかえることによって，$\iiint_{\mathrm{V}} \widehat{\rho}\, dV$ となる．けっきょく，(6.1)は，物質中では

$$\iint_{\mathrm{S}} \widehat{\boldsymbol{D}}\cdot d\boldsymbol{S} = Q = \iiint_{\mathrm{V}} \widehat{\rho}\, dV \tag{6.2}$$

となる．

同様に，磁力線の幾何学的性質：

$$\iint_{\mathrm{S}} \boldsymbol{B}\cdot d\boldsymbol{S} = 0 \tag{6.3}$$

は，物質中では

$$\iint_S \hat{\boldsymbol{B}}\cdot d\boldsymbol{S} = 0 \tag{6.4}$$

となる．

電荷保存の法則は(3.2.5)，すなわち

$$\frac{dQ}{dt} = -\iint_S \boldsymbol{J}\cdot d\boldsymbol{S} \tag{6.5}$$

のように表わされる．電流密度 $\boldsymbol{J}$ の横平均として定義される $\hat{\boldsymbol{J}} = \langle \boldsymbol{J} \rangle_\perp$ を使って，(6.2)の左辺と同じとり扱いをすれば，

$$\frac{dQ}{dt} = -\iint_S \hat{\boldsymbol{J}}\cdot d\boldsymbol{S} \tag{6.6}$$

が得られる．

つぎに，Faraday の電磁誘導の法則は(3.8.5)，すなわち

$$\frac{\partial}{\partial t}\Phi(\mathrm{S}) = -\int_C \boldsymbol{E}\cdot d\boldsymbol{r}, \tag{6.7}$$

$$\Phi(\mathrm{S}) = \iint_S \boldsymbol{B}\cdot d\boldsymbol{S} \tag{6.8}$$

のように表わされる．$\Phi(\mathrm{S})$ は閉曲面 S をつらぬく磁束である．線積分については縦平均を，面積積分については横平均を使うことにより，(6.7)，(6.8)から，それぞれ

$$\frac{\partial}{\partial t}\Phi(\mathrm{S}) = -\int_C \hat{\boldsymbol{E}}\cdot d\boldsymbol{r}, \tag{6.9}$$

$$\Phi(\mathrm{S}) = \iint_S \hat{\boldsymbol{B}}\cdot d\boldsymbol{S} \tag{6.10}$$

が得られる．これらは物質中の電磁場に対する Faraday の電磁誘導の法則を与える．

Ampère の法則（の一般化）は(3.8.6)すなわち

$$\frac{\partial}{\partial t}\Psi(\mathrm{S}) + \iint_S \boldsymbol{J}\cdot d\boldsymbol{S} = \int_C \boldsymbol{H}\cdot d\boldsymbol{r}, \tag{6.11}$$

$$\Psi(\mathrm{S}) = \iint_S \boldsymbol{D}\cdot d\boldsymbol{S} \tag{6.12}$$

のように表わされる．ここで $\Psi(\mathrm{S})$ は閉曲面 S をつらぬく電束である．物質中の電磁場については，これが

$$\frac{\partial}{\partial t}\Psi(\mathrm{S})+\iint_{\mathrm{S}}\hat{\boldsymbol{J}}\cdot d\boldsymbol{S}=\int_{\mathrm{C}}\hat{\boldsymbol{H}}\cdot d\boldsymbol{r}, \tag{6.13}$$

$$\Psi(S)=\iint_{\mathrm{S}}\hat{\boldsymbol{D}}\cdot d\boldsymbol{S} \tag{6.14}$$

となることは明らかであろう．なお，開曲面 S，したがってその境界の閉曲線 C が時間的に変化するばあいには，(6.11)，(6.13) はそれぞれ

$$\frac{d}{dt}\Phi(\mathrm{S})=-\int_{\mathrm{C}}(\hat{\boldsymbol{E}}+\boldsymbol{v}\times\hat{\boldsymbol{B}})\cdot d\boldsymbol{r}, \tag{6.15}$$

$$\frac{d}{dt}\Psi(\mathrm{S})+\iint_{\mathrm{S}}(\hat{\boldsymbol{J}}-\hat{\rho}\boldsymbol{v})\cdot d\boldsymbol{S}=\int_{\mathrm{C}}(\hat{\boldsymbol{H}}-\boldsymbol{v}\times\hat{\boldsymbol{D}})\cdot d\boldsymbol{r} \tag{6.16}$$

に拡張される．ここで $\boldsymbol{v}$ は閉曲面 S 上の各点が運動する速度である．

要するに，物質中の電磁場に関する積分形の基本法則は形式的に真空中の電磁場に対するものとまったく同じで，単に ^ 印をつければよいのである．

§7.　物質中の電磁場に対する Maxwell の方程式

上に得られた積分形の基本法則を微分形で表わせば，ただちに **Maxwell の方程式** が得られる．すなわち，(6.2)，(6.4) はそれぞれ

$$\mathrm{div}\,\hat{\boldsymbol{D}}=\hat{\rho}, \tag{7.1}$$

$$\mathrm{div}\,\hat{\boldsymbol{B}}=0 \tag{7.2}$$

を与え，(6.9)，(6.13) はそれぞれ

$$\mathrm{rot}\,\hat{\boldsymbol{E}}+\frac{\partial\hat{\boldsymbol{B}}}{\partial t}=0, \tag{7.3}$$

$$\mathrm{rot}\,\hat{\boldsymbol{H}}-\frac{\partial\hat{\boldsymbol{D}}}{\partial t}=\hat{\boldsymbol{J}} \tag{7.4}$$

を与える．また，(6.6) は **電荷保存の方程式**：

$$\frac{\partial\hat{\rho}}{\partial t}+\mathrm{div}\,\hat{\boldsymbol{J}}=0 \tag{7.5}$$

を与える．たとえば，(7.5) については，(6.2) を使って (6.6) をまず

$$\frac{\partial}{\partial t}\iiint_{\mathrm{V}}\hat{\rho}\,dV+\iint_{\mathrm{S}}\hat{\boldsymbol{J}}\cdot d\boldsymbol{S}=0$$

と書き表わし，つぎに左辺第 2 項の面積積分を体積積分で表わして

$$\iiint_{\mathrm{V}}\left(\frac{\partial\hat{\rho}}{\partial t}+\mathrm{div}\,\hat{\boldsymbol{J}}\right)dV=0$$

を得る．そして，この等式が任意の領域 V に対して成り立つことから，被積

分関数が0，つまり(7.5)が導かれるのである．(7.1)～(7.4)についても同様の考察を行なえばよい．

N　物質中の電磁場に対するMaxwellの方程式を導くために従来とられてきた方法は，筆者には非常にこみいっているように思われる．たとえば，巨視的な電場 $\hat{\boldsymbol{E}}$ と磁束密度 $\hat{\boldsymbol{B}}$ を微視的な値 $\boldsymbol{E}, \boldsymbol{B}$ の‘空間的’な平均値 $\langle \boldsymbol{E} \rangle, \langle \boldsymbol{B} \rangle$ で定義した上で，巨視的な磁場 $\hat{\boldsymbol{H}}$，電束密度 $\hat{\boldsymbol{D}}$，電流密度 $\hat{\boldsymbol{J}}$ を，最終的にMaxwellの方程式が成り立つような形に定義するというような，技巧的な手段がとられる．これに対してここで展開した方法は，平均値の意味さえつかんでおけば，ごく自然な，またわかりやすいものと思う．

しかし，Maxwellの方程式が導き出されたということで万事めでたしというわけにはいかない．これだけで物質中の電磁現象がすべておおい尽されるとはいえないからである．たとえば，電場 $\hat{\boldsymbol{E}}$ の中におかれた点電荷 q にはどんな力 $\boldsymbol{f}$ が働くか？　$\boldsymbol{f} = q\,\hat{\boldsymbol{E}}$ としてよいのか？　($\hat{\boldsymbol{E}} = \langle \boldsymbol{E} \rangle_{/\!/}$，すなわち縦平均として定義された $\hat{\boldsymbol{E}}$ に対して，真空中での法則：$\boldsymbol{f} = q\,\boldsymbol{E}$ がそのまま成り立つかどうかはいまの段階ではわからない！)

電磁場の力学的性質について議論するには，その中に貯えられる運動量とエネルギー，および任意の面を通ってのそれらの流れを知ることが本質的に必要なのである．すなわち，エネルギー密度 U，運動量密度 $\boldsymbol{g}$，Poyntingベクトル $\boldsymbol{S}$，Maxwell応力 T_{ik} を巨視的な電磁場の量で表わすことが残されている．これがつぎの目標である．

§8.　これまでのまとめ

物質中の電磁場といっても，それは本質的には物質を構成する原子・分子が真空中につくり出す電磁場である．その微視的には複雑な電磁場が，物質の巨視的な電磁現象を決定する．それを記述する巨視的な電磁場は微視的な電磁場のなんらかの平均値として表わされるだろう．そこで，まず‘意味のある平均値’とは何かを考え，‘横の平均’と‘縦の平均’という2つの新しい概念を提案する．これに基づいて，電束密度 $\hat{\boldsymbol{D}}$，磁束密度 $\hat{\boldsymbol{B}}$，電流密度 $\hat{\boldsymbol{J}}$ を横平均として，また電場 $\hat{\boldsymbol{E}}$，磁場 $\hat{\boldsymbol{E}}$ を縦平均として定義する．さらに，電荷密度 $\hat{\rho}$ をふつうの空間的な平均として定義した．これらの6種の量は，物質中の電磁場を記述するための基本的な量である．これらを使えば，電荷保存の法則，Faradayの電磁誘導の法則，およびAmpèreの法則（の一般化）が真空に対するものと同じ形に得られる．さらに，これらの法則を微分形に表現することによって，物質中の電磁場に対するMaxwellの方程式がごく自然に導かれた．

§9．電磁場の力学的性質

“電磁場は運動量とエネルギーの保存法則が成り立つ1つの力学系である”という立場で電磁気学を構成しようというのがわれわれの目的である．真空中の電磁場については，理論構成の骨格は一応完成した．それを基礎にして物質中の電磁場の議論に入ったわけであるが，空間的・時間的に複雑に変化する微視的電磁場について平均操作を行なうことが必要であった．そこで，‘横の平均’および‘縦の平均’という新しい概念を導入したわけである．こうして，電気力線については $\hat{\boldsymbol{D}}, \hat{\boldsymbol{E}}$，磁力線については $\hat{\boldsymbol{B}}, \hat{\boldsymbol{H}}$ というそれぞれ2種の物理量が定義されることになった．真空中の電磁場についても，電束密度 $\boldsymbol{D}$ と電場 $\boldsymbol{E}$，磁束密度 $\boldsymbol{B}$ と磁場 $\boldsymbol{H}$，のようにそれぞれ2種の量が使われるが，$\boldsymbol{D}=\varepsilon_0\boldsymbol{E}, \boldsymbol{B}=\mu_0\boldsymbol{H}$ の関係によって結ばれているので，本質的には，電場と磁場に関してそれぞれ1つの量があるだけである．（幾何学的性質を表わすには $\boldsymbol{D}, \boldsymbol{B}$ が便利で，力学的性質を表わすには $\boldsymbol{E}, \boldsymbol{H}$ が便利だというだけの，単に表現上のちがいである．）これに対して，$\hat{\boldsymbol{D}}$ と $\hat{\boldsymbol{E}}$，$\hat{\boldsymbol{B}}$ と $\hat{\boldsymbol{H}}$ とはある意味でそれぞれ本質的に異なる物理量である．（微視的な電場という1つの物理量の平均量という意味では $\hat{\boldsymbol{D}}$ と $\hat{\boldsymbol{E}}$ とは無関係ではないが，平均操作が異なるために，たがいに独立な物理量である．）

さて，電磁場の基本法則は

I．運動量とエネルギーの保存

II．力線の幾何学的性質

$\boldsymbol{D}, \boldsymbol{B}, q, \rho, \boldsymbol{J}$ の定義，電荷の保存

III．力線の力学的性質

$\boldsymbol{E}, \boldsymbol{H}$；$U, \boldsymbol{g}, \boldsymbol{S}, T_{ik}$ の定義

の3つにまとめられる．（巨視的な平均値として）定義した $\hat{\boldsymbol{D}}, \hat{\boldsymbol{B}}, \hat{\rho}, \hat{\boldsymbol{J}}$ は，上のIIの法則を物質中の電磁場のばあいに適用したとき自然に得られるものである．また $\hat{\boldsymbol{E}}, \hat{\boldsymbol{H}}$ はIIIの法則から自然に得られる．このように定義された

平均値を使えば，物質中の電磁場に対してもMaxwellの方程式が真空中と同じ形で成り立つのである．しかし，それだけでは，Iの保存法則については何ともいえない．Iについて云々するためには，電磁場の運動量とエネルギーが電磁場の量として具体的に知れていなければならない．つまり，上のIIIに相当して，物質中での $U, \boldsymbol{g}, \ldots$ の具体的な表現が必要なのである．以下に，これらの諸量が $\hat{\boldsymbol{D}}, \hat{\boldsymbol{E}}$；$\hat{\boldsymbol{B}}, \hat{\boldsymbol{H}}$ だけを使って表わされることを示そう．

§10．電磁エネルギー

電磁エネルギー密度，すなわち単位体積あたりの電磁エネルギーは

$$U = \frac{1}{2}(\boldsymbol{E}\cdot\boldsymbol{D}+\boldsymbol{H}\cdot\boldsymbol{B}) \tag{10.1}$$

で与えられる．これを力線1本あたりで表現すれば，電気力線と磁力線は単位長さあたり，それぞれ $(1/2)E, (1/2)H$ のエネルギーを貯えているということになる．

いま，1点Oを通る電気力線を考えると，その上の任意の曲線分OPに貯えられるエネルギーは

$$\frac{1}{2}\int_{\mathrm{O}}^{\mathrm{P}} E\,ds = \frac{1}{2}\int_{\mathrm{O}}^{\mathrm{P}} \boldsymbol{E}\cdot d\boldsymbol{r} \tag{10.2}$$

で与えられる．とくに

$$\varDelta\boldsymbol{r} = \overrightarrow{\mathrm{OP}}, \quad \varDelta s = |\varDelta\boldsymbol{r}| = \overline{\mathrm{OP}} \tag{10.3}$$

とおき，$\varDelta s$ を巨視的には微小で微視的には大きい距離とすると，**縦平均** の性質(4.7)と **電場** の定義(4.9)により，(10.2)は

$$\frac{1}{2}\int_{\mathrm{O}}^{\mathrm{P}} E\,ds = \frac{1}{2}\langle\boldsymbol{E}\rangle_{/\!/}\cdot\varDelta\boldsymbol{r} = \frac{1}{2}\hat{\boldsymbol{E}}\cdot\varDelta\boldsymbol{r} \tag{10.4}$$

となる(図9)．ただし $o(\varDelta s)$ は省略する．

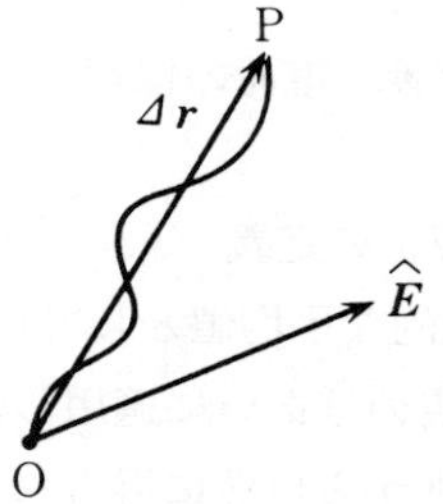

図9

さて，物質中に巨視的には微小で微視的には大きい任意の平面積 $\varDelta S$ をとり，これをつらぬく電気力線を考える．その数は

$$\iint_{\varDelta S} \boldsymbol{D}\cdot d\boldsymbol{S} = \langle \boldsymbol{D}\rangle_{\perp}\cdot \varDelta \boldsymbol{S} = \hat{\boldsymbol{D}}\cdot \varDelta \boldsymbol{S} \tag{10.5}$$

で与えられる．ただし，**横平均** の性質(3.14)と **電束密度** の定義(3.22)を使う．また，$o(\varDelta S)$ は省略する．($\varDelta \boldsymbol{S} = \boldsymbol{n}\varDelta S$ で，$\boldsymbol{n}$ は平面積 $\varDelta S$ の法線ベクトルである．)

いま，$\varDelta S$ を底面とし $\hat{\boldsymbol{D}}$ の方向の母線をもつ斜めの柱状体を考える(図10)．その側面の母線方向の長さを $\varDelta s$ とし，

$$\varDelta \boldsymbol{r} = \boldsymbol{e}\varDelta s, \quad \hat{\boldsymbol{D}} = |\hat{\boldsymbol{D}}|\boldsymbol{e} \tag{10.6}$$

とおくと，柱状体の体積は

$$\varDelta V = \varDelta \boldsymbol{S}\cdot \varDelta \boldsymbol{r} \tag{10.7}$$

である．この中に含まれる電場によるエネルギーは，(10.4), (10.5)により

$$\begin{aligned}
\tilde{U} &= (1/2)(\hat{\boldsymbol{E}}\cdot \varDelta \boldsymbol{r})(\hat{\boldsymbol{D}}\cdot \varDelta \boldsymbol{S}) \\
&= (1/2)(\hat{\boldsymbol{E}}\cdot \boldsymbol{e}\,\varDelta s)(|\hat{\boldsymbol{D}}|\boldsymbol{e}\cdot \varDelta \boldsymbol{S}) && \because \quad (10.6) \\
&= (1/2)(\hat{\boldsymbol{E}}\cdot \boldsymbol{e}|\hat{\boldsymbol{D}}|)(\varDelta s\boldsymbol{e}\cdot \varDelta \boldsymbol{S}) && \because \quad \varDelta s \rightleftarrows |\hat{\boldsymbol{D}}| \\
&= (1/2)(\hat{\boldsymbol{E}}\cdot \hat{\boldsymbol{D}})(\varDelta \boldsymbol{r}\cdot \varDelta \boldsymbol{S}) \\
&= (1/2)(\hat{\boldsymbol{E}}\cdot \hat{\boldsymbol{D}})\varDelta V && \because \quad (10.7)
\end{aligned}$$

となる．($\varDelta s \rightleftarrows |\hat{\boldsymbol{D}}|$ は $\varDelta s$ と $|\hat{\boldsymbol{D}}|$ とを交換することを意味する．) これは物質中の電場のエネルギー密度が $(1/2)\hat{\boldsymbol{E}}\cdot \hat{\boldsymbol{D}}$ であることを表わしている．

磁力線についてもまったく同様に議論することができる．けっきょく，物質中の電磁エネルギー密度は

$$\hat{U} = \frac{1}{2}(\hat{\boldsymbol{E}}\cdot \hat{\boldsymbol{D}} + \hat{\boldsymbol{H}}\cdot \hat{\boldsymbol{B}}) \tag{10.8}$$

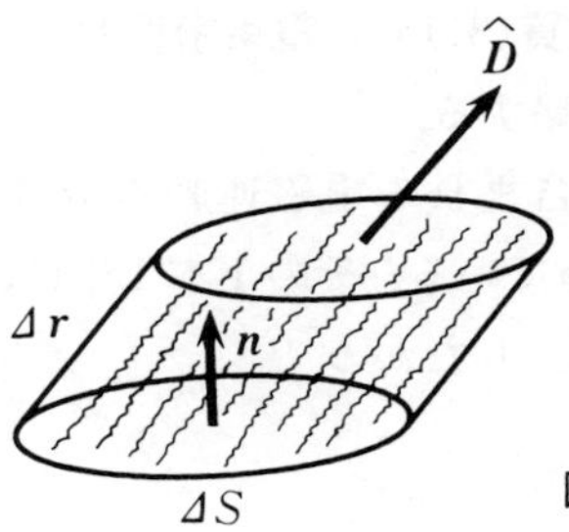

図10

で与えられるのである．

§11．電磁運動量

電磁運動量密度は

$$\boldsymbol{g} = \boldsymbol{D}\times\boldsymbol{B} \tag{11.1}$$

で定義される．1本の力線あたりについていうと，つぎのようになる．1本の電気力線上の曲線分 OP に貯えられる電磁運動量は

$$\int_{\mathrm{O}}^{\mathrm{P}} d\boldsymbol{r}\times\boldsymbol{B} \tag{11.2}$$

で与えられる(図 11(a))．また，1本の磁力線上の曲線分 OP に貯えられる電磁運動量は

$$\int_{\mathrm{O}}^{\mathrm{P}} \boldsymbol{D}\times d\boldsymbol{r} \tag{11.3}$$

である(図 11(b))．(下の **N** を見よ．)

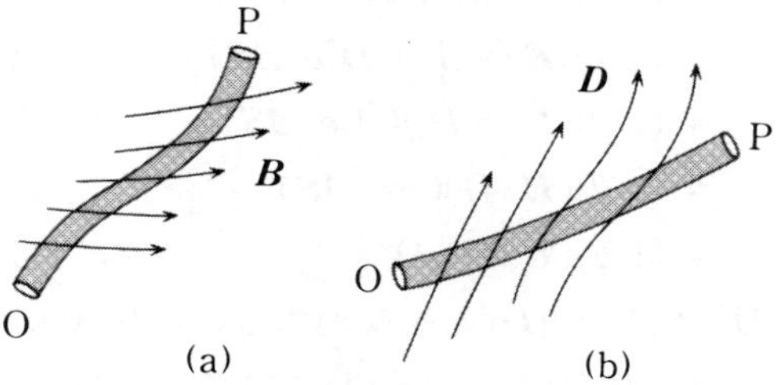

図11

とくに，OP が(10.3)のような巨視的には微小で微視的には大きい曲線分のばあいには，(11.2)，(11.3)はそれぞれ

$$\Delta\boldsymbol{r}\times\langle\boldsymbol{B}\rangle_{\perp} = \Delta\boldsymbol{r}\times\hat{\boldsymbol{B}}, \tag{11.4}$$

$$\langle\boldsymbol{D}\rangle_{\perp}\times\Delta\boldsymbol{r} = \hat{\boldsymbol{D}}\times\Delta\boldsymbol{r} \tag{11.5}$$

となる．ただし横平均の性質(3.15)と電束密度および磁束密度の定義(3.22)を使う．また，$o(\Delta s)$ を省略する．

さて，図 10 の柱状体に含まれる電磁運動量 $\hat{\boldsymbol{g}}$ を考えよう．この中には $\hat{\boldsymbol{D}}\cdot\Delta\boldsymbol{S}$ 本の電気力線が通っている．その1本1本は，(11.4)により，$\Delta\boldsymbol{r}\times\hat{\boldsymbol{B}}$ の電磁運動量を貯えている．したがって

$$\begin{aligned}\tilde{\boldsymbol{g}} &= (\hat{\boldsymbol{D}}\cdot\varDelta\boldsymbol{S})(\varDelta\boldsymbol{r}\times\hat{\boldsymbol{B}}) \\ &= (|\hat{\boldsymbol{D}}|\boldsymbol{e}\cdot\varDelta\boldsymbol{S})(\varDelta s\ \boldsymbol{e}\times\hat{\boldsymbol{B}}) && \because\ (10.6) \\ &= (\varDelta s\ \boldsymbol{e}\cdot\varDelta\boldsymbol{S})(|\hat{\boldsymbol{D}}|\boldsymbol{e}\times\hat{\boldsymbol{B}}) && \because\ |\hat{\boldsymbol{D}}|\rightleftarrows\varDelta s \\ &= (\varDelta\boldsymbol{r}\cdot\varDelta\boldsymbol{S})(\hat{\boldsymbol{D}}\times\hat{\boldsymbol{B}}) \\ &= (\hat{\boldsymbol{D}}\times\hat{\boldsymbol{B}})\varDelta V. && \because\ (10.7)\end{aligned}$$

これは物質中の電磁運動量密度が

$$\hat{\boldsymbol{g}} = \hat{\boldsymbol{D}}\times\hat{\boldsymbol{B}} \tag{11.6}$$

で与えられることを示している．

N　1本の電気力管に貯えられる電磁運動量：$\iiint\boldsymbol{g}\,dV$ を計算しよう．力管の断面積を σ とすれば，$dV = \sigma\,ds$ である．ただし，力線の線要素を $d\boldsymbol{r} = \boldsymbol{e}ds$ とする(図 12)．このとき $\boldsymbol{D} = |\boldsymbol{D}|\boldsymbol{e}$ である．さて，

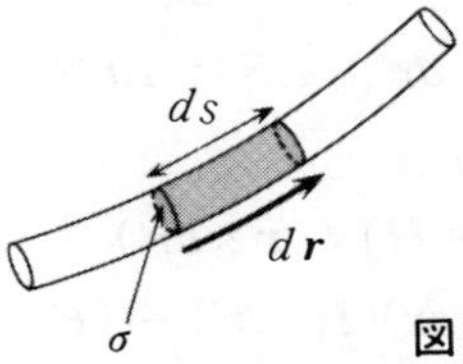

図12

$$\begin{aligned}\boldsymbol{g}\,dV &= (\boldsymbol{D}\times\boldsymbol{B})\sigma\,ds = (|\boldsymbol{D}|\boldsymbol{e}\times\boldsymbol{B})\sigma\,ds \\ &= |\boldsymbol{D}|\sigma(d\boldsymbol{r}\times\boldsymbol{B}).\end{aligned} \tag{11.7}$$

$|\boldsymbol{D}|\sigma$ は力管を通じて一定である．とくに，‘1本の力線’というのは $|\boldsymbol{D}|\sigma = 1$ となるような力管のことである．このとき

$$\iiint\boldsymbol{g}\,dV = \int_{\mathrm{O}}^{\mathrm{P}} d\boldsymbol{r}\times\boldsymbol{B},$$

すなわち(11.2)が成り立つのである．(11.3)についても同様である．

§12.　Poynting ベクトル

面を横切る電磁エネルギーの流れは Poynting ベクトル $\boldsymbol{S}$ で表わされる：

$$\boldsymbol{S} = \boldsymbol{E}\times\boldsymbol{H}. \tag{12.1}$$

巨視的には微小で微視的には大きい平面積 $\varDelta S$ を通る電磁エネルギーを考えよう．これは

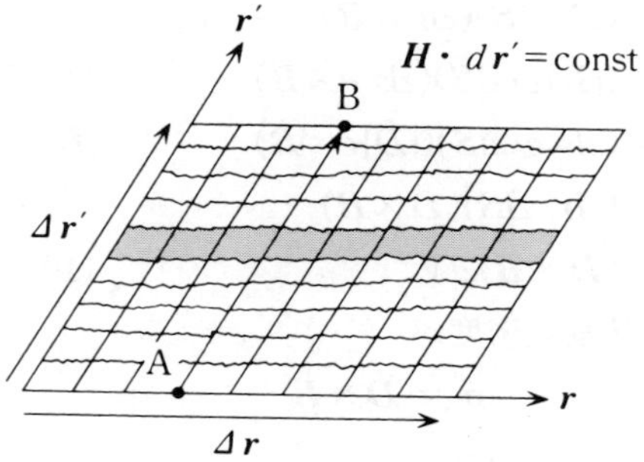

図13

$$\iint_{\Delta S} \boldsymbol{S}\cdot d\boldsymbol{S} = \iint_{\Delta S} (\boldsymbol{E}\times\boldsymbol{H})\cdot d\boldsymbol{S} \tag{12.2}$$

で与えられる．ΔS として，$\Delta\boldsymbol{r}, \Delta\boldsymbol{r}'$ を 2 辺とする平行 4 辺形をとろう(図13)．ΔS の面内にある微小ベクトルを $d\boldsymbol{r}$, $d\boldsymbol{r}'$ とすると

$$d\boldsymbol{S} = d\boldsymbol{r}\times d\boldsymbol{r}', \quad \Delta\boldsymbol{S} = \Delta\boldsymbol{r}\times\Delta\boldsymbol{r}' \tag{12.3}$$

と書ける．したがって，

$$\begin{aligned}(\boldsymbol{E}\times\boldsymbol{H})\cdot d\boldsymbol{S} &= (\boldsymbol{E}\times\boldsymbol{H})\cdot(d\boldsymbol{r}\times d\boldsymbol{r}') \\ &= (\boldsymbol{E}\cdot d\boldsymbol{r})(\boldsymbol{H}\cdot d\boldsymbol{r}') - (\boldsymbol{E}\cdot d\boldsymbol{r}')(\boldsymbol{H}\cdot d\boldsymbol{r}).\end{aligned} \tag{12.4}$$

まず，右辺第 1 項の面積積分を計算する．辺 $\Delta\boldsymbol{r}'$ に平行な直線に沿っての積分については，(4.7) と (4.9) により

$$\int_{\mathrm{A}}^{\mathrm{B}} \boldsymbol{H}\cdot d\boldsymbol{r}' = \langle\boldsymbol{H}\rangle_{/\!/}\cdot\overrightarrow{\mathrm{AB}} = \hat{\boldsymbol{H}}\cdot\Delta\boldsymbol{r}' \tag{12.5}$$

が（高次の無限小を無視すれば）成り立つことに注意する．そこで，平行 4 辺形 ΔS を $\boldsymbol{H}\cdot d\boldsymbol{r}' = \mathrm{const}$ が成り立つような‘たんざく’に分解し，面積積分をまずこれらのたんざくについて実行する：

$$\begin{aligned}&\iint_{\Delta S} (\boldsymbol{E}\cdot d\boldsymbol{r})(\boldsymbol{H}\cdot d\boldsymbol{r}') \\ &= \int_{r'} (\boldsymbol{H}\cdot d\boldsymbol{r}') \int_{r} \boldsymbol{E}\cdot d\boldsymbol{r} \\ &= \int_{r'} (\boldsymbol{H}\cdot d\boldsymbol{r}')\,(\langle\boldsymbol{E}\rangle_{/\!/}\cdot\Delta\boldsymbol{r}) && \because\ (4.7) \\ &= (\hat{\boldsymbol{E}}\cdot\Delta\boldsymbol{r}) \int_{r'} \boldsymbol{H}\cdot d\boldsymbol{r}' && \because\ (4.9) \\ &= (\hat{\boldsymbol{E}}\cdot\Delta\boldsymbol{r})(\hat{\boldsymbol{H}}\cdot\Delta\boldsymbol{r}'). && \because\ (12.5)\end{aligned}$$

(12.4)の第2項についても同様の方法で面積積分を実行することができる：

$$\iint_{\Delta S}(\boldsymbol{E}\cdot d\boldsymbol{r}')(\boldsymbol{H}\cdot d\boldsymbol{r})=(\hat{\boldsymbol{E}}\cdot\Delta\boldsymbol{r}')(\hat{\boldsymbol{H}}\cdot\Delta\boldsymbol{r}).$$

ただし，‘たんざく’は辺 $\Delta\boldsymbol{r}'$ に平行にとる．

けっきょく，(12.2)は

$$\begin{aligned}\int_{\Delta S}\boldsymbol{S}\cdot d\boldsymbol{S}&=(\hat{\boldsymbol{E}}\cdot\Delta\boldsymbol{r})(\hat{\boldsymbol{H}}\cdot\Delta\boldsymbol{r}')-(\hat{\boldsymbol{E}}\cdot\Delta\boldsymbol{r}')(\hat{\boldsymbol{H}}\cdot\Delta\boldsymbol{r})\\&=(\hat{\boldsymbol{E}}\times\hat{\boldsymbol{H}})\cdot(\Delta\boldsymbol{r}\times\Delta\boldsymbol{r}')\\&=(\hat{\boldsymbol{E}}\times\hat{\boldsymbol{H}})\cdot\Delta\boldsymbol{S}\qquad\because\ (12.3)\end{aligned}$$

となる．これは物質中の Poynting ベクトルが

$$\hat{\boldsymbol{S}}=\hat{\boldsymbol{E}}\times\hat{\boldsymbol{H}}\tag{12.6}$$

で与えられることを意味する．

§13.　Maxwell応力

真空中の電磁運動量の流れ，すなわち Maxwell 応力は

$$\boldsymbol{T}_n=\boldsymbol{T}_n{}^{(e)}+\boldsymbol{T}_n{}^{(m)},\tag{13.1}$$

$$\boldsymbol{T}_n{}^{(e)}=\boldsymbol{E}D_n-U^{(e)}\boldsymbol{n},\quad U^{(e)}=(1/2)\boldsymbol{E}\cdot\boldsymbol{D}\tag{13.2}$$

$$\boldsymbol{T}_n{}^{(m)}=\boldsymbol{H}B_n-U^{(m)}\boldsymbol{n},\quad U^{(m)}=(1/2)\boldsymbol{H}\cdot\boldsymbol{B}\tag{13.3}$$

で定義される．物質中での値を求めるために，図13の平行4辺形 ΔS についての面積分 $\iint_{\Delta S}\boldsymbol{T}_n dS$ を計算しよう．まず，電場による部分 $\boldsymbol{T}_n{}^{(e)}$ について考える．

$$\boldsymbol{T}_n{}^{(e)}dS=\boldsymbol{E}D_n dS-U^{(e)}\boldsymbol{n}dS=\boldsymbol{E}(\boldsymbol{D}\cdot d\boldsymbol{S})-U^{(e)}d\boldsymbol{S}.$$

$$\begin{aligned}&\boldsymbol{E}(\boldsymbol{D}\cdot d\boldsymbol{S})\\&\quad=\boldsymbol{D}\times(\boldsymbol{E}\times d\boldsymbol{S})+(\boldsymbol{E}\cdot\boldsymbol{D})d\boldsymbol{S}\\&\quad=\boldsymbol{D}\times\{\boldsymbol{E}\times(d\boldsymbol{r}\times d\boldsymbol{r}')\}+2U^{(e)}d\boldsymbol{S}\\&\quad=(\boldsymbol{E}\cdot d\boldsymbol{r}')(\boldsymbol{D}\times d\boldsymbol{r})-(\boldsymbol{E}\cdot d\boldsymbol{r})(\boldsymbol{D}\times d\boldsymbol{r}')+2U^{(e)}d\boldsymbol{S}.\end{aligned}$$

$$\therefore\quad \boldsymbol{T}_n{}^{(e)}dS=(\boldsymbol{E}\cdot d\boldsymbol{r}')(\boldsymbol{D}\times d\boldsymbol{r})-(\boldsymbol{E}\cdot d\boldsymbol{r})(\boldsymbol{D}\times d\boldsymbol{r}')+U^{(e)}d\boldsymbol{S}.\tag{13.4}$$

右辺第1項の積分を行なうには，平行4辺形 ΔS を $\boldsymbol{E}\cdot d\boldsymbol{r}'=\text{const}$ となるような‘たんざく’に分解して，まず $\boldsymbol{r}$ 方向に，つぎに $\boldsymbol{r}'$ 方向に積分すればよい．その際，横平均と縦平均の性質を考慮し，また $\langle\boldsymbol{E}\rangle_{/\!/}=\hat{\boldsymbol{E}}$，$\langle\boldsymbol{D}\rangle_{\perp}=\hat{\boldsymbol{D}}$

の定義を使う．第 2 項の積分については，$\boldsymbol{E}\cdot d\boldsymbol{r}=\mathrm{const}$ となるような‘たんざく’を使う．こうして

$$\iint_{\Delta S}\boldsymbol{T}_n^{(e)}dS=(\hat{\boldsymbol{E}}\cdot\Delta\boldsymbol{r}')(\hat{\boldsymbol{D}}\times\Delta\boldsymbol{r})-(\hat{\boldsymbol{E}}\cdot\Delta\boldsymbol{r})(\hat{\boldsymbol{D}}\times\Delta\boldsymbol{r}')+\iint_{\Delta S}U^{(e)}d\boldsymbol{S} \tag{13.5}$$

が得られる．ところが

$$\iint_{\Delta S}U^{(e)}d\boldsymbol{S}=\hat{U}^{(e)}\Delta\boldsymbol{S}+o(\Delta S), \tag{13.6}$$

$$\hat{U}^{(e)}=(1/2)\hat{\boldsymbol{E}}\cdot\hat{\boldsymbol{D}} \tag{13.7}$$

であることが証明できる．(下の **N** を見よ．) そこで，(13.4)式の上に示した変形を ($\boldsymbol{E}\to\hat{\boldsymbol{E}}$, $\boldsymbol{D}\to\hat{\boldsymbol{D}}$, $d\boldsymbol{r}\to\Delta\boldsymbol{r}$,…とおきかえて) 逆にたどると，(13.5)は

$$\iint_{\Delta S}\boldsymbol{T}_n^{(e)}dS=(\hat{\boldsymbol{E}}\hat{D}_n-\hat{U}^{(e)}\boldsymbol{n})\Delta S \tag{13.8}$$

となる．これは，

$$\hat{\boldsymbol{T}}_n^{(e)}=\hat{\boldsymbol{E}}\hat{D}_n-\hat{U}^{(e)}\boldsymbol{n} \tag{13.9}$$

によって物質中の Maxwell 応力の電場による部分が表わされることを示している．磁場についてもまったく同様につぎの関係が成り立つ．

$$\hat{\boldsymbol{T}}_n^{(m)}=\hat{\boldsymbol{H}}\hat{B}_n-\hat{U}^{(m)}\boldsymbol{n},\quad \hat{U}^{(m)}=(1/2)\hat{\boldsymbol{H}}\cdot\hat{\boldsymbol{B}} \tag{13.10}$$

N　$U^{(e)}$ は電磁エネルギー密度であるが，(13.2)の示すように，**電磁圧** でもある．(13.6)の左辺は，電磁圧の面積積分として‘物理的’に意味をもつものである．したがって，

$$\iint_{\Delta S}U^{(e)}dS=\langle U^{(e)}\rangle\Delta S+o(\Delta S) \tag{13.11}$$

で表わされるような平均値 $\langle U^{(e)}\rangle$ の存在が期待される．この $\langle U^{(e)}\rangle$ は電磁エネルギー密度の平均値 $\hat{U}^{(e)}$ と一致するというのがわれわれの主張である．いま，ΔS を底面とし，高さ h の柱状体 ΔV を考える．その内部に含まれる電磁エネルギーは

$$\tilde{U}^{(e)}=\iiint_{\Delta V}U^{(e)}dV=\hat{U}^{(e)}\Delta V+o(\Delta V) \tag{13.12}$$

である．$dV=hdS$，$\Delta V=h\Delta S$ を考慮して，(13.12)の両辺を h で割り，(13.11)と比較すれば，ただちに $\langle U^{(e)}\rangle=\hat{U}^{(e)}$ が得られるのである．磁場についても同様，$\langle U^{(m)}\rangle=\hat{U}^{(m)}$ が成り立つ．

§ 14.　不連続面での条件

以上で，物質の巨視的な電磁現象を記述するために必要な $\hat{U}$, $\hat{\boldsymbol{g}}$, $\hat{\boldsymbol{S}}$, $\hat{T}_{ik}$ が2種の平均量 $\hat{\boldsymbol{D}}, \hat{\boldsymbol{E}}$；$\hat{\boldsymbol{B}}, \hat{\boldsymbol{H}}$ だけで表わされることを知った．しかも，形式的には真空のばあいとまったく同じなのである．ただひとつ異なるのは，真空のばあいには $\boldsymbol{D}$ と $\boldsymbol{E}$，$\boldsymbol{B}$ と $\boldsymbol{H}$ とがそれぞれ $\boldsymbol{D} = \varepsilon_0\boldsymbol{E}$，$\boldsymbol{B} = \mu_0\boldsymbol{H}$ の関係で結ばれているのに対して，物質についてはいまのところそのような関係はない．もちろん，$\hat{\boldsymbol{D}}$ と $\hat{\boldsymbol{E}}$ とは微視的な電場（それは1つしかない！）の平均量（横平均，縦平均という異なった種類の）として内在的に関連しているはずである．その関連は，考える物質の内部構造に依存して変わるだろう．そしてその内部構造も，電磁現象に関しては **分極**(電気的および磁気的の)という1つの巨視的な物理量で代表することができるのである．この事実を知るための準備作業として，2つの異なる物質の境界面で電磁場がどのようにふるまうかを調べよう．

われわれは，$\hat{\boldsymbol{D}}, \hat{\boldsymbol{E}}, \ldots$ 等の物理量を結びつける積分法則を導き，それを微分形で表現するものとして，物質中の電磁場に対する Maxwell の方程式を導き出した．微分形で表わせるためには，もちろん $\hat{\boldsymbol{D}}, \hat{\boldsymbol{E}}, \ldots$ 等は場所の関数として微分可能でなければならない．そのような制約にわずらわされない積分法則は，Maxwell の方程式に比べて，より包括的なものということができる．たとえば，面を介して物質の物理的性質が不連続的に変化するばあいには，それに応じて電磁場も不連続的に変化するだろう．そのばあいでも積分法則は有効なのである．

物理的性質が不連続的に変化する面を **不連続面** とよぶことにしよう．いま，不連続面の一部を内部に含むような薄いせんべい状の領域 $\varDelta V$ を考える(図14)．これに対して Gauss の法則(6.2)：

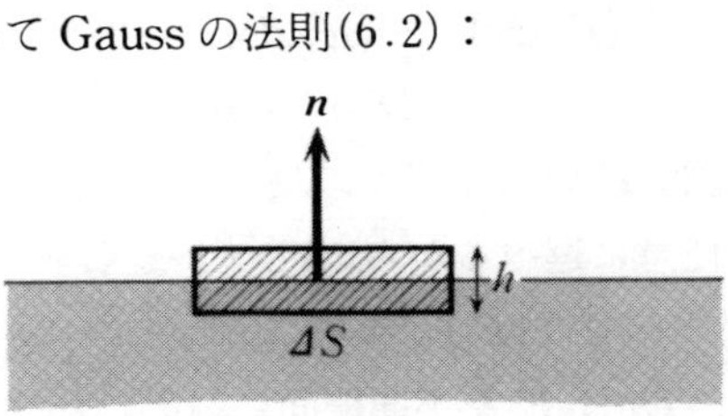

図14

$$\iint_{\mathrm{S}} \hat{\boldsymbol{D}} \cdot d\boldsymbol{S} = Q = \iiint_{\mathrm{V}} \hat{\rho}\, dV \tag{14.1}$$

を適用する．'せんべい' の面積を ΔS，厚みを h とすれば，体積は $\Delta V = h\Delta S$ である．さて，(14.1)の左辺の閉曲面は 'せんべい' の上下両面と狭い側面から成るが，h が小さいとすれば，側面についての積分は無視できる．また，中辺の Q は 'せんべい' に含まれる全電気量で，$h \to 0$ のときには表面電荷があるときにかぎり有限の値をもつ．表面電荷密度を σ とすれば，$Q = \sigma\Delta S$ である．けっきょく，(14.1)は

$$\{\hat{D}_n\}_{\pm} = \sigma \tag{14.2}$$

となる．ここで $\{\hat{D}_n\}_{\pm}$ は，不連続面を負の側から正の側に通過するとき $\hat{\boldsymbol{D}}$ の法線成分におこる 'とび' を表わす．

磁場については，Gauss の法則(6.4)：

$$\iint_{\mathrm{S}} \hat{\boldsymbol{B}} \cdot d\boldsymbol{S} = 0 \tag{14.3}$$

から出発して同様の議論を行なえば

$$\{\hat{B}_n\}_{\pm} = 0 \tag{14.4}$$

が得られる．

つぎに，Faraday の電磁誘導の法則(6.9)：

$$\frac{\partial}{\partial t}\Phi(\mathrm{S}) = -\int_{\mathrm{C}} \hat{\boldsymbol{E}} \cdot d\boldsymbol{r}, \tag{14.5}$$

$$\Phi(\mathrm{S}) = \iint_{\mathrm{S}} \hat{\boldsymbol{B}} \cdot d\boldsymbol{S} \tag{14.6}$$

を考える．閉曲線 C として，不連続面をはさむ 'たんざく' 型の回路をとる(図15)．たんざくの長さを Δs，幅を h としよう．$h \to 0$ のとき $\Phi(\mathrm{S}) \to 0$ である．したがって，(14.5)は

$$(\hat{E}_s\, \Delta s)_+ - (\hat{E}_s\, \Delta s)_- = 0,$$

$$\therefore\quad \{\hat{E}_s\}_{\pm} = 0$$

を与える．ここで $\hat{E}_s$ は $\hat{\boldsymbol{E}}$ のたんざくの長辺方向の成分であるが，その方向は不連続面に沿って任意に選べるから，けっきょく

$$\{\hat{\boldsymbol{E}}_t\}_{\pm} = 0 \tag{14.7}$$

が得られる．ただし，$\hat{\boldsymbol{E}}_t$ は $\hat{\boldsymbol{E}}$ を不連続面に射影したベクトル，すなわち $\hat{\boldsymbol{E}} - \hat{E}_n \boldsymbol{n}$ である．(14.7)はまた

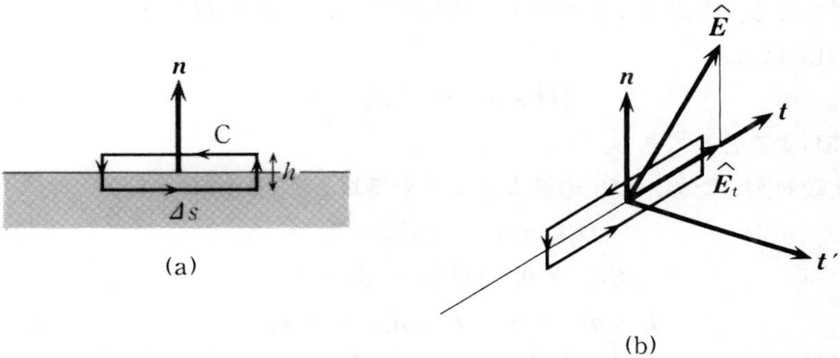

図15

$$\{\hat{\boldsymbol{E}}\times\boldsymbol{n}\}_{\pm}=0 \tag{14.8}$$

と書き表わすこともできる．($\hat{\boldsymbol{E}}\times\boldsymbol{n}$ と $\hat{\boldsymbol{E}}_t$ とはたがいに垂直なベクトルである．)

Ampèreの法則(の一般化)は (6.13), (6.14)により

$$\frac{\partial}{\partial t}\Psi(\mathrm{S})+\iint_{\mathrm{S}}\hat{\boldsymbol{J}}\cdot d\boldsymbol{S}=\int_{\mathrm{C}}\hat{\boldsymbol{H}}\cdot d\boldsymbol{r}, \tag{14.9}$$

$$\Psi(\mathrm{S})=\iint_{\mathrm{S}}\hat{\boldsymbol{D}}\cdot d\boldsymbol{S} \tag{14.10}$$

と表わされる．上と同じ‘たんざく’について考えると，$h\to 0$ のとき $\Psi(\mathrm{S})\to 0$ はそのまま成り立つ．しかし，表面電流が存在するばあいには(14.9)の左辺の第2項は $\hat{\boldsymbol{J}}_s\cdot\boldsymbol{t}'\Delta s$ となる．ただし，$\boldsymbol{J}_s$ は **面電流密度** で，$\boldsymbol{t}'$ は‘たんざく’の法線ベクトルである．たんざくの長辺方向の単位ベクトルを $\boldsymbol{t}$ とすれば，

$$\boldsymbol{t}'=\boldsymbol{t}\times\boldsymbol{n} \tag{14.11}$$

の関係がある(図15b)．

さて，(14.9)で $h\to 0$ の極限をとり，両辺を Δs で割ると

$$\hat{\boldsymbol{J}}_s\cdot\boldsymbol{t}'=-\{\hat{\boldsymbol{H}}\cdot\boldsymbol{t}\}_{\pm} \tag{14.12}$$

が得られる．(14.11)により

$$\hat{\boldsymbol{J}}_s\cdot\boldsymbol{t}'=\hat{\boldsymbol{J}}_s\cdot(\boldsymbol{t}\times\boldsymbol{n})=-(\hat{\boldsymbol{J}}_s\times\boldsymbol{n})\cdot\boldsymbol{t}$$

である．これを(14.12)に代入して，$\boldsymbol{t}$ が不連続面に沿う任意の単位ベクトルであることを考えると，

$$\{\hat{\boldsymbol{H}}_t\}_{\pm}=\hat{\boldsymbol{J}}_s\times\boldsymbol{n} \tag{14.13}$$

が得られる．両辺に $\boldsymbol{n}$ をベクトル的に掛け，$\hat{\boldsymbol{H}}_t \times \boldsymbol{n} = \hat{\boldsymbol{H}} \times \boldsymbol{n}$ に注意すると，(14.13)はまた

$$\{\hat{\boldsymbol{H}} \times \boldsymbol{n}\}_{\pm} = -\hat{\boldsymbol{J}}_s \tag{14.14}$$

と表わすこともできる．

比較対照のため，以上の結果をまとめておこう．

$$\{\hat{D}_n\}_{\pm} = \sigma, \quad \{\hat{B}_n\}_{\pm} = 0, \tag{14.15}$$

$$\{\hat{\boldsymbol{E}}_t\}_{\pm} = 0, \quad \{\hat{\boldsymbol{H}}_t\}_{\pm} = \hat{\boldsymbol{J}}_s \times \boldsymbol{n}, \tag{14.16}$$

$$\{\hat{\boldsymbol{E}} \times \boldsymbol{n}\}_{\pm} = 0, \quad \{\hat{\boldsymbol{H}} \times \boldsymbol{n}\}_{\pm} = -\hat{\boldsymbol{J}}_s. \tag{14.17}$$

電(磁)束密度については法線成分が，また電(磁)場については接線成分が条件づけられていることに注意してほしい．とくに不連続面に面電荷や面電流が存在しないばあいには，上記の法線成分と接線成分は不連続面を通して連続的につながるのである．なお，(14.16)と(14.17)とは同等であって，ばあいに応じて便利な方を使えばよい．

§15. 電気分極と磁気分極

物質の原子・分子構造を図16にモデル的に示す．図の灰色の部分は電子雲で，黒点は原子核である．1つ1つの原子または分子の電子雲と原子核はそれぞれ負および正の電荷をもつ．簡単のために，それらの電荷の大きさは等しく，したがって原子(分子)は電気的に中性であるとする．図17aのような1つの原子(分子)の電子雲の重心に負の電荷を集中させ，原子核(分子のばあいは複数個ある)の重心に正の電荷を集中させると，図17bのような正負の点電荷の対ができる．負電荷 $-q$ に相対的な正電荷 q の位置ベクトル $\delta\boldsymbol{r}$ に電荷 q を掛けた量 $\boldsymbol{p} = q\delta\boldsymbol{r}$ を **点電荷対** の **モーメント** とよぶことにしよう．点電荷対による電場は，電気力線が正電荷からわき出し，負電荷にすいこまれるというもので，点電荷対からある程度離れると，電場の様子は $\boldsymbol{p}$ の

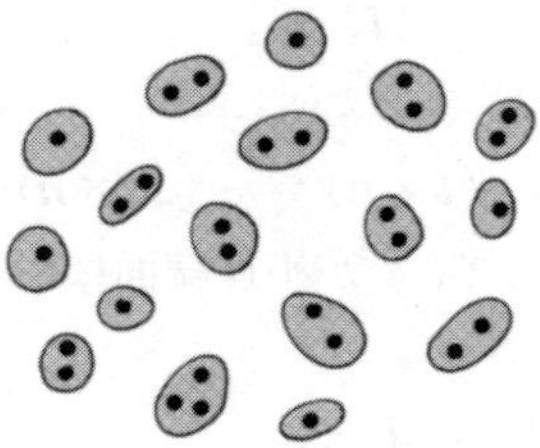

図16

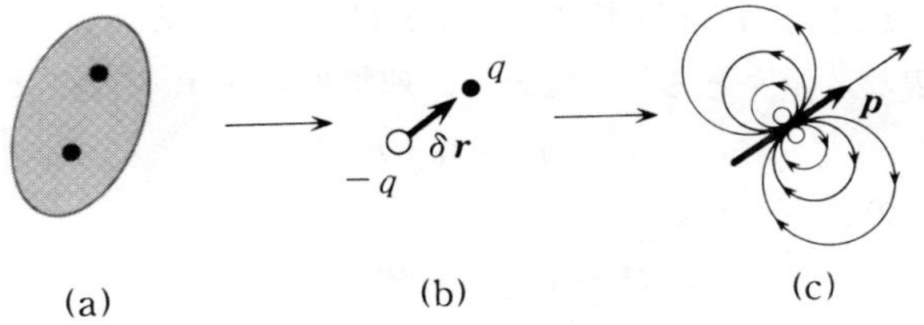

図17

みに依存する．すなわち，q と $\delta\boldsymbol{r}$ のそれぞれがどう変化しても，その積 $q\delta\boldsymbol{r}$ が同じであれば，電場は変わらないのである．そこで，点電荷対から離れた場所での電場を議論するのに，$\delta\boldsymbol{r}\to 0$，$q\to\infty$（ただし $\boldsymbol{p}=q\delta\boldsymbol{r}=$ 一定）という極限をとって考えることができる．このような点電荷対の極限を **2 重極** あるいは **双極子** といい，$\boldsymbol{p}$ をその **モーメント** という．図 17 c は 2 重極とそれによる電気力線の概略を示す．

物質中の微視的な電磁場は複雑であるといっても，けっきょくは，このような 2 重極からわき出し，すいこまれる電気力線によって構成されている．つまり，原子・分子を 2 重極で代表させることが許されるのである．

いま，領域 V の中に N 個の 2 重極があるとする．そのモーメントを $\boldsymbol{p}_i=q_i\delta\boldsymbol{r}_i\ (i=1,2,\cdots,N)$ として

$$\boldsymbol{P}=\sum_{i=1}^{N}\boldsymbol{p}_i=\sum_{i=1}^{N}q_i\delta\boldsymbol{r}_i \tag{15.1}$$

を考える．これをその領域に含まれる **(全)2 重極モーメント** という．

$\delta\boldsymbol{r}_i\to 0$ の極限をとる前の点電荷対について考えると，それは場所 $\boldsymbol{r}_i$ にある電荷 q_i と，場所 $\boldsymbol{r}_i'=\boldsymbol{r}_i-\delta\boldsymbol{r}_i$ にある電荷 $q_i'=-q_i$ との対である．したがって

$$q_i\delta\boldsymbol{r}_i=q_i\boldsymbol{r}_i+q_i'\boldsymbol{r}_i',\quad (q_i+q_i'=0)$$

と書ける．そこで

$$\boldsymbol{P}=\iiint_V\rho\boldsymbol{r}\,dV=\sum_i q_i\boldsymbol{r}_i \tag{15.2}$$

を考えると，これの特別なばあいとして(15.1)が含まれることがわかる．((15.1)が N 個の 2 重極の和であるのに対して，(15.2)は $2N$ 個の点電荷についての和である．そしてその 2 個ずつの電荷が中和するばあいとして

(15.1)が得られる.) $\boldsymbol{P}$ は位置ベクトル $\boldsymbol{r}$ に依存するので，座標原点の選び方によって異なる値をとる．すなわち，座標原点を $\boldsymbol{r}_0$ に移すと，

$$\boldsymbol{r} = \boldsymbol{r}_0 + \boldsymbol{r}'$$

として，(15.2)は

$$\boldsymbol{P} = Q\,\boldsymbol{r}_0 + \boldsymbol{P}' \tag{15.3}$$

のように表わされる．ただし

$$Q = \iiint_{\mathrm{V}} \rho\, dV, \quad \boldsymbol{P}' = \iiint_{\mathrm{V}} \rho \boldsymbol{r}' dV \tag{15.4}$$

である．Q は領域 V に含まれる全電気量である．$\boldsymbol{P}$ は領域 V に含まれる電荷の，原点に関するモーメントともよぶべきものである．また，$\boldsymbol{P}'$ は点 $\boldsymbol{r}_0$ に関する電荷のモーメントである．とくに $Q=0$ のばあいには，$\boldsymbol{P}=\boldsymbol{P}'$ となり，電荷のモーメントは座標原点の選び方によらず，領域 V 内の電荷の配置だけできる．(15.1)で定義した全 2 重極モーメントはちょうどこのばあいに相当するのである．

ある領域に含まれる全 2 重極モーメントというのは，領域に含まれる全電気量と同様，物理的に意味のある量である．それゆえ，物質中の電場について

$$\langle \boldsymbol{p} \rangle = \lim_{\Delta V \to 0} \frac{1}{\Delta V} \iiint_{\Delta V} \rho \boldsymbol{r}\, dV = \lim_{\Delta V \to 0} \frac{1}{\Delta V} \sum_{i=1}^{N} \boldsymbol{p}_i \tag{15.5}$$

のような‘体積平均’を考えるのは合理的であろう．ただし，ΔV は巨視的には微小で微視的には大きい体積である．また $\sum_{i=1}^{N}$ は ΔV に含まれるすべての 2 重極についての総和を意味する．なお，(15.5)の中辺の表式では $\iiint_{\Delta V} \rho\, dV = o(\Delta V)$，つまり $\bar{\rho} = \langle \rho \rangle = 0$ が仮定されていることを注意しておく．

$$\boldsymbol{P} = \langle \boldsymbol{p} \rangle \tag{15.6}$$

を物質の **電気分極** という．$\boldsymbol{P} \neq 0$ のとき，物質は(電気的に) **分極している** といわれる．個々の原子•分子の $\boldsymbol{p}_i$ が 0 のばあいにはもちろん $\boldsymbol{P}=0$ であるが，$\boldsymbol{p}_i \neq 0$ であっても，全体として $\boldsymbol{P}=0$ となることがある．外部から電場をかけないばあい，物質の内部では $\boldsymbol{P}=0$ であるのがむしろふつうである．

原子•分子は電場とともに磁場を生み出している．前に‘電子雲’といった

のは，原子•分子を構成する電子群を‘ぬりつぶした’概念であるが，これらの電子群は運動しているので磁場をつくるのである．運動する電子群を電流に見たてたものが，いわゆる Ampère の **分子電流** である．これは **磁気 2 重極** のはたらきをする．さらに，電子および原子核自身は磁気 2 重極として固有の 2 重極モーメント（いわゆる **スピン磁気モーメント**）をもっている．けっきょく，各原子•分子は 1 個の磁気 2 重極で代表させることができる．その **磁気（2 重極）モーメント** を $\boldsymbol{m}_i$ としよう．電気 2 重極についてと同様に考えれば，

$$\boldsymbol{M} = \langle \boldsymbol{m} \rangle = \lim_{\Delta V \to 0} \frac{1}{\Delta V} \sum_{i=1}^{N} \boldsymbol{m}_i \qquad (15.7)$$

によって物質の **磁気分極** が定義される．

物体に電場をかけるとき，電流が流れるばあいと流れないばあいがある．このようなばあい，物体はそれぞれ **導体** あるいは **絶縁体** であるという．電場をかけられた絶縁体は，電流は流れなくても，電気分極を誘発される．そのため，絶縁体は **誘電体** ともよばれる．**磁荷** は存在しないから，磁気については，‘導体’と‘絶縁体’の区別は本来存在しない．しかし，外部磁場のもとに物体の内部に磁気分極を誘発される点では，電気における誘電体と同様である．磁気現象が現われる物体を **磁性体** とよぶことにすれば，すべての物体は磁性体であるということができる．

§16. 簡単な形の誘電体と磁性体——針と板

物質中の微視的な電場に関する平均量として，電束密度 $\hat{\boldsymbol{D}}$，電場 $\hat{\boldsymbol{E}}$，電気分極 $\boldsymbol{P}$ を導入した．$\hat{\boldsymbol{D}}$ は‘横平均’，$\hat{\boldsymbol{E}}$ は‘縦平均’，$\boldsymbol{P}$ は‘空間平均’で，それぞれ面積積分，線積分，体積積分に基づく平均量である．このように，これら 3 つの物理量は概念的には異なるものであるが，実在する唯一の微視的電場に由来する以上，相互に密接な関係があるはずである．その微視的電場は 原子•分子（それは 2 重極で代表される）によってつくり出されることを考えると，$\boldsymbol{P}$ は $\hat{\boldsymbol{D}}$, $\hat{\boldsymbol{E}}$ に比べて，より本質的な物理量——個々の物質中の電場を表わすという意味において——と考えられるだろう．実際，簡単な形の誘電体については，以下に示すように，$\boldsymbol{P}$ を与えれば，$\hat{\boldsymbol{D}}$ と $\hat{\boldsymbol{E}}$ がただちに求められるのである．

磁場についても，磁束密度 $\hat{\boldsymbol{B}}$，磁場 $\hat{\boldsymbol{H}}$，磁気分極 $\boldsymbol{M}$ の3つの物理量のはたす役割は上と同様に説明される．

$\boldsymbol{P}$ から $\hat{\boldsymbol{D}}$ と $\hat{\boldsymbol{E}}$ とを求めるための準備として，まず，つぎの事実に注意する．

［**定理**］　電気分極 $\boldsymbol{P}$ に垂直な底面積 ΔS をもつ柱状体による電場は，**外部遠方**では，柱状体の形によらず，柱状体の上下両面にそれぞれ $P\Delta S, -P\Delta S$ の面電荷があるばあいと同じである．ただし，$P = |\boldsymbol{P}|$ とする．磁場についても，磁気分極 $\boldsymbol{M}$ を用いて同様のことが成り立つ．

この定理は，前節の(15.4)に関連して述べたことがらからただちに理解される．すなわち，ある領域Vに分布する電荷による電場は，その領域の外部遠方では，$\iiint_V \rho \boldsymbol{r}\, dV$ によってきまり，電荷の詳細な分布状態には依存しない．そこで，柱状体に含まれる原子核と電子雲の全電気量 $Q, -Q$ を柱状体の体積 ΔV に一様にばらまくと，電荷密度 $\pm\rho$ の一様分布が得られる．ただし，$Q = \rho\,\Delta V$ である．この正負の電荷分布を上下に δ だけひきはなすと，モーメント $Q\delta$ の2重極となる．ところが電気分極 P で分極している体積 ΔV は2重極モーメント $P\Delta V$ をもつ．したがって

$$Q\,\delta = \rho\delta\,\Delta V = P\Delta V.$$

$$\therefore \quad \rho\delta = P. \tag{16.1}$$

さて，上下にひきはなされた正負の電荷分布は大部分は中和して0となり，柱状体の上下両面の厚さ δ の薄い層に正負の電荷が残る．その面密度は $\pm\rho\delta = \pm P$ である．したがって面電荷は $\pm P\Delta S$ である．これで定理は証明された．

この定理について注意すべきは，‘外部遠方では’という但し書きのついていることである．内部では，原子・分子を一様な電荷分布でおきかえること自身が許されないし，また外部でも，柱状体の近くの電場は柱状体の形によって変化するからである．

（i）　**針**　細長い棒状の誘電体を考える．長さに比べて断面積 ΔS がはる

かに小さいばあい，これを**針**とよぶことにしよう．針は軸方向に一様に分極していると仮定し，その電気分極を $\boldsymbol{P}$ とする．このばあい，針の内外の電場がどうなるかを考えよう．

まず，外部の電場は，針の両端に $\pm P\Delta S$ の電荷があるものとして求められる(図 18)．針の中程では電場の大きさは，Coulomb の法則により，

$$E = 2\cdot\frac{1}{4\pi\varepsilon_0}\frac{P\Delta S}{(l/2)^2} = O\left(\frac{\Delta S}{l^2}\right)$$

で与えられる．ただし，l は針の長さである．‘針’の近似では，これは 0 としてよい．すなわち，針の外部の電場は

$$\boldsymbol{E} = 0, \quad \boldsymbol{D} = \varepsilon_0\boldsymbol{E} = 0 \tag{16.2}$$

である．

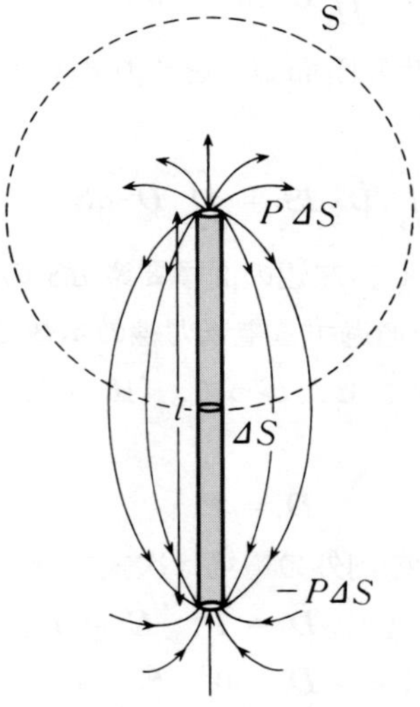

図18

つぎに，針の内部を考える．針は長さ方向に一様と仮定されているから，$\hat{\boldsymbol{D}}, \hat{\boldsymbol{E}}$ は長さ方向に変化しない．また，針は細いから，1 つの断面内での変化は無視できる．けっきょく，$\hat{\boldsymbol{D}}, \hat{\boldsymbol{E}}$ は針の内部でいたるところ一定のベクトルである．まず，‘不連続面で電場の接線成分が連続’という条件(14.7)を針の表面に適用すると，$\hat{\boldsymbol{E}}$ の軸方向の成分が 0 であることがただちにわかる．すなわち，$\hat{\boldsymbol{E}}$ は針の垂直断面内にある定数ベクトルである．これは 0 でなければならない．なぜなら，もし $\hat{\boldsymbol{E}} \neq 0$ ならば，針の表面上での接線成分が一般

に 0 ではなくて，外部の $\boldsymbol{E}$ (0 である)の接線成分と一致しないからである．けっきょく

$$\hat{\boldsymbol{E}} = 0 \tag{16.3}$$

である．

$\hat{\boldsymbol{D}}$ については，‘不連続面で電束密度の法線成分が連続’という条件(14.2)を適用する．これによって，$\hat{\boldsymbol{D}}$ は軸に垂直な成分をもたないこと，つまり $\hat{\boldsymbol{D}}$ は軸に平行なベクトルであることがわかる．その大きさを知るには，図 18 に示す大きい閉曲面 S について Gauss の定理を適用すればよい．S の内部には電荷は存在しないから

$$\iint_{\mathrm{S}} \hat{\boldsymbol{D}}\cdot d\boldsymbol{S} = 0 \tag{16.4}$$

である．閉曲面 S から針の断面 $\varDelta S$ をくりぬいた開曲面を S′ とすると，(16.4)は

$$\iint_{\varDelta S} \hat{\boldsymbol{D}}\cdot d\boldsymbol{S} = \iint_{\mathrm{S'}} \boldsymbol{D}\cdot d\boldsymbol{S} \tag{16.5}$$

と書きかえられる．ただし，左辺の面積要素 $d\boldsymbol{S}$ の法線は針の軸方向にとるものとする．右辺は S′ を通過する電気力線の本数で，針の上端から流れ出すもの，つまり $P\varDelta S$ である．したがって，(16.5)は $\hat{D} = P$ を与える．方向を考えあわせると，

$$\hat{\boldsymbol{D}} = \boldsymbol{P} \tag{16.6}$$

となる．けっきょく，針の内外の電場は次式で与えられる．

$$\left.\begin{array}{ll} \text{内部：} & \hat{\boldsymbol{D}} = \boldsymbol{P}, \quad \hat{\boldsymbol{E}} = 0, \\ \text{外部：} & \boldsymbol{D} = 0, \quad \boldsymbol{E} = 0. \end{array}\right\} \tag{16.7}$$

磁場についてもまったく同様である．すなわち，軸方向に一様な磁気分極 $\boldsymbol{M}$ をもつ磁性体の針による磁場は

$$\left.\begin{array}{ll} \text{内部：} & \hat{\boldsymbol{B}} = \boldsymbol{M}, \quad \hat{\boldsymbol{H}} = 0, \\ \text{外部：} & \boldsymbol{B} = 0, \quad \boldsymbol{H} = 0 \end{array}\right\} \tag{16.8}$$

で与えられる．

(ii)　板　一様な厚さの誘電体の板を考える．その面積は厚さに比べて十分広いとする．また，板は厚さ方向に分極し，一様な電気分極 $\boldsymbol{P}$ をもつとす

る．板の内外の電場を調べよう．

まず，外部の電場は，板の上面と下面にそれぞれ $P, -P$ の電荷面密度分布があるものとして計算される(図 19)．これは真空中に平行平板コンデンサーがあるときの電場と同じである．板の面積が十分広いばあいには，コンデンサーの外部では，縁の近くを除けば電場はほとんど 0 である．したがって

$$\boldsymbol{E} = 0, \quad \boldsymbol{D} = \varepsilon_0 \boldsymbol{E} = 0 \tag{16.9}$$

である．

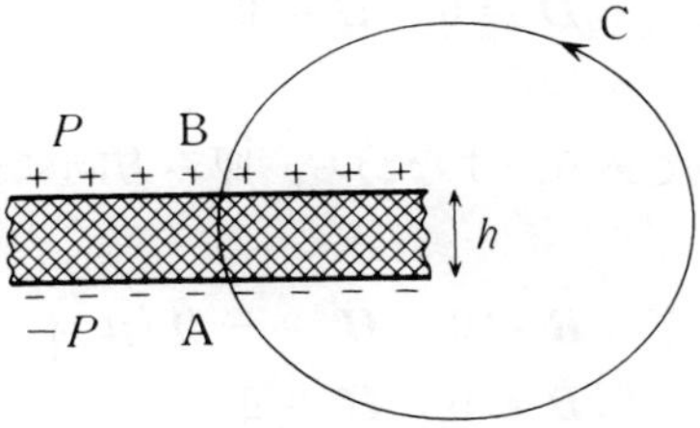

図19

板の内部では，対称性から考えて，$\hat{\boldsymbol{D}}, \hat{\boldsymbol{E}}$ はともに板の面に直角の方向をもつだろう．したがって，その大きさだけがわかればよい．

まず，'電束密度の法線成分が連続' の条件(14.2)を板の表面に適用すれば，(16.9)によって $\hat{\boldsymbol{D}} = 0$ が得られる．つぎに，図 19 に示す閉曲線 C について Faraday の法則(の特別なばあい)：

$$\int_C \hat{\boldsymbol{E}} \cdot d\boldsymbol{r} = 0 \tag{16.10}$$

を適用する．閉曲線 C を，板の内部を走る部分とその他の部分に分けると，(16.10)は

$$\int_A^B \hat{\boldsymbol{E}} \cdot d\boldsymbol{r} = \int_{A(C)}^B \hat{\boldsymbol{E}} \cdot d\boldsymbol{r} \tag{16.11}$$

と書きかえられる．右辺の積分で，$\hat{\boldsymbol{E}}$ は電荷面密度 $\pm P$ の平行平板コンデンサーに対する真空静電場($\boldsymbol{E}'$ とする)に等しく，$\boldsymbol{E}'$ については $\int_C \boldsymbol{E}' \cdot d\boldsymbol{r} = 0$ の関係が成り立つから

$$\int_{A \cdot (C)}^B \hat{\boldsymbol{E}} \cdot d\boldsymbol{r} = \int_{A(C)}^B \boldsymbol{E}' \cdot d\boldsymbol{r} = \int_A^B \boldsymbol{E}' \cdot d\boldsymbol{r}$$

と変形して，けっきょく(16.11)は

$$\int_A^B \hat{\boldsymbol{E}}\cdot d\boldsymbol{r} = \int_A^B \boldsymbol{E}'\cdot d\boldsymbol{r} \tag{16.12}$$

となる．$\boldsymbol{E}'$ は上向きで大きさ P/ε_0 であることが知られており，かつ $\hat{\boldsymbol{E}}$ も板に直角であるから，

$$\hat{\boldsymbol{E}} = \boldsymbol{E}' = -\boldsymbol{P} \tag{16.13}$$

である．けっきょく，厚み方向に一様に分極した誘電体の板による電場は

$$\left.\begin{array}{ll} \text{内部：} & \hat{\boldsymbol{D}} = 0, \quad \hat{\boldsymbol{E}} = -\boldsymbol{P}/\varepsilon_0, \\ \text{外部：} & \boldsymbol{D} = 0, \quad \boldsymbol{E} = 0 \end{array}\right\} \tag{16.14}$$

で与えられる．

磁場についても同様である．すなわち，厚み方向に一様に分極した磁性体の板による磁場は

$$\left.\begin{array}{ll} \text{内部：} & \hat{\boldsymbol{B}} = 0, \quad \hat{\boldsymbol{H}} = -\boldsymbol{M}/\mu_0, \\ \text{外部：} & \boldsymbol{B} = 0, \quad \boldsymbol{H} = 0. \end{array}\right\} \tag{16.15}$$

で与えられる．

(16.12)の関係はとくに興味がある．すなわち，分極した誘電体の板の上下両面間の電位差は，板の表面に実際に電荷が存在する **かのように考えて** 計算することができるのである．このような‘見掛けの’電荷は **分極電荷** とよばれている．しかし，それは‘真の’電荷ではないので，$\hat{\boldsymbol{D}}$ を生み出さないのである．磁場についても同様で，磁石による磁場は‘見掛けの’磁荷，すなわち **分極磁荷** によるのである．‘真の’磁荷は存在しない．

§17. 誘電率と透磁率

前節の結果を利用すると，物質の内部の $\hat{\boldsymbol{D}}, \hat{\boldsymbol{E}}, \boldsymbol{P}$ を結びつける関係が具体的に表わされる．

物体内部の任意の点 O を考える．点 O を含む小さい針状の部分をくりぬく．ただし，針の軸は点 O での $\boldsymbol{P}$ に平行になるように選ぶ．この穴をあけた物体での電場を $\boldsymbol{D}_0, \boldsymbol{E}_0$，針による電場を $\hat{\boldsymbol{D}}_1, \hat{\boldsymbol{E}}_1$ で表わせば，もとの電場は重ね合わせにより

$$\hat{\boldsymbol{D}} = \boldsymbol{D}_0 + \hat{\boldsymbol{D}}_1, \quad \hat{\boldsymbol{E}} = \boldsymbol{E}_0 + \hat{\boldsymbol{E}}_1 \tag{17.1}$$

のように表わされる．さて，穴の中は真空であるから，そこでは

$$\boldsymbol{D}_0 = \varepsilon_0 \boldsymbol{E}_0. \tag{17.2}$$

また，穴の中は針の内部に相当するから，(16.7)により

$$\hat{\boldsymbol{D}}_1 = \boldsymbol{P}, \quad \hat{\boldsymbol{E}}_1 = 0 \tag{17.3}$$

である．(17.3)を(17.1)に代入し，(17.2)を使うと

$$\hat{\boldsymbol{D}} = \varepsilon_0 \hat{\boldsymbol{E}} + \boldsymbol{P} \tag{17.4}$$

の関係が得られる．

針状の穴のかわりに板状の穴を使っても，もちろん同じ関係が得られる．すなわち，$\boldsymbol{P}$ に垂直な面をもつ小さい薄板状の部分をくりぬいて，上と同じ議論を行なうのである．板による電場は，(16.14)により

$$\hat{\boldsymbol{D}}_2 = 0, \quad \hat{\boldsymbol{E}}_2 = -\boldsymbol{P}/\varepsilon_0 \tag{17.5}$$

で与えられる．これを前の $\hat{\boldsymbol{D}}_1, \hat{\boldsymbol{E}}_1$ のかわりに使えば(17.4)が得られるのである．

磁場についてもまったく同様に

$$\hat{\boldsymbol{B}} = \mu_0 \hat{\boldsymbol{H}} + \boldsymbol{M} \tag{17.6}$$

の関係が成り立つことがわかる．

(17.4),(17.6)は個々の物質によらず，一般的に成り立つ関係である．したがって，独立な物理量としては，電場と磁場についてそれぞれ2つずつ，たとえば $\hat{\boldsymbol{D}}, \hat{\boldsymbol{E}}$；$\hat{\boldsymbol{B}}, \hat{\boldsymbol{H}}$ の4つが考えられるのである．しかし，個々の物質について考えるばあいには，$\hat{\boldsymbol{D}}$ と $\hat{\boldsymbol{E}}$，$\hat{\boldsymbol{B}}$ と $\hat{\boldsymbol{H}}$ はその物質特有の関係で結ばれている．ふつう，真空中の電磁場のばあいになぞらえて

$$\hat{\boldsymbol{D}} = \varepsilon \hat{\boldsymbol{E}}, \quad \hat{\boldsymbol{B}} = \mu \hat{\boldsymbol{H}} \tag{17.7}$$

と表わし，ε を **誘電率**，μ を **透磁率** とよぶ．また，真空中での値との比 $\varepsilon/\varepsilon_0$，$\mu/\mu_0$ はそれぞれ，**比誘電率**，**比透磁率** とよばれる．

ε, μ はもちろん物質によって異なるが，物質の原子・分子構造との関連を考えるには，$\boldsymbol{P}, \boldsymbol{M}$ について考える方が理解しやすい．つまり，$\boldsymbol{P}, \boldsymbol{M}$ は物質の構成要素である原子・分子の2重極モーメントの平均量として明確な物理的意味をもつからである．電場や磁場があまり強くないばあい，$\boldsymbol{P}, \boldsymbol{M}$ はそれぞれ電場，磁場に比例して変化するだろうと考えられる．そこで

$$\boldsymbol{P} = \chi_e \varepsilon_0 \hat{\boldsymbol{E}}, \quad \boldsymbol{M} = \chi_m \mu_0 \hat{\boldsymbol{H}} \tag{17.8}$$

のような比例関係を仮定する．χ_e は **電気感受率**，χ_m は **磁化率** とよばれる．
(17.4),(17.6),(17.7)により

$$\varepsilon = (1+\chi_e)\varepsilon_0, \quad \mu = (1+\chi_m)\mu_0 \tag{17.9}$$

の関係があることは明らかであろう．ε, μ が単なる比例係数として導入されたのに対して，χ_e, χ_m は物質の原子・分子構造に基づく理論的計算を許す点など物理的に重要である．とくに，結晶構造をもつ物質のばあいには，$\boldsymbol{P}$ と $\hat{\boldsymbol{E}}$，$\boldsymbol{M}$ と $\hat{\boldsymbol{H}}$ は必ずしも平行でないことが予想される．このようなばあい，χ_e, χ_m はテンソル量となることも容易に理解されるのである．

§18．ま　と　め

物質中の電磁場の力学的性質を表わすものとして，電磁エネルギー $\hat{U}$，電磁運動量 $\hat{\boldsymbol{g}}$，Poynting ベクトル $\hat{\boldsymbol{S}}$，Maxwell 応力 $\hat{T}_{ik}$ がある．これらを電束密度 $\hat{\boldsymbol{D}}$，電場 $\hat{\boldsymbol{E}}$，磁束密度 $\hat{\boldsymbol{B}}$，磁場 $\hat{\boldsymbol{H}}$ の関数として具体的に表現した．結果は真空中の電磁場に関するものと形式的にまったく同じである．ただ，真空中の電磁場のばあい $\boldsymbol{D} = \varepsilon_0 \boldsymbol{E}, \boldsymbol{B} = \mu_0 \boldsymbol{H}$ という恒等関係があるのに対して，物質中の電磁場については $\hat{\boldsymbol{D}}$ と $\hat{\boldsymbol{E}}$，$\hat{\boldsymbol{B}}$ と $\hat{\boldsymbol{H}}$ は一般的にはたがいに独立な物理量であるというちがいがある．個々の物質については，その原子・分子構造に基づく物質特有の関係によって $\hat{\boldsymbol{D}}$ と $\hat{\boldsymbol{E}}$，$\hat{\boldsymbol{B}}$ と $\hat{\boldsymbol{H}}$ が結ばれている．原子・分子構造の電磁気的性質を巨視的に代表するものとして電気分極 $\boldsymbol{P}$，磁気分極 $\boldsymbol{M}$ を導入し，これと $\hat{\boldsymbol{D}}, \hat{\boldsymbol{E}}$；$\hat{\boldsymbol{B}}, \hat{\boldsymbol{H}}$ との関連を調べた．物質中の電磁場を議論するために必要な基本的物理量がこれですべて出揃った．

6 物質中の電磁気学

§1. は じ め に

前章で，物質中の電磁場を記述するための基本的な物理量がすべて出揃った．電磁場の基本法則としては，ただ，電荷・運動量・エネルギーの保存を要求するだけで足りる．このような立場で電磁気学の基礎的な骨組みを構成することがこの章の目的である．物質中の静電場と静磁場について，従来のとり扱いではやや不明確あるいは誤解を招きやすいと思われる事柄があるので，これらをとり上げて議論する．とくに，いわゆる分極電荷，分極磁荷，磁化電流のはたす役割について考える．

現在，電磁気学の本を見ると，物質中の電磁場そのものについての計算などは相当くわしく説明されている．しかし，電磁力については，物体に全体として働く電磁力は別として，あまり議論されていないようである．実際，物体の各部分に働く電磁力の議論は手薄であったり，あるいは本によって互いに矛盾するような説明が見られる．

物質中の電磁場に対する新しい理論構成によれば，物質に働く電磁力を求めることは容易である．この方法で得られる電磁力を典型的ないくつかの例について説明する．これらは従来のとり扱いでは，多分，むずかしい問題と考えられるものであろう．

§2. 物質中の電磁場の理論構成

参照の便宜のために，物質中の電磁場に関するわれわれの理論の構造をまとめておこう．

物質中の電磁場は $\hat{\boldsymbol{D}}, \hat{\boldsymbol{E}}$；$\hat{\boldsymbol{B}}, \hat{\boldsymbol{H}}$；$\hat{\rho}, \hat{\boldsymbol{J}}$ の 6 つの物理量で表わされる．$\hat{\boldsymbol{D}}$ は **電束密度**，$\hat{\boldsymbol{E}}$ は **電場**，$\hat{\boldsymbol{B}}$ は **磁束密度**，$\hat{\boldsymbol{H}}$ は **磁場**，$\hat{\rho}$ は **電荷密度**，$\hat{\boldsymbol{J}}$ は **電流密度** である．このうち $\hat{\rho}$ と $\hat{\boldsymbol{J}}$ は直接 $\hat{\boldsymbol{D}}$ に関連する．その意味で，最も基本的な物理量は $\hat{\boldsymbol{D}}, \hat{\boldsymbol{E}}, \hat{\boldsymbol{B}}, \hat{\boldsymbol{H}}$ の 4 つである．これらの量の関数として，**電磁**

エネルギー と **電磁運動量** の密度がそれぞれ

$$\hat{U} = \frac{1}{2}(\hat{\boldsymbol{E}}\cdot\hat{\boldsymbol{D}} + \hat{\boldsymbol{H}}\cdot\hat{\boldsymbol{B}}), \tag{2.1}$$

$$\hat{\boldsymbol{g}} = \hat{\boldsymbol{D}}\times\hat{\boldsymbol{B}} \tag{2.2}$$

で与えられる．また，面を通ってのそれらの流れ，すなわち **Poynting ベクトル** と **Maxwell 応力** とは

$$\hat{\boldsymbol{S}} = \hat{\boldsymbol{E}}\times\hat{\boldsymbol{H}}, \tag{2.3}$$

$$\hat{T}_{ik} = \hat{E}_i\hat{D}_k + \hat{H}_i\hat{B}_k - \hat{U}\delta_{ik} \tag{2.4}$$

で与えられる．

“以上の諸量を使えば 電荷・運動量・エネルギーの保存法則が成り立つ” というのが，物質中の電磁場の基本法則である．

この基本法則を数式的に表わせば，いろいろの ‘基礎方程式’ が得られる．たとえば，閉曲面 S の内部領域 V に含まれる **全電気量** は

$$Q = \iiint_V \hat{\rho}\, dV = \iint_S \hat{\boldsymbol{D}}\cdot d\boldsymbol{S} \tag{2.5}$$

で与えられ，電荷保存の法則は

$$\frac{dQ}{dt} = -\iint_S \hat{\boldsymbol{J}}\cdot d\boldsymbol{S} \tag{2.6}$$

のように表わされる．(2.5)と(2.6)を微分形で表わせば

$$\mathrm{div}\, \hat{\boldsymbol{D}} = \hat{\rho}, \tag{2.7}$$

$$\frac{\partial\hat{\rho}}{\partial t} + \mathrm{div}\,\hat{\boldsymbol{J}} = 0 \tag{2.8}$$

となる．また，磁荷が存在しないことは

$$\iint_S \hat{\boldsymbol{B}}\cdot d\boldsymbol{S} = 0 \tag{2.9}$$

で表わされ，微分形では

$$\mathrm{div}\, \hat{\boldsymbol{B}} = 0 \tag{2.10}$$

となる．

つぎに **Faraday の電磁誘導の法則**：

$$\frac{\partial}{\partial t}\Phi(\mathrm{S}) = -\int_C \hat{\boldsymbol{E}}\cdot d\boldsymbol{r}, \tag{2.11}$$

$$\Phi(\mathrm{S}) = \iint_S \hat{\boldsymbol{B}}\cdot d\boldsymbol{S} \tag{2.12}$$

と **Ampère の法則** (の一般化)：

$$\frac{\partial}{\partial t}\Psi(\mathrm{S}) + \iint_{\mathrm{S}} \hat{\boldsymbol{J}}\cdot d\boldsymbol{S} = \int_{\mathrm{C}} \hat{\boldsymbol{H}}\cdot d\boldsymbol{r}, \tag{2.13}$$

$$\Psi(\mathrm{S}) = \iint_{\mathrm{S}} \hat{\boldsymbol{D}}\cdot d\boldsymbol{S} \tag{2.14}$$

が成り立つ．ここでSは空間的に固定した開曲面で，CはSの縁の閉曲面である．S, したがってCが時間的に変化するばあいには，(2.11)，(2.13)はそれぞれ

$$\frac{d}{dt}\Phi(\mathrm{S}) = -\int_{\mathrm{C}}(\hat{\boldsymbol{E}} + \boldsymbol{v}\times\hat{\boldsymbol{B}})\cdot d\boldsymbol{r}, \tag{2.15}$$

$$\frac{d}{dt}\Psi(\mathrm{S}) + \iint_{\mathrm{S}}(\hat{\boldsymbol{J}} - \hat{\rho}\,\boldsymbol{v})\cdot d\boldsymbol{S} = \int_{\mathrm{C}}(\hat{\boldsymbol{H}} - \boldsymbol{v}\times\hat{\boldsymbol{D}})\cdot d\boldsymbol{r} \tag{2.16}$$

に拡張される．ここで，$\boldsymbol{v}$ は開曲面S上の各点が運動する速度である．

(2.11), (2.13)を微分形で表現すれば

$$\mathrm{rot}\,\hat{\boldsymbol{E}} + \frac{\partial\hat{\boldsymbol{B}}}{\partial t} = 0, \tag{2.17}$$

$$\mathrm{rot}\,\hat{\boldsymbol{H}} - \frac{\partial\hat{\boldsymbol{D}}}{\partial t} = \hat{\boldsymbol{J}} \tag{2.18}$$

が得られる．(2.7), (2.10), (2.17), (2.18)がいわゆる **Maxwellの方程式** である．

物質の物理的性質が不連続的に変化する面，すなわち **不連続面** を通して電磁場は一般に不連続的に変化する．このとき

$$\{\hat{D}_n\}_\pm = \sigma, \quad \{\hat{B}_n\}_\pm = 0, \tag{2.19}$$

$$\{\hat{\boldsymbol{E}}_t\}_\pm = 0, \quad \{\hat{\boldsymbol{H}}_t\}_\pm = \boldsymbol{J}_s\times\boldsymbol{n}, \tag{2.20}$$

$$\{\hat{\boldsymbol{E}}\times\boldsymbol{n}\}_\pm = 0, \quad \{\hat{\boldsymbol{H}}\times\boldsymbol{n}\}_\pm = -\boldsymbol{J}_s \tag{2.21}$$

が成り立つ．ここで $\{\cdots\}_\pm$ は，不連続面を負の側から正の側に横切るとき…におこる‘とび’を意味する．また，σ は **電荷の面密度**，$\boldsymbol{J}_s$ は **電流の面密度** である．

不連続面が速度 $\boldsymbol{v}$ で運動するばあいには，(2.19)～(2.21)はつぎのように一般化される．法線成分に対する条件(2.19)はそのまま成り立つ．接線成分に対する条件 (2.20), (2.21)はそれぞれ

$$\{\hat{\boldsymbol{E}} + \boldsymbol{v}\times\hat{\boldsymbol{B}}\}_\pm\cdot\boldsymbol{t} = 0, \qquad \{\hat{\boldsymbol{H}} - \boldsymbol{v}\times\hat{\boldsymbol{D}}\}_\pm\cdot\boldsymbol{t} = [(\boldsymbol{J}_s - \sigma\,\boldsymbol{v})\times\boldsymbol{n}]\cdot\boldsymbol{t}, \tag{2.20 a}$$

$$\{\hat{\boldsymbol{E}}\times\boldsymbol{n} + v_n\,\hat{\boldsymbol{B}}\}_\pm\cdot\boldsymbol{t} = 0, \quad \{\hat{\boldsymbol{H}}\times\boldsymbol{n} - v_n\,\hat{\boldsymbol{D}}\}_\pm\cdot\boldsymbol{t} = -\boldsymbol{J}_s\cdot\boldsymbol{t} \tag{2.21 a}$$

となる．ただし，$\boldsymbol{t}$ は不連続面に沿う任意の単位ベクトルである．これらの条件を導くには，前章の§14のとり扱いで，Faradayの電磁誘導の法則および

Ampère の法則として (2.15), (2.16) を用いればよい．(読者にまかせる．)

以上は，物質中の微視的な電磁場――それは時間的・空間的に複雑に変化するが，真空中の電磁場の法則が適用される――に平均操作を施すことによって得られる．ただし，平均操作としては，ふつうに行なわれる **空間的平均** $\langle\cdot\rangle$ のほかに，**横の平均** $\langle\cdot\rangle_\perp$，**縦の平均** $\langle\cdot\rangle_{/\!/}$ を行なうことが本質的に重要である．横の平均はいわば‘面平均’であり，縦の平均は‘線平均’である．そして，$\hat{\boldsymbol{D}}, \hat{\boldsymbol{B}}, \hat{\boldsymbol{J}}$ は横平均として，$\hat{\boldsymbol{E}}, \hat{\boldsymbol{H}}$ は縦平均として，$\hat{\rho}$ は空間平均として定義されるのである．なお，$\hat{\boldsymbol{D}}$ と $\hat{\boldsymbol{E}}$, $\hat{\boldsymbol{B}}$ と $\hat{\boldsymbol{H}}$ は，個々の物質の電磁的性質を代表する物理量 $\boldsymbol{P}, \boldsymbol{M}$ によって

$$\hat{\boldsymbol{D}} = \varepsilon_0 \hat{\boldsymbol{E}} + \boldsymbol{P}, \tag{2.22}$$

$$\hat{\boldsymbol{B}} = \mu_0 \hat{\boldsymbol{H}} + \boldsymbol{M} \tag{2.23}$$

のように関係づけられている．$\boldsymbol{P}$ は **電気分極**，$\boldsymbol{M}$ は **磁気分極** である．そしてそれぞれ，物質を構成する原子・分子の **電気 2 重極モーメント $\boldsymbol{p}$**，**磁気 2 重極モーメント $\boldsymbol{m}$** の空間平均として定義される：

$$\boldsymbol{P} = \langle \boldsymbol{p} \rangle, \quad \boldsymbol{M} = \langle \boldsymbol{m} \rangle. \tag{2.24}$$

等方性の物質では $\boldsymbol{P}$ は $\hat{\boldsymbol{E}}$ に，$\boldsymbol{M}$ は $\hat{\boldsymbol{H}}$ に平行であるから

$$\boldsymbol{P} = \varepsilon_0 \chi_e \hat{\boldsymbol{E}}, \quad \boldsymbol{M} = \mu_0 \chi_m \hat{\boldsymbol{H}} \tag{2.25}$$

とおくことができる．χ_e, χ_m はそれぞれ **電気感受率**，**磁化率** である．このとき，(2.22), (2.23) は

$$\hat{\boldsymbol{D}} = \varepsilon \hat{\boldsymbol{E}}, \quad \varepsilon = \varepsilon_0 (1 + \chi_e), \tag{2.26}$$

$$\hat{\boldsymbol{B}} = \mu \hat{\boldsymbol{H}}, \quad \mu = \mu_0 (1 + \chi_m) \tag{2.27}$$

と書き表わされる．ε, μ がそれぞれ物質の **誘電率**，**透磁率** である．結晶など非等方性の物質では χ_e, χ_m はテンソル量となり，したがって，ε, μ もテンソル量となる．

けっきょく，真空中の電磁場の基本法則から出発して，物質中の電磁場の基本法則および一連の基礎方程式が組織的に導かれ，しかも形式的に真空に対するものとまったく同じ形に表現されるのである．そこで，記法を簡単にするため，今後，物質に関する物理量を示す記号 ^ を省略することにする．すなわち，真空中，物質中を問わず，$\boldsymbol{D}, \boldsymbol{E}, \ldots$ は電束密度，電場，… を表わすものとする．しかし，もちろん，これらの量は物質中では平均値として定義されていることを忘れてはならないのである．

§3. 不連続面に働く電磁力

物質中の電磁場を支配する法則が真空中での法則と同じ形式に表わされると述べたが，実は‘力’に関しては不明のままに残されている．それは，‘基本法則’は力については直接なにも言明していないからである．われわれの立場では，力は基本的な量ではなくて，運動量保存の法則から導くべきものと考えるのである．真空中の電磁場について，**Ampère** の力 や **Lorentz** 力 が‘基本法則’から‘定理’として導き出されたことを思い起こしていただきたい．

物質中で働く電磁力についても，運動量保存の法則から導かなければならない．その際，Maxwell 応力の表現(2.4)が必要になるのである．

物質の内部に働く電磁力は，単位体積，単位時間あたりの電磁運動量の消滅として定義すべきものである．任意の物質についてその具体的な表式を求めることはすこしめんどうなので，簡単のために不連続面に働く電磁力についてまず考えよう．

不連続面をはさんで底面積 ΔS の薄いせんべい状の領域をとる．この領域に上面を通って流入する電磁運動量は単位時間あたり $\boldsymbol{T}_{n+}\Delta S$, 下面を通って流出する量は $\boldsymbol{T}_{n-}\Delta S$ である．ただし $\boldsymbol{T}_n$ は

$$\boldsymbol{T}_n = \boldsymbol{E}\, D_n + \boldsymbol{H}\, B_n - U\boldsymbol{n}, \tag{3.1}$$

$$U = \frac{1}{2}(\boldsymbol{E}\cdot\boldsymbol{D} + \boldsymbol{H}\cdot\boldsymbol{B}) \tag{3.2}$$

で与えられ，Maxwell 応力すなわち電磁運動量の流れを表わす．また，添字 +, − は不連続面の正, 負の側を示す．$\boldsymbol{n}$ はもちろん負の側から正の側に向う法線ベクトルである．せんべい状の領域で消滅する電磁運動量は，けっきょく，単位時間あたり $\{\boldsymbol{T}_n\}_\pm\Delta S$ となる．ここで

$$\{\boldsymbol{T}_n\}_\pm \equiv \boldsymbol{T}_{n+} - \boldsymbol{T}_{n-} \tag{3.3}$$

である．したがって，(3.3)は不連続面の単位面積あたりで消滅する電磁運動量を表わす．運動量保存の法則により，これはなにか他のかたちの運動量に変換しなければならない．これがすなわち不連続面に働く電磁力である．

(3.1)，(3.2)から明らかなように，Maxwell 応力は電場による部分と磁場による部分に分離できる．以下に種々のばあいについて考えよう．

（i）　**導体の表面に働く電気力**　誘電率 ε の誘電体に導体が接しているとする．導体の表面は不連続面である．導体の側を負，誘電体の側を正とすると，$\boldsymbol{E}_{-}=0$，$\boldsymbol{D}_{-}=0$．したがって，(3.1)，(3.2)，(3.3)により

$$\{\boldsymbol{T}_n\}_{\pm}=\boldsymbol{E}\,D_n-\frac{1}{2}(\boldsymbol{E}\cdot\boldsymbol{D})\boldsymbol{n}. \tag{3.4}$$

ただし，添字 + は省略する．ところが，(2.19)，(2.20)により，

$$D_n=\{D_n\}_{\pm}=\sigma,$$
$$\boldsymbol{E}_t=\{\boldsymbol{E}_t\}_{\pm}=0.$$
$$\therefore\quad \boldsymbol{E}=E_n\,\boldsymbol{n}=\frac{\sigma}{\varepsilon}\boldsymbol{n}. \tag{3.5}$$

これを(3.4)に代入すると

$$\{\boldsymbol{T}_n\}_{\pm}=\frac{\sigma^2}{2\varepsilon}\boldsymbol{n} \tag{3.6}$$

が得られる．すなわち，導体の表面には電荷面密度 σ の 2 乗に比例する張力が外向きに働くのである．なお，(3.5)は，電場が導体表面に直角であることを示している．

（ii）　**誘電体の境界面に働く電気力**　誘電率の異なる 2 つの誘電体が接しているばあいを考える．境界面には電荷分布は存在しないものとする．(2.19)，(2.20)により

$$\{D_n\}_{\pm}=0,\quad \{\boldsymbol{E}_t\}_{\pm}=0$$

であるから，D_n，$\boldsymbol{E}_t$ は不連続面を通して連続である．これを考慮して

$$\boldsymbol{E}=E_n\,\boldsymbol{n}+\boldsymbol{E}_t=\frac{D_n}{\varepsilon}\boldsymbol{n}+\boldsymbol{E}_t,$$
$$\boldsymbol{D}=D_n\,\boldsymbol{n}+\boldsymbol{D}_t=D_n\,\boldsymbol{n}+\varepsilon\boldsymbol{E}_t$$

と書き表わすと，

$$\begin{aligned}\{\boldsymbol{T}_n\}_{\pm}&=\{\boldsymbol{E}\,D_n\}_{\pm}-\frac{1}{2}\{\boldsymbol{E}\cdot\boldsymbol{D}\}_{\pm}\boldsymbol{n}\\&=\left\{\frac{{D_n}^2}{\varepsilon}\boldsymbol{n}+\boldsymbol{E}_t\,D_n\right\}_{\pm}-\frac{1}{2}\left\{\frac{{D_n}^2}{\varepsilon}+\varepsilon{E_t}^2\right\}_{\pm}\boldsymbol{n}\\&=\frac{1}{2}\left[\left\{\frac{1}{\varepsilon}\right\}_{\pm}{D_n}^2-\{\varepsilon\}_{\pm}{E_t}^2\right]\boldsymbol{n}\end{aligned}$$

となる．$\{\varepsilon\}_{\pm}=\varepsilon_{+}-\varepsilon_{-}$，$\{1/\varepsilon\}_{\pm}=-(\varepsilon_{+}-\varepsilon_{-})/\varepsilon_{+}\varepsilon_{-}$ を代入すれば，けっきょく

$$\{\boldsymbol{T}_n\}_\pm = -\frac{1}{2}(\varepsilon_+ - \varepsilon_-)\left\{\frac{D_n{}^2}{\varepsilon_+\varepsilon_-} + E_t{}^2\right\}\boldsymbol{n} \tag{3.7}$$

が得られる．すなわち，境界面には直角方向に張力が働く．張力は，誘電率の大きい方から小さい方に向かう．

(iii)　磁性体の境界面に働く磁気力　透磁率の異なる 2 つの磁性体の境界面に面電流が流れていないばあいには，境界面に働く磁気力は誘電体のばあいとまったく同じように計算できる．すなわち，(3.7) に対応して

$$\{\boldsymbol{T}_n\}_\pm = -\frac{1}{2}(\mu_+ - \mu_-)\left\{\frac{B_n{}^2}{\mu_+\mu_-} + H_t{}^2\right\}\boldsymbol{n} \tag{3.8}$$

が得られる．したがって，透磁率の大きい磁性体が小さい方へ引っぱられるような張力が働くのである．

(iv)　一般のばあい　不連続面に面電荷や面電流が分布しているばあいは計算がすこしめんどうである．しかし計算の方針はこれまでと相違はない．ただ，つぎの点に注意する．一般に，第 4 章の (7.8)〜(7.10) で示したように，量 A の不連続面を通しての‘とび’と‘平均’をそれぞれ

$$\{A\} \equiv A_+ - A_-,\quad \langle A\rangle \equiv \frac{1}{2}(A_+ + A_-)$$

で表わすと，

$$A_\pm = \langle A\rangle \pm \frac{1}{2}\{A\},$$
$$\{AB\} = \{A\}\langle B\rangle + \langle A\rangle\{B\},$$
$$\{A\}\langle B\rangle - \langle A\rangle\{B\} = A_+B_- - A_-B_+$$

の関係が成り立つ．これらと (2.19)，(2.20)，(2.21) とを使って計算すると，電場について

$$\begin{aligned}\{\boldsymbol{T}_n\}_\pm &= \sigma\langle\boldsymbol{E}\rangle + (1/2)(\{\boldsymbol{E}\}\cdot\langle\boldsymbol{D}\rangle - \langle\boldsymbol{E}\rangle\cdot\{\boldsymbol{D}\})\boldsymbol{n}\\ &= \sigma\langle\boldsymbol{E}\rangle + (1/2)(\boldsymbol{E}_+\cdot\boldsymbol{D}_- - \boldsymbol{E}_-\cdot\boldsymbol{D}_+)\boldsymbol{n}\\ &= \sigma\langle\boldsymbol{E}\rangle + (1/2)(\boldsymbol{E}_+\cdot\boldsymbol{P}_- - \boldsymbol{E}_-\cdot\boldsymbol{P}_+)\boldsymbol{n}\\ &= \sigma\langle\boldsymbol{E}\rangle + (1/2)(\boldsymbol{E}_+\cdot\boldsymbol{P}'_-)\boldsymbol{n}\end{aligned} \tag{3.9}$$

が得られる．また，磁場については

$$\begin{aligned}\{\boldsymbol{T}_n\}_\pm &= \boldsymbol{J}_s\times\langle\boldsymbol{B}\rangle + (1/2)(\{\boldsymbol{H}\}\cdot\langle\boldsymbol{B}\rangle - \langle\boldsymbol{H}\rangle\cdot\{\boldsymbol{B}\})\boldsymbol{n}\\ &= \boldsymbol{J}_s\times\langle\boldsymbol{B}\rangle + (1/2)(\boldsymbol{H}_+\cdot\boldsymbol{B}_- - \boldsymbol{H}_-\cdot\boldsymbol{B}_+)\boldsymbol{n}\\ &= \boldsymbol{J}_s\times\langle\boldsymbol{B}\rangle + (1/2)(\boldsymbol{H}_+\cdot\boldsymbol{M}_- - \boldsymbol{H}_-\cdot\boldsymbol{M}_+)\boldsymbol{n}\end{aligned}$$

$$= \boldsymbol{J}_s \times \langle \boldsymbol{B} \rangle + (1/2)(\boldsymbol{H}_+ \cdot \boldsymbol{M}'_-)\boldsymbol{n} \tag{3.10}$$

が成り立つ．ただし，$\boldsymbol{P}'$，$\boldsymbol{M}'$ はそれぞれ

$$\boldsymbol{D} = \varepsilon_+ \boldsymbol{E} + \boldsymbol{P}', \quad \boldsymbol{B} = \mu_+ \boldsymbol{H} + \boldsymbol{M}' \tag{3.11}$$

で定義され，＋側の媒質に対する－側の媒質の‘相対的’な電(磁)気分極を表わす．

(3.9), (3.10)の第1項はそれぞれ電荷および電流に働く力として期待どおりの形をしている．また，第2項はいずれも不連続面に直角の方向に働く力を表わすことが注目される．

(v)　面電荷と面電流に働く電磁力　1つの誘電体あるいは磁性体の内部に面電荷や面電流が存在するばあいには，上の(3.9), (3.10)の式で $\varepsilon_+ = \varepsilon_- = \varepsilon$, $\mu_+ = \mu_- = \mu$ とおけばよい．このばあい

$$\boldsymbol{E}_+ \cdot \boldsymbol{D}_- - \boldsymbol{E}_- \cdot \boldsymbol{D}_+ = \varepsilon(\boldsymbol{E}_+ \cdot \boldsymbol{E}_- - \boldsymbol{E}_- \cdot \boldsymbol{E}_+) = 0,$$
$$\boldsymbol{H}_+ \cdot \boldsymbol{B}_- - \boldsymbol{H}_- \cdot \boldsymbol{B}_+ = \mu(\boldsymbol{H}_+ \cdot \boldsymbol{H}_- - \boldsymbol{H}_- \cdot \boldsymbol{H}_+) = 0$$

となるから，(3.9), (3.10)は

$$\{\boldsymbol{T}_n\}_\pm = \sigma \langle \boldsymbol{E} \rangle, \tag{3.12}$$

$$\{\boldsymbol{T}_n\}_\pm = \boldsymbol{J}_s \times \langle \boldsymbol{B} \rangle \tag{3.13}$$

となる．すなわち予想どおりの結果である．

§4.　一様な誘電率と透磁率をもつ物質に働く電磁力

§2のおわりの方で述べたように，物質中の電磁場を支配する基礎法則，したがってそれを数式的に表現する基礎方程式は‘形式的’に真空に対するものと同じである．ただ，新しい物理量として $\boldsymbol{P}$ と $\boldsymbol{M}$ がつけ加っているだけである．しかし，(2.26), (2.27)のように物質の誘電率 ε と透磁率 μ を定義すれば，表面的にはあらゆる点で同等性が成り立つことになる．つまり，真空の誘電率 ε_0 と透磁率 μ_0 のかわりに ε, μ を使えばよいのである．そこで，一様な誘電率と透磁率をもつ物質中の電磁場について考えるばあいには，真空中の電磁場についての知識をそのまま使えばよいことになる．(ε, μ が空間的•時間的に変化するばあいには grad ε, $\partial\varepsilon/\partial t$, ...などを考慮しなければならないことがあるから注意を要する!　これについては後章で述べる.)

さて，単位体積，単位時間あたりの電磁運動量の消滅は，(3.7.6)により

$$\boldsymbol{f} = \rho \boldsymbol{E} + \boldsymbol{J} \times \boldsymbol{B} \tag{4.1}$$

で与えられる．これがすなわち，物質の単位体積あたりに働く‘電磁力’である．ε, μ の値にかかわらず，真空のばあいとまったく同じ形をしていることに注意してほしい．とくに，電荷も電流もないばあいには，電磁力は働かない．それでは，ε や μ が一定の物体を電場なり磁場なりの中におくとき，物体にはまったく電磁力は働かないのだろうか？ 実は，このばあい物体の表面は不連続面であるから，それに対して電磁力が働くのである．その結果，物体は全体として力を受けるほか，物体の内部には弾性的な応力が生ずる．これについて詳しくは後で述べる．

§5. 静 電 気 学

定常，すなわち時間的に変化しない電磁場では，(2.7),(2.17),(2.22)は

$$\operatorname{div} \boldsymbol{D} = \rho, \tag{5.1}$$

$$\operatorname{rot} \boldsymbol{E} = 0, \tag{5.2}$$

$$\boldsymbol{D} = \varepsilon_0 \boldsymbol{E} + \boldsymbol{P} \tag{5.3}$$

となり，電場に関する量だけを関係づける方程式が得られる．このような電場を **静電場** という．とくに真空中の静電場では，$\boldsymbol{P} = 0$，したがって $\boldsymbol{D} = \varepsilon_0 \boldsymbol{E}$ であるから，(5.1)は

$$\operatorname{div}(\varepsilon_0 \boldsymbol{E}) = \rho \tag{5.4}$$

となり，静電場に関する事柄はすべて電場 $\boldsymbol{E}$ と電荷密度 ρ とを結ぶ関係式(5.2),(5.4)に帰着される．

ところが，物質中の静電場も，‘形式的’に真空中の静電場と同じ形に表現することができるのである．実際，(5.3)を使って(5.1)から $\boldsymbol{D}$ を消去すると，

$$\operatorname{div}(\varepsilon_0 \boldsymbol{E}) = \rho_f = \rho + \rho_p, \tag{5.5}$$

$$\rho_p = -\operatorname{div} \boldsymbol{P} \tag{5.6}$$

が得られる．$\rho_f = \rho + \rho_p$ をかりに‘電荷密度’とみなせば(5.5)は(5.4)と同じ形になるので，物質中の電場 $\boldsymbol{E}$ と‘電荷密度’の関係が真空のばあいとまったく同じになるのである．この意味で ρ_f は **見掛け電荷(密度)** あるいは **等価電荷(密度)** とよぶべきものである．(しかし，ρ_f はふつう **自由電荷(密度)** とよばれている．‘自由電子’とまぎらわしいので，注意する必要がある．) ρ_p は電気分極によるものであるから，**分極電荷(密度)** とよばれる．これに対

して ρ は **真電荷(密度)** とよばれる．

さて，(5.2)は，スカラー関数 $\phi(\boldsymbol{r})$ を使えば

$$\boldsymbol{E} = -\operatorname{grad}\phi \tag{5.7}$$

によって恒等的に満足される．ϕ は **静電ポテンシャル** とよばれる．(5.7)を(5.5)に代入すれば

$$\Delta\phi = -\frac{\rho_f}{\varepsilon_0}, \quad \Delta \equiv \frac{\partial^2}{\partial x^2} + \frac{\partial^2}{\partial y^2} + \frac{\partial^2}{\partial z^2} \tag{5.8}$$

が得られる．これがいわゆる **Poisson の方程式** である．このように，静電場は，真空中，物質中を問わず，数学的には Poisson の方程式によって記述されるのである．

§6. 静 磁 気 学

定常な電磁場では，(2.10), (2.18), (2.23)は

$$\operatorname{div}\boldsymbol{B} = 0 \tag{6.1}$$

$$\operatorname{rot}\boldsymbol{H} = \boldsymbol{J}, \tag{6.2}$$

$$\boldsymbol{B} = \mu_0\boldsymbol{H} + \boldsymbol{M} \tag{6.3}$$

となり，磁場に関する量だけで方程式が閉じる．ただし，‘定常’な電流密度 $\boldsymbol{J}$ は磁場を生み出すものとして，磁場に関連する物理量のうちに数える．このような磁場を **静磁場** という．このばあいにも，物質中の磁場を真空中の磁場になぞらえることができる．それには 2 通りの方法がある．

(i) 磁場を $\boldsymbol{H}$ で表わす方式 物質中の磁場を表わす物理量としては一般に $\boldsymbol{B}$，$\boldsymbol{H}$ の 2 つが考えられるが，個々の物質については，その物質に特有の $\boldsymbol{M}$ によって $\boldsymbol{B}$，$\boldsymbol{H}$ はたがいに関係づけられている．そこで，まず，$\boldsymbol{B}$ を消去すればどうなるかを考えよう．

(6.3)を使えば，(6.1)は

$$\operatorname{div}(\mu_0\boldsymbol{H}) = \rho_m, \tag{6.4}$$

$$\rho_m = -\operatorname{div}\boldsymbol{M} \tag{6.5}$$

の形に表わされる．これを(5.5), (5.6)と比較すると，$\boldsymbol{E}\to\boldsymbol{H}$，$\varepsilon_0\to\mu_0$，$\boldsymbol{P}\to\boldsymbol{M}$，$\rho_f\to\rho_m$ のおきかえによって，電場の方程式から磁場の方程式が得られることがわかる．とくに電流が存在しないばあいには，(6.2)は

$$\mathrm{rot}\, \boldsymbol{H} = 0 \tag{6.6}$$

となり，静電場に対する(5.2)式と同じ形になる．したがって $\boldsymbol{H}$ は

$$\boldsymbol{H} = -\,\mathrm{grad}\, \phi_m \tag{6.7}$$

のように表わされる．ϕ_m は **静磁ポテンシャル** とよばれる．こうして，電流が流れていない場所の静磁場は，真空中の静電場とまったく同様にふるまうことがわかる．その際 ρ_m は(磁場に対する)電荷密度の働きをするので，**磁荷密度** とよぶことにする．(正しくは，ρ_p に対応して **分極磁荷密度** とよぶべきであるが，**真磁荷** なるものは存在しないので，簡単に‘磁荷’といってもよいだろう．)

(5.8)に対応して，ϕ_m を支配する方程式は

$$\Delta \phi_m = -\frac{\rho_m}{\mu_0} \tag{6.8}$$

である．

（ii） **磁場を $\boldsymbol{B}$ で表わす方式**　つぎに，(6.3)を使って $\boldsymbol{H}$ を消去すれば，(6.2)は

$$\mathrm{rot}(\boldsymbol{B}/\mu_0) = \boldsymbol{J}_f = \boldsymbol{J} + \boldsymbol{J}_m, \tag{6.9}$$

$$\boldsymbol{J}_m = (1/\mu_0)\,\mathrm{rot}\, \boldsymbol{M} \tag{6.10}$$

となる．真空中では $\boldsymbol{M} = 0$，したがって $\boldsymbol{J}_m = 0$ であるから，$\boldsymbol{J}_f = \boldsymbol{J}$ となる．それゆえ，磁場を $\boldsymbol{B}$ で表わす方式では，物質中の磁場は真空中と同じ形(ただし $\boldsymbol{J}$ のかわりに $\boldsymbol{J}_f = \boldsymbol{J} + \boldsymbol{J}_m$ を使う)に表わされる．$\boldsymbol{J}_m$ は **磁化電流密度** とよばれる．$\boldsymbol{J}$ は **真電流密度** である．($\boldsymbol{J}_f$ は‘見掛け電流’あるいは‘等価電流’とよぶべきものであるが，$\boldsymbol{J}_m$ のことを‘等価電流’とよぶことがあるので，混乱を避けるために，ここではとくに命名しないことにする．)

さて，(6.1)は，ベクトル関数 $\boldsymbol{A}(\boldsymbol{r})$ を使えば，

$$\boldsymbol{B} = \mathrm{rot}\, \boldsymbol{A} \tag{6.11}$$

によって恒等的に満足される．$\boldsymbol{A}$ はいわゆる **ベクトル・ポテンシャル** である．

$$\mathrm{rot}\,(\mathrm{rot}\, \boldsymbol{A}) = \mathrm{grad}\,(\mathrm{div}\, \boldsymbol{A}) - \Delta \boldsymbol{A}$$

という恒等式と副条件 $\mathrm{div}\, \boldsymbol{A} = 0$ を使えば，(6.11)を(6.9)に代入することによって

$$\Delta \boldsymbol{A} = -\mu_0 \boldsymbol{J}_f \tag{6.12}$$

が得られる．これは静磁ポテンシャル ϕ_m に対する(6.8)式に対応するものである．

上に説明した静磁場のとり扱い方はそれぞれ **$\boldsymbol{H}$ 方式**，**$\boldsymbol{B}$ 方式** とよぶことができるだろう．いずれの方式によるにせよ，最終的には(6.3)の関係式によって，$\boldsymbol{H}$ 方式では $\boldsymbol{B}$ を，また $\boldsymbol{B}$ 方式では $\boldsymbol{H}$ を求めなければならない．もちろん，どちらの方式を使っても，結果は同じである．

§7.　分極電(磁)荷と磁化電流の面密度

電場については分極電荷，磁場については分極磁荷($\boldsymbol{H}$ 方式)あるいは磁化電流($\boldsymbol{B}$ 方式)を導入することによって，物質中の静電磁場を真空中の静電磁場に帰着させることができた．これらの体積密度 $\rho_p, \rho_m, \boldsymbol{J}_m$ は，それぞれ div $\boldsymbol{P}$，div $\boldsymbol{M}$，rot $\boldsymbol{M}$ のような場所についての微分演算によって定義されるので，不連続面には適用できない．そのようなばあいには，‘面密度’が現われるだろう．これらはつぎのように求められる．

不連続面での条件(2.19)の第1式に $\boldsymbol{D} = \varepsilon_0\boldsymbol{E} + \boldsymbol{P}$ を代入すると

$$\{\varepsilon_0 E_n\}_\pm = \sigma_f = \sigma + \sigma_p, \tag{7.1}$$

$$\sigma_p = -\{P_n\}_\pm \tag{7.2}$$

が得られる．これは体積密度に対する(5.5)，(5.6)に対応するものである．σ_f は **等価電荷の面密度**，σ_p は **分極電荷の面密度** である．同様に，(2.19)の第2式と $\boldsymbol{B} = \mu_0\boldsymbol{H} + \boldsymbol{M}$ の関係を使って

$$\{\mu_0 H_n\}_\pm = \sigma_m, \tag{7.3}$$

$$\sigma_m = -\{M_n\}_\pm \tag{7.4}$$

が得られる．これらは(6.4)，(6.5)に対応する．σ_m は**(分極)磁荷の面密度**である．また，(2.21)，(2.20)の第2式に $\boldsymbol{H} = (\boldsymbol{B} - \boldsymbol{M})/\mu_0$ を代入して変形すれば，

$$\{\boldsymbol{B}\times\boldsymbol{n}\}_\pm = -\mu_0 \boldsymbol{J}_{fs}, \tag{7.5}$$

$$\{\boldsymbol{B}_t\}_\pm = \mu_0 \boldsymbol{J}_{fs}\times\boldsymbol{n}, \tag{7.6}$$

$$\boldsymbol{J}_{fs} = \boldsymbol{J}_s + \boldsymbol{J}_{ms}, \tag{7.7}$$

$$\mu_0 \boldsymbol{J}_{ms} = \{\boldsymbol{M}_t\}_\pm = -\{\boldsymbol{M}\}_\pm\times\boldsymbol{n} \tag{7.8}$$

が得られる．(7.5), (7.6), (7.7)は(6.9)に対応する．また，(7.8)は(6.10)に対応する．そして $\boldsymbol{J}_{ms}$ は **磁化電流の面密度** を表わすのである．

とくに，真空中に物体がおかれているばあいには，$\boldsymbol{P}_+ = 0, \boldsymbol{M}_+ = 0$；$\boldsymbol{P}_- = \boldsymbol{P}$, $\boldsymbol{M}_- = \boldsymbol{M}$ とおけばよい．ただし，$\boldsymbol{P}, \boldsymbol{M}$ は電気分極および磁気分極の物体表面における値である．このばあい，(7.2), (7.4), (7.8)はそれぞれ

$$\sigma_p = P_n, \tag{7.9}$$

$$\sigma_m = M_n, \tag{7.10}$$

$$\mu_0 \boldsymbol{J}_{ms} = -\boldsymbol{M}_t = \boldsymbol{M} \times \boldsymbol{n} \tag{7.11}$$

となる．

§8. 分極電(磁)荷や磁化電流に電磁力は働くか？

物質中の静電場は，分極電荷という仮想的な電荷を導入することによって，真空中の静電場に還元して考えることができる．しかし，注意しなければならないのは，分極電荷が直接に与えるものは電場 $\boldsymbol{E}$ だけであるということである．電束密度 $\boldsymbol{D}$ は，$\boldsymbol{D} = \varepsilon_0 \boldsymbol{E} + \boldsymbol{P}$ の関係を使って $\boldsymbol{E}$ から計算しなければならない．これに対して真電荷は $\boldsymbol{E}$ と $\boldsymbol{D}$ の場を同時に与えるのである．同様の事情は，(分極)磁荷，磁化電流についても成り立つ．これを標語的にいい表わしておこう．

“分極電荷が直接与えるのは電場 $\boldsymbol{E}$ である”

“(分極)磁荷が直接与えるのは磁場 $\boldsymbol{H}$ である”

“磁化電流が直接与えるのは磁束密度 $\boldsymbol{B}$ である”

静磁場を扱う際に磁荷について云々するとすれば，それは $\boldsymbol{H}$ 方式を採用していることを意味し，磁化電流について考えるとすれば，それは $\boldsymbol{B}$ 方式を採用していることになる．したがって，磁荷と磁化電流が **同時に** 存在するように考えてはいけない．たとえば，軸方向に磁気分極 $\boldsymbol{M}$ で一様に帯磁した円柱状の永久磁石について考える．$\boldsymbol{H}$ 方式では，磁石の両端に正負の磁荷 $\pm M$ の一様な面分布が現われ，それによって全空間の磁場 $\boldsymbol{H}$ が決定されると考えればよい．$\boldsymbol{B}$ 方式では，磁石の側面に一様面分布の環状電流 $J_{ms} = M$ が(あたかも円筒コイルのように)流れているとして，全空間の磁束密度 $\boldsymbol{B}$ が決定される．(全空間の $\boldsymbol{H}$ と $\boldsymbol{B}$ を求めるには，もちろん，$\boldsymbol{H}$ 方式と $\boldsymbol{B}$ 方式の

両方の計算をする必要はない．$\boldsymbol{B} = \mu_0\boldsymbol{H} + \boldsymbol{M}$ の関係によって，一方がわかれば他方はただちに求まる．）しかし，磁石の両端に正負の磁荷，側面には環状の磁化電流が **同時に** 存在すると考えてはならない．

さて，上の磁石の例で，両端に現われる正負の磁荷にはどんな力が働くだろうか？ “電荷のばあいから類推して，正負の磁荷には引力が働くだろう．したがって，磁石の内部には軸方向の圧力が生ずるだろう．” こう考えるのは **正しくない！** 実際，磁石の両端は不連続面であるから，(3.10)式が適用できる．(磁石の内部を負の側，外部を正の側とすると，$\boldsymbol{M}_- = \boldsymbol{M}$，$\boldsymbol{M}_+ = 0$ となる．）その結果，磁石の両端の面は外向きにひっぱられることがわかる．つまり，(分極)磁荷には電荷と同様の力が働くと安易に想像してはならないのである．

一般につぎの事実が成り立つことを銘記すべきである．

“分極電荷，磁荷，磁化電流はそれぞれ $\boldsymbol{E}, \boldsymbol{H}, \boldsymbol{B}$ を正しく表現する．
しかし電磁力に関しては，真電荷，真電流との類推は成り立たない．”

Q　そうだとすると，“磁荷の間に距離の 2 乗に逆比例する力が働く” という Coulomb の法則は無意味だということになりませんか？

A　“磁荷からの距離の 2 乗に逆比例する磁場 $\boldsymbol{H}$ を生み出す” というように表現すれば Coulomb の法則は成り立ちます．しかし，“その磁場 $\boldsymbol{H}$ の中におかれた磁荷 q_m には $q_m\boldsymbol{H}$ の力が働く” と考えるのはまちがいです．

Q　それでは，磁針が磁場から受ける力はどのように解釈されるのですか？

A　個々の磁荷に働く磁気力というのは無意味な概念です．しかし，磁場の中におかれた磁性体に全体として働く力，すなわち合力とモーメントは，その磁性体に分布する磁荷 q_m に，**あたかも** その点での磁場 $\boldsymbol{H}$ が $q_m\boldsymbol{H}$ の磁気力を及ぼす **かのように** 考えて計算することができます．磁針に働く磁気力は，正負の磁荷に働く力の合力とそのモーメントとしてのみ意味をもつのです．この点については後でくわしく説明します．

§9.　電磁運動量の消滅

物体に‘電磁力’が働くというのはどういうことだろうか？ 物体に力が働くというのは，物体が運動量をもらうことである．その運動量が電磁場から支給されるばあいに，われわれは‘電磁力’が働くというのである．つまり，

‘電磁力’は電磁運動量の消滅として定義されるべきものである.

さて，空間に固定した任意の閉曲面Sの内部の領域Vに含まれる電磁運動量の時間的変化を考えよう. 領域Vには物質が含まれているとする. いま

$$\tilde{\boldsymbol{f}} = \iint_S \boldsymbol{T}_n \, dS - \frac{\partial}{\partial t}\iiint_V \boldsymbol{g} \, dV \tag{9.1}$$

を考える. $\boldsymbol{T}_n = T_{ik}n_k$ である. T_{ik} は **Maxwell 応力**，$\boldsymbol{g}$ は **電磁運動量密度**であって，それぞれ

$$T_{ik} = E_i D_k + H_i B_k - U^{(em)}\delta_{ik}, \tag{9.2}$$

$$U^{(em)} = (1/2)\,(\boldsymbol{E}\cdot\boldsymbol{D} + \boldsymbol{H}\cdot\boldsymbol{B}), \tag{9.3}$$

$$\boldsymbol{g} = \boldsymbol{D}\times\boldsymbol{B} \tag{9.4}$$

で与えられる. $U^{(em)}$ は **電磁エネルギー密度** である. また，$\boldsymbol{E}$ は電場，$\boldsymbol{H}$ は磁場，$\boldsymbol{D}$ は電束密度，$\boldsymbol{B}$ は磁束密度である.

(9.1)の右辺第1項は閉曲面Sを通って流入する電磁運動量，第2項 $\partial/\partial t\cdots$ は領域Vに貯えられる電磁運動量の増加を表わす. すなわち(9.1)の右辺は，Vに流入した電磁運動量のうち，そのままVに貯えられるものをさしひいた分を表わしている. つまり，これだけの電磁運動量がVの内部で単位時間あたりに消滅していることになる.

(9.1)の右辺第1項は，Greenの公式により，体積積分で表わすことができる：

$$\iint_S \boldsymbol{T}_n \, dS = \iint_S T_{ik}n_k dS$$
$$= \iiint_V \frac{\partial T_{ik}}{\partial x_k} dV.$$

したがって，(9.1)は

$$\tilde{\boldsymbol{f}} = \iiint_V \boldsymbol{f}^{(em)} dV \tag{9.5}$$

の形に書き表わされる. ただし

$$\boldsymbol{f}^{(em)} = \frac{\partial T_{ik}}{\partial x_k} - \frac{\partial \boldsymbol{g}}{\partial t} \tag{9.6}$$

である.

(9.2), (9.3), (9.4)を代入して(9.6)の具体的な形を求めよう. 簡単のために $\partial_i \equiv \partial/\partial x_i$, $\dot{} \equiv \partial/\partial t$ のような略記号を使う.

$$
\begin{aligned}
\partial_k T_{ik} &= \partial_k(E_i D_k + H_i B_k - U^{(em)}\delta_{ik}) \\
&= E_i\partial_k D_k + D_k\partial_k E_i + H_i\partial_k B_k + B_k\partial_k H_i - \partial_i U^{(em)} \\
&= \rho E_i + D_k(\partial_k E_i - \partial_i E_k) + D_k\partial_i E_k \\
&\qquad + B_k(\partial_k H_i - \partial_i H_k) + B_k\partial_i H_k - \partial_i U^{(em)}.
\end{aligned}
$$

ただし，Maxwell の方程式：

$$\mathrm{div}\,\boldsymbol{D} = \rho, \quad \mathrm{div}\,\boldsymbol{B} = 0 \tag{9.7}$$

を使った．さらに，ベクトルの公式：

$$
\begin{aligned}
D_k(\partial_k E_i - \partial_i E_k) &= -\boldsymbol{D}\times \mathrm{rot}\,\boldsymbol{E}, \\
B_k(\partial_k H_i - \partial_i H_k) &= -\boldsymbol{B}\times \mathrm{rot}\,\boldsymbol{H}
\end{aligned}
$$

と Maxwell の方程式：

$$\mathrm{rot}\,\boldsymbol{E} + \frac{\partial \boldsymbol{B}}{\partial t} = 0, \quad \mathrm{rot}\,\boldsymbol{H} - \frac{\partial \boldsymbol{D}}{\partial t} = \boldsymbol{J} \tag{9.8}$$

を使うと，

$$
\begin{aligned}
\partial_k T_{ik} &= \rho\boldsymbol{E} + \boldsymbol{J}\times\boldsymbol{B} + \boldsymbol{D}\times\dot{\boldsymbol{B}} + \dot{\boldsymbol{D}}\times\boldsymbol{B} \\
&\qquad + D_k\partial_i E_k + B_k\partial_i H_k - \partial_i U^{(em)}
\end{aligned} \tag{9.9}
$$

が得られる．$\boldsymbol{g} = \boldsymbol{D}\times\boldsymbol{B}$ と(9.9)とを(9.6)に代入すれば，けっきょく

$$\boldsymbol{f}^{(em)} = \rho\boldsymbol{E} + \boldsymbol{J}\times\boldsymbol{B} + D_k\partial_i E_k + B_k\partial_i H_k - \partial_i U^{(em)} \tag{9.10}$$

$$\qquad = \rho\boldsymbol{E} + \boldsymbol{J}\times\boldsymbol{B} - E_k\partial_i D_k - H_k\partial_i B_k + \partial_i U^{(em)} \tag{9.11}$$

となる．これが，任意の物質の単位体積あたりに働く電磁力に対する一般式である．したがって，$\boldsymbol{f}^{(em)}$ は **電磁力密度** とよぶことができるだろう．

物質の電気分極を $\boldsymbol{P}$，磁気分極を $\boldsymbol{M}$ とすれば，

$$\boldsymbol{D} = \varepsilon_0\boldsymbol{E} + \boldsymbol{P}, \quad \boldsymbol{B} = \mu_0\boldsymbol{H} + \boldsymbol{M} \tag{9.12}$$

の関係が成り立つ．これを(9.10)に代入すれば，

$$\boldsymbol{f}^{(em)} = \rho\boldsymbol{E} + \boldsymbol{J}\times\boldsymbol{B} + P_k\partial_i E_k + M_k\partial_i H_k - \partial_i U^{(pol)} \tag{9.13}$$

が得られる．ただし

$$U^{(pol)} = (1/2)\,(\boldsymbol{P}\cdot\boldsymbol{E} + \boldsymbol{M}\cdot\boldsymbol{H}) \tag{9.14}$$

である．$U^{(pol)}$ は **分極エネルギー** とも称すべきものである．真空中では $\boldsymbol{P} = 0$, $\boldsymbol{M} = 0$ であるから，(9.13)からただちに $\boldsymbol{f}^{(em)} = \rho\boldsymbol{E} + \boldsymbol{J}\times\boldsymbol{B}$ の公式が得られる(当然！)．

等方性の物質　このばあい，$\boldsymbol{P}$ は $\boldsymbol{E}$ に平行，$\boldsymbol{M}$ は $\boldsymbol{H}$ に平行であるから，$\boldsymbol{D}$ は $\boldsymbol{E}$ に平行，$\boldsymbol{B}$ は $\boldsymbol{H}$ に平行である．したがって

$$\boldsymbol{D} = \varepsilon \boldsymbol{E},\quad \boldsymbol{B} = \mu \boldsymbol{H} \tag{9.15}$$

のように表わされる．ε は誘電率，μ は透磁率である．(9.10)の右辺で

$$\begin{aligned}
&D_k \partial_i E_k + B_k \partial_i H_k - \partial_i U^{(em)} \\
&= \varepsilon E_k \partial_i E_k + \mu H_k \partial_i H_k - \partial_i U^{(em)} \\
&= \varepsilon \partial_i (E^2/2) + \mu \partial_i (H^2/2) - \partial_i \{(\varepsilon E^2 + \mu H^2)/2\} \\
&= -(1/2)(E^2 \partial_i \varepsilon + H^2 \partial_i \mu)
\end{aligned}$$

となるから，

$$\boldsymbol{f}^{(em)} = \rho \boldsymbol{E} + \boldsymbol{J} \times \boldsymbol{B} - \frac{E^2}{2} \operatorname{grad} \varepsilon - \frac{H^2}{2} \operatorname{grad} \mu \tag{9.16}$$

が得られる．これは等方性物質に対する電磁力密度の一般式である．

§10.　全運動量の保存

領域 V に含まれる電磁運動量 $\boldsymbol{g}$ は消滅することがある．しかし，ふつうの力学的な運動量をあわせた全運動量は保存されるはずである．これを具体的に数式で表わそう．

物質の密度を ρ，速度を $\boldsymbol{v}$ とすれば，単位体積あたりの運動量は $\rho \boldsymbol{v}$ である．(ここでは物質の密度を ρ としているが，電荷密度と混同することはないだろう．必要ならば，後者を ρ_e として区別すればよい．) そこで，領域 V に含まれる全運動量の変化を考えると，

$$\begin{aligned}
\frac{\partial}{\partial t} \iiint_V (\rho v_i + g_i) dV = &- \iint_S \rho v_i v_n dS + \iint_S p_{ik} n_k dS \\
&+ \iint_S T_{ik} n_k dS + \iiint_V \rho K_i dV
\end{aligned} \tag{10.1}$$

が得られる．右辺の第 1 項は閉曲面 S を通って流入する運動量，第 2 項は S に働く応力 $\boldsymbol{p}_n = p_{ik} n_k$ として注入される運動量，第 3 項は Maxwell 応力として注入される電磁運動量，第 4 項は物質に単位質量あたり $\boldsymbol{K}$ の体積力が働くことによって与えられる運動量である．(10.1)は

$$\begin{aligned}
\frac{\partial}{\partial t} \iiint_V \rho v_i dV + \iint_S \rho v_i v_n dS = &\iint_S p_{ik} n_k dS + \iiint_V \rho K_i dV \\
&+ \iint_S T_{ik} n_k dS - \frac{\partial}{\partial t} \iiint_V g_i \, dV
\end{aligned}$$

と書きかえられる．面積積分を体積積分で表わし，(9.1), (9.5)を使えば，

次ページの **N** により，

$$\iiint_V \rho \frac{Dv_i}{Dt} dV = \iiint_V \left\{ \frac{\partial p_{ik}}{\partial x_k} + \rho K_i + f_i^{(em)} \right\} dV$$

となる．この関係が任意の領域 V について成り立つことから，けっきょく

$$\rho \frac{D\boldsymbol{v}}{Dt} = \frac{\partial p_{ik}}{\partial x_k} + \rho \boldsymbol{K} + \boldsymbol{f}^{(em)} \tag{10.2}$$

が得られる．ここで

$$\frac{D\boldsymbol{v}}{Dt} = \frac{\partial \boldsymbol{v}}{\partial x} + (\boldsymbol{v}\cdot\mathrm{grad})\boldsymbol{v} \tag{10.3}$$

は物質の加速度である．

(10.2)は電磁場の中にある物体——流体でも固体でもよい——の **運動方程式** である．$\boldsymbol{f}^{(em)}$ を電磁力密度とよぶ意味が，この運動方程式から明らかであろう．物体が静止しているばあいには，(10.2)は

$$\frac{\partial p_{ik}}{\partial x_k} + \rho \boldsymbol{K} + \boldsymbol{f}^{(em)} = 0 \tag{10.4}$$

となる．これがすなわち **つりあいの方程式** である．$\boldsymbol{f}^{(em)}$ としては，(9.10)，(9.13)，あるいは(9.16)を使えばよい．

とくに ε, μ が一定で電荷や電流が存在しないばあいには，$\boldsymbol{f}^{(em)} = 0$ となるから，物体の運動やつりあいの状態はまったく電磁場の影響を受けないものとして決定される．これを定理として言明しておこう．

［定理］ 誘電率 ε と透磁率 μ が場所的に変化しない物体の運動やつりあいは，あたかも電磁場が存在しないかのようにふるまう．ただし，物体の内部に電荷や電流はないものとする．

ε, μ が一定という仮定は実際上かなり適用性が広い．たとえば ε について考えてみよう．ε は $\boldsymbol{D} = \varepsilon \boldsymbol{E}$ によって定義されているが，一般に ε は物質によって異なり，$\boldsymbol{E}$ によっても変化し得る．しかし，$\boldsymbol{E}$ があまり強くなければ，$\boldsymbol{D} \propto \boldsymbol{E}$ の比例関係が成り立つ．すなわち **線形誘電体** と考えることができる．そのばあいでも，一般に ε は物質の熱力学的状態によって変化し得る．つまり，密度 ρ，温度 T の関数である：

$$\varepsilon = \varepsilon(\rho, T). \tag{10.5}$$

したがって，均質の物質については

$$\operatorname{grad} \varepsilon = \frac{\partial \varepsilon}{\partial \rho} \operatorname{grad} \rho + \frac{\partial \varepsilon}{\partial T} \operatorname{grad} T \tag{10.6}$$

である．物質の運動が等温的におこるばあいには grad $T = 0$．固体や液体のように密度変化の小さい物質では grad $\rho \fallingdotseq 0$ と考えることができる．したがって，grad $\varepsilon = 0$ を仮定することが許される．透磁率 μ についても同様である．けっきょく，(9.16)から $\boldsymbol{f}^{(em)} = 0$ が得られるのである．

N　領域 V に含まれる質量について保存法則を考えると，

$$\frac{\partial}{\partial t} \iiint_{\mathrm{V}} \rho \, dV = - \iint_{\mathrm{S}} \rho v_n dS$$

が得られる．これを体積積分で表わすと

$$\iiint_{\mathrm{V}} \left\{ \frac{\partial \rho}{\partial t} + \frac{\partial}{\partial x_k} (\rho v_k) \right\} dV = 0$$

となる．V は任意であるから

$$\frac{\partial \rho}{\partial t} + \frac{\partial}{\partial x_k} (\rho v_k) = 0 \tag{10.7}$$

でなければならない．これがすなわち **連続の方程式** である．いま，A を任意の関数とすると

$$\frac{\partial}{\partial t} \iiint_{\mathrm{V}} \rho A dV + \iint_{\mathrm{S}} \rho A v_n dS = \iiint_{\mathrm{V}} \left\{ \frac{\partial}{\partial t} (\rho A) + \frac{\partial}{\partial x_k} (\rho A v_k) \right\} dV.$$

ところが

$$\begin{aligned} \frac{\partial}{\partial t} (\rho A) + \frac{\partial}{\partial x_k} (\rho A v_k) &= \left\{ \frac{\partial \rho}{\partial t} + \frac{\partial}{\partial x_k} (\rho v_k) \right\} A + \rho \left(\frac{\partial A}{\partial t} + v_k \frac{\partial}{\partial x_k} A \right) \\ &= \rho \frac{DA}{Dt}. \end{aligned} \tag{10.8}$$

ただし，(10.7)を考慮し，また

$$\frac{D}{Dt} \equiv \frac{\partial}{\partial t} + v_k \frac{\partial}{\partial x_k} = \frac{\partial}{\partial t} + \boldsymbol{v} \cdot \operatorname{grad} \tag{10.9}$$

と書く．D/Dt はいわゆる **Lagrange 微分** である．(10.8)を使えば，けっきょく

$$\frac{\partial}{\partial t} \iiint_{\mathrm{V}} \rho A dV + \iint_{\mathrm{S}} \rho A v_n dS = \iiint_{\mathrm{V}} \rho \frac{DA}{Dt} dV \tag{10.10}$$

の関係式が得られる．上の(10.1)式の変形には，A として速度 $\boldsymbol{v}$ を用いたものが使われている．

§11. 応 用 例

上の定理は簡単でしかも重要であるにもかかわらず．これまであまり知られていないようである．つぎにその応用例をいくつか述べよう．

例 1 誘電流体中の平行平板コンデンサー

誘電率 ε の気体または液体中に平行平板コンデンサーがおかれている(図 1)．

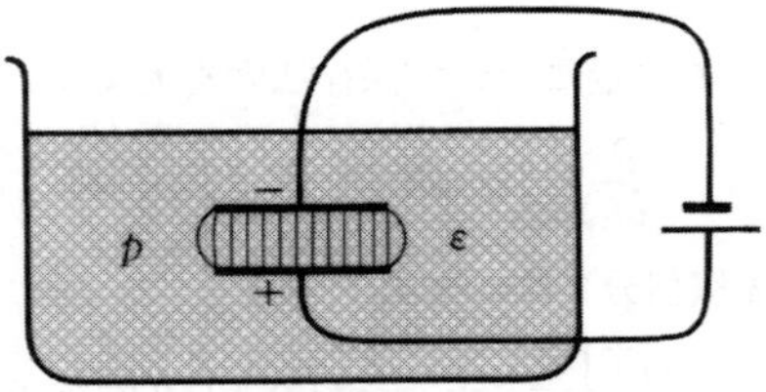

図1

極板の面積を S，極板の間隔を h とする．S が十分大きければ，極板上の電荷の面密度 $\pm\sigma$ は一様であるとしてもよい．単位面積あたり σ 本の電気力線が走っているから，電束密度は $D=\sigma$，したがって電場は $E=D/\varepsilon=\sigma/\varepsilon$ である．電気力線には 1 本あたり張力 E が働くから，極板には単位面積あたり $\sigma E=DE$ の張力が働く．さらに電磁圧 $p^{(em)}=U^{(em)}=ED/2$ が働いている．したがって，それらの合力として，極板には単位面積あたり $ED/2=\sigma^2/(2\varepsilon)$ の力が相手側の極板に向って働くことになる．これは電磁力である．

極板は流体の中に浸されているから，さらにその圧力を受けるはずである．ここで上の定理を使う．$\varepsilon=\text{const}$ とすると，流体のつりあい状態は電場がないものとして求められる．したがって，流体の圧力 p はいたるところ一定である．(ただし，重力の影響は無視する．) したがって，極板に働く圧力の合力は 0 である．けっきょく，極板間には単位面積あたり $\sigma^2/(2\varepsilon)$ の引力が働くことになる．

なお，極板の電位差 V が与えられているばあいには，$V=Eh=\sigma h/\varepsilon$ となり，$\sigma=\varepsilon V/h$ として電荷の面密度がきまる．

例 2 平行平板コンデンサーの中に誘電率 ε の固体平板を入れる(図 2 a)．

(a) 電場，極板および板に働く力，板の内部の応力を求めよ．

(b) 板を極板に接触させたときはどうなるか(図 2 b)．単に軽くのせたときと接着したときのそれぞれについて考えよ．

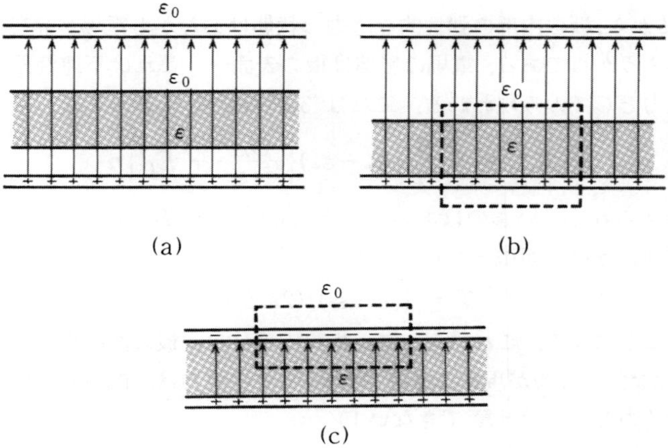

図2

(c)　誘電体の板を極板ではさんだばあいはどうか(図 2 c).

(d)　この装置全体を誘電率 ε_1 の流体中に浸せばどうなるか.

[解]　極板上の電荷の面密度を $\pm\sigma$, 極板の間隔を h, 極板の電位差を V とする.

(a)　σ を一定に保っておけば, 電気力線の本数はかわらない. したがって電束密度は $D=\sigma$ で, 真空中でも板の中でも同じである. これに応じて, 電場は, 真空中では $E=\sigma/\varepsilon_0$, 板の中では $E=\sigma/\varepsilon$ である. 電気分極 P は

$$\boldsymbol{D}=\varepsilon_0\boldsymbol{E}+\boldsymbol{P} \tag{11.1}$$

からきまる. すなわち, 板の中では $P=(\varepsilon-\varepsilon_0)E=\sigma(\varepsilon-\varepsilon_0)/\varepsilon$ である. したがって, (7.9)により, 板の上面と下面にそれぞれ面密度 σ_p, $-\sigma_p$ の **分極電荷** が現われる. ただし,

$$\sigma_p=P_n=\sigma(\varepsilon-\varepsilon_0)/\varepsilon \tag{11.2}$$

である.

極板に働く力は, 例 1 と同様に考えて, 単位面積あたり $\sigma^2/(2\varepsilon_0)$ の引力であることがわかる. あるいは, 導体の表面に働く電気力の公式(3.6):

$$\{\boldsymbol{T}_n\}_\pm=(\sigma^2/2\varepsilon)\boldsymbol{n} \tag{11.3}$$

を使ってもよい.

板に働く力は, その表面に働く Maxwell 応力の合力として求められる. 上面と下面とで電場の様子はかわらないから, Maxwell 応力は同じで, したがって合力は 0 である. すなわち, 板は全体として力を受けない. しかし, 板の内部の弾性的な応力は 0 ではない！　それを調べるには前節の定理を使えばよい. すなわち, $\varepsilon=$

一定 であるから，板の内部の弾性的な応力の状態はあたかも電場が存在しないかのようにふるまうからである．電場の影響は板の表面——これは不連続面である——に働く電気力としてのみ現われる．これは(3.7)の公式：

$$\{\boldsymbol{T}_n\}_\pm = -\frac{1}{2}(\varepsilon_+ - \varepsilon_-)\left\{\frac{D_n{}^2}{\varepsilon_+\varepsilon_-} + E_t{}^2\right\}\boldsymbol{n} \tag{11.4}$$

によって与えられる．いまのばあい，$\varepsilon_+ = \varepsilon_0,\ \varepsilon_- = \varepsilon,\ D_n = \sigma,\ E_t = 0$ であるから，板の表面には単位面積あたり

$$T = \{(\varepsilon - \varepsilon_0)/(2\varepsilon_0\varepsilon)\}\sigma^2 \tag{11.5}$$

の力が働くことになる．これによって，板の内部には，板の面に垂直な方向の，強さ T の一様な張力分布が現われるのである．(この張力は，板の表面に現われる分極電荷に働く力としては計算 **できない！**)

(**b**) まず，軽く接触させたばあいを考える．上の考察では，板と極板との間隔についてはなんら考慮する必要はないから，その結果はいまのばあいにもそのままあてはまる．つぎに，板が下の極板に接着されているばあいを考える．このばあい，板と極板にそれぞれ単独に働く力を考えることはできない．つまり，意味があるのは，板と極板とが一体として受ける力だけなのである．これを求めるには，図2bに破線で示す直方体の領域について運動量の保存を考えればよい．すなわち，板の上面に働く Maxwell 応力だけを考えるのである．(直方体の下面では電場はないから Maxwell 応力は0である！) その結果は，単位面積あたり $\sigma^2/(2\varepsilon_0)$ の力が働くことになる．これは(a)のばあいに単独の極板が受ける力と同じである．(板に働く力は0であるから，'極板＋板' に働く力が極板に働く力に等しいのは当然だとも考えられる．) 板の内部の応力の状態も(a)のばあいと同じである．

(**c**) 極板の間は誘電率 ε の誘電体で満たされている．電場の様子は(a)，(b)のばあいの板の内部とまったく同じである．極板に働く電気力も，板を極板に接着しないばあいには，前と同じで，単位面積あたり $\sigma^2/(2\varepsilon_0)$ である．しかし，電気力によってひっぱりあう2枚の極板は，その間にはさまれた誘電体の平板で支えられているから，それによって抗力を受ける．その抗力がちょうど電気力につりあうのだから，極板と平板とは単位面積あたり $\sigma^2/(2\varepsilon_0)$ の力でおしあうことになる．さて，平板の表面には，不連続面として，電気力が働いている．その大きさは(11.5)で与えられ，張力である．これと，上述の機械的な抗力(これは圧力である)とをあわせると，けっきょく平板の表面には $\sigma^2/(2\varepsilon)$ の圧力が働いていることになる．これが板の内部に伝わって，板の面に垂直な方向の，強さ $\sigma^2/(2\varepsilon)$ の一様な圧力分布を生ずるのである．このばあい，板の面に平行な平面に働く Maxwell 応力は張力 $\sigma^2/(2\varepsilon)$ であって，機械的な圧力とちょうどつりあうことに注意してほしい．極板と誘電体の

平板とを接着するばあいでも，平板の内部の応力状態は上に述べたのと同じである．(図2cに破線で示す直方体の領域について運動量の保存を考えればよい．読者にまかせる．)

(**d**) 上の諸結果で単に $\varepsilon_0 \to \varepsilon_1$ のおきかえをすればよい．

なお，極板の間隔を h，平板の厚さを a とすれば，極板間の電位差は

$$V = (\sigma/\varepsilon)a + (\sigma/\varepsilon_0)(h-a) = \sigma\{\varepsilon h - (\varepsilon - \varepsilon_0)a\}/(\varepsilon\varepsilon_0)$$

で与えられる．したがって，上の諸結果を電位差 V で表わしたいばあいには，この関係によって面密度 σ を V で表わせばよい．

例 3 図3のように，誘電率 ε の液体に平行平板コンデンサーをなかば浸すと，液面はどうなるか?

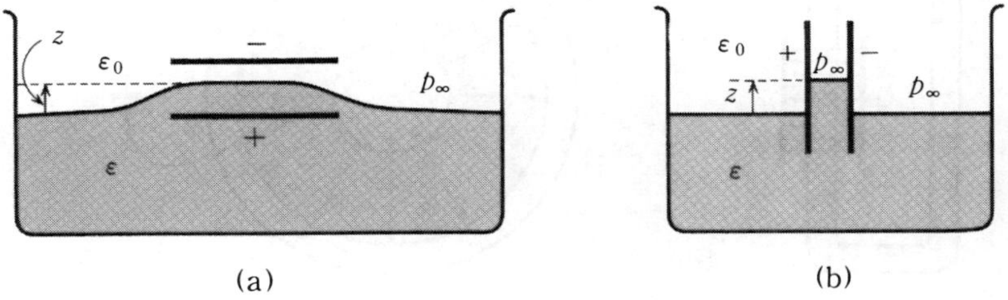

図3

［**解**］ 前節の定理により，液体のつりあいは電場のないばあいと同じであるが，ただ境界条件に違いがあることに注意しなければならない．すなわち，液面は不連続面として電気力を受けるからである．$\varepsilon > \varepsilon_0$ とすれば，その力は液面を吸い上げる向きをもつ．したがって，液面は図3a，図3bのようになる．液面の盛り上がりを定量的に求めるには(11.4)の公式を利用すればよい．まず(a)のばあい，電場は液面に垂直であるから，$\varepsilon_+ = \varepsilon_0$, $\varepsilon_- = \varepsilon$, $D_n = D$, $E_t = 0$ とおいて

$$T = \{(\varepsilon - \varepsilon_0)/(2\varepsilon_0\varepsilon)\}D^2 \tag{11.6}$$

が得られる．T は単位面積あたりの吸い上げの力である．大気圧を p_∞ とすれば，液面のすぐ下の圧力は $p_\infty - T$ となる．したがって，電場が0の場所にくらべて，液面は，

$$z = \frac{T}{\rho g} = \frac{(\varepsilon - \varepsilon_0)D^2}{2\varepsilon_0\varepsilon\rho g} \tag{11.7}$$

だけ上昇する．ρ は液体の密度，g は重力の加速度である．

(b)のばあいには電場は液面に平行であるから，(11.4)で $D_n = 0$, $E_t = E$ とお

いて

$$T = (1/2)(\varepsilon - \varepsilon_0)E^2 \tag{11.8}$$

が得られ，液面の上昇は

$$z = \frac{(\varepsilon - \varepsilon_0)E^2}{2\rho g} \tag{11.9}$$

で与えられる．

なお，図4のように，U字管に液体を入れて，一方の管の液面の近くだけに電場をかけても，液面は上昇する．そして両方の管の液面の高さの差は(11.9)で与えられる．

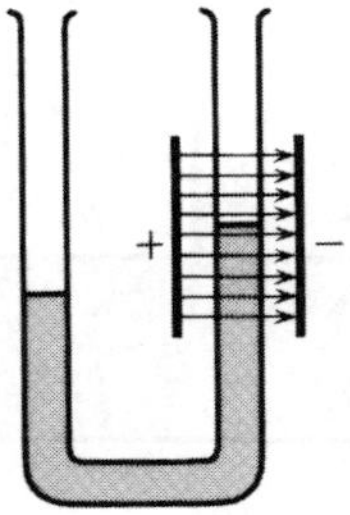

図4

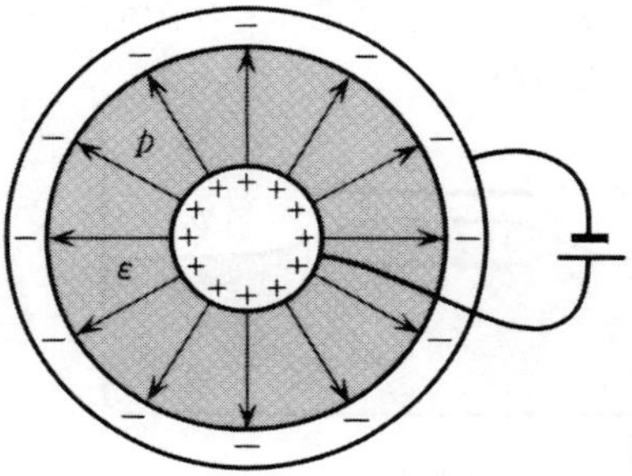

図5

例 4　図5のような同心球状のコンデンサーに誘電率 ε の流体をつめる．電場をかけたとき，流体内部の各点の圧力分布はどうなるだろうか？　中心からの距離を r とすると，電場の強さは $E \propto 1/r^2$，したがって電磁圧は $p^{(em)} = U^{(em)} = \varepsilon E^2/2 \propto 1/r^4$ のように変化する．しかし，前節の定理によれば，ふつうの力学的な圧力 p はいたるところ一定である．

§12.　電磁エネルギーの消滅

空間に固定した任意の閉曲面Sの内部の領域Vに含まれる電磁エネルギーについて考える．いま

$$\tilde{W}^{(em)} = -\iint_S S_n\, dS - \frac{\partial}{\partial t}\iiint_V U^{(em)} dV, \tag{12.1}$$

$$\boldsymbol{S} = \boldsymbol{E}\times\boldsymbol{H},\quad U^{(em)} = (1/2)(\boldsymbol{E}\cdot\boldsymbol{D} + \boldsymbol{H}\cdot\boldsymbol{B}) \tag{12.2}$$

とおくと，(12.1)の右辺の第1項はSを通って単位時間あたりに流入する電磁エネルギーを表わし，第2項はVに貯えられる電磁エネルギーの増加に費やされる分を表わす．したがって，$\tilde{W}^{(em)}$ は領域Vで消滅する電磁エネルギ

ーを表わす．例によって体積積分で表わすと

$$\tilde{W}^{(em)} = \iiint_V W^{(em)} dV, \tag{12.3}$$

$$W^{(em)} = -\operatorname{div}(\boldsymbol{E}\times\boldsymbol{H}) - (\partial/\partial t)U^{(em)} \tag{12.4}$$

となる．さて

$$\begin{aligned}\operatorname{div}(\boldsymbol{E}\times\boldsymbol{H}) &= \boldsymbol{H}\cdot\operatorname{rot}\boldsymbol{E} - \boldsymbol{E}\cdot\operatorname{rot}\boldsymbol{H}\\ &= \boldsymbol{H}\cdot(-\dot{\boldsymbol{B}}) - \boldsymbol{E}\cdot(\boldsymbol{J}+\dot{\boldsymbol{D}})\\ &= -(\boldsymbol{E}\cdot\dot{\boldsymbol{D}} + \boldsymbol{H}\cdot\dot{\boldsymbol{B}}) - \boldsymbol{J}\cdot\boldsymbol{E}.\end{aligned} \tag{12.5}$$

ただし，記号($\dot{}$)は $\partial/\partial t$ を表わす．また Maxwell の方程式(9.8)を使った．したがって(12.4)は

$$W^{(em)} = \boldsymbol{J}\cdot\boldsymbol{E} + \boldsymbol{E}\cdot\dot{\boldsymbol{D}} + \boldsymbol{H}\cdot\dot{\boldsymbol{B}} - \dot{U}^{(em)} \tag{12.6}$$

$$= \boldsymbol{J}\cdot\boldsymbol{E} - \dot{\boldsymbol{E}}\cdot\boldsymbol{D} - \dot{\boldsymbol{H}}\cdot\boldsymbol{B} + \dot{U}^{(em)} \tag{12.7}$$

となる．とくに，$\boldsymbol{D} = \varepsilon\boldsymbol{E}, \boldsymbol{B} = \mu\boldsymbol{H}$ $(\varepsilon, \mu = \mathrm{const})$ の関係が成り立つばあいには，(12.6)は簡単化されて

$$W^{(em)} = \boldsymbol{J}\cdot\boldsymbol{E} \tag{12.8}$$

となる．

エネルギー保存の法則によれば，消滅した電磁エネルギーはなにか他のかたちのエネルギーに変換しているはずである．これをつぎに考えよう．

§13.　全エネルギーの保存

§10と同様の議論をエネルギーについて行なおう．領域Vに含まれる全エネルギーは物質のもつエネルギーと電磁場のエネルギーを合わせたものである．その時間的変化はつぎのように表わされる：

$$\begin{aligned}&\frac{\partial}{\partial t}\iiint_V\left\{\frac{1}{2}\rho v^2 + \rho U + U^{(em)}\right\}dV\\ &= -\iint_S\left\{\frac{1}{2}\rho v^2 + \rho U\right\}v_n dS + \iint_S \boldsymbol{p}_n\cdot\boldsymbol{v}\, dS\\ &\quad + \iiint_V \rho\boldsymbol{K}\cdot\boldsymbol{v}\, dV - \iint_S S_n\, dS + \delta\tilde{Q}.\end{aligned} \tag{13.1}$$

ただし，ρ は物質の密度，U は単位質量あたりの内部エネルギー，$\boldsymbol{v}$ は物質の動く速度，$\boldsymbol{K}$ は単位質量あたりに働く外力，$\boldsymbol{p}_n$ は物質の(ふつうの力学的な) **応力** である．(13.1)の左辺の $\{\cdots\}$ の第1項と第2項はそれぞれ物質の運

動エネルギーと内部エネルギーを表わす．右辺の第1項は，物質の運動に伴って流入するエネルギー，第2項と第3項はそれぞれ応力および外力によってなされる仕事を表わす．第4項は電磁エネルギーの流入を表わす．最後の項 $\delta\tilde{Q}$ は，この系に外部から導入される熱量を表わす．

(10.10)の公式を利用し，また(12.1),(12.3)を使うと，(13.1)は

$$\iiint_{\mathrm{V}}\left\{\rho\frac{D}{Dt}\left(U+\frac{1}{2}v^2\right)-\rho K_i v_i-\partial_k(p_{ik}v_i)\right\}dV$$

$$=\iiint_{\mathrm{V}} W^{(em)}dV+\delta\tilde{Q} \tag{13.2}$$

のように変形できる．左辺では，さらに

$$\rho\frac{D}{Dt}\left(\frac{1}{2}v^2\right)-\rho K_i v_i-\partial_k(p_{ik}v_i)$$

$$=\rho v_i\frac{Dv_i}{Dt}-\rho K_i v_i-v_i\partial_k p_{ik}-p_{ik}\partial_k v_i$$

$$=v_i\left(\rho\frac{Dv_i}{Dt}-\rho K_i-\partial_k p_{ik}\right)-p_{ik}\partial_k v_i$$

$$=\boldsymbol{f}^{(em)}\cdot\boldsymbol{v}-p_{ik}\partial_k v_i$$

のような変形が可能である．ただし，運動方程式(10.2)を使う．こうして，(13.2)は

$$\iiint_{\mathrm{V}}\rho\frac{DU}{Dt}dV=\iiint_{\mathrm{V}}(W^{(em)}-\boldsymbol{f}^{(em)}\cdot\boldsymbol{v}+p_{ik}\partial_k v_i)dV+\delta\tilde{Q} \tag{13.3}$$

となる．この等式は，物質の内部エネルギーの変化がなにによっておこるかを示すものである．外部から導入された熱量 $\delta\tilde{Q}$ によっておこることはもちろんであるが，右辺の $W^{(em)}-\boldsymbol{f}^{(em)}\cdot\boldsymbol{v}$ は電磁エネルギーの変換を意味するものとして興味がある．すなわち，消滅した電磁エネルギーの一部は電磁力が物質になす仕事として消費され，その残りが物質の内部エネルギーになるというのである．

つぎに，$W^{(em)}-\boldsymbol{f}^{(em)}\cdot\boldsymbol{v}$ を別の形に表現してみよう．(12.6)と(9.11)を代入すれば

$$W^{(em)}-\boldsymbol{f}^{(em)}\cdot\boldsymbol{v}$$

$$=\boldsymbol{J}\cdot\boldsymbol{E}+\boldsymbol{E}\cdot\dot{\boldsymbol{D}}+\boldsymbol{H}\cdot\dot{\boldsymbol{B}}-U^{(em)}$$

$$-(\rho_e\boldsymbol{E}+\boldsymbol{J}\times\boldsymbol{B}-E_k\partial_i D_k-H_k\partial_i B_k+\partial_i U^{(em)})\cdot\boldsymbol{v}.$$

ここで

$$\boldsymbol{J} = \boldsymbol{j} + \rho_e \boldsymbol{v}, \tag{13.4}$$

$$D/Dt \equiv \partial/\partial t + \boldsymbol{v}\cdot\mathrm{grad} \tag{13.5}$$

とおいて，簡単な計算をすれば，

$$W^{(em)} - \boldsymbol{f}^{(em)}\cdot\boldsymbol{v}$$

$$= \boldsymbol{j}\cdot(\boldsymbol{E} + \boldsymbol{v}\times\boldsymbol{B}) + \boldsymbol{E}\cdot\frac{D}{Dt}\boldsymbol{D} + \boldsymbol{H}\cdot\frac{D}{Dt}\boldsymbol{B} - \frac{D}{Dt}U^{(em)} \tag{13.6}$$

が得られる．$\boldsymbol{j}$ は **伝導電流**，$\rho_e \boldsymbol{v}$ は **携帯電流** である．また D/Dt はすでに(10.9)で定義された Lagrange 微分である．第3章の §7 で述べたように，**Ohm 導体** では

$$\boldsymbol{j} = \sigma(\boldsymbol{E} + \boldsymbol{v}\times\boldsymbol{B}) \tag{13.7}$$

の関係が成り立つ．ただし σ は **電気伝導率** である．このばあい，(13.6)の右辺第1項を

$$Q_J \overset{\mathrm{def}}{=} \boldsymbol{j}\cdot(\boldsymbol{E} + \boldsymbol{v}\times\boldsymbol{B}) \tag{13.8}$$

と書くと，$Q_J = j^2/\sigma$ は **Joule 熱** を表わすことになる．そこで，Ohm 導体以外の物質についても，Q_J は電流による熱の発生を表わすものと考えることができるだろう．

(13.3)に(13.6)と(13.8)を代入して，V が任意の領域であることを考えると，けっきょく

$$\rho\frac{DU}{Dt} + \frac{DU^{(em)}}{Dt} = \boldsymbol{E}\cdot\frac{D\boldsymbol{D}}{Dt} + \boldsymbol{H}\cdot\frac{D\boldsymbol{B}}{Dt} + p_{ik}\partial_k v_i + Q_J + \delta Q \tag{13.9}$$

が得られる．(ただし δQ は単位体積あたりに外部から導入される熱量を表わす．) これが，電磁場の中で運動する物質の **エネルギー方程式** である．

§14. 熱力学的関係

物質の応力状態は電磁場の存在によって影響を受ける．その状況を明らかにするためには熱力学的な考察が必要である．そして，その基礎をなすのがエネルギー方程式 (13.9)である．考え方のすじ道を明らかにするために，非粘性の流体のばあいを考えよう．非粘性の流体では，応力テンソルは

$$p_{ik} = -p\,\delta_{ik} \tag{14.1}$$

のように，圧力 p だけで表わされる．したがって

$$p_{ik}\partial_k v_i = -\,p\,\delta_{ik}\partial_k v_i = -\,p\,\partial_k v_k$$
$$= -\,p\,\mathrm{div}\,\boldsymbol{v} = \frac{p}{\rho}\frac{D\rho}{Dt}$$

である．ただし，連続の方程式(10.7)を使う．したがって，(13.9)は

$$\rho dU + dU^{(em)} = \boldsymbol{E}\cdot d\boldsymbol{D} + \boldsymbol{H}\cdot d\boldsymbol{B} + (p/\rho)\,d\rho + \delta Q', \tag{14.2}$$
$$\delta Q' = (Q_J + \delta Q)dt \tag{14.3}$$

と書ける．電磁場のないばあいには，これは

$$\rho dU = p\,d\rho/\rho + \delta Q',$$
$$\therefore\quad dU = -p\,d(1/\rho) + \delta Q'/\rho$$

となる．単位質量の占める体積，すなわち**比体積**を v とすると，

$$v = 1/\rho \tag{14.4}$$

であって，上の式は

$$dU = -p\,dv + v\,\delta Q' \tag{14.5}$$

となる．これは内部エネルギーの変化が体積変化の際に圧力のなす仕事と外部から熱が導入されることによっておこることを表わしている．熱力学の第II法則によれば，**準静的過程**に際して

$$v\,\delta Q' = TdS \tag{14.6}$$

の関係が成り立つ．ただし，S は物質の単位質量のもつ**エントロピー**，T は**絶対温度**である．したがって(14.5)は

$$dU = -p\,dv + TdS \tag{14.7}$$

となる．これは熱力学でよく知られた関係式で，熱力学的状態が2個の状態量できまることを示している．

電磁場のあるばあいには，状態量としてさらに電場 $\boldsymbol{E}$ と磁場 $\boldsymbol{H}$ がつけ加わる．そして，(14.2), (14.3)は

$$dU + v\,dU^{(em)} = v(\boldsymbol{E}\cdot d\boldsymbol{D} + \boldsymbol{H}\cdot d\boldsymbol{B}) - p\,dv + TdS, \tag{14.8}$$
$$TdS = v(Q_J + \delta Q)dt \tag{14.9}$$

となる．(14.8)は

$$dU = v(dU^{(em)} - \boldsymbol{D}\cdot d\boldsymbol{E} - \boldsymbol{B}\cdot d\boldsymbol{H}) - p\,dv + TdS \tag{14.10}$$

とも書き表わされる．この表現は**断熱変化**，すなわち**等エントロピー変化**（S = const）を扱うばあいに便利である．**等温変化**（T = const）を扱うには独立変数として(v, T)をとると便利である．そのばあい，従属変数として

自由エネルギー：

$$F = U - TS \tag{14.11}$$

を採用する．そして(14.10)は

$$dF = v\,(dU^{(em)} - \boldsymbol{D}\cdot d\boldsymbol{E} - \boldsymbol{B}\cdot d\boldsymbol{H}) - p\,dv - SdT \tag{14.12}$$

となる．

簡単のために，電場だけが存在するものとして，誘電体について考えよう．さらに，$\boldsymbol{D}, \boldsymbol{E}$ の間に

$$\boldsymbol{D} = \varepsilon(v, T)E$$

の関係が成り立つものとしよう．これは‘線形’の誘電体を仮定することにほかならない．このばあい，$\boldsymbol{H} = 0$ で，

$$\begin{aligned} dU^{(em)} - \boldsymbol{D}\cdot d\boldsymbol{E} &= d(\varepsilon E^2/2) - \varepsilon \boldsymbol{E}\cdot d\boldsymbol{E} \\ &= d(\varepsilon E^2/2) - \varepsilon d(E^2/2) \\ &= (E^2/2)d\varepsilon \end{aligned}$$

となる．したがって，(14.12)は

$$dF = \left(\frac{E^2}{2} v \frac{\partial \varepsilon}{\partial v} - p\right)dv + \left(\frac{E^2}{2} v \frac{\partial \varepsilon}{\partial T} - S\right)dT \tag{14.13}$$

となる．本来，自由エネルギー F は $(v, T, \boldsymbol{E})$ の関数と考えられるが，(14.13)から見られるように (v, T) だけの関数である．すなわち

$$F = F_0(v, T) \tag{14.14}$$

のように，電場のないばあいの自由エネルギーと一致する．したがって，(14.13)で $E = 0$ として得られる

$$dF = -\,p_0(v, T)dv - S_0(v, T)dT \tag{14.15}$$

が成り立つ．これを(14.13)と比較すれば

$$p = p_0(v, T) + \frac{E^2}{2} v \left(\frac{\partial \varepsilon}{\partial v}\right)_T, \tag{14.16}$$

$$S = S_0(v, T) + \frac{E^2}{2} v \left(\frac{\partial \varepsilon}{\partial T}\right)_v \tag{14.17}$$

が得られる．$v = 1/\rho$ に注意すれば，これらはまた

$$p = p_0(\rho, T) - \frac{E^2}{2} \rho \left(\frac{\partial \varepsilon}{\partial \rho}\right)_T, \tag{14.18}$$

$$S = S_0(\rho, T) + \frac{E^2}{2\rho} \left(\frac{\partial \varepsilon}{\partial T}\right)_\rho \tag{14.19}$$

とも書き表わされる

(14.11), (14.19) によって，内部エネルギーも (ρ, T, E) の関数として表わすことができる：

$$U = U_0(\rho, T) + \frac{E^2}{2}\frac{T}{\rho}\left(\frac{\partial \varepsilon}{\partial T}\right)_\rho. \tag{14.20}$$

$p_0(\rho, T)$, $S_0(\rho, T)$, $U_0(\rho, T)$ は，電場のないばあいの物質の圧力，エントロピー，内部エネルギーである．ここで注意すべきは，ρ, T を一定に保ったとしても，物質の圧力，エントロピー，...が電場によって変化することである．とくに圧力 p は流体の運動を直接支配するものとして重要である．すなわち，連続物体の運動方程式(10.2)に(14.1)と(9.16)を代入し，さらに(14.18)を使うと

$$\begin{aligned}\rho\frac{D\boldsymbol{v}}{Dt} = \rho\boldsymbol{K} + \rho_e\boldsymbol{E} - \mathrm{grad}\, p_0(\rho, T)\\ - \frac{E^2}{2}\mathrm{grad}\, \varepsilon(\rho, T) + \mathrm{grad}\left\{\frac{E^2}{2}\rho\left(\frac{\partial \varepsilon}{\partial \rho}\right)_T\right\}\end{aligned} \tag{14.21}$$

が得られるのである．

(14.21)は電場中の流体の運動方程式と考えられるかも知れない．実際，在来の電磁気学の本を見ると，われわれのやり方と異なる方法で(14.21)を導き，これを運動方程式として提案するものがある．しかし，基礎的な運動方程式としてはやはり(10.2)を採用し，補助的に圧力 p が(14.18)のように電場の影響を受けると考えるのが適当であると著者は考える．これらの点については第 12 章で詳しく述べる．

§15.　ま　と　め

この章では，物質中の電磁場に対する新しい理論構成を総括した．この理論構成による電磁力の具体的な考察を簡単なばあいからはじめた．すなわち，不連続面に働く電磁力に対する具体的な表式を求めることと，一様な誘電率と透磁率をもつ物質に働く電磁力の考察である．つぎに，静電気学と静磁気学の基礎的な考え方を示した．とくに，誤解しやすい事柄，たとえば分極電荷，磁荷，磁化電流のはたす役割について考察した．

つぎに，電磁運動量の消滅という観点から物質に働く電磁力に対する一般式を導いた．その応用例として，典型的な問題をいくつかとり扱った．電磁

力の一般式がわかれば，電磁場中の連続物体に対する運動方程式が書き下せる．さらに，電磁エネルギーの消滅という観点から，物質のエネルギー方程式を導いた．これを基礎として熱力学的考察を行なえば，物質内部の応力に対する電磁場の影響を議論することができる．この章では，議論のすじ道を明らかにするために，線形誘電性流体のばあいをくわしくとり扱った．

一般の連続物体，すなわち任意の誘電性および磁性をもつ流体については第12章で，また固体については第13章で考える．

7 電磁気の単位

§1. は じ め に

電磁気学に関する基本的な事柄は，前章までで一応完結した．そこで，この辺で一服して，電磁気の単位について考えることにする．

電磁気が理解しにくいのは，その単位系が複雑であることによるとよくいわれる．はたしてそうであろうか？　電磁気学のわれわれの基本法則によれば，単位系はごく自然に導入され，しかもそれは実質的に MKSA 単位系と同じものなのである．つまり，MKSA 単位系は単に工学的に便利だというだけではなくて，物理学的にも十分根拠があり，また教育的にもむしろ Gauss 単位系などよりもすぐれていると考えられるのである．この章では，電磁気の単位の導入とそれについての考察を行なう．

§2. 電場に関する物理量の次元

ふつう静電気学の学習は Coulomb の法則：

$$f = k\frac{q_1 q_2}{r^2} \tag{2.1}$$

からはじまる．f は距離 r をへだてた 2 つの電荷 q_1, q_2 の間に働く力である．そして比例係数 k は

$$k = \frac{1}{4\pi\varepsilon_0} \tag{2.2}$$

と表わされ，ε_0 は真空の誘電率とよばれる．MKSA 単位系では力は N(ニュートン)，電荷は C(クーロン)，長さは m(メートル) で表わされ，誘電率 ε_0 は

$$\varepsilon_0 = 8.85\times10^{-12}\,\mathrm{C^2\,N^{-1}m^{-2}} \tag{2.3}$$

である……

こういわれたとき，たいていの学生はとまどいを感じるだろう．なるほど，

逆2乗の法則はよくわかる．しかし，なぜ比例係数 k を(2.2)の形に書くのだろう？ ε_0 はなぜこんな変な値をとるのだろう？ これに対して先生は，その理由は電磁気の勉強が進めばおいおいわかってくるだろう，としか答えられない．ところが，実際それがわかるのは，すくなくとも電磁誘導の学習が終った段階なのである．それまで学生はもやもやの中に放置されている．

さて，われわれの電磁気学の体系では，基本法則を述べた段階で，ただちに電磁気の単位系を導入することができる．それには，つぎのような順序で進む．

まず，基本法則に現われる電磁気的な物理量が $\boldsymbol{D}, \boldsymbol{E}$；$\boldsymbol{B}, \boldsymbol{H}$；$Q, \rho, \boldsymbol{J}$ であることに注意する．このうち電気力線に関係するのは $\boldsymbol{D}, \boldsymbol{E}$；$Q, \rho, \boldsymbol{J}$ で，それぞれ電束密度，電場；電気量(電荷)，電荷密度，電流密度である．さて，電気力線は幾何学的性質と力学的性質をもっている．

（i） **幾何学的性質** 電気力線に垂直な単位面積をつらぬく電気力線の本数が $D=|\boldsymbol{D}|$ で，電荷 Q からは Q 本の電気力線が出てゆくことから

$$\iint_S \boldsymbol{D}\cdot d\boldsymbol{S} = Q = \iiint_V \rho\, dV \tag{2.4}$$

が成り立つ．これは (3.2.1) の関係である．また，**電荷保存の法則**は (3.2.5)，すなわち

$$\frac{dQ}{dt} = -\iint_S \boldsymbol{J}\cdot d\boldsymbol{S} \tag{2.5}$$

のように表わされる．

(2.4)，(2.5)から，$\boldsymbol{D}, Q, \rho, \boldsymbol{J}$ のどれか1つの物理量の単位がきまれば，他はすべてそれによって表わされることがわかる．どれをとってもよいから，さしあたり電荷 Q を基本単位に選ぶことにしよう．さて‘長さ’と‘時間’の単位はすでに力学において使われている．これらをそれぞれ m, s で表わそう．(むしろ m, s の代わりに l, t と書く方がよいかも知れない．しかし MKS 単位系ではけっきょく $l=\mathrm{m}$, $t=\mathrm{s}$ となるので，最初から文字 m, s を使っておく．)

面積，体積の次元はそれぞれ m^2, m^3 であるから，(2.4)は

$$[D] = Q/\mathrm{m}^2, \quad [\rho] = Q/\mathrm{m}^3 \tag{2.6}$$

を与える．ここで [・] は次元を表わす．ただし，基本量 Q, m については記

号[・]を省略する．

(2.5)の右辺の積分は，単位時間あたりに閉曲面Sを通って出てゆく電気量を表わす．つまり閉曲面Sを通過する**電流**である．これを記号Iで表わそう．そうすると，(2.5)は

$$[I] = Q/\mathrm{s} \tag{2.7}$$

を与える．また，電流密度$\boldsymbol{J}$は単位面積あたりの電流であるから，

$$[J] = [I]/\mathrm{m}^2 = Q/(\mathrm{m}^2\cdot\mathrm{s}) \tag{2.8}$$

である．今後$[I]$の代わりに簡単にIと書くことにしよう．つまり，(2.7)を

$$I = Q/\mathrm{s}, \quad Q = I\cdot\mathrm{s} \tag{2.9}$$

と書いて，IとQとを同等にとり扱うのである．

(ii)　力学的性質　さて，電気力線の力学的性質を表わす物理量は電場$\boldsymbol{E}$である．1本の電気力線は単位長さあたり$(1/2)E$の電磁エネルギーを貯えている．また，力線に沿って強さEの張力が働き，かつ力線のまわりに強さ$(1/2)E$の等方的な圧力を生み出している．これらを数式的に表わせば，電場は単位体積あたり$U^{(e)}$のエネルギーを貯え，単位面積を通して$\boldsymbol{T}_n$の運動量の流れがあることになる：

$$U^{(e)} = \frac{1}{2}\boldsymbol{E}\cdot\boldsymbol{D}, \tag{2.10}$$

$$\boldsymbol{T}_n = \boldsymbol{E}D_n - U^{(e)}\boldsymbol{n}. \tag{2.11}$$

これらはそれぞれ(3.2.8)，(3.2.2)である．$\boldsymbol{n}$は電場内にとった任意の面の法線ベクトルである．

さて，$\boldsymbol{T}_n$は単位面積を通過する運動量の流れであるから，圧力の次元：(力)÷(面積)，すなわちN/m²をもっている．Nは力の単位である．(MKS単位系ではニュートンである．)したがって，(2.11)は

$$[U^{(e)}] = [E][D] = \mathrm{N}/\mathrm{m}^2 \tag{2.12}$$

を与える．(2.6)から$[D]$を代入すれば

$$[E] = \frac{\mathrm{N}/\mathrm{m}^2}{Q/\mathrm{m}^2} = \frac{\mathrm{N}}{Q} \tag{2.13}$$

が得られる．

これで，電気に関係する物理量の$\boldsymbol{D}, \boldsymbol{E}, \rho, \boldsymbol{J}$の次元がすべて電荷$Q$の次元と‘長さ’，‘時間’，‘力’だけで表わされることがわかった．

N　(2.12)を導くためには(2.10)を使うだけでよい．エネルギーの次元が(力)×(長さ)，すなわちN•mであることを考えると，エネルギー密度の次元は$[U^{(e)}] = \mathrm{N{\cdot}m/m^3} = \mathrm{N/m^2}$となるからである．上で(2.11)を使ったのは，運動量の流れ，すなわちMaxwell応力が圧力の次元をもつことを強調したかったからである．

§3.　磁場に関する物理量の次元

磁場は磁力線によって表わされる．そして，磁力線の幾何学的性質を表わす物理量は磁束密度 $\boldsymbol{B}$, 力学的性質を表わす物理量は磁場 $\boldsymbol{H}$ である．これらの次元をきめるには，電場についてと同様に進めばよい．ただ，電場のばあいとは異なり‘磁荷’は存在しない．すなわち，(2.4)に対応づけて考えると，つねに $\iint_{\mathrm{S}} \boldsymbol{B}\cdot d\boldsymbol{S} = 0$ であって，Q, ρ に対応するものは0である．しかし，Sを開曲面とすれば，$\Phi(\mathrm{S}) = \iint_{\mathrm{S}} \boldsymbol{B}\cdot d\boldsymbol{S}$ はSをつらぬく **磁束** として，あるきまった値をとる．その次元をもつ物理量(すなわち磁束)の単位量を Q_m で表わすことにしよう．電場のばあいには **電束** $\Psi(\mathrm{S}) = \iint_{\mathrm{S}} \boldsymbol{D}\cdot d\boldsymbol{S}$ は電荷 Q の次元をもつので，それに対応して，いま導入した Q_m は **磁荷**（**磁気量**）の単位とよぶことができるだろう．

こうすれば，前節と同様の考察により，(2.6),(2.13)に対応して

$$[B] = Q_m/\mathrm{m}^2, \tag{3.1}$$

$$[H] = \mathrm{N}/Q_m \tag{3.2}$$

がただちに得られる．すなわち，磁場に関する物理量の次元は，‘長さ’，‘力’と‘磁荷’だけできまるのである．

§4.　電荷と磁荷は正準共役である

さて，電場と磁場のそれぞれが無関係に存在するばあいについては，力学で現われる基本量：‘長さ’，‘時間’，‘力’のほかに，‘電荷’ Q と‘磁荷’ Q_m を新たに導入すればよいことがわかった．しかし，実は，電磁場の基本法則はまだすべて使われているわけではない．電気力線と磁力線が交わるばあい，つまり **電磁力線網** が形成されるばあいには，電磁場には運動量が貯えられ，か

つ，その中の任意の面を通ってエネルギーの流れがある：

$$\boldsymbol{g} = \boldsymbol{D}\times\boldsymbol{B}, \tag{4.1}$$

$$\boldsymbol{S} = \boldsymbol{E}\times\boldsymbol{H}. \tag{4.2}$$

$\boldsymbol{g}$ は単位体積あたりの運動量，つまり **運動量密度**，$\boldsymbol{S}$ は単位面積を横切るエネルギーの流れ，すなわち **Poynting ベクトル** である．これらの次元を調べてみよう．(運動量) = (力)×(時間) であるから，(4.1)は

$$[g] = \frac{\mathrm{N\cdot s}}{\mathrm{m}^3} = \frac{Q}{\mathrm{m}^2}\cdot\frac{Q_m}{\mathrm{m}^2},$$

$$\therefore \quad Q\,Q_m = \mathrm{N\cdot m\cdot s} \tag{4.3}$$

を与える．ただし，(2.6), (3.1)を使う．(4.2) と (2.13), (3.2)を使っても，同じ関係式(4.3)が得られる．こうして，Q と Q_m とは独立ではないことがわかる．けっきょく，電磁場の物理量は (m, s, N, Q, Q_m) のうちの 4 個の量を基本量として表わされることになる．

(4.3)は

$$Q\,Q_m = \mathrm{J\cdot s} = \mathrm{p\cdot m} = \mathrm{h}, \tag{4.4}$$

$$\mathrm{J} = \mathrm{N\cdot m}, \quad \mathrm{p} = \mathrm{N\cdot s} \tag{4.5}$$

と書き表わすことができる．J はエネルギー，p は運動量，h は **作用量** の次元をもつ．(文字 h を使ったのは，Planck の作用量子 h に因んでである！) (4.4)は，‘電荷’ と ‘磁荷’ がいわゆる **正準共役** の関係にあることを示している．

つぎに，誘電率 ε と透磁率 μ の次元を調べよう．

$$[\varepsilon] = \frac{[D]}{[E]} = \frac{Q/\mathrm{m}^2}{\mathrm{N}/Q} = \frac{Q^2}{\mathrm{N\,m}^2}, \tag{4.6}$$

$$[\mu] = \frac{[B]}{[H]} = \frac{Q_m/\mathrm{m}^2}{\mathrm{N}/Q_m} = \frac{Q_m^2}{\mathrm{N\,m}^2}. \tag{4.7}$$

ただし，(2.6), (2.13), (3.1), (3.2)を使う．(4.6), (4.7)から

$$[\varepsilon\mu] = \frac{Q^2 Q_m^2}{\mathrm{N}^2\mathrm{m}^4} = \left(\frac{Q\,Q_m}{\mathrm{Nm}^2}\right)^2 = \left(\frac{\mathrm{N\,m\,s}}{\mathrm{N\,m}^2}\right)^2 = \left(\frac{\mathrm{m}}{\mathrm{s}}\right)^{-2} \tag{4.8}$$

が得られる．ただし，(4.3)を使う．(4.8)は $(\varepsilon\mu)^{-1/2}$ が速度の次元をもつことを示している．実際，われわれは初等的な考察により，真空中の電磁波の速度 c が(4.13.5)，すなわち

$$c = 1/\sqrt{\varepsilon_0\mu_0} \tag{4.9}$$

で与えられることを知っている. ε_0, μ_0 は真空の誘電率と透磁率である. (4.8) が $\varepsilon\mu$ の次元だけを示すのに対して, (4.9)はその数値まで与えるのである.

§5. 電磁気の単位

電磁気に関する物理量は (m, s, N, Q, Q_m) のうちの 4 個の量を基本量として表わされることを知った. もちろん, m, s, N, …自身ではなくて, それらの適当な組み合わせを基本量にとってもよい. 実際, 電磁気に無関係な現象については, CGS 単位系や MKS 単位系が使われ, それらの基本量は '長さ', '時間', '質量' の 3 つである. たとえば MKS 単位系では, m (メートル), s (秒), kg (キログラム) をそれらの基本量の単位とする. そして '力' は誘導量として, その単位を N(ニュートン)とよぶ. したがって

$$N = kg \cdot m \cdot s^{-2} \tag{5.1}$$

の関係がある.

さて, MKS 単位系を拡張して電磁現象まで包括しようとすれば, もう 1 つなにか電磁気的な物理量を基本量として採用しなければならない. 原理的には, それは Q であっても Q_m であってもよい. あるいは, それらと m, s, kg の組み合わせであってもよい. 実際, MKSA 単位系では, Q と s の組み合わせである '電流' $I = Q/\mathrm{s}$ を基本量に選び, その単位を A(アンペア) とよぶのである. その結果, MKSA 単位系の基本単位は (m, s, kg, A) となる.

しかし, 電磁場だけが関係するような現象については, 質量を基本量として採用するのは不便で, むしろ不自然ではないかと筆者には思われる. したがって, MKSA 単位系といっても, (m, s, N, A)を基本単位と考えることにする. もちろん, 必要があれば, $N = kg \cdot m \cdot s^{-2}$ とおきかえればよいのである.

さて, 1 m, 1 s, 1 N という単位量については, それが実際どんな大きさであるかをわれわれは知っている. (それらを測定する方法が定義されている.) それに対して, 電流の単位量 1 A はどのように定義されているのだろうか?

いま, 真空中に 2 本の導線を平行に張り, 同じ強さの電流を流すと, 導線間には引力が働く. これは, 電流によって磁場が生じ, その磁場によって電流は力を受けるからである. 実際, この方針にしたがって計算すると, 導線

の長さ l の部分に働く力 f は

$$f = IB\,l = \mu_0 HI\,l = \frac{\mu_0 I^2 l}{2\pi\,r} \tag{5.2}$$

で与えられることがわかる．ここで，I は電流の強さ，r は導線の間隔，μ_0 は真空の透磁率である．

一般に，任意の物理量 Q は

$$Q = (Q)\{Q\} \tag{5.3}$$

の形に書き表わすことができる．ただし，$\{Q\}$ は物理量 Q の単位で，(Q) はその単位で表わしたときの物理量 Q の数値である．たとえば，l を 2m の長さとすれば，MKS 単位系では

$$l = (l)\{l\} = 2\,\mathrm{m} \tag{5.4}$$

であって，$\{l\} = \mathrm{m}$，$(l) = 2$ である．

さて，(5.2)の両辺を(5.3)の形に表わしてみよう．MKSA 単位系では $\{f\} = \mathrm{N}$，$\{l\} = \{r\} = \mathrm{m}$，$\{I\} = \mathrm{A}$ である．したがって，(5.2)は

$$f = \frac{(\mu_0)(I)^2(l)}{2\pi(r)}\,\mathrm{N}, \quad \{\mu\} = \mathrm{N\cdot A^{-2}} \tag{5.5}$$

となる．

いま，l と r とを一定に保ち，電流 I をいろいろ変えて力 f を測定するものとする．その力 f がちょうど 1N になるような電流が標準電流であるとして，これを電流の単位とすることがまず考えられるだろう．しかし，それは標準電流としてあまりにも大き過ぎる．そこで，実際は，便宜的に，$l = 1\,\mathrm{m}$，$r = 1\,\mathrm{m}$ のとき

$$f = 2\times10^{-7}\,\mathrm{N} \tag{5.6}$$

となるような電流 I を電流の単位として採用し，これを**アンペア**とよび，記号 A で表わすのである．こうすれば，(5.5)で $(I) = 1$，$(l) = 1$，$(r) = 1$，$(f) = 2\times10^{-7}$ とおいて，

$$\mu_0 = 4\pi\times10^{-7}\,\mathrm{N\cdot A^{-2}} \tag{5.7}$$

が得られる．すなわち，真空の透磁率 μ_0 が数値的に確定するのである．

さて，(4.9)から

$$\varepsilon_0 = \frac{1}{\mu_0 c^2}. \tag{5.8}$$

したがって，これを(5.3)の形に表わすと，

$$\varepsilon_0 = \frac{1}{(\mu_0)(c)^2}\{\varepsilon\} \tag{5.9}$$

となる．ε_0 の単位は $\{\varepsilon\}$ で，(4.6) によって，MKSA 単位系では $C^2/(N\cdot m^2)$ で与えられる．ただし，$C = A\cdot s$ は **クーロン** で電荷の単位である．(実は $\{\varepsilon\}$ はもっと見やすい形に表わされることが後でわかる．) 真空中の光速 c は

$$c = 2.99792\times10^8\ \mathrm{m/s} \tag{5.10}$$

であるから，これと (5.7) とを (5.9) に代入すると

$$\varepsilon_0 = \frac{10^7}{4\pi(c)^2}\{\varepsilon\} = 8.85419\times10^{-12}\{\varepsilon\} \tag{5.11}$$

が得られる．これで真空の誘電率 ε_0 の値も確定した．

§6.　VAMS 単位系——磁流の概念

前節で電流の基本単位 アンペア (A) が定義されたので，MKSA 単位系の基本単位は出揃ったわけである．さらに誘導単位として電荷の単位 クーロン (C) が $C = A\cdot s$ として定義されると，$\{Q\} = C$ となり，(4.3) により $\{Q_m\} = N\cdot m\cdot s/C$ が得られる．したがって，$\{D\}$, $\{E\}$, $\{\rho\}$, $\{B\}$, $\{H\}$ は (2.6)，(2.13)，(3.1)，(3.2) によってすべて (C, N, m, s) で表わされる．あるいは，$C = A\cdot s$，$N = kg\cdot m\cdot s^{-2}$ を代入すれば，すべて (m, kg, s, A) で表わされることになる．つまり，MKSA 単位系として完成するわけである．

しかし，このような表現はあまりにも複雑である．たとえば，すでに見たように，真正直に表わすと

$$\{\varepsilon\} = C^2/(N\cdot m^2) = A^2\cdot kg^{-1}\cdot m^{-3}\cdot s^4, \tag{6.1}$$

$$\{\mu\} = N\cdot A^{-2} = A^{-2}\cdot kg\cdot m\cdot s^{-2} \tag{6.2}$$

である．もっとすっきりした表現はできないものだろうか？

電気に関係して日常的に使われる単位に，アンペア のほかに **ボルト** (V) がある．このボルトは MKSA 単位系の誘導単位であるが，これを基本単位として採用すればどうだろう？　もちろん，そのためには，kg あるいは N を基本単位の座からはずさなければならない．こうして (m, s, V, A) を基本単位とする電磁気の単位系が考えられる．これを **VAMS 単位系** とよぶことにしよう．

いま，2 個の導体 1，2 にそれぞれ電荷 q, $-q$ を帯電させたとき，電位が

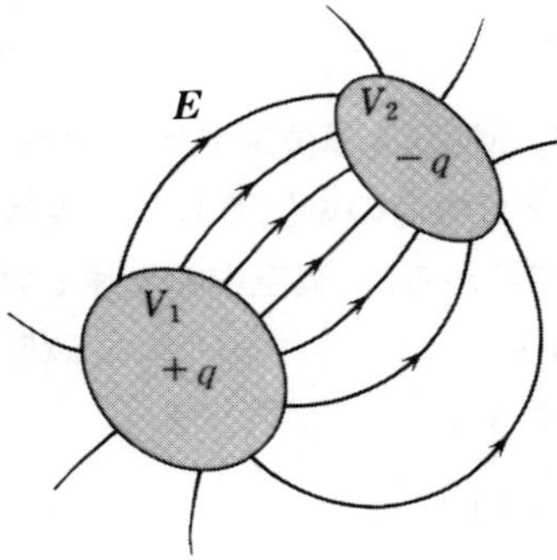

図1

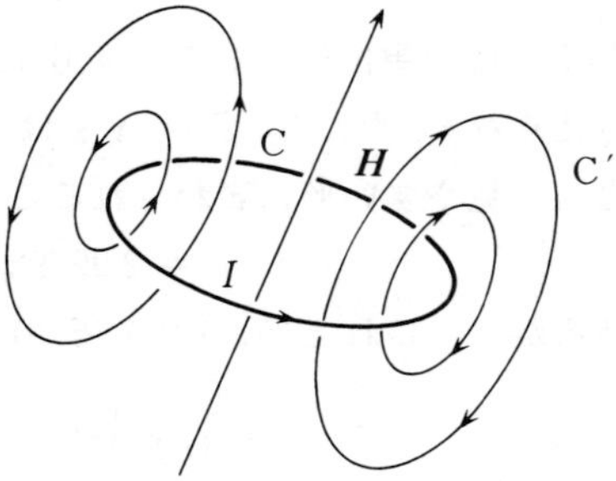

図2

V_1, V_2 になったとする(図1). このとき，静電場のエネルギーは

$$\tilde{U}^{(e)} = \frac{1}{2}qV, \quad V = V_1 - V_2 \tag{6.3}$$

で与えられる. また，閉回路に電流 I が流れているときの静磁場のエネルギーは

$$\tilde{U}^{(m)} = \frac{1}{2}\Phi I \tag{6.4}$$

である(図2). ただし，Φ は閉回路をつらぬく磁束である. (6.3), (6.4)を(5.3)の形に表わし，{・}の項だけを考えると

$$\mathrm{J} = \{q\}\{V\} = \{\Phi\}\{I\} \tag{6.5}$$

の関係が得られる. ただし，(4.5)で与えたように，J はエネルギーの単位量である. 電荷 q と磁束 Φ の単位量はそれぞれ Q, Q_m であるから，(6.5)から

$$Q\{V\} = Q_m\{I\} \tag{6.6}$$

が得られる. さらに電荷と電流の関係(2.7)によって

$$\{I\} = Q/\mathrm{s} \tag{6.7}$$

と書けるから，これを(6.6)に代入すれば

$$\{V\} = Q_m/\mathrm{s} \tag{6.8}$$

が得られる. Q/s が電流であるのに対し，Q_m/s は**磁流**とよぶことができるだろう. すなわち，'電位差' は '磁流' であると考えられるのである.

MKSA 単位系では $\{I\} = \mathrm{A}$, $\{V\} = \mathrm{V}$ である. そしてそれらは，それぞれ，電流および磁流の単位と考えることもできるのである. このように考えると，VAMS 単位系は電気と磁気の双方に公平な単位系ということができるだろう．

N　(6.3)は(2.21.2)の特別なばあいである．しかし，つぎのように直接，簡単に導くことができる．まず，導体1から導体2に向って q 本の電気力線が走っている．各電気力線は単位長さあたり(1/2) E のエネルギーを貯えている．したがって，1本の電気力線は $(1/2)\int_1^2 E\,ds = (1/2)(V_1 - V_2) = (1/2)V$ のエネルギーを貯え，q 本全体では $\tilde{U}^{(e)} = (1/2)\,qV$ となるのである．

閉回路Cを電流 I が流れるとき，回路をつらぬいて磁束 Φ ができるとすれば，空間全体に Φ 本の閉曲線状の磁力線が走っていることになる．1本の磁力線には単位長さあたり(1/2)H のエネルギーが貯えられるから，磁力線の全長については $(1/2)\int_{C'} H\,ds$ となる．ここで積分路C′は電流を一周するから，Ampèreの法則により，$\int_{C'} H\,ds = I$ である．したがって，Φ 本全体では $\tilde{U}^{(m)} = (1/2)\,\Phi I$ となる．すなわち(6.4)が得られた．

§7.　電磁気の諸量の単位

電気，磁気のいずれにもかたよらぬ‘公平な’単位系として，VAMS 単位系なるものを前節で提案した．電磁気関係の各種の物理量の単位をこの単位系で表わしてみよう．$\boldsymbol{D}$，$\boldsymbol{E}$，$\boldsymbol{B}$，$\boldsymbol{H}$，…などの次元はすでに$(Q, Q_m, \mathrm{N}, \mathrm{m}, \mathrm{s})$を使って表わしてあるから，これらを(V, A, m, s)で表わすことを考えればよい．

まず，(6.7)，(6.8)から，$\{I\} = \mathrm{A}$，$\{V\} = \mathrm{V}$ を考慮して

$$Q = \mathrm{A\cdot s}, \quad Q_m = \mathrm{V\cdot s} \tag{7.1}$$

が得られる．つぎに，これを(4.3)に代入すれば

$$\mathrm{N} = \mathrm{V\cdot A\cdot s\cdot m^{-1}} \tag{7.2}$$

が得られる．

さて，電束密度 $\boldsymbol{D}$ の次元 $[D]$ は，(2.6)により，Q/m^2 である．したがって，$\boldsymbol{D}$ の単位量 $\{D\}$ としては Q/m^2 そのものをとればよい．すなわち

$$\{D\} = \frac{Q}{\mathrm{m}^2} = \frac{\mathrm{A\cdot s}}{\mathrm{m}^2}. \tag{7.3}$$

同様の手続きで，(3.1), (2.13), (3.2) から

$$\{B\} = \frac{Q_m}{\mathrm{m}^2} = \frac{\mathrm{V\cdot s}}{\mathrm{m}^2}, \tag{7.4}$$

$$\{E\} = \frac{\mathrm{N}}{Q} = \frac{\mathrm{V}}{\mathrm{m}}, \tag{7.5}$$

$$\{H\} = \frac{\mathrm{N}}{Q_m} = \frac{\mathrm{A}}{\mathrm{m}} \tag{7.6}$$

が得られる．誘電率 ε および透磁率 μ の単位は，上の諸式からただちに得られる：

$$\{\varepsilon\} = \frac{\{D\}}{\{E\}} = \frac{\mathrm{A\cdot s}}{\mathrm{V\cdot m}}, \tag{7.7}$$

$$\{\mu\} = \frac{\{B\}}{\{H\}} = \frac{\mathrm{V\cdot s}}{\mathrm{A\cdot m}}. \tag{7.8}$$

電気的な量と磁気的な量の単位が A⇄V の交換によってたがいに移りかわることに注意してほしい．A を‘電流’の単位，V を‘磁流’の単位と解釈すれば，この相互転換がきわめて自然であることがなっとくされるだろう．

MKSA 単位系では 電荷，磁荷，磁束密度に固有の名称が与えられている．すなわち

$$\mathrm{C} \equiv \{Q\} = \mathrm{A\cdot s}, \tag{7.9}$$

$$\mathrm{Wb} \equiv \{Q_m\} = \mathrm{V\cdot s}, \tag{7.10}$$

$$\mathrm{T} \equiv \{B\} = \mathrm{V\cdot s\cdot m^{-2}} \tag{7.11}$$

である．それぞれ，**クーロン**(Coulomb)，**ウェーバー**(Weber)，**テスラ**(Tesla) に因む．

さて，(6.3) の q と V の間には

$$q = CV \tag{7.12}$$

の比例関係がある：(2.19.2)．比例定数 C は **電気容量** とよばれる．また，(6.4) の Φ と I の間には

$$\Phi = LI \tag{7.13}$$

の比例関係が成り立ち，比例係数 L は **インダクタンス** とよばれる．C と L は電気回路論で重要な役割を演ずるので，その単位にも固有の名称が与えられている．すなわち

$$\mathrm{F} \equiv \{C\} = \frac{\{Q\}}{\{V\}} = \frac{\mathrm{C}}{\mathrm{V}} = \frac{\mathrm{A \cdot s}}{\mathrm{V}}, \tag{7.14}$$

$$\mathrm{H} \equiv \{L\} = \frac{\{Q_m\}}{\{I\}} = \frac{\mathrm{Wb}}{\mathrm{A}} = \frac{\mathrm{V \cdot s}}{\mathrm{A}} \tag{7.15}$$

である．F は **ファラッド**，H は **ヘンリー** で，それぞれ Faraday，Henry に因む名称である．

導線に電流 I が流れているとき，導線上の 2 点 P_1, P_2 の間には電位差 $V = V_1 - V_2$ が現われ，ふつう

$$V = RI \tag{7.16}$$

という比例関係が成り立つ．これを **Ohm の法則** といい，比例係数 R を導線の P_1P_2 の部分の **電気抵抗** という．その単位は

$$\Omega \equiv \{R\} = \frac{\{V\}}{\{I\}} = \frac{\mathrm{V}}{\mathrm{A}} \tag{7.17}$$

であって，**オーム** とよばれる．Ω は ohm とも書かれる．同じ材質の導線でも，P_1P_2 の部分の導線の太さや長さによって電気抵抗 R は変化する．材質のみに依存する形で Ohm の法則を表わすと

$$\boldsymbol{j} = \sigma \boldsymbol{E} \tag{7.18}$$

となる．$\boldsymbol{j}$ は伝導電流密度，$\boldsymbol{E}$ は電場で，比例係数 σ は **電気伝導率** とよばれる．((7.18)の比例関係が成り立つ導体がいわゆる **Ohm導体** である．) σ の単位は

$$\{\sigma\} = \frac{\{I/\mathrm{m}^2\}}{\{E\}} = \frac{\mathrm{A/m^2}}{\mathrm{V/m}} = \frac{\mathrm{A}}{\mathrm{V \cdot m}} = \frac{1}{\Omega \cdot \mathrm{m}} \tag{7.19}$$

である．

MKS 単位系では，**エネルギー**，**仕事率**の単位は，それぞれ J(ジュール)，W(ワット)である．これらを VAMS 単位系で表わすとどうなるだろう？

(4.4)により

$$\mathrm{J} \equiv \frac{\{Q\}\{Q_m\}}{\mathrm{s}} = \frac{\mathrm{A \cdot s \cdot V \cdot s}}{\mathrm{s}} = \mathrm{V \cdot A \cdot s}, \tag{7.20}$$

$$\therefore \quad \mathrm{W} = \mathrm{J/s} = \mathrm{V \cdot A}. \tag{7.21}$$

つまり，1 W は 1 V·A なのである．(ワット＝ヴァット といえば記憶しやすい！)このように，電磁気の単位 V, A を使うと，仕事率の単位が身近かに感じられるだろう．

N　これまで，$\boldsymbol{D}, \boldsymbol{E}, \boldsymbol{B}, \boldsymbol{H}, \ldots$など電磁気の諸量のとり扱いに際して，真空中，物質中をとくに区別しなかった．それは，物質中の諸量が単に真空中での対応する諸量の平均値として定義され，したがって，次元や単位について違いがないからである．ただ，**電気分極** $\boldsymbol{P}$ と**磁気分極** $\boldsymbol{M}$ だけは物質に特有の量であるから，その次元や単位を明らかにしておく必要がある．しかし，それは簡単で，

$$\boldsymbol{D} = \varepsilon_0 \boldsymbol{E} + \boldsymbol{P}, \quad \boldsymbol{B} = \mu_0 \boldsymbol{H} + \boldsymbol{M} \tag{7.22}$$

の関係を使えばよい．すなわち，$\boldsymbol{P}, \boldsymbol{M}$ の単位はそれぞれ $\boldsymbol{D}, \boldsymbol{B}$ の単位と同じである．

ただ，磁極分極については注意すべきことがある．それは，(7.22)の第2式を

$$\boldsymbol{B} = \mu_0(\boldsymbol{H} + \boldsymbol{M}) \tag{7.23}$$

の形に書き，この $\boldsymbol{M}$ を**磁化**とよぶ方式があることである．この方式では磁気分極は $\mu_0\boldsymbol{M}$ となる．同じ文字 $\boldsymbol{M}$ が本によって違った意味に用いられることがあるので，とくに注意する必要がある．

§8.　電磁場の強さの感覚的な目安

電場や磁場は目に見えないために，その強さといっても，感覚的につかまえにくい．しかし，電磁現象を理解するには，ある程度数量的な感じを身につけておくのが望ましいと思われる．これについてすこし考えてみよう．

まず，電流の強さ I の単位として**アンペア**(A)，電圧 V の単位として**ボルト**(V)，は日常的にも使われるので，なにかわかったような気がする．これに対して，電磁場の基本量である電場 $\boldsymbol{E}$，電束密度 $\boldsymbol{D}$，磁場 $\boldsymbol{H}$，磁束密度 $\boldsymbol{B}$ はどうだろうか？　電場の強さ E の単位として使われる V/m（ボルト/メートル）は，平行平板コンデンサーを思い浮かべると，ある程度見当がつくだろう．(2 V の電池を極板の間隔 1 cm のコンデンサーにつなぐと，$E=200$ V/m である．）しかし，1 V/m の強さの電場をもっと直接に感覚的にとらえることはできないものだろうか？　それには電磁圧：

$$p^{(e)} = \frac{1}{2}\boldsymbol{E}\cdot\boldsymbol{D} = \frac{\varepsilon_0}{2}E^2 \tag{8.1}$$

を考えればよい．(いまのばあい磁場はないから‘電気圧’といってもよいが，‘電圧’とまぎらわしいので，‘電磁圧’といっておく．）ただし，さしあたり真空中の電場を考える．(8.1)によれば，電場の強さ E を圧力という感覚的な量でとらえることができるのである．

現在，標準的な単位系として**国際単位系**（SI）が使われている．これは電磁気についてはMKSA単位系と実質的に同じで，基本単位としてm（メートル），kg（キログラム），s（秒），A（アンペア）を使うものである．もっとも，電荷に対してC（クーロン），電位差に対してV（ボルト），...など種々の単位が使われるが，これらは

$$C = A \cdot s, \quad V = A^{-1} \cdot kg \cdot m^2 \cdot s^{-3}, \ldots \tag{8.2}$$

のように，すべてkg，m，s，Aを使って表わされるのである．（前にも述べたように，電磁気を表わす量として質量kgが介入するのは直観的にわかりにくい．これを避けるには

$$kg = A \cdot V \cdot m^{-2} \cdot s^3 \tag{8.3}$$

の関係を使ってkgを消去すればよい．こうすれば，電磁気の諸量はすべてV, A, m, sを使って表わすことができる．すなわち，VAMS単位系である．）

さて，(8.1)を(5.3)，すなわち $Q=(Q)\{Q\}$ の形で表わせば

$$p^{(e)} = (1/2)(\varepsilon_0)(E)^2 \mathrm{Pa} \tag{8.4}$$

である．ただしPa（パスカル）はSI系の圧力の単位で，$\mathrm{Pa}=\mathrm{N}\cdot\mathrm{m}^{-2}$ として定義される．N（ニュートン）は力の単位である．すなわち

$$\mathrm{Pa} = \mathrm{N} \cdot \mathrm{m}^{-2}, \tag{8.5}$$

$$\mathrm{N} = \mathrm{kg} \cdot \mathrm{m} \cdot \mathrm{s}^{-2} = \mathrm{A} \cdot \mathrm{V} \cdot \mathrm{m}^{-1} \cdot \mathrm{s} \tag{8.6}$$

である．ただし，(8.3)の関係を使う．真空の誘電率 ε_0 は

$$\varepsilon_0 = (\varepsilon_0)\, \mathrm{N} \cdot \mathrm{V}^{-2}, \tag{8.7}$$

$$(\varepsilon_0) = \frac{10^7}{4\pi(c)^2} = 8.85419 \times 10^{-12} \tag{8.8}$$

で与えられる．ここで

$$c = 2.99792 \times 10^8\, \mathrm{m} \cdot \mathrm{s}^{-1} \tag{8.9}$$

は真空中の光速である．

(8.7)を使えば，(8.1)はけっきょく

$$p^{(e)} = 4.427 \times 10^{-12}\, (E)^2\, \mathrm{Pa} \tag{8.10}$$

となる．これによって，電場の強さ E と電磁圧 $p^{(e)}$ との‘数値的な’関係が得られるのである．たとえば，$E = 1\,\mathrm{V}\cdot\mathrm{m}^{-1}$ は $p^{(e)} \fallingdotseq 4.4 \times 10^{-12}\,\mathrm{Pa}$ に対応する．もっとも，実感としては1 Paという圧力がどんな大きさであるかを知っていなければならない．それにはatm（気圧），cm H_2O（水柱何センチメ

ートル)，...などを使うのが便利であろう．

$$1\ \mathrm{Pa} \fallingdotseq 10^{-5}\ \mathrm{atm} \fallingdotseq 10^{-4}\ \mathrm{m\ H_2O} = 10^{-2}\ \mathrm{cm\ H_2O} \qquad (8.11)$$

であるから，たとえば $E = 1\ \mathrm{kV\cdot cm^{-1}}$ に対しては，$(E)=10^5$ を (8.10) に代入して，$p^{(e)} \fallingdotseq 4.4\times10^{-2}\ \mathrm{Pa} \fallingdotseq 4.4\times10^{-3}\ \mathrm{mm\ H_2O}$ となる．このように“相当強い電場でも電磁圧はきわめて微弱である”ことがわかる．

磁場についても同様に考えればよい．SI 系では，磁束密度 B の単位 $\{B\}$ に固有の名称が与えられている．すなわち T(テスラ)である．そこで，磁気圧を

$$p^{(m)} = \frac{1}{2}\boldsymbol{H}\cdot\boldsymbol{B} = \frac{1}{2\mu_0}B^2 \qquad (8.12)$$

のように表わすと，

$$p^{(m)} = \frac{(B)^2}{2(\mu_0)}\ \mathrm{Pa} \qquad (8.13)$$

である．真空の透磁率 μ_0 は

$$\mu_0 = (\mu_0)\ \mathrm{N\cdot A^{-2}}, \qquad (8.14)$$

$$(\mu_0) = 4\pi\times10^{-7} = 1.25664\times10^{-6} \qquad (8.15)$$

で与えられる．したがって，(8.13) は

$$p^{(m)} = 3.979\times10^5\,(B)^2\ \mathrm{Pa} \qquad (8.16)$$

となる．たとえば $B=1\ \mathrm{T}$ に対しては $p^{(m)} \fallingdotseq 4\times10^5\ \mathrm{Pa} \fallingdotseq 4\ \mathrm{atm}$ となる．これはひじょうに記憶しやすい数値である．これをおぼえておけば，任意の B に対する $p^{(m)}$ の値は，$p^{(m)}\propto B^2$ の関係によってただちに知られるのである．さて，われわれに身近かな磁場は赤道付近で $B=0.3\ \mathrm{G}$(ガウス)，両極付近で $B=0.6\ \mathrm{G}$，つまりだいたい $0.5\ \mathrm{G}$ とおぼえておけばよい．$1\ \mathrm{G}=10^{-4}\ \mathrm{T}$ であるから，$(B) = 0.5\times10^{-4}$ として，$p^{(m)} \fallingdotseq 10^{-8}\ \mathrm{atm} \fallingdotseq 10^{-4}\ \mathrm{mm\ H_2O}$ となり，きわめて微弱であることがわかる．もし $B = 0.1\ \mathrm{T} = 10^3\ \mathrm{G}$ とすれば，$p^{(m)} \fallingdotseq 0.04\ \mathrm{atm} \fallingdotseq 40\ \mathrm{cm\ H_2O} \fallingdotseq 5\ \mathrm{cm\ Fe}$ である．ただし圧力を鉄柱の高さで表わしたものを cm Fe と書く．(鉄の比重を近似的に 8 とする．) おもちゃの磁石など身近かにある磁石の磁極付近での B の値はだいたいこの程度である．棒磁石で同じ太さの軟鉄棒を吸いつけてつるすばあい(図 3)，$B = 0.1\ \mathrm{T}$ であれば，長さ 5 cm までの軟鉄棒ならつるせるというわけである．

円筒状のコイルのつくる磁場について強さの感じを得ておこう．単位長さ

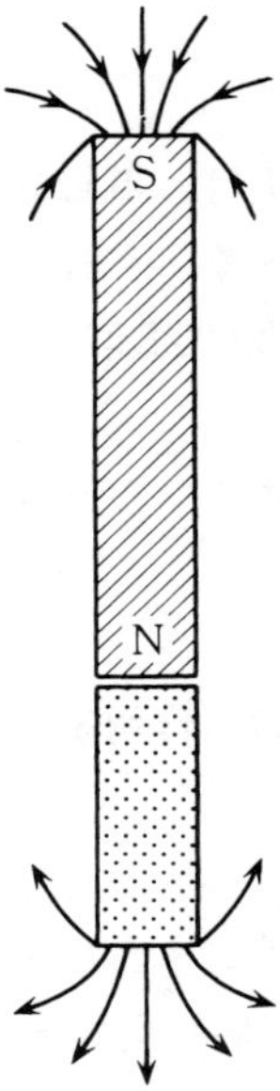

図3

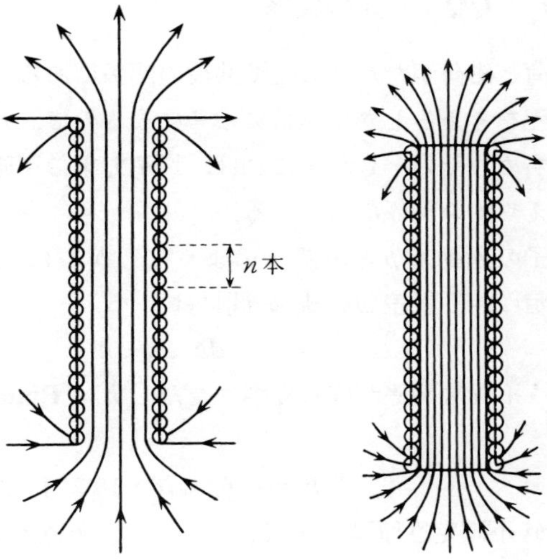

図4

あたり n 本の割合で導線をまき，導線には電流 I が流れているとすれば，コイルのつくる円筒面に沿って面密度 nI の面電流が流れていることになる(図4a)．したがって，(6.2.19),(6.2.20)により，コイルの内部の磁場 $\boldsymbol{H}$ は軸に平行で，$H=nI$ であることがわかる．それゆえ，磁束密度は

$$B = \mu_0 nI = (\mu_0)(n)(I)\mathrm{T} \tag{8.17}$$

となる．たとえば，$n = 10/\mathrm{cm}$, $I = 0.1\ \mathrm{A}$ とすれば，$(n) = 10^3$, $(I) = 0.1$ であるから，(8.17)により $B \fallingdotseq 1.26\times10^{-4}\ \mathrm{T} = 1.26\ \mathrm{G}$ が得られる．これは地磁気のほぼ2倍程度に過ぎない．しかし，もし比透磁率 $\mu/\mu_0 = 500$ の鉄の棒をコイルに挿入すると，$B \fallingdotseq 630\ \mathrm{G}$ となり，身近かの磁石程度の強さになる(図4b)．(これはコイルの中程での値である．棒の端の近くでは，磁力線がもれるので，B の値は小さくなる．) 空心コイルで $B = 1\ \mathrm{T}$ の磁場をつくるためには，(8.17)により $nI \fallingdotseq 8\times10^5\ \mathrm{A/m}$ の電流が必要である．このとき，コイルの内外の圧力差は4 atmにもなるのである．

§9. $QQ_m = \mathrm{h}$ の関係

電荷と磁荷がたがいに正準共役の関係にあるという事実は，電磁気の諸量の次元を考えるときに非常に参考になるので，ぜひ記憶するよう読者諸氏におすすめしたい．しかもこれは，量子力学の不確定性原理に関連してきわめて憶えやすい関係なのである．

粒子の運動量 p と位置 x のようにたがいに正準共役な 2 つの物理量 p, q の測定に伴う誤差 $\Delta p, \Delta q$ の間には

$$\Delta p \cdot \Delta q \gtrsim h \tag{9.1}$$

という不等号関係が成り立つ．ただし h は **Planck の定数**（**作用量子**）である：

$$h = 6{\cdot}626176 \times 10^{-34}\ \mathrm{J{\cdot}s.} \tag{9.2}$$

これが **不確定性原理** である．たとえば，角運動量と回転角，エネルギーと時間も，それらの積が作用量の次元をもつので，たがいに正準共役である．（とくに，角運動量はそれ自身が作用量の次元をもつ．）

いま，電荷と磁荷についても (9.1) の不確定性原理が成り立つものと仮定して，想像を逞しうしてみよう．

（i） 磁束量子，モノポール(磁気単極)

現在，電荷(電気量)には最小の単位 e があることが知られている．すなわち電子の電荷は $-e$，陽子の電荷は e，などである．e は **電気素量** とよばれる．（素粒子の構成要素として電荷 $\pm(1/3)e$，$\pm(2/3)e$ をもつ **クォーク** が提唱されているが，ここでは考えない．）さて，(9.1)はいまのばあい

$$\Delta Q \cdot \Delta Q_m \gtrsim h \tag{9.3}$$

と書ける．電荷 Q は e の整数倍として測定されるから，ΔQ は最低 e までにおさえることができる．したがって，(9.3)によれば，Q_m の測定には必然的に $\Delta Q_m \gtrsim h/e$ の誤差を伴う．これは Q_m にも最小の単位 e_m があることを想像させる．ただし

$$e_m = \frac{h}{e} \tag{9.4}$$

である．Q_m を磁荷といったが，本質的には，Q_m は‘磁束’すなわち‘磁力線の総数’を意味するもので，磁力線が 1 点に集中する‘点磁荷’すなわち‘磁極’

の存在を要しない．要するに，(9.4)は，磁束には最小の単位が存在することを述べるだけなのである．e_mは**磁束量子**とよばれる．($e_m/2 = h/(2e)$を磁束量子ということがある．)

電気力線については，それが一点に集中した‘点電荷’——電子や陽子のような——が確かに存在する．それとの対応から，‘点磁荷’も存在するのではないかと思われる．これは現在まだ想像の域を脱しないが，**モノポール**(**磁気単極**)とよばれ，探索が続けられている．モノポールの磁荷はe_mである．

(ii)　光子

電磁力線網がそれ自身でエネルギーと運動量の保存法則を満足しながら空間を移動する現象が電磁波である．(ここで電気力線と磁力線とは同一性を保ちながら動くと考えてはいけない．電磁力線網の形成されている領域が移動するだけなのである．)とくに真空中の平面電磁波については，われわれの電磁場の基本法則から直接，Maxwellの方程式に頼ることなく，その行動を議論することができる(第4章の§13)．それによれば，電磁波の速度は$c = 1/\sqrt{\varepsilon_0\mu_0}$であって，電場，磁場，進行方向が右手系をなすような関係にある．そして電場のエネルギー密度$U^{(e)}$と磁場のエネルギー密度$U^{(m)}$は相等しい．すなわち，一般的には

$$U^{(e)} = (1/2)\,\boldsymbol{E}\cdot\boldsymbol{D}, \quad U^{(m)} = (1/2)\,\boldsymbol{H}\cdot\boldsymbol{B} \tag{9.5}$$

であるが，電磁波では

$$E = \mathrm{c}B, \quad c = 1/\sqrt{\varepsilon_0\mu_0} \tag{9.6}$$

が成り立ち，$U^{(e)} = U^{(m)}$である．また，電磁運動量密度$\boldsymbol{g} = \boldsymbol{D}\times\boldsymbol{B}$は進行方向を向き，その大きさは

$$g = DB = \varepsilon_0 E^2/c \tag{9.7}$$

である．さらに，(9.5), (9.6)により

$$U = U^{(e)} + U^{(m)} = ED = \varepsilon_0 E^2 \tag{9.8}$$

であるから

$$U = gc \tag{9.9}$$

の関係が成り立つのである．

いま，平面電磁波を表わす電磁力線網は厚さλの板状の領域に限られているものとする．進行方向にx軸，電場の方向にy軸，磁場の方向にz軸をと

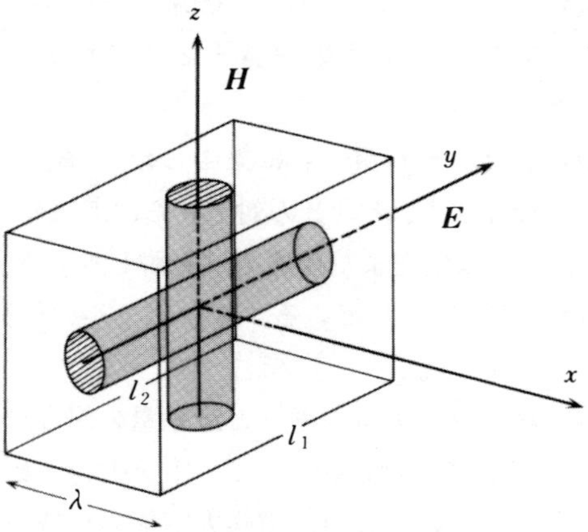

図5

る(図5)．図のように3軸方向の辺の長さが λ, l_1, l_2 の直方体の領域を考える．この直方体をつらぬいて電気力線と磁力線が走っている．さて，直方体は非常に小さくて，それをつらぬく電束と磁束は最小単位 e, e_m であるとしよう．すなわち

$$D\lambda l_2 = e, \quad B\lambda l_1 = e_m \tag{9.10}$$

が成り立つものと仮定する．このとき，直方体に含まれる運動量は，(9.7)，(9.10)，(9.4)により

$$\tilde{g} = g\lambda l_1 l_2 = DB\lambda l_1 l_2 = ee_m/\lambda = h/\lambda \tag{9.11}$$

である．また，エネルギーは

$$\tilde{U} = U\lambda l_1 l_2 = gc\lambda l_1 l_2 = hc/\lambda \tag{9.12}$$

となる．

この直方体は電磁波の最小単位と考えられるので，量子論で議論される**光子**(**光量子**)に相当する．実際，光(電磁波)の波長を λ とすると，光子の運動量はまさしく(9.11)で表わされる．また $\nu = c/\lambda$ は光の振動数であるから，(9.12)は光子のエネルギーが $h\nu$ で与えられることを示している．

(iii)　Bohr 磁子，核磁子

電子は電荷 $-e$ をもっている．(9.4)によれば，電荷に伴って‘磁荷’e_m をもつことが期待される．しかし，前にも述べたように，これは必ずしも‘点磁荷’の存在することを意味しない！　e_m の大きさの‘磁束’が存在すればよい

のである．そこでこの磁束が‘磁気 2 重極’によって生み出されるものと想像してみよう．ただし，この磁気 2 重極は，$\pm e_m$ の‘磁荷’を距離 r_e をへだてておいてつくったものとする．r_e としては電子の‘大きさ’程度の長さをとればよいだろう．さいわい，**古典電子半径** と称するものがあり

$$r_e = \frac{e^2}{4\pi\varepsilon_0 m_e c^2} \tag{9.13}$$

で与えられる．ただし m_e は **電子の質量** である．こうすると，電子は

$$\mu_B = r_e e_m = \frac{e \cdot e e_m}{4\pi\varepsilon_0 m_e c^2} = \frac{\mu_0 e h}{4\pi\ m_e} \tag{9.14}$$

の大きさの **磁気モーメント** をもつことになる．ただし，(9.4)の関係と，$c^2 = 1/(\mu_0\varepsilon_0)$ を使う．実際，μ_B は **Bohr 磁子** とよばれるものである．そして，電子は μ_B に近い磁気モーメントをもつことが知られている．

なお，(9.13)は，電子の質量 m_e が静電エネルギーによるものと仮定して得られたものである．すなわち，半径 r_e の球の表面に電荷 $-e$ が一様面密度で分布するとして静電エネルギー $\tilde{U}^{(e)}$ を計算すると，$\tilde{U}^{(e)} = e^2/(8\pi\varepsilon_0 r_e^2)$ が得られ，これを Einstein の関係 $m_e c^2 = \tilde{U}^{(e)}$ に代入するのである．(実は，因数 2 の違いがあるが，電子の電荷分布に任意性があるので，その違いは無視する．また，もし電子が静電エネルギー $\tilde{U}^{(e)}$ に等しい磁気エネルギー $\tilde{U}^{(m)}$ をもつものとすれば，因数 2 の違いは解消する．)

同様の考えで **陽子** のばあいをとり扱うと，(9.14)の電子の質量 m_e を **陽子の質量** m_p に変えて

$$\mu_N = \frac{\mu_0 e h}{4\pi\ m_p} \tag{9.15}$$

が得られる．これはちょうど **核磁子** とよばれるものになっている．

以上はもちろん厳密な理論ではない．しかし，ごく簡単な推論によって，光子や電子のような物理的に重要な概念について，少くとも定性的な理解が得られることを強調したい．

§10. MKSA 単位系と Gauss 単位系の関係

上に見てきたように，MKSA 単位系（あるいはむしろ，本書で提唱する VAMS 単位系）はその構成はきわめて合理的で理解しやすいものであるが，現在でも，とくに物理方面の本では，Gauss 単位系を使用するものがある．し

たがって，両者の関係を知っておくことも必要であろう．

さて，Gauss 単位系はどのように構成されているのだろうか？　白状すると，筆者にはその構成の原理を MKSA 単位系のように整然と述べることはできないので，ここでは両者の対応関係だけを述べることにする．(必要とあれば MKSA 単位系から Gauss 単位系が容易に導かれるからである．)

電場について基本的な物理量として電束密度 $\boldsymbol{D}$，電場 $\boldsymbol{E}$，電荷 Q をとり，磁場については磁束密度 $\boldsymbol{B}$，磁場 $\boldsymbol{H}$，磁荷 Q_m をとる．これらは MKSA 単位系で表わされているとする．そして，Gauss 単位系では，記号 (′) をつけて表わす．そうすると

$$\left.\begin{aligned} Q &= \alpha\, Q', \quad Q_m = \xi\, Q_m', \\ \boldsymbol{D} &= \beta\, \boldsymbol{D}', \quad \boldsymbol{B} = \eta\, \boldsymbol{B}', \\ \boldsymbol{E} &= \gamma\, \boldsymbol{E}', \quad \boldsymbol{H} = \zeta\, \boldsymbol{H}', \end{aligned}\right\} \tag{10.1}$$

の関係がある．α, β, γ；ξ, η, ζ は比例係数である．これを決定するのがわれわれの課題である．まず，電流と電荷の関係により

$$\boldsymbol{J} = \alpha\, \boldsymbol{J}' \tag{10.2}$$

が成り立つ．さて，真空中では

$$\boldsymbol{D} = \varepsilon_0 \boldsymbol{E} \longleftrightarrow \boldsymbol{D}' = \boldsymbol{E}', \tag{ε}$$

$$\boldsymbol{B} = \mu_0 \boldsymbol{H} \longleftrightarrow \boldsymbol{B}' = \boldsymbol{H}', \tag{μ}$$

$$\boldsymbol{f} = Q\,(\boldsymbol{E} + \boldsymbol{V} \times \boldsymbol{B}) \longleftrightarrow \boldsymbol{f} = Q'\,(\boldsymbol{E}' + c^{-1} \boldsymbol{V} \times \boldsymbol{B}'), \tag{L}$$

$$f = \frac{Q_1 Q_2}{4\pi\varepsilon_0 r^2} \longleftrightarrow f = \frac{Q_1' Q_2'}{r^2}, \tag{C$_e$}$$

$$f = \frac{Q_{m1} Q_{m2}}{4\pi\mu_0 r^2} \longleftrightarrow f = \frac{Q_{m1}' Q_{m2}'}{r^2} \tag{C$_m$}$$

の対応関係が成り立つ．これらは在来の電磁気学では‘定義’である．これに対して，われわれの立場では，Lorentz 力の公式 (L) と Coulomb の法則 (C_e)，(C_m) は基本法則から‘定理’として導かれるものである．

まず，(ε) を考えよう．(10.1) により

$$\beta\, \boldsymbol{D}' = \varepsilon_0 \gamma\, \boldsymbol{E}' \qquad \therefore \quad \boldsymbol{D}' = (\varepsilon_0 \gamma / \beta) \boldsymbol{E}'.$$

(ε) の右側の関係式と比較すれば，ただちに $\varepsilon_0 \gamma / \beta = 1$，すなわち

$$\gamma = \beta / \varepsilon_0, \quad \zeta = \eta / \mu_0 \tag{10.3}$$

の左側の関係が得られる．右側の関係を得るには，(μ) について同様の考察を

行なえばよい.

つぎに(L)を考える. (10.1)により

$$\boldsymbol{f} = \alpha\, Q'\,(\gamma \boldsymbol{E}' + \eta \boldsymbol{V} \times \boldsymbol{B}') = Q'\,(\alpha\gamma \boldsymbol{E}' + \alpha\eta \boldsymbol{V} \times \boldsymbol{B}').$$

これを(L)の右側の関係式と比較すれば

$$\alpha\gamma = 1, \quad \alpha\eta = 1/c \tag{10.4}$$

が得られる.

つぎに, (C_e)を考える.

$$f = \frac{\alpha^2 Q_1' Q_2'}{4\pi\varepsilon_0 r^2} = \frac{\alpha^2}{4\pi\varepsilon_0}\frac{Q_1' Q_2'}{r^2}.$$

これを(C_e)の右側の関係式と比較すれば

$$\alpha = \sqrt{4\pi\varepsilon_0}, \quad \xi = \sqrt{4\pi\mu_0} \tag{10.5}$$

の左側の関係が得られる. 右側を得るには, (C_m)について同様の考察をすればよい.

(10.5)を(10.4), (10.3)に代入して整理すれば, けっきょく

$$\left.\begin{aligned} \alpha &= \sqrt{4\pi\varepsilon_0}, & \xi &= \sqrt{4\pi\mu_0}, \\ \beta &= \sqrt{\frac{\varepsilon_0}{4\pi}}, & \eta &= \sqrt{\frac{\mu_0}{4\pi}}, \\ \gamma &= \frac{1}{\sqrt{4\pi\varepsilon_0}}, & \zeta &= \frac{1}{\sqrt{4\pi\mu_0}} \end{aligned}\right\} \tag{10.6}$$

が得られる. ただし, $c = 1/\sqrt{\varepsilon_0\mu_0}$ の関係を使う.

MKSA単位系とGauss単位系の関係は (10.1), (10.2)と(10.6)によって完全に表わされる. たとえば, Gaussの法則(G), Faradayの電磁誘導の法則(F), Ampèreの回路法則(A), Biot-Savartの法則(B-S), 電流に及ぼす磁気力の法則(F•I•B)は, それぞれつぎの対応関係をもつ.

$$\iint_S \boldsymbol{D}\cdot d\boldsymbol{S} = Q \longleftrightarrow \iint_S \boldsymbol{D}'\cdot d\boldsymbol{S} = k_1\, Q', \tag{G}$$

$$\int_C \boldsymbol{E}\cdot d\boldsymbol{r} = -\frac{\partial}{\partial t}\iint_S \boldsymbol{B}\cdot d\boldsymbol{S} \longleftrightarrow \int_C \boldsymbol{E}'\cdot d\boldsymbol{r} = -k_2\frac{\partial}{\partial t}\iint_S \boldsymbol{B}'\cdot d\boldsymbol{S}, \tag{F}$$

$$\int_C \boldsymbol{H}\cdot d\boldsymbol{r} = \iint_S \boldsymbol{J}\cdot d\boldsymbol{S} \longleftrightarrow \int_C \boldsymbol{H}'\cdot d\boldsymbol{r} = k_3\iint_S \boldsymbol{J}'\cdot d\boldsymbol{S}, \tag{A}$$

$$\delta\boldsymbol{H} = \frac{\delta\boldsymbol{J}\times\boldsymbol{r}}{4\pi r^3} \longleftrightarrow \delta\boldsymbol{H}' = k_4\frac{\delta\boldsymbol{J}'\times\boldsymbol{r}}{r^3}, \tag{B-S}$$

$$f = IBl \longleftrightarrow f = k_5\, I'B'l. \tag{F•I•B}$$

ここで係数 $k_1, k_2, \ldots$ は

$$k_1 = \alpha/\beta = 4\pi, \quad k_2 = \eta/\gamma = 1/c,$$
$$k_3 = \beta/\zeta = 4\pi/c, \quad k_4 = \alpha/4\pi\zeta = 1/c,$$
$$k_5 = \alpha\eta = 1/c$$

である.(読者にまかせる.)

これらの諸法則の表現の美しさから見ても, MKSA 単位系が Gauss 単位系にまさることは明らかであろう.

§11. まとめ

電磁気の単位系には静電単位系, 電磁単位系, Gauss 単位系, MKSA 単位系などいろいろあって, これを理解することは, とくに初学者にとって, 困難であるとされている. しかし, われわれの電磁気学の体系では, 基本法則からただちに電磁気の諸量の次元がわかり, 単位系の構成が自然に, また組織的に行なわれる. この章ではその処方箋を示した.

まず, 基本量として $(Q, Q_m, \mathrm{N}, \mathrm{m}, \mathrm{s})$ をとる. Q は電荷 (電束), Q_m は磁荷(磁束), N は力, m は長さ, s は時間である. そうすると, 電磁運動量の定義 : $\boldsymbol{g} = \boldsymbol{D}\times\boldsymbol{B}$ から, $Q\,Q_m = \mathrm{N\cdot m\cdot s} = \mathrm{h}$ (作用量) の関係が導かれる. それゆえ, 独立な基本量は 4 個となる. つぎに, $I = Q\,/\mathrm{s}$, $V = Q_m/\mathrm{s}$ の組み合わせを考える. I は‘電流’, V は‘磁流’である. そこで, $(V, I, \mathrm{m}, \mathrm{s})$を基本量とする単位系が考えられる. 長さの単位を m(メートル), 時間の単位を s(秒), ‘電流’ I の単位を A(アンペア) とすると, ‘磁流’ V の単位は V(ボルト)になる. こうして, **VAMS 単位系** とも称すべき単位系が構成される. これは, 実は MKSA 単位系と本質的に同じである.(もしも必要であれば, $\mathrm{kg} = \mathrm{V\cdot A\cdot m^{-2}\cdot s^3}$ の関係を使って V を消去すればよい.)

このように, われわれの電磁気学の体系では MKSA 単位系が自然に導かれるのである.(実は, これは筆者自身, 予想外の結果であった!) 一部には, MKSA 単位系は理論上, 教育上不便であるとの意見があるが, これには筆者はまったく反対である. ただ, MKSA 単位系の代わりに, これと同等な VAMS 単位系を電磁気の単位系とすることを提案したい. すなわち, VAMS 単位系は電気と磁気について対称的で, 電磁場の本質を忠実に反映しているからである. ただ, その際, V(ボルト)が単に‘電圧’の単位ではなくて, 本

質的には‘磁流’の単位であることを銘記すべきである．電気的な量と磁気的な量の単位が，A⇄V の交換によってたがいに移りかわることも注意すべきであろう．

電磁場について考えるばあい，単に数式的な表現だけではなく，ある程度数量的な‘感じ’をつかむことがたいせつである．そこで電磁場の強さを実感的にとらえる一つの方法として，電磁圧 $p^{(em)}$ で考えることを提案した．たとえば磁束密度 $B=1$ T は 4 atm に相当する．$p^{(em)}\propto B^2$ に注意すれば，B の他の値に対応する $p^{(em)}$ もただちに知れる．たとえば $B=0.1$ T の磁石では，$p^{(em)}$ は 5 cm Fe である．磁場に比べて電場の電磁圧はけた違いに小さい．

$QQ_m=$h の関係，すなわち‘電荷’と‘磁荷’がたがいに正準共役であるという事実は，一般にはあまり注意されていないようであるが，きわめて重要であると筆者には思われる．この事実に量子力学の不確定性原理を適用して，大胆な臆測をいくつか試みた．すなわち，磁束量子，モノポール(磁気単極)，光子，Bohr 磁子，核磁子などについての定性的な議論である．

最後に，物理方面の書物では現在なお Gauss 単位系を使用するものがあることを考えて，MKSA 単位系との関係を説明した．

N 1　VAMS 単位系　電磁場の基本法則が確定しておれば，それから自然に電磁気の単位系を導入することができる．本章ではその一つの方法を示したが，基本法則により密接に関連した方式が拙著[27]，[28]の付録に与えられている．

N 2　光子の直方体モデル　§9(ii)で述べた‘光子’の‘直方体モデル’は Einstein の‘光子’に内部構造を与えたものである．このモデルを精密化すれば，(i) $ee_m=h$ の関係で結ばれる‘磁気素量’e_m の存在の合理性，(ii) 電子・陽電子の対(つい)生成と対消滅の直観的イメージ，などを与えることができる（拙著［28］付録参照）．

8 相対性理論入門

§1. はじめに

電磁場の中で物体が運動するばあいを議論することは，当然，電磁気学の一分野として含まれる．運動物体の電磁気学とよばれるものがそれである．このばあい，運動する物体に固定した座標系で考えると，現象は静止物体の電磁気学として議論されるだろうとはだれしも思うことであろう．ここに‘相対性理論’が登場する．Newton 力学では，Galilei の相対性原理として‘相対性’はすでにおなじみのものである．ところが，電磁場理論ではこの‘相対性’は成り立たず，Einstein の相対性原理に支配されるのである．実際，電磁気学の本の中にも，Biot-Savart の法則を，Einstein の相対性理論を使って，Coulomb の法則から導くというものもある．

しかし，その方式では，‘相対性理論’なるものが別にあって，その結果を借用して電磁気学を構成するというかたちになっている．したがって，‘電磁気学’と‘相対性理論’は，関連があるとしても，本来別者であるとの印象を与えかねない．この印象は，相対性理論の教科書あるいは入門書のとり扱いによっても助長されるように思われる．つまり，たいていの本では，Newton 力学の変革という点に主眼をおくあまり，電磁気学との関連が軽視されている．Einstein の相対性理論に関する第一論文［1］が「運動物体の電気力学」と題されていることを考えると，これは Einstein の本来の趣旨に反するようにも思われる．

本章では，第 4 章で述べた‘電磁場の直観的イメージ’の線に沿って，相対性理論について考えることにする．電磁気学は，一つのまとまった体系としては，相対性理論を当然含むべきものと考えられるからである．‘相対性理論’といっても，大学の講義や成書に見られるような‘いかめしい’ものではない．なぜ相対性理論が必要なのか？ ‘Lorentz 短縮’や‘動く時計のおくれ’とは何を意味するのか？ これらのことを電磁現象のひとつの現われとして理解することは決して難しくないと筆者は信じる．つまり，Maxwellの方程式のような高級な数学を使わなくても，電磁気学の基本法則からLorentz変換や電磁場の変換が導かれるのである．これが本章の主題である．

§2. 相 対 性 原 理

いま，1つの電荷 q が静止しているものとする．そのまわりには静電場 $\boldsymbol{E}$ ができているだろう．さて，この電荷に対して速度 $\boldsymbol{v}$ で運動している人から見ると，電荷は電流 $-q\boldsymbol{v}$ を担うことになり，それによって磁場 $\boldsymbol{H}$ が現われるだろう．つまり，電荷に対して静止するか運動するかによって，観測者には磁場がないようにもあるようにも見える．これはごく簡単な一例であって，一般に電磁場 $\boldsymbol{E}, \boldsymbol{H}$ はどの座標系で観察するかによって異なるのである．それでは，座標系のとり方によって電磁場はどんな法則にしたがって変化するのだろうか？

ここでわれわれの電磁場の基本法則を思い出してみよう．

I．電磁場は電気力線と磁力線の走る空間である．電磁場を含む体系について，運動量とエネルギーの保存法則が成り立つ．力線はつぎの性質をもつ．

II．（力線の幾何学的性質）

（i） 真空中では力線はとぎれることなく続いている．正の電荷からは電気力線がわき出し，負の電荷に吸いこまれる．磁荷は存在しない．以上の性質を定量的に表わすために，**電束密度** $\boldsymbol{D}$，**磁束密度** $\boldsymbol{B}$，**電荷** Q，**電荷密度** ρ，を定義する：

$$\iint_{\mathrm{S}} \boldsymbol{D}\cdot d\boldsymbol{S} = Q = \iiint_{\mathrm{V}} \rho\, dV, \tag{2.1}$$

$$\iint_{\mathrm{S}} \boldsymbol{B}\cdot d\boldsymbol{S} = 0. \tag{2.2}$$

（ii） 電荷は保存する．これを定量的に表わすために，**電流密度** $\boldsymbol{J}$ を定義する：

$$\frac{dQ}{dt} = -\iint_{\mathrm{S}} \boldsymbol{J}\cdot d\boldsymbol{S}. \tag{2.3}$$

（iii） **線形性**．ある2つの電磁場が存在するならば，それらを重ね合わせた電磁場も存在し得る．

III．（力線の力学的性質）

$\boldsymbol{D}, \boldsymbol{B}$ に付随して，**電場** $\boldsymbol{E}$，**磁場** $\boldsymbol{H}$ を

$$\boldsymbol{E} = \boldsymbol{D} / \varepsilon_0, \quad \boldsymbol{H} = \boldsymbol{B} / \mu_0 \tag{2.4}$$

で定義する．ε_0, μ_0 はそれぞれ真空の **誘電率** および **透磁率** である．

（i）電磁場には **電磁エネルギー** および **電磁運動量** が貯えられる．それらは単位体積あたり

$$U = (1/2)(\boldsymbol{E}\cdot\boldsymbol{D} + \boldsymbol{H}\cdot\boldsymbol{B}), \tag{2.5}$$

$$\boldsymbol{g} = \boldsymbol{D}\times\boldsymbol{B} \tag{2.6}$$

である．

（ii）電磁場の中の任意の面を横切って電磁エネルギーおよび電磁運動量の **流れ** がある．それらは単位面積，単位時間あたり，それぞれ

$$\boldsymbol{S} = \boldsymbol{E}\times\boldsymbol{H}, \tag{2.7}$$

$$\boldsymbol{T}_n = \boldsymbol{E}\,D_n + \boldsymbol{H}\,B_n - U\,\boldsymbol{n} \tag{2.8}$$

である．

$$\boldsymbol{T}_n = \mathsf{T}\cdot\boldsymbol{n} = T_{ik}n_k, \tag{2.9}$$

$$T_{ik} = E_iD_k + H_iB_k - U\,\delta_{ik} \tag{2.10}$$

と書ける．$\boldsymbol{S}$ は **Poynting ベクトル**，T_{ik} は **Maxwell 応力** である．

（iii）真空中（$\rho = 0, \boldsymbol{J} = 0$）では電磁エネルギーも電磁運動量も消滅しない．

以上の 3 つの基本法則によって電磁現象はすべて説明されるといってきたが，よく考えてみるとつぎの疑問が生ずる．この法則が成り立つのは実験室の中だけなのだろうか？　実験室といっても，地球上に固定したものもあれば，空中を飛ぶ飛行機の中に設置したものもある……．もちろん，‘法則’という以上，それが成り立つ場所があることは当然前提とされている．実は，これまで暗黙のうちに，そのような場所があり，それは地上の，あるいは地球外の，任意の場所であってもよいかのように考えてきた．この点を明確にするために，法則として言明しておこう．

IV．（相対性原理）

以上の 3 つの法則が成り立つような座標系が存在する．これを **慣性系**

という．慣性系に対して等速運動する座標系も慣性系である．

この法則IVの前半は，上で述べたように，‘法則’を云々する際には当然つけ加えておくべきものである．そして，ふつうは，地球に固定する座標系が慣性系であることを‘期待する’のである．そしてその‘期待’の妥当性は実験によって検証すべきものである．さて，法則の後半は，“すべての慣性系について電磁場の法則が同じ形で表わされる”ことを述べるものであって，これだけをとり出して‘相対性原理’といってもよい．

相対性原理そのものは決してとっぴなものではない．むしろ，常識的にはごくあたりまえでなっとくしやすいものであろう．しかし，その内容はきわめて重大で，これから‘Lorentz 短縮’，‘時計のおくれ’など，われわれの時間・空間概念の変革をせまる思いがけない結論が導かれるのである．

さて，電磁場の基本法則はⅠ～IVによってはじめて完結したものになる．本節冒頭の問題——電磁場は座標系によってどう変化するか——は基本法則IV(相対性原理)を考慮することによってはじめて答えられるのである．

§3.　電磁場の変換法則

電磁場の最も簡単な典型例として，平行平板コンデンサーと長方形断面のコイルについて考えよう．

(i)　平行平板コンデンサー

極板の面積が極板の間隔に比べて十分大きい平行平板コンデンサーを考える．このばあい，極板上の**電荷の面密度** $\pm\sigma$ は一様と見なされる．コンデンサーに固定した座標系(S 系とよぶ)を図1のようにとる．S 系では y 軸方向

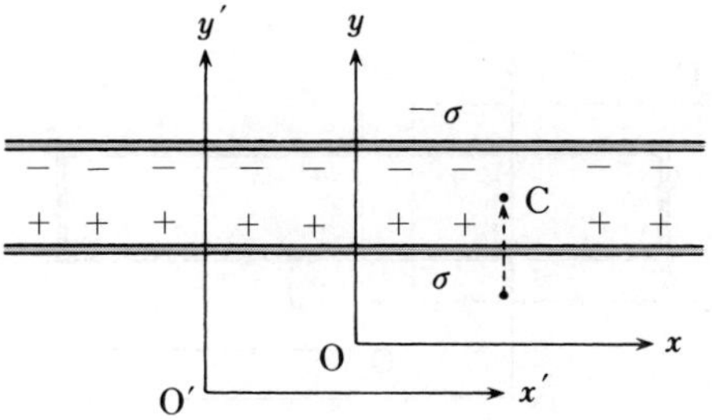

図1

の静電場だけが現われる：

$$D_y = \sigma, \quad \boldsymbol{H} = 0. \tag{3.1}$$

つぎに，S 系に対して x 軸の負の方向に速度 v で運動する座標系（S′ 系とよぶ）を考える．S′ 系ではコンデンサーは速度 v で動くから，**面電流** $\pm J' = \pm\sigma' v$ を担うように見える．（面電流としては記号 J'_s を用いるべきであろうが，簡単のために添字 s を省略する．）ただし，σ' は極板上の電荷の面密度とする．（座標系が変ると電荷の面密度も変るかも知れないので，一応 σ' としておく．）このばあい，磁場も現われる：

$$D'_y = \sigma', \quad H'_z = J' = \sigma' v. \tag{3.2}$$

ここで $H'_z = J'$ の関係は，y' 軸と z' 軸に平行な辺をもつ長方形の閉回路 C（図 1 にその 1 辺が見える）について **Ampère の回路法則** を適用すれば得られる．

（ii）　長方形断面のコイル

S 系に固定した長方形断面のコイルを考える（図 2）．電流の面密度を J とする．S 系では磁場のみが現われる：

$$H_z = J, \quad \boldsymbol{D} = 0. \tag{3.3}$$

S′ 系ではコイルを流れる電流の面密度は J' であるとする．したがって，コイルの内部の磁場は

$$H'_z = J' \tag{3.4}$$

となる．この磁場は‘動いている’から，電磁誘導によって電場 E'_y が現われる：

$$E'_y = vB'_z. \tag{3.5}$$

この関係は図 2 の閉回路 C について **Faraday の誘導法則** を適用することに

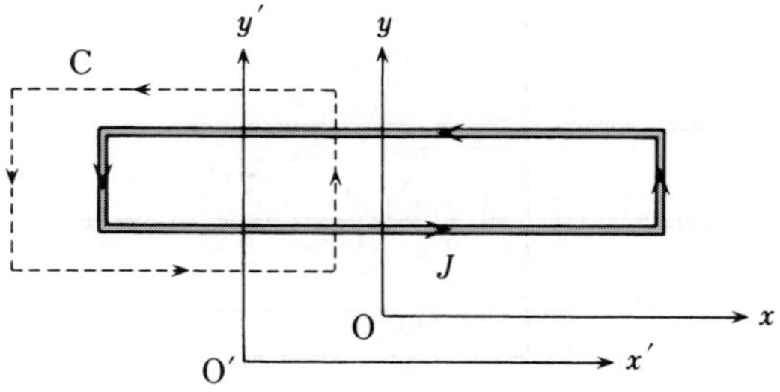

図2

よって得られる．$\boldsymbol{D}=\varepsilon_0\boldsymbol{E}, \boldsymbol{B}=\mu_0\boldsymbol{H}, \varepsilon_0\mu_0=1/c^2$ の関係を使えば，(3.5)は

$$D_y'=(v/c^2)H_z'$$

となり，(3.4)とあわせて

$$H_z'=J',\quad D_y'=(v/c^2)J' \tag{3.6}$$

と書くことができる．

(iii)　電磁場の変換法則

(3.1)と(3.2)，また(3.3)と(3.6)，はそれぞれ(i)，(ii)のばあいについて電磁場が座標系によってどう変化するかを具体的に示すものである．どちらも(D_y, H_z)の組み合わせに対して(D_y', H_z')が決まるという形になっている．そこで，一般的には，両者の間に線形結合の関係：

$$\begin{bmatrix} D' \\ H' \end{bmatrix}=\begin{bmatrix} \alpha_{11} & \alpha_{12} \\ \alpha_{21} & \alpha_{22} \end{bmatrix}\begin{bmatrix} D \\ H \end{bmatrix} \tag{3.7}$$

が成り立つものと仮定してみよう(簡単のために添字は省略する)．この仮定は，基本法則 II-iii：**電磁場の線形性** に適合するものである．係数 $\alpha_{11}, \alpha_{12}, \ldots$ は一般に相対速度 v の関数である．

さて，(3.1)，(3.2)を代入すると，(3.7)は

$$\begin{bmatrix} \sigma' \\ \sigma' v \end{bmatrix}=\begin{bmatrix} \alpha_{11} & \alpha_{12} \\ \alpha_{21} & \alpha_{22} \end{bmatrix}\begin{bmatrix} \sigma \\ 0 \end{bmatrix}$$

となる．これから，ただちに

$$\alpha_{11}=\alpha,\quad \alpha_{21}=v\alpha \tag{3.8}$$

が得られる．ただし

$$\sigma'/\sigma=\alpha \tag{3.9}$$

とおく．(3.3)，(3.6)を(3.7)に代入して同様の計算をすると，

$$\alpha_{12}=(v/c^2)\delta,\quad \alpha_{22}=\delta, \tag{3.10}$$

$$J'/J=\delta \tag{3.11}$$

が得られる．けっきょく，(3.7)は

$$\begin{bmatrix} D' \\ H' \end{bmatrix}=\begin{bmatrix} \alpha & (v/c^2)\delta \\ v\alpha & \delta \end{bmatrix}\begin{bmatrix} D \\ H \end{bmatrix} \tag{3.12}$$

となる．

さて，S系はS′系に対して速度 v で運動している．そこで，S系とS′系の役割を交換して考えると，(3.12)は

$$\begin{bmatrix} D \\ H \end{bmatrix} = \begin{bmatrix} \alpha & -(v/c^2)\delta \\ -v\alpha & \delta \end{bmatrix} \begin{bmatrix} D' \\ H' \end{bmatrix} \tag{3.13}$$

と書けるはずである．（$v \to -v$ と変えても，α, δ は変化しない！（3.9），(3.11)の定義の意味を考えれば明らか．）そこで，(3.12)を(3.13)に代入すると

$$\begin{bmatrix} \alpha & -(v/c^2)\delta \\ -v\alpha & \delta \end{bmatrix} \begin{bmatrix} \alpha & (v/c^2)\delta \\ v\alpha & \delta \end{bmatrix} = \begin{bmatrix} 1 & 0 \\ 0 & 1 \end{bmatrix}$$

であることがわかる．これから簡単な計算によって

$$\alpha = \delta = \gamma, \tag{3.14}$$

$$\gamma = \frac{1}{\sqrt{1-v^2/c^2}} \tag{3.15}$$

が得られる．けっきょく，(3.12)は

$$\begin{bmatrix} D' \\ H' \end{bmatrix} = \gamma \begin{bmatrix} 1 & v/c^2 \\ v & 1 \end{bmatrix} \begin{bmatrix} D \\ H \end{bmatrix} \tag{3.16}$$

となる．添字を復活して具体的に書くと

$$D'_y = \gamma\{D_y + (v/c^2)H_z\}, \tag{3.17}$$

$$H'_z = \gamma(H_z + vD_y) \tag{3.18}$$

である．$\boldsymbol{D} = \varepsilon_0 \boldsymbol{E}$, $\boldsymbol{B} = \mu_0 \boldsymbol{H}$, $\varepsilon_0 \mu_0 = 1/c^2$ の関係を考慮すると，これらは

$$E'_y = \gamma(E_y + vB_z), \tag{3.19}$$

$$B'_z = \gamma\{B_z + (v/c^2)E_y\} \tag{3.20}$$

のように表わすこともできる．

なお，上の諸式で $y \to z$, $z \to -y$ とおきかえれば (D_z, H_y), (E_z, B_y) に関する変換法則が得られることを注意しておこう．

相対速度に平行な電磁場の成分 E_x, D_x；H_x, B_x はもちろん変化しない．

§4.　Lorentz 短縮，時計のおくれ

座標系によって電磁場が異なるように見えるということは，電磁誘導の法則から考えて，別にふしぎではない．しかし，電荷の面密度 σ や，面電流の密度 J が座標系によって変化するというのはいささか奇妙である．

この事情をコンデンサーのばあいについて考えてみよう．極板のある一部分に含まれる電荷を考える．この部分は，S 系では Δx であるとする．それの含む電荷は $\sigma \Delta x$ である．S′ 系ではその部分は $\Delta x'$ に対応するものとする

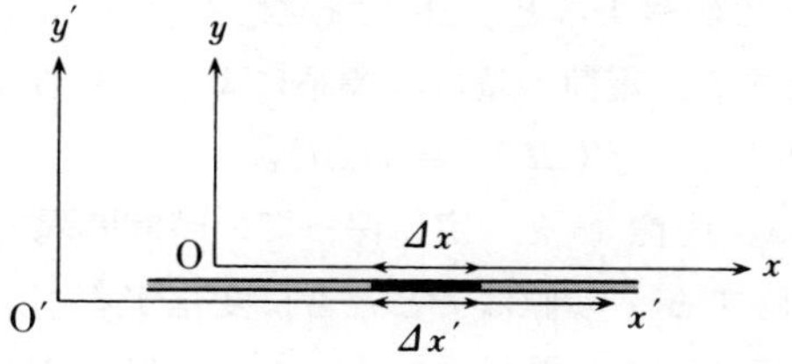

図3

(図 3)．“電荷は座標系によって変化しない” と仮定すると

$$\sigma' \Delta x' = \sigma\, \Delta x \qquad (4.1)$$

の関係が成り立つはずである．ところが，(3.9)，(3.14) によれば，$\sigma'/\sigma = \gamma$．したがって，(4.1) は

$$\Delta x = \gamma\, \Delta x' \qquad (4.2)$$

となる．つまり，S 系と S′ 系とでは長さが違って見えるのである！

しかし，その‘長さ’はどのようにして測るのか？　一般に，事象を記述するには空間座標 (x, y, z) と時間座標 t が必要である．上の議論で現われる‘長さ’$\Delta x, \Delta x'$ は空間座標の差である．そこで，‘長さ’を測るということは，“時間座標を固定して空間座標の差をとる” ことと規定しておく．そうすると，(4.1) の左辺の $\Delta x'$ は，正確には $(\Delta x')_{t'}$ と書くべきものであることになる．(添字 t' は，‘時刻 t' を固定して’を意味する．) 右辺の Δx はどうか？ S 系では電荷は静止しているから，区間 Δx の両端の時刻がいつであっても Δx の中に含まれる電荷はつねに $\sigma\, \Delta x$ である．したがって Δx を $(\Delta x)_{t'}$ ととることができる．けっきょく，(4.2) は

$$(\Delta x)_{t'} = \gamma (\Delta x')_{t'} \qquad (4.3)$$

と表わされる．S 系と S′ 系の役割を入れかえると，(4.3) から

$$(\Delta x')_{t} = \gamma (\Delta x)_{t} \qquad (4.4)$$

の関係も得られる．(4.4) はつぎのように解釈される．“S 系に対して運動する S′ 系で測った長さは，S 系では $1/\gamma = \sqrt{1-v^2/c^2}$ 倍に短縮して観測される．” これがすなわち **Lorentz 短縮** である．

つぎに，コイルについて考えよう．S′ 系で座標 x' の点を x' 軸の正の方向に単位時間あたりに通過する電荷の量は J' である．したがって $\Delta t'$ 時間では

$J'\Delta t'$. これをＳ系で観察すると $J\,\Delta t$ である. ただし Δt は $\Delta t'$ に対応するＳ系での時間間隔とする. 電荷の量は座標系によって変らないから

$$J'(\Delta t')_{x'} = J(\Delta t)_{x'}. \tag{4.5}$$

ここで, 添字 x' は, 座標 x' を一定に保っての時間間隔であることを示す. (x' の一定値に対応する x の値は t とともに変化する. しかし, Ｓ系ではコイルには電流が流れるだけで, 電荷はないから, Δt 時間内に通過する電荷の量は, x によらず, つねに $J\,\Delta t$ である!) さて, (3.11), (3.14) により $J'/J = \gamma$ であるから, (4.5) は

$$(\Delta t)_{x'} = \gamma(\Delta t')_{x'} \tag{4.6}$$

となる. ここでＳ系とＳ′系の役割を入れかえると

$$(\Delta t')_{x} = \gamma(\Delta t)_{x} \tag{4.7}$$

の関係も得られる.

(4.6) はつぎのように解釈される. "Ｓ系に対して運動するＳ′系の時計の読み $(\Delta t')_{x'}$ はＳ系の時計の読み $(\Delta t)_{x'}$ の $1/\gamma$ 倍に縮小する. つまりおくれる." これを **動く時計のおくれ**, あるいは簡単に, **時計のおくれ** という. 逆の見方をすると, 動くＳ′系の時間 $(\Delta t')_{x'}$ は, Ｓ系では γ 倍に拡大して観測される. たとえば, Ｓ′系で1時間の寿命の現象は, Ｓ系では寿命は γ 時間と観測されるのである. この意味で, '時計のおくれ' を **寿命の延び** ということができるだろう.

N　'Lorentz 短縮' や '時計のおくれ' というのは直観的にわかりやすい便利な表現である. しかしその意味を明確につかむためには, 基になる関係式 (4.3), (4.4) ; (4.6), (4.7) に立ちもどる必要がある. とくに, 添字 x, x' ; t, t' を忘れないことがかんじんである. (もし添字を忘れると, たとえば (4.3), (4.4) から, $\gamma = 1$ という誤った結果が得られるだろう!) 添字は, どういう状況のもとで '長さ' や '時間' の測定が行なわれているかを示すものとして必要不可欠である.

§5. Lorentz 変換

われわれの素朴な直観によれば, 2つの慣性系 S, S′ の座標は

$$x' = x + vt, \quad t' = t \tag{5.1}$$

で結ばれている (さしあたり y, z 座標は考えない). 実際, Ｓ系とＳ′系の役割

を入れかえるには，$v \to -v$，$x \rightleftarrows x'$，$t \rightleftarrows t'$ とおきかえればよい．確かに，その結果は(5.1)と一致するのである．(5.1)は **Galilei 変換** とよばれている．そして Newton 力学は Galilei 変換に対して不変の形で成立する．これがすなわち **Galilei の相対性原理** である．

さて，電磁場の相対性原理からは Lorentz 短縮および‘時計のおくれ’が結論される．これらは明らかに Galilei 変換(5.1)と矛盾する．それでは，電磁場の相対性原理に適合する座標変換はどのようなものであろうか？

(5.1)は S 系と S′ 系の線形変換で，空間座標の原点 O, O′ が一致する瞬間を時間座標の原点 ($t=0, t'=0$) とするものである．われわれの期待する変換に対しても同じ要請をすることにしよう．そのような変換は，一般に

$$x' = k(x + vt), \quad x = k(x' - vt') \tag{5.2}$$

の形に表わされる．ただし，k は任意の定数である．実際，$x \rightleftarrows x'$, $t \rightleftarrows t'$, $v \to -v$ とおきかえると，S 系と S′ 系の役割が入れかわり，(5.2)が再現するのである．つぎの問題は定数 k の値を決めることである．

Lorentz 短縮によれば，(4.4)すなわち

$$(\varDelta x')_t = \gamma(\varDelta x)_t \tag{5.3}$$

が成り立たなければならない．(5.2)の第1式と比較すれば，ただちに $k=\gamma$ が得られる．けっきょく，所望の変換は

$$x' = \gamma(x + vt), \quad x = \gamma(x' - vt') \tag{5.4}$$

である．

(5.4)は新旧の座標が入り混った形になっているので，すこし整理しておこう．それには(5.4)から x' を消去して t' について解いた形にすればよい．結果は

$$x' = \gamma(x + vt), \quad t' = \gamma\{t + (v/c^2)x\} \tag{5.5}$$

である．ただし，形を整えるために，(5.4)の第1式を再記した．

この変換が‘時計のおくれ’とも適合することは，(4.7)の関係 $(\varDelta t')_x = \gamma(\varDelta t)_x$ が(5.5)の第2式によって満足されることから明らかであろう．

(5.5)は **Lorentz 変換** とよばれる．すなわち，Lorentz 変換は電磁場の相対性原理が成り立つような座標変換である．

電磁場の変換法則 (3.17)～(3.20) と比較すると，(E_y, B_z) と (H_z, D_y) が (x, t) と同じ形の変換をすることがわかるだろう．

§6. Lorentz 変換の導き方

Einstein は

（1） **相対性原理**：物理法則はどの慣性系においても同じ形で成り立つ.

（2） **光速不変の原理**：真空中を伝わる光の速さは，光源の運動によらず一定不変である.

の 2 つを前提として **相対性理論** を構築した. これによって時間・空間の概念に根本的な変革がもたらされた. すなわち, 慣性系の間の座標変換が Lorentz 変換にしたがうべきことが確立されたのである.

現在，教科書などでは，ふつうこの線に沿って Lorentz 変換が導かれている. さて, われわれの採用した基本法則と上の 2 つの原理を比較してみよう. まず(1)で‘物理法則’を‘電磁場の法則’に局限すると，基本法則 IV となる. つぎに，(2)はすでに基本法則 I ～III からの帰結として含まれている. 真空中の光速 c が $1/\sqrt{\varepsilon_0\mu_0}$ という座標系によらない一定値をもつことが導かれているからである. すなわち，Einstein の 2 つの原理は，われわれの基本法則 I ～IV に含まれているのである. したがって，Einstein 流の Lorentz 変換の導き方も，電磁気学の枠内にあると考えられるだろう. つぎに，この方式を試みよう.

前節のとり扱いで(5.2)まで進む：

$$x' = k(x + vt), \quad x = k(x' - vt'). \tag{6.1}$$

さて，S 系と S′ 系の原点 O, O′ が一致した瞬間に原点を通る光は，両方の系でそれぞれ

$$x = ct, \quad x' = ct' \tag{6.2}$$

にしたがって進行する. 光速不変の原理により，両方の系で c が同じ値をとるからである. (6.2)を(6.1)に代入すれば

$$ct' = k(c+v)t, \quad ct = k(c-v)t'. \tag{6.3}$$

両式から t, t' を消去すれば

$$k = \gamma \equiv \frac{1}{\sqrt{1 - v^2/c^2}} \tag{6.4}$$

が得られる. すなわち，(6.1)は Lorentz 変換(5.4)にほかならない.

Lorentz 変換を導くだけならば，この方法は簡単である．しかし，電磁気学としては，電磁場の変換法則を導いてはじめて理論的に完結するので，前節の導き方の方が優れていると思う．

§7.　物質中の電磁場の Lorentz 変換

物質中の電磁場は，微視的には，物質を構成する無数の原子・分子によるものとして極めて複雑である．しかし，適当な平均操作によって，これを滑らかな巨視的な電磁場で代表させることができるだろう．そのためには，‘意味のある’平均値をとることが必要である．ふつうは単に**空間的平均値**

$$\langle Q\rangle \overset{\text{def}}{=} \lim_{\varDelta V\to 0}\frac{1}{\varDelta V}\iiint_{\varDelta V} Q\, dV \tag{7.1}$$

だけを使っているが，ベクトル量 $\boldsymbol{F}$ に対しては，**横の平均** $\langle\boldsymbol{F}\rangle_{\perp}$ および **縦の平均** $\langle\boldsymbol{F}\rangle_{/\!/}$ という 2 種の平均を導入するのが合理的である．すなわち

$$\langle\boldsymbol{F}\rangle_{\perp} \overset{\text{def}}{=} \langle F_x\rangle_{\perp}\boldsymbol{i} + \langle F_y\rangle_{\perp}\boldsymbol{j} + \langle F_z\rangle_{\perp}\boldsymbol{k}, \tag{7.2}$$

$$\langle\boldsymbol{F}\rangle_{/\!/} \overset{\text{def}}{=} \langle F_x\rangle_{/\!/}\boldsymbol{i} + \langle F_y\rangle_{/\!/}\boldsymbol{j} + \langle F_z\rangle_{/\!/}\boldsymbol{k}. \tag{7.3}$$

ただし

$$\langle F_n\rangle_{\perp} \overset{\text{def}}{=} \lim_{\varDelta S\to 0}\frac{1}{\varDelta S}\iint_{\varDelta S}\boldsymbol{F}\cdot d\boldsymbol{S}, \qquad \varDelta\boldsymbol{S} = \boldsymbol{n}\varDelta S \tag{7.4}$$

$$\langle F_e\rangle_{/\!/} \overset{\text{def}}{=} \lim_{\varDelta s\to 0}\frac{1}{\varDelta s}\int_{\mathrm{O}}^{\mathrm{P}}\boldsymbol{F}\cdot d\boldsymbol{r}, \qquad \overrightarrow{\mathrm{OP}} = \varDelta\boldsymbol{r} = \boldsymbol{e}\varDelta s \tag{7.5}$$

はそれぞれ $\boldsymbol{F}$ の‘$\boldsymbol{n}$ 方向の横平均’および‘$\boldsymbol{e}$ 方向の縦平均’である．このように定義すると

$$\langle F_n\rangle_{\perp} = \langle\boldsymbol{F}\rangle_{\perp}\cdot\boldsymbol{n}, \quad \langle F_e\rangle_{/\!/} = \langle\boldsymbol{F}\rangle_{/\!/}\cdot\boldsymbol{e}, \tag{7.6}$$

$$\iint_{\varDelta S}\boldsymbol{F}\cdot d\boldsymbol{S} = \langle\boldsymbol{F}\rangle_{\perp}\cdot\varDelta\boldsymbol{S} + o(\varDelta S), \tag{7.7}$$

$$\int_{\mathrm{C}}\boldsymbol{F}\times d\boldsymbol{r} = \langle\boldsymbol{F}\rangle_{\perp}\times\varDelta\boldsymbol{r} + o(\varDelta s), \tag{7.8}$$

$$\int_{\mathrm{O}}^{\mathrm{P}}\boldsymbol{F}\cdot d\boldsymbol{r} = \langle\boldsymbol{F}\rangle_{/\!/}\cdot\varDelta\boldsymbol{r} + o(\varDelta s), \tag{7.9}$$

$$\iint_{\varDelta S}\boldsymbol{F}\times d\boldsymbol{S} = \langle\boldsymbol{F}\rangle_{/\!/}\times\varDelta\boldsymbol{S} + o(\varDelta S) \tag{7.10}$$

が成り立つ．

電磁場を表わす基本的な物理量 $\boldsymbol{D}, \boldsymbol{E}, \rho, \boldsymbol{J}$；$\boldsymbol{B}, \boldsymbol{H}$ の定義から考えて，‘意味のある’平均値として

$$\hat{\rho} = \langle\rho\rangle, \tag{7.11}$$

$$\hat{\boldsymbol{D}} = \langle\boldsymbol{D}\rangle_{\perp}, \quad \hat{\boldsymbol{B}} = \langle\boldsymbol{B}\rangle_{\perp}, \quad \hat{\boldsymbol{J}} = \langle\boldsymbol{J}\rangle_{\perp}, \tag{7.12}$$

$$\hat{\boldsymbol{E}} = \langle\boldsymbol{E}\rangle_{/\!/}, \quad \hat{\boldsymbol{H}} = \langle\boldsymbol{H}\rangle_{/\!/} \tag{7.13}$$

を採用し，これらを物質中の巨視的な電磁場に対する電荷密度，電束密度，…と定義する．これがわれわれの立場である(詳しくは第5章)．この定義によれば，物質中の電磁場の変換法則が，真空中の電磁場の変換法則からごく自然に導かれるのである．

ただ，平均をとる際に，まず，つぎの事実に注意しなければならない．$\boldsymbol{D} = \varepsilon_0\boldsymbol{E}$ からは必ずしも $\hat{\boldsymbol{D}} = \varepsilon_0\hat{\boldsymbol{E}}$ は結論されないのである．$\hat{\boldsymbol{D}} = \langle\boldsymbol{D}\rangle_{\perp} = \varepsilon_0\langle\boldsymbol{E}\rangle_{\perp}$，$\hat{\boldsymbol{E}} = \langle\boldsymbol{E}\rangle_{/\!/}$ であって，一般に $\langle\boldsymbol{E}\rangle_{\perp} = \langle\boldsymbol{E}\rangle_{/\!/}$ は成り立たないからである．

まず，(3.17)を考えよう：

$$D'_y = \gamma\{D_y + (v/c^2)H_z\}. \tag{7.14}$$

これを z 方向に積分すれば，D_y については横平均，H_z については縦平均が得られるだろう．ただし，S系とS′系とでそれぞれ $t = \mathrm{const}$, $t' = \mathrm{const}$ として積分を行なわなければならない．S系とS′系はLorentz変換：

$$x' = \gamma(x + vt), \quad y' = y, \quad z' = z,$$
$$t' = \gamma\{t + (v/c^2)x\} \tag{7.15}$$

で結ばれている．したがって，$t = 0$，$x = 0$ は $t' = 0$，$x' = 0$ に対応している．つまり，$t = 0$ のとき yz 平面で積分を行なうことは，$t' = 0$ のとき $y'z'$ 平面で積分を行なうことと同じになるのである．

(7.4)あるいは(7.8)により

$$\hat{D}'_y\Delta z' = \int_0^{\Delta z'} D'_y dz', \quad \hat{D}_y\Delta z = \int_0^{\Delta z} D_y dz,$$

また，(7.5)あるいは(7.9)によって

$$\hat{H}_z\Delta z = \int_0^{\Delta z} H_z dz$$

が成り立つ．ただし，高次の無限小は省略する．

以上を考慮して，(7.14)を $t = 0$ のとき z 方向に 0 から Δz まで積分すれ

ば，両辺を $\Delta z = \Delta z'$ で割って

$$\hat{D}'_y = \gamma\{\hat{D}_y + (v/c^2)\hat{H}_z\} \tag{7.16}$$

が得られる．

同様に，(3.18)を z 方向に積分すれば

$$\hat{H}'_z = \gamma(\hat{H}_z + v\hat{D}_y) \tag{7.17}$$

が得られ，(3.19),(3.20)を y 方向に積分すれば

$$\hat{E}'_y = \gamma(\hat{E}_y + v\hat{B}_z), \tag{7.18}$$

$$\hat{B}'_z = \gamma\{\hat{B}_z + (v/c^2)\hat{E}_y\} \tag{7.19}$$

が得られる．

ここで $y \to z, z \to -y$ とおきかえれば $(\hat{D}_z, \hat{H}_y)$，$(\hat{E}_z, \hat{B}_y)$ に関する変換法則が得られる．残るのは相対速度に平行な電磁場の成分である．真空中では

$$E'_x = E_x, \quad H'_x = H_x, \tag{7.20}$$

$$D'_x = D_x, \quad B'_x = B_x \tag{7.21}$$

が成り立つが，実は $\boldsymbol{D} = \varepsilon_0\boldsymbol{E}, \boldsymbol{B} = \mu_0\boldsymbol{H}$ であるから，(7.20)と(7.21)はまったく同じ関係式である．しかし，物質中の関係を導くためには，(7.20)については縦平均，(7.21)については横平均をとらなければならない．後者は，yz 平面上での積分を行なえばよいから簡単で，ただちに

$$\hat{D}'_x = \hat{D}_x, \quad \hat{B}'_x = \hat{B}_x \tag{7.22}$$

が得られる．前者についてはすこし工夫が必要である．

$\hat{E}_x$ を求めるには，$t = \text{const}$ として x について積分を行なわなければならない．一方，$\hat{E}'_x$ については，$t' = \text{const}$ として x' について積分する必要がある．Lorentz 変換(7.15)によれば，この操作は矛盾する．($t = \text{const}$ として x を変えると必然的に t' は変化する！) そこで，つぎのように考える．

xt 平面上に，微視的には大きく巨視的には微小な面積 ΔS をとる(図4)．E_x を ΔS 上で積分すれば，

$$\iint_{\Delta S} E_x dxdt = \hat{E}_x\Delta S + o(\Delta S) \tag{7.23}$$

の関係が成り立つ．なぜなら，左辺の積分をまず x 方向に行なえば $\int E_x dx = \hat{E}_x\Delta x$ が得られ，$\hat{E}_x$ は巨視的な関数として ΔS 上では定数である．そこで t 方向に積分すると $\hat{E}_x\int\Delta x dt = \hat{E}_x\Delta S$ が得られるのである．

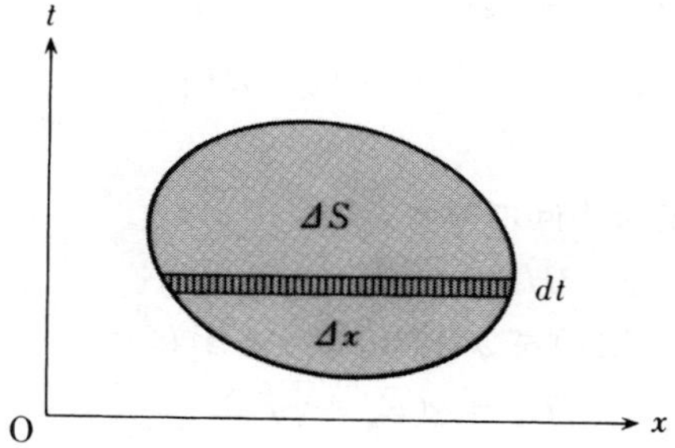

図4

(7.23)の関係はもちろんどの慣性系についても成り立つ．いま，S系，S′系の面積 $\Delta S, \Delta S'$ を Lorentz 変換で互いに対応するように選ぶと，

$$\iint_{\Delta S'} E_x' \, dx'dt' = \iint_{\Delta S} E_x' \frac{\partial(x', t')}{\partial(x, t)} dxdt \tag{7.24}$$

である．ところが，(7.15)により

$$\frac{\partial(x', t')}{\partial(x, t)} = \begin{vmatrix} \gamma & \gamma v \\ \gamma v/c^2 & \gamma \end{vmatrix} = \gamma^2(1 - v^2/c^2) = 1. \tag{7.25}$$

これと $E_x' = E_x$ の関係を(7.24)に代入して，(7.23)の関係を考慮すれば，$\hat{E}_x'\Delta S' = \hat{E}_x\Delta S$ が得られる．さらに，(7.25)により $\Delta S' = \Delta S$ であるから，けっきょく

$$\hat{E}_x' = \hat{E}_x \tag{7.26}$$

となるのである．

磁場についてもまったく同様である：

$$\hat{H}_x' = \hat{H}_x. \tag{7.27}$$

以上をまとめると，“電磁場の変換法則は真空中でも物質中でも同じである”ということになる．したがって，‘物質中’を示す記号 ＾ を省略しても混乱を生じないのである．

§8. 電気分極 $\boldsymbol{P}$，磁気分極 $\boldsymbol{M}$ の変換

物質の電気分極 $\boldsymbol{P}$ と磁気分極 $\boldsymbol{M}$ は，一般に

$$\boldsymbol{D} = \varepsilon_0\boldsymbol{E} + \boldsymbol{P}, \quad \boldsymbol{B} = \mu_0\boldsymbol{H} + \boldsymbol{M} \tag{8.1}$$

の関係を満足する．したがって，$\boldsymbol{D}, \boldsymbol{E}$；$\boldsymbol{B}, \boldsymbol{H}$ の変換法則からただちにその変換法則を導くことができる．たとえば，(7.16) と (7.18) を組み合わせると

$$P'_y = \gamma(P_y - \varepsilon_0 v M_z), \tag{8.2}$$

(7.19) と (7.17) を組み合わせれば

$$M'_z = \gamma(M_z - \mu_0 v P_y) \tag{8.3}$$

が得られる．また，$y \to z, z \to -y$ と入れかえれば，(P_z, M_y) に関する変換法則になる．そして，もちろん

$$P'_x = P_x, \quad M'_x = M_x \tag{8.4}$$

である．

§9. 電荷密度 $\boldsymbol{\rho}$, 電流密度 $\boldsymbol{J}$ の変換

平行平板コンデンサーと長方形断面コイルについての直観的考察では，電荷の面密度 σ と面電流密度 J_s はそれぞれ

$$\sigma = D_y, \quad J_s = H_z \tag{9.1}$$

で与えられた．したがって，(σ, J_s) の変換法則は (D_y, H_z) のそれと同じになるはずである．そこで，(3.17), (3.18) から

$$\sigma' = \gamma\{\sigma + (v/c^2)J_s\}, \tag{9.2}$$

$$J'_s = \gamma(J_s + v\sigma) \tag{9.3}$$

が得られる（J_s は x 方向に流れている）．電荷密度 ρ, 電流密度 J_x の変換法則はこれからつぎのように推定される：

$$\rho' = \gamma\{\rho + (v/c^2)J_x\}, \tag{9.4}$$

$$J'_x = \gamma(J_x + v\rho). \tag{9.5}$$

相対速度に垂直な成分 J_y, J_z については

$$J'_y = J_y, \quad J'_z = J_z \tag{9.6}$$

が成り立つ．

以上は真空中での法則である．物質中のばあいについては平均値を計算しなければならない．平均値 $\hat{\rho}, \hat{\boldsymbol{J}}$ の定義 (7.11), (7.12) により

$$\iiint_{\Delta V} \rho \, dxdydz = \hat{\rho} \Delta V, \tag{9.7}$$

$$\iint_{\Delta S} J_x \, dydz = \hat{J}_x \Delta S \tag{9.8}$$

に注意する．(9.7)で領域 ΔV は任意であるから，とくに x 方向に薄い‘せんべい’状の領域(底面を ΔS とする)をとることができる．したがって，(9.7)の代わりに

$$\iint_{\Delta S} \rho\, dydz = \hat{\rho} \Delta S \tag{9.9}$$

としてもよい．S 系と S′ 系とで y, z 座標は変わらないから，(9.4)，(9.5)を yz 面上の面積 ΔS について積分すれば，(9.8)，(9.9)により

$$\hat{\rho}' = \gamma\{\hat{\rho} + (v/c^2)\hat{J}_x\}, \tag{9.10}$$

$$\hat{J}'_x = \gamma(\hat{J}_x + v\hat{\rho}) \tag{9.11}$$

が得られる．

(9.6)の平均操作については(7.20)についてと同様の考慮が必要である．すなわち，たとえば

$$\iint_{\Delta S} J_y\, dxdz = \hat{J}_y \Delta S \tag{9.12}$$

の代わりに

$$\iiint_{\Delta V} J_y\, dxdzdt = \hat{J}_y \Delta V \tag{9.13}$$

を使う．ここで ΔV は xzt 空間内の微小領域である．この領域 ΔV は S′ 系では $x'z't'$ 空間の領域 $\Delta V'$ に対応する．そして

$$\frac{\partial(x', z', t')}{\partial(x, z, t)} = 1 \tag{9.14}$$

の関係がある．

以上を考慮すれば，(9.6)の平均操作の結果

$$\hat{J}'_y = \hat{J}_y, \quad \hat{J}'_z = \hat{J}_z \tag{9.15}$$

が容易に得られる．

$\hat{\rho}, \hat{\boldsymbol{J}}$ についても変換法則は真空のばあいと異ならないので，‘物質中’を示す記号 ^ は省略してもよいのである．

§10．電磁場の Lorentz 変換

参照の便宜のために，これまでに得られた結果をすこし一般の形にまとめておこう．S 系の座標を $(\boldsymbol{r}, t)$，S′ 系の座標を $(\boldsymbol{r}', t')$ とし，S′ 系は S 系に対して速度 $\boldsymbol{v}$ で等速運動をしている．速度に平行および垂直な成分を添字 $/\!/$,

⊥ で表わす．このとき

$$\boldsymbol{r}' = \boldsymbol{r}_\perp + \gamma(\boldsymbol{r} - \boldsymbol{v}t)_{/\!/}, \tag{10.1}$$

$$t' = \gamma(t - c^{-2}\boldsymbol{v}\cdot\boldsymbol{r})\,; \tag{10.2}$$

$$\boldsymbol{E}' = \boldsymbol{E}_{/\!/} + \gamma(\boldsymbol{E} + \boldsymbol{v}\times\boldsymbol{B})_\perp, \tag{10.3}$$

$$\boldsymbol{B}' = \boldsymbol{B}_{/\!/} + \gamma(\boldsymbol{B} - c^{-2}\boldsymbol{v}\times\boldsymbol{E})_\perp\,; \tag{10.4}$$

$$\boldsymbol{H}' = \boldsymbol{H}_{/\!/} + \gamma(\boldsymbol{H} - \boldsymbol{v}\times\boldsymbol{D})_\perp, \tag{10.5}$$

$$\boldsymbol{D}' = \boldsymbol{D}_{/\!/} + \gamma(\boldsymbol{D} + c^{-2}\boldsymbol{v}\times\boldsymbol{H})_\perp\,; \tag{10.6}$$

$$\boldsymbol{P}' = \boldsymbol{P}_{/\!/} + \gamma(\boldsymbol{P} - \varepsilon_0\,\boldsymbol{v}\times\boldsymbol{M})_\perp, \tag{10.7}$$

$$\boldsymbol{M}' = \boldsymbol{M}_{/\!/} + \gamma(\boldsymbol{M} + \mu_0\,\boldsymbol{v}\times\boldsymbol{P})_\perp\,; \tag{10.8}$$

$$\rho' = \gamma(\rho - c^{-2}\boldsymbol{v}\cdot\boldsymbol{J}), \tag{10.9}$$

$$\boldsymbol{J}' = \boldsymbol{J}_\perp + \gamma(\boldsymbol{J} - \rho\boldsymbol{v})_{/\!/}. \tag{10.10}$$

ここで $\gamma = (1 - v^2/c^2)^{-1/2}$ である．（前節までの議論は $\boldsymbol{v} = (-v, 0, 0)$ のばあいに相当する．）$(\boldsymbol{J}, \rho)$ の変換が $(\boldsymbol{r}, t)$ の変換と同じであることに注意してほしい．

§11．相対性理論入門

ここで相対性理論というのは，もちろん特殊相対論のことである．これを電磁気学の講義にいかにとり入れるかについては，いろいろ議論があるようである[2]．相対論は難解で高級なものという通念に対して，筆者はいささか抵抗感を覚える．電磁場の基本法則からごく自然に相対論の基本概念に導かれると信じるからである．要するに，‘電磁場の相対性原理’を認めるかぎり，電磁場の変換 → Lorentz 短縮，時計のおくれ → Lorentz 変換，が必然的に導かれる．そこにはいささかも論理の飛躍はない．また，出発点の‘電磁場の相対性原理’にしても，Faraday の電磁誘導の実験——磁石とコイルの相対運動による電流の発生——から見てもきわめて理解しやすいものである．なお，強調したいのは，論理の展開に高級な数学の知識を要しないことである．とくに，Maxwell の方程式はまったく使う必要はない．

Einstein の相対性原理は‘あらゆる物理法則’についての相対性を要請するのであるが，‘電磁場の法則’に制限しても Lorentz 変換が結論される．すなわち，電磁気学は Lorentz 変換を含めてはじめて閉じた体系をつくるのである．それゆえ，(1)電磁現象を正確に記述する時空は Lorentz 変換にしたがう，(2)電磁現象を一部とする‘あらゆる’物理現象を正確に記述する時空はLorentz変換にしたがう，というように‘相対性原理’を2つの段階に分けるべきではないかと筆者は考える．（相対論形成の歴史については［3］を見られたい．）

なお，物質中の電磁場の変換は，‘相対論入門’ではとり上げる必要はないと思う．むしろ，筆者の意図は，物質中の電磁場 $\hat{\boldsymbol{E}}, \hat{\boldsymbol{H}}$；$\hat{\boldsymbol{D}}, \hat{\boldsymbol{B}}$ の定義に‘横平均’と‘縦平均’の概念を用いることの有効性をLorentz変換を例として示すことであった．運動物体の電磁気学に関する従来のとり扱いは，筆者の目にしたかぎりでは，複雑で不透明の印象を受ける．（この点，［4］は種々の論点の整理と批判があり参考になる．）

N 1　コンデンサーとコイルの代わりに1本の針金をとり，電荷の線密度と直線電流について§3と§4と同様の議論を行なうことができる．電磁場が針金からの距離 r に逆比例して変化するという点を除けば，議論はまったく同じである．(読者の演習問題とする．）本文では，“最も基本的な電磁場は一様な電磁場である”という立場をとって考えた．

N 2　電荷の不変性　§4では座標変換の際に電荷(電気量)が不変に保たれることを仮定した．これは議論の筋道をわかりやすくするための暫定的な処置であって，実は，つぎのような手順で証明されるのである．まず，§3から(§4，§5をとばして）ただちに§6に進み，Lorentz変換(5.5)を導く．つぎに§4にもどって，極板の一部 $\varDelta x$ に含まれる電荷を考える．これを $\varDelta q$ とすれば

$$\varDelta q = \sigma(\varDelta x)_{t'}, \quad \varDelta q' = \sigma'(\varDelta x')_{t'}$$

の関係が成り立つ．ただし，S′系の量を記号′で示す．したがって

$$\frac{\varDelta q'}{\varDelta q} = \frac{\sigma'}{\sigma}\cdot\frac{(\varDelta x')_{t'}}{(\varDelta x)_{t'}}.$$

ところが，(3.9)，(3.14)により $\sigma'/\sigma = \gamma$．また，Lorentz変換から $(\varDelta x)_{t'} = \gamma(\varDelta x')_{t'}$．したがって $\varDelta q' = \varDelta q$．すなわち，電荷の不変性が成り立つのである．

§12.　ま　と　め

‘電磁場の相対性原理’を基本法則としてつけ加えることによって，電磁気学の体系は完結する．平行平板コンデンサーと長方形断面のコイルを例とし

て直観的考察を行ない，電磁場の変換法則，Lorentz 短縮と‘時計のおくれ’，Lorentz 変換，をこの順序でつぎつぎと導いた．用いた数学はごく簡単なもので，Maxwell の方程式にも頼らない．つまり，電磁気学の基本法則としては Maxwell の方程式に固執する必要はないのである．したがって，高校あるいは大学教養の段階で，閉じた体系として電磁気学を教えることは十分可能であろう．

なお，物質中の巨視的な電磁場をベクトル量 $\boldsymbol{F}$ の‘横平均’$\langle \boldsymbol{F} \rangle_{\perp}$ と‘縦平均’$\langle \boldsymbol{F} \rangle_{/\!/}$ の概念を用いて定義すれば，物質中の電磁場の Lorentz 変換の議論がきわめて透明になることを見た．これは，この定義の合理性を裏づける1つの証拠を提供するものと考えられる．

参 考 文 献

[1] A. Einstein : Zur Elektrodynamik bewegter Körper, Annalen der Physik, **17** (1905) 891～921. 邦訳：相対性理論，内山龍雄訳・解説，岩波文庫 (1988).
[2] 座談会――電磁気学の教科書について――：日本物理学会誌 **29**巻**12**号 (1974) 989～1001.
[3] 西尾成子編：広重徹科学史論文集，I．相対論の形成（みすず書房，1980).
[4] Penfield, P. & Haus, H. A.: Electrodynamics of Moving Media (MIT Press, 1967).

9 運動物体の電磁気学

§1. はじめに

“電磁場は運動量とエネルギーの保存法則が成り立つ1つの力学系である”という立場で電磁気学を構成するためには，基本法則として，I（運動量とエネルギーの保存法則），II（力線の幾何学的性質），III（力線の力学的性質），IV（電磁場の相対性原理）の4つを採用すればよい．このうち法則IVは，要するに，法則I～IIIが成り立つような座標系（すなわち慣性系）が存在し，かつ慣性系に対して等速運動する任意の座標系がまた慣性系であることを言明するものである．そして，これは，ふつう暗黙のうちに仮定するか，あるいは無意識的に使われているものである．実際，なにかある1つの電磁現象について考察するばあい，適当な座標系（たとえば実験室に固定した座標系）をとり，法則I～IIIを基礎として議論すればよい．つまり法則IV（相対性原理）を忘れても，あるいは知らなくてもよいのである．しかし，法則IVを法則I～IIIと合わせて積極的に考察すると，重大な結論が得られる．すなわち，Lorentz変換をはじめとする相対性理論である．これが前章の主題であった．

さて，電磁気学は基本法則I～IVを基礎として完結した体系になる．これを在来の電磁気学の体系と比較してみよう．そこでは基本法則として，Maxwellの方程式が採用され，その式に現われる電磁場を定義するのにLorentz力の公式が使われている．すなわち，Maxwellの方程式とLorentz力の公式がいわば‘公理’として採用されている．これに対してわれわれの体系では，両者は基本法則I～IIIから‘定理’として導かれるのである．したがって，公理，定理の違いはあるにせよ，われわれの体系は在来の体系と内容的には同等である．しかし，直観的イメージをつくりやすい点，たとえば電磁波を，Maxwellの方程式に頼らず，基本法則から直接導くことができるなど，われわれの体系が優れていると思う．とくに，物質中の電磁場の議論が透明になることに注目してほしい．

さて，運動物体に関する電磁気学は，基本法則 IV(電磁場の相対性原理)の導入により，静止物体のそれに還元して議論することが原理的に可能になった．しかし，そのために必要な座標変換の法則は Lorentz 変換という，めんどうなものである．これをなんとか身近な直観的なものに簡略化することはできないものだろうか？

本章では，その希望がある程度かなえられることを述べる．すなわち，非相対論的近似の導入である．これによって座標変換が見やすい形になるのである．ただ，Ohm の法則 $\boldsymbol{j}=\sigma\boldsymbol{E}$ や，電磁的に線形の条件 $\boldsymbol{D}=\varepsilon\boldsymbol{E}$，$\boldsymbol{B}=\mu\boldsymbol{H}$ が，物体の運動速度に依存する形に変更されることに注意すべきである．なお，第 4 章で直観的に説明した電磁誘導の現象を‘定量的’に議論することも本章の目的である．

§2.　非相対論的近似

前章で述べたように，基本法則 I 〜IIIが成り立つような座標系 S は慣性系である．そして S 系に対して等速運動をする座標系 S′も慣性系であるというのが基本法則 IV(電磁場の相対性原理)である．たとえば，地球に固定した座標系は慣性系とみなすことができる．(この事実は実験的に検証すべき事柄で，実際これと矛盾するような実験結果は現在まで得られていない．)

S 系の座標を $(\boldsymbol{r}, t)$，S′ 系の座標を $(\boldsymbol{r}', t')$ とし，S′ 系は S 系に対して速度 $\boldsymbol{V}$ で等速運動をしているとすれば，基本法則 IVは

$$\boldsymbol{r}' = \boldsymbol{r}_{\perp}+\gamma(\boldsymbol{r}-\boldsymbol{V}t)_{/\!/}, \tag{2.1}$$

$$t' = \gamma(t-c^{-2}\boldsymbol{V}\cdot\boldsymbol{r}) \tag{2.2}$$

を与える．ただし

$$\gamma = (1-\beta^2)^{-1/2}, \quad \beta = V/c \tag{2.3}$$

である．また，速度 $\boldsymbol{V}$ に平行および垂直な成分を添字 $/\!/$, $\perp$ で表わす．(2.1), (2.2) はそれぞれ前章の (8. 10. 1), (8. 10. 2) であって，時間空間座標の **Lorentz** 変換とよばれるものである．速度 $\boldsymbol{v} = d\boldsymbol{r}/dt$, $\boldsymbol{v}' = d\boldsymbol{r}'/dt'$ の変換は

$$\boldsymbol{v}' = \frac{d\boldsymbol{r}'}{dt'} = \frac{d\boldsymbol{r}'/dt}{dt'/dt} = \frac{d\boldsymbol{r}_{\perp}/dt + \gamma(d\boldsymbol{r}_{/\!/}/dt-\boldsymbol{V})}{\gamma(1-c^{-2}\boldsymbol{V}\cdot d\boldsymbol{r}/dt)}$$

$$= \frac{1}{\gamma}\frac{\boldsymbol{v}_{\perp}+\gamma(\boldsymbol{v}_{/\!/}-\boldsymbol{V})}{1-c^{-2}\boldsymbol{V}\cdot\boldsymbol{v}} \tag{2.4}$$

のように与えられる.

(i)　電磁場の変換法則

座標系によって時間 t が異なることは，それが真であっても，われわれの素朴な直観にはなじまない．これが相対性理論を難解なものとする一因であろう．しかし，相対速度 $\boldsymbol{V}$ の大きさが光速 c に比べて小さいばあいには，$\beta = V/c$ の 2 乗を無視すれば $\gamma = 1$ となり，(2.4)は

$$\boldsymbol{v}' = \boldsymbol{v} - \boldsymbol{V} \tag{2.5}$$

となる．ただし，速度 $\boldsymbol{v}$ 自身も相対速度 $\boldsymbol{V}$ と同程度，すなわち $O(\beta c)$ と仮定する．このとき，(2.1), (2.2)は

$$\boldsymbol{r}' = \boldsymbol{r} - \boldsymbol{V}t, \quad t' = t \tag{2.6}$$

となる．(2.2)で $\boldsymbol{r}/t = O(\boldsymbol{v}) = O(\beta c)$ と考えられるからである．(2.6)は **Galilei 変換** にほかならない．なお，このとき，前章の(8.10.3)～(8.10.10)として与えられた電磁場の変換法則は

$$\boldsymbol{E}' = \boldsymbol{E} + \boldsymbol{V}\times\boldsymbol{B}, \qquad \boldsymbol{B}' = \boldsymbol{B} - c^{-2}\boldsymbol{V}\times\boldsymbol{E}, \tag{2.7}$$

$$\boldsymbol{H}' = \boldsymbol{H} - \boldsymbol{V}\times\boldsymbol{D}, \qquad \boldsymbol{D}' = \boldsymbol{D} + c^{-2}\boldsymbol{V}\times\boldsymbol{H}, \tag{2.8}$$

$$\boldsymbol{P}' = \boldsymbol{P} - \varepsilon_0\boldsymbol{V}\times\boldsymbol{M}, \qquad \boldsymbol{M}' = \boldsymbol{M} + \mu_0\boldsymbol{V}\times\boldsymbol{P}, \tag{2.9}$$

$$\boldsymbol{J}' = \boldsymbol{J} - \rho\boldsymbol{V}, \qquad \rho' = \rho - c^{-2}\boldsymbol{V}\cdot\boldsymbol{J} \tag{2.10}$$

となる．電流密度 $\boldsymbol{J}$ を **携帯電流** $\rho\boldsymbol{v}$ と **伝導電流** $\boldsymbol{j}$ とに分解して

$$\boldsymbol{J} = \rho\boldsymbol{v} + \boldsymbol{j} \tag{2.11}$$

のように表わすと，$\boldsymbol{j}$ に対する変換法則が，(2.5), (2.10)によって，

$$\boldsymbol{j}' = \boldsymbol{j} \tag{2.12}$$

のように得られる．ただし $c^{-2}(\boldsymbol{V}\cdot\boldsymbol{J})\boldsymbol{v}$ の項は $O(\beta^2\boldsymbol{J})$ として無視する．すなわち，この近似では，伝導電流密度 $\boldsymbol{j}$ は座標変換に際して不変である．

$O(\beta^2)$ を無視する近似を **非相対論的近似**，あるいは簡単に **NR 近似** とよぶことにしよう．(NR は non-relativistic の意味である．) NR 近似では座標変換は Galilei 変換(2.6)となり，電磁場の変換は(2.7)～(2.10), (2.12)で表わされる．異なる座標系に対して同一の時間 t が用いられること，また伝導電流密度 $\boldsymbol{j}$ も不変であることは，われわれの直観に適合してきわめて都合がよい(章末の **N** 参照)．

なお，(2.5)～(2.10)および(2.12)は S′ 系の量 $\boldsymbol{v}', \boldsymbol{r}', \ldots$ を S 系の量 $\boldsymbol{v}, \boldsymbol{r}, \ldots$ で表わす公式であるが，S 系の量を S′ 系の量で表わすには $\boldsymbol{V} \to -\boldsymbol{V}$ とお

きかえればよい．

N (2.7), (2.8)の第2式を見ると，$c^{-2}\boldsymbol{V}$ を含む項が現われている．NR 近似は $c\to\infty$ とする近似であると単純に考えると，これらの項は省略してもよいように思われるかも知れない．しかし，その考えは間違っている！ たとえば，真空中では $\boldsymbol{D}=\varepsilon_0\boldsymbol{E}$，$\boldsymbol{B}=\mu_0\boldsymbol{H}$ であるから，$c^{-2}=\varepsilon_0\mu_0$ を考慮すると，(2.7)，(2.8)の第2式はそれぞれ(2.8)，(2.7)の第1式に帰着する．つまり，$c^{-2}\boldsymbol{V}$ を含む項は省略できないのである．NR 近似の本質は，"座標変換に対する電磁場の変化を相対速度 $\boldsymbol{V}$ の1次の項まで考慮すること" にあるというべきである．

(ii) 力学的な量の変換法則

電磁場に関する力学的な量として，電磁エネルギー密度 U，電磁運動量密度 $\boldsymbol{g}$，Poynting ベクトル(電磁エネルギー流密度) $\boldsymbol{S}$. Maxwell 応力(電磁運動量流密度) T_{ik} がある．これらは

$$U=\frac{1}{2}(\boldsymbol{E}\cdot\boldsymbol{D}+\boldsymbol{H}\cdot\boldsymbol{B}), \tag{2.13}$$

$$\boldsymbol{g}=\boldsymbol{D}\times\boldsymbol{B}, \tag{2.14}$$

$$\boldsymbol{S}=\boldsymbol{E}\times\boldsymbol{H}, \tag{2.15}$$

$$T_{ik}=E_iD_k+H_iB_k-U\delta_{ik} \tag{2.16}$$

で与えられる．NR 近似でのこれらの変換法則を調べておこう．それには，S′系でのこれらの量の表式がS系ではどうなるかを調べればよい．

まず，(2.7), (2.8)により，

$$\begin{aligned}\boldsymbol{E}'\cdot\boldsymbol{D}'&=(\boldsymbol{E}+\boldsymbol{V}\times\boldsymbol{B})\cdot(\boldsymbol{D}+c^{-2}\boldsymbol{V}\times\boldsymbol{H})\\&=\boldsymbol{E}\cdot\boldsymbol{D}+(\boldsymbol{V}\times\boldsymbol{B})\cdot\boldsymbol{D}+c^{-2}\boldsymbol{E}\cdot(\boldsymbol{V}\times\boldsymbol{H})\\&=\boldsymbol{E}\cdot\boldsymbol{D}-(\boldsymbol{D}\times\boldsymbol{B})\cdot\boldsymbol{V}-c^{-2}(\boldsymbol{E}\times\boldsymbol{H})\cdot\boldsymbol{V}\\&=\boldsymbol{E}\cdot\boldsymbol{D}-\boldsymbol{g}\cdot\boldsymbol{V}-c^{-2}\boldsymbol{S}\cdot\boldsymbol{V}.\end{aligned}$$

ただし，$O(\beta^2)$を省略する．また，(2.14), (2.15)を使う．同様の計算で

$$\boldsymbol{H}'\cdot\boldsymbol{B}'=\boldsymbol{H}\cdot\boldsymbol{B}-\boldsymbol{g}\cdot\boldsymbol{V}-c^{-2}\boldsymbol{S}\cdot\boldsymbol{V}$$

が得られる．したがって

$$U'=\frac{1}{2}(\boldsymbol{E}'\cdot\boldsymbol{D}'+\boldsymbol{H}'\cdot\boldsymbol{B}')=U-\boldsymbol{g}\cdot\boldsymbol{V}-c^{-2}\boldsymbol{S}\cdot\boldsymbol{V} \tag{2.17}$$

である．

つぎに，(2.7)，(2.8)により，

$$\begin{aligned} \boldsymbol{g}' &= \boldsymbol{D}'\times\boldsymbol{B}' = (\boldsymbol{D}+c^{-2}\boldsymbol{V}\times\boldsymbol{H})\times(\boldsymbol{B}-c^{-2}\boldsymbol{V}\times\boldsymbol{E}) \\ &= \boldsymbol{D}\times\boldsymbol{B} + c^{-2}(\boldsymbol{V}\times\boldsymbol{H})\times\boldsymbol{B} - c^{-2}\boldsymbol{D}\times(\boldsymbol{V}\times\boldsymbol{E}) \\ &= \boldsymbol{D}\times\boldsymbol{B} - c^{-2}\{(\boldsymbol{H}\cdot\boldsymbol{B})\boldsymbol{V}-(\boldsymbol{B}\cdot\boldsymbol{V})\boldsymbol{H}\} - c^{-2}\{(\boldsymbol{E}\cdot\boldsymbol{D})\boldsymbol{V}-(\boldsymbol{D}\cdot\boldsymbol{V})\boldsymbol{E}\} \\ &= \boldsymbol{g} - c^{-2}\{2U\boldsymbol{V} - (\boldsymbol{D}\cdot\boldsymbol{V})\boldsymbol{E} - (\boldsymbol{B}\cdot\boldsymbol{V})\boldsymbol{H}\} \\ &= g_i - 2c^{-2}UV_i + c^{-2}\{(D_kV_k)E_i + (B_kV_k)H_i\}. \end{aligned}$$

ところが，(2.16)により

$$T_{ik}V_k = E_i(D_kV_k) + H_i(B_kV_k) - UV_i.$$

したがって，上の式は

$$g_i' = g_i - c^{-2}UV_i + c^{-2}T_{ik}V_k \tag{2.18}$$

となる．

同様の計算で

$$S_i' = S_i - UV_i + V_kT_{ki} \tag{2.19}$$

も得られる．

最後に，

$$T_{ik}' = E_i'D_k' + H_i'B_k' - U'\delta_{ik}.$$

さて

$$\begin{aligned} E_i'D_k' &= (\boldsymbol{E}+\boldsymbol{V}\times\boldsymbol{B})_i\,(\boldsymbol{D}+c^{-2}\boldsymbol{V}\times\boldsymbol{H})_k \\ &= E_iD_k + (\boldsymbol{V}\times\boldsymbol{B})_iD_k + c^{-2}E_i(\boldsymbol{V}\times\boldsymbol{H})_k \\ &= E_iD_k + \varepsilon_{ipq}V_pB_qD_k + c^{-2}\varepsilon_{kpq}E_iV_pH_q. \\ H_i'B_k' &= (\boldsymbol{H}-\boldsymbol{V}\times\boldsymbol{D})_i\,(\boldsymbol{B}-c^{-2}\boldsymbol{V}\times\boldsymbol{E})_k \\ &= H_iB_k - \varepsilon_{ipq}V_pD_qB_k - c^{-2}\varepsilon_{kpq}V_pE_qH_i. \end{aligned}$$

$$\begin{aligned} \therefore\quad & E_i'D_k' + H_i'B_k' \\ &= E_iD_k + H_iB_k + \varepsilon_{ipq}(B_qD_k - B_kD_q)V_p \\ &\quad + c^{-2}\varepsilon_{kpq}(E_iH_q - E_qH_i)V_p. \end{aligned}$$

ところが

$$B_qD_k - B_kD_q = \varepsilon_{qkj}(\boldsymbol{B}\times\boldsymbol{D})_j = \varepsilon_{jkq}(\boldsymbol{D}\times\boldsymbol{B})_j = \varepsilon_{jkq}\,g_j. \quad \because\ (2.14)$$

$$\begin{aligned} \therefore\quad \varepsilon_{ipq}(B_qD_k - B_kD_q)V_p &= \varepsilon_{ipq}\varepsilon_{jkq}V_p\,g_j = (\delta_{ij}\delta_{pk} - \delta_{ik}\delta_{pj})g_jV_p \\ &= g_iV_k - g_pV_p\,\delta_{ik}. \end{aligned}$$

同様にして

$$\varepsilon_{kpq}(E_iH_q - E_qH_i)V_p = V_iS_k - S_pV_p\,\delta_{ik}$$

が得られる．したがって

$$
\begin{aligned}
T'_{ik} &= E_iD_k+H_iB_k+g_iV_k+c^{-2}V_iS_k-(g_pV_p+c^{-2}S_pV_p+U')\delta_{ik} \\
&= E_iD_k+H_iB_k-U\delta_{ik}+g_iV_k+c^{-2}V_iS_k \qquad \because \quad (2.17) \\
&= T_{ik}+g_iV_k+c^{-2}V_iS_k \qquad (2.20)
\end{aligned}
$$

となる．

見やすいように，以上の結果をまとめておこう．

$$U'=U-(\boldsymbol{g}+c^{-2}\boldsymbol{S})\cdot\boldsymbol{V}, \qquad (2.21)$$

$$\boldsymbol{g}'=\boldsymbol{g}-c^{-2}U\boldsymbol{V}+c^{-2}T_{ik}V_k, \qquad (2.22)$$

$$\boldsymbol{S}'=\boldsymbol{S}-U\boldsymbol{V}+V_kT_{ki}, \qquad (2.23)$$

$$T'_{ik}=T_{ik}+g_iV_k+c^{-2}V_iS_k. \qquad (2.24)$$

これらは任意の物質中の電磁場について成り立つ．

真空中の電磁場については，

$$\boldsymbol{g}=\varepsilon_0\mu_0\boldsymbol{S}=c^{-2}\boldsymbol{S}, \quad T_{ik}=T_{ki} \qquad (2.25)$$

であるから，(2.21)～(2.24)は簡単化されて

$$U'=U-2\,\boldsymbol{g}\cdot\boldsymbol{V}, \qquad (2.26)$$

$$\boldsymbol{g}'=\boldsymbol{g}-c^{-2}U\boldsymbol{V}+c^{-2}T_{ik}V_k, \qquad (2.27)$$

$$\boldsymbol{S}'=\boldsymbol{S}-U\boldsymbol{V}+T_{ik}V_k, \qquad (2.28)$$

$$T'_{ik}=T_{ik}+g_iV_k+g_kV_i \qquad (2.29)$$

となる．

さて，電磁運動量および電磁エネルギーの，単位体積，単位時間あたりの消滅は，(3.7.6),(3.7.7)により，それぞれ

$$\boldsymbol{f}=\rho\boldsymbol{E}+\boldsymbol{J}\times\boldsymbol{B}, \qquad (2.30)$$

$$W=\boldsymbol{J}\cdot\boldsymbol{E} \qquad (2.31)$$

で与えられる．$\boldsymbol{f}$ は電磁力密度である．電磁エネルギーの消滅のうち，力学的エネルギーへの転換をさし引いたもの，すなわち

$$Q_J=W-\boldsymbol{f}\cdot\boldsymbol{v} \qquad (2.32)$$

は Joule 熱の発生を表わす．Q_J は，伝導電流 $\boldsymbol{j}$ を使えば，

$$Q_J=\boldsymbol{j}\cdot(\boldsymbol{E}+\boldsymbol{v}\times\boldsymbol{B}) \qquad (2.33)$$

の形に表わすこともできる．(2.32),(2.33) は (3.7.8),(3.7.10)として与えたものである．そして $\boldsymbol{v}$ は，電荷および電流を担うものの動く速度を表わすのである．

$\boldsymbol{f}$, W, Q_J の変換法則も U, $\boldsymbol{g}$, ... などと同様の方法で導くことができる．(読者にまかせる．) 結果はつぎのとおりである．

$$\boldsymbol{f}' = \boldsymbol{f} - c^{-2} W \boldsymbol{V}, \tag{2.34}$$

$$W' = W - \boldsymbol{f} \cdot \boldsymbol{V}, \tag{2.35}$$

$$Q_J' = Q_J. \tag{2.36}$$

これらはむしろ予想どおりの結果である．

なお

$$\boldsymbol{E} \cdot \boldsymbol{B} = \mathrm{inv}, \quad \boldsymbol{H} \cdot \boldsymbol{D} = \mathrm{inv}, \tag{2.37}$$

$$U^{(e)} - U^{(m)} = (1/2)(\boldsymbol{E} \cdot \boldsymbol{D} - \boldsymbol{H} \cdot \boldsymbol{B}) = \mathrm{inv}, \tag{2.38}$$

$$U^2 - \boldsymbol{g} \cdot \boldsymbol{S} = \mathrm{inv}, \tag{2.39}$$

すなわち，$\boldsymbol{E} \cdot \boldsymbol{B}$, $\boldsymbol{H} \cdot \boldsymbol{D}$,... は座標変換に際して不変であることも容易に証明される．(inv は不変(invariant)を意味する．) $U^{(e)}$,$U^{(m)}$ はそれぞれ電磁エネルギー密度 U の電場および磁場による部分を表わす．実は，(2.37)～(2.39)の関係は Lorentz 変換に対して厳密に成り立つのである．

§3.　Ohm の法則

物体はその電気的性質により，導体と絶縁体に大別される．電気を伝えやすい物体が導体，伝えにくい物体が絶縁体である．静電場の中に導体がおかれているばあいを定量的にとり扱うために，第 2 章の §18 では，つぎのように定義した．

［**定義**］　**導体**とは，自由に動き得る荷電粒子を多量に含み，したがって，静電場において，内部の電場がつねに 0 であるような物体のことである．

この定義で‘静電場’というのは，運動がまったくない，つまり物体は静止し，かつ荷電粒子の運動はない(電流は 0)ばあいの電場を意味している．導体内を電流が流れているばあいには，電場 $\boldsymbol{E}$ は必ずしも 0 ではない．そのばあい，多くの導体について

$$\boldsymbol{j} = \sigma \boldsymbol{E} \tag{3.1}$$

の関係が成り立つことが実験的に見出されている．$\boldsymbol{j}$ は伝導電流密度である．(物体は静止しているから，携帯電流 $\rho \boldsymbol{v}$ は 0 で，$\boldsymbol{J} = \boldsymbol{j}$ である．)　(3.1)は

Ohm の法則 とよばれる．そして σ を **電気伝導率**，その逆数 σ^{-1} を **抵抗率** という．σ が非常に大きいばあい，(3.1) は近似的に $\boldsymbol{E} = 0$ となる．すなわち，電流が流れているばあいでも，物体内部の電場はいたるところ 0 である．このような導体が **完全導体** である．

さて注意すべきは，“オームの法則は座標変換に対して不変ではない”ことである．実際，伝導電流 $\boldsymbol{j}$ は座標変換に対して不変であるのに，電場 $\boldsymbol{E}$ は変化するからである．それでは，(3.1) の形の Ohm の法則はどの座標系に対して成り立つのであろうか？　もちろん，それは導体に固定した座標系である．(実験はそのような座標系で行なわれている！) そこで，導体が運動しているような座標系で Ohm の法則がどのような形に表わされるかを考えよう．

S 系で導体は速度 $\boldsymbol{v}$ で運動しているとする．導体に固定した座標系を S′ 系とすれば，S 系に対する S′ 系の相対速度は $\boldsymbol{v}$ である．したがって，(2.12)，(2.7) により，

$$\boldsymbol{j}' = \boldsymbol{j}, \quad \boldsymbol{E}' = \boldsymbol{E} + \boldsymbol{v} \times \boldsymbol{B}. \tag{3.2}$$

ところが，S′ 系については Ohm の法則は $\boldsymbol{j}' = \sigma \boldsymbol{E}'$ の形に表わされる．これに (3.2) を代入すれば

$$\boldsymbol{j} = \sigma(\boldsymbol{E} + \boldsymbol{v} \times \boldsymbol{B}) \tag{3.3}$$

となる．こうして，運動する導体についての Ohm の法則が見出された．

Ohm の法則にしたがう導体を **Ohm 導体** とよぶことにしよう．すなわち，Ohm 導体は，静止状態ではふつうの Ohm の法則が成り立ち，したがって運動状態では (3.3) が成り立つような導体である．

§4.　電磁的に線形の物質

一般に，物質中の電磁場について

$$\boldsymbol{D} = \varepsilon_0 \boldsymbol{E} + \boldsymbol{P}, \quad \boldsymbol{B} = \mu_0 \boldsymbol{H} + \boldsymbol{M} \tag{4.1}$$

の関係が成り立つ．$\boldsymbol{E}$ は電場，$\boldsymbol{D}$ は電束密度，$\boldsymbol{P}$ は電気分極．また，$\boldsymbol{H}$ は磁場，$\boldsymbol{B}$ は磁束密度，$\boldsymbol{M}$ は磁気分極である．$\boldsymbol{P}, \boldsymbol{M}$ は $\boldsymbol{E}, \boldsymbol{H}$ の関数として変化し，その関数形は物質ごとにそれぞれ異なるが，電磁場があまり強くなければ，$\boldsymbol{E}, \boldsymbol{H}$ の 1 次式として表わされる．たとえば，**等方性の物質** では

$$\boldsymbol{P} = \varepsilon_0 \chi_e \boldsymbol{E}, \quad \boldsymbol{M} = \mu_0 \chi_m \boldsymbol{H} \tag{4.2}$$

が成り立ち，したがって

$$\boldsymbol{D} = \varepsilon \boldsymbol{E}, \quad \boldsymbol{B} = \mu \boldsymbol{H} \tag{4.3}$$

である．ただし

$$\varepsilon = \varepsilon_0(1+\chi_e), \quad \mu = \mu_0(1+\chi_m) \tag{4.4}$$

とおく．χ_e は **電気感受率**，χ_m は **磁化率**，ε は **誘電率**，μ は **透磁率** である．(異方性の物質では $\chi_e, \chi_m, \ldots$ はテンソルになる．) (4.2), (4.3)の成り立つ物質を一般的に **電磁的に線形の物質** とよぶことにしよう．

導体のばあいと同様(4.2), (4.3)の関係は座標変換に対して不変ではない．これらの関係は物体に固定した座標系についてのみ成り立つと考えるべきである．したがって，前節と同様の議論をすれば，速度 $\boldsymbol{v}$ で運動する線形の物質については，たとえば (4.3) の代わりに

$$\boldsymbol{D} + c^{-2}\boldsymbol{v}\times\boldsymbol{H} = \varepsilon(\boldsymbol{E}+\boldsymbol{v}\times\boldsymbol{B}),$$
$$\boldsymbol{B} - c^{-2}\boldsymbol{v}\times\boldsymbol{E} = \mu(\boldsymbol{H}-\boldsymbol{v}\times\boldsymbol{D})$$

が成り立つべきことがわかる．NR 近似では速度 $\boldsymbol{v}$ について 2 次以上の項を無視することを思い起こすと，

$$\boldsymbol{D} = \varepsilon\boldsymbol{E} + O(\boldsymbol{v}), \quad \boldsymbol{B} = \mu\boldsymbol{H} + O(\boldsymbol{v}).$$

これを上の式に代入して，$c^{-2} = \varepsilon_0\mu_0$ に注意すれば，

$$\boldsymbol{D} = \varepsilon\boldsymbol{E} + (\varepsilon\mu - \varepsilon_0\mu_0)\boldsymbol{v}\times\boldsymbol{H}, \tag{4.5}$$

$$\boldsymbol{B} = \mu\boldsymbol{H} - (\varepsilon\mu - \varepsilon_0\mu_0)\boldsymbol{v}\times\boldsymbol{E} \tag{4.6}$$

が得られる．これが，運動する線形物質について電磁場 $\boldsymbol{E}, \boldsymbol{H}$ と電磁束密度 $\boldsymbol{D}, \boldsymbol{B}$ の関係を表わす公式である．誘電体についても透磁率 μ を考慮すべきこと，また磁性体についても誘電率 ε を考慮すべきことに注意しなければならない．

§5. 電　磁　誘　導

Faraday は電気と磁気の相互作用を種々のばあいについて研究し，ついに 1831 年 電磁誘導の現象を発見した．その実験結果をまとめて，“導線が磁力線を切るばあい，単位時間に磁力線を切る本数に比例する起電力を生ずる” という結論を得たのである．この結論は，“回路に生ずる起電力は，回路をつらぬく磁束の減少する速度に比例する” という形に表現することもできる．これらは現在 **Faraday の電磁誘導の法則** とよばれている．

現在，教科書などでは，磁石と回路の相対運動のばあいが典型的な例とし

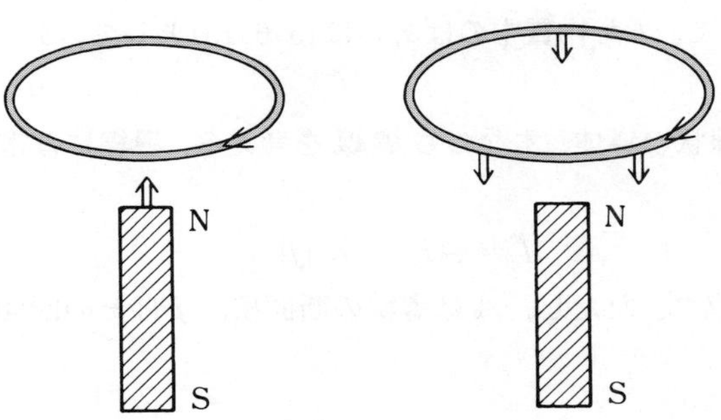

（a）　　　（b）

図1

て議論されている．すなわち，（a）固定した回路に磁石を近づけるばあい，（b）固定した磁石に回路を近づけるばあい，である（図1）．われわれの立場ではこの問題をつぎのようにとり扱う．

任意の電磁場の中を任意に運動する閉曲線Cについて

$$\frac{d}{dt}\Phi(\mathrm{S}) = -\int_{\mathrm{C}}(\boldsymbol{E}+\boldsymbol{v}\times\boldsymbol{B})\cdot d\boldsymbol{r}, \tag{5.1}$$

$$\Phi(\mathrm{S}) = \iint_{\mathrm{S}}\boldsymbol{B}\cdot d\boldsymbol{S} \tag{5.2}$$

が成り立つ．ただし，SはCを縁とする閉曲面，$\boldsymbol{v}$ はC上の各点の動く速度である（図2）．$\Phi(\mathrm{S})$ は‘Sをつらぬく磁束’で，縁の曲線Cの形のみに依存するから，これを $\Phi(\mathrm{C})$ と書いて，‘Cをつらぬく磁束’といってもよい．(5.1)は真空中，物質中を問わずつねに成り立つ関係である．これを**動く回路**についての **Faraday の法則**とよぶことができるだろう．(5.1)は，真空中のばあい

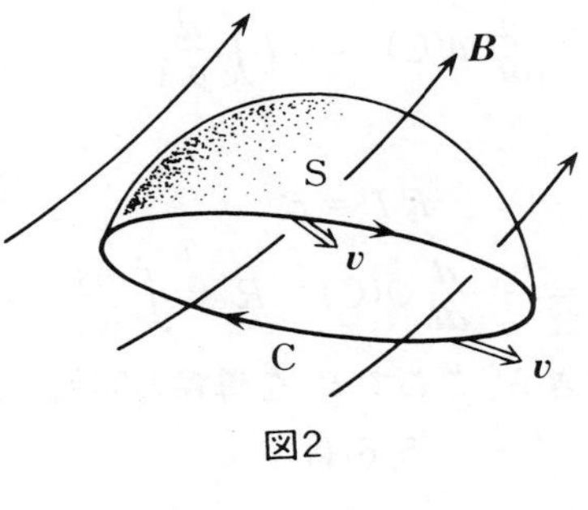

図2

は(3.8.9)として，また物質中のばあいは(5.6.15)として，すでに与えたものである．

いま，細い線状の導体，すなわち **導線** を考える．導線には電流 I が流れているとすると，

$$I = Aj, \quad j = |\boldsymbol{j}| \tag{5.3}$$

の関係が成り立つ．ただし，A は導線の断面積，$\boldsymbol{j}$ はその断面での電流密度である(図 3)．

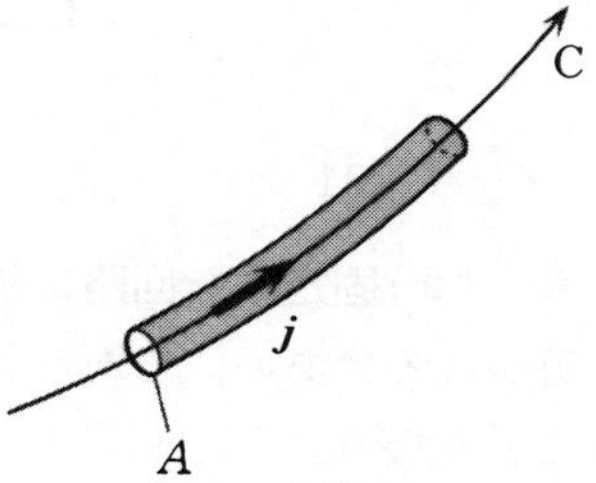

図3

さて，導線は Ohm 導体とみなすことができる．したがって，(3.3)の関係が成り立つ：

$$\boldsymbol{j} = \sigma(\boldsymbol{E} + \boldsymbol{v} \times \boldsymbol{B}). \tag{5.4}$$

ただし，σ は導線の電気伝導率，$\boldsymbol{v}$ は導線の動く速度である．($\sigma, \boldsymbol{v}$ は導線の各断面の関数として変化してもよい．)

(5.1)の右辺に(5.4)を代入すれば，

$$(\boldsymbol{E} + \boldsymbol{v} \times \boldsymbol{B}) \cdot d\boldsymbol{r} = \frac{1}{\sigma} \boldsymbol{j} \cdot d\boldsymbol{r} = \frac{I}{\sigma A} ds.$$

ただし，導線の中心線をCとして，その線要素を $ds = |d\boldsymbol{r}|$ とする．また，(5.3)を使う．したがって，(5.1)は

$$\frac{d}{dt}\Phi(\mathrm{C}) = -I \int_{\mathrm{C}} \frac{ds}{\sigma A} \tag{5.5}$$

となる．これは，また

$$RI = \mathcal{E}, \tag{5.6}$$

$$\mathcal{E} = -\frac{d}{dt}\Phi(\mathrm{C}), \quad R = \int_{\mathrm{C}} \frac{ds}{\sigma A} \tag{5.7}$$

の形に表わすことができる．ここで $\mathcal{E}$ を導線の回路に働く **起電力**, R を回路の **抵抗** とよぶことにすると，(5.6)は

$$（抵抗）\times（電流）=（起電力） \tag{5.8}$$

となる.

この結果は，導線が任意に変形しながら任意の電磁場の中を運動するという一般のばあいについて成り立つのであって，電磁場は時間的に変化していてもよい. したがって, はじめに述べた図1の（a）,（b）のばあいが特別なばあいとして含まれている. つまり，2つのばあいを別々にとり扱う必要はないのである.

このように, Faraday によって多くの実験結果から帰納的に見出された電磁誘導の法則は，われわれの電磁場の基本法則から演繹的に導かれるのである.

とくに, 回路をつくる導線の材質が均質で, かつ太さが一様であるばあい, その長さを l とすれば，(5.7)の第2式は

$$R = l/\sigma A \tag{5.9}$$

を与える.

N 1　現行の教科書では, ふつう（a）と（b）とを別々の現象として議論している. （a）では，磁場が時間的に変化することによって‘誘導電場’$\boldsymbol{E}_i$ が生ずるといい, （b）では，動く導線内の自由な荷電粒子に Lorentz 力が働くことによって $\boldsymbol{E}_i = \boldsymbol{v} \times \boldsymbol{B}$ に相当する‘誘導起電力’が現われるという. そして‘誘導電場’と‘誘導起電力’とは本質的に異なるものであるから注意するようにとも述べられている. しかし, 白状すると, 筆者にはその区別がよくわからない. あるいはむしろ, ‘誘導電場’と‘誘導起電力’が本質的になにを意味するかがわからないのである. つまり, 定性的には理解できても定量的に定義することができないのである. 導線の回路を流れる電流に関する電磁誘導の法則をかりに **導線回路の Faraday の誘導法則** とよぶことにすれば，これは (5.6), (5.7)のように表わされる. そしてこれは，**動く**（幾何学的な）**回路の Faraday の法則** (5.1)と **Ohm の法則** (5.4)とを組み合わせることによって得られる. つまり，‘誘導電場’とか‘誘導起電力’などの概念はまったく不必要なのである. 実際, ‘誘導起電力’の概念を用いないで(5.6)が導かれる. そして, この形から，$\mathcal{E} = -d\Phi/dt$ を（誘導によって得られる）‘起電力’とよんでもよかろう, という程度の意味しかないと思う.

最後に強調したいのは，‘動く（幾何学的）回路’の誘導法則(5.1)が‘導線回路’の誘導法則 (5.6), (5.7)に比べてはるかに重要であること，また Ohm の法則が動く

導体のばあいに(5.4)の形に表わされることである．(5.1)と(5.4)は，ふつうに教えられる $\boldsymbol{v} = 0$ のばあいの一般化として，初学者にも十分理解できるだろう．そしてこの2つさえ心得ておれば，電磁誘導の現象は，'誘導電場'や'誘導起電力'のような概念――筆者には無意味と思われる――をことさら導入することなしに，統一的に理解できることと思う．

N 2　Lenzの法則

(5.5)では，閉曲線 C をたどる向きを電流 I の向きにとってある．したがって，この電流 I がつくる磁場について C をつらぬく磁束を考えると，その符号は I の符号と一致する．(5.5), (5.2)によれば，I と $d\Phi(\mathrm{C})/dt$ とはちょうど符号が反対になっている．この事実は，"導線回路をつらぬく磁束が変化するとき，変化を妨げる向きに電流が流れる"といい表わすことができる．これを**Lenzの法則**という．Lenzの法則はFaradayの導線回路の法則 (5.6)の一部(電流の向き)を表わす'定性的な'法則ではあるが，記憶しやすく便利である．

例1　図4のように，平面曲線状の導線回路 C が一様な磁場 $\boldsymbol{B}$ の中で，磁場に垂直な直線を軸として回転している．回路の面の法線と磁場の方向のなす角を θ とし，回路の囲む面積を S とすれば，$\Phi(\mathrm{C}) = BS\cos\theta$ である．したがって，回路に働く起電力 $\mathcal{E}$ は，(5.7)により

$$\mathcal{E} = -\frac{d}{dt}\Phi(\mathrm{C}) = BS\dot{\theta}\sin\theta. \tag{5.10}$$

ただし $\dot{\theta} = d\theta/dt$ は回転角速度である．

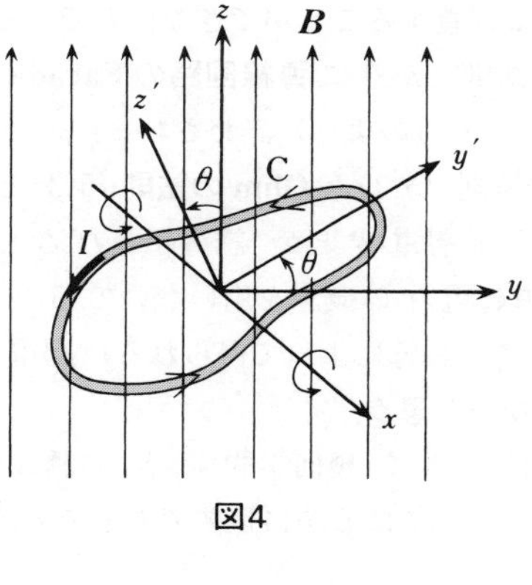

図4

例 2　図5のように，一様な磁場 $\boldsymbol{B}$ の中で，U字形の針金の枠に金属棒 AB をのせて動かす．このとき，回路 ABPO に流れる電流 I を求めよう．

この回路をつらぬく磁束は $\Phi(\mathrm{C}) = Blx$ である．したがって，回路に働く起電力 $\mathcal{E}$ は，(5.7)により

$$\mathcal{E} = -\frac{d}{dt}\Phi(\mathrm{C}) = -Blv. \tag{5.11}$$

ただし $v = dx/dt$ は棒 AB の動く速度である．

金属棒の抵抗を R_0，針金の単位長さあたりの抵抗を r とすれば，(5.7)の第2式により

$$R = R_0 + r(l+2x). \tag{5.12}$$

電流 I は，(5.6)により，$I = \mathcal{E}/R$ で与えられる．電流は AOPBA の向きに流れる (Lenz の法則)．

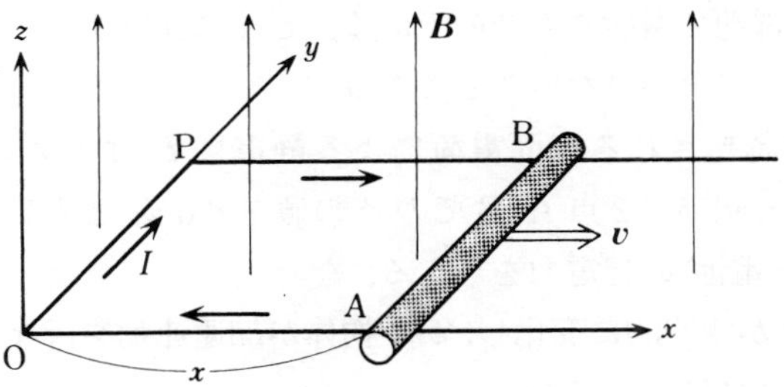

図5

例1では回路 C は変形せずに回転し，例2では回路は変形している．しかし，‘導線回路の誘導法則’(5.6)，(5.7)は同じ形で成り立つのである．

§6.　磁場中を運動する導体は電池である

上の例2では，金属棒の運動によって針金に電流が流れる．つまり，金属棒 AB は，A を正極，B を負極とする起電力 $\mathcal{E} = Blv$，内部抵抗 R_0 の電池の働きをしている．金属棒とは限らず，一般に任意の導体が磁場中を運動するばあいにも，同様の現象が期待される．これを定性的に考えてみよう．

いま，一様な磁場 $\boldsymbol{B}_0$ の中を物体が速度 $\boldsymbol{v}$ で等速運動をしているものとする．この座標系を S 系，物体に固定した座標系を S′ 系として，NR 近似で考える．両方の座標系の電磁場は

$$\boldsymbol{E}' = \boldsymbol{E}+\boldsymbol{v}\times\boldsymbol{B}, \qquad \boldsymbol{B}' = \boldsymbol{B}-c^{-2}\boldsymbol{v}\times\boldsymbol{E} \tag{6.1}$$

の関係式で結ばれている.

さて, S′ 系では一様な電磁場 $\boldsymbol{E}_0' = \boldsymbol{v}\times\boldsymbol{B}_0$, $\boldsymbol{B}_0' = \boldsymbol{B}_0$ の中で物体は静止している. このばあいの任意の点での電磁場 $\boldsymbol{E}'$, $\boldsymbol{B}'$ はそれぞれ静電場および静磁場の問題として決定されるだろう. とくに物体が導体のばあいには, 内部の電場は $\boldsymbol{E}' = 0$ となり, 表面には面電荷 ρ_s' が誘起される. さて, 電荷は座標変換に対して不変であるから, NR 近似(座標については Galilei 変換である!)では電荷密度 ρ も電荷面密度 ρ_s も不変である. (このばあい $\boldsymbol{J}'=0$ であるから, (2.10)により $\rho=\rho'$ である.) したがって, もとの座標系でも物体表面には $\rho_s = \rho_s'$ で与えられる面密度の真電荷が現われる. 物体表面の $\rho_s>0$ の点を A, $\rho_s<0$ の点を B とし, A と B とを ‘静止している’ 導線でつなぐと, A から B へ電流が流れる. つまり, 物体は A と B とをそれぞれ正および負の極とする電池の機能をもつのである. とくに注意すべきは, 導線は物体とともに運動してはいけないことである.

物体表面に誘起される表面電荷による静電場 $\boldsymbol{E}$ はポテンシャル ϕ をもつ: $\boldsymbol{E} = -\mathrm{grad}\,\phi$. 2 点 A, B での ϕ の値を ϕ_A, ϕ_B とすると, $\mathcal{E} = \phi_A - \phi_B$ がわれわれの ‘電池’ の起電力を与える.

外部磁場 $\boldsymbol{B}$ が空間的に変化し, かつ物体が加速運動を行なうばあいでも, 現象は定性的にほぼ同じである.

N 1 S′ 系での電磁場を $\boldsymbol{E}'= \boldsymbol{E}_0'+\boldsymbol{E}_1'$, $\boldsymbol{B}'= \boldsymbol{B}_0'+\boldsymbol{B}_1'$ と書き表わすと, $\boldsymbol{E}_1'$, $\boldsymbol{B}_1'$ は物体の存在によって誘起される電磁場を表わす. $\boldsymbol{E}'$ は明らかに $\boldsymbol{E}_0' = \boldsymbol{v}\times\boldsymbol{B}_0$ のオーダー, すなわち $O(vB_0)$ であるから, (6.1)の第 1 式により, $\boldsymbol{E}$ は $O(vB_0)$ である. したがって, (6.1)の第 2 式の第 2 項は $O(\beta^2B_0)$ となり, NR 近似では無視できる. すなわち, このばあい

“ $\boldsymbol{B}$ は座標変換に対して不変である”

ということができる. なお, (6.1)により

$$\begin{aligned}\boldsymbol{E} &= \boldsymbol{E}'-\boldsymbol{v}\times\boldsymbol{B} = (\boldsymbol{E}_0'+\boldsymbol{E}_1')-\boldsymbol{v}\times(\boldsymbol{B}_0'+\boldsymbol{B}_1')\\ &= \boldsymbol{E}_1'-\boldsymbol{v}\times\boldsymbol{B}_1'\end{aligned} \tag{6.2}$$

である. これによって S 系での電場が確定する.

以上の考察は物体が **絶縁体** のばあいにもそのままあてはまる. ただし, 誘起さ

れる電荷は **分極電荷** であるから,電場 $\boldsymbol{E}$ が発生しても物体は‘電池’として使うことはできない.

N 2　外部磁場 $\boldsymbol{B}$ が場所の関数として変化するばあいや，物体が加速度運動をするばあいには，以上の議論は厳密にはあてはまらない．なぜなら，電磁場を静電磁場に帰着させるような適当な慣性系を見出すことができないからである．とくに，電場が非定常のときには，導体内の電場 $\boldsymbol{E}'$ は 0 とはならず，伝導電流 $\boldsymbol{j}$ が流れる．これは **渦電流** とよばれる．渦電流が流れるとエネルギーの散逸が起こる．Ohm 導体では，散逸は単位体積，単位時間あたり j^2/σ である．ただし σ は電気伝導率である．

例　一様磁場中を運動する一様断面の導体棒

一様な磁場 $\boldsymbol{B}_0$ の中で，一様な断面形をもつ導体の棒が，その軸と磁場の両方に垂直な方向に速度 $\boldsymbol{v}$ で運動している．このとき，棒の軸に垂直な各平面内で磁場 $\boldsymbol{B}$ は図 6 のようになる．

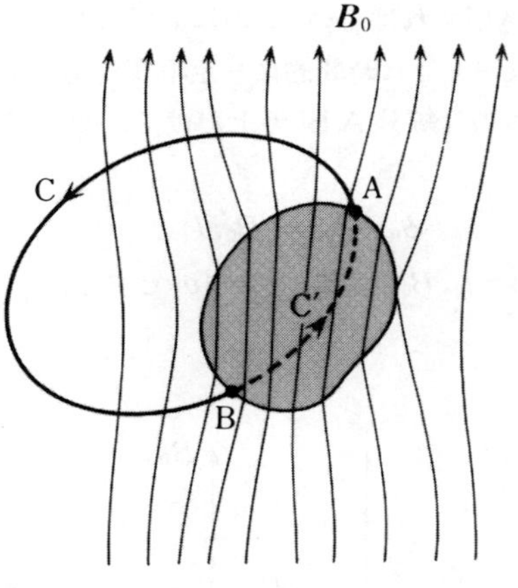

図6

つぎに電場 $\boldsymbol{E}'$ を考える．S′ 系では棒は静止しているから，

$$\text{棒の内部で}\qquad \boldsymbol{E}' = 0. \tag{6.3}$$

また，棒の外部で

$$\text{遠方では}\qquad \boldsymbol{E}' \to \boldsymbol{v}\times\boldsymbol{B}_0 \tag{6.4}$$

である．これらの条件によって‘静電場’$\boldsymbol{E}'$ が決定される．

つぎに, 棒の表面の2点A, Bを通る閉曲線を考え, それの棒の外部および内部にある部分をそれぞれC, C′で表わす(図6). S系にもどって考えると, この閉曲線C+C′は'動く回路'である. これについて誘導法則を適用する:

$$\int_{C+C'} (\boldsymbol{E}+\boldsymbol{v}\times\boldsymbol{B})\cdot d\boldsymbol{r} = 0.$$

閉曲線をつらぬく磁束は0だからである. $\boldsymbol{E}+\boldsymbol{v}\times\boldsymbol{B} = \boldsymbol{E}'$ は導体内で0であるから, 上の式は

$$\int_{C} \boldsymbol{E}\cdot d\boldsymbol{r} = -\int_{C} (\boldsymbol{v}\times\boldsymbol{B})\cdot d\boldsymbol{r} \tag{6.5}$$

と書きかえられる. いまのばあい $\boldsymbol{v}$, $\boldsymbol{B}$, $d\boldsymbol{r}$ は同一平面内にあるから, $(\boldsymbol{v}\times\boldsymbol{B})\cdot d\boldsymbol{r} = 0$. したがって, (6.5)は

$$\phi_A - \phi_B = 0 \tag{6.6}$$

となる. A, Bは棒の断面の境界線上の任意の点であるから, (6.6)は

"導体棒の表面の静電ポテンシャル ϕ は各垂直断面ごとに一定値をとる"

ことを示している.

各断面ごとの ϕ の値を知るためには, 図7に示すような回路 C+C′ について, Faradayの誘導法則を適用すればよい. このばあいにも(6.5)はそのまま成り立つ. 回路をつらぬく磁束 Φ(C+C′) は時間的に一定不変だからである. さて, 右辺の線積分が0でない値をとるのは線分A′B′の上だけで, そこでは $\boldsymbol{B} = \boldsymbol{B}_0$ としてもよい. したがって(6.5)は

$$\phi_B - \phi_A = B_0 v l \tag{6.7}$$

を与える. ただし, $\overline{AB} = l$, $B_0 = |\boldsymbol{B}_0|$, $v = |\boldsymbol{v}|$ とする.

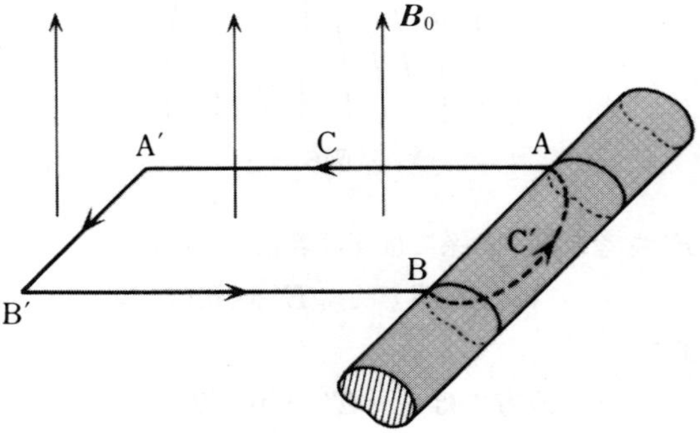

図7

けっきょく

“一様磁場 $\boldsymbol{B}_0$ の中を磁場と自分自身に垂直な方向に速度 $\boldsymbol{v}$ で運動する導体棒の表面の任意の2点A，Bを‘静止した’導線でつなぐと，起電力 $\mathcal{E} = B_0 vl$ が生ずる．ただし，l は2点A, Bの軸方向の距離である．”

前節の例2はこれの特別なばあいである．

N 3 ふつう教科書などで，前節の例2についてつぎのような考察がなされている．導体棒が運動するとき，自由な荷電粒子には Lorentz 力 $q\boldsymbol{v}\times\boldsymbol{B}$ が働く（q は粒子の電荷）．この $\boldsymbol{v}\times\boldsymbol{B}$（の棒の軸方向の成分）が‘誘導起電力’の原因であるというのである．これはすこしおかしい！ もしそうなら，起電力 $\mathcal{E}$ は棒の内部の $\boldsymbol{B}$ に依存するはずである．ところが，図6から明らかなように，$\boldsymbol{B}$ は $\boldsymbol{B}_0$ とは一般に一致しない．内部では電場は $\boldsymbol{E} = -\boldsymbol{v}\times\boldsymbol{B}$ であって，これの線積分 $\int \boldsymbol{E}\cdot d\boldsymbol{r}$ は起電力 $\mathcal{E}$ を与え**ない**のである．起電力を求めるには，導体の外部での線積分を行なう必要があり，その計算には Faraday の誘導法則が本質的な役割を演ずるのである．

§7. 単 極 誘 導

“磁場中を運動する導体は電池である”のもう1つの典型例として，導体が回転するばあいを考えよう．状況をできるだけ単純化するために，外部磁場と物体はともに軸対称性をもち，かつ物体はその共通の対称軸のまわりに回転するものとする（図8）．回転運動によって物体表面には面電荷が誘起さ

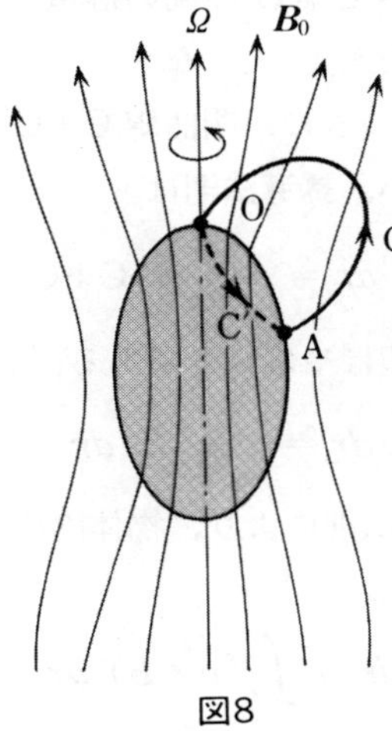

図8

れ，したがって表面上の2点O，Aを‘静止している’導線でつなぐと電流が得られるだろう．この現象を **単極誘導** という．これを定量的にとり扱ってみよう．

（i） 図8のように，回転軸と物体との交点の1つをO，表面上の任意の点をAとして，O，Aを通る閉曲線C+C′を考える．C，C′はそれぞれ物体の外部および内部にある部分を表わす．前節の例と同様，この閉曲線についてFaradayの誘導法則を適用する．

(a) 動く回路． まず，閉曲線が物体とともに動くばあいを考えると，誘導法則は

$$\int_{\mathrm{C+C'}}(\boldsymbol{E}+\boldsymbol{v}\times\boldsymbol{B})\cdot d\boldsymbol{r} = -\frac{d}{dt}\Phi(\mathrm{C+C'}) \tag{7.1}$$

の形に書ける．このばあい $\Phi(\mathrm{C+C'})$ は明らかに0であるから，右辺は0となる．つぎに，物体をOhm導体と仮定すると，物体の内部で

$$\boldsymbol{E}+\boldsymbol{v}\times\boldsymbol{B} = \boldsymbol{j}/\sigma \tag{7.2}$$

が成り立つ．ふつう σ はきわめて大きいので，この右辺は無視できる．（実は，このばあい厳密に $\boldsymbol{j}=0$ が成り立つことが証明される．）したがって，(7.1)の左辺で $\int_{\mathrm{C'}}=0$ となり

$$\int_{\mathrm{C}}\boldsymbol{E}\cdot d\boldsymbol{r} = -\int_{\mathrm{C}}(\boldsymbol{v}\times\boldsymbol{B})\cdot d\boldsymbol{r} \tag{7.3}$$

が得られる．この左辺が点Aと点Oの間の静電ポテンシャルの差：$\phi_{\mathrm{A}}-\phi_{\mathrm{O}}$ であることに注意してほしい．

(b) 静止している回路． つぎに，閉曲線C+C′が空間的に静止しているばあいを考える．このばあい，誘導法則は

$$\int_{\mathrm{C+C'}}\boldsymbol{E}\cdot d\boldsymbol{r} = -\frac{\partial}{\partial t}\Phi(\mathrm{C+C'}) \tag{7.4}$$

の形に表わされる．この右辺はやはり0である．したがって(7.4)は

$$\int_{\mathrm{C}}\boldsymbol{E}\cdot d\boldsymbol{r} = -\int_{\mathrm{C'}}\boldsymbol{E}\cdot d\boldsymbol{r} \tag{7.5}$$

となる．ところが，Ohmの法則により，物体内部で(7.2)が成り立つから，(7.5)は

$$\int_{\mathrm{C}}\boldsymbol{E}\cdot d\boldsymbol{r} = \int_{\mathrm{C'}}(\boldsymbol{v}\times\boldsymbol{B})\cdot d\boldsymbol{r} \tag{7.6}$$

と書きかえられる．この左辺は $\phi_A - \phi_O$ を表わす．

以上，2つの方法(a)，(b)によって，電位差 $\phi_A - \phi_O$ に対する2つの表式(7.3)，(7.6)が得られた．これらは当然一致すべきものである．実際，簡単な幾何学的考察により，これらを

$$\phi_A - \phi_O = \frac{\Omega}{2\pi}\Phi(\widehat{\mathrm{C}}) = \frac{\Omega}{2\pi}\Phi(\widehat{\mathrm{C}'}) \tag{7.7}$$

の形に表わすことができるのである．ただし，$\widehat{\mathrm{C}}, \widehat{\mathrm{C}'}$ はそれぞれ曲線弧 C, C′ を対称軸のまわりに回転して得られる回転曲面，また $\Phi(\widehat{\mathrm{C}}), \Phi(\widehat{\mathrm{C}'})$ は $\widehat{\mathrm{C}}$，$\widehat{\mathrm{C}'}$ をつらぬく磁束である．‘磁束の連続性’ によって，Φ が C, C′ によらず点Aだけの関数となることは明らかだろう．

けっきょく，この物体はO，Aを電極とする電池として働き，その起電力 $\mathcal{E}$ は $\Omega\Phi(\widehat{\mathrm{C}})/2\pi$ で与えられるのである．

(ii)　さて，この物体に導線をつなぐ(図9)．まず，導線が静止しているばあいを考える．導体は回転しているから，接点Aは導線に対して絶えず動いている．それゆえ，ブラシでつなぐ必要がある．このとき導線に流れる電流を図の矢印の向きに I としよう．上の(b)で扱った回路を ‘導線回路’ としてFaradayの誘導法則を適用すると，(7.6)に相当して

$$I\int_{\mathrm{C}} \frac{ds}{\sigma A} = -\int_{\mathrm{C}'} \frac{jds}{\sigma} + \int_{\mathrm{C}'} (\boldsymbol{v}\times\boldsymbol{B})\cdot d\boldsymbol{r} \tag{7.8}$$

が得られる．ただしOhmの法則(7.2)で $\boldsymbol{j}$ の項を残してある．また導線の断

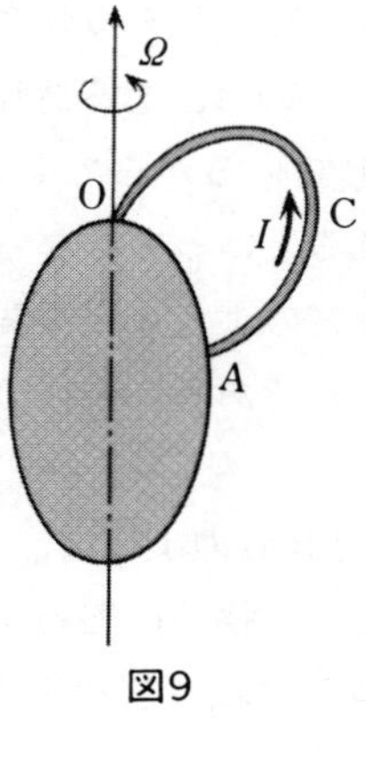

図9

面積を A とする．

$$R = \int_{C} \frac{ds}{\sigma A}, \qquad IR_0 = \int_{C'} \frac{jds}{\sigma} \tag{7.9}$$

とおけば，R は導線の抵抗，R_0 は導体の抵抗を表わす．(7.8)の右辺の第2項は (7.6)，すなわち起電力 $\mathcal{E}$ であるから，(7.8)は

$$(R+R_0)I = \mathcal{E} \tag{7.10}$$

と表わされる．すなわち，R_0 は **内部抵抗** である．

つぎに，導線が物体と一体となって回転するばあいを考える．このばあいは，上の(a)でとり扱った回路を‘導線回路’として誘導法則を適用すればよい．(7.1)に相当して，ただちに

$$\int_{C+C'} \frac{1}{\sigma} \boldsymbol{j} \cdot d\boldsymbol{r} = (R+R_0)I = 0 \tag{7.11}$$

が得られる．すなわち，導線には電流は流れない！

最後に，物体が静止し，導線だけが対称軸のまわりに回転するばあいを考えよう．このばあいにも，上の(a)の回路 C＋C′ について考えればよい．ただし，Ohm の法則が導体の速度 $\boldsymbol{v}$ に依存することに注意しなければならない．すなわち，C については $\boldsymbol{j} = \sigma(\boldsymbol{E} + \boldsymbol{v} \times \boldsymbol{B})$，C′ については $\boldsymbol{j} = \sigma \boldsymbol{E}$ が成り立つのである．そこで，(7.1)式の $\boldsymbol{E}$ を $\boldsymbol{j}$ で表わすと

$$\int_{C} \frac{1}{\sigma} \boldsymbol{j} \cdot d\boldsymbol{r} = -\int_{C'} \frac{jds}{\sigma} - \int_{C'} (\boldsymbol{v} \times \boldsymbol{B}) \cdot d\boldsymbol{r} \tag{7.12}$$

となり，これは

$$(R+R_0)I = -\mathcal{E} \tag{7.13}$$

と表わされる．ただし $\mathcal{E}$ は(7.7)で与えられる．この結果を(7.10)と比較してみよう．$\mathcal{E}$ に－の符号がつくのは，ある意味で予想される．導線に相対的に物体は角速度 $-\Omega$ で回転しているからである．（しかし，‘運動の相対性’により当然この結果が得られるといってはならない．相対的に回転する2つの座標系に対して電磁場にはどのような変換関係が成り立つかについては，われわれはなにも知らないからである．現行の教科書ではこの点があいまいであると筆者は考える．）

(iii)　軸対称の磁場は，図 10(a)のように，1個の軸対称の **永久磁石** によってもつくられる．このばあい，物体は磁石をとり囲む中空の導体である．また図 10(b)のように，導体のおおいをとりはずして，磁石だけを回転させ

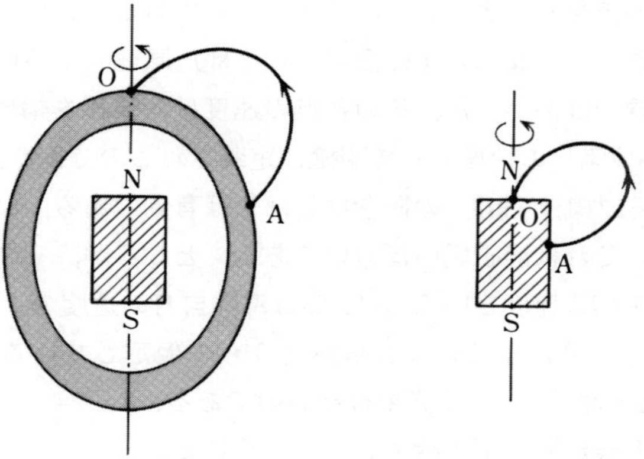

（a） （b）

図10

てもよい．すなわち，磁石（導体とする）が回転すると，自分自身のつくる磁場によって起電力を発生するのである．

§8. 磁力線の速度とは？

現在たいていの教科書では，電磁誘導の議論に‘磁力線の速度’という概念が使われている．一見直観的にわかりやすいこの概念は，残念ながら，しばしば混乱を招く．たとえば単極誘導をとり扱う際，磁力線が空間的に静止するのか，それとも回転する導体に伴って運動するのか，という疑問である．これについては古くから論争がくりかえされている．実は筆者もこの問題には頭を悩ましたが，けっきょく，つぎの結論に到達した．

“磁力線の速度という概念は無意味である．”

実際，読者諸氏も見られたように，電磁誘導の現象はこの概念を使わなくてもすべて説明できるのである．

しかし，なぜこの概念を‘無意味’というのか？　その理由はこうである．たしかに，磁力線は明確に定義されている．しかし，その速度なるものはどこにも定義されていない！　そもそも磁力線は各瞬間 t について定義されるものである．それでは，ある時刻 t に定義された1つの磁力線は，つぎの瞬間にはどこに来ているか？　これはまったく不明である．つまり時間の経過に対して磁力線を同定することはできないのである．したがって，その速度を定義することは（なんらかの仮定なしには）原理的に不可能である．これに反して導線のばあいには，その各点の速度は，導線を構成する‘物質粒子’（導線の微小要素）の速度として明確に定義されるのである．

しかし，‘磁力線の速度’の概念はしばしば有効である．なぜか？　よく考えてみると，それは静磁場のばあいである．ところが，そのばあいには，導体が磁力線を切る速度というのは，実は導体自身の速度のことである．（静磁場では磁力線は静止していると暗黙のうちに仮定している！）とりたてて‘磁力線を切る速度’という必要はないのである．

なお，磁力線が同定不可能であるということは，

“磁力線は Lorentz 変換に対して不変でない”

ということからもなっとくされるだろう．すなわち，S 系での磁力線は一般に S′ 系では磁力線とはならないのである．なぜなら，S 系での磁力線は一定の時刻 t について定義されているが，これに対応する S′ 系の曲線上の各点は，Lorentz 変換により，それぞれ異なる時刻 t' の点に対応する．したがって，一定の時刻 t' について定義されるべき磁力線とはなり得ないからである．

“動く電気力線は磁力線を生み，動く磁力線は電気力線を生む”という表現もしばしば見られる．これも，正しくは，“変化する電場は磁場を生み，変化する磁場は電場を生む”というべきであろう．

要するに，‘動く力線’という概念は，直観的なイメージとして定性的な考察にしばしば有効ではあるが，理論的な根拠のないことを強調したい．

単極誘導の歴史については須藤・清水・高村の論説がある［1］，［2］．一読をおすすめする．その中に紹介されている‘磁力線の運動’に関する種々の論争について，われわれの電磁気学の立場から考えてみるのも興味があるだろう．

§9.　ま　と　め

‘運動量とエネルギーの保存’と‘電磁場の相対性’とを基本法則とする電磁気学の体系は前章までで一応完成した．この立場で在来の電磁気学を見ると，不透明な点がすくなからず認められる．とくに運動物体に関する電磁気学がそうである．この章ではこれについて考えた．

まず，電磁場中を運動する物体のとり扱いには，厳密には相対性原理（電

磁場の基本法則の1つとして含まれている）が必要であるが，速度が光速 c に比べて小さいばあいには NR 近似（非相対論的近似）が有効であることを知った．これは，$\beta = v/c$（v は代表的な速度の大きさ）とおいたとき，1に対して $O(\beta^2)$ を無視する近似であって，座標変換としてはふつうの Galilei 変換を用いればよい．ただし，導体に対する Ohm の法則 $\boldsymbol{j} = \sigma \boldsymbol{E}$ や，誘電体や磁性体に対する線形法則 $\boldsymbol{D} = \varepsilon \boldsymbol{E}$，$\boldsymbol{B} = \mu \boldsymbol{H}$ が運動座標系では形を変えることに注意しなければならない．

つぎに，Faraday の電磁誘導の法則について，‘幾何学的な回路’の法則と‘導線回路’の法則とを区別することを提案した．後者は，前者と Ohm の法則とを組み合わせて得られるもので，回路の運動や変形に依存しない形に表現される．これら両方の誘導法則の応用のしかたを典型的な例について説明した．とくに，従来しばしば論争の的となった単極誘導の現象がこれによって明確になったと思う．

最後に，現在たいていの教科書で使われている‘磁力線の速度’という概念には理論的な根拠のないことを指摘した．

N　NR 近似　厳密にいえば，NR 近似はつぎのように定義される．

［定義］　電磁場の変換については $O(\beta^2)$ を無視し，座標変換では Galilei 変換を用いる近似を **非相対論的近似** あるいは簡単に **NR 近似** という．

この定義を採用すれば，つぎの定理が成り立つ（拙著［27］§3.10 参照）．

［定理］　NR 近似は Maxwell の方程式で ‘変位電流’ $\partial \boldsymbol{D}/\partial t$ を無視することに相当する．

参　考　文　献

［1］須藤喜久夫・清水孝一：Faraday における単極誘導の実験，科学史研究（岩波書店）II 期 **24**巻（1985，夏）106〜113．

［2］須藤喜久夫・清水孝一・高村泰雄：単極誘導の歴史──磁力線静止説と磁力線運動説の相剋──，科学史研究（岩波書店）II 期 **24**巻（1985，秋）155〜163．

10 電　気　回　路

§1. は　じ　め　に

電気回路についてはこれまで触れなかったが，回路論が電磁気学の一つの重要な応用分野を形成していることはいうまでもない．実際，実用的な見地から，電磁気学の学習は，クーロンの法則などの静電気学よりも，むしろオームの法則など電流に関する事柄からはじめるべきだという意見も聞かれる．もちろん初歩的な知識は必要ではあろうが，回路論に深入りして計算問題の解法に習熟しても，電磁気現象の本質を理解するまでにはいたらないだろう．

この章では，電磁気学の一環として回路論の基礎づけを考える．とくに，回路の方程式をエネルギーの保存法則の観点から考察する．起電力や回路上の電位などの概念を明確にすることも目標の一つである．

§2. 平行平板コンデンサー

（i） 極板の面積 S，極板の間隔 h の平行平板コンデンサーを考える（図1）．S が十分大きいとして，極板には一様な面密度 $\pm\sigma$ で電荷が分布しているとする．このばあい，コンデンサー内の電束密度 $\boldsymbol{D}$ と電場 $\boldsymbol{E}$ は極板に垂直で，強さは

$$D = \sigma, \quad E = \sigma/\varepsilon_0 \tag{2.1}$$

で与えられる．極板上の全電荷を Q，極板間の電位差を V とすれば

$$Q = \sigma S, \quad V = Eh \tag{2.2}$$

である．したがって，(2.1)により

$$Q = CV, \quad C = \varepsilon_0 S/h \tag{2.3}$$

の関係がある．C は **電気容量（キャパシティー）** である．

さて，電磁エネルギー密度は

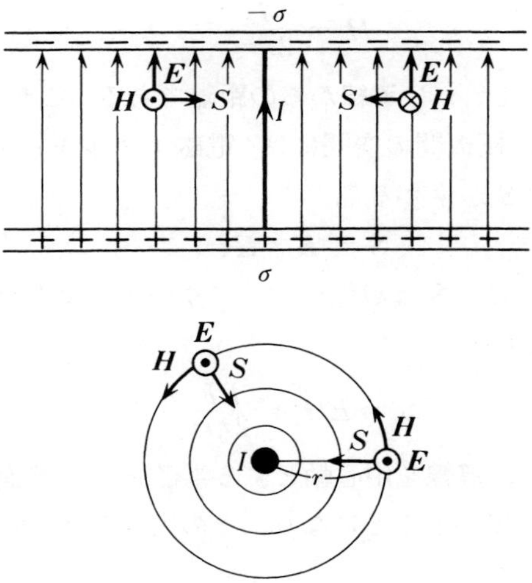

図1

$$U^{(em)} = \frac{1}{2}\boldsymbol{E}\cdot\boldsymbol{D} = \frac{\sigma^2}{2\varepsilon_0}, \tag{2.4}$$

したがって，コンデンサーに貯えられる電磁エネルギーは

$$\begin{aligned}\tilde{U}^{(em)} &= U^{(em)}Sh = \frac{1}{2}DS\cdot Eh \\ &= \frac{1}{2}QV = \frac{1}{2C}Q^2 = \frac{1}{2}CV^2\end{aligned} \tag{2.5}$$

である．

いま，両方の極板を1本の導線でつなぐと，正極から負極に電荷が移動する．つまり，導線には電流 I が流れる．I は

$$I = -\frac{dQ}{dt} \tag{2.6}$$

で与えられる．極板に貯えられる電荷 Q の減少につれて，コンデンサーに貯えられる電磁エネルギー $\tilde{U}^{(em)}$ も減少する．そのエネルギーはどこへ行ったのだろうか？

さて，導線に電流が流れると，そのまわりに磁場 $\boldsymbol{H}$ が生ずる．図1に示すように，$\boldsymbol{H}$ は導線を中心軸とする円周方向を向き，その大きさは

$$H = \frac{I}{2\pi r} \tag{2.7}$$

で与えられる．ただし，r は導線からの距離である．こうして，‘電磁力線網’が形成されるから，極板間の空間には‘電磁エネルギーの流れ’，すなわち Poynting ベクトル $\boldsymbol{S}$ が生ずる：

$$\boldsymbol{S} = \boldsymbol{E} \times \boldsymbol{H}. \tag{2.8}$$

図から明らかなように，$\boldsymbol{S}$ は導線に向って集中するような向きをもち，その大きさは，(2.7)により

$$S = EH = \frac{EI}{2\pi r} \tag{2.9}$$

である．したがって，導線を中心軸とする半径 r の円筒面を横切って，電磁エネルギーが流入していることになり，その大きさは（軸方向の単位長さあたり，単位時間あたり）

$$2\pi r \cdot S = EI \tag{2.10}$$

である．これは r に依存しない．すなわち，導線の外部の空間では導線に向う電磁エネルギーの流れがあり，導線のどこかで消滅していることになる．導線の長さは h であるから，全消滅量は

$$\tilde{W}^{(em)} = EIh = VI \tag{2.11}$$

である．ただし(2.2)を使う．

(2.11)と(2.5)の関係を調べてみよう．

$$\frac{d}{dt}\tilde{U}^{(em)} = \frac{d}{dt}\left(\frac{1}{2C}Q^2\right) = \frac{1}{C}Q\frac{dQ}{dt} = -VI. \tag{2.12}$$

ただし，(2.3)と(2.6)を使う．したがって

$$\frac{d\tilde{U}^{(em)}}{dt} = -\tilde{W}^{(em)} \tag{2.13}$$

が成り立つのである．この関係は

“コンデンサーに貯えられた電磁エネルギーは Poynting ベクトルとして空間を流れ，導線に吸収される”

ことを示している．吸収されたエネルギーはなにか他のかたち，いまのばあいは **Joule 熱** に変換されるのである．

実は，(2.11)は一般論から期待される結果である．電磁エネルギーの消滅は

$$\tilde{W}^{(em)} = \iiint_V W^{(em)} dV = \iiint_V \boldsymbol{J}\cdot\boldsymbol{E}\, dV \qquad (2.14)$$

で与えられる．そして，いまのばあい，電流密度 $\boldsymbol{J}$ が 0 でない領域は導線に限られるからである．

ここまでの議論は V と I との依存関係とは無関係に成り立つ．しかし，実験的法則として

$$V = RI \qquad (2.15)$$

のような比例関係が成り立つことが非常に多い．これがすなわち **Ohm の法則** である．そして，R は導線の **抵抗** とよばれる．抵抗 R は導線の材質のみならず，太さや長さによっても変化する．導線の長さを l，断面積を A とすれば

$$\rho = \frac{RA}{l} \qquad (2.16)$$

は導線の材質のみに依存する．ρ を **抵抗率**，その逆数 $\sigma = 1/\rho$ を **電気伝導率** という．したがって

$$R = \frac{l}{A}\rho = \frac{l}{\sigma A} \qquad (2.17)$$

の関係がある．(上では電荷面密度を σ で表わしたが，ここの σ と混同しないように！　また ρ は本書では電荷密度，あるいは物質の密度を表わすのに使っている．)　静止している導体については，一般に

$$\boldsymbol{j} = \sigma \boldsymbol{E} \qquad (2.18)$$

の関係を **Ohmの法則** と称し，この法則の成り立つ導体を **Ohm 導体** とよぶことは，すでに述べたとおりである．(2.15) が (2.18) から導かれることは容易に確かめられるだろう．

つぎに，コンデンサーの両極板を図 2 のように外部の導線でつなぐばあいを考える．導線の一部を拡大して考える(図 3)．導線は抵抗をもつものとすると，Ohm の法則により，電流の向きの電場 $\boldsymbol{E}$ が存在する．また，**Ampère の法則** により，導線をとりまくような磁場 $\boldsymbol{H}$ が存在する．つまり，導線は‘電磁力線網’でおおわれている．その状況は図 1 のばあいとまったく同じである．こうして，導線には周囲の空間から電磁エネルギーが流れこんでいる．

さて，コンデンサーの近くではどうだろうか？　図 4 のように拡大してみると，電場の状況は図 1 とほとんど同じである．(ただ，極板の端の近くでは

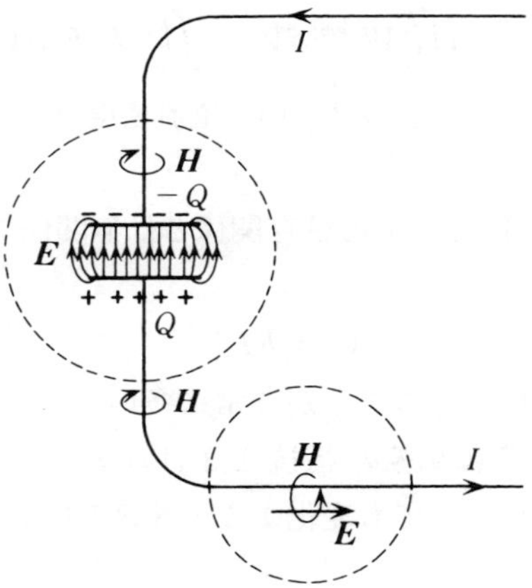

図2

電気力線は曲っている.） しかし，磁場 $\boldsymbol{H}$ の向きは図1とは逆向きになっている.（直観的には，コンデンサーの外部の磁場を延長して考えればよい．厳密には，Ampère の法則の一般化：

$$\int_{\mathrm{C}} \boldsymbol{H}\cdot d\boldsymbol{r} = \iint_{\mathrm{S}} (\boldsymbol{J} + \dot{\boldsymbol{D}})\cdot d\boldsymbol{S} \tag{2.19}$$

を利用すればよい.） したがって，Poynting ベクトル $\boldsymbol{S} = \boldsymbol{E}\times\boldsymbol{H}$ はコンデンサーから外部に向うようになる.

けっきょく，図2のばあい，コンデンサーに貯えられた電磁エネルギーは

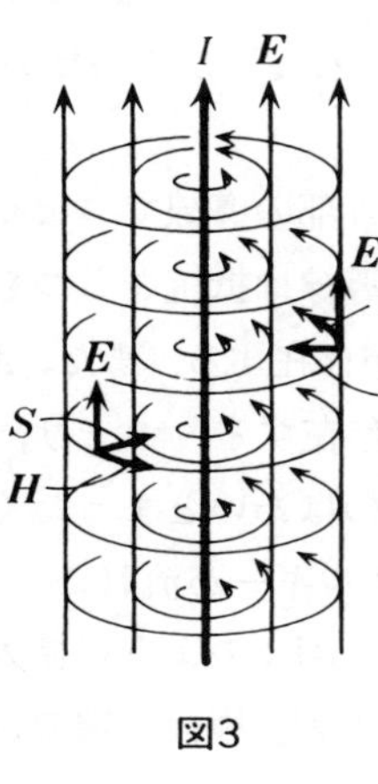

図3

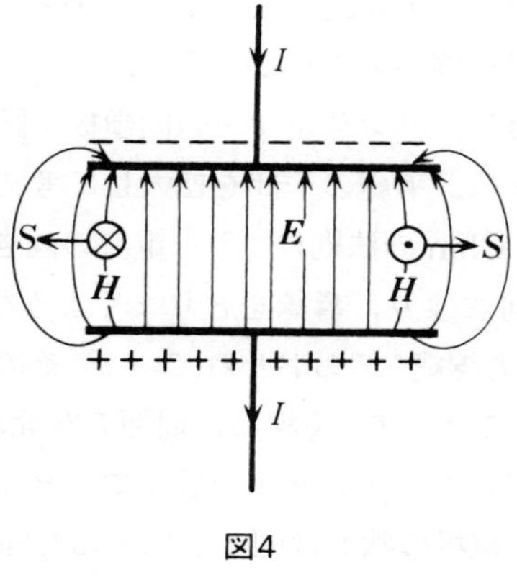

図4

空間を伝わって導線の各部分に流れこむことになる．導線に沿ってエネルギーが流れるのではない．これはちょっと予想外の事実である．

(ii)　以上は定性的な議論であるが，Ohm の法則(2.15)を仮定すれば，議論を定量化することができる．

(2.3)により，$V = Q/C$．また(2.6)により，$I = -\dot{Q}$ である．ただし d/dt を $\dot{}$ で表わす．これらを(2.15)に代入すれば

$$\dot{Q} = -RCQ \tag{2.20}$$

が得られるのである．

(2.20)は容易に積分されて，解は

$$Q = Q_0 e^{-t/\tau}, \quad \tau = RC \tag{2.21}$$

のように表わされる．ここで Q_0 はコンデンサーに最初に貯えられていた電荷である．両極を導線でつなぐと，電荷 Q が時間とともに指数関数的に減少し，その **緩和時間** は τ で与えられることがわかる．電流 I の時間的変化は，$I = -\dot{Q}$ の関係により

$$I = I_0 e^{-t/\tau}, \quad I_0 = Q_0/RC \tag{2.22}$$

である．すなわち，電流の初期値 I_0，したがって電流 I，は R, C によって変化するのである．

§3.　コンデンサーとコイルの回路

図5のような，コンデンサーとコイルを導線でつないだ回路を考える．最初スイッチ S を切った状態でコンデンサーに電荷を与えておく．その後スイ

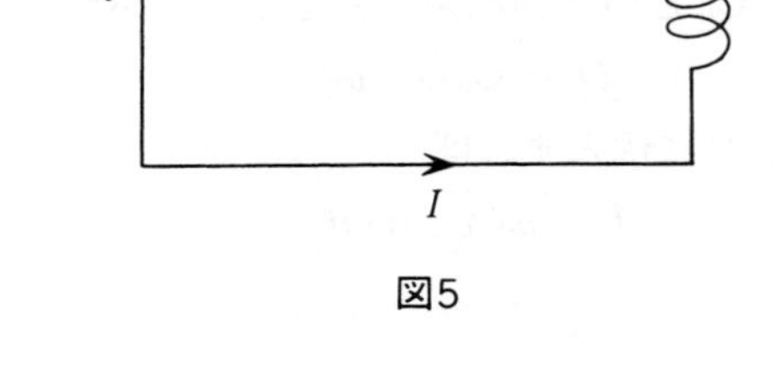

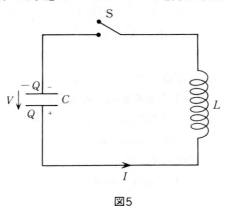

図5

ッチを入れると，どんな現象がおこるだろうか？

任意の時刻 t でコンデンサーに貯えられる電荷を Q，導線を流れる電流を I とする．このとき，回路に貯えられる電磁エネルギー $\tilde{U}^{(em)}$ は

$$\tilde{U}^{(em)} = \tilde{U}^{(e)} + \tilde{U}^{(m)}, \tag{3.1}$$

$$\tilde{U}^{(e)} = \frac{1}{2}QV, \quad \tilde{U}^{(m)} = \frac{1}{2}\Phi I \tag{3.2}$$

で与えられる．$\tilde{U}^{(e)}$ はコンデンサーに貯えられる電場のエネルギー，$\tilde{U}^{(m)}$ はコイルに貯えられる磁場のエネルギーである．また V はコンデンサーの電圧，Φ はコイルをつらぬく磁束（にコイルの **巻き数** を掛けたもの）である．（次頁の **N** を見よ．）Q と V，Φ と I の間にはつぎの関係がある．

$$Q = CV, \quad \Phi = LI. \tag{3.3}$$

ただし，C は **静電容量**，L は **インダクタンス** である．また Q と I の間には

$$\dot{Q} = -I \tag{3.4}$$

の関係がある．そして $\tilde{U}^{(em)}$ は具体的に

$$\tilde{U}^{(em)} = \frac{1}{2}(QV + \Phi I) = \frac{1}{2C}Q^2 + \frac{L}{2}I^2 \tag{3.5}$$

のように表わされる．

いま，導線は抵抗をもたないものと仮定しよう．このばあい，エネルギー保存の法則により $\tilde{U}^{(em)} = \mathrm{const}$ であるから，(3.5)を時間について微分すれば

$$\dot{\tilde{U}}^{(em)} = \frac{1}{C}Q\dot{Q} + LI\dot{I} = \left(-\frac{Q}{C} + L\dot{I}\right)I = 0 \tag{3.6}$$

が得られる．ただし，(3.4)を使う．両辺を I で割り，(3.3)を使えば

$$\dot{\Phi} - V = 0 \tag{3.7}$$

を得る．これはまた

$$\ddot{Q} + \omega^2 Q = 0, \quad \omega = 1/\sqrt{LC} \tag{3.8}$$

の形にも表わされる．すなわち単振動の方程式である．

$t = 0$ のとき $Q = Q_0$ という初期条件のもとで(3.8)をとけば

$$Q = Q_0 \cos \omega t \tag{3.9}$$

が得られ，これを(3.4)に代入すれば

$$I = \omega Q_0 \sin \omega t \tag{3.10}$$

が得られる．

もし導線が抵抗をもつならば，エネルギー保存の法則は，(2.13)と同様

$$\dot{U}^{(em)} = -\tilde{W}^{(em)} \tag{3.11}$$

のように表わされる．導線が Ohm 導体であるとすると，(2.11)，(2.15)により，

$$\tilde{W}^{(em)} = VI = RI^2 \tag{3.12}$$

である．したがって，(3.6)の代わりに

$$\dot{U}^{(em)} + \tilde{W}^{(em)} = \left(-\frac{Q}{C} + L\dot{I} + RI\right)I = 0,$$

$$\therefore\quad L\dot{I} + RI - Q/C = 0 \tag{3.13}$$

が得られる．$I = -\dot{Q}$ とおけば，(3.13)は Q に対する減衰振動の方程式にほかならない．

N (3.2)の $\tilde{U}^{(m)}$ の式は第7章の§6の **N** と同様の考察で得られる．すなわち，コイルをつらぬく磁力線は1本あたり $(1/2)\int Hds$ の磁場のエネルギーを貯えている．コイルの巻き数を N とすれば，各磁力線は N 本の導線，したがって電流をとりかこむことになるから，Ampère の法則により，$\int Hds = NI$ である．コイルをつらぬく磁束を Φ_0 とすれば，磁力線の本数は Φ_0，したがって磁場のエネルギーの総量は $\tilde{U}^{(m)} = (1/2)NI\cdot\Phi_0 = (1/2)N\Phi_0\cdot I$ となる．そこで $\Phi = N\Phi_0$ とおけば(3.2)が得られる．つまり，コイルは1巻きあたり $(1/2)\Phi_0 I$ の磁場のエネルギーを貯えることになる．回路論で‘コイルをつらぬく磁束’あるいは‘コイルのもつ磁束’というばあい，ふつう Φ_0 ではなくて $\Phi = N\Phi_0$ を意味するので注意しなければならない．なお，N 巻きのコイルというのは，N 個の円形コイルを1本の導線でつないだものとほぼ同等である．たとえば略図によってその理由をなっとくされることをおすすめする．

§4. 電源と起電力

コンデンサーとコイルを含む回路について上で見てきたように，抵抗のあるばあいには電流は必らず減衰して，いずれは0になる．これは，回路に貯えられる電磁エネルギーが消滅するからである．電流を定常に保つためには，電磁エネルギーを補給する必要がある．そのような装置を **電源** とよぶことに

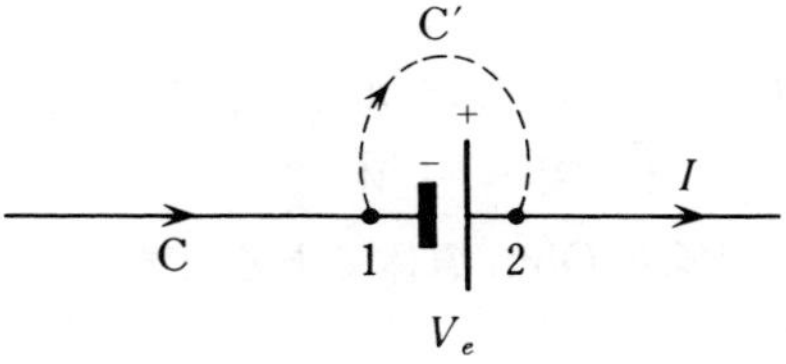

図6

しよう．**電池**はその１つの例である．

いま，電池を例として，電磁エネルギーの補給のしくみを考えてみよう（図６）．回路上に電池をはさんで２つの点１，２をとり，その間で消滅する電磁エネルギーを考えると，(2.14)により，

$$\tilde{W}^{(em)} = \iiint \boldsymbol{J}\cdot\boldsymbol{E}\,dV$$

$$= \int_1^2 IEds = I\int_1^2 \boldsymbol{E}\cdot d\boldsymbol{r} \tag{4.1}$$

である．さて，‘静電場’については‘静電ポテンシャル’ϕ が存在して，$\boldsymbol{E}$ は

$$\boldsymbol{E} = -\mathrm{grad}\,\phi \tag{4.2}$$

のように表わされる．（このばあい，積分路としては，１と２とを結ぶ任意の曲線 C′ をとることができる．）したがって，(4.1)は

$$\tilde{W}^{(em)} = I(\phi_1 - \phi_2) \tag{4.3}$$

となる．図のばあい，電池の‘電圧’を V_e とすれば

$$V_e = \phi_2 - \phi_1 \tag{4.4}$$

であるから，(4.3)は

$$\tilde{W}^{(em)} = -V_e I \tag{4.5}$$

となる．電磁エネルギーの消滅は負である！　これは，電池が電磁エネルギーの補給の機能をもち，その大きさが $-\tilde{W}^{(em)} = V_e I$ で表わされることを意味している．電池とは限らず，一般に

“回路に電磁エネルギーを補給する装置が電源であって，その補給量は $-\tilde{W}^{(em)} = I(\phi_2 - \phi_1)$ で表わされる．”

$\phi_2 - \phi_1$ は電流が装置を通過するときの静電ポテンシャルの‘とび’である．電池のばあい，これは‘電圧’V_e に相当する．

さて，常識的には，電池は電流を流そうとする機能をもち，その度合いを

数量的に示すものとして‘電圧’を用いると考えられる．この意味で，‘電池の起電力’という概念が生じ，その大きさを‘電圧’で表わすのである．そこで，一般に

“電源の起電力は $\mathcal{E} = \{\phi\}$ で表わされる．ただし $\{\phi\} = \phi_2 - \phi_1$ は電源を電流の向きに通過するときの静電ポテンシャルの‘とび’である”

ということができるだろう．

こうして，‘起電力’の概念が一応明確になったと思われるかも知れない．しかし，つぎの疑問が生じる．導線上の電場 $\boldsymbol{E}$ ははたして静電場であろうか？　もし，そうでなければ，(4.2)の表現は不可能となり，静電ポテンシャル ϕ を用いる‘起電力’の定義は無意味となるのではないか？　つぎの節ではこの点について考える．

§5. 回路上の電位

図7に示すような，コンデンサー，コイル，電池，その他の電源を含む回路Cを考える．(幾何学的な)閉曲線Cについて **Faraday の誘導法則** は

$$\int_{\mathrm{C}} \boldsymbol{E}\cdot d\boldsymbol{r} = -\frac{\partial \Phi}{\partial t} \tag{5.1}$$

のように表わされる．ただし，回路は空間的に静止しているとする．Φ はCをつらぬく磁束である．

さて，磁束はほとんどコイルの部分に集中している．すなわち，図のように，導線上のコイルをはさむ2点1，2の間で，曲線Cを破線で示すように変形して得られる閉曲線をC′とすると

$$\Phi = \Phi_0 + \Phi' \tag{5.2}$$

のように表わされる．Φ_0 は閉曲線1C′2C1をつらぬく磁束，また Φ' は閉曲線

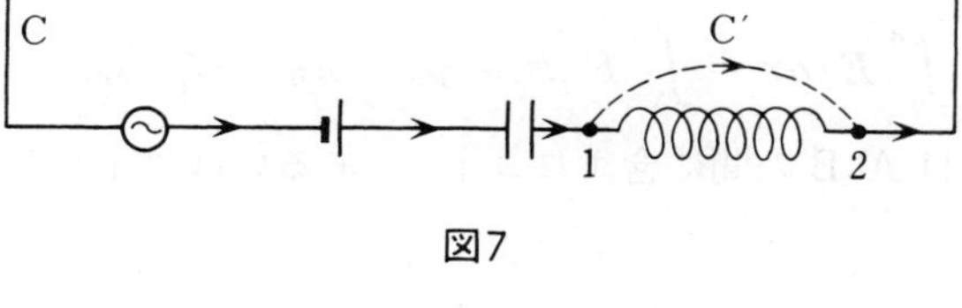

図7

1C2C′1 をつらぬく磁束である．コイルをつらぬく磁束というのは，この $\boldsymbol{\Phi}'$ である．$\boldsymbol{\Phi}_0$ は $\boldsymbol{\Phi}'$ に比べてはるかに小さい．

$\boldsymbol{\Phi}_0$ を無視すれば，(5.1)は

$$\int_{C'} \boldsymbol{E}\cdot d\boldsymbol{r} = 0 \tag{5.3}$$

となる．これは，コイルの近傍を除けば電場は‘渦無し’でポテンシャル ϕ で表わせることを示している．この ϕ を今後**電位**とよぶことにしよう．(いままでどおり‘静電ポテンシャル’といってもよいが，ϕ が時間的に変化し得ることを考慮して‘静’の字を避ける！)

さて，任意の点 P の電位は

$$\phi_P = -\int_O^P \boldsymbol{E}\cdot d\boldsymbol{r} \tag{5.4}$$

で定義される．ここで O は任意に定めた基準点である．そして積分路は，渦無しの電場の中で 2 点 O，P を結ぶ任意の曲線である．

われわれの目的には，回路上の点 P での電位が定義できればよい．そのためには，まず，回路上の任意の点 O を基準点に選ぶ．点 P と点 O の間にコイルがなければ，導線自身を積分路にとればよい．点 P がコイル上にあるばあいには，図 8 のように，コイルの外側から点 P に近づくような積分路をとらなければならない．

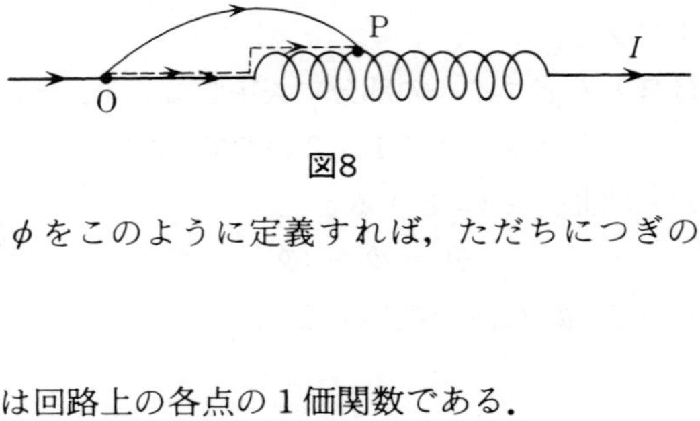

図8

回路上の電位 ϕ をこのように定義すれば，ただちにつぎの定理が得られる．

［**定理**］ 電位は回路上の各点の 1 価関数である．

［**定理**］ 回路に沿う電場 $\boldsymbol{E}$ の積分について

$$\int_A^B \boldsymbol{E}\cdot d\boldsymbol{r} = \int_A^B E\, ds = \phi_A - \phi_B - \frac{\partial}{\partial t}\boldsymbol{\Phi}_{AB}. \tag{5.5}$$

ただし，$\boldsymbol{\Phi}_{AB}$ は A, B の間に含まれコイル (あるいはコイルの部分) のもつ磁束である．

例　閉回路Cについて(5.5)を適用してみよう．2点 A,Bとして同一の点Aをとれば

$$\int_{C} \boldsymbol{E}\cdot d\boldsymbol{r} = -\frac{\partial \Phi}{\partial t} \tag{5.6}$$

となる．ϕが1価関数であるため，$\phi_A-\phi_B$の項が消えるからである．(5.6)はもちろんFaradayの誘導法則にほかならない．

N　回路上の電位 ϕ の測定法

回路上の2点A,Bの**電位差** $\phi_A-\phi_B$ を測定するには，既知の抵抗 R_* をもつ導線C_*でA，Bをつなぎ，そこを流れる電流 I_* を測定すればよい(図9)．R_*が適当に大きければI_*は小さいから，回路の電流，したがって電位の分布状態はほとんど変化しない．したがって，$\phi_A-\phi_B = R_*I_*$ の関係が成り立つからである．起電力は $\mathcal{E} = \{\phi\} = \phi_2-\phi_1$ であるから，これも同様の方法で測定できる．

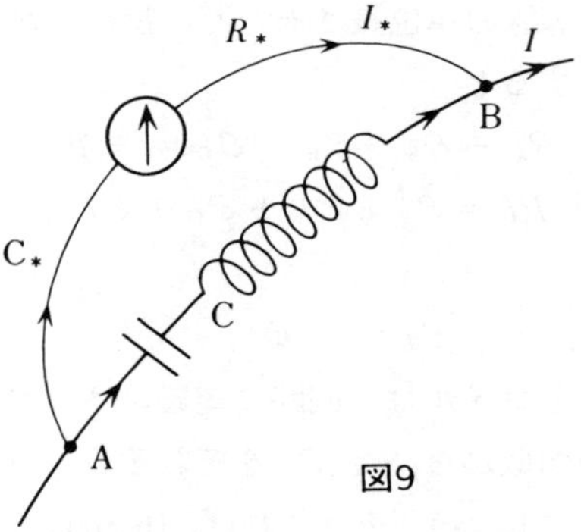

図9

§6.　Kirchhoff の法則

コンデンサー，コイル，電池その他の電源を含む回路Cを考える(図10)．Cを1周する $\boldsymbol{E}$ の線積分は

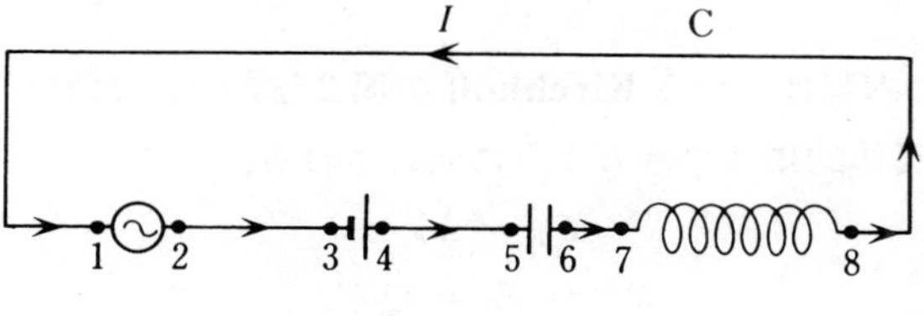

図10

$$\int_C \boldsymbol{E}\cdot d\boldsymbol{r} = \int_2^3 + \int_4^5 + \int_6^1 + \int_1^2 + \int_3^4 + \int_5^6$$

$$= \int_{\mathrm{Ohm}} + (\phi_1 - \phi_2) + (\phi_3 - \phi_4) + (\phi_5 - \phi_6) \tag{6.1}$$

のように表わされる．ここで，$\int_{\mathrm{Ohm}}$ は Ohm 導体に沿っての積分である．また，後の 3 つの積分については，(5.5)の公式を適用した．

$$\mathcal{E}_S = \{\phi_S\} \equiv \phi_2 - \phi_1, \tag{6.2}$$

$$\mathcal{E}_E = \{\phi_E\} \equiv \phi_4 - \phi_3, \tag{6.3}$$

$$\mathcal{E}_C = \{\phi_C\} \equiv \phi_6 - \phi_5 \tag{6.4}$$

と書くことにすれば，§4 で説明したように，$\mathcal{E}_S, \mathcal{E}_E$ はそれぞれ電源および電池の起電力である．また

$$\int_{\mathrm{Ohm}} E\,ds = \int rI\,ds = I\int r\,ds = RI \tag{6.5}$$

である．ただし，r は導線の単位長さあたりの抵抗，R は全抵抗である．

(6.1)を(5.6)に代入すると

$$RI - \mathcal{E}_S - \mathcal{E}_E - \mathcal{E}_C = -\dot{\Phi},$$

$$\therefore \quad RI = \mathcal{E}_S + \mathcal{E}_E + \mathcal{E}_C + \mathcal{E}_L \tag{6.6}$$

となる．ただし

$$\mathcal{E}_L = -\dot{\Phi} \tag{6.7}$$

とおく．コンデンサーとコイルは，回路に電磁エネルギーを補給するものではないが，$\mathcal{E}_S, \mathcal{E}_E$ との類似から，$\mathcal{E}_C, \mathcal{E}_L$ をそれぞれコンデンサーおよびコイルの起電力とよぶことにしよう．そうすれば，(6.6)はつぎの定理として表現することができる．

［**定理**］ 回路の全抵抗 R と電流 I の積は，回路に含まれる起電力の総和に等しい．

この定理の内容はふつう **Kirchhoff の第 2 法則** とよばれている．

$\mathcal{E}_E, \mathcal{E}_C$ は具体的にはつぎのように表わされる．

$$\mathcal{E}_E = V_e, \tag{6.8}$$

$$\mathcal{E}_C = V_C = Q/C. \tag{6.9}$$

$\mathcal{E}_L = -\dot{\Phi}$ については，Φ を I の関数として表わす表式が必要である．もしコイルが別の回路のコイルと結合しているばあいには

$$\Phi = LI + MI'$$

の関係が成り立つ．ただし I' は第2の回路を流れる電流である．L および M はそれぞれ **自己インダクタンス** および **相互インダクタンス** である．このばあい回路と第2の回路との間に電磁エネルギーのやりとりがあるので，$\mathcal{E}_L$ は確かに‘電源の起電力’の意味をもつのである．

導線が網状につながれ，その中にコンデンサーやコイルなどの回路要素が含まれているものを **回路網** という．電池などの電源が含まれていてもよい(図11)．回路網の中の任意に1つの曲線部分Cをとると，これまで回路について述べてきた事柄が，Cについてそのまま成り立つ．もちろんCは閉曲線であってもよい．そこで，§5の2つの定理はそのまま成り立つ．また，上の定理はつぎのように一般化される．

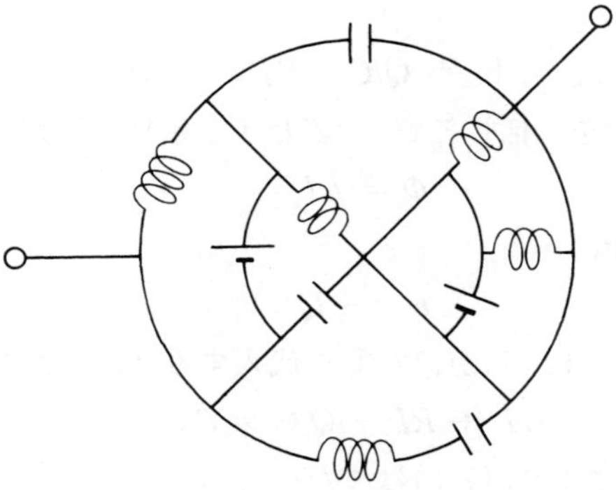

図11

[定理](Kirchhoff の第2法則)　回路網の中の任意の閉回路について，回路に沿ってとった電流と抵抗の積の総和は，回路に含まれる起電力の総和に等しい．すなわち

$$\sum_i R_i I_i = \sum_i \mathcal{E}_i. \qquad (6.10)$$

ここで i は，その閉回路を構成する i 番目の部分路についての値であることを示す．

なお，この‘法則’と対をなすものとしてつぎの‘法則’がある.

[**定理**](**Kirchhoff の第 1 法則**)　回路網の任意の分岐点に流入する電流の総和は 0 である.

これは単に‘電荷の保存’を述べるだけのもので，いわば自明の事実である.

§7. 回路の方程式

§2 ではコンデンサーの放電について，また§3 ではコンデンサーとコイルを含む回路について，エネルギー保存の法則を用いて回路の方程式 (2.20), (3.13)を導いた. これを別の観点から導いてみよう.

Kirchhoff の第 2 法則(定理)によれば

$$RI = \mathcal{E}_S + \mathcal{E}_C + \mathcal{E}_L. \tag{7.1}$$

ただし

$$\mathcal{E}_C = V_C = Q/C, \quad \mathcal{E}_L = -\dot{\Phi}. \tag{7.2}$$

また，電源の起電力を一括して $\mathcal{E}_S$ で表わす. 単独の回路については

$$\Phi = LI \tag{7.3}$$

である. なお，一般に

$$I = -\dot{Q} \tag{7.4}$$

の関係がある. (7.1) に (7.2), (7.3)を代入すると，ただちに

$$L\dot{I} + RI - Q/C = \mathcal{E}_S \tag{7.5}$$

が得られる. (7.4)により, (7.5)はまた

$$L\ddot{Q} + R\dot{Q} + Q/C = -\mathcal{E}_S \tag{7.6}$$

の形に表わすこともできる. これらはいわゆる **回路の方程式** である. (2.20), (3.13)が特別なばあいとして含まれることは明らかであろう.

このように，回路の方程式は Kirchhoff の第 2 法則を用いれば組織的に簡単に導かれる. それでは，エネルギー保存の法則による導き方とどのような関係があるのだろうか？

実は，Kirchhoff の第 2 法則は，前章で述べた‘導線回路の Faraday の誘導法則’の言い換えに過ぎない. そして Faraday の法則そのものが，第 4 章

の‘電磁場の直観的イメージ’で述べたように，エネルギー保存の法則の1つの表現なのである．要するに，回路の方程式はエネルギー保存の法則を基礎として導かれるべきものであって，Kirchhoff の法則は，途中の計算を簡単にするために便利な1つの‘定理’と考えられるのである．しばしば教科書などで，回路の方程式を積分することによってエネルギー保存の法則が証明されるかのような説明が見受けられるが，これは逆転した発想のように思われる．

(7.1)の関係は，**電源の起電力**とそれが回路に補給するエネルギーとの関係を考察するのに便利である．まず，起電力を明確に定義する．

［**定義**］ 電源の起電力は $\mathcal{E} = \{\phi\}$ で表わされる．ただし，$\{\phi\}$ は電源を電流の向きに通過するときの電位 ϕ の‘とび’である．

この定義によれば，つぎの定理が成り立つ．

［**定理**］ 電流 I が流れるとき，起電力 $\mathcal{E}$ の電源は単位時間あたり $\mathcal{E}I$ の電磁エネルギーを回路に補給する．

（証明） (7.1)の両辺に I を掛ければ

$$\mathcal{E}_S I = RI^2 - \mathcal{E}_C I - \mathcal{E}_L I \tag{7.7}$$

が得られる．ここで，(7.2)～(7.4)により

$$\begin{aligned}\mathcal{E}_C I &= (Q/C)\cdot(-\dot{Q}) = -\frac{d}{dt}\left(\frac{Q^2}{2C}\right)\\ &= -\frac{d}{dt}\left(\frac{1}{2}QV\right) = -\frac{d}{dt}\tilde{U}^{(e)},\end{aligned} \tag{7.8}$$

$$\begin{aligned}\mathcal{E}_L I &= -\dot{\Phi}\cdot(\Phi/L) = -\frac{d}{dt}\left(\frac{\Phi^2}{2L}\right)\\ &= -\frac{d}{dt}\left(\frac{1}{2}\Phi I\right) = -\frac{d}{dt}\tilde{U}^{(m)}.\end{aligned} \tag{7.9}$$

$\tilde{U}^{(e)}$, $\tilde{U}^{(m)}$ はそれぞれコンデンサーおよびコイルに貯えられる電磁エネルギーである．したがって $\mathcal{E}_C I$, $\mathcal{E}_L I$ はそれぞれコンデンサーおよびコイルの‘放出する’電磁エネルギーを表わす．つまり，$-\mathcal{E}_C I$, $-\mathcal{E}_L I$ はそれぞれが

‘吸収する’電磁エネルギーなのである．一方，RI^2 は電気抵抗によって失われる電磁エネルギーである．(7.7)の等式は，回路に $\tilde{U}^{(e)}$ および $\tilde{U}^{(m)}$ として貯えられる電磁エネルギーと，Joule 熱として失われる電磁エネルギー RI^2 とを補給するものとしての $\mathcal{E}_S I$ の役割を示している．■

ここで注意すべきことがある．電磁エネルギーを‘放出’あるいは‘吸収’するという点ではコンデンサーやコイルは電源と同じである．どこが違うのか？　コンデンサーやコイルの吸収した電磁エネルギーはそのまま電磁エネルギーとして自分自身したがって回路の中に貯えられ，また，放出した電磁エネルギーは回路の外部に出てゆくことはない．これに反して電源は‘回路の外部にあったエネルギー’を電磁エネルギーのかたちで回路内に補給し，あるいは回路内の電磁エネルギーを回路の外部にとり去る働きをする．いずれにせよ，回路の電磁エネルギーは外部の空間から電磁エネルギーのかたちで出入りすることはない．なぜかといえば，回路上の電位 ϕ が定義できるためには，磁場がコイルにのみ集中していて外部には存在しないことが必要で，したがって電磁力線網（そこには Poynting ベクトル $\boldsymbol{S}=\boldsymbol{E}\times\boldsymbol{H}$ が存在する）は回路の外部には存在しないはずだからである．

N　回路上の 2 点 A，B の間の起電力 $\mathcal{E}_{AB}$

電源の起電力の概念を拡張して，回路上の 2 点 A，B の間の回路部分の起電力を

$$\mathcal{E}_{AB} \overset{\mathrm{def}}{=} \phi_B - \phi_A \tag{7.10}$$

によって定義すると便利なことがある．これは要するに，A，B 間の **電圧上昇** である．コンデンサーの起電力 $\mathcal{E}_C$，コイルの起電力 $\mathcal{E}_L$ もこれに含まれる．さらに，導線の Ohm 導体の部分については

$$\mathcal{E}_R \overset{\mathrm{def}}{=} -RI \tag{7.11}$$

をその‘起電力’とよぶことができる．このように定義すれば，

“回路網の任意の閉回路について，起電力の総和は 0”

ということになる．

例　図 12 の回路でスイッチを入れるとき，回路上の電位 ϕ の分布はどうなるか？

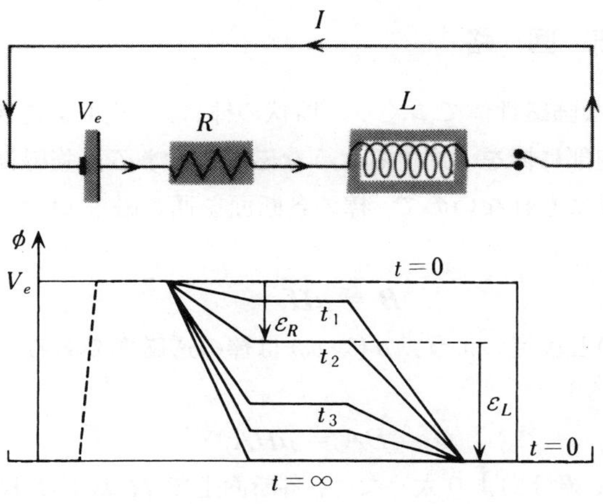

図12

［解］ 回路の方程式は，(7.5)により

$$L\dot{I} + RI = V_e. \tag{7.12}$$

スイッチを入れた瞬間($t = 0$)では電流は $I = 0$ である．これを初期条件として(7.12)を解けば

$$I = I_\infty(1 - e^{-t/\tau}), \quad I_\infty = V_e/R, \quad \tau = L/R. \tag{7.13}$$

すなわち，電流は時間とともに指数関数的に定常値 I_∞ に近づく．

さて，回路部分の起電力は

$$\mathcal{E}_E = V_e, \quad \mathcal{E}_L = -L\dot{I}, \quad \mathcal{E}_R = -RI \tag{7.14}$$

である．(7.13)を代入して計算すれば

$$\mathcal{E}_L = -V_e e^{-t/\tau}, \quad \mathcal{E}_R = -V_e(1 - e^{-t/\tau}). \tag{7.15}$$

任意の2点O，Pの間の‘電圧上昇’$\phi_P - \phi_O$ がOPの部分の‘起電力’$\mathcal{E}_{OP}$ であることを想い出すと，(7.14)，(7.15)の $\mathcal{E}_E, \mathcal{E}_R, \mathcal{E}_L$ を用いて図の ϕ の分布が得られる．

なお，図で，電池，導線，コイルをおおう灰色のさや状の部分は電磁力線網が顕著に存在する領域を表わしている．

§8. 磁気回路

図13のような強磁性体でつくった環状の棒に，コイルを巻きつけて電流を流すと，棒の内部に棒を一周するような磁場ができる．強磁性体では磁力線はほとんど外部にもれないので，棒の各断面を通る磁束 $\boldsymbol{\Phi}$ は一定である．いま，線形性：

$$\boldsymbol{B} = \mu \boldsymbol{H} \tag{8.1}$$

が成り立つものと仮定しよう．$\mu\,(\gg \mu_0)$ は棒の透磁率である．棒の各部の断面積を A とすると

$$\Phi = BA = \mu HA \tag{8.2}$$

である．ただし，棒はあまり太くなく，各断面上で $\boldsymbol{H}$ および $\boldsymbol{B}$ はほとんど変化しないものとする．断面形は任意でよい．棒の中心軸を表わす閉曲線をCとすれば，Ampèreの回路法則により，

$$\int_{\mathrm{C}} \boldsymbol{H}\cdot d\boldsymbol{r} = \int_{\mathrm{C}} H\, ds = NI \tag{8.3}$$

が成り立つ．ただし，コイルは N 巻きで，電流は I とする．(8.2)を使って H を消去すると

$$\Phi \int_{\mathrm{C}} \frac{ds}{\mu A} = NI \tag{8.4}$$

となる．そこで

$$\int_{\mathrm{C}} \frac{ds}{\mu A} = R_m, \quad NI = \mathcal{E}_m \tag{8.5}$$

とおけば，(8.4)は

$$R_m \Phi = \mathcal{E}_m \tag{8.6}$$

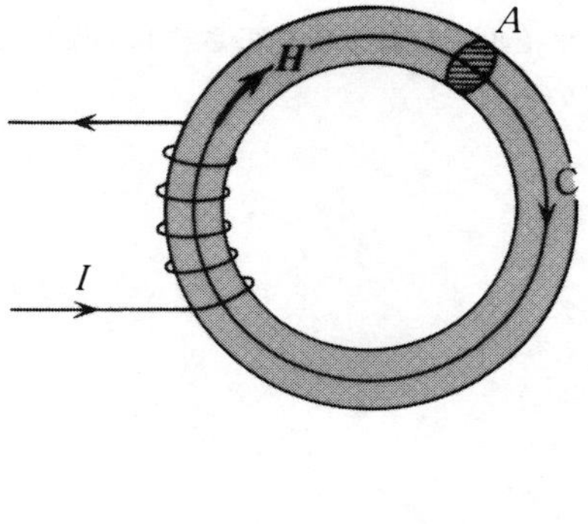

図13

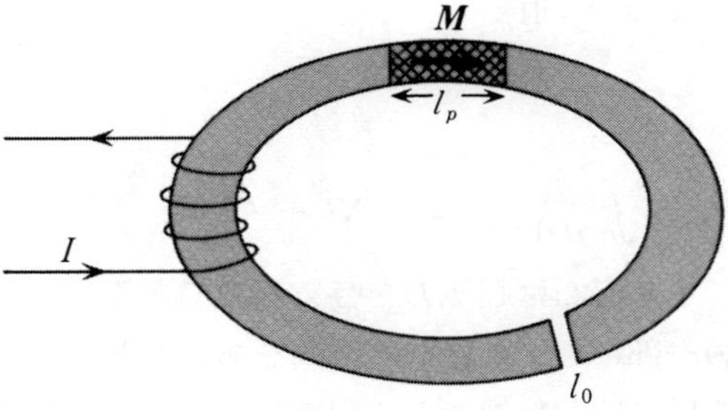

図14

と書き表わされる．これは，“コイルの電流 I を与えれば，磁性体を通る磁束 $\boldsymbol{\Phi}$ がきまる”という関係を示すもので，電流回路の関係式：$RI = \mathcal{E}$ とちょうど同じ形をしている．したがって，この対応により，$\mathcal{E}_m$ を **起磁力**，R_m を **磁気抵抗** という．また，磁力線の通っている磁性体の閉回路を **磁気回路** という．上の議論から明らかなように，μ と A は断面ごとに変化していてもよい．

磁力線を生み出すものは電流とは限らない．図 14 のように，磁気回路には永久磁石が含まれているものとする．ただし，永久磁石は

$$\boldsymbol{M} = \boldsymbol{M}_0 + \mu_0 \chi_m \boldsymbol{H} \tag{8.7}$$

のように **準線形の磁性** をもつものと仮定しよう．ここで $\boldsymbol{M}_0$ と χ_m は一定とする．($\boldsymbol{M}_0 = 0$ のばあいが線形の磁性体である．) χ_m は磁化率である．このとき，

$$\boldsymbol{B} = \mu_0 \boldsymbol{H} + \boldsymbol{M} = \boldsymbol{M}_0 + \mu_r \boldsymbol{H}, \tag{8.8}$$

$$\mu_r = \mu_0(1 + \chi_m) \tag{8.9}$$

が成り立つ．$\mu_r = dB/dH$ は透磁率に相当する．χ_m があまり大きくなければ，磁場 $\boldsymbol{H}$ が多少変化しても，磁気分極 $\boldsymbol{M}$ はほぼ一定に保たれる．すなわち，‘永久磁石’の性質が(8.7)によってある程度表現されるのである．

さて，磁気回路で永久磁石の部分の長さを l_p として，(8.3)の積分を計算しよう．その部分では，(8.8)により，

$$H = \frac{B}{\mu_r} - \frac{M_0}{\mu_r} = \frac{\Phi}{\mu_r A} - \frac{M_0}{\mu_r}$$

である．したがって，(8.4)の代わりに

$$\Phi \int_C \frac{ds}{\mu A} = \frac{M_0 l_p}{\mu_r} + NI$$

が得られる．これは(8.6)と同様

$$R_m \Phi = \mathcal{E}_m \tag{8.10}$$

の形に表わされる．ただし

$$R_m = \int_C \frac{ds}{\mu A}, \quad \mathcal{E}_m = NI + \frac{M_0 l_p}{\mu_r} \tag{8.11}$$

である．すなわち，永久磁石は起磁力を与えるのである．

いま，磁気回路の一部にわずかばかり隙間をあけたとする．隙間のために磁性体からもれ出る磁力線が無視できる程度にわずかであれば，この隙間のある棒を磁気回路と見なすことができる．そしてその部分の透磁率を真空の透磁率 μ_0 とすればよいのである．このばあい，磁気抵抗は，(8.11)により，

$$R_m = R'_m + R_0, \quad R_0 = \frac{l_0}{\mu_0 A_0} \tag{8.12}$$

の形に表わされる．ただし，l_0 は隙間の長さ，A_0 はその部分の断面積である．また R'_m は磁性棒の磁気抵抗である．l_0 が小さければ R_0 は小さいようであるが，実は，強磁性体の μ が大きい（たとえば $\mu/\mu_0 = 10^3$）ために，むしろ $R'_m < R_0$ となることがある．このばあい，R'_m を無視すれば，(8.10)は

$$\Phi \fallingdotseq \frac{1}{R_0}\mathcal{E}_m = \frac{\mu_0 A_0}{l_0}\mathcal{E}_m,$$

$$\therefore \quad B_0 \fallingdotseq \mu_0 \mathcal{E}_m / l_0 \tag{8.13}$$

を与える．ここで B_0 は隙間での磁束密度である．l_0 を減少するとき，B_0 は l_0 に逆比例して増大することに注意してほしい．しかし，l_0 が減少すると，R'_m の影響がきくようになり，$l_0 \to 0$ の極限では当然隙間のないばあいに落ちつく．

§9. 変動する磁気回路

前節で述べたことは，いわゆる定常電流のばあいに相当する．つぎに，磁束 Φ が時間的に変化するばあいを考えよう．磁気回路には永久磁石は含まれていないとする．さて，コイルに流れる電流 I が変化すると，(8.5)，(8.6)の関係，すなわち

$$R_m \Phi = NI \tag{9.1}$$

によって Φ も変化する．ところが，Faraday の誘導法則によれば

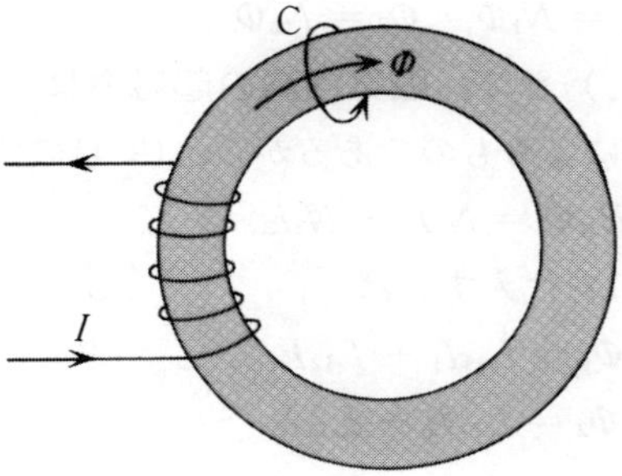

図15

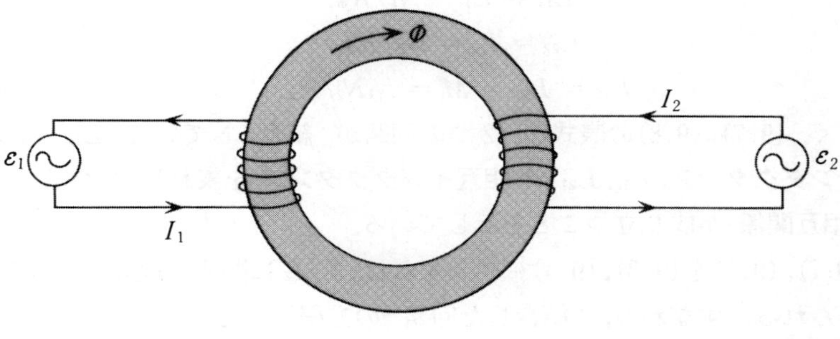

図16

$$\int_{\mathrm{C}} \boldsymbol{E} \cdot d\boldsymbol{r} = -\frac{\partial \Phi}{\partial t} \tag{9.2}$$

が成り立つ．ただし，C は磁性体の棒をとりかこむ任意の閉曲線である（図 15)．したがって，棒のまわりには，棒をとりまくような電場 $\boldsymbol{E}$ が現われる．そこで，棒に第 2 のコイルを巻きつけると，その電場によってコイルには電流が流れることになるだろう．この事情を調べて見よう．

いま，磁気回路に 2 つのコイルを巻きつけたとする(図 16)．それらのコイルはそれぞれ 2 つの電気回路 1，2 の要素であるとしよう．回路 1，2 については，Kirchhoff の第 2 法則により

$$\dot{\Phi}_1 + R_1 I_1 = \mathcal{E}_1, \tag{9.3}$$

$$\dot{\Phi}_2 + R_2 I_2 = \mathcal{E}_2 \tag{9.4}$$

が成り立つ．ただし，I_1, I_2 は回路 1，2 を流れる電流，R_1, R_2 は抵抗，Φ_1, Φ_2 はコイルをつらぬく磁束，$\mathcal{E}_1, \mathcal{E}_2$ は回路の起電力である．((7.1)式で $\mathcal{E}_L$ 以外を一括して起電力 $\mathcal{E}$ とする.）コイルの巻き数を N_1, N_2 とすると

$$\Phi_1 = N_1\Phi, \quad \Phi_2 = N_2\Phi \tag{9.5}$$

である．(§3 の **N** を見よ．) さて，磁気回路の起磁力は，いまのばあい，コイル 1，2 を流れる電流によるものであるから，(9.1)の代わりに

$$R_m\Phi = N_1I_1 + N_2I_2 \tag{9.6}$$

が成り立つ．(9.5)に(9.6)を代入すれば

$$\Phi_1 = L_{11}I_1 + L_{12}I_2, \tag{9.7}$$

$$\Phi_2 = L_{21}I_1 + L_{22}I_2 \tag{9.8}$$

の形に書ける．ただし

$$L_{11} = L_1 = N_1^2/R_m, \tag{9.9}$$

$$L_{22} = L_2 = N_2^2/R_m, \tag{9.10}$$

$$L_{12} = L_{21} = M = N_1N_2/R_m \tag{9.11}$$

とおく．(9.7)，(9.8)の表式は，2 つの回路が‘結合’していて，L_{11}, L_{22} が **自己インダクタンス**，L_{12}, L_{21} が **相互インダクタンス** を表わし，かつ $L_{12} = L_{21}$ の **相互関係** が成り立つことを示している．

(9.7)，(9.8)を(9.3)，(9.4)に代入すれば，I_1, I_2 に関する連立の微分方程式が得られる．すなわち，‘結合した回路’の方程式である．

(i) 変圧器

(9.3)，(9.4)で $\mathcal{E}_1, \mathcal{E}_2$ を‘回路の起電力’と称したが，すでに注意したように，これには電源の起電力 $\mathcal{E}_S$ だけではなく，コンデンサーの起電力や，磁気回路をとりかこむ問題のコイル以外のコイルの起電力も含まれている(図17)．また，回路が開いていて端子 A，B があるばあいには，(7.10)により，

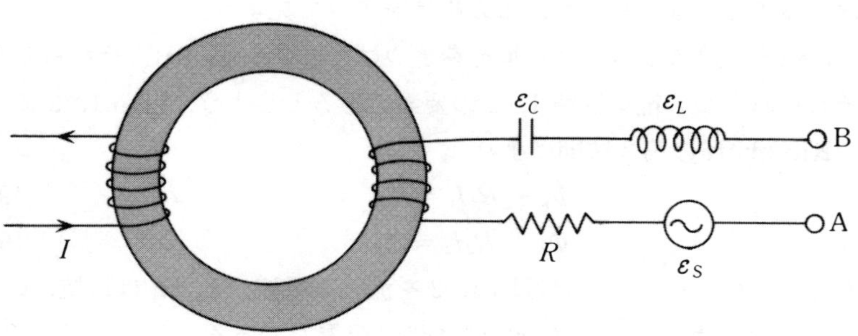

図17

その間の電位差 $\mathcal{E}_{AB} = \phi_B - \phi_A$ も $\mathcal{E}$ の中に含めるのである．(端子 A，B は容量 0 のコンデンサーに相当する．) それゆえ，回路 1，2 の電源を指定しても，$\mathcal{E}_1, \mathcal{E}_2$ にはそれぞれ I_1, I_2 に依存する項が含まれているのである．

さて，簡単なばあいとして，回路の抵抗が 0，すなわち $R_1 = R_2 = 0$ のばあいを考えよう．このばあい，(9.3)，(9.4) と (9.5) からただちに

$$\mathcal{E}_2 = (N_2/N_1)\mathcal{E}_1 \tag{9.12}$$

の関係が得られる．すなわち，回路 2 の起電力 $\mathcal{E}_2$ は回路 1 の起電力 $\mathcal{E}_1$ の N_2/N_1 倍になる．これが‘変圧器の原理’である．つまり，変圧器は磁気回路に 2 つのコイルを巻きつけたものである．そして，上でコイル 1，2 といったものは，それぞれ **1 次コイル，2 次コイル** とよばれる．また，回路 1，2 はそれぞれ **1 次回路，2 次回路** とよばれる．

2 次回路が開いているばあいには，電流 I_2 は 0 であるから，R_2 のいかんに関わらず $R_2I_2 = 0$ であって，起電力 $\mathcal{E}_2$ は端子電圧 $\mathcal{E}_{AB} = \phi_B - \phi_A$ を与える．

一般に，変圧器については

$$(\mathcal{E}_1 - R_1I_1)/N_1 = (\mathcal{E}_2 - R_2I_2)/N_2 \tag{9.13}$$

の関係が成り立つ．これは (9.3)，(9.4) と (9.5) から容易に導かれる．

例　交流電源と変圧器　簡単な例として，1 次回路の抵抗が 0 で，交流電源のみを含むばあいを考えよう．このばあい，回路の方程式 (9.3)，(9.4) は

$$L_1\dot{I}_1 + M\dot{I}_2 = \mathcal{E}_1, \tag{9.14}$$

$$L_2\dot{I}_2 + M\dot{I}_1 + R_2I_2 = \mathcal{E}_2 \tag{9.15}$$

となる．ただし，(9.7)，(9.8) を使う．このばあい，1 次回路の起電力 $\mathcal{E}_1$ は電源のみによるから

$$\mathcal{E}_1 = \mathcal{E}_0 e^{i\omega t} \tag{9.16}$$

である．ここで ω は交流電源の角周波数である．(読者には，複素表示によるとり扱いの知識を期待する．)

(a)　まず，2 次回路の開いているばあいを考えよう．このばあい，$I_2 = 0$ であるから，(9.13) からただちに

$$\mathcal{E}_2 = (N_2/N_1)\mathcal{E}_1 \equiv \mathcal{E}_{AB} \tag{9.17}$$

が得られる．ここで $\mathcal{E}_2$ は 2 次回路の端子電圧である．さて，$\dot{I}_1 = i\omega I_1$ であるから，(9.14) は

$$I_1 = \frac{\mathcal{E}_1}{i\omega L_1} = \frac{\mathcal{E}_0}{i\omega L_1}e^{i\omega t} \equiv I_0 \tag{9.18}$$

を与える．I_0 はインダクタンス L_1 の回路に交流電源 $\mathcal{E}_0 e^{i\omega t}$ を入れたときに流れる電流を意味する．

（b） つぎに，2 次回路を閉じたばあいを考える．ただし 2 次回路は抵抗のみを含むものとする．このばあい，端子電圧はないから，$\mathcal{E}_2 = 0$ である．したがって，(9.13) は

$$I_2 = -\frac{N_2}{N_1}\frac{\mathcal{E}_1}{R_2} = -\frac{\mathcal{E}_{AB}}{R_2} \tag{9.19}$$

を与える．これは，回路を開いたときの端子電圧が（単独の）2 次回路に働くと考えたときに現われるべき電流に相当する．

(9.19) を (9.14) に代入すれば，$\dot{I}_1 = i\omega I_1$, $\dot{I}_2 = i\omega I_2$ に注意して

$$I_1 = \frac{\mathcal{E}_1}{i\omega L_1} - \frac{M}{L_1}I_2 = I_0 - \frac{N_2}{N_1}I_2 = I_0 + \left(\frac{N_2}{N_1}\right)^2\frac{\mathcal{E}_1}{R_2} \tag{9.20}$$

が得られる．ただし，(9.9), (9.19) の関係を使う．

上のとり扱いで 2 次回路の方程式 (9.15) は一見使われていないようであるが，実は (9.13) の関係式を導く際にすでに使われているのである．

2 次回路が抵抗のほかにコンデンサーやコイルを含むばあいでも，交流回路については抵抗 R の代わりに**インピーダンス** $Z = R + i(\omega L - 1/\omega C)$ を使えば，上の諸式はそのまま成り立つ．ただし，L はコイルのインダクタンス，C はコンデンサーの容量である．

（ii） 電磁エネルギーの消長と移動

磁気回路をつくる磁性体は単位体積あたり $U^{(m)} = (1/2)\boldsymbol{H}\cdot\boldsymbol{B}$ の電磁エネルギーを貯え，回路全体では

$$\tilde{U}^{(m)} = \iiint_B \frac{1}{2}\boldsymbol{H}\cdot\boldsymbol{B}\,dV = \frac{1}{2}\Phi\tilde{I}, \tag{9.21}$$

$$\tilde{I} = \sum_i N_i I_i = \mathcal{E}_m \tag{9.22}$$

である．ただし磁性体の比透磁率 μ/μ_0 が大きくて，磁力線はほとんど磁性体 B の中に限られていると考える．(9.21) の右辺の表式は，1 本の磁力線あたり $(1/2)\int_C H ds$ のエネルギーが貯えられるとして導かれたものである．そして，磁気回路には複数個のコイルが巻きつけられ，そのおのおのの巻き数は

N_i で，電流 I_i が流れているとしている．つまり，$\tilde{I}$ は磁気回路の中心線 C がとりかこむ電流の総和を表わすのである．また(9.22)は(8.5)の第 2 式に相当する．そして Φ と $\mathcal{E}_m = \tilde{I}$ の間には，(8.6)に相当して

$$\mathcal{E}_m = R_m \Phi \tag{9.23}$$

の関係が成り立つのである．したがって，(9.21)は

$$\tilde{U}^{(m)} = \frac{1}{2}\mathcal{E}_m \Phi = \frac{1}{2} R_m \Phi^2 \tag{9.24}$$

のように書き表わされる．磁気抵抗 R_m は(8.5)によって定義され，磁気回路について固有の量である．

さて，コイルの電流 I_i が変化すると，Φ が変化して $\tilde{U}^{(m)}$ が変化する．そのエネルギーはどこから補給されるのだろうか？

直観的にはつぎのように考えられる．Φ が増加しているときには，Faraday の誘導法則により，磁性体の棒をとりかこむような電場 $\boldsymbol{E}$ が現われる．ところが，棒の外部には，棒の軸方向の磁場 $\boldsymbol{H}$ が存在する．(磁力線は棒からもれ出さないから.) 棒の内外の磁場 $\boldsymbol{H}$ は棒の表面で接線成分が一致するから，外部の磁場は $\boldsymbol{H} = \boldsymbol{B}/\mu$ である．μ は大きいから，外部の磁場は微弱である．しかし，$\boldsymbol{E}$ と $\boldsymbol{H}$ は‘電磁力線網’をつくるので Poynting ベクトル $\boldsymbol{S} = \boldsymbol{E} \times \boldsymbol{H}$ が現われる．つまり，外部の空間から棒に向って電磁エネルギーが流れこむのである(図 18)．(棒の内部でも $\boldsymbol{S}$ が存在することに注意！ これは棒の各部の $U^{(m)}$ の増加に寄与する.)

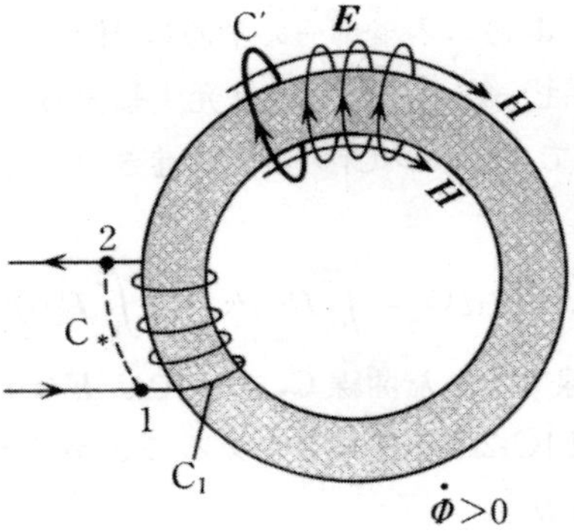

図18

以上の直観的イメージを定量的に確かめてみよう．まず，$\tilde{U}^{(m)}$ の変化は，(9.24)により，

$$\frac{d}{dt}\tilde{U}^{(m)} = R_m\Phi\dot{\Phi} = \mathcal{E}_m\dot{\Phi} \tag{9.25}$$

で与えられる．ただし(9.23)を使う．

さて，Faradayの誘導法則によれば，棒をとりかこむ電場 $\boldsymbol{E}$ について

$$\int_{C'} \boldsymbol{E}\cdot d\boldsymbol{r} = -\dot{\Phi} \tag{9.26}$$

が成り立つ．簡単のために，棒の断面形は円であると仮定しよう．閉曲線 C′ として半径 r の円をとり，C′ の向きを図の矢印の向きにとると，(9.26)は

$$2\pi r\cdot E = \dot{\Phi} \tag{9.27}$$

となる．Poyntingベクトル $\boldsymbol{S} = \boldsymbol{E}\times\boldsymbol{H}$ は，$\dot{\Phi}>0$ のときには図19に示すように，円の中心に向き，大きさは $S = EH$ である．したがって，半径 r の円を通って流れこむ電磁エネルギーは，単位時間あたり，棒の軸方向の単位長さあたり，

$$2\pi r\cdot S = 2\pi r\cdot EH = \dot{\Phi}H \tag{9.28}$$

である．ただし(9.27)を使う．棒の全長についてこれを積分すれば，$\int_C Hds = \tilde{I} = \mathcal{E}_m$ を考慮して，$\dot{\Phi}\mathcal{E}_m$ が得られる．これは(9.25)と一致する．

さて，この電磁エネルギーの流れはどこから来たのだろうか？

棒に巻きつけられたコイルは，誘導された電場 $\boldsymbol{E}$ の中に浸されている．したがって，コイルを流れる電流 I は $\boldsymbol{E}$ によってなんらかの影響を受けるに違いない．さて，一般に，電磁エネルギーの消滅は $W^{(em)} = \boldsymbol{J}\cdot\boldsymbol{E}$ で与えられる．つまり，電磁エネルギーが消滅あるいは発生し得るのは電流の流れている場所だけである．そこで，コイル C_1 の，棒に巻きついている部分での電磁エネルギーの消滅を考えると

$$\tilde{W}^{(em)} = \iiint \boldsymbol{J}\cdot\boldsymbol{E}\, dV = \int_1^2 IE\, ds = I\int_1^2 \boldsymbol{E}\cdot d\boldsymbol{r} \tag{9.29}$$

である(図18)．図の破線で示した曲線 C_* の上では $\boldsymbol{E}\fallingdotseq 0$ であるから，上の線積分の積分路を閉曲線 $1C_12C_*1$ でおきかえることができる．したがって，Faradayの誘導法則により

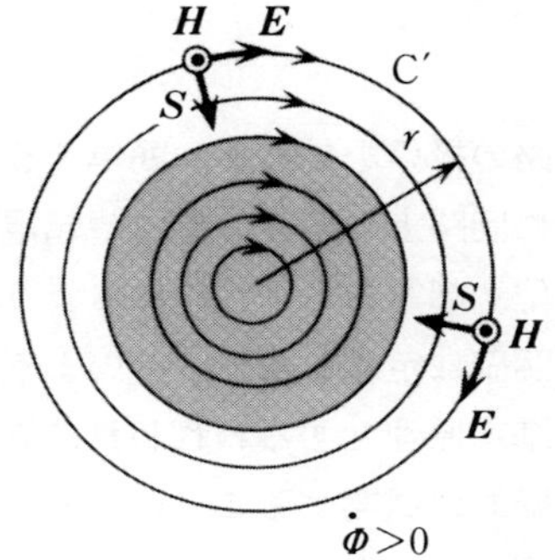

図19

$$\int_1^2 \boldsymbol{E}\cdot d\boldsymbol{r} = -N\dot{\Phi}$$

である．ただし N はコイルの巻き数である．けっきょく，(9.29)は

$$\tilde{W}^{(em)} = -NI\dot{\Phi} \tag{9.30}$$

となる．I と $\dot{\Phi}$ が同符号のばあいには，$\tilde{W}^{(em)}<0$，すなわち電磁エネルギーが発生している．コイルが複数個あるばあいは，(9.30)の総和をとって

$$\tilde{W}^{(em)} = -\tilde{I}\dot{\Phi} = -\mathcal{E}_m\dot{\Phi} \tag{9.31}$$

が得られる．これは確かに(9.25)と一致するのである．($\dot{\tilde{U}}^{(m)}+\tilde{W}^{(em)}=0.$)

要するに，磁気回路は電磁エネルギーを磁場のエネルギーの形で貯蔵するプールである．そのエネルギーの補給および放出は磁気回路の全表面でPoyntingベクトルの形で行なわれる．そしてその源泉あるいは排出口はコイルを流れる電流である．このように，磁気回路の機能は電気回路におけるコンデンサーに類似する．すなわち，コンデンサーにおける電場のエネルギーを磁場のエネルギーにおきかえればよいのである．

変圧器で1次回路から2次回路にエネルギーが伝達される機構も上の説明から明らかであろう．すなわち，1次コイルから放出された電磁エネルギーはいったん変圧器の鉄心に貯蔵され，これを2次コイルが汲み上げるのである．1次コイルから2次コイルに直接エネルギーが移動するのではないことに注意すべきであろう．

§10. まとめ

電磁気学の書物で電気回路の扱いを見ると，簡単そうに見えて実はよくわからないことがある．とくに回路上の各点の電位や起電力の概念がそうである．直流回路については電位も起電力もよくわかるような気がするが，交流回路についてはその概念が明確に定義されていないように思われる．エネルギーと運動量の保存法則を基本原理とするわれわれの電磁気学の立場では，回路論はその一環として組織的に展開することができる．たとえば，Kirchhoff の第 1 法則は‘電荷の保存’を述べるものであり，第 2 法則は Faraday の誘導法則の言い換えに過ぎない．要するに，電気回路とは，電磁エネルギーの移動・消長の舞台であって，‘電磁力線網’が直観的イメージとして大いに役立つのである．このような見方をすれば，回路上の電位，回路要素の起電力が明確に定義される．

本章では，回路論の基礎として回路の方程式の導き方とその意味についてとくに詳しく議論した．まず‘直流’について考え，つぎに‘交流’に進むというふつうのやり方では，‘直流’での概念をそのまま安易に‘交流’のばあいに適用するという危険性がある．つまり，概念の拡張に明確な根拠が与えられないという難点である．本章のとり扱いで‘直流’と‘交流’とを区別しなかったのはそのためである．

回路の方程式を種々の具体的なばあいについて解くことは，もちろん本書の目的ではない．これは成書にゆずらなければならない．

なお，電磁エネルギーの移動・消長の舞台の一例として‘磁気回路’をとり上げた．‘変圧器’の機構はこれによって明らかになるだろう．

11 孤立物体に働く電磁力

§1. はじめに

運動量とエネルギーの保存法則を基本法則とする電磁気学の構成は前章で一応完結した．あとはこの構成にしたがって各論を展開すればよい．しかし，くり返し述べたように，構成はともかく，内容そのものは従来の電磁気学と本質的に異なるものではないから，各論の展開は成書にゆずるべきであろう．実際，筆者にはその能力はない．ただ，項目によっては，成書のとり扱いに欠けていると思われるものがあるので，それらについてやや立ち入った議論をしたいと思う．本章では，一様な媒質中におかれた物体に働く静電磁力について考える．とくに，静磁場をとり扱うための $\boldsymbol{H}$ 方式と $\boldsymbol{B}$ 方式の関係を調べる．これによって，たとえば磁場を表わす物理量として，$\boldsymbol{H}$ に比べて $\boldsymbol{B}$ がより本質的であるという考えには根拠がないことが明らかになるだろう．

§2. 物体に働く電磁力

誘電率 ε_1，透磁率 μ_1 の一様な媒質の中に物体がおかれている．電磁場をかけたとき，この物体にはどのような電磁力が働くか？　これがわれわれの問題である．

この力を求める方法は，原理的には，われわれはすでに知っている．すなわち，物体の各部分には体積密度 $\boldsymbol{f}^{(em)}$ の電磁力が働いているから，これを物体全体にわたって積分すればよい．なお，一般に，物体の誘電率と透磁率は周囲の媒質のそれとは異なるから，不連続面に働く力として $\{\boldsymbol{T}_n\}_\pm$ が物体表面の薄層に働いている．これも考慮しなければならない．けっきょく，物体に働く電磁力 $\boldsymbol{F}$ は

$$\boldsymbol{F} = \iiint_{\mathrm{B}} \boldsymbol{f}^{(em)} dV + \iint_{\partial \mathrm{B}} \{\boldsymbol{T}_n\}_\pm dS \tag{2.1}$$

として計算される．ここで，$\boldsymbol{f}^{(em)}$, $\{\boldsymbol{T}_n\}_\pm$ の具体的な表式は，それぞれ

$$\begin{aligned}\boldsymbol{f}^{(em)}-(\rho\boldsymbol{E}+\boldsymbol{J}\times\boldsymbol{B}) &= D_k\partial_i E_k+B_k\partial_i H_k-\partial_i U^{(em)}\\ &= -E_k\partial_i D_k-H_k\partial_i B_k+\partial_i U^{(em)}\\ &= P_k\partial_i E_k+M_k\partial_i H_k-\partial_i U^{(pol)},\end{aligned}\tag{2.2}$$

$$\{\boldsymbol{T}_n\}_\pm=\{\boldsymbol{T}_n^{(e)}\}_\pm+\{\boldsymbol{T}_n^{(m)}\}_\pm,\tag{2.3}$$

$$\begin{aligned}\{\boldsymbol{T}_n^{(e)}\}_\pm-\sigma\langle\boldsymbol{E}\rangle &= (1/2)(\{\boldsymbol{E}\}\cdot\langle\boldsymbol{D}\rangle-\langle\boldsymbol{E}\rangle\cdot\{\boldsymbol{D}\})\boldsymbol{n}\\ &= (1/2)(\boldsymbol{E}_+\cdot\boldsymbol{D}_--\boldsymbol{E}_-\cdot\boldsymbol{D}_+)\boldsymbol{n}\\ &= (1/2)(\boldsymbol{E}_+\cdot\boldsymbol{P}_--\boldsymbol{E}_-\cdot\boldsymbol{P}_+)\boldsymbol{n},\\ &= (1/2)(\boldsymbol{E}_+\cdot\boldsymbol{P}'_-)\boldsymbol{n},\end{aligned}\tag{2.4}$$

$$\begin{aligned}\{\boldsymbol{T}_n^{(m)}\}_\pm-\boldsymbol{J}_s\times\langle\boldsymbol{B}\rangle &= (1/2)(\{\boldsymbol{H}\}\cdot\langle\boldsymbol{B}\rangle-\langle\boldsymbol{H}\rangle\cdot\{\boldsymbol{B}\})\boldsymbol{n}\\ &= (1/2)(\boldsymbol{H}_+\cdot\boldsymbol{B}_--\boldsymbol{H}_-\cdot\boldsymbol{B}_+)\boldsymbol{n}\\ &= (1/2)(\boldsymbol{H}_+\cdot\boldsymbol{M}_--\boldsymbol{H}_-\cdot\boldsymbol{M}_+)\boldsymbol{n}\\ &= (1/2)(\boldsymbol{H}_+\cdot\boldsymbol{M}'_-)\boldsymbol{n}\end{aligned}\tag{2.5}$$

で与えられる．(2.2)，(2.3〜5)はそれぞれ(6.9.10〜13)，(6.3.9〜10)に相当する．

(2.1)で B は物体の占める領域，∂B はその境界，すなわち物体表面を表わす．さて，物体の内部および表面の各点の電場 $\boldsymbol{E}$ と磁場 $\boldsymbol{H}$ が既知であれば，(2.2)〜(2.5)を使って(2.1)の積分計算を実行することによって，物体に働く電磁力が求められるのである．このことは任意の **非定常な電磁場** について成り立つのであるが，ここでは特別なばあいとして，**一様な媒質** の中におかれた物体に **定常な電磁場** がかかっているばあいについて，(2.1)をもうすこし扱いやすい形に表わすことを考えよう．

§3.　一様媒質中の物体に働く静電力

まず，静電場だけが存在するばあいを考える．このばあい，公式(2.1)を使うよりも，むしろ基本法則——運動量保存の法則——に立ちもどって考える方が便利である．すなわち，物体 B をとりかこむ任意の閉曲面 S を通って流入する運動量を考える(図 1)．(物体 B のほかに B′, B″,...等の物体があるばあいには，S は B だけを含むようにとる．）運動量の流れは Maxwell 応力 $\boldsymbol{T}_n$ によって与えられるから，

$$\boldsymbol{F}=\iint_{\mathrm{S}}\boldsymbol{T}_n\,dS\tag{3.1}$$

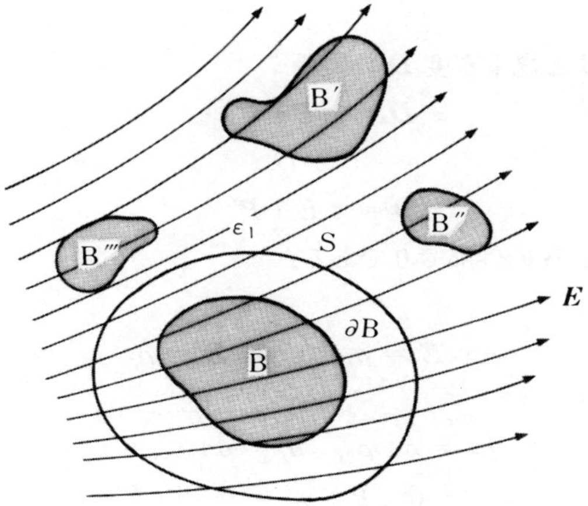

図 1

である．ただし

$$\boldsymbol{T}_n = \boldsymbol{E}D_n - U\boldsymbol{n}, \tag{3.2}$$

$$U = (1/2)\,\boldsymbol{E}\cdot\boldsymbol{D}. \tag{3.3}$$

このばあい，電磁運動量 $\boldsymbol{g} = \boldsymbol{D}\times\boldsymbol{B}$ の時間的変化 $\partial\boldsymbol{g}/\partial t$ は 0 であるから，S を通って流入した運動量はすべて力学的運動量に変換され，$\boldsymbol{F}$ を与えるのである．(閉曲面 S と物体 B の間の領域では $\varepsilon = \varepsilon_1 = \mathrm{const}$ であるから，電磁運動量の消滅はない！ つまり $\boldsymbol{f}^{(em)} = 0$ である．)

（i） さて，S の上では $\boldsymbol{D} = \varepsilon_1\boldsymbol{E}$ である．したがって

$$\boldsymbol{T}_n = \varepsilon_1\{E_iE_kn_k - (1/2)E^2n_i\}.$$

したがって

$$\iint_S \boldsymbol{T}_n\,dS = \varepsilon_1\iint_S\{E_iE_kn_k - (1/2)E^2n_i\}dS$$
$$= \varepsilon_1\iiint_V\{\partial_k(E_iE_k) - \partial_i(E^2/2)\}dV.$$

ただし，Green の公式を使う．V は S の内部の領域である．ところが

$$\{\cdots\} = E_i\partial_kE_k + E_k\partial_kE_i - E_k\partial_iE_k$$
$$= E_i\partial_kE_k + E_k(\partial_kE_i - \partial_iE_k)$$
$$= (\mathrm{div}\boldsymbol{E})\boldsymbol{E}.$$

ただし，静電場の条件：$\mathrm{rot}\boldsymbol{E} = 0$ によって上の第 2 行の第 2 項が 0 になる

ことを使う．

いま，電場 $\boldsymbol{E}$ と電束密度 $\boldsymbol{D}$ の関係：

$$\boldsymbol{D} = \varepsilon_0\boldsymbol{E}+\boldsymbol{P} \tag{3.4}$$

にならって

$$\boldsymbol{D} = \varepsilon_1\boldsymbol{E}+\boldsymbol{P}' \tag{3.5}$$

とおけば，$\boldsymbol{P}'$ は B の外部で 0 である．

また，

$$\varepsilon_0 \operatorname{div}\boldsymbol{E} = \rho_f, \quad \varepsilon_1 \operatorname{div}\boldsymbol{E} = \rho'_f \tag{3.6}$$

とおくと，

$$\rho_f = \rho+\rho_p, \quad \rho'_f = \rho+\rho'_p, \tag{3.7}$$

$$\rho_p = -\operatorname{div}\boldsymbol{P}, \quad \rho'_p = -\operatorname{div}\boldsymbol{P}' \tag{3.8}$$

であって，$\rho = \operatorname{div}\boldsymbol{D}$ は (真)**電荷密度**，ρ_p は **分極電荷密度**，ρ_f は**自由電荷密度** である．そして ρ'_p, ρ'_f は，いわば ‘相対的’ な分極，および自由電荷密度である．明らかに

$$\rho'_f = (\varepsilon_1/\varepsilon_0)\rho_f \tag{3.9}$$

の関係がある．

さて，物体 B の外部では $\rho = 0, \rho'_p = 0$，したがって $\rho'_f = 0$ であるから，(3.1) はけっきょく

$$\boldsymbol{F} = \iiint_{\mathrm{B}} \rho'_f\boldsymbol{E}\, dV \tag{3.10}$$

となる．

（**ii**） 物体の表面 ∂B では，一般に $\boldsymbol{E}$ は不連続的に変化する．したがって，(3.6) で定義される ρ'_f は ∂B 上では存在しない．このときは自由電荷の ‘面密度’ を考えなければならない．それには，表面の薄層について $\rho'_f\boldsymbol{E} = \varepsilon_1(\operatorname{div}\boldsymbol{E})\boldsymbol{E}$ を積分すればよい．これはけっきょく

$$\varepsilon_1\{\boldsymbol{E}E_n-(1/2)E^2\boldsymbol{n}\}_\pm \tag{3.11}$$

を求めることになる．ただし，$\{\cdots\}_\pm$ は，物体表面を内から外に横切るときの，… の ‘とび’ を表わす．

さて，第 6 章の § 3 で述べたように，一般に量 A の不連続面を通しての ‘とび’ と ‘平均’ をそれぞれ

$$\{A\} \equiv A_+-A_-, \quad \langle A\rangle \equiv (A_++A_-)/2 \tag{3.12}$$

で表わすと

$$\{AB\} = \{A\}\langle B\rangle + \langle A\rangle\{B\} \tag{3.13}$$

の関係がある．そこで

$$\{\boldsymbol{E}E_n\}_\pm = \{\boldsymbol{E}\}\langle E_n\rangle + \langle\boldsymbol{E}\rangle\{E_n\},$$
$$\{E^2\}_\pm = \{\boldsymbol{E}\cdot\boldsymbol{E}\}_\pm = \{\boldsymbol{E}\}\cdot\langle\boldsymbol{E}\rangle + \langle\boldsymbol{E}\rangle\cdot\{\boldsymbol{E}\}$$
$$= 2\{\boldsymbol{E}\}\cdot\langle\boldsymbol{E}\rangle.$$

したがって

$$\{\boldsymbol{E}E_n - (1/2)E^2\boldsymbol{n}\}_\pm$$
$$= \{E_n\}\langle\boldsymbol{E}\rangle + [(\langle\boldsymbol{E}\rangle\cdot\boldsymbol{n})\{\boldsymbol{E}\} - (\langle\boldsymbol{E}\rangle\cdot\{\boldsymbol{E}\})\boldsymbol{n}]$$
$$= \{E_n\}\langle\boldsymbol{E}\rangle + \langle\boldsymbol{E}\rangle\times(\{\boldsymbol{E}\}\times\boldsymbol{n}). \tag{3.14}$$

この式は，不連続面での条件を使えば，もっと見やすい形になる．すなわち，不連続面では，電場について（6.2.19)，(6.2.21)の条件：

$$\{D_n\}_\pm = \sigma, \tag{3.15}$$
$$\{\boldsymbol{E}\times\boldsymbol{n}\}_\pm = 0 \tag{3.16}$$

が成り立つことに注意する．ただし，σ は電荷の面密度である．

いま，(3.6)にならって

$$\varepsilon_0\{E_n\}_\pm = \sigma_f, \quad \varepsilon_1\{E_n\}_\pm = \sigma_f' \tag{3.17}$$

とおくと

$$\sigma_f = \sigma + \sigma_p, \quad \sigma_f' = \sigma + \sigma_p', \tag{3.18}$$
$$\sigma_p = -\{P_n\}_\pm, \quad \sigma_p' = -\{P_n'\}_\pm \tag{3.19}$$

であって，

$$\sigma_f' = (\varepsilon_1/\varepsilon_0)\sigma_f \tag{3.20}$$

の関係が成り立つ．

σ が物体表面に分布する(真)電荷の面密度を表わすのに対して，σ_p, σ_f は分極電荷および自由電荷の面密度である．(実際，(3.6)，(3.8)を物体表面の薄層について積分すれば，(3.17)，(3.19)が得られる．)

(3.14)の第1項の $\{E_n\}$ は，(3.17)により，σ_f または σ_f' で表わされる．また，第2項の $\{\boldsymbol{E}\}\times\boldsymbol{n}$ は，(3.16)により0である．けっきょく，(3.11)は

$$\varepsilon_1\{\boldsymbol{E}E_n - (1/2)E^2\boldsymbol{n}\}_\pm = \sigma_f'\langle\boldsymbol{E}\rangle \tag{3.21}$$

となり，(3.10)とあわせ考えると，物体に働く静電力の公式として

$$\boldsymbol{F} = \iiint_{\mathrm{B}} \rho'_f \boldsymbol{E}\, dV + \iint_{\partial \mathrm{B}} \sigma'_f \langle \boldsymbol{E} \rangle dS \tag{3.22}$$

が得られる．これは直観的にきわめて理解しやすい表現である．

§4.　一様媒質中の物体に働く静磁力

物質中の磁場を表わすには，一般に磁場 $\boldsymbol{H}$ と磁束密度 $\boldsymbol{B}$ の 2 つの物理量が必要である．$\boldsymbol{H}$ と $\boldsymbol{B}$ は磁気分極 $\boldsymbol{M}$ で結ばれている：

$$\boldsymbol{B} = \mu_0 \boldsymbol{H} + \boldsymbol{M}. \tag{4.1}$$

第 6 章の §6 で述べたように，静磁場では

$$\mathrm{div}\boldsymbol{B} = 0, \tag{4.2}$$

$$\mathrm{rot}\boldsymbol{H} = \boldsymbol{J} \tag{4.3}$$

が成り立つが，(4.1)を使って $\boldsymbol{B}$ あるいは $\boldsymbol{H}$ を消去することによって真空中の静磁場になぞらえてとり扱うことができる．そして，そのとり扱い方法をそれぞれ **$\boldsymbol{H}$ 方式**あるいは **$\boldsymbol{B}$ 方式**と称したのである．これらを使って物体に働く静磁力の公式を導いてみよう．

(i)　$\boldsymbol{H}$ 方式

力の公式としては(3.1)を使えばよい．ただし，(3.2)，(3.3)の代わりに

$$\boldsymbol{T}_n = \boldsymbol{H} B_n - U\boldsymbol{n}, \tag{4.4}$$

$$U = (1/2)\, \boldsymbol{H} \cdot \boldsymbol{B} \tag{4.5}$$

を使う．あとは前節の静電場のばあいと同様に進めばよい．

物体 B をとりかこむ閉曲面 S の上では $\boldsymbol{B} = \mu_1 \boldsymbol{H}$ であるから

$$\iint_{\mathrm{S}} \boldsymbol{T}_n\, dS = \mu_1 \iint_{\mathrm{S}} \{H_i H_k n_k - (1/2) H^2 n_i\} dS$$
$$= \mu_1 \iiint_{\mathrm{V}} \{\partial_k (H_i H_k) - \partial_i (H^2/2)\} dV. \tag{4.6}$$

ここで

$$\begin{aligned} \{\cdots\} &= H_i \partial_k H_k + H_k \partial_k H_i - H_k \partial_i H_k \\ &= (\mathrm{div}\boldsymbol{H}) H_i + H_k (\partial_k H_i - \partial_i H_k) \\ &= (\mathrm{div}\boldsymbol{H})\boldsymbol{H} + \mathrm{rot}\boldsymbol{H} \times \boldsymbol{H} \end{aligned} \tag{4.7}$$

と変形できる．さて，(4.1)にならって

$$\boldsymbol{B} = \mu_1 \boldsymbol{H} + \boldsymbol{M}' \tag{4.8}$$

とおくと，$\boldsymbol{M}'$ は‘相対的’な磁気分極で，物体の外部では $\boldsymbol{M}' = 0$ である．

(4.2),(4.1),(4.8)から

$$\mu_0 \operatorname{div}\boldsymbol{H} = \rho_m, \quad \mu_1 \operatorname{div}\boldsymbol{H} = \rho'_m \tag{4.9}$$

が得られる．ただし

$$\rho_m = -\operatorname{div}\boldsymbol{M}, \quad \rho'_m = -\operatorname{div}\boldsymbol{M}' \tag{4.10}$$

は**(分極)磁荷** および‘相対的’な分極磁荷であって，(4.9)により

$$\rho'_m = (\mu_1/\mu_0)\rho_m \tag{4.11}$$

の関係がある．

(4.9)と(4.3)を考慮して(4.7)を(4.6)に代入すると，(3.1)は

$$\boldsymbol{F} = \iiint_{\mathrm{B}} (\rho'_m \boldsymbol{H} + \mu_1 \boldsymbol{J} \times \boldsymbol{H}) dV \tag{4.12}$$

となる．これは静電力に対する(3.10)式に対応する公式である．

物体表面での不連続性を考慮するためには，静電場のばあいと同様のとり扱いをすればよい．すなわち，表面の薄層について(4.12)の体積積分を行なうことは，(3.11)に対応して

$$\mu_1 \{\boldsymbol{H}H_n - (1/2)H^2\boldsymbol{n}\}_{\pm} \tag{4.13}$$

の面積積分を行なうことになる．そして，(3.14)に対応して

$$\{\boldsymbol{H}H_n - (1/2)H^2\boldsymbol{n}\}_{\pm} = \{H_n\}\langle\boldsymbol{H}\rangle + \langle\boldsymbol{H}\rangle \times (\{\boldsymbol{H}\} \times \boldsymbol{n}) \tag{4.14}$$

が成り立つ．

さて，磁場については，不連続面の条件は(6.2.19),(6.2.21),すなわち

$$\{B_n\}_{\pm} = 0, \tag{4.15}$$

$$\{\boldsymbol{H} \times \boldsymbol{n}\}_{\pm} = -\boldsymbol{J}_s \tag{4.16}$$

である．ただし，$\boldsymbol{J}_s$ は電流の面密度である．

いま，(4.9)にならって

$$\mu_0 \{H_n\}_{\pm} = \sigma_m, \quad \mu_1 \{H_n\}_{\pm} = \sigma'_m \tag{4.17}$$

とおくと

$$\sigma_m = -\{M_n\}_{\pm}, \quad \sigma'_m = -\{M'_n\}_{\pm} \tag{4.18}$$

である．σ_m は(分極)磁荷の面密度で，σ'_m はその‘相対的’な値である．そして，(4.17)により，

$$\sigma'_m = (\mu_1/\mu_0)\sigma_m \tag{4.19}$$

の関係がある．

(4.17),(4.16)を(4.14)に代入し,(4.13)の面積積分を実行する．これを

(4.12)につけ加えると，けっきょく

$$\boldsymbol{F} = \iiint_{\mathrm{B}}(\rho'_m \boldsymbol{H} + \mu_1 \boldsymbol{J} \times \boldsymbol{H})dV + \iint_{\partial\mathrm{B}}(\sigma'_m\langle \boldsymbol{H}\rangle + \mu_1 \boldsymbol{J}_s \times \langle \boldsymbol{H}\rangle)dS \qquad (4.20)$$

が得られるのである．

（ii） *B* 方式

閉曲面Sの上では $\boldsymbol{H} = (1/\mu_1)\boldsymbol{B}$ であるから，(4.6), (4.7)は

$$\iint_{\mathrm{S}} \boldsymbol{T}_n\, dS = \frac{1}{\mu_1}\iiint_{\mathrm{V}}(\mathrm{rot}\boldsymbol{B} \times \boldsymbol{B})dV \qquad (4.21)$$

となる．ただし $\mathrm{div}\boldsymbol{B} = 0$ の関係を使う．またVはSの内部の領域である．

さて，(4.3)にならって

$$(1/\mu_0)\,\mathrm{rot}\boldsymbol{B} = \boldsymbol{J}_f, \quad (1/\mu_1)\,\mathrm{rot}\boldsymbol{B} = \boldsymbol{J}'_f \qquad (4.22)$$

とおくと，

$$\boldsymbol{J}_f = \boldsymbol{J} + \boldsymbol{J}_m, \quad \boldsymbol{J}'_f = \boldsymbol{J} + \boldsymbol{J}'_m \qquad (4.23)$$

$$\mu_0 \boldsymbol{J}_m = \mathrm{rot}\boldsymbol{M}, \quad \mu_1 \boldsymbol{J}'_m = \mathrm{rot}\boldsymbol{M}' \qquad (4.24)$$

である．$\boldsymbol{J}$ は **電流密度**, $\boldsymbol{J}_m$ は **磁化電流密度** で，それに対して $\boldsymbol{J}_f$ は **自由電流密度** とでもよぶべきものである．（自由電荷密度 ρ_f との対応でこうよぶ.）そして，$\boldsymbol{J}'_m$, $\boldsymbol{J}'_f$ はそれらの‘相対的’な値である．(4.22)により

$$\boldsymbol{J}'_f = (\mu_0/\mu_1)\boldsymbol{J}_f \qquad (4.25)$$

の関係がある．

物体の外部では $\boldsymbol{M}' = 0$，したがって $\boldsymbol{J}'_m = 0$ である．また電流もない：$\boldsymbol{J} = 0$．したがって $\boldsymbol{J}'_f = 0$．それゆえ(4.21)のVをBとすることができる．（当然！ もともと閉曲面Sは物体をとりかこむかぎり任意であるから，物体に沿ってすれすれにSをとったと考えてもよい.）こうして，(3.1), (4.21), (4.22)から

$$\boldsymbol{F} = \iiint_{\mathrm{B}}(\boldsymbol{J}'_f \times \boldsymbol{B})dV \qquad (4.26)$$

が得られる．

物体表面での不連続性の考察は $\boldsymbol{H}$ 方式と同様の方法で行なうことができる．すなわち，まず，(4.14)に対応して

$$\{\boldsymbol{B}B_n - (1/2)B^2\boldsymbol{n}\}_\pm = \{B_n\}\langle \boldsymbol{B}\rangle + \langle \boldsymbol{B}\rangle \times (\{\boldsymbol{B}\} \times \boldsymbol{n}) \qquad (4.27)$$

が得られる．右辺第1項は(4.15)により0である．第2項については，(4.16)を考慮して

$$\{\boldsymbol{B}\times\boldsymbol{n}\}_{\pm} = -\mu_0\boldsymbol{J}_{fs} = -\mu_1\boldsymbol{J}'_{fs} \tag{4.28}$$

とおくと，(4.1)，(4.8) により，

$$\boldsymbol{J}_{fs} = \boldsymbol{J}_s + \boldsymbol{J}_{ms}, \quad \boldsymbol{J}'_{fs} = \boldsymbol{J}_s + \boldsymbol{J}'_{ms}, \tag{4.29}$$

$$\mu_0\boldsymbol{J}_{ms} = -\{\boldsymbol{M}\}_{\pm}\times\boldsymbol{n}, \quad \mu_1\boldsymbol{J}'_{ms} = -\{\boldsymbol{M}'\}_{\pm}\times\boldsymbol{n} \tag{4.30}$$

の関係が成り立つ．$\boldsymbol{J}_{ms}$, $\boldsymbol{J}_{fs}$ は磁化電流および自由電流の面密度である．そして $\boldsymbol{J}'_{ms}$, $\boldsymbol{J}'_{fs}$ はそれらの‘相対的’な値である．（これらは (4.22)，(4.24) を物体表面の薄層について積分することによって得られる．）(4.28) により

$$\boldsymbol{J}'_{fs} = (\mu_0/\mu_1)\boldsymbol{J}_{fs} \tag{4.31}$$

の関係がある．けっきょく，(4.27) は $\mu_1\boldsymbol{J}'_{fs}\times\langle\boldsymbol{B}\rangle$ となる．これを物体表面について積分すれば，不連続性の影響が具体的に表わされるのである．(4.26) とあわせて，結果は

$$\boldsymbol{F} = \iiint_{\mathrm{B}}(\boldsymbol{J}'_f\times\boldsymbol{B})dV + \iint_{\partial\mathrm{B}}(\boldsymbol{J}'_{fs}\times\langle\boldsymbol{B}\rangle)dS \tag{4.32}$$

となる．

§5. 物体に働く電磁力のモーメント

物体の各部分に（単位体積あたり）働く電磁力のモーメントは一般に

$$\boldsymbol{N}^{(em)} = \boldsymbol{r}\times\boldsymbol{f}^{(em)} + \boldsymbol{P}\times\boldsymbol{E} + \boldsymbol{M}\times\boldsymbol{H} \tag{5.1}$$

で与えられる．（これは第 12 章の §3 で証明する．）もちろん $\boldsymbol{r}$ はその物体部分の位置ベクトルで，モーメントは原点 ($\boldsymbol{r}=0$) に関してとるものとする．物体全体に働く電磁力のモーメントは

$$\boldsymbol{N} = \iiint_{\mathrm{B}}\boldsymbol{N}^{(em)}dV \tag{5.2}$$

である．

原理的には (5.2) は任意の電磁場について成り立つのであるが，一様な媒質中におかれた物体で，かつ定常な電磁場がかかっているばあいには，むしろ基本法則――角運動量保存の法則――に立ちもどって考える方が簡単である．すなわち，(2.1) に対応して

$$\boldsymbol{N} = \iint_{\mathrm{S}}\boldsymbol{r}\times\boldsymbol{T}_n\,dS \tag{5.3}$$

を考えるのである．

まず，静電場のばあいを考えよう．$\boldsymbol{T}_n = T_{ip}n_p$ であるから

$$\boldsymbol{N} = \iint_S \varepsilon_{ijk} x_j T_{kp} n_p dS = \iiint_V \varepsilon_{ijk} \partial_p (x_j T_{kp}) dV$$
$$= \iiint_V \varepsilon_{ijk} (\delta_{pj} T_{kp} + x_j \partial_p T_{kp}) dV$$
$$= \iiint_V \varepsilon_{ijk} (T_{kj} + x_j \partial_p T_{kp}) dV. \tag{5.4}$$

ただし，$\partial_p x_j = \delta_{pj}$ を使う．いまのばあい

$$T_{ik} = \varepsilon_1 \{E_i E_k - (1/2) E^2 \delta_{ik}\} \tag{5.5}$$

であって，T_{ik} は対称テンソルである．したがって $\varepsilon_{ijk} T_{kj} = 0$．いま

$$f_i = \partial_k T_{ik} \tag{5.6}$$

とおくと，(5.4)は

$$\boldsymbol{N} = \iiint_V \varepsilon_{ijk} x_j f_k \, dV = \iiint_V \boldsymbol{r} \times \boldsymbol{f} \, dV \tag{5.7}$$

となる．さて，(5.5)を代入すると

$$f_i = \varepsilon_1 \{\partial_k (E_i E_k) - (1/2) \partial_i E^2\}$$
$$= \varepsilon_1 (E_i \partial_k E_k + E_k \partial_k E_i - E_k \partial_i E_k)$$
$$= \varepsilon_1 \{(\mathrm{div} \boldsymbol{E}) \boldsymbol{E} + \mathrm{rot} \boldsymbol{E} \times \boldsymbol{E}\}. \tag{5.8}$$

$\mathrm{rot}\boldsymbol{E} = 0$ と(3.6)を考慮すると，これは

$$\boldsymbol{f} = \rho'_f \boldsymbol{E} \tag{5.9}$$

となる．したがって，(5.7)は

$$\boldsymbol{N} = \iiint_B \boldsymbol{r} \times \rho'_f \boldsymbol{E} \, dV \tag{5.10}$$

となる．これは力に対する(3.10)の公式に対応するものである．

物体表面での不連続性を具体的に表わすためには，(3.11)に対応して

$$\varepsilon_1 \{\boldsymbol{r} \times [\boldsymbol{E} E_n - (1/2) E^2 \boldsymbol{n}]\}_\pm = \varepsilon_1 \boldsymbol{r} \times \{\boldsymbol{E} E_n - (1/2) E^2 \boldsymbol{n}\}_\pm \tag{5.11}$$

を計算すればよい．ところが，この $\varepsilon_1\{\cdots\}_\pm$ は(3.21)としてすでに求められている．すなわち $\sigma'_f \langle \boldsymbol{E} \rangle$ である．したがって，(5.11)は $\boldsymbol{r} \times \sigma'_f \langle \boldsymbol{E} \rangle$ となる．この項を(5.10)につけ加えると，けっきょく，物体に働く静電力のモーメントは

$$\boldsymbol{N} = \iiint_B \boldsymbol{r} \times \rho'_f \boldsymbol{E} \, dV + \iint_{\partial B} \boldsymbol{r} \times \sigma'_f \langle \boldsymbol{E} \rangle dS \tag{5.12}$$

で与えられる．

静磁場についてもとり扱いはまったく同様である．$\boldsymbol{H}$ 方式では，(5.5)で

$\boldsymbol{E} \to \boldsymbol{H}$, $\varepsilon_1 \to \mu_1$ とおきかえる．また $\boldsymbol{B}$ 方式では，$\boldsymbol{E} \to \boldsymbol{B}$, $\varepsilon_1 \to 1/\mu_1$ とおきかえる．こうして，(5.8)に対応して

$$\boldsymbol{f} = \rho'_m \boldsymbol{H} + \mu_1 \boldsymbol{J} \times \boldsymbol{H}, \quad (\boldsymbol{H} \text{ 方式}) \tag{5.13}$$

$$\boldsymbol{f} = \boldsymbol{J}'_f \times \boldsymbol{B} \quad (\boldsymbol{B} \text{ 方式}) \tag{5.14}$$

が得られる．さらに，物体表面の不連続性の考察も同様に行なわれて，けっきょく

$$\begin{aligned}\boldsymbol{N} = &\iiint_{\mathrm{B}} \boldsymbol{r} \times (\rho'_m \boldsymbol{H} + \mu_1 \boldsymbol{J} \times \boldsymbol{H}) dV \\ &+ \iint_{\partial \mathrm{B}} \boldsymbol{r} \times (\sigma'_m \langle \boldsymbol{H} \rangle + \mu_1 \boldsymbol{J}_s \times \langle \boldsymbol{H} \rangle) dS,\end{aligned} \tag{5.15}$$

$$\boldsymbol{N} = \iiint_{\mathrm{B}} \boldsymbol{r} \times (\boldsymbol{J}'_f \times \boldsymbol{B}) dV + \iint_{\partial \mathrm{B}} \boldsymbol{r} \times (\boldsymbol{J}'_{fs} \times \langle \boldsymbol{B} \rangle) dS \tag{5.16}$$

が得られるのである．

N 定常な電磁場では電磁運動量の時間的変化は 0 であるから，電磁力密度は $\boldsymbol{f}^{(em)} = \partial_k T_{ik}^{(em)}$ で与えられる．$\boldsymbol{T}^{(em)}$ は **Maxwell 応力** である．さて，(5.5)，(5.6)，(5.8)を見ると，Maxwell 応力 T_{ik} から電磁力密度 $\boldsymbol{f}$ を計算しているように見えるかも知れない．しかし，そうでは**ない**！ (5.5)の T_{ik} が Maxwell 応力 $T_{ik}{}^{(em)}$ になるのは $\boldsymbol{D} = \varepsilon_1 \boldsymbol{E}$ が成り立つばあいである．また，(5.6)から(5.8)が得られるのは，$\varepsilon_1 = \mathrm{const}$ のばあいにかぎる．したがって，物体 B の外部で（かつ閉曲面 S の内部で）は，$\boldsymbol{f}$ はたしかに電磁力密度 $\boldsymbol{f}^{(em)}$ を表わすが，物体の内部では一般に $\boldsymbol{f} = \boldsymbol{f}^{(em)}$ は成り立た**ない**のである．しかし，物体全体にわたって積分すると

$$\boldsymbol{F} = \iiint_{\mathrm{B}} \boldsymbol{f}^{(em)} dV = \iiint_{\mathrm{B}} \boldsymbol{f}\, dV, \tag{5.17}$$

$$\boldsymbol{N} = \iiint_{\mathrm{B}} \boldsymbol{N}^{(em)} dV = \iiint_{\mathrm{B}} \boldsymbol{r} \times \boldsymbol{f}\, dV \tag{5.18}$$

が成り立つ．静磁場についても事情はまったく同じである．つまり，$\boldsymbol{f}$ は真の電磁力密度 $\boldsymbol{f}^{(em)}$ ではないが，物体全体に働く電磁力 $\boldsymbol{F}$ およびそのモーメント $\boldsymbol{N}$ を求める際には，**あたかも**物体の各部分に電磁力密度 $\boldsymbol{f}$ が働く**かのように**考えて計算すればよいのである．なお，(5.1)から明らかなように，物体の各部分には電磁力 $\boldsymbol{f}^{(em)}$ のほかに，局所的な **内部回転力** $\boldsymbol{P} \times \boldsymbol{E} + \boldsymbol{M} \times \boldsymbol{H}$ が働いているのであるが，'見掛け' の電磁力密度 $\boldsymbol{f}$ を使う計算——(5.18)の右辺——では，内部回転力は見掛上現われない．これも注意すべき事柄である．

これまで，運動量および角運動量の保存法則を使って $\boldsymbol{F}$ と $\boldsymbol{N}$ の公式を求めてき

たが，$\boldsymbol{f}^{(em)}$ と $\boldsymbol{N}^{(em)}$ を積分することによっても，もちろん同じ結果に到達する．すなわち，(5.17)，(5.18)の中辺と右辺の等式を直接証明することも可能である．興味をもたれる読者の研究課題としよう．

§6.　電磁力と電磁力モーメントの公式

参照の便宜のために，一様な媒質中におかれた物体が定常な電磁場から受ける力とモーメントの公式をまとめておく．

$$\boldsymbol{F} = \iiint_{\mathrm{B}} \rho'_f \boldsymbol{E}\, dV + \iint_{\partial\mathrm{B}} \sigma'_f \langle \boldsymbol{E} \rangle dS, \tag{6.1}$$

$$\boldsymbol{F} = \iiint_{\mathrm{B}} (\rho'_m \boldsymbol{H} + \mu_1 \boldsymbol{J} \times \boldsymbol{H}) dV + \iint_{\partial\mathrm{B}} (\sigma'_m \langle \boldsymbol{H} \rangle + \mu_1 \boldsymbol{J}_s \times \langle \boldsymbol{H} \rangle) dS, \tag{6.2}$$

$$\boldsymbol{F} = \iiint_{\mathrm{B}} (\boldsymbol{J}'_f \times \boldsymbol{B}) dV + \iint_{\partial\mathrm{B}} (\boldsymbol{J}'_{fs} \times \langle \boldsymbol{B} \rangle) dS; \tag{6.3}$$

$$\boldsymbol{N} = \iiint_{\mathrm{B}} \boldsymbol{r} \times \rho'_f \boldsymbol{E}\, dV + \iint_{\partial\mathrm{B}} \boldsymbol{r} \times \sigma'_f \langle \boldsymbol{E} \rangle\, dS, \tag{6.4}$$

$$\begin{aligned}\boldsymbol{N} = &\iiint_{\mathrm{B}} \boldsymbol{r} \times (\rho'_m \boldsymbol{H} + \mu_1 \boldsymbol{J} \times \boldsymbol{H}) dV \\ &+ \iint_{\partial\mathrm{B}} \boldsymbol{r} \times (\sigma'_m \langle \boldsymbol{H} \rangle + \mu_1 \boldsymbol{J}_s \times \langle \boldsymbol{H} \rangle) dS,\end{aligned} \tag{6.5}$$

$$\boldsymbol{N} = \iiint_{\mathrm{B}} \boldsymbol{r} \times (\boldsymbol{J}'_f \times \boldsymbol{B}) dV + \iint_{\partial\mathrm{B}} \boldsymbol{r} \times (\boldsymbol{J}'_{fs} \times \langle \boldsymbol{B} \rangle) dV. \tag{6.6}$$

これらはそれぞれ (3.22)，(4.20)，(4.32)；(5.12)，(5.15)，(5.16)である．ここで，$\langle \cdot \rangle$ は物体表面 $\partial\mathrm{B}$ での内外の値の平均，たとえば

$$\langle \boldsymbol{E} \rangle = (1/2)(\boldsymbol{E}_+ + \boldsymbol{E}_-) \tag{6.7}$$

を意味する．ρ'_f, ρ'_m, $\boldsymbol{J}'_f$ はそれぞれ自由電荷密度 ρ_f，(分極)磁荷密度 ρ_m，自由磁化電流密度 $\boldsymbol{J}_f$ との間に

$$\rho'_f = \frac{\varepsilon_1}{\varepsilon_0} \rho_f, \quad \rho'_m = \frac{\mu_1}{\mu_0} \rho_m, \quad \boldsymbol{J}'_f = \frac{\mu_0}{\mu_1} \boldsymbol{J}_f \tag{6.8}$$

の関係があり，

$$\rho_f = \rho + \rho_p, \quad \boldsymbol{J}_f = \boldsymbol{J} + \boldsymbol{J}_m, \tag{6.9}$$

$$\rho = \mathrm{div}\boldsymbol{D}, \quad \rho_p = -\mathrm{div}\boldsymbol{P}, \quad \rho_m = -\mathrm{div}\boldsymbol{M}, \tag{6.10}$$

$$\boldsymbol{J} = \mathrm{rot}\boldsymbol{H}, \quad \mu_0 \boldsymbol{J}_m = \mathrm{rot}\boldsymbol{M} \tag{6.11}$$

で与えられる．ρ_p は分極電荷密度，$\boldsymbol{J}_m$ は磁化電流密度である．また σ'_f, σ'_m, $\boldsymbol{J}'_{fs}$ はそれぞれ ρ'_f, ρ'_m, $\boldsymbol{J}'_f$ に対応する面密度分布であって

$$\sigma'_f = \frac{\varepsilon_1}{\varepsilon_0}\sigma_f, \quad \sigma'_m = \frac{\mu_1}{\mu_0}\sigma_m, \quad \boldsymbol{J}'_{fs} = \frac{\mu_0}{\mu_1}\boldsymbol{J}_{fs}, \tag{6.12}$$

$$\sigma_f = \sigma + \sigma_p, \quad \boldsymbol{J}_{fs} = \boldsymbol{J}_s + \boldsymbol{J}_{ms}, \tag{6.13}$$

$$\sigma = \{D_n\}_\pm, \quad \sigma_p = -\{P_n\}_\pm, \quad \sigma_m = -\{M_n\}_\pm, \tag{6.14}$$

$$\boldsymbol{J}_s = -\{\boldsymbol{H}\}_\pm \times \boldsymbol{n}, \quad \mu_0 \boldsymbol{J}_{ms} = -\{\boldsymbol{M}\}_\pm \times \boldsymbol{n} \tag{6.15}$$

で与えられる．

(6.1)～(6.6)の公式はさらに簡単化される．いま，物体Bだけを単独にとり出して，誘電率 ε_1，透磁率 μ_1 の一様媒質中においたときの電磁場を $\boldsymbol{E}'$, $\boldsymbol{H}'$, … などで表わす．ただし，物体Bの担っている ρ'_f, σ'_f ; ρ'_m, σ'_m ; $\boldsymbol{J}'_f, \boldsymbol{J}'_{fs}$ はそのまま物体にはりつけておくものとする．このとき

$$\boldsymbol{E} = \boldsymbol{E}_{ex} + \boldsymbol{E}', \quad \boldsymbol{H} = \boldsymbol{H}_{ex} + \boldsymbol{H}', \ldots \tag{6.16}$$

とおくと，$\boldsymbol{E}_{ex}, \boldsymbol{H}_{ex}, \ldots$ は物体Bのない状態で外からかけた電磁場を表わす．これを**外部電磁場**とよぶことにしよう．つまり，外部電磁場 $\boldsymbol{E}_{ex}, \boldsymbol{H}_{ex}, \ldots$ の中に物体Bをおくと現実の電磁場 $\boldsymbol{E}, \boldsymbol{H}, \ldots$ が生ずると考えられるのである．

さて，(6.16)を(6.1)～(6.6)に代入する．たとえば，(6.1)については

$$\boldsymbol{F} = \iiint_{\mathrm{B}} \rho'_f \boldsymbol{E}_{ex}\, dV + \iint_{\partial \mathrm{B}} \sigma'_f \boldsymbol{E}_{ex}\, dS + \iiint_{\mathrm{B}} \rho'_f \boldsymbol{E}'\, dV + \iint_{\partial \mathrm{B}} \sigma'_f \langle \boldsymbol{E}' \rangle dS$$

となる．右辺の最後の2項は，無限にひろがる一様媒質中に物体Bが単独におかれたときに働く‘自己力’であって，運動量保存の法則によって0である．したがって，けっきょく，(6.1)の公式で，現実の電場 $\boldsymbol{E}$ を外部電場 $\boldsymbol{E}_{ex}$ でおきかえることができるのである．($\boldsymbol{E}_{ex}$ はもちろん物体表面で連続であるから，$\langle \boldsymbol{E}_{ex} \rangle = \boldsymbol{E}_{ex}$ である．) 同様の考えで(6.1)～(6.6)はつぎのように書きかえられる．

$$\boldsymbol{F} = \iiint_{\mathrm{B}} \rho'_f \boldsymbol{E}_{ex}\, dV + \iint_{\partial \mathrm{B}} \sigma'_f \boldsymbol{E}_{ex}\, dS, \tag{6.17}$$

$$\boldsymbol{F} = \iiint_{\mathrm{B}} (\rho'_m \boldsymbol{H}_{ex} + \boldsymbol{J} \times \boldsymbol{B}_{ex}) dV + \iint_{\partial \mathrm{B}} (\sigma'_m \boldsymbol{H}_{ex} + \boldsymbol{J}_s \times \boldsymbol{B}_{ex}) dS, \tag{6.18}$$

$$\boldsymbol{F} = \iiint_{\mathrm{B}} (\boldsymbol{J}'_f \times \boldsymbol{B}_{ex}) dV + \iint_{\partial \mathrm{B}} (\boldsymbol{J}'_{fs} \times \boldsymbol{B}_{ex}) dS, \tag{6.19}$$

$$\boldsymbol{N} = \iiint_{\mathrm{B}} \boldsymbol{r} \times \rho'_f \boldsymbol{E}_{ex}\, dV + \iint_{\partial \mathrm{B}} \boldsymbol{r} \times \sigma'_f \boldsymbol{E}_{ex}\, dS, \tag{6.20}$$

$$\boldsymbol{N} = \iiint_{\mathrm{B}} \boldsymbol{r}\times(\rho'_m \boldsymbol{H}_{ex} + \boldsymbol{J}\times\boldsymbol{B}_{ex})dV + \iint_{\partial\mathrm{B}} \boldsymbol{r}\times(\sigma'_m \boldsymbol{H}_{ex} + \boldsymbol{J}_s\times\boldsymbol{B}_{ex})dS, \quad (6.21)$$

$$\boldsymbol{N} = \iiint_{\mathrm{B}} \boldsymbol{r}\times(\boldsymbol{J}'_f\times\boldsymbol{B}_{ex})dV + \iint_{\partial\mathrm{B}} \boldsymbol{r}\times(\boldsymbol{J}'_{fs}\times\boldsymbol{B}_{ex})dS. \quad (6.22)$$

ただし，$\boldsymbol{B}_{ex} = \mu_1\boldsymbol{H}_{ex}$ の関係が使ってある.（$\boldsymbol{H}_{ex}$ は透磁率 μ_1 の一様な媒質中の磁場であるから.）

物体表面の不連続性は，連続ではあるがきわめて急激な変化とみなすことができる.（物理的には確かにそうである！）こう考えれば，上の諸公式で表面積分の項は消える. 逆に，表面積分のない形で公式を覚えていたとしても，体積積分から表面積分の項を再現することは容易である.（とくに(6.17)～(6.22)の公式では極限操作が直ちに行なえる. しかし(6.1)～(6.6)の公式では§3の(ii)のような操作が必要である.）

さて，(6.17)～(6.22)の公式は(6.1)～(6.6)の公式に比べて見掛上あまり違いはないようであるが，応用に際してはきわめて便利である. たとえば，一様な静電場 $\boldsymbol{E}_0$ の中におかれた物体のばあいには，$\boldsymbol{E}_{ex} = \boldsymbol{E}_0$ を(6.17)の積分記号の外に出すことができて

$$\boldsymbol{F} = q\boldsymbol{E}_0, \quad (6.23)$$

$$q = \iiint_{\mathrm{B}} \rho'_f\, dV = \iiint_{\mathrm{B}} \rho\, dV \quad (6.24)$$

の結果が得られる. q は物体の担う全電荷である. $\boldsymbol{F} = q\boldsymbol{E}_0$ の公式が媒質の誘電率 ε_1 に無関係に成り立つことに注意してほしい.

なお，(6.17)～(6.22)の公式から，電荷および磁荷による力は $\rho\boldsymbol{E}$, $\rho_m\boldsymbol{H}$ の形に表わされ，電流による力は $\boldsymbol{J}\times\boldsymbol{B}$ の形をもつことがわかる. 第10章の§8に述べたように，これは，磁荷 ρ_m は $\boldsymbol{H}$ 方式で，磁化電流 $\boldsymbol{J}_m$ は $\boldsymbol{B}$ 方式で有用な概念であることを裏づけるものである.

真空中におかれた物体については，$\rho'_f, \sigma'_f, \ldots$ の($'$)記号をすべてとり除けばよい. これは(6.8)，(6.12)の関係式から明らかであろう.

§7.　任意の外部電磁場による力とモーメント

上では，一様な媒質の中に物体がおかれ，定常な電磁場がかかっているばあいについて，物体に働く電磁力とそのモーメントに対する一般公式を導いた. まず得られたのは(6.1)～(6.6)で，物体各部に存在する現実の電磁場を

用いる表現である．つぎに，‘自己力’を消去して，‘外部電磁場’で表わされる公式(6.17)～(6.22)を得た．これは物体に働く電磁力に関する諸種の問題をとり扱う際に基礎となるきわめて有用な公式である．

以下では，この公式に基づいて，一様でない外部電磁場によって物体の受ける電磁力とモーメントについて具体的な表式を求めよう．分極電荷や磁荷に働く力の意味がこれによって明らかになるだろう．

(6.17)～(6.22)の右辺の $\iint_{\partial B}$ の項は物体表面の不連続性の影響を表わす．具体的には $\iiint_B$ の被積分関数の $\rho'_f, \rho'_m, \ldots$ を‘面密度’$\sigma'_f, \sigma'_m, \ldots$ でおきかえて面積積分を行なえばよいのである．

さて，(6.17)～(6.22)の公式を適用するためには，物体の各部に分布する $\rho'_f, \rho'_m, \ldots$ の値をあらかじめ知っておく必要がある．しかし，ばあいによっては，詳細な分布状態がわからなくても，$\boldsymbol{F}, \boldsymbol{N}$ の値が求められることがある．これがつぎの問題である．

§8. 静 電 場

外部電磁場 $\boldsymbol{E}_{ex}, \boldsymbol{H}_{ex}$ が一様なばあいには，(6.17)～(6.22)の公式で $\boldsymbol{E}_{ex}$, $\boldsymbol{H}_{ex}$ を積分記号の外にとり出すことができる．一様でなくても，その空間的変化がゆるやかなばあいには，以下に述べるような近似的なとり扱いが許される．まず静電場について考えよう．

物体の内部に任意に原点Oをとり，外部電場 $\boldsymbol{E}_{ex}$ をつぎのようにTaylor展開で表わす．

$$\begin{aligned}\boldsymbol{E}_{ex} &= \boldsymbol{E}_{ex}(0)+(\boldsymbol{r}\cdot\nabla)\boldsymbol{E}_{ex}(0)+\cdots \\ &= E_i + x_\alpha\partial_\alpha E_i + \frac{1}{2!}x_\alpha x_\beta \partial_\alpha\partial_\beta E_i + \cdots. \end{aligned} \tag{8.1}$$

ここで，$\partial_\alpha = \partial/\partial x_\alpha$, $E_i = E_i(0)$, $x_\alpha\partial_\alpha E_i = (x_\alpha \partial E_i/\partial x_\alpha)(0), \ldots$ を意味する．また，簡単のために，添字 ex を省略する．(8.1)を(6.17)に代入すれば

$$F_i = QE_i + Q_\alpha\partial_\alpha E_i + \frac{1}{2}Q_{\alpha\beta}\partial_\alpha\partial_\beta E_i + \cdots, \tag{8.2}$$

$$Q = \iiint_B \rho'_f\, dV, \tag{8.3}$$

$$Q_\alpha = \iiint_B x_\alpha \rho'_f \, dV, \tag{8.4}$$

$$Q_{\alpha\beta} = \iiint_B x_\alpha x_\beta \rho'_f \, dV \tag{8.5}$$

が得られる．ただし，記法を簡単にするために，体積積分 $\iiint_B$ の中に面積積分 $\iint_{\partial B}$ の項が含まれていると約束する．

まず，(3.7)により

$$Q = \iiint_B \rho \, dV + \iiint_B \rho'_p \, dV.$$

ここで，右辺の第1項

$$q = \iiint_B \rho \, dV \tag{8.6}$$

は物体の含む全電荷である．また第2項は，物体の外部で $\rho'_p = 0$ であることを考慮すれば，積分領域をBを含む任意の領域V(その境界を閉曲面Sとする)まで拡げることができる(図2)．したがって

$$\begin{aligned}\iiint_B \rho'_p \, dV &= \iiint_V \rho'_p \, dV \\ &= -\iiint_V \mathrm{div}\,\boldsymbol{P}' dV \qquad \because \ (3.7) \\ &= -\iint_S P'_n \, dS \qquad \because \ \text{Gauss の定理} \\ &= 0\end{aligned}$$

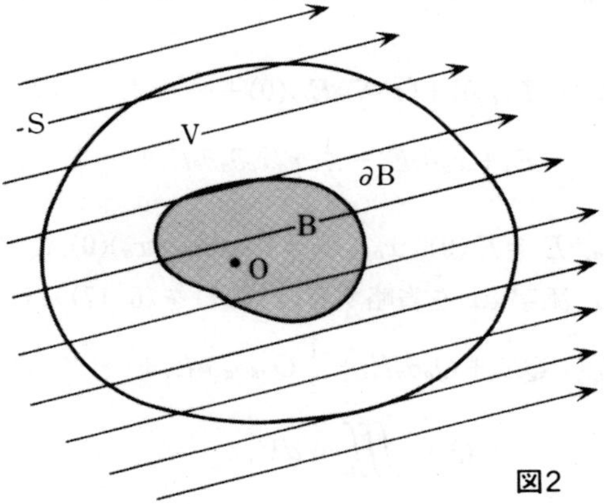

図2

である．ただし，物体の外部で $\boldsymbol{P}'=0$ であることを使う．けっきょく

$$Q = q \tag{8.7}$$

となる．

つぎに，同様の計算で，(8.4)は

$$Q_\alpha = \mathcal{P}_\alpha + \tilde{P}'_\alpha, \tag{8.8}$$

$$\mathcal{P}_\alpha = \iiint_{\mathrm{B}} x_\alpha \rho\, dV, \quad \tilde{P}'_\alpha = \iiint_{\mathrm{B}} x_\alpha \rho'_{\mathrm{P}}\, dV \tag{8.9}$$

と書き表わされる．$\tilde{P}'_\alpha$ はつぎのように変形できる．

$$\begin{aligned}
\tilde{P}'_\alpha &= \iiint_{\mathrm{B}} x_\alpha \rho'_{\mathrm{P}}\, dV = \iiint_{\mathrm{V}} x_\alpha \rho'_{\mathrm{P}}\, dV \\
&= -\iiint_{\mathrm{V}} x_\alpha \partial_k P'_k\, dV \qquad \because \ (3.7) \\
&= -\iiint_{\mathrm{V}} \{\partial_k (x_\alpha P'_k) - \delta_{k\alpha} P'_k\}\, dV \\
&= -\iint_{\mathrm{S}} x_\alpha P'_k n_k dS + \iiint_{\mathrm{V}} P'_\alpha\, dV \\
&= \iiint_{\mathrm{B}} P'_\alpha\, dV.
\end{aligned}$$

ただし，物体の外部で $\boldsymbol{P}'=0$ であることを使う．したがって，(8.9)は

$$\mathcal{P} = \iiint_{\mathrm{B}} \boldsymbol{r}\rho\, dV, \tag{8.10}$$

$$\tilde{\boldsymbol{P}}' = \iiint_{\mathrm{B}} \boldsymbol{r}\rho'_{\mathrm{P}}\, dV = \iiint_{\mathrm{B}} \boldsymbol{P}' dV \tag{8.11}$$

となる．$\mathcal{P}$ は真電荷の原点に関する **モーメント** で，$\tilde{\boldsymbol{P}}'$ は（相対的な）分極電荷のモーメントである．$\mathcal{P}$ が原点の選び方に依存するのに対して，$\tilde{\boldsymbol{P}}'$ は物体のもつ電気分極 $\boldsymbol{P}'$ の総量として一定値をもつことに注意してほしい．

(8.5)についても同様に考えれば

$$Q_{\alpha\beta} = \mathcal{P}_{\alpha\beta} + \tilde{P}'_{\alpha\beta}, \tag{8.12}$$

$$\mathcal{P}_{\alpha\beta} = \iiint_{\mathrm{B}} x_\alpha x_\beta \rho\, dV, \tag{8.13}$$

$$\tilde{P}'_{\alpha\beta} = \iiint_{\mathrm{B}} x_\alpha x_\beta \rho'_{\mathrm{P}}\, dV = \iiint_{\mathrm{B}} (x_\alpha P'_\beta + x_\beta P'_\alpha) dV \tag{8.14}$$

が得られる．$\mathcal{P}_{\alpha\beta}$, $\tilde{P}'_{\alpha\beta}$ はそれぞれ真電荷および（相対的な）分極電荷の原点に関する **4 重極モーメント**である．

つぎに静電気力のモーメントを考えよう．(6.20)に(8.1)を代入すれば

$$
\begin{aligned}
N_i &= \iiint_B \varepsilon_{ijk} x_j \rho'_f (E_k + x_\alpha \partial_\alpha E_k + \cdots) dV \\
&= \varepsilon_{ijk} \left\{ \left(\iiint_B x_j \rho'_f \, dV \right) E_k + \left(\iiint_B x_j x_\alpha \rho'_f \, dV \right) \partial_\alpha E_k + \cdots \right\} \\
&= \varepsilon_{ijk} (Q_j E_k + Q_{j\alpha} \partial_\alpha E_k + \cdots) \qquad (8.15)
\end{aligned}
$$

が得られる．ただし，(8.4), (8.5)を使う．Q_j, $Q_{j\alpha}$ はそれぞれ(8.8), (8.12)により，物体の**2重極モーメント**および**4重極モーメント**を用いて表わされる．

以上をまとめれば，けっきょく，つぎの公式が得られる．

$$
\begin{aligned}
\boldsymbol{F} &= q\boldsymbol{E}_{ex}(0) + (\mathscr{P} + \tilde{\boldsymbol{P}}')\cdot\nabla \boldsymbol{E}_{ex}(0) \\
&\quad + (1/2)(\mathscr{P}_{\alpha\beta} + \tilde{P}'_{\alpha\beta})\partial_\alpha \partial_\beta \boldsymbol{E}_{ex}(0) + \cdots, \qquad (8.16)
\end{aligned}
$$

$$
\boldsymbol{N} = (\mathscr{P} + \tilde{\boldsymbol{P}}') \times \boldsymbol{E}_{ex}(0) + \varepsilon_{ijk}(\mathscr{P}_{j\alpha} + \tilde{P}'_{j\alpha})\partial_\alpha E_k^{(ex)}(0) + \cdots. \qquad (8.17)
$$

ただし，$\partial_\alpha E_k^{(ex)}(0)$ は $\partial_\alpha \boldsymbol{E}_{ex}(0)$ の k 成分を意味する．

§9. 静 磁 場

第6章の§6で説明したように，静磁場をとり扱うには $\boldsymbol{H}$ 方式と $\boldsymbol{B}$ 方式の2つの方法がある．このそれぞれを使って物体に働く力とモーメントの公式を求めてみよう．

(i) $\boldsymbol{H}$方式

$\boldsymbol{B}$ を消去して磁場に関連する諸量を $\boldsymbol{H}$ で表わすのが $\boldsymbol{H}$ 方式である．このばあい，$\boldsymbol{F}$ と $\boldsymbol{N}$ はそれぞれ (6.18), (6.21)で与えられる．

まず，力 $\boldsymbol{F}$ について考えよう．(6.18)の積分の第1項は，静電場に対する(6.17)式とまったく同じ形をしている．したがって，$\boldsymbol{E}_{ex} \to \boldsymbol{H}_{ex}$, $\rho_f \to \rho_m$ のおきかえをすれば，ただちに結果が得られる．ただし，真磁荷は存在しないから，$\rho \to 0$ とおけばよい．したがって，もちろん $\mathscr{P}_\alpha \to 0$, $\mathscr{P}_{\alpha\beta} \to 0$, ... とする．こうして

$$
\iiint_B \rho'_m \boldsymbol{H}_{ex} \, dV = \tilde{\boldsymbol{M}}' \cdot \nabla \boldsymbol{H}_{ex}(0) + (1/2)\tilde{M}'_{\alpha\beta}\partial_\alpha \partial_\beta \boldsymbol{H}_{ex}(0) + \cdots \qquad (9.1)
$$

が得られる．ただし，(8.11), (8.14)に対応して

$$
\tilde{\boldsymbol{M}}' = \iiint_B \boldsymbol{r}\rho'_m \, dV = \iiint_B \boldsymbol{M}' dV, \qquad (9.2)
$$

$$\tilde{M}'_{\alpha\beta} = \iiint_{\mathrm{B}} x_\alpha x_\beta \rho'_m \, dV = \iiint_{\mathrm{B}} (x_\alpha M'_\beta + x_\beta M'_\alpha) dV \tag{9.3}$$

である．

(6.18)の積分の第2項については

$$\begin{aligned}\iiint_{\mathrm{B}} \boldsymbol{J} \times \boldsymbol{B}_{ex} \, dV &= \iiint_{\mathrm{B}} \boldsymbol{J} \times \left(B_i + x_\alpha \partial_\alpha B_i + \frac{1}{2} x_\alpha x_\beta \partial_\alpha \partial_\beta B_i + \cdots\right) dV \\ &= \left(\iiint_{\mathrm{B}} \boldsymbol{J} \, dV\right) \times \boldsymbol{B}_{ex}(0) + \varepsilon_{ijk} \left(\iiint_{\mathrm{B}} J_j x_\alpha \, dV\right) \partial_\alpha B_k \\ &\quad + \frac{1}{2} \varepsilon_{ijk} \left(\iiint_{\mathrm{B}} J_j x_\alpha x_\beta \, dV\right) \partial_\alpha \partial_\beta B_k + \cdots\end{aligned}$$

と変形できる．ただし， $\partial_\alpha B_k = \partial_\alpha B_k^{(ex)}(0)$, $\partial_\alpha \partial_\beta B_k = \partial_\alpha \partial_\beta B_k^{(ex)}(0)$ を意味する．そこで

$$\tilde{\boldsymbol{J}} = \iiint_{\mathrm{B}} \boldsymbol{J} \, dV, \tag{9.4}$$

$$J_{\alpha i} = \iiint_{\mathrm{B}} x_\alpha J_i \, dV, \tag{9.5}$$

$$J_{\alpha\beta i} = \iiint_{\mathrm{B}} x_\alpha x_\beta J_i \, dV \tag{9.6}$$

とおくと，上の式は

$$\iiint_{\mathrm{B}} \boldsymbol{J} \times \boldsymbol{B}_{ex} \, dV = \tilde{\boldsymbol{J}} \times \boldsymbol{B}_{ex}(0) + \varepsilon_{ijk} J_{\alpha j} \partial_\alpha B_k + \frac{1}{2} \varepsilon_{ijk} J_{\alpha\beta j} \partial_\alpha \partial_\beta B_k + \cdots \tag{9.7}$$

となる．これは(9.1)とはまったく異なる形をしている．しかし，実は類似の形に表現することができるのである．いま

$$\mathcal{M} = \iiint_\infty \boldsymbol{H} \, dV, \tag{9.8}$$

$$H_{\alpha\beta} = \iiint_\infty x_\alpha H_\beta \, dV \tag{9.9}$$

とおけば，

$$J_{\alpha i} = \varepsilon_{\alpha i q} \mathcal{M}_q, \tag{9.10}$$

$$J_{\alpha\beta i} = -(\varepsilon_{i\alpha q} H_{\beta q} + \varepsilon_{i\beta q} H_{\alpha q}) \tag{9.11}$$

となり，逆に $\mathcal{M}$, $H_{\alpha\beta}$ は $J_{\alpha i}$, $J_{\alpha\beta i}$ を使って

$$\mathcal{M}_i = \frac{1}{2} \varepsilon_{i\alpha\beta} J_{\alpha\beta} = \frac{1}{2} \iiint_{\mathrm{B}} \boldsymbol{r} \times \boldsymbol{J} \, dV, \tag{9.12}$$

$$H_{\alpha\beta} = \frac{1}{3} \varepsilon_{\beta pq} J_{\alpha pq} + \frac{1}{3} \delta_{\alpha\beta} H_{qq} \tag{9.13}$$

のように表わされる．（これらの関係は次節で証明する．）したがって

$$\begin{aligned}\varepsilon_{ijk}J_{\alpha j}\partial_\alpha B_k &= \varepsilon_{ijk}\varepsilon_{\alpha jq}\mathcal{M}_q\partial_\alpha B_k\\ &= (\delta_{i\alpha}\delta_{kq}-\delta_{iq}\delta_{k\alpha})\mathcal{M}_q\partial_\alpha B_k\\ &= \mathcal{M}_k\partial_i B_k-\mathcal{M}_i\partial_k B_k\\ &= \mathcal{M}_k\partial_k B_i+\mathcal{M}\times \mathrm{rot}\boldsymbol{B}-(\mathrm{div}\boldsymbol{B})\,\mathcal{M}\\ &= \mathcal{M}_k\partial_k B_i=(\mathcal{M}\cdot\nabla)\boldsymbol{B}_{ex}(0) \end{aligned} \tag{9.14}$$

が得られる． ただし，

$$\mathrm{div}\boldsymbol{B}_{ex}=0,\quad \mathrm{rot}\boldsymbol{B}_{ex}=\mu_1\,\mathrm{rot}\boldsymbol{H}_{ex}=0 \tag{9.15}$$

の条件を使う．

同様の計算を行なえば

$$\varepsilon_{ijk}\,J_{\alpha\beta j}\partial_\alpha\partial_\beta B_k=\mathcal{M}_{\alpha\beta}\partial_\alpha\partial_\beta\boldsymbol{B}_{ex}(0) \tag{9.16}$$

が得られる．ただし

$$\begin{aligned}\mathcal{M}_{\alpha\beta} &= H_{\alpha\beta}+H_{\beta\alpha}-(2/3)\delta_{\alpha\beta}H_{qq}\\ &= (1/3)(\varepsilon_{\beta pq}J_{\alpha pq}+\varepsilon_{\alpha pq}J_{\beta pq})\end{aligned} \tag{9.17}$$

である．したがって，(9.7)は

$$\iiint_{\mathrm{B}}\boldsymbol{J}\times\boldsymbol{B}_{ex}\,dV=\tilde{\boldsymbol{J}}\times\boldsymbol{B}_{ex}(0)+(\mathcal{M}\cdot\nabla)\boldsymbol{B}_{ex}(0)+(1/2)\mathcal{M}_{\alpha\beta}\partial_\alpha\partial_\beta\boldsymbol{B}_{ex}(0)+\cdots \tag{9.18}$$

となる．(9.1)と(9.18)を(6.18)に代入すれば，けっきょく

$$\begin{aligned}\boldsymbol{F} &= \tilde{\boldsymbol{J}}\times B_{ex}(0)+(\mu_1\mathcal{M}+\tilde{\boldsymbol{M}}')\cdot\nabla\boldsymbol{H}_{ex}(0)\\ &\quad+(1/2)(\mu_1\mathcal{M}_{\alpha\beta}+\tilde{M}'_{\alpha\beta})\partial_\alpha\partial_\beta\boldsymbol{H}_{ex}(0)+\cdots\end{aligned} \tag{9.19}$$

が得られる．

モーメントについても，(6.21)を使って上と同様の計算を行なえばよい．結果のみ示すと

$$\begin{aligned}\boldsymbol{N} &= (\mu_1\mathcal{M}+\tilde{\boldsymbol{M}}')\times\boldsymbol{H}_{ex}(0)\\ &\quad+\varepsilon_{ijk}(\mu_1\mathcal{M}_{j\alpha}+\tilde{M}'_{j\alpha})\partial_\alpha H_k^{(ex)}(0)+\cdots\end{aligned} \tag{9.20}$$

である．

(ii) $\boldsymbol{B}$方式

$\boldsymbol{H}$ を消去して磁場に関する諸量をすべて $\boldsymbol{B}$ で表わすのが $\boldsymbol{B}$ 方式である．このばあい $\boldsymbol{F}$ を求めるには(6.19)を使えばよい．(4.23)により

$$\boldsymbol{J}'_f\times\boldsymbol{B}_{ex}=\boldsymbol{J}\times\boldsymbol{B}_{ex}+\boldsymbol{J}'_m\times\boldsymbol{B}_{ex}. \tag{9.21}$$

右辺の第1項の積分はすでに(9.18)として計算されている．第2項については，(9.7)で $\boldsymbol{J}$ の代わりに $\boldsymbol{J}'_m$ として同様のとり扱いをすればよい．

$$\boldsymbol{J} = \mathrm{rot}\,\boldsymbol{H}, \quad \boldsymbol{J}'_m = (1/\mu_1)\,\mathrm{rot}\,\boldsymbol{M}' \tag{9.22}$$

であるから，前の計算での $\boldsymbol{H}$ を $\boldsymbol{M}'/\mu_1$ でおきかえればよい．そこで(9.8)，(9.9)，(9.12)の代わりに

$$\tilde{\boldsymbol{M}}' = \iiint_{\mathrm{B}} \boldsymbol{M}'\,dV = \frac{\mu_1}{2}\iiint_{\mathrm{B}} \boldsymbol{r}\times\boldsymbol{J}'_m\,dV, \tag{9.23}$$

$$M'_{\alpha\beta} = \iiint_{\mathrm{B}} x_\alpha M'_\beta\,dV \tag{9.24}$$

とおく．$\iiint_\infty$ を $\iiint_{\mathrm{B}}$ としたのは，物体Bの外部で $\boldsymbol{M}' = 0$ だからである．こうして，(9.14)，(9.16)の代わりにそれぞれ

$$\varepsilon_{ijk} J'_{\alpha j}\partial_\alpha B_k = (\tilde{\boldsymbol{M}}'\cdot\nabla)\boldsymbol{H}_{ex}(0), \tag{9.25}$$

$$\varepsilon_{ijk} J'_{\alpha\beta j}\partial_\alpha\partial_\beta B_k = \tilde{M}'_{\alpha\beta}\partial_\alpha\partial_\beta \boldsymbol{H}_{ex}(0), \tag{9.26}$$

ただし

$$\tilde{M}'_{\alpha\beta} = M'_{\alpha\beta} + M'_{\beta\alpha} - (2/3)\delta_{\alpha\beta}M'_{qq} \tag{9.27}$$

が得られる．((9.10)に対応するのが $\mu_1 J'_{\alpha i} = \varepsilon_{\alpha iq}\tilde{M}'_q$ であり，$\boldsymbol{B}_{ex} = \mu_1\boldsymbol{H}_{ex}$ であることに注意！）けっきょく，(9.18)に対応して

$$\iiint_{\mathrm{B}} \boldsymbol{J}'_m\times\boldsymbol{B}_{ex}\,dV = (\tilde{\boldsymbol{M}}'\cdot\nabla)\boldsymbol{H}_{ex}(0) + (1/2)\tilde{M}'_{\alpha\beta}\partial_\alpha\partial_\beta\boldsymbol{H}_{ex}(0) + \cdots \tag{9.28}$$

が得られる．($\tilde{\boldsymbol{J}}'_m$ の項が現われないのは，次節の(10.7)により，

$$\tilde{\boldsymbol{J}}'_m = \iiint_{\mathrm{B}} \boldsymbol{J}'_m\,dV = \iiint_\infty \boldsymbol{J}'_m\,dV = 0$$

だからである．)

(9.28)を $\boldsymbol{H}$ 方式による(9.19)の分極磁荷に関係する項と比較してみよう．(9.23)で定義された $\tilde{\boldsymbol{M}}'$ は(9.3)で定義された $\tilde{\boldsymbol{M}}'$ と一致する．$\tilde{M}'_{\alpha\beta}$ に対する(9.27)と(9.3)の定義には $c\delta_{\alpha\beta}$（c は定数）だけの違いがあるが，これは $\tilde{M}'_{\alpha\beta}\partial_\alpha\partial_\beta\boldsymbol{H}_{ex}(0)$ には寄与しない．(§14 の **N** を参照.) したがって(9.28)は完全に(9.19)と一致する．すなわち“磁化電流による項は分極磁荷による項と一致する”のである．

モーメントについてもまったく同様に議論することができる．読者の演習にまかせよう．

§10.　電流モーメントと磁気モーメント

力 $\boldsymbol{F}$ とモーメント $\boldsymbol{N}$ の公式 (9.19), (9.20) を見ると，$\mathcal{M}$ と $\tilde{\boldsymbol{M}}'$ が対等の資格で現われている．(9.2) からわかるように，$\tilde{\boldsymbol{M}}'$ は物体のもつ(相対的な)磁気分極の総量すなわち物体の **磁気モーメント** である．一方，$\mathcal{M}$ は(9.12), (9.5)の示すように，電流 $\boldsymbol{J}$ の‘ある種の’モーメントの総和を表わしている．そこで，$\mathcal{M}$ を物体の **電流モーメント** とよぶことにしよう．“電流モーメント $\mathcal{M}$ の物体は透磁率 μ_1 の媒質中では磁気モーメント $\mu_1\mathcal{M}$ をもつ”ということができる．同様に，“電流の **2次モーメント** $\mathcal{M}_{\alpha\beta}$ は **磁気4重極モーメント** $\mu_1\mathcal{M}_{\alpha\beta}$ をもつ．”

ここで改めて強調したいことは，(分極)磁荷と磁化電流の関係である．これらは独立に存在するものではなくて，それぞれ磁場を $\boldsymbol{H}$ 方式で考えるか $\boldsymbol{B}$ 方式で考えるかによって，同一のものが異なる姿で現われるだけなのである．実際，たとえば，物体の磁気モーメント $\tilde{\boldsymbol{M}}'$ は，(9.2), (9.23)により，

$$\tilde{\boldsymbol{M}}' = \iiint_{\mathrm{B}} \boldsymbol{r}\rho'_m\, dV = \frac{\mu_1}{2}\iiint_{\mathrm{B}} \boldsymbol{r}\times\boldsymbol{J}'_m\, dV \tag{10.1}$$

のように両様に表わされるのである．(分極)磁荷と磁化電流が共存するように考えると $\tilde{\boldsymbol{M}}'$ の値が2倍になる！　これはもちろん間違っている．

つぎに，前節の(9.8)～(9.14)の関係式について説明する．

いま，**全空間** で定義されたベクトル $\boldsymbol{F}$ に対して $\mathrm{div}\boldsymbol{F}=\Theta$, $\mathrm{rot}\boldsymbol{F}=\boldsymbol{\omega}$ とおく．$r\to\infty$ のとき

$$\boldsymbol{F}\to 0,\quad \Theta\to 0,\quad \boldsymbol{\omega}\to 0 \tag{10.2}$$

であるとする．さらに

$$G_i = \iiint_\infty F_i\, dV,\quad G_{\alpha i} = \iiint_\infty x_\alpha F_i\, dV, \tag{10.3}$$

$$Q=\iiint_\infty \Theta\, dV,\quad \boldsymbol{P}=\iiint_\infty \boldsymbol{r}\Theta\, dV,\quad P_{\alpha\beta} = \iiint_\infty x_\alpha x_\beta \Theta\, dV, \tag{10.4}$$

$$\boldsymbol{J} = \iiint_\infty \boldsymbol{\omega}\, dV,\quad J_{\alpha i} = \iiint_\infty x_\alpha \boldsymbol{\omega}\, dV,\quad J_{\alpha\beta i} = \iiint_\infty x_\alpha x_\beta \boldsymbol{\omega}\, dV \tag{10.5}$$

が存在するものとする．ただし，$\iiint_\infty$ は全空間にわたる積分(原点中心，半径 R の球 K について積分を行ない，$R\to\infty$ の極限をとる) を意味する．この

とき，つぎの関係が成り立つ．

$$P_\alpha = -G_\alpha, \quad P_{\alpha\beta} = -(G_{\alpha\beta}+G_{\beta\alpha}), \tag{10.6}$$

$$\boldsymbol{J} = 0, \quad J_{\alpha i} = \varepsilon_{\alpha iq}G_q, \quad J_{\alpha\beta i} = -(\varepsilon_{i\alpha q}G_{\beta q}+\varepsilon_{i\beta q}G_{\alpha q}), \tag{10.7}$$

$$G_i = \frac{1}{2}\varepsilon_{i\alpha\beta}J_{\alpha\beta} = \frac{1}{2}\iiint_\infty \boldsymbol{r}\times\boldsymbol{\omega}\,dV, \tag{10.8}$$

$$G_{\alpha\beta} = \frac{1}{3}\varepsilon_{\beta pq}J_{\alpha pq} + \frac{1}{3}\delta_{\alpha\beta}G_{qq}. \tag{10.9}$$

$P_{\alpha\beta}$ は2階の対称テンソルである．これから

$$\bar{P}_{\alpha\beta} \equiv P_{\alpha\beta} - \frac{1}{3}\delta_{\alpha\beta}P_{\gamma\gamma} \tag{10.10}$$

をつくると，対角線成分の和は0である：$\bar{P}_{\alpha\alpha}=0$．このようなテンソルは**かたよりテンソル**（deviator）とよばれる．(10.6), (10.9)により

$$\bar{P}_{\alpha\beta} = -(1/3)(\varepsilon_{\alpha pq}J_{\beta pq}+\varepsilon_{\beta pq}J_{\alpha pq}) \tag{10.11}$$

である．すなわち，$\bar{P}_{\alpha\beta}$ は $\boldsymbol{J}$ だけで表わされるのである．

(10.6), (10.7)を証明するには部分積分を行なえばよい．たとえば

$$P_\alpha = \iiint_\infty x_\alpha \partial_\beta F_\beta\,dV = \iiint_\infty \{\partial_\beta(x_\alpha F_\beta) - \delta_{\alpha\beta}F_\beta\}dV$$
$$= \iint_\infty x_\alpha F_\beta n_\beta\,dS - \iiint_\infty F_\alpha\,dV = -G_\alpha.$$

ただし，$\iint_\infty$ は無限に大きい球面についての面積積分で，($\boldsymbol{F} = O(R^{-2})$ の条件のもとに）0となることを使う．その他の関係式も同様にして得られる．

つぎに

$$\varepsilon_{i\alpha\beta}J_{\alpha\beta} = \varepsilon_{i\alpha\beta}\varepsilon_{\alpha\beta q}G_q = 2\delta_{iq}G_q = 2G_i.$$

これは(10.8)にほかならない．$\varepsilon_{\beta pq}J_{\alpha pq}$ について同様の計算をすれば(10.9)が得られる．（読者にまかせる．）

§11. 一様媒質中の孤立物体

無限にひろがる一様な媒質中に1つの物体Bがおかれ，定常な電磁場がかけられている．物体が存在しないばあいの電磁場，すなわち**外部電磁場**を $\boldsymbol{E}_{ex}, \boldsymbol{H}_{ex}$ とすれば，現実の電磁場は

$$\boldsymbol{E} = \boldsymbol{E}_{ex}+\boldsymbol{E}', \quad \boldsymbol{H} = \boldsymbol{H}_{ex}+\boldsymbol{H}'$$

となるだろう．このとき物体はあらかじめ与えられた電荷および電流を担う

ほか，外部電磁場の影響によって電磁的に分極している．この電荷・電流の分布と分極の状態をはりつけたまま物体をとり出して媒質の中においたときに現われる電磁場が $\boldsymbol{E}', \boldsymbol{H}'$ である．以下，この $\boldsymbol{E}', \boldsymbol{H}'$ について考えよう．もちろん，無限遠 $r\to\infty$ で $\boldsymbol{E}'\to 0, \boldsymbol{H}'\to 0$ となる．簡単のために，今後 $\boldsymbol{E}', \boldsymbol{H}'$ を $\boldsymbol{E}, \boldsymbol{H}$ で表わす．

（i）　静電場

媒質の誘電率を ε_1 とする．静電場の基礎方程式は

$$\mathrm{div}\,\boldsymbol{D} = \rho, \quad \mathrm{rot}\,\boldsymbol{E} = 0, \tag{11.1}$$

$$\boldsymbol{D} = \varepsilon_0\boldsymbol{E}+\boldsymbol{P} = \varepsilon_1\boldsymbol{E}+\boldsymbol{P}' \tag{11.2}$$

である．(11.2)の div をとり，(11.1)の第1式を考えると

$$\varepsilon_1\,\mathrm{div}\,\boldsymbol{E} = \rho_f' = \rho+\rho_p', \tag{11.3}$$

$$\rho_p' = -\,\mathrm{div}\,\boldsymbol{P}' \tag{11.4}$$

が得られる．(11.1)の第2式から，$\boldsymbol{E}$ は

$$\boldsymbol{E} = -\,\mathrm{grad}\,\phi \tag{11.5}$$

のように表わされる．ϕ は**静電ポテンシャル**である．(11.5)を(11.3)に代入すれば

$$\Delta\phi = -\rho_f'/\varepsilon_1 \tag{11.6}$$

が得られる．すなわち Poisson の方程式である．この解は

$$\phi = \frac{1}{4\pi\varepsilon_1}\iiint_{\mathrm{B}}\frac{\rho_f'}{r_{\mathrm{QP}}}\,dV \tag{11.7}$$

で与えられることが知られている．ただし

$$r_{\mathrm{QP}} = |\boldsymbol{r}-\boldsymbol{r}'|, \quad \boldsymbol{r} = \overrightarrow{\mathrm{OP}}, \quad \boldsymbol{r}' = \overrightarrow{\mathrm{OQ}}. \tag{11.8}$$

すなわち，O は原点，P は考える点，Q は積分点で，$r_{\mathrm{QP}} = \overline{\mathrm{QP}}$ は Q, P の距離である(図3)．$r\to\infty$ のとき，$1/r_{\mathrm{QP}}$ はつぎのように展開される：

$$\begin{aligned}1/r_{\mathrm{QP}} &= \{(x-x')^2+(y-y')^2+(z-z')^2\}^{-1/2}\\ &= \frac{1}{r} - x_\alpha'\partial_\alpha\left(\frac{1}{r}\right) + \frac{1}{2}x_\alpha'x_\beta'\partial_\alpha\partial_\beta\left(\frac{1}{r}\right) - \cdots.\end{aligned} \tag{11.9}$$

これを(11.7)に代入すれば

$$\phi = \frac{1}{4\pi\varepsilon_1}\left\{\frac{Q}{r} - Q_\alpha\partial_\alpha\left(\frac{1}{r}\right) + \frac{1}{2}Q_{\alpha\beta}\partial_\alpha\partial_\beta\left(\frac{1}{r}\right) - \cdots\right\}. \tag{11.10}$$

ただし，$Q, Q_\alpha, Q_{\alpha\beta}$ はすでに(8.3)～(8.5)として与えたものである．したがって，(8.7)，(8.8)，(8.12)により

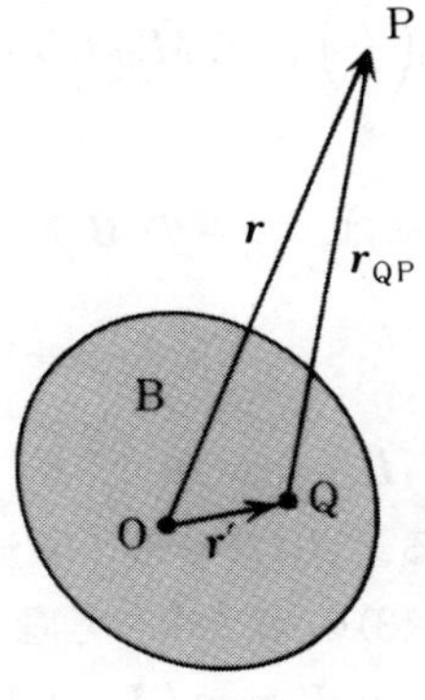

図3

$$Q = q, \quad Q_\alpha = \mathscr{P}_\alpha + \tilde{P}'_\alpha, \quad Q_{\alpha\beta} = \mathscr{P}_{\alpha\beta} + \tilde{P}'_{\alpha\beta} \tag{11.11}$$

のように，物体のもつ真電荷の総量 q, 2 重極モーメント $\mathscr{P}$，4 重極モーメント $\mathscr{P}_{\alpha\beta}$，および（相対的な）電気分極の 2 重極モーメント $\tilde{\boldsymbol{P}}'$，4 重極モーメント $\tilde{P}'_{\alpha\beta}$ で表わされる．電場は，(11.5) により，

$$\boldsymbol{E} = -\frac{1}{4\pi\varepsilon_1}\left\{q\partial_i\left(\frac{1}{r}\right) - Q_\alpha\partial_\alpha\partial_i\left(\frac{1}{r}\right) + \frac{1}{2}Q_{\alpha\beta}\partial_\alpha\partial_\beta\partial_i\left(\frac{1}{r}\right) - \cdots\right\} \tag{11.12}$$

で与えられる．

（ii）　静磁場 ── $\boldsymbol{H}$ 方式

静磁場の基礎方程式は

$$\mathrm{div}\, \boldsymbol{B} = 0, \quad \mathrm{rot}\, \boldsymbol{H} = \boldsymbol{J}, \tag{11.13}$$

$$\boldsymbol{B} = \mu_0 \boldsymbol{H} + \boldsymbol{M} = \mu_1 \boldsymbol{H} + \boldsymbol{M}' \tag{11.14}$$

である．電流 $\boldsymbol{J}$ が 0 のばあいには，静電場の電荷 ρ が 0 のばあいと形式的に同じである．すなわち，単に $\boldsymbol{D} \to \boldsymbol{B}$, $\boldsymbol{E} \to \boldsymbol{H}$, $\varepsilon_1 \to \mu_1$, $\boldsymbol{P}' \to \boldsymbol{M}'$ とおきかえればよい．こうして，(11.5) に対応して

$$\boldsymbol{H} = -\,\mathrm{grad}\, \phi_m \tag{11.15}$$

が成り立ち，**静磁ポテンシャル** ϕ_m に対する Poisson の方程式：

$$\Delta\phi_m = -\rho'_m/\mu_1, \quad \rho'_m = -\,\mathrm{div}\, \boldsymbol{M}' \tag{11.16}$$

が得られる．この解は，(11.10) に対応して，

$$\phi_m = \frac{1}{4\pi\mu_1}\left\{-\tilde{M}'_\alpha\partial_\alpha\left(\frac{1}{r}\right) + \frac{1}{2}\tilde{M}'_{\alpha\beta}\partial_\alpha\partial_\beta\left(\frac{1}{r}\right) - \cdots\right\} \tag{11.17}$$

の形に表わされる．また，磁場は

$$\boldsymbol{H} = \frac{1}{4\pi\mu_1}\left\{\tilde{M}'_\alpha\partial_\alpha\partial_i\left(\frac{1}{r}\right) - \frac{1}{2}\tilde{M}'_{\alpha\beta}\partial_\alpha\partial_\beta\partial_i\left(\frac{1}{r}\right) + \cdots\right\} \tag{11.18}$$

で与えられる.

電流 $\boldsymbol{J}$ の存在するばあいには，つぎの $\boldsymbol{B}$ 方式を使わなければならない.

(iii)　静磁場 ── $\boldsymbol{B}$ 方式

(11.13)の第1式は

$$\boldsymbol{B} = \mathrm{rot}\ \boldsymbol{A} \tag{11.19}$$

とおけば恒等的に満足される. $\boldsymbol{A}$ は **ベクトル・ポテンシャル** である. さて，(11.14)の rot をとり，(11.13)の第2式を考慮すると

$$\mathrm{rot}\ \boldsymbol{B} = \mu_1\boldsymbol{J}'_f = \mu_1(\boldsymbol{J}+\boldsymbol{J}'_m), \tag{11.20}$$

$$\mu_1\boldsymbol{J}'_m = \mathrm{rot}\ \boldsymbol{M}' \tag{11.21}$$

が得られる. (11.20)に(11.19)を代入する. 一般に

$$\mathrm{rot\,rot}\ \boldsymbol{A} = \mathrm{grad\,div}\ \boldsymbol{A} - \Delta\boldsymbol{A}$$

であるが，$\boldsymbol{A}$ に対して ‘副条件’

$$\mathrm{div}\ \boldsymbol{A} = 0 \tag{11.22}$$

を課すことにすると，(11.20)は

$$\Delta\boldsymbol{A} = -\mu_1\boldsymbol{J}'_f \tag{11.23}$$

となる. これは (11.6) と同様 Poisson の方程式であって，物体 B の外部では $\boldsymbol{J}'_f = 0$ であるから，解は

$$\boldsymbol{A} = \frac{\mu_1}{4\pi}\iiint_{\mathrm{B}}\frac{\boldsymbol{J}'_f}{r_{\mathrm{PQ}}}\,dV \tag{11.24}$$

で与えられる. しかもこれは副条件(11.22)を満足することも容易に確かめられる.

さて，(11.24)に(11.9)を代入すると

$$\boldsymbol{A} = \frac{\mu_1}{4\pi}\left\{\tilde{\boldsymbol{J}}_f\frac{1}{r} - J_{\alpha i}\partial_\alpha\left(\frac{1}{r}\right) + \frac{1}{2}J_{\alpha\beta i}\partial_\alpha\partial_\beta\left(\frac{1}{r}\right) - \cdots\right\} \tag{11.25}$$

の形の展開式が得られる. ただし

$$\tilde{\boldsymbol{J}}_f = \iiint_{\mathrm{B}}\boldsymbol{J}'_f\,dV = 0, \qquad \because (10.7) \tag{11.26}$$

$$J_{\alpha i} = \iiint_{\mathrm{B}} x_\alpha J'_{fi}\,dV, \tag{11.27}$$

$$J_{\alpha\beta i} = \iiint_{\mathrm{B}} x_\alpha x_\beta J'_{fi}\,dV \tag{11.28}$$

とおいてある．さらに，(11.25)を(11.19)に代入すれば $\boldsymbol{B}$ が得られる：

$$\begin{aligned}\boldsymbol{B} &= \mathrm{rot}\,\boldsymbol{A} = \varepsilon_{ijk}\partial_j A_k \\ &= -\frac{\mu_1}{4\pi}\left\{\varepsilon_{ijk}J_{\alpha k}\partial_\alpha\partial_j\left(\frac{1}{r}\right)\right. \\ &\qquad\left. -\frac{1}{2}\varepsilon_{ijk}J_{\alpha\beta k}\partial_\alpha\partial_\beta\partial_j\left(\frac{1}{r}\right)+\cdots\right\}.\end{aligned} \tag{11.29}$$

これは，係数を除けば，(11.18)と同じ形をしている．実は，この係数もつぎのように変形することができる．まず

$$\mu_1\boldsymbol{J}_f' = \mu_1\,\mathrm{rot}\,\boldsymbol{H} + \mathrm{rot}\,\boldsymbol{M}' \tag{11.30}$$

である．そこで，前節の $\boldsymbol{F}$, $\boldsymbol{\omega} = \mathrm{rot}\,\boldsymbol{F}$ として

$$\boldsymbol{F} = \mu_1\boldsymbol{H}+\boldsymbol{M}', \quad \boldsymbol{\omega} = \mu_1\,\mathrm{rot}\,\boldsymbol{H} + \mathrm{rot}\,\boldsymbol{M}'$$

を使うと，

$$\boldsymbol{G} = \iiint_{\mathrm{B}}(\mu_1\boldsymbol{H}+\boldsymbol{M}')dV, \cdots \tag{11.31}$$

となり，(10.7)の関係により

$$\begin{aligned}\varepsilon_{ijk}\mu_1 J_{\alpha k}\partial_\alpha\partial_j(1/r) &= -G_\alpha\partial_\alpha\partial_i(1/r), \\ \varepsilon_{ijk}\mu_1 J_{\alpha\beta k}\partial_\alpha\partial_\beta\partial_j(1/r) &= -(G_{\alpha\beta}+G_{\beta\alpha})\partial_\alpha\partial_\beta\partial_i(1/r)\end{aligned}$$

となる．ただし $\partial_\alpha\partial_\alpha(1/r) = \Delta(1/r) = 0$ の恒等式を考慮する．なお，(11.31)は

$$\boldsymbol{G} = \mu_1\mathcal{M}+\tilde{\boldsymbol{M}}', \tag{11.32}$$

$$G_{\alpha\beta} = \mu_1 H_{\alpha\beta}+M'_{\alpha\beta}, \tag{11.33}$$

$$\begin{aligned}G_{\alpha\beta}+G_{\beta\alpha} &= \mu_1(H_{\alpha\beta}+H_{\beta\alpha})+(M'_{\alpha\beta}+M'_{\beta\alpha}) \\ &= \mu_1\mathcal{M}_{\alpha\beta}+\tilde{M}'_{\alpha\beta}\end{aligned} \tag{11.34}$$

と書ける．ここで $\mathcal{M}$, $\mathcal{M}_{\alpha\beta}$, $\tilde{\boldsymbol{M}}'$, $\tilde{M}'_{\alpha\beta}$ はそれぞれ(9.8), (9.17), (9.23), (9.27)ですでに定義されたものである．これらを(11.29)に代入すると，けっきょく

$$\begin{aligned}\boldsymbol{B} = \frac{1}{4\pi}&\left\{(\mu_1\mathcal{M}_\alpha+\tilde{M}'_\alpha)\partial_\alpha\partial_i\left(\frac{1}{r}\right)\right. \\ &\left. -\frac{1}{2}(\mu_1\mathcal{M}_{\alpha\beta}+\tilde{M}'_{\alpha\beta})\partial_\alpha\partial_\beta\partial_i\left(\frac{1}{r}\right)+\cdots\right\}\end{aligned} \tag{11.35}$$

となる．

(11.18)と(11.35)を比較検討してみよう．どちらも $r\to\infty$ での展開式である．したがって $\boldsymbol{B} = \mu_1\boldsymbol{H}$ の関係を満足するはずである．$\boldsymbol{J} = 0$ のばあいは

確かにそうなっている．$\boldsymbol{J} \neq 0$ のばあいは，$\boldsymbol{H}$ 方式ではとり扱いができなかった．その点，(11.35)の結果を与える $\boldsymbol{B}$ 方式がよりすぐれているといえるだろう．なお注意すべきは，(11.35)の表わす磁場が，静磁ポテンシャル：

$$\phi_m = \frac{1}{4\pi\mu_1}\left\{-(\mu_1\mathcal{M}_\alpha + \tilde{M}'_\alpha)\partial_\alpha\left(\frac{1}{r}\right) + \frac{1}{2}(\mu_1\mathcal{M}_{\alpha\beta} + \tilde{M}'_{\alpha\beta})\partial_\alpha\partial_\beta\left(\frac{1}{r}\right) - \cdots\right\} \tag{11.36}$$

から導かれることである．元来，物体の外部では電流 $\boldsymbol{J}$ が存在しないのであるから，静磁ポテンシャル ϕ_m の存在はきわめて当然のことといえる．ただ，(ii)の $\boldsymbol{H}$ 方式のとり扱いでは，物体を含む‘全空間’での ϕ_m の存在を前提としたために，$\boldsymbol{J}$ を考慮することができなかったのである．

(11.36)はつぎの重要な事実を示している．すなわち，“電流を担い，かつ磁化した物体のつくる磁場は，遠方では，磁気2重極，磁気4重極，... によるものと見なすことができる．” また(11.10)は，電場について同様の事実を示している．そして，それらの2重極，4重極，... のモーメントは，(8.16)，(8.17)；(9.19)，(9.20)の示すように，物体が電磁場から受ける力 $\boldsymbol{F}$ およびモーメント $\boldsymbol{N}$ の値を具体的に与えるのである．

N　厳密にいえば，以上の議論は，電磁場が定常で，かつ物体が静止しているときにのみ成り立つものである．なぜなら，不連続面に働く電磁力を考察する際に(6.2.19)～(6.2.21)の条件を用いているからである．物体が運動するばあいには，(6.2.20)，(6.2.21)の代わりに(6.2.20 a)，(6.2.21 a)を用いなければならないのである．しかし，軸対称の物体が対称軸のまわりに回転しているばあいには，$v_n=0$ であるから，境界条件は同一となり，結果はそのまま成り立つ．

§12.　磁　針

細長い棒状の物体を考える．長さに比べて断面積 ΔS がはるかに小さいばあい，これを**針**とよぶことにしよう．針は軸方向に一様に磁化していると仮定し，その磁気分極を $\boldsymbol{M}$ とする．いま，この針を透磁率 μ_1 の媒質中におくものとする(図4)．このとき，針の内部では

$$\boldsymbol{B} = \mu_0\boldsymbol{H} + \boldsymbol{M} = \mu_1\boldsymbol{H} + \boldsymbol{M}' \tag{12.1}$$

が成り立つ．ただし，針は**永久磁石**，すなわち，環境によって $\boldsymbol{M}$ の値を変え

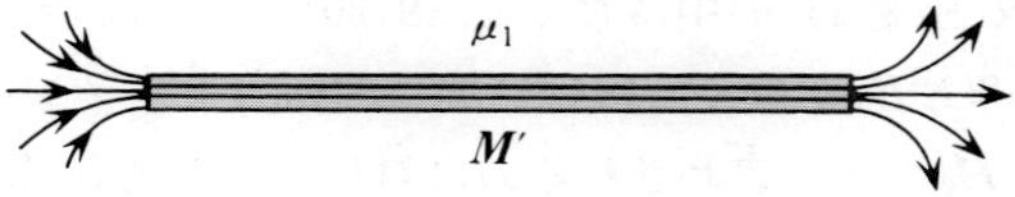

図4

ないものとする．このような針が **磁針** である．

さて，分極磁荷密度は $\rho_m = -\operatorname{div} \boldsymbol{M} = 0$ であるから，(分極)磁荷があるとすれば，針の両端だけである．したがって，磁場は針の両端の近くを除けば弱く，針の大部分にわたって $\boldsymbol{H} = 0$ とおくことができる．したがって(12.1)は

$$\boldsymbol{B} = \boldsymbol{M} = \boldsymbol{M}' \tag{12.2}$$

となる．すなわち，相対的な磁気分極 $\boldsymbol{M}'$ は磁針に固有の磁気分極 $\boldsymbol{M}$ に等しく，かつ磁束密度 $\boldsymbol{B}$ は $\boldsymbol{M}$ に等しい．磁針を通る磁力線は，磁針の一端から入りこみ，他端からぬけ出すのであるが，その総数は $B\Delta S = M\Delta S$ である．つまり，磁針の両端は **外部** の空間に対して磁力線の‘わき出し’および‘すいこみ’の役割をはたし，その強さは

$$q_m = M\Delta S \tag{12.3}$$

である．これが磁針の **磁極** の意味である．

磁針の長さを l とすると，磁針の磁気モーメントは

$$m = q_m l = Ml\Delta S \tag{12.4}$$

である．実際，これは磁針の磁気分極の総和を表わしている．なお，磁針の方向の単位ベクトルを $\boldsymbol{e}$ として，$\boldsymbol{m}=m\boldsymbol{e}$ を **磁針の磁気モーメント** ということがある．このように定義すると，(9.20)により，“一様な磁場 $\boldsymbol{H}_0$ の中におかれた磁気モーメント $\boldsymbol{m}$ の磁針には，媒質の透磁率によらず，回転力モーメント $\boldsymbol{N} = \boldsymbol{m}\times\boldsymbol{H}_0$ が働く” ことがわかる．

§13.　電流回路の磁気モーメント

電流を担う物体Bの電流モーメントは，(9.12)により，

$$\mathcal{M} = \frac{1}{2}\iiint_{\mathrm{B}} \boldsymbol{r}\times\boldsymbol{J}\, dV \tag{13.1}$$

で定義される．そしてこれは，(11.36)の ϕ_m の式の示すように，透磁率 μ_1 の媒質の中では磁気モーメント $\mu_1\mathcal{M}$ の磁気2重極のようにふるまう．また，

この物体を一様な磁場 $\boldsymbol{H}_0$ の中におくと,(9.20)により,回転力モーメント $\boldsymbol{N} = \mu_1\mathscr{M}\times\boldsymbol{H}_0 = \mathscr{M}\times\boldsymbol{B}_0$ が働く. 磁針に働く回転力モーメントが媒質の透磁率によらず $\boldsymbol{m}\times\boldsymbol{H}_0$ の形に表わされるのに対して, 電流(を担う物体)に働く回転力モーメントは $\mathscr{M}\times\boldsymbol{B}_0$ の形に表わしたとき透磁率に無関係となるのである. これは“磁石の生み出すものは $\boldsymbol{B}$ であり,電流の生み出すものは $\boldsymbol{H}$ である”ことを物語っている. 実際, (11.36)の ϕ_m の表式から, $\mathscr{M}$ は透磁率 μ_1 に無関係に $\boldsymbol{H} = -\operatorname{grad}\phi_m$ を与え, $\tilde{\boldsymbol{M}}'$ は μ_1 に無関係に $\boldsymbol{B} = \mu_1\boldsymbol{H}$ を与えることがわかる.

さて, 物体が細い針金の輪Cで, それに沿って電流 I が流れているばあいを考えよう(図5). これを**電流回路**とよぶことにする. 針金に沿う線要素を $d\boldsymbol{r}$, 針金の断面積を σ とすれば, (13.1)の積分で $\boldsymbol{J}dV = |\boldsymbol{J}|\sigma d\boldsymbol{r} = Id\boldsymbol{r}$ とおくことができて,

$$\mathscr{M} = \frac{I}{2}\int_C \boldsymbol{r}\times d\boldsymbol{r} = I\boldsymbol{S}, \quad \boldsymbol{S} = (S_x, S_y, S_z) \tag{13.2}$$

が得られる. ここで, S_x, S_y, S_z は回路Cをそれぞれ yz 平面, zx 平面, xy 平面に射影して得られ閉曲線の囲む面積である. ふつう教科書では, 回路が平面曲線をなすばあいが扱われているが, (13.2)は, 任意の空間曲線のばあいに成り立つのである. $\boldsymbol{S}$ は**面積ベクトル**とよばれる.

閉曲線Cを縁とする任意の開曲面をSとすると, (13.2)は

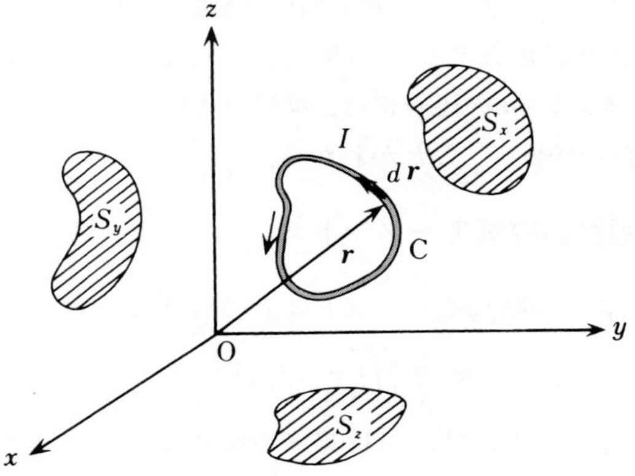

図5

$$\mathcal{M} = I \iint_S \boldsymbol{n}\, dS, \quad \boldsymbol{S} \overset{\text{def}}{=} \iint_S d\boldsymbol{S} = \iint_S \boldsymbol{n} dS \tag{13.3}$$

の形にも表わすことができる．これはつぎの事実を示す．“電流回路の磁気モーメント $\mu_1\mathcal{M}$ は，回路を縁とする薄い **磁石板** の磁気モーメントに等しい．ただし，磁石板は法線方向に分極し，その面密度は一様で $\mu_1 I$ であるとする．”

電流回路の電流モーメントは $\mathcal{M} = I\boldsymbol{S}$ で与えられ，磁気モーメントは $\mu_1\mathcal{M}$ で与えられる．磁気モーメントが媒質の透磁率によって異なることに特に注意してほしい．

N 1　(13.2)の証明． 回路上の近接した 2 点を $\mathrm{P}(\boldsymbol{r})$, $\mathrm{P}'(\boldsymbol{r}+d\boldsymbol{r})$，原点を O とすれば，

$$(1/2)\boldsymbol{r}\times d\boldsymbol{r} = \boldsymbol{n}\triangle \mathrm{OPP}' \tag{13.4}$$

である．ただし，三角形 OPP′ の面積を△OPP′，三角形の面に垂直な方向の単位ベクトルを $\boldsymbol{n}$ とする．(13.4)を座標平面に射影して 1 周積分を行なえばよい．

N 2　電流モーメント という概念は一般には使われていない．その理由は，ふつう電流回路の磁気モーメントと物質の磁気分極による磁気モーメントを区別せず，本質的に同じものと考えるからであろう．しかし，上に述べたように，磁気分極 $\boldsymbol{M}$ は $\boldsymbol{B}$ に関係し（磁力線を生み出し），電流は $\boldsymbol{H}$ に関係するという意味で，磁場に対する両者の役割を区別する方がよい（少くとも便利である）と筆者は考える．同様に，Biot-Savart の法則や Ampère の回路法則の表現において，磁場としては $\boldsymbol{B}$ ではなく，$\boldsymbol{H}$ を用いるべきであると思う．これらはすべて Maxwell の方程式：$\mathrm{rot}\,\boldsymbol{H} + \partial\boldsymbol{D}/\partial t = \boldsymbol{J}$ からも裏づけられるのである．

§ 14.　定常電磁場と孤立物体の相互作用

一様な媒質中に物体 B がおかれ，定常な電磁場がかけられているときの電場 $\boldsymbol{E}$ と磁場 $\boldsymbol{H}$ は

$$\boldsymbol{E} = \boldsymbol{E}_{ex} + \boldsymbol{E}', \quad \boldsymbol{H} = \boldsymbol{H}_{ex} + \boldsymbol{H}'$$

のように，外部電磁場 $\boldsymbol{E}_{ex}$, $\boldsymbol{H}_{ex}$ と物体による電磁場 $\boldsymbol{E}'$, $\boldsymbol{H}'$ の重ね合わせとして表わすことができる．ただし，$\boldsymbol{E}'$, $\boldsymbol{H}'$ は，物体 B の担う電荷・電流・分極状態をはりつけたまま，物体 B をとり出して同じ媒質中に単独においたとき

に生ずべき電場および磁場である．また，$\boldsymbol{E}_{ex}, \boldsymbol{H}_{ex}$ は，物体Bのないとき最初からかかっていた電磁場である．(もしB以外に物体B′, B″, ... があるばあいには，それらの電荷・電流・分極状態はそのまま保っておく．)

さて，このばあい，物体Bの電荷・電流・分極状態によって $\boldsymbol{E}', \boldsymbol{H}'$ が決まり，また物体に働く電磁力とモーメントも決まる．つまり電磁場 $\boldsymbol{E}, \boldsymbol{H}$ と物体との間に相互作用がある．その具体的な表式を上に求めてきたわけである．参照の便宜上，これをまとめておこう．

(i)　諸公式

まず，物体による静電場 $\boldsymbol{E}'$ は静電ポテンシャル ϕ を使って

$$\boldsymbol{E}' = -\operatorname{grad}\phi, \tag{14.1}$$

$$\phi = \frac{1}{4\pi\varepsilon_1}\left\{\frac{q}{r} - (\mathscr{P}_\alpha + \tilde{P}_\alpha')\partial_\alpha\left(\frac{1}{r}\right) + \frac{1}{2}(\mathscr{P}_{\alpha\beta} + \tilde{P}'_{\alpha\beta})\partial_\alpha\partial_\beta\left(\frac{1}{r}\right) - \cdots\right\} \tag{14.2}$$

のように与えられる．また，物体に働く電気力 $\boldsymbol{F}$ およびモーメント $\boldsymbol{N}$ は

$$\boldsymbol{F} = q\boldsymbol{E}_{ex}(0) + (\mathscr{P} + \tilde{\boldsymbol{P}}')\cdot\nabla\boldsymbol{E}_{ex}(0) + (1/2)(\mathscr{P}_{\alpha\beta} + \tilde{P}'_{\alpha\beta})\partial_\alpha\partial_\beta\boldsymbol{E}_{ex}(0) + \cdots, \tag{14.3}$$

$$\boldsymbol{N} = (\mathscr{P} + \tilde{\boldsymbol{P}}')\times\boldsymbol{E}_{ex}(0) + \varepsilon_{ijk}(\mathscr{P}_{j\alpha} + \tilde{P}_{j\alpha})\partial_\alpha E_k{}^{(ex)}(0) + \cdots \tag{14.4}$$

で与えられる．ただし，

$$\mathscr{P} = \iiint_{\mathrm{B}} \boldsymbol{r}\rho\, dV, \tag{14.5}$$

$$\tilde{\boldsymbol{P}}' = \iiint_{\mathrm{B}} \boldsymbol{r}\rho_p'\, dV = \iiint_{\mathrm{B}} \boldsymbol{P}'\, dV, \tag{14.6}$$

$$\mathscr{P}_{\alpha\beta} = \iiint_{\mathrm{B}} x_\alpha x_\beta\, \rho\, dV, \tag{14.7}$$

$$\tilde{P}'_{\alpha\beta} = \iiint_{\mathrm{B}} x_\alpha x_\beta \rho_p'\, dV = \iiint_{\mathrm{B}} (x_\alpha P_\beta' + x_\beta P_\alpha')\, dV. \tag{14.8}$$

q は物体の担う真電荷の総量，$\mathscr{P}$ は真電荷の原点に関するモーメント，$\mathscr{P}'_{\alpha\beta}$ は真電荷の原点に関する4重極モーメントである．また，$\tilde{\boldsymbol{P}}', \tilde{P}'_{\alpha\beta}$ はそれぞれ(相対的な)分極電荷の原点に関する モーメント および 4重極モーメント である．$\boldsymbol{P}'$ と ρ_p' は

$$\boldsymbol{D} = \varepsilon_1\boldsymbol{E} + \boldsymbol{P}', \quad \rho_p' = -\operatorname{div}\boldsymbol{P}' \tag{14.9}$$

で定義される，ただし，ε_1 は物体の外部の一様媒質の誘電率である．

つぎに，物体による静磁場 $\boldsymbol{H}'$ は静磁ポテンシャル ϕ_m を使って

$$\boldsymbol{H}' = -\operatorname{grad}\phi_m, \tag{14.10}$$

$$\phi_m = \frac{1}{4\pi\mu_1}\left\{-(\mu_1\mathcal{M}_\alpha+\tilde{M}'_\alpha)\partial_\alpha\left(\frac{1}{r}\right)+\frac{1}{2}(\mu_1\mathcal{M}_{\alpha\beta}+\tilde{M}'_{\alpha\beta})\partial_\alpha\partial_\beta\left(\frac{1}{r}\right)-\cdots\right\}, \tag{14.11}$$

のように与えられる．また，物体に働く磁気力 $\boldsymbol{F}$ およびモーメント $\boldsymbol{N}$ は

$$\begin{aligned}\boldsymbol{F} = {}& \tilde{\boldsymbol{J}}\times\boldsymbol{B}_{ex}(0)+(\mu_1\mathcal{M}+\tilde{\boldsymbol{M}}')\cdot\nabla\boldsymbol{H}_{ex}(0)\\ &+(1/2)(\mu_1\mathcal{M}_{\alpha\beta}+\tilde{M}'_{\alpha\beta})\partial_\alpha\partial_\beta\boldsymbol{H}_{ex}(0)+\cdots,\end{aligned} \tag{14.12}$$

$$\boldsymbol{N} = (\mu_1\mathcal{M}+\tilde{\boldsymbol{M}}')\times\boldsymbol{H}_{ex}(0)+\varepsilon_{ijk}(\mu_1\mathcal{M}_{j\alpha}+\tilde{M}'_{j\alpha})\partial_\alpha H_k{}^{(ex)}(0)+\cdots \tag{14.13}$$

で与えられる．ここで

$$\tilde{\boldsymbol{M}}' = \iiint_{\mathrm{B}}\boldsymbol{M}'\,dV = \iiint_{\mathrm{B}}\boldsymbol{r}\rho'_m\,dV = \frac{\mu_1}{2}\iiint_{\mathrm{B}}\boldsymbol{r}\times\boldsymbol{J}'_m\,dV, \tag{14.14}$$

$$\tilde{M}'_{\alpha\beta} = \iiint_{\mathrm{B}}x_\alpha x_\beta\rho'_m\,dV = \iiint_{\mathrm{B}}(x_\alpha M'_\beta+x_\beta M'_\alpha)dV, \tag{14.15}$$

$$\tilde{\boldsymbol{J}} = \iiint_{\mathrm{B}}\boldsymbol{J}\,dV, \tag{14.16}$$

$$\mathcal{M} = \iiint_\infty\boldsymbol{H}\,dV = \frac{1}{2}\iiint_{\mathrm{B}}\boldsymbol{r}\times\boldsymbol{J}\,dV, \tag{14.17}$$

$$\mathcal{M}_{\alpha\beta} = H_{\alpha\beta}+H_{\beta\alpha}-(2/3)\delta_{\alpha\beta}H_{\gamma\gamma} \tag{14.18}$$

$$= (1/3)(\varepsilon_{\alpha pq}J_{\beta pq}+\varepsilon_{\beta pq}J_{\alpha pq}), \tag{14.19}$$

ただし

$$H_{\alpha\beta} = \iiint_\infty x_\alpha H_\beta\,dV, \tag{14.20}$$

$$J_{\alpha\beta i} = \iiint_{\mathrm{B}}x_\alpha x_\beta J_i\,dV \tag{14.21}$$

である．

N 上の式で $\mathcal{M}_{\alpha\beta}$ は(14.18)から明らかなように，$\mathcal{M}_{\alpha\alpha}=0$, すなわち‘かたよりテンソル’である．これにならって，$\mathcal{P}_{\alpha\beta}, \tilde{P}'_{\alpha\beta}, \tilde{M}'_{\alpha\beta}$ についても

$$\mathcal{P}_{\alpha\beta} = \bar{\mathcal{P}}_{\alpha\beta}+\frac{1}{3}\delta_{\alpha\beta}\mathcal{P}_{\gamma\gamma},\quad \tilde{P}'_{\alpha\beta} = \bar{P}'_{\alpha\beta}+\frac{1}{3}\delta_{\alpha\beta}\tilde{P}'_{\gamma\gamma},\quad \tilde{M}'_{\alpha\beta} = \bar{M}'_{\alpha\beta}+\frac{1}{3}\delta_{\alpha\beta}\tilde{M}'_{\gamma\gamma} \tag{14.22}$$

とおいて，かたよりテンソル $\bar{\mathcal{P}}_{\alpha\beta}, \bar{P}'_{\alpha\beta}, \bar{M}'_{\alpha\beta}$ を導入することができる．このような変更を加えても，上の諸公式はそのまま成り立つ．たとえば，(14.3)については

$$\delta_{\alpha\beta}\partial_\alpha\partial_\beta \boldsymbol{E}_{ex}(0) = \Delta \boldsymbol{E}_{ex}(0) = 0,$$

(14.4)については

$$\varepsilon_{ijk}\delta_{j\alpha}\partial_\alpha E_k^{(ex)} = \varepsilon_{ijk}\partial_j E_k^{(ex)} = \mathrm{rot}\,\boldsymbol{E}_{ex} = 0$$

だからである．

4重極モーメントを‘かたよりテンソル’によって定義することが多いので，とくに注意してほしい．（その際，$3\bar{\mathscr{P}}_{\alpha\beta}$, $3\bar{P}'_{\alpha\beta}$, $3\bar{\mathscr{M}}_{\alpha\beta}$, $3\bar{M}'_{\alpha\beta}$ が使われる．）

(14.19)で定義される $\mathscr{M}_{\alpha\beta}$ は，(14.21)から明らかなように，物体内の電流分布だけで表わされている．これが，この定義を採用する理由である．

(ii) 物体に働く電磁力と電磁場の漸近的性質

上の公式で顕著な事実は，物体の生み出す電磁場 $\boldsymbol{E}, \boldsymbol{H}$ と，電磁場が物体に及ぼす力 $\boldsymbol{F}$ とモーメント $\boldsymbol{N}$ が，同じ係数 $q, \mathscr{P}, \tilde{\boldsymbol{P}}', \ldots$ を使って表わされていることである．しかし，注意すべきは，電磁場の表式が，無限にひろがる一様媒質中の $r\to\infty$ での漸近表示であるのに対して，力とモーメントの表式は，媒質中に他の物体が存在していてもよく，また媒質が有限の範囲におさまっていてもよいことである．このちがいは，(14.11)と(14.12)とを比較してみてもうなずけるだろう．すなわち，前者には $\tilde{\boldsymbol{J}}$ の項が存在しない．これは，孤立物体の外部に電流が存在しないためには，電流は物体内部で閉じていなければならない，つまり $\tilde{\boldsymbol{J}} = 0$ が要求されるからである．

さて，上の公式の利用法の1つとしてつぎのものがある．孤立物体のまわりの電磁場の $r\to\infty$ に対する漸近的ふるまいがわかれば，その物体に働く電磁力が正確に知られることである．逆に，物体に働く力とモーメントが知れれば，電磁場の漸近的ふるまいがわかるのである．

しかし，与えられた物体について上の公式を具体的に適用するためには，つぎの順序で進まなければならない．電場について述べると，(a) $\boldsymbol{E} = \boldsymbol{E}_{ex} + \boldsymbol{E}'$ が境界条件を満足するように $\boldsymbol{E}'$ を決める，(b) $\boldsymbol{E}$ から $\mathscr{P}, \tilde{\boldsymbol{P}}', \mathscr{P}_{\alpha\beta}, \tilde{P}'_{\alpha\beta}$ を計算する，(c) 公式(14.3), (14.4)を適用する．あるいは，(b)の代わりに，(b′) $\boldsymbol{E}'$ の漸近表示を計算して，公式(14.2)と比較して係数 $\mathscr{P} + \tilde{\boldsymbol{P}}', \mathscr{P}_{\alpha\beta} + \tilde{P}'_{\alpha\beta}$ を決める，を用いてもよい．磁場についても同様である．この方式の簡単な実例を次節で示す．

(iii) 電磁場の定義と試験粒子

電荷 q の荷電粒子について(14.3)を適用すると

$$\boldsymbol{F} = q\boldsymbol{E}_{ex}(0) \tag{14.23}$$

が得られる．これは，在来の電磁気学での電場の‘定義’に相当する．しかし，われわれの立場では‘定理’として導かれたのである．$\boldsymbol{E}_{ex}(0)$ が，荷電粒子をもちこまないときの電場であることに特に注意してほしい．

磁場については‘真磁荷’は実在しないから，(14.23)の形式で磁場を定義することは，在来の電磁気学ではいささかちゅうちょされていた．しかし，磁気モーメント $\boldsymbol{m}$ の磁針について(14.13)を適用すると

$$\boldsymbol{N} = \boldsymbol{m}\times\boldsymbol{H}_{ex}(0) \tag{14.24}$$

が得られる．したがって，在来の電磁気学でも，磁針を‘試験粒子’として使うことができたはずである．また，もし電流モーメント $\mathscr{M}$ の微小な電流回路を使えば，(14.24)の代わりに

$$\boldsymbol{N} = \mathscr{M}\times\boldsymbol{B}_{ex}(0) \tag{14.25}$$

が得られる．($\boldsymbol{B}_{ex}(0) = \mu_1\boldsymbol{H}_{ex}(0)$ であるから．) したがって，これも試験粒子になり得るだろう．(14.24)と(14.25)は，真空のみならず，任意の透磁率の媒質の中で，それぞれ磁場 $\boldsymbol{H}$ および磁束密度 $\boldsymbol{B}$ を表わすことに注意すべきである．

しばしば，いわゆる‘$\boldsymbol{E}$-$\boldsymbol{B}$ 対応’の立場から，磁場を表わす物理量として $\boldsymbol{B}$ が $\boldsymbol{H}$ よりも基本的であるという主張がなされているが，(14.24)，(14.25)の公式はその主張に根拠のないことを示すものと考えられる．すなわち，‘試験粒子’の選び方がちがうだけで，$\boldsymbol{H}$ と $\boldsymbol{B}$ とはあくまで対等の地位を占めるのである．

くり返し強調するが，われわれの立場では電磁場の定義に‘試験粒子’の必要はなく，(14.23)～(14.25)は単に $\boldsymbol{E}, \boldsymbol{H}, \boldsymbol{B}$ の測定手段の1つを提供するものと考えるのである．

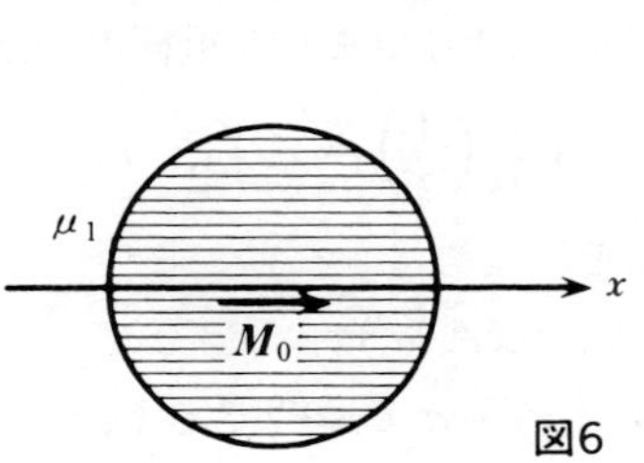

図6

§15.　一様に帯磁した球

前節の(ii)で述べた方法を簡単な例によって説明しよう．磁気分極 $\boldsymbol{M}_0$ で一様に帯磁した半径 a の球を考える(図6)．この帯磁球を透磁率 μ_1 の一様な媒質中に浸すものとする．

(i)　帯磁球による磁場

電流は存在しないから，$\boldsymbol{H}$ 方式によるとり扱いが便利である．すなわち，

$$\boldsymbol{H} = -\operatorname{grad}\phi_m \tag{15.1}$$

によって静磁ポテンシャル ϕ_m を導入すると，

$$\Delta\phi_m = -\rho_m/\mu_0 = -\rho'_m/\mu_1, \tag{15.2}$$

$$\rho_m = \operatorname{div}(\mu_0\boldsymbol{H}) = -\operatorname{div}\boldsymbol{M}, \tag{15.3}$$

$$\rho'_m = \operatorname{div}(\mu_1\boldsymbol{H}) = -\operatorname{div}\boldsymbol{M}' \tag{15.4}$$

が成り立つ．

球の外部では $\boldsymbol{M}' = 0$, したがって $\rho'_m = 0$ である．また，球の内部では $\boldsymbol{M} = \boldsymbol{M}_0 = \text{const}$, したがって $\rho_m = -\operatorname{div}\boldsymbol{M} = 0$ である．けっきょく (15.2) は

$$\Delta\phi_m = 0, \quad r \gtrless a \tag{15.5}$$

となる．すなわち ϕ_m は球の内外で調和関数 (Laplace の方程式の解) として表わされる．しかし，球面 $r = a$ は不連続面であるから，(6.2.19), (6.2.20) の条件，すなわち

$$\{B_n\}_\pm = 0, \quad \{\boldsymbol{H}_t\}_\pm = 0 \tag{15.6}$$

を満足しなければならない．(いまのばあい面電流 $\boldsymbol{J}_S$ は存在しない！) この条件は ϕ_m を使って表わされる．とくに後者は $\{\phi_m\}_\pm = 0$, つまり "ϕ_m は不連続面を通して連続である" ことを意味する．

いま，球の中心 O を原点とし，$\boldsymbol{M}_0$ の方向に x 軸をとる．まず，球の外部を考える．(14.11)の表式の第1項，つまり2重極の項だけをとってみる：

$$\phi_m = -A\frac{\partial}{\partial x}\left(\frac{1}{r}\right) = A\frac{x}{r^3}, \quad r > a. \tag{15.7}$$

これに対して内部の ϕ_m を

$$\phi_m = (A/a^3)x, \quad r < a \tag{15.8}$$

ときめると，確かに ϕ_m は $r = a$ で連続である．しかも $\Delta\phi_m = 0$ を満足す

る．そして，(15.1)により，

$$\boldsymbol{H} = -(A/a^3)\boldsymbol{i}, \quad r<a \tag{15.9}$$

すなわち，一様な磁場を表わす．($\boldsymbol{i}$ は x 軸方向の単位ベクトル．)

$$\boldsymbol{B} = \mu_0\boldsymbol{H}+\boldsymbol{M} = \mu_1\boldsymbol{H}+\boldsymbol{M}' \tag{15.10}$$

を考えると，内部では $\boldsymbol{M} = M_0\boldsymbol{i}$ であるから，$\boldsymbol{B}, \boldsymbol{M}'$ はともに x 軸方向の定数ベクトルである．

つぎに，(15.6)の条件 $\{B_n\}_\pm = 0$ を考える．

$$\{B_n\}_\pm = \mu_1\{H_n\}_\pm+\{M_n'\}_\pm$$

に $H_n = -\{\partial\phi_m/\partial r\}_\pm, \{M_n'\}_\pm = -M_{n(-)}'$（添字 ± は $r \gtrless a$ に対応し，$\boldsymbol{M}_+' = 0$ である）を代入すると，条件は

$$-\mu_1\left\{\frac{\partial\phi_m}{\partial r}\right\}_\pm - M'\cos\theta = 0 \tag{15.11}$$

となる．(15.7), (15.8)は

$$\phi_m = \begin{cases} \dfrac{A}{r^2}\cos\theta, & r>a \\[2ex] \dfrac{A}{a^3}r\cos\theta, & r<a \end{cases} \tag{15.12}$$

と書けるから，(15.11)は

$$M' = 3\mu_1 A/a^3, \quad A/a^3 = M'/3\mu_1 \tag{15.13}$$

を与える．したがって，(15.9)は

$$H = -M'/3\mu_1 \tag{15.14}$$

となり，これを(15.10)に代入すれば

$$B = (2/3)M' \tag{15.15}$$

が得られる．

以上をまとめると，つぎのようになる．一様に帯磁した球による磁場は

$$\phi_m = \begin{cases} \dfrac{M'a^3}{3\mu_1}\dfrac{x}{r^3}, & r>a \\[2ex] \dfrac{M'}{3\mu_1}x, & r<a \end{cases} \tag{15.16}$$

で与えられ，球の内部では磁場 $\boldsymbol{H}$ も磁束密度 $\boldsymbol{B}$ も一様で

$$\boldsymbol{H} = -\frac{1}{3\mu_1}\boldsymbol{M}', \quad \boldsymbol{B} = \frac{2}{3}\boldsymbol{M}' \tag{15.17}$$

となる．

$\boldsymbol{M}'$ を具体的に球の磁気分極 $\boldsymbol{M}_0$ で表わすためには，(15.10)の左側の関係式を使えばよい．すなわち，(15.17)を代入すれば，ただちに

$$\boldsymbol{M}' = \frac{3\mu_1}{\mu_0+2\mu_1}\boldsymbol{M}_0 \tag{15.18}$$

が得られるのである．球の(相対的な)磁気分極の総量，すなわち(相対的な)磁気モーメント $\tilde{\boldsymbol{M}}'$ は，(14.14)により，

$$\tilde{\boldsymbol{M}}' = \frac{4\pi}{3}a^3\boldsymbol{M}' = \frac{3\mu_1}{\mu_0+2\mu_1}\tilde{\boldsymbol{M}}_0 \tag{15.19}$$

である．ただし

$$\tilde{\boldsymbol{M}}_0 = \frac{4\pi}{3}a^3\boldsymbol{M}_0 \tag{15.20}$$

は球の‘本来’の磁気モーメントである．この $\tilde{\boldsymbol{M}}'$ を使うと，(15.16)が確かに一般式 (14.11)に一致することが見られるだろう．

つぎに，$\tilde{\boldsymbol{M}}'$ に対する(14.14)の第 2 の表式を考える．$\rho_m' = -\mathrm{div}\boldsymbol{M}' = 0$ $(r<a)$ であるが，実は(分極)磁荷は球面上に面磁荷として存在する．その面密度は，(4.17)～(4.19)により，

$$\sigma_m = \mu_0\{H_n\}_\pm = -\{M_n\}_\pm, \tag{15.21}$$

$$\sigma_m' = \mu_1\{H_n\}_\pm = -\{M_n'\}_\pm = M'_{n\,(-)}, \tag{15.22}$$

$$\sigma_m = (\mu_0/\mu_1)\sigma_m' \tag{15.23}$$

のように与えられる．このばあい，(15.22)はとくに便利で，

$$\sigma_m' = M'\cos\theta = (M'/a)x \tag{15.24}$$

を与える．したがって

$$\tilde{\boldsymbol{M}}' = \iint_{\partial B}\sigma_m'\boldsymbol{r}\,dS = \frac{M'}{a}\iint_{\partial B}x(x\boldsymbol{i}+y\boldsymbol{j}+z\boldsymbol{k})dS.$$

ところが，対称性により，

$$\iint_{\partial B}xy\,dS = \iint_{\partial B}xz\,dS = 0,$$

$$\iint_{\partial B}x^2dS = \iint_{\partial B}y^2dS = \iint_{\partial B}z^2dS = \frac{1}{3}\iint_{\partial B}r^2dS$$

$$= \frac{1}{3}a^2\iint_{\partial B}dS = \frac{4\pi}{3}a^4.$$

したがって

$$\tilde{\boldsymbol{M}}' = \frac{4\pi}{3}a^3 M' \boldsymbol{i} = \frac{4\pi}{3}a^3 \boldsymbol{M}'$$

となり，(15.19)と一致する．

(15.19)についてとくに注意すべきは，球が磁気モーメント $\tilde{\boldsymbol{M}}_0$ の‘永久磁石’のばあいでも，それのつくる磁場が周囲の媒質の透磁率 μ_1 によって変化し，あたかも磁気モーメント $\tilde{\boldsymbol{M}}'$ の磁石のようにふるまうことである．

(ii) 一様磁場中の帯磁球

つぎに，一様な磁場 $\boldsymbol{H}_0$ の中に帯磁球がおかれているばあいを考える(図7)．このばあい，全体の磁場は

$$\boldsymbol{H} = \boldsymbol{H}_0 + \boldsymbol{H}', \quad \boldsymbol{B} = \mu_1 \boldsymbol{H}_0 + \boldsymbol{B}' \tag{15.25}$$

のように表わされるだろう．ただし，$\boldsymbol{H}'$ は帯磁球の存在によってつくられる磁場を表わす．さて

$$\boldsymbol{B} = \mu_0 \boldsymbol{H} + \boldsymbol{M} = \mu_1 \boldsymbol{H} + \boldsymbol{M}', \tag{15.26}$$

$$\boldsymbol{M} = \boldsymbol{M}_0, \quad r < a \tag{15.27}$$

$$\boldsymbol{M}' = 0, \quad r > a \tag{15.28}$$

である．静磁ポテンシャル ϕ_m に対する不連続面での条件を考える際，$\boldsymbol{H}_0$ は球の内外を通じて連続であるから，$\boldsymbol{H}_0$ はまったく影響しない．したがって，$\boldsymbol{H}'$ については(ii)の結果がそのまま成り立つ．すなわち

$$\phi'_m = \begin{cases} \dfrac{a^3}{3\mu_1}\dfrac{\boldsymbol{M}'\cdot\boldsymbol{r}}{r^3}, & r > a \\[2ex] \dfrac{1}{3\mu_1}\boldsymbol{M}'\cdot\boldsymbol{r}, & r < a \end{cases} \tag{15.29}$$

$$\boldsymbol{H}' = -(1/3\mu_1)\boldsymbol{M}', \quad \boldsymbol{B}' = (2/3)\boldsymbol{M}', \quad r < a \tag{15.30}$$

が得られる．ただし，$\boldsymbol{M}'$ は任意の方向をもつものとする．

$\boldsymbol{M}'$ を球の磁気分極 $\boldsymbol{M}_0$ で表わすには，(15.25)，(15.30)を(15.26)の左側の関係式に代入すればよい．$r < a$ では $\boldsymbol{M} = \boldsymbol{M}_0$ であるから

$$\mu_1 \boldsymbol{H}_0 + (2/3)\boldsymbol{M}' = \mu_0\{\boldsymbol{H}_0 - (1/3\mu_1)\boldsymbol{M}'\} + \boldsymbol{M}_0$$

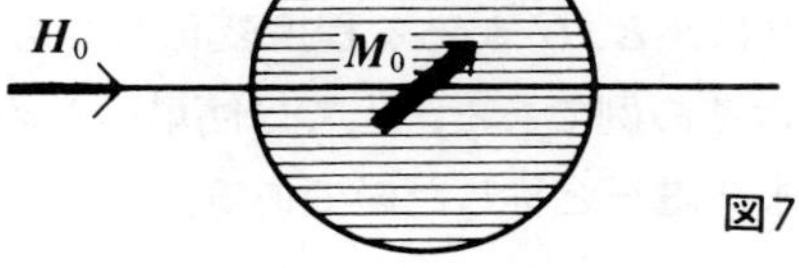

図7

となり，これから

$$\boldsymbol{M}' = \frac{3\mu_1}{\mu_0+2\mu_1}\{\boldsymbol{M}_0-(\mu_1-\mu_0)\boldsymbol{H}_0\} \tag{15.31}$$

が得られるのである．

こうして決定された $\boldsymbol{M}'$ を使えば，(15.25), (15.30) により，

$$\boldsymbol{H} = \frac{1}{\mu_0+2\mu_1}(3\mu_1\boldsymbol{H}_0-\boldsymbol{M}_0), \quad r<a \tag{15.32}$$

$$\boldsymbol{B} = \frac{\mu_1}{\mu_0+2\mu_1}(3\mu_0\boldsymbol{H}_0+2\boldsymbol{M}_0), \quad r<a \tag{15.33}$$

が得られる．

球の内部では $\boldsymbol{H}$, $\boldsymbol{B}$ はともに一様であるが，その方向は $\boldsymbol{H}_0$, $\boldsymbol{M}_0$ のいずれとも一致せず，かつたがいに平行ではないことに注意してほしい．

球の‘相対的’な磁気モーメント $\tilde{\boldsymbol{M}}'$ と‘本来’の磁気モーメント $\tilde{\boldsymbol{M}}_0$ の関係は，(15.31) の両辺に球の体積 $(4\pi/3)a^3$ を掛けて得られる．すなわち

$$\tilde{\boldsymbol{M}}' = \frac{3\mu_1}{\mu_0+2\mu_1}\{\tilde{\boldsymbol{M}}_0-(4\pi/3)a^3(\mu_1-\mu_0)\boldsymbol{H}_0\}. \tag{15.34}$$

球に働く回転力のモーメントは，(14.13) により，

$$\boldsymbol{N} = \frac{3\mu_1}{\mu_0+2\mu_1}\tilde{\boldsymbol{M}}_0\times\boldsymbol{H}_0 \tag{15.35}$$

で与えられる．磁針とは異なり，球形の永久磁石では，媒質の透磁率 μ_1 によって $\boldsymbol{N}$ の値が変化するのである．しかし，$\mu_1\gg\mu_0$ であれば，(15.35) は

$$\boldsymbol{N} \fallingdotseq (3/2)\tilde{\boldsymbol{M}}_0\times\boldsymbol{H}_0, \quad \mu_1\gg\mu_0 \tag{15.36}$$

となり，μ_1 に対する依存性はなくなる．すなわち，磁石に働く回転力を支配するものは，磁束密度 $\boldsymbol{B}$ ではなくて磁場 $\boldsymbol{H}$ なのである．

(iii)　準線形磁性体の球

$\boldsymbol{P}\propto\boldsymbol{E}$, $\boldsymbol{M}\propto\boldsymbol{H}$ のばあい，物質は**電磁的に線形**であるというのであるが，これをすこし一般化して

$$\boldsymbol{P} = \boldsymbol{P}_0+\varepsilon_0\chi_e\boldsymbol{E}, \quad \boldsymbol{M} = \boldsymbol{M}_0+\mu_0\chi_m\boldsymbol{H} \tag{15.37}$$

の関係が成り立つばあい，物質は**電磁的に準線形**であるとよぶことにしよう．$\boldsymbol{P}_0$, $\boldsymbol{M}_0$ が大きければ，$\boldsymbol{E}$, $\boldsymbol{H}$ がある程度変化しても $\boldsymbol{P}$, $\boldsymbol{M}$ はほぼ一定に保たれる．**永久磁石**はその例である．上では簡単のために，$\chi_m=0$ として，$\boldsymbol{M}=\boldsymbol{M}_0$ のばあいを永久磁石と称したのである．

このばあい

$$\varepsilon = \varepsilon_0(1+\chi_e), \quad \mu = \mu_0(1+\chi_m) \tag{15.38}$$

とおけば

$$\boldsymbol{D} = \boldsymbol{P}_0+\varepsilon\boldsymbol{E}, \quad \boldsymbol{B} = \boldsymbol{M}_0+\mu\boldsymbol{H} \tag{15.39}$$

が成り立つ.

さて，球は準線形の磁性をもつものと考えよう．このばあいのとり扱いは上の(15.30)まではまったく同じである．つぎに，(15.25)を(15.39)の右側の式に代入する：

$$\mu_1\boldsymbol{H}_0+\boldsymbol{B}' = \boldsymbol{M}_0+\mu(\boldsymbol{H}_0+\boldsymbol{H}'). \tag{15.40}$$

ここで(15.30)を代入して $\boldsymbol{M}'$ について解けば

$$\boldsymbol{M}' = \frac{3\mu_1}{\mu+2\mu_1}\{\boldsymbol{M}_0+(\mu-\mu_1)\boldsymbol{H}_0\} \tag{15.41}$$

が得られる．この $\boldsymbol{M}'$ を使えば，(15.30),(15.25)により，

$$\boldsymbol{H} = \frac{1}{\mu+2\mu_1}(3\mu_1\boldsymbol{H}_0-\boldsymbol{M}_0), \quad r<a \tag{15.42}$$

$$\boldsymbol{B} = \frac{\mu_1}{\mu+2\mu_1}(3\mu\boldsymbol{H}_0+2\boldsymbol{M}_0), \quad r<a \tag{15.43}$$

が得られる．さらに，(15.34),(15.35)に対応して，

$$\tilde{\boldsymbol{M}}' = \frac{3\mu_1}{\mu+2\mu_1}\{\tilde{\boldsymbol{M}}_0+(4\pi/3)a^3(\mu-\mu_1)\boldsymbol{H}_0\}, \tag{15.44}$$

$$\boldsymbol{N} = \frac{3\mu_1}{\mu+2\mu_1}\tilde{\boldsymbol{M}}_0\times\boldsymbol{H}_0 \tag{15.45}$$

が得られるのである．

これらの結果で $\mu = \mu_0$ とおけば(**ii**)の結果と一致する．また，$\boldsymbol{M}_0 = 0$ とおけば，線形磁性：$\boldsymbol{B} = \mu\boldsymbol{H}$ のばあいになる．その際，もちろん，$\boldsymbol{N} = 0$ である．

§16. ま と め

一様な媒質中におかれた物体が定常な電磁場から受ける力とモーメントに対する具体的な公式を導いた．電気的には物体は，それの担う全電荷 q，真電荷と分極電荷による 2 重極モーメント $\mathcal{P}$, $\tilde{\boldsymbol{P}}'$, 4 重極モーメント $\mathcal{P}_{\alpha\beta}$, $\tilde{P}'_{\alpha\beta}$, … で代表される．また，磁気的には，電流モーメント $\mathcal{M}$ と磁気 2 重極モーメン

ト $\tilde{\boldsymbol{M}}'$，電流の 2 次モーメント $\mathcal{M}_{\alpha\beta}$ と磁気 4 重極モーメント $\tilde{M}'_{\alpha\beta}$, … で代表される．これらは物体に働く電磁力とモーメントの表現を与えるだけではなくて，物体の生み出す電磁場もこれによって表わされるのである．本書では電流モーメントと磁気モーメントとを異なる概念として区別したが，物質中の磁場のとり扱いに際してこの区別は重要であると思われる．

典型的な例として，磁針と電流回路をとり扱った．磁針は $\boldsymbol{B}$ を生み出すとともに外部磁場から $\boldsymbol{H}$ を通じて力を受け，電流回路は $\boldsymbol{H}$ を生み出すとともに外部磁場から $\boldsymbol{B}$ を介して力を受ける．これに関連して，在来の電磁気学で電磁場を定義するために使われる‘試験粒子’の意味を考察した．とくに，磁場を表わす物理量として $\boldsymbol{H}$ と $\boldsymbol{B}$ のどちらがより基本的であるかは，単に‘試験粒子’の選択によることを知った．なお，磁性体の球について，一様磁場中でのふるまいを調べた．

12 物質中の電磁場——誘電流体と磁性流体

§1. は じ め に

液体や気体などの流体が電磁場の中でどのような条件のもとに静止するか，またどのような運動をするか，などを議論するためには，流体の各部に働く電磁力についての知識が必要である．ところが，有名な Landau-Lifshitz, Stratton, Panofsky-Phillips などの本を見ても，電磁力のとり扱いがあまりすっきりしないように筆者には感じられる．しかも，そのとり扱いも $\boldsymbol{D}\propto\boldsymbol{E}$, $\boldsymbol{B}\propto\boldsymbol{H}$ が成り立つばあいに限られているようである．われわれの理論構成によれば，基本法則から出発して組織的に電磁力の表式を導くことができる．実際，第 6 章では，$\boldsymbol{D}\propto\boldsymbol{E}$ が成り立つ誘電流体についてその方法を示したが，この章では任意の誘電性と磁性をもつ流体について考えることにする．さらに，その電磁力の表式を利用すれば，流体の運動方程式が具体的な形に表わされるのである．とくに非粘性の流体では，電磁場のないばあいと同様，運動方程式は 1 回積分できる．すなわち，Bernoulli の定理の一般化が得られるのである．しかし，‘非粘性流体’ というのは，流体内部の応力が $p_{ik}=-p\delta_{ik}$ のように圧力 p だけで表わされるような流体のことである．粘性をもつ任意の流体や固体のばあいには，p_{ik} の成分は一般的には $3\times3=9$ 個あり得る．ところが，ふつうの連続物体の力学では p_{ik} を対称テンソルとして，独立な成分は 6 個しかないという前提のもとにとり扱いが行なわれている．物質中の電磁場では Maxwell 応力は一般に対称テンソルではない．これと物体の応力テンソルとはどう調和するのだろうか？　本章では，まず，応力がテンソル量として表わされる根拠を反省する．それが運動量保存の法則にもとづくことを確かめる．つぎに，角運動量保存の法則を考えて応力テンソルの満たすべき条件をさぐる．このような考察の結果，物体の各部分のつりあい，あるいは運動を支配する基礎方程式の 1 つとして角運動量方程式が得られるであろう．

§2.　応力の表わし方

応力とは，直観的にいえば，面を通して働きあう力のことである．くわしくいうと，物体の内部に任意の面Sを考えるとき，Sの両側の物体の部分がSの単位面積あたりに及ぼしあう力のことである．そこで，面Sの法線ベクトルを $\boldsymbol{n}$ とし，$\boldsymbol{n}$ の正の側の物体部分が負の側の物体部分に及ぼす力を単位面積あたり $\boldsymbol{p}_n$ とすると，応力は数量的に $\boldsymbol{p}_n$ で表わされることになる．$\boldsymbol{p}_n$ がすなわち**応力ベクトル**である．このとき，$\boldsymbol{n}$ の負の側の物体部分が正の側の物体部分に及ぼす力は $\boldsymbol{p}_{-n}$ で与えられる．（負の側に立てたSの法線ベクトルは $-\boldsymbol{n}$ であるから．）作用・反作用の法則により，$\boldsymbol{p}_{-n}=-\boldsymbol{p}_n$ である．

さて，‘力が働く’ということは‘運動量が注入される’ということである．したがって，‘面を通して力が働く’というのは，‘面を通って運動量が流れている’ということである．そこで，物体が緊張状態にある，あるいは応力のかかった状態にあるというのは，つまり，物体の内部に‘運動量の流れ’があることを意味するのである．応力ベクトル $\boldsymbol{p}_n$ は，法線ベクトル $\boldsymbol{n}$ の面Sを通して $\boldsymbol{n}$ の正の側から負の側に単位面積，単位時間あたりに流れる運動量を表わしている．こう考えると，$\boldsymbol{p}_{-n}=-\boldsymbol{p}_n$ であることは明らかであろう．（つまり，作用・反作用の法則をもち出すまでもなく，運動量保存の法則からただちにこの等式が得られる．）

一般に，応力ベクトル $\boldsymbol{p}_n$ は物体内部の各点ごとに定義される物理量であるが，点を指定しても，面Sのとり方，つまり法線ベクトル $\boldsymbol{n}$ によっても変化する．すなわち $\boldsymbol{p}_n$ は $\boldsymbol{n}$ の関数である．（そのため，$\boldsymbol{p}_n$ の代わりに $\boldsymbol{p}(\boldsymbol{n})$ という記法を使うこともある．）その関数関係を調べよう．

いま，物体の内部に任意に点Pをとり，Pをとり囲む閉曲面Sを考える．Sの内部の領域をVとする．領域Vについて運動量保存の法則を考えると，

$$\frac{\partial}{\partial t}\iiint_{\mathrm{V}}\rho\boldsymbol{v}\,dV=-\iint_{\mathrm{S}}\rho\boldsymbol{v}v_n dS+\iint_{\mathrm{S}}\boldsymbol{p}_n dS+\iiint_{\mathrm{V}}\rho\boldsymbol{K}dV \qquad (2.1)$$

の関係が得られる．ρ は物体の密度，$\boldsymbol{v}$ は物体の各点が動く速度，$\boldsymbol{K}$ は物体の単位質量あたりに働く外力である．右辺の第1項はSを通って流入する運動量（物体に含まれている運動量が物体にたずさえられて運ばれる），第2項は応力に相当する運動量の流入を表わす．また，第3項は外力が働くことに

よって運動量が注入されることを表わしている．(6.10.10)によれば，(2.1)は

$$\iiint_V \rho \frac{D\boldsymbol{v}}{Dt}\, dV = \iint_S \boldsymbol{p}_n dS + \iiint_V \rho \boldsymbol{K} dV \tag{2.2}$$

と書きかえられる．

(2.2)は任意の閉曲面Sとそれの囲む領域Vについて成り立つことに注意してほしい．さて，いま，領域Vの形を一定に保ったまま，その大きさを縮めていくとする．代表的な長さのスケールを l とすると，Vの体積およびSの面積はそれぞれ l^3, l^2 に比例して小さくなるだろう．$\rho D\boldsymbol{v}/Dt$, $\boldsymbol{p}_n$, $\rho\boldsymbol{K}$ は有限の値をもつものと仮定すると，(2.2)は

$$\iint_S \boldsymbol{p}_n dS = O(l^3), \quad l \to 0 \tag{2.3}$$

を与えることがわかる．すなわち，高次の無限小を無視すれば，微小な任意の閉曲面Sについて，$\iint_S \boldsymbol{p}_n dS = 0$ が成り立つのである．そこで，とくにSとして，点Pを頂点とする4面体PABC（ただし，$\overrightarrow{\mathrm{PA}}$，$\overrightarrow{\mathrm{PB}}$，$\overrightarrow{\mathrm{PC}}$ はそれぞれ x 軸, y 軸, z 軸に平行）をとると，(2.3)は

$$\boldsymbol{p}_n \varDelta S + \boldsymbol{p}_{-x} \varDelta S_x + \boldsymbol{p}_{-y} \varDelta S_y + \boldsymbol{p}_{-z} \varDelta S_z = O(l^3) \tag{2.4}$$

となる．ただし，$\varDelta S = \triangle\mathrm{ABC}$, $\varDelta S_x = \triangle\mathrm{PBC}$, $\varDelta S_y = \triangle\mathrm{PCA}$, $\varDelta S_z = \triangle\mathrm{PAB}$ である．$\varDelta S_x$, $\varDelta S_y$, $\varDelta S_z$ は $\varDelta S$ の x, y, z 軸方向の射影であるから，

$$(\varDelta S_x, \varDelta S_y, \varDelta S_z) = \boldsymbol{n}\, \varDelta S. \tag{2.5}$$

(2.5)を(2.4)に代入して，両辺を $\varDelta S$ で割り，$\varDelta S = O(l^2)$ に注意して $l \to 0$ の極限をとると

$$\boldsymbol{p}_n = \boldsymbol{p}_x n_x + \boldsymbol{p}_y n_y + \boldsymbol{p}_z n_z \tag{2.6}$$

が得られる．ただし $\boldsymbol{p}_{-n} = -\boldsymbol{p}_n$ の関係を使う．（$\boldsymbol{n}$ として x, y, z 軸方向の単位ベクトルをとると，$\boldsymbol{p}_{-x} = -\boldsymbol{p}_x$, $\boldsymbol{p}_{-y} = -\boldsymbol{p}_y$, $\boldsymbol{p}_{-z} = -\boldsymbol{p}_z$ の関係が得られる．） x, y, z 軸を決めておけば3つの応力ベクトル $\boldsymbol{p}_x$, $\boldsymbol{p}_y$, $\boldsymbol{p}_z$ は一定のベクトルであるから，(2.6)によって，任意の $\boldsymbol{n}$ に対する応力ベクトル $\boldsymbol{p}_n$ は $\boldsymbol{n}(n_x, n_y, n_z)$ の1次式として表わされる．すなわち，(2.6)は $\boldsymbol{p}_n$ を $\boldsymbol{n}$ の関数として与えるのである．

(2.6)はベクトル $\boldsymbol{p}_n$ に対する関係式であるから，これをベクトルの x, y, z 成分についての関係式として表わすことができる．それには2通りの方式が

ある．

（i）p_{in} **方式**　$\boldsymbol{p}_n$ の x, y, z 成分を

$$\boldsymbol{p}_n = (p_{xn}, p_{yn}, p_{zn}) \tag{2.7}$$

で表わすと，

$$\left.\begin{aligned} \boldsymbol{p}_x &= (p_{xx}, p_{yx}, p_{zx}), \\ \boldsymbol{p}_y &= (p_{xy}, p_{yy}, p_{zy}), \\ \boldsymbol{p}_z &= (p_{xz}, p_{yz}, p_{zz}) \end{aligned}\right\} \tag{2.8}$$

である．そして(2.6)は

$$\begin{bmatrix} p_{xn} \\ p_{yn} \\ p_{zn} \end{bmatrix} = \begin{bmatrix} p_{xx} & p_{xy} & p_{xz} \\ p_{yx} & p_{yy} & p_{yz} \\ p_{zx} & p_{zy} & p_{zz} \end{bmatrix} \cdot \begin{bmatrix} n_x \\ n_y \\ n_z \end{bmatrix} \tag{2.9}$$

のように行列の積の形に表わすことができる．これはまた簡単に

$$\boldsymbol{p}_n = \mathsf{P}\cdot\boldsymbol{n} \tag{2.10}$$

と表わすこともできる．P は(2.9)の右辺に現われる行列である．

添字記号を使うと，(2.7),(2.8)はそれぞれ

$$\boldsymbol{p}_n = p_{in}, \quad \boldsymbol{p}_k = p_{ik} \tag{2.11}$$

$(i, k = 1, 2, 3)$ となり，(2.10)は

$$p_{in} = p_{ik} n_k \tag{2.12}$$

となる．そして P は p_{ik} を成分とする行列である．(2.10)のように，(ベクトル)＝(行列)×(ベクトル)の等式が成り立つばあい，その行列は **テンソル** を表わすという．いまのばあい，P は応力ベクトル $\boldsymbol{p}_n$ に対応する **応力テンソル** とよばれる．そして p_{ik} はその成分である．$\boldsymbol{p}_n$ の定義により，p_{ik} は k 軸に垂直な面に働く応力の i 成分である．すなわち，p_{ik} の第2の添字は応力を考える面の方向を表わし，第1の添字は力の方向を示すのである．応力テンソルのこのような表わし方を p_{in} **方式** とよぶことにしよう．

（ii）p_{ni} **方式**　$\boldsymbol{p}_n$ の x, y, z 成分を

$$\boldsymbol{p}_n = (p_{nx}, p_{ny}, p_{nz}) \tag{2.13}$$

で表わすと，(2.6)は

$$\begin{bmatrix} p_{nx} \\ p_{ny} \\ p_{nz} \end{bmatrix} = \begin{bmatrix} p_{xx} & p_{yx} & p_{zx} \\ p_{xy} & p_{yy} & p_{zy} \\ p_{xz} & p_{yz} & p_{zz} \end{bmatrix} \cdot \begin{bmatrix} n_x \\ n_y \\ n_z \end{bmatrix} \tag{2.14}$$

と書き表わせる．そして，これは

$$\boldsymbol{p}_n = \tilde{\mathsf{P}} \cdot \boldsymbol{n} \tag{2.15}$$

のように略記することができる．ただし，$\tilde{\mathsf{P}}$ は

$$\mathsf{P} = \begin{bmatrix} p_{xx} & p_{xy} & p_{xz} \\ p_{yx} & p_{yy} & p_{yz} \\ p_{zx} & p_{zy} & p_{zz} \end{bmatrix} \tag{2.16}$$

の行と列を入れかえた行列，すなわち **転置行列** である．$\boldsymbol{p}_n, \boldsymbol{n}$ がベクトルであって，(2.15)の関係が成り立つことから，$\tilde{\mathsf{P}}$ はテンソル，したがって P はテンソルである．実際，この P は p_{in} 方式で応力テンソルと名づけたものである．このばあい，添字記号で表わせば，(2.15)は

$$p_{ni} = p_{ki} n_k \tag{2.17}$$

となる．この表わし方では p_{ik} の第1の添字は応力を考える面の方向を示し，第2の添字は力の方向を示すことになる．応力テンソルのこのような表わし方を **p_{ni} 方式** とよぶことにしよう．

(iii) p_{in} 方式と p_{ni} 方式の比較　この2つの方式には本質的な違いはない．実際，現行の連続体力学の本を見ても，その使われ方は本によって異なっている．どちらかといえば，p_{ni} 方式によるものが多いようである．（実は筆者自身は p_{ni} 方式を使っている．）その理由は，応力テンソルを考えるとき，まずどの面に働く応力であるかを考え，つぎにその力の方向を考えるという点で，p_{ik} の第1の添字によって面の方向を，第2の添字によって力の方向を示すのが自然であると思われるからであろう．しかし，応力ベクトル $\boldsymbol{p}_n$ を応力テンソル $\mathsf{P}(p_{ik})$ で表わすとき，p_{in} 方式による(2.12)の方が，p_{ni} 方式による(2.17)より見やすい感じがする．この点で p_{in} 方式の方が p_{ni} 方式よりすぐれているとも考えられる．

実は，ふつう連続体力学では応力テンソルは **対称テンソル**，つまり $p_{ik} = p_{ki}$ の関係が成り立っている．したがって，(2.17)は

$$p_{ni} = p_{ki} n_k = p_{ik} n_k \tag{2.18}$$

となり，(2.12)と同じ形の等式が成り立つ．すなわち，p_{in} 方式と p_{ni} 方式の違いは表面的には現われないのである．

さて，応力テンソルが対称テンソルであるという根拠はなにか？　それは，物体に働く外力にある種の仮定をおいた上で，角運動量保存の法則を適用し

て得られたものである．一般に，応力テンソルは必ずしも対称テンソルとはいえないのである．電磁運動量の流れを表わす Maxwell 応力については，その応力ベクトルは

$$\boldsymbol{T}_n = \boldsymbol{E}D_n + \boldsymbol{H}B_n - U^{(em)}\boldsymbol{n}, \tag{2.19}$$

$$U^{(em)} = \frac{1}{2}(\boldsymbol{E}\cdot\boldsymbol{D}+\boldsymbol{H}\cdot\boldsymbol{B}) \tag{2.20}$$

で与えられる．p_{in} 方式では(2.19)は

$$T_{in} = E_i D_n + H_i B_n - U^{(em)} n_i \tag{2.21}$$

となり，

$$D_n = D_k n_k, \quad B_n = B_k n_k, \quad n_i = \delta_{ik} n_k$$

に注意すれば，(2.21)は

$$T_{in} = T_{ik} n_k, \tag{2.22}$$

$$T_{ik} = E_i D_k + H_i B_k - U^{(em)}\delta_{ik} \tag{2.23}$$

と書き表わされる．これはすでにおなじみの Maxwell 応力テンソルの表式である．つまり，これまでわれわれは p_{in} 方式を(それとは言わず)使っていたわけである．もし，$\boldsymbol{D} = \varepsilon\boldsymbol{E}$, $\boldsymbol{B} = \mu\boldsymbol{H}$ の関係が成り立つならば，(2.23)で定義される T_{ik} は対称テンソルであるが，物質によってはその仮定は必ずしも許されるとは限らない．そこで，今後，任意の物質中での電磁場のとり扱いには p_{in} 方式を採用することを言明しておこう．

なお，“応力は面を横切る運動量の流れである”という表現について一言注意しておく．面を横切って物体が運動するばあい，物体の内蔵する運動量は物体とともにその面を通過する．それ以外にも‘物体の運動に伴わない’運動量の流れがあり得る．それがつまり応力だというのである．熱の流れになぞらえると，前者は‘対流的’な熱の移動，後者は‘伝導的’な熱の移動に相当する．

§3.　電磁角運動量の消滅

第6章では，物体に働く電磁力，とくに物体の各部分に働く電磁力を新しい理論構成にもとづいて考察した．ここでは同様のとり扱いを物体に働く電磁力のモーメントについて行なってみよう．

まず，空間に固定した任意の閉曲面 S の内部の領域 V に含まれる電磁運動

量の，原点に関するモーメントの時間的変化を考えよう．領域 V には物質が含まれているとする．いま

$$\tilde{\boldsymbol{N}}=\iint_{\mathrm{S}}\boldsymbol{r}\times\boldsymbol{T}_n\,dS-\frac{\partial}{\partial t}\iiint_{\mathrm{V}}\boldsymbol{r}\times\boldsymbol{g}\,dV \tag{3.1}$$

を考える．$\boldsymbol{T}_n$ は Maxwell 応力で(2.19)で与えられる．また $\boldsymbol{g}$ は **電磁運動量密度** で

$$\boldsymbol{g}=\boldsymbol{D}\times\boldsymbol{B} \tag{3.2}$$

である．もちろん，$\boldsymbol{E}$ は電場，$\boldsymbol{H}$ は磁場，$\boldsymbol{D}$ は電束密度，$\boldsymbol{B}$ は磁束密度で，(2.20)の $U^{(em)}$ は **電磁エネルギー密度** である．

(3.1)の右辺第 1 項は，閉曲面 S を通って流入する電磁運動量の，原点に関するモーメントを表わし，第 2 項の $\partial/\partial t\cdots$ は，領域 V に貯えられる電磁運動量の，原点に関するモーメントの増加を表わす．したがって，$\tilde{\boldsymbol{N}}$ は領域 V の内部で単位時間あたりに消滅する電磁運動量のモーメント，すなわち **電磁角運動量**(原点に関する)を与える．

$\tilde{\boldsymbol{N}}$ の表式はつぎのように変形することができる．まず

$$\begin{aligned}\iint_{\mathrm{S}}\boldsymbol{r}\times\boldsymbol{T}_n\,dS&=\iint_{\mathrm{S}}\varepsilon_{ijk}x_jT_{kn}\,dS\\&=\iint_{\mathrm{S}}\varepsilon_{ijk}x_jT_{kp}n_p\,dS\quad\because\ (2.22)\\&=\iiint_{\mathrm{V}}\varepsilon_{ijk}\partial_p(x_jT_{kp})dV\quad\because\ \text{Green の公式}\\&=\iiint_{\mathrm{V}}\varepsilon_{ijk}(x_j\partial_pT_{kp}+\delta_{pj}T_{kp})dV\quad\because\ \partial_px_j=\delta_{pj}\\&=\iiint_{\mathrm{V}}\boldsymbol{r}\times\partial_pT_{ip}\,dV+\iiint_{\mathrm{V}}\varepsilon_{ijk}T_{kj}\,dV.\end{aligned} \tag{3.3}$$

つぎに

$$\frac{\partial}{\partial t}\iiint_{\mathrm{V}}\boldsymbol{r}\times\boldsymbol{g}\,dV=\iiint_{\mathrm{V}}\boldsymbol{r}\times\dot{\boldsymbol{g}}\,dV.$$

$$\therefore\quad\tilde{\boldsymbol{N}}=\iiint_{\mathrm{V}}\boldsymbol{r}\times(\partial_pT_{ip}-\dot{\boldsymbol{g}})dV+\iiint_{\mathrm{V}}\varepsilon_{ijk}T_{kj}\,dV. \tag{3.4}$$

ただし，$\partial_i\equiv\partial/\partial x_i$，$\dot{}\equiv\partial/\partial t$ と略記する．

さて，(6.9.6)によれば

$$\boldsymbol{f}^{(em)}=\partial_pT_{ip}-\dot{\boldsymbol{g}} \tag{3.5}$$

は単位体積あたりの電磁運動量の消滅，すなわち **電磁力密度** である．また，

(2.23)により，

$$\varepsilon_{ijk}T_{kj} = \varepsilon_{ijk}(E_kD_j + H_kB_j - U^{(em)}\delta_{kj}) \qquad (3.6)$$
$$= \boldsymbol{D}\times\boldsymbol{E} + \boldsymbol{B}\times\boldsymbol{H}$$

である．ただし，$\varepsilon_{ijk}\delta_{kj} = \varepsilon_{ijj} = 0$ の関係を使う．したがって，(3.4)は

$$\tilde{\boldsymbol{N}} = \iiint_V \boldsymbol{N}^{(em)}dV \qquad (3.7)$$

の形に表わされる．ただし

$$\boldsymbol{N}^{(em)} = \boldsymbol{r}\times\boldsymbol{f}^{(em)} + \boldsymbol{D}\times\boldsymbol{E} + \boldsymbol{B}\times\boldsymbol{H} \qquad (3.8)$$

とおく．けっきょく，$\boldsymbol{N}^{(em)}$ は単位体積あたりの電磁角運動量の消滅を表わす．角運動量の保存を基本法則として採用すれば，この $\boldsymbol{N}^{(em)}$ は物質に働く**電磁力のモーメント**(原点に関する)の密度を意味することになる．

$\boldsymbol{f}^{(em)}$ が電磁力密度を表わすことを考えると，$\boldsymbol{N}^{(em)}$ の表式(3.8)の第1項は当然期待されるものである．しかし，第2項および第3項はむしろ予想外の項といえるだろう．これらは $\boldsymbol{r}$ に依存しないから，物質の各部分に‘内在的’な角運動量を提供するものとして興味がある．

電気分極 $\boldsymbol{P}$，磁気分極 $\boldsymbol{M}$ を使えば

$$\boldsymbol{D} = \varepsilon_0\boldsymbol{E} + \boldsymbol{P}, \quad \boldsymbol{B} = \mu_0\boldsymbol{H} + \boldsymbol{M} \qquad (3.9)$$

と表わされるから，

$$\boldsymbol{D}\times\boldsymbol{E} + \boldsymbol{B}\times\boldsymbol{H} = \boldsymbol{P}\times\boldsymbol{E} + \boldsymbol{M}\times\boldsymbol{H}. \qquad (3.10)$$

したがって，$\boldsymbol{N}^{(em)}$ は

$$\boldsymbol{N}^{(em)} = \boldsymbol{r}\times\boldsymbol{f}^{(em)} + \boldsymbol{P}\times\boldsymbol{E} + \boldsymbol{M}\times\boldsymbol{H} \qquad (3.11)$$

のようにも表わされる．等方性の物質では $\boldsymbol{P}/\!/\boldsymbol{E}$, $\boldsymbol{M}/\!/\boldsymbol{H}$ であるから，‘内在的’な電磁力モーメントは働かない．

なお，$\boldsymbol{f}^{(em)}$ の具体的な表式として

$$\boldsymbol{f}^{(em)} - (\rho\boldsymbol{E} + \boldsymbol{J}\times\boldsymbol{B})$$
$$= D_k\partial_iE_k + B_k\partial_iH_k - \partial_iU^{(em)} \qquad (3.12)$$
$$= -E_k\partial_iD_k - H_k\partial_iB_k + \partial_iU^{(em)} \qquad (3.13)$$
$$= P_k\partial_iE_k + M_k\partial_iH_k - \partial_iU^{(pol)} \qquad (3.14)$$

があることを注意しておこう．ただし

$$U^{(pol)} = \frac{1}{2}(\boldsymbol{P}\cdot\boldsymbol{E} + \boldsymbol{M}\cdot\boldsymbol{H}) \qquad (3.15)$$

は **分極エネルギー密度** である．(3.12), (3.13), (3.14)はそれぞれ(6.9.10), (6.9.11), (6.9.13)として与えたものである．

§4.　全角運動量の保存

角運動量の保存を要請すると，消滅した電磁角運動量はなにか他のかたちの角運動量に変換しなければならない．それがふつうの力学的な角運動量として再生するばあい，物体は電磁的な回転力，つまり電磁力のモーメントを受けるとわれわれは感じるのである．そこで，この点をはっきりさせるために，物体のもつ力学的な角運動量と電磁場のもつ電磁角運動量の総和について，保存の法則を数式的に表現してみよう．

前と同様，空間に固定した閉曲面 S の内部の領域 V について考える．物体の各点の速度を $\boldsymbol{v}$，密度を ρ とすれば

$$\frac{\partial}{\partial t}\iiint_{\mathrm{V}}\rho\boldsymbol{L}\,dV+\frac{\partial}{\partial t}\iiint_{\mathrm{V}}\boldsymbol{r}\times\boldsymbol{g}\,dV$$
$$=-\iint_{\mathrm{S}}\rho\boldsymbol{L}v_n\,dS+\iint_{\mathrm{S}}\boldsymbol{r}\times(\boldsymbol{p}_n+\boldsymbol{T}_n)dS$$
$$+\iint_{\mathrm{S}}\boldsymbol{c}_n\,dS+\iiint_{\mathrm{V}}(\boldsymbol{r}\times\boldsymbol{K}+\boldsymbol{G})\rho dV \tag{4.1}$$

が成り立つ．ここで $\boldsymbol{L}$ は物体の単位質量のもつ原点のまわりの角運動量であって，一般に

$$\boldsymbol{L}=\boldsymbol{r}\times\boldsymbol{v}+\boldsymbol{s} \tag{4.2}$$

の形に表わすことができる．すなわち，$\boldsymbol{r}\times\boldsymbol{v}$ は単位質量が速度 $\boldsymbol{v}$ で運動するとき原点のまわりにもつ角運動量を表わし，$\boldsymbol{s}$ は物体の各部分に含まれる内在的な角運動量，すなわち **内部角運動量**(単位質量あたりの)である．(たとえば強磁性物質の微粒子を液体中に懸濁させてつくった磁性流体では，微粒子の回転運動によって内部角運動量をもつ．物質を構成する原子・分子の角運動量——電子の軌道運動の角運動量のほかに電子自身およびその他の核子のスピン角運動量の総和——も内部角運動量に寄与する．) 左辺の第 1 項の積分は物体の力学的角運動量，左辺第 2 項の積分は V に含まれる電磁角運動量(原点のまわりの)である．右辺の第 1 項は物体の運動に伴う力学的角運動量の流入，第 2 項は力学的および電磁的な角運動量の流入(運動に伴わない，つまり応力としての)を表わす．第 3 項の $\boldsymbol{c}_n$ は内部角運動量の伝導的な流入

を表わすベクトルで，**回転応力ベクトル**とでもよぶべきものである．すなわち，応力ベクトル $\boldsymbol{p}_n$ が伝導的な運動量の流入を表わすのに対応する．最後の項は外力による角運動量の注入を表わす．とくに $\boldsymbol{G}$ は物体の各部分に単位質量あたりに与えられる角運動量（外的回転力）である．（実際どのような外的回転力があるかはちょっと考えにくいかも知れないが，一応ここでは考慮しておく．）

応力ベクトル $\boldsymbol{p}_n$ と同様，回転応力ベクトル $\boldsymbol{c}_n$ は

$$\boldsymbol{c}_n = \mathsf{C}\cdot\boldsymbol{n} \tag{4.3}$$

すなわち

$$c_{in} = c_{ik}n_k \tag{4.4}$$

のように表わされる．$\mathsf{C}(c_{ik})$ は**回転応力テンソル**である．

(4.1) は (3.1) と同様の方法で変形できる．まず

$$\iiint_V \rho\frac{D\boldsymbol{L}}{Dt}dV = \tilde{\boldsymbol{N}} + \iiint_V(\boldsymbol{r}\times K+\boldsymbol{G})\rho dV + \iint_S(\boldsymbol{r}\times\boldsymbol{p}_n+\boldsymbol{c}_n)dS. \tag{4.5}$$

つぎに

$$\begin{aligned}\iint_S(\boldsymbol{r}\times\boldsymbol{p}_n+\boldsymbol{c}_n)dS &= \iint_S(\boldsymbol{r}\times p_{ip}n_p+c_{ip}n_p)dS\\ &= \iint_S(\varepsilon_{ijk}x_jp_{kp}n_p+c_{ip}n_p)dS\\ &= \iiint_V\{\varepsilon_{ijk}\partial_p(x_jp_{kp})+\partial_pc_{ip}\}dV.\end{aligned}$$

ここで

$$\begin{aligned}\varepsilon_{ijk}\partial_p(x_jp_{kp}) &= \varepsilon_{ijk}(x_j\partial_pp_{kp}+\delta_{pj}p_{kp})\\ &= \varepsilon_{ijk}x_j\partial_pp_{kp}+\varepsilon_{ijk}p_{kj}.\end{aligned}$$

ところが，運動量保存の法則からすでに運動方程式(6.10.2)が導かれている．すなわち

$$\rho\frac{D\boldsymbol{v}}{Dt} = \frac{\partial p_{ik}}{\partial x_k}+\rho\boldsymbol{K}+\boldsymbol{f}^{(em)} \tag{4.6}$$

である．したがって

$$\varepsilon_{ijk}x_j\partial_p p_{kp} = \varepsilon_{ijk}x_j\left(\rho\frac{D\boldsymbol{v}}{Dt} - \rho\boldsymbol{K} - \boldsymbol{f}^{(em)}\right)_k$$
$$= \boldsymbol{r}\times\left(\rho\frac{D\boldsymbol{v}}{Dt} - \rho\boldsymbol{K} - \boldsymbol{f}^{(em)}\right).$$

これを代入すると，(4.5)は

$$\rho\frac{D\boldsymbol{L}}{Dt} = \boldsymbol{N}^{(em)} + \rho(\boldsymbol{r}\times\boldsymbol{K} + \boldsymbol{G}) + \boldsymbol{r}\times\left(\rho\frac{D\boldsymbol{v}}{Dt} - \rho\boldsymbol{K} - \boldsymbol{f}^{(em)}\right)$$
$$+ \varepsilon_{ijk}p_{kj} + \partial_k c_{ik}$$
$$= \rho\boldsymbol{r}\times\frac{D\boldsymbol{v}}{Dt} + \rho\boldsymbol{G} + \varepsilon_{ijk}p_{kj} + \partial_k c_{ik} + \boldsymbol{P}\times\boldsymbol{E} + \boldsymbol{M}\times\boldsymbol{H} \qquad (4.7)$$

を与える．ただし，(3.11)の関係を使う．さらに，(4.2)を代入して

$$\frac{D}{Dt}(\boldsymbol{r}\times\boldsymbol{v}) = \boldsymbol{r}\times\frac{D\boldsymbol{v}}{Dt} + \frac{D\boldsymbol{r}}{Dt}\times\boldsymbol{v}$$
$$= \boldsymbol{r}\times\frac{D\boldsymbol{v}}{Dt} + \boldsymbol{v}\times\boldsymbol{v} \qquad \because \quad \boldsymbol{v} = \frac{D\boldsymbol{r}}{Dt}$$
$$= \boldsymbol{r}\times\frac{D\boldsymbol{v}}{Dt} \qquad \because \quad \boldsymbol{v}\times\boldsymbol{v} = 0$$

を考慮すると，(4.7)は

$$\rho\frac{D\boldsymbol{s}}{Dt} = \rho\boldsymbol{G} + \varepsilon_{ijk}p_{kj} + \partial_k c_{ik} + \boldsymbol{P}\times\boldsymbol{E} + \boldsymbol{M}\times\boldsymbol{H} \qquad (4.8)$$

のように簡単化される．

けっきょく，全角運動量の保存の法則は，整理すれば，(4.8)のような美しい形にまとめられるのである．

§5.　運動方程式と角運動量方程式

運動方程式(4.6)が単位質量のもつ運動量 $\boldsymbol{v}$ の時間的変化を記述するのに対して，(4.8)は単位質量のもつ内部角運動量の時間的変化を記述するものである．そこで，これを **角運動量方程式** とよぶことにしよう．(正しくは‘内部角運動量方程式’とよぶべきであろうが，簡単のためこうよぶ．‘角運動量方程式’という名は，むしろ(4.7)式の方にふさわしいかも知れない．)

(4.6)，(4.8)は‘物体の立場’でその運動量と角運動量の時間的変化を考察する際の基礎方程式である．その際，電磁場は外的な作用と見なすのである．実際，両式の右辺に現われる $\boldsymbol{f}^{(em)}$，$\boldsymbol{P}\times\boldsymbol{E}+\boldsymbol{M}\times\boldsymbol{H}$ は物体に働く電磁力とし

て，直接に電磁場の作用を表わしている．これに反して p_{ik} は物体内部に働いている応力として，一見物質に固有の力学的性質のみに依存するように見える．しかし，その力学的物性も実は間接的に電磁場の影響を受けるのである．(第6章の§14で，流体の圧力 p が電磁場によって変化することを見てきたことを思いおこしてほしい．)

一般にテンソルは対称部分と逆対称部分に分解することができる．応力テンソル $\mathsf{P}(p_{ik})$ については

$$\mathsf{P} = \mathsf{P}^{(s)} + \mathsf{P}^{(a)}, \tag{5.1}$$

ただし

$$\mathsf{P}^{(s)} = \frac{1}{2}(\mathsf{P}+\tilde{\mathsf{P}}), \quad \mathsf{P}^{(a)} = \frac{1}{2}(\mathsf{P}-\tilde{\mathsf{P}}) \tag{5.2}$$

である．成分で表わすと，それぞれ

$$p_{ik} = p_{ik}{}^{(s)} + p_{ik}{}^{(a)}, \tag{5.3}$$

$$p_{ik}{}^{(s)} = \frac{1}{2}(p_{ik}+p_{ki}), \quad p_{ik}{}^{(a)} = \frac{1}{2}(p_{ik}-p_{ki}) \tag{5.4}$$

である．そして，もちろん

$$p_{ik}{}^{(s)} = p_{ki}{}^{(s)}, \quad p_{ik}{}^{(a)} = -p_{ki}{}^{(a)} \tag{5.5}$$

の関係が成り立つ．

さて，

$$\varepsilon_{ijk}p_{kj} = \varepsilon_{ijk}(p_{kj}{}^{(s)} + p_{kj}{}^{(a)}). \tag{5.6}$$

ところが

$$\begin{aligned} \varepsilon_{ijk}p_{kj}{}^{(s)} &= -\varepsilon_{ikj}p_{kj}{}^{(s)} & &\because \quad \varepsilon_{ijk} = -\varepsilon_{ikj} \\ &= -\varepsilon_{ijk}p_{jk}{}^{(s)} & &\because \quad j \rightleftarrows k \\ &= -\varepsilon_{ijk}p_{kj}{}^{(s)}. & &\because \quad (5.5) \end{aligned}$$

$$\therefore \quad \varepsilon_{ijk}p_{kj}{}^{(s)} = 0. \tag{5.7}$$

また，(5.5)により

$$\varepsilon_{ijk}p_{kj}{}^{(a)} = -\varepsilon_{ijk}p_{jk}{}^{(a)}$$

である．これは3階のテンソル ε_{ijk} と2階のテンソル $p_{jk}{}^{(a)}$ の積を添字 j, k について縮約したものとして，1階のテンソル すなわち ベクトル である．これを便宜上 $\boldsymbol{p}^{(a)}$ と書くことにしよう．すなわち，応力テンソル p_{ik} の逆対称部分から

$$p_i^{(a)} \stackrel{\text{def}}{=} -\varepsilon_{ijk} p_{jk}^{(a)} \tag{5.8}$$

によって新しいベクトル $\boldsymbol{p}^{(a)}$ を定義しよう．$i=1,2,3$ とおいて実際に計算すれば

$$\boldsymbol{p}^{(a)} = -2\,(p_{23}^{(a)},\ p_{31}^{(a)},\ p_{12}^{(a)}) \tag{5.9}$$

であることが容易に確かめられる．これはまた，逆に

$$p_{ij}^{(a)} = -\frac{1}{2}\varepsilon_{ijk} p_k^{(a)} \tag{5.10}$$

と表わすことができる．

つぎに

$$\begin{aligned} \partial_k p_{ik} &= \partial_k (p_{ik}^{(s)} + p_{ik}^{(a)}) \\ &= \partial_k p_{ik}^{(s)} - (1/2)\varepsilon_{ikj}\partial_k p_j^{(a)} \qquad \because \quad (5.10) \\ &= \partial_k p_{ik}^{(s)} - (1/2)\,\mathrm{rot}\,\boldsymbol{p}^{(a)}. \end{aligned} \tag{5.11}$$

これを(4.6)に代入すれば

$$\rho\frac{D\boldsymbol{v}}{Dt} = \rho\boldsymbol{K} + \frac{\partial p_{ik}^{(s)}}{\partial x_k} - \frac{1}{2}\,\mathrm{rot}\,\boldsymbol{p}^{(a)} + \boldsymbol{f}^{(em)} \tag{5.12}$$

が得られる．また，(5.7)，(5.8)を(4.8)に代入すれば

$$\rho\frac{D\boldsymbol{s}}{Dt} = \rho\boldsymbol{G} + \boldsymbol{p}^{(a)} + \boldsymbol{P}\times\boldsymbol{E} + \boldsymbol{M}\times\boldsymbol{H} + \partial_k c_{ik} \tag{5.13}$$

が得られる．これらはそれぞれ流体や弾性体などの連続物体の運動方程式および角運動量方程式である．物体が静止しているばあいには，これらの方程式の左辺は0である．このばあい，(5.12)，(5.13)は **つりあいの方程式** となる．運動方程式についてとくに注意すべきことは，応力テンソルが対称テンソルでないばあいには rot $\boldsymbol{p}^{(a)}$ の項が現われることである．

Q　連続物体のつりあい，あるいは運動状態は(5.12)と(5.13)だけできまるのでしょうか？

A　もちろんこれだけでは足りません．$p_{ik}^{(s)}$，$\boldsymbol{p}^{(a)}$, c_{ik} を物体各部の変位あるいは速度と結びつける関係式，すなわち **構成方程式**，と連立させてはじめて解くことができます．その構成方程式は個々の物質によって異なります．ここではその議論に立ち入ることはやめておきます．

N　内部角運動量の存在しないばあいには $\boldsymbol{s}=0$ で，その伝導的な流れ，すなわ

ち回転応力テンソル c_{ik} も 0 である．また，ふつう外的な回転力 $\boldsymbol{G}$ も 0 である．したがって(5.13)は

$$\boldsymbol{p}^{(a)} = -(\boldsymbol{P}\times\boldsymbol{E}+\boldsymbol{M}\times\boldsymbol{H}) \tag{5.14}$$

を与える．電磁場の存在しないばあいには $\boldsymbol{p}^{(a)}=0$，したがって応力テンソルが対称テンソルであることがわかる．ふつうの連続体力学ではこのばあいをとり扱っているのである．電磁場が存在するばあいでも，等方性の物質では $\boldsymbol{P}/\!/\boldsymbol{E}, \boldsymbol{M}/\!/\boldsymbol{H}$ であるから，$\boldsymbol{p}^{(a)}=0$ がやはり成り立つ．

§6.　連続物体のエネルギー方程式

運動量や角運動量と同様，エネルギーについても，領域 V に含まれる電磁エネルギーと物質のもつエネルギーの総和について保存法則を考えると，物体に対するエネルギー方程式が得られる．実はこのような考察は，すでに第 6 章の §13 で行なった．ただ，そこでは物体が内部角運動量をもたないという前提のもとで議論がなされている．ここでは，内部角運動量の効果をとり入れて一般的に議論しよう．

このばあい，(6.13.1)は一般化されて

$$\begin{aligned}&\frac{\partial}{\partial t}\iiint_{\mathrm{V}}\left\{\frac{\rho}{2}(v^2+I\Omega^2)+\rho U+U^{(em)}\right\}dV\\&=-\iint_{\mathrm{S}}\left\{\frac{1}{2}(v^2+I\Omega^2)+U\right\}\rho v_n dS+\iint_{\mathrm{S}}\boldsymbol{p}_n\cdot\boldsymbol{v}\,dS\\&\quad+\iint_{\mathrm{S}}\boldsymbol{c}_n\cdot\boldsymbol{\Omega}\,dS+\iiint_{\mathrm{V}}\rho\boldsymbol{K}\cdot\boldsymbol{v}\,dV+\iiint_{\mathrm{V}}\rho\boldsymbol{G}\cdot\boldsymbol{\Omega}\,dV\\&\quad-\iint_{\mathrm{S}}S_n\,dS+\delta\tilde{Q}\end{aligned} \tag{6.1}$$

となる．ただし，内部角運動量 $\boldsymbol{s}$ は

$$\boldsymbol{s}=I\,\boldsymbol{\Omega} \tag{6.2}$$

のように，**角速度** $\boldsymbol{\Omega}$ で回転する**慣性モーメント** I の**球状微粒子**によるものと仮定する．したがって，$(1/2)\rho I\Omega^2$ は内部回転による(単位体積あたりの)運動エネルギーである．U は物質の（単位質量あたりの）**内部エネルギー**，また $\delta\tilde{Q}$ は外部から導入される熱量である．

積分形で表わされたエネルギー保存の法則(6.1)を微分形で表わすことが当面の目的である．

まず，(6.10.10)の関係式で $A=(1/2)(v^2+I\Omega^2)+U$ とおけば，ただちに

$$\frac{\partial}{\partial t}\iiint_{\mathrm{V}}\left\{\frac{\rho}{2}(v^2+I\Omega^2)+\rho U\right\}dV+\iint_{\mathrm{S}}\left\{\frac{1}{2}(v^2+I\Omega^2)+U\right\}\rho v_n dS$$
$$=\iiint_{\mathrm{V}}\rho\frac{D}{Dt}\left\{\frac{1}{2}(v^2+I\Omega^2)+U\right\}dV \tag{6.3}$$

が得られる．

また，(6.12.1)，(6.12.3)，(6.12.6)により，

$$\frac{\partial}{\partial t}\iiint_{\mathrm{V}}U^{(em)}dV+\iint_{\mathrm{S}}S_n\,dS=-\iiint_{\mathrm{V}}W^{(em)}dV, \tag{6.4}$$

$$W^{(em)}=\boldsymbol{J}\cdot\boldsymbol{E}+\boldsymbol{E}\cdot\dot{\boldsymbol{D}}+\boldsymbol{H}\cdot\dot{\boldsymbol{B}}-\dot{U}^{(em)} \tag{6.5}$$

である．

つぎに

$$\iint_{\mathrm{S}}\boldsymbol{p}_n\cdot\boldsymbol{v}\,dS=\iint_{\mathrm{S}}p_{ik}n_k v_i\,dS$$
$$=\iiint_{\mathrm{V}}\partial_k(p_{ik}v_i)dV \qquad \because\ \text{Green の定理}$$
$$=\iiint_{\mathrm{V}}(v_i\partial_k p_{ik}+p_{ik}\partial_k v_i)dV.$$

したがって

$$\iint_{\mathrm{S}}\boldsymbol{p}_n\cdot\boldsymbol{v}\,dS+\iiint_{\mathrm{V}}\rho\boldsymbol{K}\cdot\boldsymbol{v}\,dV$$
$$=\iiint_{\mathrm{V}}\{(\rho K_i+\partial_k p_{ik})v_i+p_{ik}\partial_k v_i\}dV$$
$$=\iiint_{\mathrm{V}}\left\{\left(\rho\frac{Dv_i}{Dt}-f_i^{(em)}\right)v_i+p_{ik}\partial_k v_i\right\}dV \tag{6.6}$$

が得られる．ただし，(4.6)を使う．

同様の計算で

$$\iint_{\mathrm{S}}\boldsymbol{c}_n\cdot\boldsymbol{\Omega}\,dS+\iiint_{\mathrm{V}}\rho\boldsymbol{G}\cdot\boldsymbol{\Omega}\,dV$$
$$=\iiint_{\mathrm{V}}\{(\rho G_i+\partial_k c_{ik})\Omega_i+c_{ik}\partial_k\Omega_i\}dV$$
$$=\iiint_{\mathrm{V}}\left\{\left(\rho\frac{Ds_i}{Dt}-\varepsilon_{ijk}p_{kj}-\boldsymbol{P}\times\boldsymbol{E}-\boldsymbol{M}\times\boldsymbol{H}\right)\Omega_i+c_{ik}\partial_k\Omega_i\right\}dV \tag{6.7}$$

が得られる．ただし，(4.8)を使う．

(6.4)，(6.6)，(6.7)を(6.1)に代入して整理すると

$$\iiint_V \left\{ \rho \frac{DU}{Dt} - \frac{D}{Dt} U^{(em)} + \boldsymbol{D} \cdot \frac{D}{Dt} \boldsymbol{E} + \boldsymbol{B} \cdot \frac{D}{Dt} \boldsymbol{H} - \boldsymbol{j} \cdot (\boldsymbol{E} + \boldsymbol{v} \times \boldsymbol{B}) + \boldsymbol{\Omega} \cdot (\boldsymbol{p}^{(a)} + \boldsymbol{P} \times \boldsymbol{E} + \boldsymbol{M} \times \boldsymbol{H}) - p_{ik} \partial_k v_i - c_{ik} \partial_k \Omega_i \right\} dV = \delta \tilde{Q} \tag{6.8}$$

となる．ただし

$$\boldsymbol{J} = \boldsymbol{j} + \rho_e \boldsymbol{v}, \tag{6.9}$$

$$W^{(em)} - \boldsymbol{f}^{(em)} \cdot \boldsymbol{v} = \boldsymbol{j} \cdot (\boldsymbol{E} + \boldsymbol{v} \times \boldsymbol{B}) - \boldsymbol{D} \cdot \frac{D}{Dt} \boldsymbol{E} - \boldsymbol{B} \cdot \frac{D}{Dt} \boldsymbol{H} + \frac{D}{Dt} U^{(em)}, \tag{6.10}$$

$$\boldsymbol{p}^{(a)} = -\varepsilon_{ijk} p_{jk}^{(a)} = -\varepsilon_{ijk} p_{jk} \tag{6.11}$$

および(6.2)の関係を使う．(6.9), (6.10)はそれぞれ (6.13.4), (6.13.6)である．また，(6.11) は (5.8)である．

領域 V が任意であることを考慮すれば，(6.8)からただちに

$$\rho \frac{DU}{Dt} = \frac{D}{Dt} U^{(em)} - \boldsymbol{D} \cdot \frac{D}{Dt} \boldsymbol{E} - \boldsymbol{B} \cdot \frac{D}{Dt} \boldsymbol{H} + \boldsymbol{j} \cdot (\boldsymbol{E} + \boldsymbol{v} \times \boldsymbol{B}) - \boldsymbol{\Omega} \cdot (\boldsymbol{p}^{(a)} + \boldsymbol{P} \times \boldsymbol{E} + \boldsymbol{M} \times \boldsymbol{H}) + p_{ik} \partial_k v_i + c_{ik} \partial_k \Omega_i + \delta Q \tag{6.12}$$

が得られる．これがすなわち，**連続物体のエネルギー方程式** である．δQ はもちろん，外部から導入される(単位体積，単位時間あたりの)熱量を表わす．

(6.12)はもうすこし違った形に表わすことができる．まず，$\boldsymbol{P} = \boldsymbol{D} - \varepsilon_0 \boldsymbol{E}$ であるから，$\boldsymbol{P} \times \boldsymbol{E} = \boldsymbol{D} \times \boldsymbol{E}$．したがって

$$\boldsymbol{\Omega} \cdot (\boldsymbol{P} \times \boldsymbol{E}) = \boldsymbol{\Omega} \cdot (\boldsymbol{D} \times \boldsymbol{E}) = -\boldsymbol{D} \cdot (\boldsymbol{\Omega} \times \boldsymbol{E}).$$

$$\therefore \quad \boldsymbol{D} \cdot \frac{D}{Dt} \boldsymbol{E} + \boldsymbol{\Omega} \cdot (\boldsymbol{P} \times \boldsymbol{E}) = \boldsymbol{D} \cdot \left(\frac{D}{Dt} \boldsymbol{E} - \boldsymbol{\Omega} \times \boldsymbol{E} \right).$$

そこで，ベクトル量 $\boldsymbol{A}$ に対する時間微分の演算子 D^*/Dt を

$$\frac{D^*}{Dt} \boldsymbol{A} \overset{\text{def}}{=} \frac{D}{Dt} \boldsymbol{A} - \boldsymbol{\Omega} \times \boldsymbol{A} \tag{6.13}$$

で導入すれば，上の式は簡単に $\boldsymbol{D} \cdot D^* \boldsymbol{E}/Dt$ のように表わされることになる．

“D/Dt は並進運動する‘物質粒子’に相対的な時間的変化を表わす”

のに対して

“D^*/Dt は自転しながら並進運動する‘物質粒子’に相対的な時間的変化

　を表わす”

のである．

$\boldsymbol{H}$ を含む項についても同様の変形ができる．

つぎに，p_{ik} と $\partial_k v_i$ を対称部分と逆対称部分に分解する．

$$p_{ik} = p_{ik}{}^{(s)} + p_{ik}{}^{(a)}, \tag{6.14}$$

$$\partial_k v_i = e_{ik} + \omega_{ik}. \tag{6.15}$$

ただし，(6.14) は (5.3) である．また

$$e_{ik} = \frac{1}{2}\left(\frac{\partial v_i}{\partial x_k} + \frac{\partial v_k}{\partial x_i}\right), \quad \omega_{ik} = \frac{1}{2}\left(\frac{\partial v_i}{\partial x_k} - \frac{\partial v_k}{\partial x_i}\right) \tag{6.16}$$

とする．ω_{ik} は **渦度** $\boldsymbol{\omega} = \mathrm{rot}\,\boldsymbol{v}$ を使って，つぎのように表わされる．

$$\omega_{ij} = -\frac{1}{2}\varepsilon_{ijk}\omega_k, \quad \omega_i = -\varepsilon_{ijk}\omega_{jk}. \tag{6.17}$$

e_{ik} は **変形速度テンソル** とよばれる．

さて

$$p_{ik}\partial_k v_i = (p_{ik}{}^{(s)} + p_{ik}{}^{(a)})(e_{ik} + \omega_{ik}) = p_{ik}{}^{(s)} e_{ik} + p_{ik}{}^{(a)}\omega_{ik}.$$

ところが

$$\begin{aligned} p_{ik}{}^{(a)}\omega_{ik} &= -\frac{1}{2}\varepsilon_{ikj} p_{ik}{}^{(a)}\omega_j \qquad \because \ (6.17) \\ &= (1/2) p_j{}^{(a)}\omega_j = (1/2)\,\boldsymbol{p}^{(a)}\cdot\boldsymbol{\omega}. \quad \because \ (6.11) \end{aligned}$$

したがって

$$p_{ik}\partial_k v_i = (1/2)\,\boldsymbol{p}^{(a)}\cdot\boldsymbol{\omega} + p_{ik}{}^{(s)} e_{ik} \tag{6.18}$$

である．けっきょく，(6.12) は

$$\begin{aligned} \rho\frac{DU}{Dt} = \frac{D}{Dt}U^{(em)} - \boldsymbol{D}\cdot\frac{D^*}{Dt}\boldsymbol{E} - \boldsymbol{B}\cdot\frac{D^*}{Dt}\boldsymbol{H} + \boldsymbol{j}\cdot(\boldsymbol{E} + \boldsymbol{v}\times\boldsymbol{B}) \\ - \boldsymbol{p}^{(a)}\cdot(\boldsymbol{\Omega} - \boldsymbol{\omega}/2) + p_{ik}{}^{(s)} e_{ik} + c_{ik}\partial_k\Omega_i + \delta Q \end{aligned} \tag{6.19}$$

と書き表わされる．これが任意の連続物体に対する **エネルギー方程式** である．

§7.　流体のエネルギー方程式

連続物体の特別なばあいとして流体を考えると，エネルギー方程式(6.19) はもうすこし簡単になる．流体のばあいには，応力 p_{ik} は

$$p_{ik} = -p\delta_{ik} + \tau_{ik} \tag{7.1}$$

のように，圧力 p と粘性応力 τ_{ik} の 2 つの部分に分解される．前者は流体の速度には依存せず，後者は速度勾配 $\partial_k v_i$ の関数である．さらに，一般に τ_{ik} は対称部分と逆対称部分に分解される．その逆対称部分は前節の $\boldsymbol{p}^{(a)}$ で表わされる．そこで，(7.1)の対称部分に着目して，改めて

$$p_{ik}{}^{(s)} = -p\delta_{ik} + \tau_{ik} \tag{7.2}$$

と書くことにすれば，τ_{ik} も対称テンソルになる．

さて

$$p_{ik}{}^{(s)}e_{ik} = -pe_{ik}\delta_{ik} + \tau_{ik}e_{ik} = -pe_{kk} + \tau_{ik}e_{ik}.$$

ここで

$$e_{kk} = (1/2)(\partial_k v_k + \partial_k v_k) = \partial_k v_k = \mathrm{div}\ \boldsymbol{v} \tag{7.3}$$

と表わされる．ところが，(6.10.7)により，

$$\frac{D\rho}{Dt} + \rho\,\mathrm{div}\ \boldsymbol{v} = 0. \tag{7.4}$$

すなわち **連続の方程式** が成り立つから，けっきょく

$$p_{ik}{}^{(s)}e_{ik} = \frac{p}{\rho}\frac{D\rho}{Dt} + \tau_{ik}e_{ik}$$

となる．これを(6.19)に代入すると

$$\rho\frac{DU}{Dt} = \frac{D}{Dt}U^{(em)} - \boldsymbol{D}\cdot\frac{D^*}{Dt}\boldsymbol{E} - \boldsymbol{B}\cdot\frac{D^*}{Dt}\boldsymbol{H} + \frac{p}{\rho}\frac{D\rho}{Dt} + Q \tag{7.5}$$

の形に書ける．ただし

$$Q = Q_J + Q_{sr} + Q_v + Q_{vs} + Q_{ex}, \tag{7.6}$$

$$Q_J = \boldsymbol{j}\cdot(\boldsymbol{E} + \boldsymbol{v}\times\boldsymbol{B}), \tag{7.7}$$

$$Q_{sr} = -\boldsymbol{p}^{(a)}\cdot(\boldsymbol{\Omega} - \boldsymbol{\omega}/2), \tag{7.8}$$

$$Q_v = \tau_{ik}e_{ik}, \tag{7.9}$$

$$Q_{vs} = c_{ik}\partial_k\Omega_i \tag{7.10}$$

$$Q_{ex} = \delta Q \tag{7.11}$$

とおいてある．Q の各項の物理的意味はつぎのとおりである．Q_J は Joule 熱，Q_{sr} は流体粒子の自転（スピン）をとめるために消費される仕事，Q_v は粘性散逸，Q_{vs} は自転(スピン)に関する粘性散逸である．つまり，Q のうち Q_{ex} 以外はすべて流体の運動によって内部的に発生する熱量を表わすのである．

(7.5)が任意の流体に対する **エネルギー方程式** である．電磁場の中で運動

する流体の熱力学的状態を議論するためには，これを基礎とすればよい．

N Ohm 導体では

$$\boldsymbol{j} = \sigma(\boldsymbol{E} + \boldsymbol{v} \times \boldsymbol{B}) \tag{7.12}$$

であるから，(7.7)は

$$Q_J = j^2/\sigma \tag{7.13}$$

となる．ふつうの粘性流体では，τ_{ik} と e_{ik} の間に

$$\tau_{ik} = \lambda\Theta\ \delta_{ik} + 2\eta\ e_{ik}, \quad \Theta = e_{kk} \tag{7.14}$$

という線形の関係が非常に良い近似で成り立つ．このような流体は **Newton 流体** とよばれる．η は **粘性率**，λ は **第 2 粘性率** である．このばあい

$$Q_v = \lambda\Theta^2 + 2\eta\ e_{ik}e_{ik} \tag{7.15}$$

である．自転(スピン)についても，(7.14)と同様の関係：

$$c_{ik} = \lambda'\Omega_{kk}\delta_{ik} + 2\eta'\Omega_{ik}, \tag{7.16}$$

ただし，

$$\Omega_{ik} = (1/2)(\partial_k\Omega_i + \partial_i\Omega_k), \tag{7.17}$$

を仮定すると，(7.10)は

$$Q_{vs} = \lambda'\Omega_{kk}^2 + 2\eta'\Omega_{ik}\Omega_{ik} \tag{7.18}$$

となる．最後に

$$\boldsymbol{p}^{(a)} = -\zeta(\boldsymbol{\Omega} - \boldsymbol{\omega}/2) \tag{7.19}$$

という比例関係を仮定すると，(7.8)は

$$Q_{sr} = \zeta(\boldsymbol{\Omega} - \boldsymbol{\omega}/2)^2 \tag{7.20}$$

となる．以上の比例（線形）関係はすべて流体内部の発熱量が正になるように定めたものである．

エネルギー方程式 (7.5) を基礎として ‘非平衡の熱力学’ を展開すれば，(7.12)，(7.15)，(7.16)，(7.19)の仮定の合理性が確かめられるだろう．

§8. 誘電流体と磁性流体

物質の内部の応力は電磁場によって影響を受ける．その様子を調べるには，エネルギー保存の法則，あるいはもっと一般的に，熱力学を考慮しなければならない．第 6 章では，考えのすじ道を明らかにするために，最も簡単なばあいとして $\boldsymbol{D} \propto \boldsymbol{E}$ を満足する誘電性の流体をとり扱った．ここでは任意の誘電流体と磁性流体について議論しよう．もちろん，その大筋は前とは変わら

ない．

電磁場のないばあい，物質の熱力学的状態は2個の状態量で決定される．電磁場が存在すると，状態変数としてさらに電場 $\boldsymbol{E}$ と磁場 $\boldsymbol{H}$ がつけ加わる．実際，物質の単位質量あたりの内部エネルギーを U，エントロピーを S とすると，(7.5)により，

$$dU = v(dU^{(em)} - \boldsymbol{D}\cdot d\boldsymbol{E} - \boldsymbol{B}\cdot d\boldsymbol{H}) - pdv + TdS \tag{8.1}$$

の関係が成り立つ．ただし，$v = 1/\rho$ は比体積，p は圧力，T は絶対温度である．また $U^{(em)}$ は電磁エネルギー密度である：

$$U^{(em)} = (1/2)(\boldsymbol{E}\cdot\boldsymbol{D} + \boldsymbol{H}\cdot\boldsymbol{B}). \tag{8.2}$$

N 1　(7.5)から(8.1)を導く際にはつぎのような考察がなされている．すなわち，運動中の物質に付随する物理量 $u, \boldsymbol{A}$ の時間的変化は $Du/Dt, D^*\boldsymbol{A}/Dt$ で表わされる．(前者は物質粒子の並進運動のみを考慮するとき，後者は自転まで考慮するとき．) 微小時間 dt の間の変化は，それぞれ $du = (Du/Dt)dt,\ d\boldsymbol{A} = (D^*\boldsymbol{A}/Dt)dt$ で与えられるだろう．つまり，(8.1)は(7.5)の両辺に vdt を掛けて得られるのである．なお，**熱力学の第II法則** により，**準静的過程** に際して

$$Qvdt = TdS$$

の関係が成り立つことが考慮されている．

(8.1)から，U が $v, S, \boldsymbol{E}, \boldsymbol{H}$ の関数であることがわかる．いま

$$U^*(v, S, \boldsymbol{E}, \boldsymbol{H}) \overset{\text{def}}{=} \left(\int_0^E \boldsymbol{D}\cdot d\boldsymbol{E} + \int_0^H \boldsymbol{B}\cdot d\boldsymbol{H}\right)_{v,S} \tag{8.3}$$

によって U^* を定義しよう．ここで

$$\int_0^E \boldsymbol{D}\cdot d\boldsymbol{E} \overset{\text{def}}{=} \int_0^{E_x} D_x\, dE_x + \int_0^{E_y} D_y\, dE_y + \int_0^{E_z} D_z\, dE_z \tag{8.4}$$

であって，$(\cdots)_{v,S}$ は v, S を一定に保っての積分であることを意味する．$\int_0^H \boldsymbol{B}\cdot d\boldsymbol{H}$ についても同様である．さて，(8.3)から

$$dU^* = \boldsymbol{D}\cdot d\boldsymbol{E} + \boldsymbol{B}\cdot d\boldsymbol{H} + \frac{\partial U^*}{\partial v}dv + \frac{\partial U^*}{\partial S}dS \tag{8.5}$$

が得られる．そこで

$$U_1(v, S, \boldsymbol{E}, \boldsymbol{H}) \overset{\text{def}}{=} U^{(em)} - U^* \tag{8.6}$$

を定義すると，(8.1)は

$$dU = vdU_1 + v\left(\frac{\partial U^*}{\partial v}dv + \frac{\partial U^*}{\partial S}dS\right) - pdv + TdS \tag{8.7}$$

となる．さらに

$$U = U_0 + vU_1 \tag{8.8}$$

とおくと，(8.7)は

$$dU_0 = \left(-U_1 + v\frac{\partial U^*}{\partial v} - p\right)dv + \left(v\frac{\partial U^*}{\partial S} + T\right)dS \tag{8.9}$$

となる．これは U_0 が v, S だけの関数であることを示している．つまり $U_0 = U_0(v, S)$ である．さて，$\boldsymbol{E} = 0$, $\boldsymbol{H} = 0$ のばあいでも(8.9)の関係がそのまま成り立つから，$U_1 = 0$, $U^* = 0$ とおいて

$$dU_0 = -p_0(v, S)dv + T_0(v, S)dS \tag{8.10}$$

が得られる．ただし

$$p_0(v, S) \overset{\text{def}}{=} p(v, S, 0, 0), \quad T_0(v, S) \overset{\text{def}}{=} T(v, S, 0, 0) \tag{8.11}$$

である．(8.9)と(8.10)を比較すれば

$$p = p_0(v, S) + v\frac{\partial U^*}{\partial v} - U_1, \tag{8.12}$$

$$T = T_0(v, S) - v\frac{\partial U^*}{\partial S} \tag{8.13}$$

が得られる．ここで右辺の $\partial/\partial v$, $\partial/\partial S$ はそれぞれ $\boldsymbol{E}, \boldsymbol{H}, S$ および $\boldsymbol{E}, \boldsymbol{H}, v$ を一定に保っての微分である．

(8.8)，(8.12)，(8.13)は**等エントロピー変化**($S = \text{const}$)を扱うばあいに便利である．**等温変化**（$T = \text{const}$)を扱うには独立変数として(v, T)をとるのが便利である．その際，従属変数としては**自由エネルギー**：

$$F = U - TS \tag{8.14}$$

をとればよい．そして，上とまったく同様の議論を行なえば

$$F = F_0(v, T) + vF_1, \tag{8.15}$$

$$p = p_0(v, T) + v\frac{\partial F^*}{\partial v} - F_1, \tag{8.16}$$

$$S = S_0(v, T) + v\frac{\partial F^*}{\partial T} \tag{8.17}$$

が得られるのである．ただし，

$$F_1 = U^{(em)} - F^*, \tag{8.18}$$

$$F^*(v, T, \boldsymbol{E}, \boldsymbol{H}) = \left(\int_0^E \boldsymbol{D}\cdot d\boldsymbol{E} + \int_0^H \boldsymbol{B}\cdot d\boldsymbol{H}\right)_{v,T} \tag{8.19}$$

である．

上の諸式は $\boldsymbol{D}, \boldsymbol{B}$ の代わりに分極 $\boldsymbol{P}, \boldsymbol{M}$ を使って表わすこともできる．すなわち

$$\boldsymbol{D} = \varepsilon_0\boldsymbol{E} + \boldsymbol{P}, \quad \boldsymbol{B} = \mu_0\boldsymbol{H} + \boldsymbol{M}, \tag{8.20}$$

$$U^{(pol)} = (1/2)(\boldsymbol{P}\cdot\boldsymbol{E} + \boldsymbol{M}\cdot\boldsymbol{H}), \tag{8.21}$$

$$U_p^* = \left(\int_0^E \boldsymbol{P}\cdot d\boldsymbol{E} + \int_0^H \boldsymbol{M}\cdot d\boldsymbol{H}\right)_{v,S}, \tag{8.22}$$

$$F_p^* = \left(\int_0^E \boldsymbol{P}\cdot d\boldsymbol{E} + \int_0^H \boldsymbol{M}\cdot d\boldsymbol{H}\right)_{v,T} \tag{8.23}$$

とおくと，

$$U^{(em)} = (1/2)(\varepsilon_0 E^2 + \mu_0 H^2) + U^{(pol)}, \tag{8.24}$$

$$\int_0^E \varepsilon_0\boldsymbol{E}\cdot d\boldsymbol{E} = \frac{\varepsilon_0}{2}E^2, \quad \int_0^H \mu_0\boldsymbol{H}\cdot d\boldsymbol{H} = \frac{\mu_0}{2}H^2$$

の関係によって，ただちに

$$U_1 = U^{(em)} - U^* = U^{(pol)} - U_p^*, \tag{8.25}$$

$$F_1 = U^{(em)} - F^* = U^{(pol)} - F_p^* \tag{8.26}$$

が得られるのである．(8.12)，(8.13)，(8.16)，(8.17)の関係式で，右辺の U^*, F^* の代わりに U_p^*, F_p^* としてもよいことは，(8.24)によって明らかであろう．

個々の物質について $\boldsymbol{D}, \boldsymbol{B}$ は $\boldsymbol{E}, \boldsymbol{H}$ および温度，密度（一般に 2 つの熱力学的変数）の関数である．したがって $U^{(em)}, U_1, F_1$ は $(v, S, \boldsymbol{E}, \boldsymbol{H})$ あるいは $(v, T, \boldsymbol{E}, \boldsymbol{H})$ の関数として物質固有の関数形をもっている．しかし，**電磁的に線形**の物質，すなわち $\boldsymbol{D} = \varepsilon\boldsymbol{E}, \boldsymbol{B} = \mu\boldsymbol{H}$ の関係が成り立つ物質については，容易にわかるとおり，

$$U^{(em)} = (1/2)(\varepsilon E^2 + \mu H^2) = U^* = F^*, \tag{8.27}$$

$$\therefore \quad U_1 = F_1 = 0 \tag{8.28}$$

が成り立つ．したがって，(8.8)，(8.12)，(8.13)は

$$U = U_0(v, S), \tag{8.29}$$

$$p = p_0(v, S) + \frac{E^2}{2}v\left(\frac{\partial\varepsilon}{\partial v}\right)_S + \frac{H^2}{2}v\left(\frac{\partial\mu}{\partial v}\right)_S, \tag{8.30}$$

$$T = T_0(v, S) - \frac{E^2}{2}v\left(\frac{\partial\varepsilon}{\partial S}\right)_v - \frac{H^2}{2}v\left(\frac{\partial\mu}{\partial S}\right)_v \tag{8.31}$$

と簡単化される．また，(8.15),(8.16),(8.17)は

$$F = F_0(v, T), \tag{8.32}$$

$$p = p_0(v,T) + \frac{E^2}{2}v\left(\frac{\partial\varepsilon}{\partial v}\right)_T + \frac{H^2}{2}v\left(\frac{\partial\mu}{\partial v}\right)_T, \tag{8.33}$$

$$S = S_0(v,T) + \frac{E^2}{2}v\left(\frac{\partial\varepsilon}{\partial T}\right)_v + \frac{H^2}{2}v\left(\frac{\partial\mu}{\partial T}\right)_v \tag{8.34}$$

となる．第6章で得られた(6.14.14),(6.14.16),(6.14.17)は，(8.32),(8.33),(8.34)で $\boldsymbol{H} = 0$ としたものに相当するのである．

N 2 線形誘電体といっても，$\boldsymbol{D} = \varepsilon(v, S)\boldsymbol{E}$ と $\boldsymbol{D} = \varepsilon(v,T)\boldsymbol{E}$ とでは意味がちがうことに注意しなければならない．実際，$\boldsymbol{D} = \varepsilon(v, S)\boldsymbol{E}$ のばあいには，(8.31)により，T は (v, S, E) の関数になるから，これを S について解くと，S は (v, T, E) の関数になる．したがって $\varepsilon(v, S) = \varepsilon\{v, S(v,T,E)\}$ も (v,T,E) の関数になる．つまり $\boldsymbol{D} = \varepsilon(v, T, E)\boldsymbol{E}$ であって，線形性は成り立たないのである．しかし，もし ε が v だけの関数ならば，厳密な意味で線形性が成り立ち，(8.29)～(8.31)と(8.32)～(8.34)は実質的に同じになる．

§9. Bernoulli の定理の一般化

流体の運動方程式は一般的に(4.6)，すなわち

$$\rho\frac{D\boldsymbol{v}}{Dt} = \frac{\partial p_{ik}}{\partial x_k} + \rho\boldsymbol{K} + \boldsymbol{f}^{(em)} \tag{9.1}$$

で与えられる．ただし，(3.12)により，

$$\boldsymbol{f}^{(em)} = \rho_e\boldsymbol{E} + \boldsymbol{J}\times\boldsymbol{B} + D_k\partial_i E_k + B_k\partial_i H_k - \partial_i U^{(em)} \tag{9.2}$$

である．

いま，流体中には電荷も電流も存在しないと仮定しよう．また，流体は**非粘性流体**としよう．そうすれば

$$\rho_e = 0, \quad \boldsymbol{J} = 0, \tag{9.3}$$

$$p_{ik} = -p\,\delta_{ik} \tag{9.4}$$

となり，応力 p_{ik} は圧力 p だけで表わされる．このばあい，(9.1)，(9.2) はそれぞれ

$$\rho\frac{Dv_i}{Dt} = \rho K_i - \partial_i p + f_i^{(em)}, \tag{9.5}$$

$$f_i^{(em)} = D_k\partial_i E_k + B_k\partial_i H_k - \partial_i U^{(em)} \tag{9.6}$$

となる．もちろん $\partial_i \equiv \mathrm{grad}$ である．

さて，$\rho = 1/v$ に注意すれば，(9.5) は

$$\frac{Dv_i}{Dt} = K_i - v\ \partial_i p + v\ f_i^{(em)} \tag{9.7}$$

となる．また，(8.1) によれば，(9.6) は

$$v\ f_i^{(em)} = -\partial_i U - p\ \partial_i v + T\ \partial_i S \tag{9.8}$$

となる．これを (9.7) に代入すれば

$$\frac{Dv_i}{Dt} = K_i - \partial_i(U + pv) + T\ \partial_i S \tag{9.9}$$

が得られる．これがこのばあいの運動方程式である．いま，電磁場の存在しないばあいにならって

$$H = U + pv, \tag{9.10}$$

$$G = U + pv - TS = F + pv \tag{9.11}$$

によって新しく熱力学的変数 H, G を導入しよう．H は**エンタルピー**，G は **Gibbs の自由エネルギー** である．H の独立変数は $(p, S, \boldsymbol{E}, \boldsymbol{H})$，$G$ の独立変数は $(p, T, \boldsymbol{E}, \boldsymbol{H})$ である．(下の **N 1** を見よ．) そうすると (9.9) は

$$\frac{Dv_i}{Dt} = K_i - \partial_i H + T\partial_i S \tag{9.12}$$

$$= K_i - \partial_i G - S\partial_i T \tag{9.13}$$

と書き表わされる．**等エントロピー** ($S = \mathrm{const}$) の流れでは (9.12) が，また**等温** ($T = \mathrm{const}$) の流れでは (9.13) が便利である．そして，以下に示すように，そのおのおののばあいについて，適当な条件のもとに，運動方程式の一般的な積分が得られる．すなわち，Bernoulli の定理が電磁場の影響を含むように一般化されるのである．

なお，流体の加速度 $D\boldsymbol{v}/Dt$ が

$$\frac{D\boldsymbol{v}}{Dt} = \frac{\partial \boldsymbol{v}}{\partial t} + \mathrm{grad}\left(\frac{1}{2}q^2\right) - \boldsymbol{v}\times\boldsymbol{\omega} \tag{9.14}$$

の形に表わされることを注意しておこう．ただし，$q=|\boldsymbol{v}|$ は **流速の大きさ**，$\boldsymbol{\omega}$ は **渦度** である．（あとの **N 2** を見よ．）

具体的に積分を実行するために，流れが等温的におこるばあいと等エントロピー的におこるばあいに分けて考えよう．

さて，等温のばあいは，熱力学的な独立変数として $(p, T, \boldsymbol{E}, \boldsymbol{H})$ をとるのが便利である．このとき $G(p, T, \boldsymbol{E}, \boldsymbol{H})$ は，(9.11) により

$$
\begin{aligned}
G(p, T, \boldsymbol{E}, \boldsymbol{H}) &= F(v, T, \boldsymbol{E}, \boldsymbol{H}) + p(v, T, \boldsymbol{E}, \boldsymbol{H})v \\
&= F_0(v,T)+vF_1+\{p_0(v,T)+v(\partial F^*/\partial v)_T - F_1\}v \\
&= F_0(v,T)+p_0(v,T)v+v^2(\partial F^*/\partial v)_T \\
&= G_0(p_0,T)+v^2(\partial F^*/\partial v)_T
\end{aligned}
\tag{9.15}
$$

のように表わされる．ただし，(8.15), (8.16) を使う．$G_0(p_0,T)$ は電磁場のないときの Gibbs の自由エネルギーである．

等エントロピーの流れについては，独立変数として $(p, S, \boldsymbol{E}, \boldsymbol{H})$ をとるのが便利である．このとき，(9.10) により，

$$
\begin{aligned}
H(p, S, \boldsymbol{E}, \boldsymbol{H}) &= U(v, S, \boldsymbol{E}, \boldsymbol{H}) + p(v, S, \boldsymbol{E}, \boldsymbol{H})v \\
&= U_0(v,S)+vU_1+\{p_0(v, S)+v(\partial U^*/\partial v)_S - U_1\}v \\
&= U_0(v,S)+p_0(v, S)+v^2(\partial U^*/\partial v)_S \\
&= H_0(p_0,S)+v^2(\partial U^*/\partial v)_S
\end{aligned}
\tag{9.16}
$$

となる．ただし，(8.8), (8.12) を使う．$H_0(p_0,S)$ は電磁場のないときのエンタルピーである．

上で G は $(p, T, \boldsymbol{E}, \boldsymbol{H})$ の関数であるといったが，(9.15) からわかるように，実質的には $(v, T, \boldsymbol{E}, \boldsymbol{H})$ の関数として定義されている．p を独立変数とするためには，v を p で表わさなければならない．それには (8.16) を v について解けばよい．しかし，実際はその必要はない．$G=F+pv$ と (8.16) とを連立させて，それによって G が $(p, T, \boldsymbol{E}, \boldsymbol{H})$ の関数として定義されると考えればよいからである．

H についても同様で，$H=U+pv$ と (8.12) とを連立させ，それによって H が $(p, S, \boldsymbol{E}, \boldsymbol{H})$ の関数として定義されると考えるのである．

（i）　**等温の流れ**（$T = \mathrm{const}$）

流速 $\boldsymbol{v}$ があまり大きくないばあいには，流れは等温的におこると考えられる．したがって，流れの中で $\partial_i T = 0$ が成り立つと仮定することができる．このばあい(9.13)は

$$\frac{D\boldsymbol{v}}{Dt} = \boldsymbol{K} - \mathrm{grad}\, G \tag{9.17}$$

となる．

（a）　**静止流体**（$\boldsymbol{v} = 0$）　このばあい，(9.17)は **つりあいの方程式** になる：

$$\boldsymbol{K} = \mathrm{grad}\, G(p, T, \boldsymbol{E}, \boldsymbol{H}). \tag{9.18}$$

これから，流体が静止するためには外力 $\boldsymbol{K}$ は **保存力** でなければならないことがわかる．そのポテンシャルを Ω としよう：

$$\boldsymbol{K} = -\ \mathrm{grad}\, \Omega. \tag{9.19}$$

これを(9.18)に代入すれば，ただちに積分されて

$$\Omega + G(p, T, \boldsymbol{E}, \boldsymbol{H}) = \mathrm{const} \tag{9.20}$$

が得られる．これは，熱平衡状態（$T = \mathrm{const}$）にある静止流体中での電磁場 $\boldsymbol{E}, \boldsymbol{H}$ と密度 ρ の関係を与える方程式である．ただし，$G(p, T, \boldsymbol{E}, \boldsymbol{H})$ は(9.15)で与えられる．

（b）　**定常流**（$\partial\boldsymbol{v}/\partial t = 0$）　いま，外力は保存力であると仮定しよう：(9.19)．また，流れは **定常**，すなわち時間的に変化しないとする：$\partial\boldsymbol{v}/\partial t = 0$．このばあい，運動方程式（9.17)は，(9.14)により，

$$\boldsymbol{v} \times \boldsymbol{\omega} = \mathrm{grad}\, \mathcal{B} \tag{9.21}$$

となる．ただし

$$\mathcal{B} \overset{\mathrm{def}}{=} \frac{1}{2}q^2 + \Omega + G(p, T, \boldsymbol{E}, \boldsymbol{H}) \tag{9.22}$$

とおく．$G(p, T, \boldsymbol{E}, \boldsymbol{H})$ は (9.15) で与えられる．

空間の各点で $\mathcal{B}$ の値は確定している．つまり $\mathcal{B}$ は座標(x, y, z)の関数である．そこで

$$\mathcal{B}(x, y, z) = \mathrm{const} = c \tag{9.23}$$

を考えると，これは1つの曲面（c の値を変えると曲面群)を表わすことになる．その法線ベクトルを $\boldsymbol{n}$ とすると，$\boldsymbol{n} /\!/ \mathrm{grad}\, \mathcal{B}$ である．(9.21)と考えあわ

せると

$$\boldsymbol{v} \perp \boldsymbol{n}, \qquad \boldsymbol{\omega} \perp \boldsymbol{n} \tag{9.24}$$

であることがわかる．すなわち，流速 $\boldsymbol{v}$ と渦度 $\boldsymbol{\omega}$ は曲面 $\mathcal{B}(x, y, z) = \mathrm{const}$ に接する方向をもつ．あるいは，“流線と渦線は曲面 $\mathcal{B} = \mathrm{const}$ に沿って走る”ということもできる．さらに，“曲面 $\mathcal{B} = \mathrm{const}$ は流線と渦線によって編まれた曲面である”といってもよい．したがって，もちろん，“流線および渦線に沿って $\mathcal{B}$ は一定である”．この事情は流体力学で Bernoulli の定理として知られているものである．すなわち，電磁場の存在するばあいまで Bernoulli の定理が拡張されたわけである．今後，$\mathcal{B}$ を **Bernoulli 関数**，$\mathcal{B} = \mathrm{const}$ を **Bernoulli 面** とよぶことにしよう．

（**c**） 渦無しの流れ（$\boldsymbol{\omega} = 0$） $\boldsymbol{\omega} = \mathrm{rot}\, \boldsymbol{v} = 0$ のばあいには，流速ベクトル $\boldsymbol{v}$ は

$$\boldsymbol{v} = -\,\mathrm{grad}\, \Phi \tag{9.25}$$

のように表わされる．Φ は **速度ポテンシャル** である．これを(9.14)に代入すると，運動方程式 (9.17)は

$$\boldsymbol{K} = \mathrm{grad}\left\{\frac{\partial \Phi}{\partial t} + \frac{1}{2}q^2 + G(p, T, \boldsymbol{E}, \boldsymbol{H})\right\} \tag{9.26}$$

となる．このばあいにも，外力 $\boldsymbol{K}$ は保存力でなければならない．そこで(9.19)とおくと，(9.26)はただちに積分されて，

$$\frac{\partial \Phi}{\partial t} + \mathcal{B} = f(t) \tag{9.27}$$

を与える．ここで $\mathcal{B}$ は(9.22)で定義される Bernoulli 関数で，$f(t)$ は時間 t の任意の関数である．流体力学ではこの形の方程式は **圧力方程式** とよばれている．それは，Φ が場所と時間の関数として求められると，$\partial\Phi/\partial t$ と $\boldsymbol{v} = -\,\mathrm{grad}\,\Phi$ が求まり，(9.22)を使って，圧力 p が求められるということになるからである．あるいは，Bernoulli の定理を非定常流のばあいに拡張したという意味で ‘拡張された Bernoulli の定理’ とよぶこともある．(9.27)はそれをさらに電磁場の存在するばあいに一般化したものである．

（**ii**） 等エントロピーの流れ（$S = \mathrm{const}$）

流速の大きいばあいには，等温性，すなわち流れの領域全体について $T = \mathrm{const}$ は必ずしも成り立たない．むしろ，流れは **断熱的** におこると仮定する

のが適当であろう．このような流れは**等エントロピーの流れ**とよばれる．すなわち，流れの領域全体について $S=\mathrm{const}$ が成り立つからである．このばあいも等温の流れとまったく同じ方法でとり扱うことができる．ただ，Gibbs の自由エネルギー $G(p,T,\boldsymbol{E},\boldsymbol{H})$ の代わりにエンタルピー $H(p,S,\boldsymbol{E},\boldsymbol{H})$ を使えばよい．その結果，(9.22)の代わりに Bernoulli 関数として，

$$\mathcal{B}=\frac{1}{2}q^2+\Omega+H(p,S,\boldsymbol{E},\boldsymbol{H}) \tag{9.28}$$

が得られる．$H(p,S,\boldsymbol{E},\boldsymbol{H})$ は (9.16) で与えられる．

定常流に対する(9.21)の方程式と Bernoulli の定理の一般化，および渦無しの流れに対する圧力方程式の一般化 (9.27)，はそのまま成り立つのである．

(iii)　特別なばあい

これまで，流体の電磁的性質が任意で，また密度も変化し得るような一般のばあいを考えてきた．これから特別なばあいに対する結果がいろいろ導かれる．これをつぎに考えよう．

(a)　縮まない流体 ($\rho=\mathrm{const}$)　液体のように密度変化をほとんど行なわない流体を理想化したものが，‘縮まない流体’である．このばあい，$\rho=1/v=\mathrm{const}$ であるから，Bernoulli 関数 $\mathcal{B}$ は非常に簡単になる．

まず，等温流のばあい，すなわち(9.22)を考えよう．このばあい，

$$G_0(p_0,T)=vp_0 \tag{9.29}$$

である．(あとの **N 1** を見よ．) したがって

$$\begin{aligned} G(p,T,\boldsymbol{E},\boldsymbol{H}) &= G_0(p_0,T)+v^2(\partial F^*/\partial v)_T \\ &= v\{p_0+v(\partial F^*/\partial v)_T\}. \end{aligned}$$

ところが，(8.16)を使えば，添字 T を省略して，

$$\begin{aligned} p_0+v(\partial F^*/\partial v)_T &= p-v\frac{\partial F^*}{\partial v}+F_1+v\frac{\partial F^*}{\partial v} \\ &= p+F_1 \end{aligned} \tag{9.30}$$

が得られる．したがって，$\rho=1/v$ に注意すれば，(9.22)はけっきょく

$$\rho\mathcal{B}=\frac{\rho}{2}q^2+\rho\Omega+p+F_1(\rho,T,\boldsymbol{E},\boldsymbol{H}) \tag{9.31}$$

となるのである．

等エントロピー流についてもとり扱いは同じである．(9.29)に対応して，

$$H_0(p_0,S) = vp_0 \tag{9.32}$$

である．また，(9.30)に対応して

$$p_0 + v(\partial U^*/\partial v)_S = p + U_1 \tag{9.33}$$

が得られ，(9.31)に対応して，(9.29)は次式を与えるのである．

$$\rho\mathcal{B} = \frac{\rho}{2}q^2 + \rho\Omega + p + U_1(\rho, S, \boldsymbol{E}, \boldsymbol{H}). \tag{9.34}$$

(9.31)，(9.34)で特に注意すべきは，'熱力学的' な圧力 p_0 ではなくて，'機械的' な圧力 p が現われていることである．境界条件を考慮するときなどに，この事実は重要な意味をもつのである．

（b） 電磁的に線形の流体　$\boldsymbol{D}\propto\boldsymbol{E}$, $\boldsymbol{B}\propto\boldsymbol{H}$ が成り立つ流体のばあいにも，Bernoulli 関数 $\mathcal{B}$ は大いに簡単化される．このばあい，(8.27)により

$$U^* = F^* = U^{(em)} = (1/2)(\varepsilon E^2 + \mu H^2) \tag{9.35}$$

であるから，(9.22)，(9.28)はそれぞれ

$$\mathcal{B} = \frac{1}{2}q^2 + \Omega + G_0(p_0, T) - \frac{E^2}{2}\left(\frac{\partial\varepsilon}{\partial\rho}\right)_T - \frac{H^2}{2}\left(\frac{\partial\mu}{\partial\rho}\right)_T, \tag{9.36}$$

$$\mathcal{B} = \frac{1}{2}q^2 + \Omega + H_0(p_0, S) - \frac{E^2}{2}\left(\frac{\partial\varepsilon}{\partial\rho}\right)_S - \frac{H^2}{2}\left(\frac{\partial\mu}{\partial\rho}\right)_S \tag{9.37}$$

となる．ここで $G_0(p_0, T)$, $H_0(p_0, S)$ は個々の流体について，電磁場の存在しないばあいの状態方程式からきまる物質固有の関数である．

さらに，流体が縮まないと仮定すると，(9.36)，(9.37)はもっと簡単になる．このばあいは，むしろ（a）の特別なばあいと考える方が便利である．すなわち，電磁的に線形の物質については，一般に(8.28)の関係：

$$U_1 = F_1 = 0 \tag{9.38}$$

が成り立つから，(9.31)，(9.34)は両方とも

$$\rho\mathcal{B} = p + \frac{\rho}{2}q^2 + \rho\Omega \tag{9.39}$$

と簡単化される．これは形式的には電磁場のないばあいとまったく同じである．

以上を定理としてまとめておこう．

［定理］（**Bernoulli の定理の一般化**）　非粘性で絶縁性の流体が電磁場の中で運動している．このとき，(i)定常な流れでは，各流線および各渦線に沿って Bernoulli 関数 $\mathcal{B}$ は一定値をとる．すなわち，Bernoulli 面：$\mathcal{B}=\mathrm{const}$ は流線と渦線によって編まれた曲面である．(ii)渦無しの流れでは，流れの全領域について $\partial\Phi/\partial t+\mathcal{B}=f(t)$ が成り立つ．ただし，Φ は速度ポテンシャル：$\boldsymbol{v}=-\mathrm{grad}\,\Phi$ で，$f(t)$ は時間 t の任意関数である．$\mathcal{B}$ としては，一般的には (9.22) あるいは (9.28)，縮まない流体については (9.31) あるいは (9.34)，電磁的に線形の流体については (9.36) あるいは (9.37) をとればよい．とくに，電磁的に線形で縮まない流体のばあいには，ふつうの Bernoulli の定理がそのまま成り立つ．

N 1　電磁場の存在しないばあい，均質の物質の熱力学状態は 2 個の変数できまる．たとえば

$$dU=-p dv+TdS \tag{9.40}$$

の関係式からは，内部エネルギー U を比体積 v とエントロピー S の関数として表わすと便利であることがわかる．もし，(p, S) を独立変数としたければ，U の代わりに従属変数として

$$H=U+pv \tag{9.41}$$

をとればよい．このとき

$$dH=vdp+TdS \tag{9.42}$$

が成り立つ．同様に

$$F=U-ST, \qquad G=F+pv \tag{9.43}$$

をとれば

$$dF=-p dv-S\,dT, \tag{9.44}$$

$$dG=vdp-S\,dT \tag{9.45}$$

が成り立つ．H, F, G はそれぞれ **エンタルピー**，**自由エネルギー**，**Gibbs の自由エネルギー**，とよばれる．

(9.45) により，$T=\mathrm{const}$ のとき $dG=vdp$ であるから，縮まない流体 ($v=\mathrm{const}$) のばあいには $G=vp$ となる．(9.29) 式では電磁場が存在しないことを示すために p に添字 0 がつけてある．同様に，(9.32) は (9.42) から得られる．

N 2　(6.10.9)により

$$\frac{D\boldsymbol{v}}{Dt}=\frac{\partial \boldsymbol{v}}{\partial t}+(\boldsymbol{v}\cdot\mathrm{grad})\boldsymbol{v}.$$

ここで

$$\begin{aligned}(\boldsymbol{v}\cdot\mathrm{grad})\boldsymbol{v} &= v_k\partial_k v_i = v_k(\partial_k v_i-\partial_i v_k)+v_k\partial_i v_k\\ &= -\boldsymbol{v}\times\mathrm{rot}\,\boldsymbol{v}+\mathrm{grad}\,(q^2/2).\end{aligned}$$

したがって，(9.14)が得られる．

§10. 応 用 例

第6章の§11では応用例として線形の誘電流体のつりあいをとり扱った．とくに例3として，容器に入れた誘電液体に電場をかけたときの液面の盛り上がりを議論した．その結果，液面の盛り上がりは，電場が液面に平行なばあいと垂直なばあいについて，それぞれ

$$z_{/\!/}=\frac{\varepsilon-\varepsilon_0}{2}\frac{E^2}{\rho g},\qquad z_{\perp}=\frac{\varepsilon_0}{\varepsilon}z_{/\!/} \tag{10.1}$$

であることを知った．ε は液体の誘電率，ρ は液体の密度，g は重力の加速度である．(空気の誘電率は真空の誘電率 ε_0 に近似的に等しいと仮定する．) ふつう程度の電場では(10.1)はきわめて小さい．すなわち，第7章の§8で説明したように，$E=1\,\mathrm{kV/cm}$ のような強い電場でも，電磁圧は $p^{(e)}\fallingdotseq 4.4\times10^{-3}$ mm H_2O である！(この数値は水に対する $\varepsilon_0E^2/(2\rho g)$ の値である．)水の比誘電率は $\varepsilon/\varepsilon_0\fallingdotseq 80$ であるから，このばあい $z_{/\!/}\fallingdotseq 0.35\,\mathrm{mm}$ となる．$E=2\,\mathrm{kV/cm}$ としても，わずか $z_{/\!/}\fallingdotseq 1.4\,\mathrm{mm}$ である．しかも $z_{\perp}$ はその1/80に過ぎない．

このように，流体のつりあいに及ぼす電場の影響はごくわずかである．しかし，磁場の影響については事情はかなり異なる．それは $B=1\,\mathrm{T}$ 程度の強い磁場が比較的容易に得られるからである．このばあい磁気圧は $p^{(m)}\fallingdotseq$ 4 atm となり，上述の電磁圧 $p^{(e)}$ に比べてけた違いに大きい．ふつうの磁石でも，$B=0.1\,\mathrm{T}$ として，$p^{(m)}\fallingdotseq 40$ cm H_2O が実現されるのである．

磁性液体に磁場をかけたときの液面の盛り上がりは，理論的には誘電液体のばあいと同じで，(10.1)はそのまま成り立つ．ただ $E\to H$, $\varepsilon\to\mu$, $\varepsilon_0\to\mu_0$ のおきかえをすればよい．このように，誘電流体と磁性流体のふるまいは

理論的には同じであるが，実際に現われる電磁圧の大きさがいちじるしく異なるために，実際現象としては，磁性流体の方がはるかに興味深くかつ重要なのである．

つぎに，上に導かれた Bernoulli の定理の一般化をいくつかの例に応用しよう．

例 1　容器に磁性液体を入れ，鉛直に針金を通して電流を流す(図 1)．このとき，液面はどのような形をとるだろうか．

電流によって針金のまわりに軸対称の磁場が生ずるから，液面には磁場による吸い上げの力が働くはずである．その力は針金に近いところほど大きいから，液面は図 1 のように，針金を軸として対称的に盛り上がるだろう．その形を具体的に求めよう．

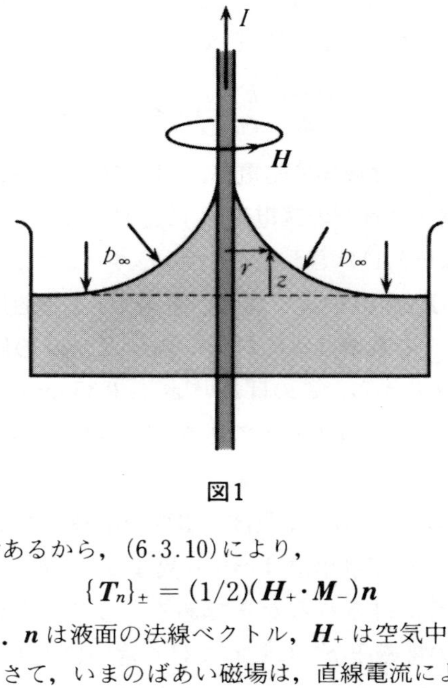

図 1

液面は不連続面であるから，(6.3.10)により，

$$\{\boldsymbol{T}_n\}_\pm = (1/2)(\boldsymbol{H}_+ \cdot \boldsymbol{M}_-)\boldsymbol{n} \qquad (10.2)$$

の張力が働いている．$\boldsymbol{n}$ は液面の法線ベクトル，$\boldsymbol{H}_+$ は空気中の磁場，$\boldsymbol{M}_-$ は液体中の磁気分極である．さて，いまのばあい磁場は，直線電流による磁場として，針金を軸とする円周方向を向き，強さは

$$H = \frac{I}{2\pi r} \qquad (10.3)$$

で与えられる．I は電流，r は針金からの距離である．(針金の長さ l が r に比べて

ずっと大きいと仮定する.) (10.3)は空気中, 液体中を問わず, いたるところで成り立っていることに注意してほしい. とくに, (10.2)の $\boldsymbol{H}_+$ は液体中の磁場 $\boldsymbol{H}_-$ でおきかえることができる. 液面には大気圧 p_∞ が働いているから, 液面のすぐ下の液体中の圧力は

$$p = p_\infty - (1/2)MH \tag{10.4}$$

である. (ただし, 簡単のために, 液体を示す添字 − を省略する.) 液体中ではBernoulli 関数 $\mathscr{B}$ として(9.31)をとることができる. いまのばあい $q = 0, \Omega = gz$ とおいて

$$\rho gz + p + F_1 = \text{const} \tag{10.5}$$

となる. ここで(10.4)を代入すれば

$$\rho gz + p_\infty - (1/2)MH + F_1 = \text{const} \tag{10.6}$$

が得られる. 液面上で針金から遠く離れたところでは $H = 0$, したがって $F_1 = 0$ であるから, z は一定となる. すなわち液面は水平になる(当然!). それを z の基準面に選ぶと, (10.6)の右辺の const は p_∞ となる. したがって

$$\begin{aligned}\rho gz &= (1/2)MH - F_1 = U^{(pol)} - F_1 \\ &= F_p{}^* = \left(\int_0^H MdH\right)_T \end{aligned} \tag{10.7}$$

が得られる. ただし, (8.21), (8.26), (8.23)を使う.

(10.7)によって液面の形が具体的に表わされる. たとえば H の小さいばあい, $M = \mu_0\chi_m H$ が成り立つから,

$$F_p{}^* = (1/2)\mu_0\chi_m H^2.$$

$$\therefore \quad z = \frac{\mu_0\chi_m}{2\rho g}H^2 = \frac{\mu_0\chi_m I^2}{8\pi^2\rho g}\frac{1}{r^2}. \tag{10.8}$$

ただし, (10.3)を使う. しかし, H が大きくなると, 線形性は成り立たず, M と H の関係を表わす曲線, すなわち **磁化曲線** は図2のようになり, **飽和** がおこる. M

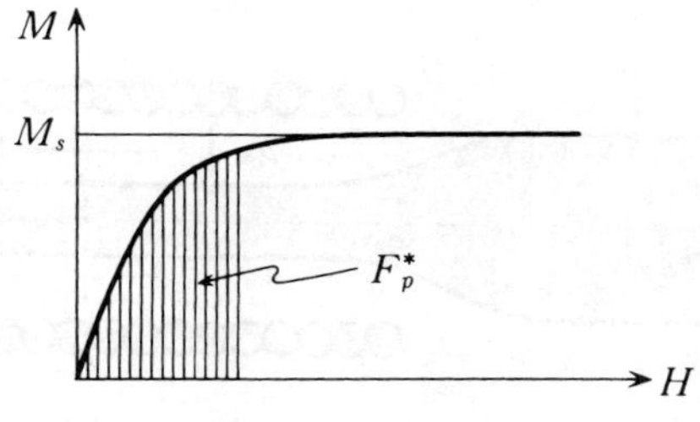

図2

の飽和値を M_s とすると，$H\to\infty$ のとき $F_p{}^*$ は**近似的**に

$$F_p{}^* = \int_0^H M\,dH \sim M_s H \tag{10.9}$$

となる．（$F_p{}^*$ は図 2 の影をつけた面積である．）したがって，(10.7)，(10.4)によって

$$z = \frac{M_s I}{4\pi\rho g}\frac{1}{r} \quad (H\to\infty) \tag{10.10}$$

が得られるのである．

例 2　図 3 のように，コイルに向って磁性液体の噴流を流すとき，噴流の速度および断面積はどうなるか．

上流側の断面を 1，コイル中の断面を 2 とする．断面 1 では $\boldsymbol{H}=0$，断面 2 では $\boldsymbol{H}$ はコイルの軸に平行である．さて噴流の表面にはいたるところ大気圧 p_∞ が働いている．また，表面のすぐ内側の圧力は，例 1 と同様に考えて，$p = p_\infty - (1/2)MH$ である．（厳密には，こういえるのは $\boldsymbol{M}/\!/\boldsymbol{H}$ のところだけである．）いま，重力の影響を無視すれば，Bernoulli 関数 $\mathcal{B}$ は，(9.31)により

$$\rho\mathcal{B} = (1/2)\rho q^2 + p + F_1 \tag{10.11}$$

で与えられる．断面 1 と断面 2 で $\rho\mathcal{B}$ が同じ値をもつことから，

$$(1/2)\rho q_1{}^2 + p_\infty = (1/2)\rho q^2 + p_\infty - (1/2)MH + F_1.$$

ただし，断面 2 に対する添字 2 は省略する．これを整理すれば

$$q^2 - q_1{}^2 = \frac{2F_p{}^*}{\rho} = \frac{2}{\rho}\int_0^H M\,dH \tag{10.12}$$

が得られる．噴流の断面積を $S=\pi r^2$（断面形は半径 r の円）とすると，流量一定：$S\,q = \text{const}$ の条件から次式が得られる．

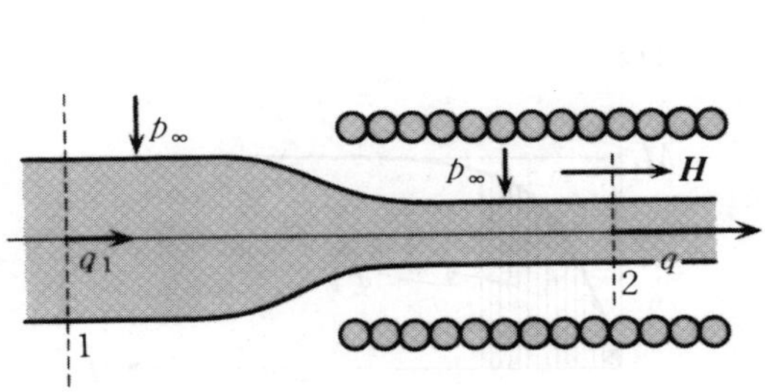

図3

$$\frac{r}{r_1} = \left(\frac{q_1}{q}\right)^{1/2} = \left(1+\frac{2F_p{}^*}{\rho q_1^2}\right)^{-1/4}. \tag{10.13}$$

例 3 同心球コンデンサー 同心球コンデンサーに誘電性の気体をつめる．電場をかけたとき，気体内部の圧力分布はどうなるか？

これは第 6 章の §11 で 例 4 として考えた問題である．そこでは誘電率が一定という仮定のもとに圧力分布も一定であるという結論を得た．ここでは任意の誘電気体についてとり扱ってみよう．Bernoulli 関数 $\mathscr{B}$ は，いまのばあい，(9.22) で $q=0$, $\Omega=0$ とおいて得られる．したがって，つりあいの条件は，(9.15) により，

$$G_0(p_0, T) - \partial F^*/\partial\rho = \text{const} \tag{10.14}$$

である．**理想気体** を仮定すれば

$$p_0 = (R/m)\rho T. \tag{10.15}$$

ただし，R は **気体定数**，m は **分子量** である．したがって，(9.45) により

$$G_0(p_0, T) = \left(\int dp_0/\rho\right)_T = k\log\rho. \tag{10.16}$$

ただし $k=RT/m$ とおいてある．(10.16) を (10.14) に代入すれば

$$\rho = \rho_1 \exp\{(1/k)\partial F^*/\partial\rho\} \tag{10.17}$$

が得られる．ρ_1 は密度の次元をもつ任意定数である．さて，コンデンサーの電荷を q とすれば，電束密度 $\boldsymbol{D}$ は気体の誘電性に無関係に

$$D = q/(4\pi r^2) \tag{10.18}$$

で与えられる．もちろん $\boldsymbol{D}$ は（球の中心を原点とする）動径ベクトル $\boldsymbol{r}$ に平行である．さて F^* は $(\rho, T, \boldsymbol{E})$ の既知の関数，したがって $(\rho, T, \boldsymbol{D})$ の既知関数である．いまのばあい，T は既知（等温性！）であるから，(10.17), (10.18) により ρ と r の関係が得られる．つまり気体内部の密度分布がわかる．したがって，(10.15) により圧力 p_0 の分布も求まるのである．圧力 p を求めるには，さらに (8.16) を使えばよい．

線形誘電性を仮定すると，話はもうすこし具体的になる．このばあい $\partial F^*/\partial\rho = (E^2/2)(\partial\varepsilon/\partial\rho)$ であるから，(10.17) は

$$\log\frac{\rho}{\rho_1} = \frac{E^2}{2k}\frac{\partial\varepsilon}{\partial\rho} = \frac{D^2}{2k\varepsilon^2}\frac{\partial\varepsilon}{\partial\rho} \tag{10.19}$$

となり，(10.18) により

$$2k\left(\frac{4\pi r^2}{q}\right)^2 = -\frac{\partial(1/\varepsilon)/\partial\rho}{\log(\rho/\rho_1)} \tag{10.20}$$

が得られる．右辺は ρ の既知関数であるから，(10.20) は ρ と r の関係を与えるの

である．

以上は厳密なとり扱いであるが，実際上はつぎのように考えるのが便利である．上で述べたように，電場による電磁圧はふつうきわめて微弱であるから，それによって生ずる気体の圧力の変化もごくわずかである．もしも電場の影響がなければ，つりあいの状態では圧力が一定（外力の影響が無視できるばあい）で，したがって密度も一定である．それゆえ，電場の影響があるとしても，それによる圧力変化，したがって密度変化はごくわずかであろう．つまり，‘縮まない流体’として気体のつりあいをとり扱ってもよいのである．さらに，$\boldsymbol{D}\propto\boldsymbol{E}$ が成り立つ範囲では，(9.39)により，形式的には電場の影響はまったく現われない．すなわち

$$p = \mathrm{const} \tag{10.21}$$

がいたるところで成り立つ．これを (8.33) に代入すれば

$$p_0(\rho, T) = p + (E^2/2)\rho(\partial\varepsilon/\partial\rho)_T \tag{10.22}$$

が得られるのである．

(10.21)はすでに第6章の§11で得られた結果である．これに対して(10.22)はここではじめて得られたものである．

N 1　(10.21), (10.22) は (10.19)から近似式としてつぎのように導くこともできる．

$$\rho = \rho_1(1+\hat{\rho}) \tag{10.23}$$

と書き，$\hat{\rho}$ を小さいとすれば

$$\log\frac{\rho}{\rho_1} \fallingdotseq \hat{\rho}, \quad \therefore \quad \hat{\rho} = \frac{E^2}{2k}\left(\frac{\partial\varepsilon}{\partial\rho}\right)_T.$$

(10.15)により，

$$p_0 = k\rho = k\rho_1(1+\hat{\rho}) = k\rho_1 + \frac{E^2}{2}\rho_1\left(\frac{\partial\varepsilon}{\partial\rho}\right)_T. \tag{10.24}$$

ところが，(8.33)により

$$p = p_0 - \frac{E^2}{2}\rho\left(\frac{\partial\varepsilon}{\partial\rho}\right)_T \fallingdotseq p_0 - \frac{E^2}{2}\rho_1\left(\frac{\partial\varepsilon}{\partial\rho}\right)_T. \tag{10.25}$$

(10.24)と(10.25)を組み合わせると

$$p = k\rho_1 = \mathrm{const},$$
$$p_0 = p + \frac{E^2}{2}\rho\left(\frac{\partial\varepsilon}{\partial\rho}\right)_T$$

が得られる．これらはそれぞれ (10.21), (10.22)である．

N 2 圧力とはなにか 例3の問題の解としては(10.21)で十分ではないか？ (10.22)まで求めるのは蛇足ではないか？ こういう疑問を抱かれる読者も多分すくなくないと思われる．いったい，圧力とは何だろうか？ 流体のつりあいや運動を支配する圧力——‘機械的’な圧力——は(10.21)で与えられる p である．しかし，その圧力 p を実験的に測定するにはどうすればよいのだろうか？ すぐ思いつく方法は密度 ρ を測定する（たとえば光学的に）ことである．ρ がわかれば，その気体特有の熱力学的関係によって，$p_0(\rho,T)$ がただちにわかる．そしてその $p_0(\rho,T)$ から(8.33)の関係によって圧力 p が計算されるのである．$p_0(\rho,T)$ は電磁場の存在しないばあいに同じ密度で同じ温度の流体がもつべき圧力を表わす．したがって p を**機械的圧力**, $p_0(\rho,T)$ を **熱力学的圧力** と称して区別することができるだろう．実際，電磁場の存在するばあい，流体の熱力学的状態を表わす変数として $\boldsymbol{E}, \boldsymbol{H}$ がつけ加わる．したがって，機械的圧力は，くわしくは $p(\rho,T,\boldsymbol{E},\boldsymbol{H})$ と書き表わすべきものなのである．

§11. ま と め

物体内部の応力が一般的にテンソル量として表わされる根拠を考察し，それが保存法則に密接に関連することを知った．すなわち，応力のテンソル性は運動量の保存に，対称性は角運動量の保存に本質的に関連するのである．また，これらの保存法則から，物体の各部分に働く電磁力とそのモーメントの表式を求め，さらに，電磁場中の物体の つりあい および運動を支配する基礎方程式，すなわち運動方程式と角運動量方程式を導いた．つぎに，エネルギーについて同様の考察を行ない，任意の連続物体に対する エネルギー方程式を導いた．

流体のばあいには，エネルギー方程式はいくぶん簡単な形をとる．これを基礎として熱力学的考察を行なえば，任意の誘電性および磁性をもつ流体に対して，圧力 p の電磁場依存性を表わす具体的な表式が得られる．この表式から，とくに，‘機械的圧力’と‘熱力学的圧力’を区別すべきことがわかる．非粘性の流体については，電磁場の存在しないばあいと同様，運動方程式を1回積分することができる．すなわち，Bernoulli の定理の一般化が得られる．これを利用して種々の具体的なばあいを考察した．以上の結果は，新しい理論構成によってはじめて得られたものである．

13 物質中の電磁場——固体の応力

§1. はじめに

一般に，流体や固体など連続物体のつりあいや運動を調べるには，物体各部の応力の状態を知る必要がある．非粘性流体では，応力としては圧力だけを考えればよい．ところが，固体では変形に伴う応力を考慮しなければならない．（粘性流体では変形速度に依存して応力が現われる．）ふつう連続物体の力学では，応力は対称テンソルであるという前提のもとにとり扱いがなされている．前章では，その根拠をくわしく調べた．とくに，電磁場が存在するばあいには，応力は一般に非対称テンソルと考えなければならないことを知った．（もちろん，ばあいによっては，電磁場の存在のもとでも応力が対称テンソルで表わせることもある．）

さて，物体内部に働いている応力は，物質に固有の力学的性質のみに依存するように思われるかも知れないが，実は，その力学的物性は電磁場の影響を受ける．前章では任意の誘電性と磁性をもつ流体についてその状況をくわしく調べた．流体のばあい，応力としては圧力だけを考えればよいので，かなり立ち入ったとり扱いが可能であった．この章では，固体について同様な考察を行なう．ただ，応力をテンソルとしてとり扱う必要があるために，議論はすこしこみいってくる．このことをあらかじめおことわりしておきたい．

§2. 物質についての保存法則

参照の便宜上，物体に対する質量・運動量・角運動量・エネルギーの保存法則の数式的な表現をまとめておこう．

$$\frac{D\rho}{Dt} + \rho \operatorname{div} \boldsymbol{v} = 0, \tag{2.1}$$

$$\rho \frac{D\boldsymbol{v}}{Dt} = \rho \boldsymbol{K} + \frac{\partial p_{ik}^{(s)}}{\partial x_k} - \frac{1}{2} \operatorname{rot} \boldsymbol{p}^{(a)} + \boldsymbol{f}^{(em)}, \tag{2.2}$$

$$\rho\frac{D\boldsymbol{s}}{Dt} = \rho\boldsymbol{G} + \boldsymbol{p}^{(a)} + \frac{\partial c_{ik}}{\partial x_k} + \boldsymbol{P}\times\boldsymbol{E} + \boldsymbol{M}\times\boldsymbol{H}, \tag{2.3}$$

$$\rho\frac{DU}{Dt} = \frac{D}{Dt}U^{(em)} - \boldsymbol{D}\cdot\frac{D^*}{Dt}\boldsymbol{E} - \boldsymbol{B}\cdot\frac{D^*}{Dt}\boldsymbol{H} - \boldsymbol{p}^{(a)}\cdot(\boldsymbol{\Omega}-\boldsymbol{\omega}/2)$$
$$+ p_{ik}^{(s)}e_{ik} + c_{ik}\partial_k\Omega_i + Q_J + \delta Q. \tag{2.4}$$

これらはそれぞれ，**連続の方程式**，**運動方程式**，**角運動量方程式**，**エネルギー方程式**である．そして (6.10.7), (12.5.12), (12.5.13), (12.6.19) として与えたものである．ここで ρ は密度，$\boldsymbol{v}$ は速度，$p_{ik}^{(s)}$ は応力の対称部分，$\boldsymbol{K}$ は単位質量あたりに働く外力，$\boldsymbol{f}^{(em)}$ は単位体積あたりに働く電磁力，すなわち**電磁力密度**である．また，$\boldsymbol{s}$ は単位質量あたりの**内部角運動量**，c_{ik} は**回転応力テンソル**，$\boldsymbol{G}$ は単位質量あたりに働く**局所回転力**である．ただし，$\boldsymbol{s}=I\boldsymbol{\Omega}$ のように，内部角運動量は，角速度 $\boldsymbol{\Omega}$ で回転する慣性モーメント I の球状粒子によるものと仮定する．U は単位質量あたりの**内部エネルギー**，$U^{(em)}$ は単位体積あたりの電磁エネルギー，すなわち**電磁エネルギー密度**，Q_J は **Joule熱**，δQ は単位時間，単位体積あたりに外部から導入される熱量である．$\boldsymbol{f}^{(em)}$ は **Maxwell 応力** T_{ik} と**電磁運動量密度** $\boldsymbol{g}$ を使って

$$\boldsymbol{f}^{(em)} = \partial_k T_{ik} - \dot{\boldsymbol{g}} \tag{2.5}$$

のように表わされる．ここで，$\partial_k \equiv \partial/\partial x_k$, $\dot{\boldsymbol{g}} \equiv \partial\boldsymbol{g}/\partial t$．また

$$T_{ik} = E_iD_k + H_iB_k - U^{(em)}\delta_{ik}, \tag{2.6}$$

$$U^{(em)} = \frac{1}{2}(\boldsymbol{E}\cdot\boldsymbol{D} + \boldsymbol{H}\cdot\boldsymbol{B}), \tag{2.7}$$

$$\boldsymbol{g} = \boldsymbol{D}\times\boldsymbol{B} \tag{2.8}$$

である．これらを使えば $\boldsymbol{f}^{(em)}$ は具体的に

$$\boldsymbol{f}^{(em)} - (\rho_e\boldsymbol{E} + \boldsymbol{J}\times\boldsymbol{B})$$
$$= D_k\partial_iE_k + B_k\partial_iH_k - \partial_iU^{(em)} \tag{2.9}$$
$$= - E_k\partial_iD_k - H_k\partial_iB_k + \partial_iU^{(em)} \tag{2.10}$$
$$= P_k\partial_iE_k + M_k\partial_iH_k - \partial_iU^{(pol)} \tag{2.11}$$

のように表わされる．ここで，ρ_e は**電荷密度**，$\boldsymbol{J}$ は**電流密度**で，

$$U^{(pol)} = \frac{1}{2}(\boldsymbol{P}\cdot\boldsymbol{E} + \boldsymbol{M}\cdot\boldsymbol{H}) \tag{2.12}$$

は**分極エネルギー密度**である．$\boldsymbol{P}, \boldsymbol{M}$ はそれぞれ**電気分極**，**磁気分極**である．また，Joule 熱は

$$Q_J = \boldsymbol{j}\cdot(\boldsymbol{E} + \boldsymbol{v}\times\boldsymbol{B}) \tag{2.13}$$

で定義される．ここで $\boldsymbol{j}$ は

$$\boldsymbol{J} = \rho_e\boldsymbol{v} + \boldsymbol{j} \tag{2.14}$$

によって定義される．すなわち，電流密度 $\boldsymbol{J}$ を **携帯電流** $\rho_e\boldsymbol{v}$ と **伝導電流** $\boldsymbol{j}$ に分解して表わすのである．

(2.2)〜(2.4)は応力テンソル p_{ik} の対称性のいかんにかかわらず一般的に成り立つものである．p_{ik} は

$$p_{ik} = p_{ik}{}^{(s)} + p_{ik}{}^{(a)}, \tag{2.15}$$

$$p_{ik}{}^{(s)} = \frac{1}{2}(p_{ik} + p_{ki}), \quad p_{ik}{}^{(a)} = \frac{1}{2}(p_{ik} - p_{ki}), \tag{2.16}$$

$$p_{ik}{}^{(s)} = p_{ki}{}^{(s)}, \quad p_{ik}{}^{(a)} = -\, p_{ki}{}^{(a)} \tag{2.17}$$

のように **対称部分** $p_{ik}{}^{(s)}$ と **反対称部分** $p_{ik}{}^{(a)}$ に分解される．そして $\boldsymbol{p}^{(a)}$ は

$$p_i{}^{(a)} \overset{\text{def}}{=} -\, \varepsilon_{ijk}p_{jk}{}^{(a)} \tag{2.18}$$

で定義されるベクトルである．また

$$e_{ik} = \frac{1}{2}\left(\frac{\partial v_i}{\partial x_k} + \frac{\partial v_k}{\partial x_i}\right) \tag{2.19}$$

は **変形速度テンソル**，$\boldsymbol{\omega} = \mathrm{rot}\,\boldsymbol{v}$ は **渦度** である．

なお，D/Dt は並進運動する物質粒子に相対的な時間的変化を表わす Lagrange 微分であるのに対して，D^*/Dt は自転しながら並進運動する物質粒子に相対的な，ベクトル $\boldsymbol{A}$ の時間的変化を表わし，

$$\frac{D^*}{Dt}\boldsymbol{A} \overset{\text{def}}{=} \frac{D}{Dt}\boldsymbol{A} - \boldsymbol{\Omega}\times\boldsymbol{A} \tag{2.20}$$

で定義される．

(2.2)，(2.3)によれば，電磁場の影響は，形式的には単に電磁力 $\boldsymbol{f}^{(em)}$ と局所的な電磁回転力 $\boldsymbol{P}\times\boldsymbol{E} + \boldsymbol{M}\times\boldsymbol{H}$ が作用するものと考えればよいように見える．しかし，実は，物体の弾性など力学的物性が電磁場によって変化し，その結果 $p_{ik}{}^{(s)}$, $\boldsymbol{p}^{(a)}$ も電磁場に影響されることもあり得るのである．次節では，任意の固体についてこの事情を研究する．

§3. 電磁場中の固体の熱力学的状態

固体のばあいには内部角運動量を無視することができる．すなわち $\boldsymbol{s}=0$，したがって $\boldsymbol{\Omega}=0$，とおくことができる．（強磁性体の微粒子を懸濁させてつくった磁性流体では，一般にこの仮定は許されない．）したがって，(2.4)は

$$\rho\frac{DU}{Dt}=\frac{D}{Dt}U^{(em)}-\boldsymbol{D}\cdot\frac{D}{Dt}\boldsymbol{E}-\boldsymbol{B}\cdot\frac{D}{Dt}\boldsymbol{H}+\boldsymbol{p}^{(a)}\cdot(\boldsymbol{\omega}/2)+p_{ik}{}^{(s)}e_{ik}+Q_J+\delta Q \tag{3.1}$$

となる．

物体の各部分が速度 $\boldsymbol{v}$ で運動するとき，微小時間 dt の間の変位は $d\boldsymbol{u}=\boldsymbol{v}dt$ で与えられる．このばあい，(3.1)は

$$\rho dU=dU^{(em)}-\boldsymbol{D}\cdot d\boldsymbol{E}-\boldsymbol{B}\cdot d\boldsymbol{H}+\boldsymbol{p}^{(a)}\cdot(\boldsymbol{\omega}/2)dt+p_{ik}{}^{(s)}e_{ik}dt+(Q_J+\delta Q)dt \tag{3.2}$$

の形に表わされる．さて

$$e_{ik}dt=\frac{1}{2}(\partial_k v_i+\partial_i v_k)dt=\frac{1}{2}d(\partial_k u_i+\partial_i u_k),$$

$$\boldsymbol{\omega}\,dt=\mathrm{rot}\boldsymbol{v}\,dt=d\,\mathrm{rot}\boldsymbol{u}$$

である．そこで，改めて

$$e_{ik}=\frac{1}{2}(\partial_k u_i+\partial_i u_k), \tag{3.3}$$

$$\boldsymbol{\omega}=\frac{1}{2}\mathrm{rot}\boldsymbol{u} \tag{3.4}$$

と書くことにすれば，e_{ik} は **変形テンソル**，$\boldsymbol{\omega}$ は物体各部の **微小回転角** を表わす．したがって，(3.2)は

$$\rho dU=dU^{(em)}-\boldsymbol{D}\cdot d\boldsymbol{E}-\boldsymbol{B}\cdot d\boldsymbol{H}+p_{ik}{}^{(s)}de_{ik}+\boldsymbol{p}^{(a)}\cdot d\boldsymbol{\omega}+\delta Q', \tag{3.5}$$

$$\delta Q'=(Q_J+\delta Q)dt \tag{3.6}$$

と書ける．

熱力学の第II法則によれば，**準静的過程** に際して

$$\delta Q'=\rho TdS \tag{3.7}$$

の関係が成り立つ．ただし，S は物質の単位質量のもつ **エントロピー**，T は **絶対温度** である．さらに，**比体積** を $v=1/\rho$ とすると，(3.5)は

$$dU=v(dU^{(em)}-\boldsymbol{D}\cdot d\boldsymbol{E}-\boldsymbol{B}\cdot d\boldsymbol{H}+p_{ik}{}^{(s)}de_{ik}+\boldsymbol{p}^{(a)}\cdot d\boldsymbol{\omega})+TdS \tag{3.8}$$

と書ける．この式から，物体の熱力学的状態を表わす変数としては，(e_{ik}, $\boldsymbol{\omega}$, $\boldsymbol{E}$, $\boldsymbol{H}$) と S とをとればよいことがわかる．

N 1　比体積 v は実は e_{ik} によって表わされる．これを見るには連続の方程式(2.1)を利用すればよい．すなわち $d\boldsymbol{u} = \boldsymbol{v}dt$ とおくと，(2.1)は

$$d(\mathrm{div}\ \boldsymbol{u}) = -\frac{d\rho}{\rho} = \frac{dv}{v}$$

となる．ところが，(3.3)により

$$\mathrm{div}\ \boldsymbol{u} = \partial_k u_k = e_{kk}. \tag{3.9}$$

したがって，

$$d\ e_{kk} = dv/v, \tag{3.10}$$

$$\therefore\quad \log v = e_{kk} + \mathrm{const} \tag{3.11}$$

の関係が成り立つのである．

N 2　非粘性流体のばあいには $p_{ik} = -p\delta_{ik}$(p は圧力)である．したがって $\boldsymbol{p}^{(a)} = 0$ となり，(3.8)の右辺で $d\boldsymbol{\omega}$ の項は消える．また

$$p_{ik}{}^{(s)}de_{ik} = -p\delta_{ik}de_{ik} = -p\ de_{kk} = -pdv/v \qquad \because\quad (3.10)$$

である．したがって(3.8)は

$$dU = v(dU^{(em)} - \boldsymbol{D}\cdot d\boldsymbol{E} - \boldsymbol{B}\cdot d\boldsymbol{H}) - pdv + TdS \tag{3.12}$$

となる．すなわち，流体のばあいには，状態変数(e_{ik}, $\boldsymbol{\omega}$)のうちただ1個 v をとればよいのである．第6章の流体に関する議論はこの事実を基礎とするものである．

§4.　応力に対する電磁場の影響

弾性体の変形が等温的($T = \mathrm{const}$)におこるばあいには，独立変数として(T, e_{ik}, $\boldsymbol{\omega}$, $\boldsymbol{E}$, $\boldsymbol{H}$)をとるのが便利である．そのばあい，従属変数として**自由エネルギー**

$$F = U - TS \tag{4.1}$$

を採用する．$TdS = d(TS) - SdT$ であるから，(3.8)は

$$dF = v(dU^{(em)} - \boldsymbol{D}\cdot d\boldsymbol{E} - \boldsymbol{B}\cdot d\boldsymbol{H} + p_{ik}{}^{(s)}de_{ik} + \boldsymbol{p}^{(a)}\cdot d\boldsymbol{\omega}) - SdT \tag{4.2}$$

となる．

さて，第12章のとり扱いにならい

$$F^*(T, e_{ik}, \boldsymbol{\omega}, \boldsymbol{E}, \boldsymbol{H}) \stackrel{\text{def}}{=} \left(\int_0^E \boldsymbol{D}\cdot d\boldsymbol{E} + \int_0^H \boldsymbol{B}\cdot d\boldsymbol{H}\right)_{T,e,\omega} \tag{4.3}$$

を定義しよう．ここで$(\cdots)_{T,e,\omega}$は$T, e_{ik}, \boldsymbol{\omega}$を一定に保っての積分であることを意味する．このとき

$$dF^* = \boldsymbol{D}\cdot d\boldsymbol{E} + \boldsymbol{B}\cdot d\boldsymbol{H} + \frac{\partial F^*}{\partial e_{ik}}de_{ik} + \frac{\partial F^*}{\partial \boldsymbol{\omega}}\cdot d\boldsymbol{\omega} + \frac{\partial F^*}{\partial T}dT \tag{4.4}$$

である．ただし$\partial F^*/\partial\boldsymbol{\omega} \equiv \partial F^*/\partial\omega_i$．いま

$$F_1(T, e_{ik}, \boldsymbol{\omega}, \boldsymbol{E}, \boldsymbol{H}) \stackrel{\text{def}}{=} U^{(em)} - F^* \tag{4.5}$$

を定義し，さらに

$$F = F_0 + vF_1 \tag{4.6}$$

とおくと，(4.2)は

$$dF_0 = v\left\{-F_1 d\Theta + \left(\frac{\partial F^*}{\partial e_{ik}} + p_{ik}{}^{(s)}\right)de_{ik} + \left(\frac{\partial F^*}{\partial \boldsymbol{\omega}} + \boldsymbol{p}^{(a)}\right)\cdot d\boldsymbol{\omega}\right\} + \left(v\frac{\partial F^*}{\partial T} - S\right)dT \tag{4.7}$$

と書きかえられる．ここで

$$\Theta = \mathrm{div}\,\boldsymbol{u} = e_{kk} \tag{4.8}$$

である．(4.7)の形から，F_0は$e_{ik}, \boldsymbol{\omega}, T$だけの関数であることがわかる．($\Theta$は$e_{ik}$で表わされることに注意！）　すなわち

$$F_0 = F_0(T, e_{ik}, \boldsymbol{\omega}) \tag{4.9}$$

である．したがって，(4.7)の右辺は$\boldsymbol{E}, \boldsymbol{H}$を含まないはずである．そこで$\boldsymbol{E} = 0$, $\boldsymbol{H} = 0$とおいてみると，$F^* = 0$, $F_1 = 0$であるから，

$$dF_0 = v(p_{ik}{}^{(0)}de_{ik} + \boldsymbol{p}_0{}^{(a)}\cdot d\boldsymbol{\omega}) - S_0 dT \tag{4.10}$$

が得られる．ただし，簡単のために

$$\left.\begin{aligned} p_{ik}{}^{(0)} &\equiv p_{ik}{}^{(0)}(T,e,\omega) = p_{ik}{}^{(s)}(T,e_{ik}, \boldsymbol{\omega}, 0, 0), \\ \boldsymbol{p}_0{}^{(a)} &\equiv \boldsymbol{p}_0{}^{(a)}(T,e,\omega) = \boldsymbol{p}^{(a)}(T,e_{ik}, \boldsymbol{\omega}, 0, 0), \\ S_0 &\equiv S_0(T,e,\omega) = S(T,e_{ik}, \boldsymbol{\omega}, 0, 0) \end{aligned}\right\} \tag{4.11}$$

と略記した．すなわち，一般に$p_{ik}{}^{(s)}, \boldsymbol{p}^{(a)}, S, F$は状態変数$(T, e_{ik}, \boldsymbol{\omega}, \boldsymbol{E}, \boldsymbol{H})$の関数であるが，とくに$\boldsymbol{E} = 0, \boldsymbol{H} = 0$に対する値，つまり電磁場の存在しないばあいの値を添字0で示すのである．

$$F_1 d\Theta = F_1 de_{kk}$$
$$= F_1 \delta_{ik} de_{ik} \tag{4.12}$$

に注意して，(4.7)と(4.10)を比較すれば，ただちに

$$p_{ik}{}^{(s)} = p_{ik}{}^{(0)}(T,e,\omega) + F_1\delta_{ik} - \frac{\partial F^*}{\partial e_{ik}}, \tag{4.13}$$

$$\boldsymbol{p}^{(a)} = \boldsymbol{p}_0{}^{(a)}(T,e,\omega) - \frac{\partial F^*}{\partial \boldsymbol{\omega}}, \tag{4.14}$$

$$S = S_0(T,e,\omega) + v\frac{\partial F^*}{\partial T}, \tag{4.15}$$

$$F = F_0(T,e,\omega) + vF_1 \tag{4.16}$$

の関係が得られる．ただし，(4.16)は参照の便宜上，単に(4.6)を再記したものである．

(4.13)～(4.16)は物質の状態方程式が電磁場によってどう変わるかを示す関係式である．とくに，(4.13),(4.14) は応力に対する電磁場の影響を与えるものとして重要である．たとえば $p_{ik}{}^{(0)}(T,e,\omega)$ は，温度 T と変形状態 e_{ik}, $\boldsymbol{\omega}$ を指定すれば確定するという意味で，**熱力学的応力** とよぶことができるだろう．これに対して $p_{ik}{}^{(s)}$ は物体のつりあい，あるいは運動をきめるという意味で，**機械的応力** とよぶことができる．そして両者は(4.13)の関係式で結ばれているのである．

N 1 上の計算は，$\boldsymbol{D}$, $\boldsymbol{B}$ のかわりに分極 $\boldsymbol{P}$, $\boldsymbol{M}$ を使って行なうことができる．すなわち

$$\boldsymbol{D} = \varepsilon_0\boldsymbol{E} + \boldsymbol{P}, \quad \boldsymbol{B} = \mu_0\boldsymbol{H} + \boldsymbol{M}, \tag{4.17}$$

$$U^{(em)} = \frac{1}{2}(\boldsymbol{D}\cdot\boldsymbol{E} + \boldsymbol{B}\cdot\boldsymbol{H}),$$

$$U^{(pol)} = \frac{1}{2}(\boldsymbol{P}\cdot\boldsymbol{E} + \boldsymbol{M}\cdot\boldsymbol{H}) \tag{4.18}$$

に注意して，(4.2)式の右辺で

$$dU^{(em)} - (\boldsymbol{D}\cdot d\boldsymbol{E} + \boldsymbol{B}\cdot d\boldsymbol{H}) = dU^{(pol)} - (\boldsymbol{P}\cdot d\boldsymbol{E} + \boldsymbol{M}\cdot d\boldsymbol{H}) \tag{4.19}$$

の書きかえを行ない，(4.3)のかわりに

$$F_p{}^*(T, e_{ik}, \boldsymbol{\omega}, \boldsymbol{E}, \boldsymbol{H}) \overset{\text{def}}{=} \left(\int_0^E \boldsymbol{P}\cdot d\boldsymbol{E} + \int_0^H \boldsymbol{M}\cdot d\boldsymbol{H}\right)_{T,e,\omega} \tag{4.20}$$

を定義する．このばあい(4.5)の F_1 は

$$F_1 = U^{(em)} - F^* = U^{(pol)} - F_p{}^* \tag{4.21}$$

のように，$F_p{}^*$ を使って表わすことができる．

$$F^* - F_p{}^* = U^{(em)} - U^{(pol)} = \frac{1}{2}(\varepsilon_0 E^2 + \mu_0 H^2)$$

であるから，$\partial F^*/\partial e_{ik} = \partial F_p{}^*/\partial e_{ik}, \ldots$ が成り立つ．したがって，(4.13)～(4.15)の各式で，F^* の代わりに F_p^* を使うことができる．

なお，温度 T の代わりにエントロピー S を独立変数に選ぶと，自由エネルギー F の代わりに内部エネルギー U について上と同様の諸式が得られる．すなわち

$$U^*(S, e_{ik}, \boldsymbol{\omega}, \boldsymbol{E}, \boldsymbol{H}) \overset{\text{def}}{=} \left(\int_0^{E} \boldsymbol{D}\cdot d\boldsymbol{E} + \int_0^{H} \boldsymbol{B}\cdot d\boldsymbol{H}\right)_{S,e,\omega,} \tag{4.22}$$

$$U_1(S, e_{ik}, \boldsymbol{\omega}, \boldsymbol{E}, \boldsymbol{H}) \overset{\text{def}}{=} U^{(em)} - U^* \tag{4.23}$$

などを定義しておけばよいのである．

N 2 $F^*(T, e_{ik}, \boldsymbol{\omega}, \boldsymbol{E}, \boldsymbol{H})$, $U^*(S, e_{ik}, \boldsymbol{\omega}, \boldsymbol{E}, \boldsymbol{H})$ は物質固有の関数である．この関数形が与えられておれば

$$\boldsymbol{D} = \frac{\partial F^*}{\partial \boldsymbol{E}}, \quad \boldsymbol{B} = \frac{\partial F^*}{\partial \boldsymbol{H}} \tag{4.24}$$

あるいは

$$\boldsymbol{D} = \frac{\partial U^*}{\partial \boldsymbol{E}}, \quad \boldsymbol{B} = \frac{\partial U^*}{\partial \boldsymbol{H}} \tag{4.25}$$

によって $\boldsymbol{D}$ と $\boldsymbol{E}$, $\boldsymbol{B}$ と $\boldsymbol{H}$ の電磁的な関係がわかり，さらに(4.13), (4.14)によって応力 p_{ik} と変形 e_{ik} の関係がわかり，(4.15)によって熱的性質がわかる．すなわち，物質の電磁的，弾性的，熱的性質はすべて F^*, U^* に含まれているのである．F_p^*, U_p^* についても同様に

$$\boldsymbol{P} = \frac{\partial F_p^*}{\partial \boldsymbol{E}}, \quad \boldsymbol{M} = \frac{\partial F^*}{\partial \boldsymbol{H}}, \tag{4.26}$$

$$\boldsymbol{P} = \frac{\partial U_p^*}{\partial \boldsymbol{E}}, \quad \boldsymbol{M} = \frac{\partial U_p^*}{\partial \boldsymbol{H}} \tag{4.27}$$

が成り立つ．

F^*, U^*,… は物質の弾性，熱的性質，電磁的性質の相互関係を研究をするための基礎をなすものである．たとえば，**電歪**，**圧電気** などの現象はこれによって説明される．

§5.　電磁的に線形の弾性体

$\boldsymbol{D}, \boldsymbol{B}$ の各成分がそれぞれ $\boldsymbol{E}, \boldsymbol{H}$ の成分の 1 次式として表わされるばあい，物質は **電磁的に線形** であるという．すなわち

$$D_i = \varepsilon_{ik}E_k, \quad B_i = \mu_{ik}H_k \tag{5.1}$$

の線形関係が成り立つばあいである．$\varepsilon_{ik}, \mu_{ik}$ はそれぞれ **誘電率テンソル，透磁率テンソル** とよばれる．等方的の物質では $\varepsilon_{ik} = \varepsilon\delta_{ik}$, $\mu_{ik} = \mu\delta_{ik}$ であって，$\boldsymbol{D} = \varepsilon\boldsymbol{E}$, $\boldsymbol{B} = \mu\boldsymbol{H}$ が成り立つのである．$\varepsilon_{ik}, \mu_{ik}$ は一般に熱力学的状態の関数として変化し得る．すなわち $\varepsilon_{ik}(T,e,\omega)$, $\mu_{ik}(T,e,\omega)$ は物質固有の関数である．

このばあいについて弾性体の応力の電磁場依存性を調べよう．

(**i**)　まず，電場依存性を考える．

(4.3) により

$$F^* = \int_0^E \boldsymbol{D}\cdot d\boldsymbol{E} = \int_0^E \varepsilon_{ik}E_k\, dE_i = \int_0^E \varepsilon_{ki}E_i\, dE_k. \qquad \because \quad i \rightleftarrows k$$

ところが，一般に

$$\varepsilon_{ik} = \varepsilon_{ki} \tag{5.2}$$

という **対称性** が成り立つことが証明される．(次頁の **N** を見よ．) これを利用すると，

$$\begin{aligned} F^* &= \frac{1}{2}\left(\int_0^E \varepsilon_{ik}E_k\, dE_i + \int_0^E \varepsilon_{ki}E_i\, dE_k\right) \\ &= \frac{1}{2}\varepsilon_{ik}\int_0^E (E_k\, dE_i + E_i\, dE_k) \qquad \because \quad (5.2) \\ &= \frac{1}{2}\varepsilon_{ik}E_iE_k = U^{(em)} \end{aligned} \tag{5.3}$$

が得られる．したがって，(4.5) は

$$F_1 = 0 \tag{5.4}$$

を与える．したがって，(4.13)～(4.16) は

$$p_{ik}{}^{(s)} = p_{ik}{}^{(0)}(T,e,\omega) - \frac{1}{2}E_\alpha E_\beta \frac{\partial\varepsilon_{\alpha\beta}}{\partial e_{ik}}, \tag{5.5}$$

$$\boldsymbol{p}^{(a)} = \boldsymbol{p}_0{}^{(a)}(T,e,\omega) - \frac{1}{2}E_\alpha E_\beta \frac{\partial\varepsilon_{\alpha\beta}}{\partial\omega_i}, \tag{5.6}$$

$$S = S_0(T,e,\omega) + \frac{1}{2}E_\alpha E_\beta\, v\frac{\partial \varepsilon_{\alpha\beta}}{\partial T}, \tag{5.7}$$

$$F = F_0(T,e,\omega) \tag{5.8}$$

となる．これから，**線形誘電体**，すなわち電気的に線形の物質では，電場 $\boldsymbol{E}$ の影響は E^2 に比例することがわかる．その比例係数 $\partial\varepsilon_{\alpha\beta}/\partial e_{ik}, \ldots$ を知るには，$\varepsilon_{\alpha\beta}(T,e,\omega)$ の具体的な関数形が与えられていなければならない．

N　$\varepsilon_{ik} = \varepsilon_{ki}$ の証明　$F^*(T,e,\omega,\boldsymbol{E},\boldsymbol{H})$ を(4.3)によって定義することができたのは，実はつぎのような事情によるのである．T, e_{ik}, $\boldsymbol{\omega}$ を一定に保つと，(4.2)は

$$dF = v\,(dU^{(em)} - \boldsymbol{D}\cdot d\boldsymbol{E} - \boldsymbol{B}\cdot d\boldsymbol{H}) \tag{5.9}$$

となる．ここで v は(3.11)により e_{ik} で表わされるから一定である．したがって

$$W = U^{(em)} - F/v \tag{5.10}$$

とおくと，(5.9)は

$$dW = \boldsymbol{D}\cdot d\boldsymbol{E} + \boldsymbol{B}\cdot d\boldsymbol{H} \tag{5.11}$$

と書ける．すなわち，$\boldsymbol{D}\cdot d\boldsymbol{E} + \boldsymbol{B}\cdot d\boldsymbol{H}$ は全微分である．したがって

$$D_i = \frac{\partial W}{\partial E_i},\quad B_i = \frac{\partial W}{\partial H_i} \tag{5.12}$$

である．これから一般に

$$\frac{\partial D_i}{\partial E_k} = \frac{\partial D_k}{\partial E_i},\quad \frac{\partial B_i}{\partial H_k} = \frac{\partial B_k}{\partial H_i} \tag{5.13}$$

の関係が成り立つことがわかる．

とくに電磁的に線形の物質では，(5.1)により

$$D_i = \varepsilon_{ik}E_k,\quad B_i = \mu_{ik}H_k$$

であるから，ただちに次式が得られる．

$$\varepsilon_{ik} = \varepsilon_{ki},\quad \mu_{ik} = \mu_{ki}\,. \tag{5.14}$$

(ii)　等方性の弾性体　電磁場がないばあい，すなわちふつうの状態では等方的な弾性体を考える．また，この弾性体は自然の状態では電磁的に等方的であるが，変形すると電磁的に異方性になるとする．このようなばあいには，$\varepsilon_{\alpha\beta}(T,e,\omega)$ としてもっとも簡単な関数形は

$$\varepsilon_{\alpha\beta} = \varepsilon_0(T)\delta_{\alpha\beta} + a_1(T)e_{\alpha\beta} + a_2(T)e_{\gamma\gamma}\delta_{\alpha\beta} \tag{5.15}$$

であろう．$\varepsilon_0(T)$ はその物質の自然状態での誘電率であって，一般に温度 T

の関数として変化し得る．テンソル $\varepsilon_{\alpha\beta}$ がテンソル e_{ik} の1次関数として表わされ，かつ物質が等方性をもつものとしては(5.15)の形がもっとも一般的である．

さて，(5.15)から，$\partial e_{\alpha\beta}/\partial e_{ik} = \delta_{\alpha i}\delta_{\beta k}$ に注意すれば

$$\frac{\partial \varepsilon_{\alpha\beta}}{\partial e_{ik}} = a_1\delta_{\alpha i}\delta_{\beta k} + a_2\delta_{ik}\delta_{\alpha\beta}.$$

$$\therefore\quad E_\alpha E_\beta \frac{\partial \varepsilon_{\alpha\beta}}{\partial e_{ik}} = a_1 E_i E_k + a_2 E^2 \delta_{ik}$$

が得られる．したがって(5.5)は

$$p_{ik}{}^{(s)} = p_{ik}{}^{(0)} - \frac{1}{2}(a_1 E_i E_k + a_2 E^2 \delta_{ik}) \tag{5.16}$$

となる．このばあい $\partial \varepsilon_{\alpha\beta}/\partial \omega_i = 0$ であるから，応力の反対称成分 $\boldsymbol{p}^{(a)}$ に対する影響は現われない．

(iii)　磁場依存性についても上とまったく同様のとり扱いができる．その結果，(5.5)～(5.8)とあわせると次式が得られる．

$$p_{ik}{}^{(s)} = p_{ik}{}^{(0)}(T,e,\omega) - \frac{1}{2}E_\alpha E_\beta \frac{\partial \varepsilon_{\alpha\beta}}{\partial e_{ik}} - \frac{1}{2}H_\alpha H_\beta \frac{\partial \mu_{\alpha\beta}}{\partial e_{ik}}, \tag{5.17}$$

$$\boldsymbol{p}^{(a)} = \boldsymbol{p}_0{}^{(a)}(T,e,\omega) - \frac{1}{2}E_\alpha E_\beta \frac{\partial \varepsilon_{\alpha\beta}}{\partial \omega_i} - \frac{1}{2}H_\alpha H_\beta \frac{\partial \mu_{\alpha\beta}}{\partial \omega_i}, \tag{5.18}$$

$$S = S_0(T,e,\omega) + \frac{1}{2}E_\alpha E_\beta\, v\frac{\partial \varepsilon_{\alpha\beta}}{\partial T} + \frac{1}{2}H_\alpha H_\beta\, v\frac{\partial \mu_{\alpha\beta}}{\partial T}, \tag{5.19}$$

$$F = F_0(T, e, \omega). \tag{5.20}$$

とくに，応力0の状態では電磁的等方性をもつような弾性体で，誘電率と透磁率が

$$\varepsilon_{\alpha\beta} = \varepsilon_0(T)\delta_{\alpha\beta} + a_1(T)e_{\alpha\beta} + a_2(T)e_{\gamma\gamma}\delta_{\alpha\beta}, \tag{5.21}$$

$$\mu_{\alpha\beta} = \mu_0(T)\delta_{\alpha\beta} + b_1(T)e_{\alpha\beta} + b_2(T)e_{\gamma\gamma}\delta_{\alpha\beta} \tag{5.22}$$

のように表わされるばあいには，(5.17)，(5.18)はそれぞれ

$$p_{ik}{}^{(s)} = p_{ik}{}^{(0)} - \frac{1}{2}(a_1 E_i E_k + a_2 E^2 \delta_{ik}) - \frac{1}{2}(b_1 H_i H_k + b_2 H^2 \delta_{ik}), \tag{5.23}$$

$$\boldsymbol{p}^{(a)} = \boldsymbol{p}_0{}^{(a)}(T, e, \omega) \tag{5.24}$$

となる．このばあい応力の反対称成分 $\boldsymbol{p}^{(a)}$ に対する電磁場の影響は現われない．また，(5.20)から見られるように，一般に電磁的に線形の物質では，自由エネルギー F は電磁場によって変化しないのである．

§6.　体積膨張度と平均圧力

変形テンソル e_{ik} は対称テンソルであるから，独立な成分は 6 個ある．そして $\operatorname{div} \boldsymbol{u} = \Theta = e_{kk}$ は **体積膨張度** を表わし，座標変換に対して不変なスカラー量である．さて，(4.7) の dF_0 の表式を見ると，独立変数として e_{ik} と Θ が別々に書かれている．つまり，一見 7 個の独立変数があるかのように見える．そこで，これを本来の 6 個の変数で表わすことを考えよう．テンソル e_{ik} を

$$e_{ik} = e'_{ik} + \frac{1}{3}\Theta\delta_{ik} \tag{6.1}$$

のように分解すると，$e_{kk} = e'_{kk} + \Theta$ となるから，e'_{ik} は $e'_{kk} = 0$ が成り立つようなテンソル，すなわち **かたよりテンソル** (deviator) である．これは体積膨張を伴わない変形を表わしている．独立変数として e_{ik} の代わりに e'_{ik}, Θ を使うと

$$\frac{\partial F^*}{\partial e_{ik}} de_{ik} = \frac{\partial F^*}{\partial \Theta} d\Theta + \frac{\partial F^*}{\partial e'_{ik}} de'_{ik},$$

$$p_{ik}{}^{(s)} de_{ik} = p_{ik}{}^{(s)} de'_{ik} + \frac{1}{3}\delta_{ik} p_{ik}{}^{(s)} d\Theta$$

$$= p_{ik}{}^{(s)} de'_{ik} + \frac{1}{3} p_{kk}{}^{(s)} d\Theta.$$

$p_{kk}{}^{(s)}$ は応力テンソル p_{ik} の対角線成分の和，すなわち **トレース** としてスカラー量である．そこで

$$p \overset{\text{def}}{=} -\frac{1}{3} p_{kk}{}^{(s)} = -\frac{1}{3} p_{kk} \tag{6.2}$$

を考えると，これは 3 軸方向の法線応力の平均値(の符号を変えたもの)として ‘圧力’ の性格をそなえている．これを **平均圧力** とよぶことにしよう．(非粘性流体のばあい，平均圧力は圧力そのものである．) e'_{ik} と p とを使うと

$$-F_1 d\Theta + \left(\frac{\partial F^*}{\partial e_{ik}} + p_{ik}{}^{(s)}\right) de_{ik}$$

$$= \left(-F_1 + \frac{\partial F^*}{\partial \Theta} - p\right) d\Theta + \left(\frac{\partial F^*}{\partial e_{ik}} + p_{ik}{}^{(s)}\right) de'_{ik}.$$

さらに，(3.10) により $d\Theta = dv/v$ であるから，(4.7) は

$$dF_0 = \left(-p - F_1 + v\frac{\partial F^*}{\partial v}\right)dv + \left(v\frac{\partial F^*}{\partial T} - S\right)dT$$
$$+ v\left\{\left(\frac{\partial F^*}{\partial e'_{ik}} + p_{ik}{}^{(s)}\right)de'_{ik} + \left(\frac{\partial F^*}{\partial \boldsymbol{\omega}} + \boldsymbol{p}^{(a)}\right)\cdot d\boldsymbol{\omega}\right\} \tag{6.3}$$

となる．これから出発して前と同様の議論を行なえばよい．とくに dv の係数の比較から

$$p = p_0(T,e,\omega) + v\frac{\partial F^*}{\partial v} - F_1 \tag{6.4}$$

が得られる．これは (12.8.16) と一致する．すなわち‘平均圧力’p に対する電磁場の影響は，流体の圧力のばあいとまったく同じである．なお，(6.4)の結果は(4.13)から直接導くこともできる．（読者の演習問題としよう．）

§7.　物体に働く電磁力 ── 在来の理論との比較

これまでしばしば述べたように，現行の電磁気学の本では，物体の各部分に働く電磁力のとり扱いはあまりされていない．筆者の目にした限りでは，邦書では宮島 [6]，平川 [2]，飯田 [3]，宮副 [7]，外国書では Stratton [11]，Landau-Lifshitz[5]，Panofsky-Phillips[8]，de Groot[1]，Jackson [4]，Rosensweig[10]，Penfield-Haus[9] だけが電磁力の具体的な表式を与えている．それも，[9]を除いては静電場あるいは静磁場のばあいにかぎられている．しかも，固体について議論するのは [11] と [5],[9] だけである．

さて，流体の各部分に働く電磁力に対して上記の著書の与える表式には 2 つの流儀がある：

$$\boldsymbol{f}_{\mathrm{Kel}} = (\boldsymbol{P}\cdot\mathrm{grad})\boldsymbol{E}, \tag{7.1}$$

$$\boldsymbol{f}_{\mathrm{Helm}} = -\frac{1}{2}E^2\,\mathrm{grad}\,\varepsilon - \frac{1}{2}\,\mathrm{grad}\left\{E^2\rho\left(\frac{\partial\varepsilon}{\partial\rho}\right)_T\right\}. \tag{7.2}$$

$\boldsymbol{f}_{\mathrm{Kel}}$ は **Kelvin 力** とよばれ，真空中の非一様な静電場の中におかれた電気 2 重極に働く力からの類推によって Kelvin が提唱したものである．また，$\boldsymbol{f}_{\mathrm{Helm}}$ は **Helmholtz 力** とよばれ，エネルギー的考察によって Korteweg と Helmholtz が導いたものである．上記の著書のうち，[3] と [7] は $\boldsymbol{f}_{\mathrm{Kel}}$ を支持するように見える．$\boldsymbol{f}_{\mathrm{Kel}}$ と $\boldsymbol{f}_{\mathrm{Helm}}$ を筆者の電磁力の表式 (2.11):

$$\boldsymbol{f}^{(em)} = P_k\partial_i E_k - \partial_i U^{(pol)} \tag{7.3}$$

と比較してみよう．ただし電荷のないばあい（$\rho_e = 0$）について，電場の影響のみを考える．さらに，静電場のばあいを考えると，rot $\boldsymbol{E}=0$ であるから $\partial_i E_k = \partial_k E_i$ とおきかえられ，(7.3) は

$$\boldsymbol{f}^{(em)} = \boldsymbol{f}_{\mathrm{Kel}} - \mathrm{grad}\, U^{(pol)} \tag{7.4}$$

となる．すなわち，$\boldsymbol{f}^{(em)}$ は $\boldsymbol{f}_{\mathrm{Kel}}$ とは一致しない！

そこで，こんどは，線形誘電体：$\boldsymbol{D} = \varepsilon \boldsymbol{E}$ という特別なばあいを考えてみよう．（実は(7.2)式はこの仮定のもとに導かれたものである．）

$$\begin{aligned}\boldsymbol{f}^{(em)} &= D_k \partial_i E_k - \partial_i U^{(em)} \quad \because\ (2.11)\\ &= \varepsilon E_k \partial_i E_k - \partial_i(\varepsilon E^2/2)\\ &= -\frac{E^2}{2}\,\mathrm{grad}\,\varepsilon.\end{aligned} \tag{7.5}$$

すなわち，$\boldsymbol{f}^{(em)}$ は $\boldsymbol{f}_{\mathrm{Helm}}$ とも一致しない！　（ただ $(\partial\varepsilon/\partial\rho)_T = 0$ という特別なばあいには一致する．）

それでは，$\boldsymbol{f}^{(em)}$, $\boldsymbol{f}_{\mathrm{Kel}}$, $\boldsymbol{f}_{\mathrm{Helm}}$ のいずれが正しいのであろうか？

この問いに答えるためには，‘電磁力’の意味を明らかにしておかなければならない．そもそも，物体のある部分 V に働く力というのは，V に注入される運動量によってはかられる．そのうち，V の境界面 S を通って流入する‘電磁運動量’が‘電磁力’を与える．S を通って流入する運動量としては，このほかふつうの‘機械的’な応力 p_{ik} によるものがある．この両者をあわせたものが V を占める物体部分に働く力として意味があるのである．この事実は運動方程式(2.2)を見れば明らかであろう．とくに，いま考えている流体のばあいには，$p_{ik}=-p\delta_{ik}$ であるから，全体の力は

$$\begin{aligned}\boldsymbol{f}^{(tot)} &\equiv \partial_k p_{ik} + \boldsymbol{f}^{(em)}\\ &= -\,\mathrm{grad}\, p + \boldsymbol{f}^{(em)}\end{aligned} \tag{7.6}$$

である．ところが，この特別なばあいには，(6.14.18)により

$$p = p_0(\rho, T) - \frac{E^2}{2}\rho\left(\frac{\partial\varepsilon}{\partial\rho}\right)_T \tag{7.7}$$

である．したがって，(7.5), (7.7)を(7.6)に代入すれば，(7.6)は

$$\boldsymbol{f}^{(tot)} = -\,\mathrm{grad}\, p_0(\rho, T) + \boldsymbol{f}_{\mathrm{Helm}} \tag{7.8}$$

となる．

けっきょく，“電磁力として Helmholtz 力 $\boldsymbol{f}_{\mathrm{Helm}}$ を使うばあいには，圧力 p として $p_0(\rho,T)$ ―― 同じ密度で同じ温度の流体が電場 $\boldsymbol{E}=0$ のときにとるべき圧力 ―― をとればよい”ことがわかる．すなわち，$\boldsymbol{f}^{(em)}$ と $\boldsymbol{f}_{\mathrm{Helm}}$ のちがいは，単に‘圧力’をどう解釈するかによるのである．これに反して Kelvin 力 $\boldsymbol{f}_{\mathrm{Kel}}$ は，その正当性を根拠づけることは困難である．

なお注意すべきは，$\boldsymbol{f}_{\mathrm{Helm}}$ は静電場あるいは静磁場で，しかも電磁的に線形の流体に対してのみ成り立つことである．これに対して，(2.11)の $\boldsymbol{f}^{(em)}$ は任意の物質について，しかも時間的に変化する電磁場について厳密に成り立つのである．ただ，‘機械的’応力 p_{ik} と‘熱力学的’応力 $p_{ik}{}^{(0)}(T,e,\omega)$ とのちがいを銘記すべきである．

電磁エネルギー密度 $U^{(em)}$ についても，その意味を明確につかんでおく必要がある．たとえば，一般的表式として

$$W=\int \boldsymbol{E}\cdot d\boldsymbol{D}+\int \boldsymbol{H}\cdot d\boldsymbol{B} \tag{7.9}$$

をとり，$\boldsymbol{D}=\varepsilon\boldsymbol{E}$, $\boldsymbol{B}=\mu\boldsymbol{H}$ という特別なばあいに

$$W=\frac{1}{2}(\boldsymbol{E}\cdot\boldsymbol{D}+\boldsymbol{H}\cdot\boldsymbol{B}) \tag{7.10}$$

となると考えることがある．この立場に立つと，われわれの $U^{(em)}$ は簡単過ぎて特殊なばあいにしか適用できないと思われるかも知れない．しかし，実は，物質の単位体積に含まれる全エネルギー $U^{(tot)}$ は

$$U^{(tot)}=\rho U+U^{(em)} \tag{7.11}$$

で与えられ，これが本質的に重要なのである．

流体については，(12.8.14), (12.8.15), (12.8.17)によれば

$$\rho U=\rho U_0(\rho,T)+T\left(\frac{\partial F^*}{\partial T}\right)_\rho+F_1 \tag{7.12}$$

が得られ，とくに $\boldsymbol{D}=\varepsilon\boldsymbol{E}$, $\boldsymbol{B}=\mu\boldsymbol{H}$ のばあいには

$$\rho U=\rho U_0(\rho,T)+\frac{E^2}{2}T\left(\frac{\partial\varepsilon}{\partial T}\right)_\rho+\frac{H^2}{2}T\left(\frac{\partial\mu}{\partial T}\right)_\rho \tag{7.13}$$

となる．すなわち，“内部エネルギーが電磁場の影響によって $U_0(\rho,T)$ から U に変化する”と解釈すれば，$U^{(em)}$ の表式はそのまま成り立つのである．つまり，一見一般的に見える(7.9)の表式は，それに対応する ρU の具体的な値を与えないかぎり，無用の長物というべきである．

なお，流体とは限らず，任意の物質について，(4.16)に相当して，$U = U_0 + vU_1$ であるから，

$$U^{(tot)} = \rho U_0 + U_1 + U^{(em)} \qquad \because \quad v = 1/\rho$$
$$= \rho U_0 + 2U^{(em)} - U^*. \qquad \because \quad (4.23) \tag{7.14}$$

ところが，(4.22)により

$$U^* = \left(\int_0^E \boldsymbol{D}\cdot d\boldsymbol{E} + \int_0^H \boldsymbol{B}\cdot d\boldsymbol{H}\right)_{S,e,\omega}$$
$$= \boldsymbol{D}\cdot\boldsymbol{E} + \boldsymbol{B}\cdot\boldsymbol{H} - \left(\int_0^D \boldsymbol{E}\cdot d\boldsymbol{D} + \int_0^B \boldsymbol{H}\cdot d\boldsymbol{B}\right)_{S,e,\omega}$$

であるから

$$U^{(tot)} = \rho U_0(S,e,\omega) + \left(\int_0^D \boldsymbol{E}\cdot d\boldsymbol{D} + \int_0^B \boldsymbol{H}\cdot d\boldsymbol{B}\right)_{S,e,\omega} \tag{7.15}$$

となる．この第2項は(7.9)の形をしている．ただし，S, e_{ik}, $\boldsymbol{\omega}$ を一定に保っての積分である．そして第1項は電磁場が存在しないばあいに物体の単位体積のもつ内部エネルギーである．つまり，(7.15)の第2項は，物体の占める空間に含まれるエネルギーが電磁場の存在のために増加する量を表わすのである．

われわれのとり扱いでは，本質的な物理量 $U^{(tot)}$ を便宜的に，物質に付随する内部エネルギー ρU と電磁場のエネルギー $U^{(em)}$ に分解して考えたわけである．しかし，この分解はきわめて有効で，これによって議論が見通しのよいものになったことを強調したい．

§8. ま と め

固体の内部の応力が電磁場によってどのような影響を受けるかを議論した．物体各部のつりあいおよび運動はその部分に働く電磁力 $\boldsymbol{f}^{(em)}$ と応力 p_{ik} によって支配される．その応力 p_{ik} は‘機械的’応力と称すべきものであって，同じ変形状態で電磁場の存在しないばあいに現われる‘熱力学的’応力 $p_{ik}{}^{(0)}$ と区別しなければならない．$p_{ik} - p_{ik}{}^{(0)}$ に対する一般的公式を導き，これを電磁的に線形の物質のばあいに応用した．一般的公式は電歪，圧電気現象などの研究の基礎になるものであるが，本書ではその問題には立ち入らなかった．物体各部に働く電磁力について，現在でも著書によって不一致が見られる．これに対する筆者の見解を述べた．

参考文献

[1] de Groot, S. R.: The Maxwell Equations (North-Holland, 1969).

[2] 平川浩正：電磁気学（培風館，1968）.

[3] 飯田修一：新電磁気学，上,下（丸善，1975）.

[4] Jackson, J. D.: Classical Electrodynamics, 2nd ed. (John Wiley, 1975).

[5] Landau, L. D. & Lifshitz, E. M.: Electrodynamics of Continuous Media (Addison-Wesley, 1960).

[6] 宮島龍興：電磁気学（みすず書房，1966）.

[7] 宮副泰：電磁気学，I，II（朝倉書店，1983）.

[8] Panofsky, W. K. H. & Phillips, M.: Classical Electricity and Magnetism, 2nd ed. (Addison-Wesley, 1962).

[9] Penfield, P. & Haus, H. A.: Electrodynamics of Moving Media (M. I. T. Press, 1951).

[10] Rosensweig, R. E.: Ferrohydrodynamics (Cambr. Univ. Press, 1985).

[11] Stratton, J. A.: Electromagnetic Theory (McGraw-Hill, 1941).

14 電磁気学のパラドックス

§1. は じ め に

正しい前提から出発して正しい推論を行なえば，正しい結論に到達する．これは当然のことである．ところが，正しい（と思われる）前提から出発して，正しい（と思われる）推論を行なった結果，常識に反する結論が得られることがある．これをふつうパラドックスとよんでいる．たとえば，“アキレスも亀に追いつけない”という Zenon のパラドックスは有名である．流体力学では，“流体中を運動する物体には抵抗が働かない”という d'Alembert のパラドックスが有名である．現在の流体力学の基礎はこのパラドックスとの悪戦苦闘によって築かれたということができる．電磁気学にもいろいろパラドックスが提出されている．つまり，常識的に正しいと思われる前提と推論によって常識とは異なる結論が導かれることがしばしばおこるのである．たとえば単極誘導に関する議論がそれである．パラドックスについて考察することは，電磁気学の理解を深め，確かなものとすることに役立つであろう．この章では，これらのパラドックスのいくつかをとり上げて考える．電磁場が運動量と角運動量をもつことがこれによって具体的に明らかになるだろう．なお，ベクトル・ポテンシャルがこれらの考察の際に便利な道具として使われるので，これについて簡単に説明することもこの章の目的である．

§2. Feynman のパラドックス

Feynman の物理学の教科書［1］につぎのようなパラドックスが述べられている．

図1のような薄い絶縁体の円板が同心の回転軸で支えられ，自由に回転できる．円板上に軸と同心の短いソレノイド・コイルがある．コイルには円板上にある小さい電池により定常電流 I が流れている．円板の縁の近くには，一様な間隔で多数の金属小球があり，それぞれが電荷 Q をもっている．さて，

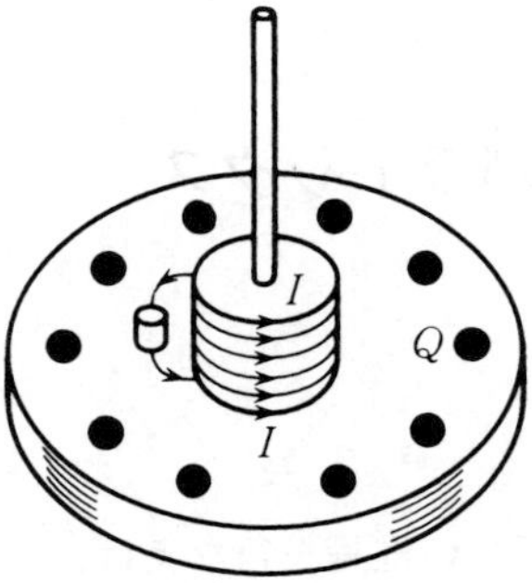

図1

最初円板は静止していたとして，ある瞬間に電流を切ったとすると，円板は回転するか？　それとも，静止し続けるか？　議論のしかたによっては，どちらの結論にも到達する．すなわちパラドックスだというのである．

まず，真正直に考える．最初，コイルには電流が流れているから，軸方向の磁束 $\boldsymbol{\Phi}$ がある．電流 I を切ると，磁束は 0 になる．したがって，電磁誘導により，軸をとりまく円周方向の電場 $\boldsymbol{E}$ が現われる．それによって帯電球には円周方向の力が働くから，円板は回転する．つまり，第 1 の結論である．

つぎに，角運動量保存の立場で考える．円板は最初静止しているから角運動量は 0．保存法則によれば，角運動量はつねに 0 である．したがって，円板は静止し続ける．すなわち，第 2 の結論が得られる．

本書の読者には，このパラドックスは容易に解決されるだろう．つまり，第 2 の推論では，電磁角運動量が無視されていることにすぐ気づかれるはずである．実際，最初の状態では，帯電球による静電場とコイルによる静磁場が共存して電磁力線網をつくり，これがコイルの軸を回転軸とする電磁角運動量を貯えている．電流が切れると磁場がなくなり，電磁力線網が消滅して，その角運動量が円板の回転による‘機械的’角運動量に転換されるのである．

§3.　霜田のパラドックス（1）

Feynman のパラドックスよりも手ごわいパラドックスとして霜田光一教授はつぎのようなパラドックスを提出した［2］，［3］．

図 2 のような細長いソレノイド・コイルの軸を中心として自由に回転できる絶縁体の円環に電荷 Q をもつ小球を等間隔につける．コイルを流れる電流 I を増加または減少させると円環は回転する．この回転力の反作用はどこに

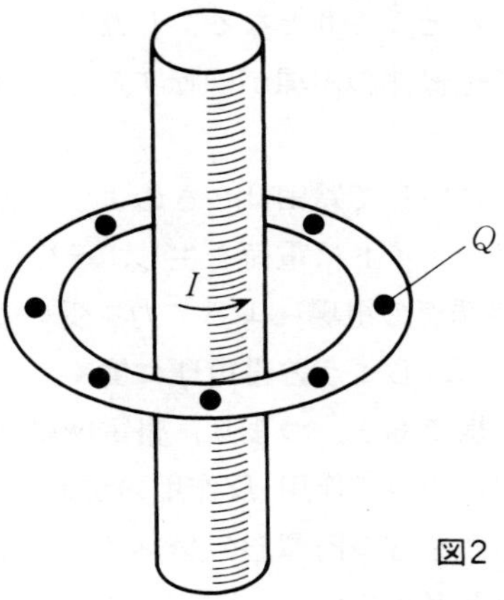

図2

あるか？　円環が回転すると角運動量を得るので，角運動量保存則が破れないか？

Feynman のばあいとは異なり，ソレノイドは十分長いとすると，ソレノイドの外部には磁場は存在せず，したがって $\boldsymbol{g}=\boldsymbol{D}\times\boldsymbol{B}$ は 0 である．またソレノイドの電線が密に巻かれているものとすると，ソレノイドの内部の静電場は 0 であるから，$\boldsymbol{g}$ はやはり 0 となる．したがって電磁運動量はいたるところ 0 となり，電磁角運動量は存在しない．けっきょく，このばあい角運動量保存の法則は成り立たないように見えるのである．

この疑問に対して，霜田はつぎのような解を提案する．ソレノイドはいかに長くても，その長さ l は有限である．l を大きくしたとき，磁場 $\boldsymbol{H}$ は $1/l^2$ に比例して小さくなるが，磁場の強い領域の体積は l^3 に比例して大きくなる．一方，距離 l のところでは静電場 $\boldsymbol{E}$ は $1/l^2$ に比例して小さくなるので，単位体積のもつ電磁角運動量は $g\times l\propto D\cdot B\cdot l\propto l^{-2}\cdot l^{-2}\cdot l=l^{-3}$ に比例する．したがって，全空間にわたって積分すると，有限の値をとる．実際，適当な工夫をこらしてその積分の値を計算すると，ちょうど角運動量保存の法則を満足するような結果が得られるというのである．

このパラドックスはさらにつぎのように深刻化される．ソレノイドを変形して，両端をつないで円環形にすると，磁力線はソレノイドの内部に閉じこめられ，外部の磁場は完全に 0 になる．また電場は，導体のソレノイドによって遮蔽されるので，内部では 0 である．けっきょく，電磁運動量も電磁角運動量も全空間いたるところ0となる．したがって，電磁角運動量が機械的角運動量に転換して絶縁体の円環が回転するという説明は成り立たないのである．

このパラドックスに対して霜田はつぎのように説明する．帯電球の電荷は静電誘導によってソレノイドに電荷を生じ，その電荷は，ソレノイドの磁束 Φ の変化による電磁誘導の電場によって力を受ける．その力をソレノイド全体について積分すれば，ちょうど帯電球に働く力とつりあう．また力のモーメントについても同様である．つまり，帯電球に働く力とソレノイドに誘導される電荷に働く力について作用・反作用の法則が成り立つのである．実際，霜田は一様な円形断面をもつ円環形のソレノイドについて，具体的に計算を行なってこの事実を確かめている．

これで一応，霜田のパラドックスは解決されたようであるが，なお検討すべき点も残っている．たとえば，最初考えた真直なソレノイド・コイルのばあい，ソレノイドには静電誘導による電荷は現われないのだろうか？　現われるとすれば，その影響は？　また，円環状のソレノイドのばあい，外形や断面形が円ではなくて任意の形をもつときにはどうか？　これらについては§9で考える．

§4.　霜田のパラドックス(2)

霜田教授はつぎの問題を考えた［4］．円形の導線Cに電流 I が流れている．導線の平面内で電荷 q の荷電粒子が円形導線の中心を通る直線上を速度 $\boldsymbol{v}$ で運動するとき，荷電粒子および導線にはどんな力が働くか？　図3のように x, y, z 軸をとろう．導線Cを流れる電流のつくる磁場は，xy 平面内では z 軸に平行で，円Cの内部では z 方向，円Cの外部では $-z$ 方向である．したがって，荷電粒子に働く Lorentz 力：

$$\boldsymbol{F} = q\boldsymbol{v} \times \boldsymbol{B} \tag{4.1}$$

は，図のように，$-y$ 方向を向いている．ただし，$\boldsymbol{B}$ は円電流による磁場の磁束密度である．

一方，運動する荷電粒子は，Biot-Savart の法則により，x 軸を中心軸とする同心円状の磁場をつくる．その磁束密度を $\boldsymbol{B}'$ としよう．導線の微小部分 $d\boldsymbol{r}$ には，Ampère の力 $Id\boldsymbol{r} \times \boldsymbol{B}'$ が働くから，導線全体の受ける力は

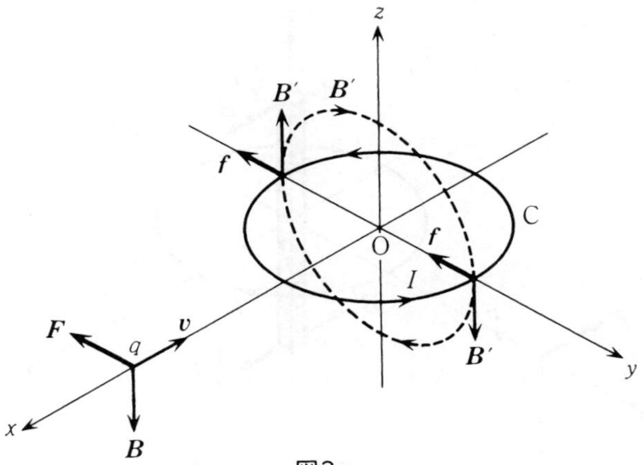

図3

$$\boldsymbol{F}' = I\int_{\mathrm{C}} d\boldsymbol{r} \times \boldsymbol{B}' \tag{4.2}$$

で与えられる．対称性により，$d\boldsymbol{r}\times\boldsymbol{B}'$ の x 成分の積分は消える．しかし $d\boldsymbol{r}\times\boldsymbol{B}'$ の y 成分はいたるところ負である．したがって，$\boldsymbol{F}'$ は $-y$ 方向を向く．

つまり，荷電粒子に働く力 $\boldsymbol{F}$ と導線に働く力 $\boldsymbol{F}'$ はともに $-y$ 方向を向くことになる．これは作用・反作用の法則を破るのではないか？

つぎに，霜田教授は，円電流を棒磁石でおきかえた問題を考える(図4)．(電流モーメント $\mathscr{M}$ の電流回路が磁気モーメント $\mu_1\mathscr{M}$ をもつことを思い出そう．ただし，μ_1 は周囲の媒質の透磁率である．第11章の§13を参照．)

このばあい，棒磁石による磁場の磁束密度を $\boldsymbol{B}$ とすれば，荷電粒子に働く力 $\boldsymbol{F}$ に対して(4.1)の式はそのまま成り立つ．また，運動する荷電粒子による磁場 $\boldsymbol{B}'$ も前と同じである．棒磁石のN極には磁場の方向，S極には逆方向の力が働くから，これらはともに y 方向を向く．したがって棒磁石に働く力 $\boldsymbol{F}'$ は y 方向を向くことになる．

つまり，荷電粒子に働く力 $\boldsymbol{F}$ と棒磁石に働く力 $\boldsymbol{F}'$ とは反対方向を向いている．

この事実は一見，作用・反作用の法則にしたがうようであるが，$\boldsymbol{F}$ と $\boldsymbol{F}'$ の作用線は一致しない．また，電流回路と磁石が等価であるとの通念に反して

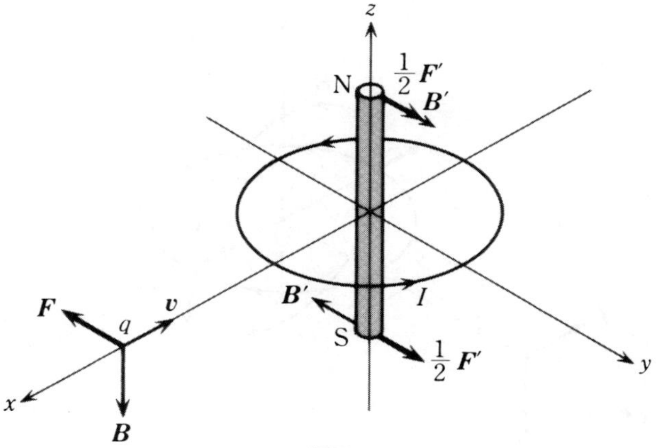

図4

導線と磁石に働く力が反対の方向をもつのはふしぎである．

以上の奇妙な一連の事柄を霜田のパラドックス(2)とよぶことにしよう．

霜田の論文では $\boldsymbol{F}'$ の値を定量的に求めることはされていない．論文の意図は，外部の空間に貯えられる電磁運動量と電磁角運動量の重要性を指摘し，"変位電流が Lorentz 力を受ける"という解釈を提唱するものである．本書では，むしろ，物体に働く電磁力というのは電磁場のもつ運動量の転換にほかならないという立場をとるので，この立場から霜田のパラドックスを説明する．その結果，上で述べた導線および磁石に働く力 $\boldsymbol{F}'$ の計算の方針は，実はいずれも正しくないことがわかるだろう(§9)．

§5.　静電磁場の電磁運動量と電磁角運動量

電磁場の Poynting ベクトル $\boldsymbol{S}$ と電磁運動量密度 $\boldsymbol{g}$ は，それぞれ，$\boldsymbol{S}=\boldsymbol{E}\times\boldsymbol{H}$，$\boldsymbol{g}=\boldsymbol{D}\times\boldsymbol{B}$ で定義される．したがって，電場と磁場が共存するばあいには，それが定常であるか非定常であるかに関せず，一般につねに存在する．$\boldsymbol{S}$ が電磁エネルギーの流れを表わすということから，定常な電磁場で $\boldsymbol{S}$ が 0 でないのはおかしいというような議論がしばしば見られるが，それに対する反論は簡単である．たとえば，'圧力' は面を通しての運動量の流れである．静止流体中でも圧力は存在するのではないか？　また，静止物体中の定常な熱伝導の現象では，熱(内部エネルギー)が流れている！ ... などである．‘静’電磁場のもつ電磁‘運動’量というのも‘パラドックス’的な概念であるのかも知れない．

この節では，空間の一部あるいは全空間に貯えられる静電磁場の電磁運動量および電磁角運動量に対する一般公式を導こう．

(i) ベクトル・ポテンシャル $\boldsymbol{A}$ を使う．

一般に，磁束密度 $\boldsymbol{B}$ はベクトル・ポテンシャル $\boldsymbol{A}$ を使って

$$\boldsymbol{B} = \mathrm{rot}\,\boldsymbol{A}, \quad \mathrm{div}\,\boldsymbol{A} = 0 \tag{5.1}$$

のように表わすことができる．したがって

$$\begin{aligned}
\boldsymbol{g} &= \boldsymbol{D}\times\boldsymbol{B} = \boldsymbol{D}\times\mathrm{rot}\,\boldsymbol{A} \\
&= \varepsilon_{ijk}D_j\varepsilon_{kpq}\partial_p A_q = \varepsilon_{ijk}\varepsilon_{pqk}D_j\partial_p A_q \\
&= (\delta_{ip}\delta_{jq}-\delta_{iq}\delta_{jp})D_j\partial_p A_q \\
&= D_j(\partial_i A_j - \partial_j A_i) \\
&= \partial_i(D_jA_j) - A_j\partial_i D_j - \partial_j(D_jA_i) + A_i\partial_j D_j.
\end{aligned} \tag{5.2}$$

いま，真空中の静電場を考えることにすると，

$$\boldsymbol{D} = \varepsilon_0\boldsymbol{E}, \quad \mathrm{rot}\,\boldsymbol{E} = 0. \tag{5.3}$$

$$\therefore \quad \mathrm{rot}\,\boldsymbol{D} = 0, \qquad \therefore \quad \partial_i D_j = \partial_j D_i.$$

$$\begin{aligned}
\therefore \quad A_j\partial_i D_j &= A_j\partial_j D_i = \partial_j(D_iA_j) - D_i\partial_j A_j \\
&= \partial_j(D_iA_j). \qquad \because \quad (5.1)
\end{aligned}$$

したがって，(5.2)は

$$\boldsymbol{g} = \partial_i(D_jA_j) - \partial_j(D_iA_j) - \partial_j(D_jA_i) + \rho\boldsymbol{A} \tag{5.4}$$

と書きかえられる．ただし，電荷密度 ρ に対する

$$\mathrm{div}\,\boldsymbol{D} = \rho \tag{5.5}$$

の関係式を使う．

(5.4)を任意の領域 V について積分すれば

$$\begin{aligned}
\tilde{\boldsymbol{g}} &= \iiint_{\mathrm{V}} \boldsymbol{g}\,dV \\
&= \iiint_{\mathrm{V}} \rho\boldsymbol{A}\,dV + \iint_{\mathrm{S}} (D_jA_jn_i - D_iA_jn_j - D_jA_in_j)\,dS
\end{aligned}$$

が得られる．ただし Green の公式を使う．S は領域 V の境界面である．

$$A_j(D_jn_i - D_in_j) - D_jn_jA_i = (\boldsymbol{D}\times\boldsymbol{n})\times\boldsymbol{A} - (\boldsymbol{D}\cdot\boldsymbol{n})\boldsymbol{A}$$

に注意すれば，$\tilde{\boldsymbol{g}}$ は

$$\tilde{\boldsymbol{g}} = \iiint_{\mathrm{V}} \rho \boldsymbol{A} dV + \iint_{\mathrm{S}} (\boldsymbol{D}\times\boldsymbol{n})\times\boldsymbol{A} dS - \iint_{\mathrm{S}} (\boldsymbol{D}\cdot\boldsymbol{n})\boldsymbol{A} dS \qquad (5.6)$$

のように表わされる．

電荷や電流が有限の領域に限られているとすれば，$r\to\infty$ に対して $\boldsymbol{D}=O(r^{-2})$, $\boldsymbol{A}=O(r^{-2})$ である．ただし，r は原点からの距離とする．したがって閉曲面 S を無限に遠ざけると (S → S$_\infty$), (5.6)の面積積分の項は消えて

$$\tilde{\boldsymbol{g}} = \iiint_{\mathrm{V}} \rho \boldsymbol{A} dV \qquad (5.7)$$

となる．

つぎに，領域 V に含まれる電磁運動量の（原点に関する）モーメント，すなわち電磁角運動量：

$$\boldsymbol{L} = \iiint_{\mathrm{V}} \boldsymbol{r}\times\boldsymbol{g}\, dV$$

を考える．(5.4)により

$$\begin{aligned}\boldsymbol{r}\times\boldsymbol{g} &= \varepsilon_{ijk}x_j\{\partial_k(D_pA_p)-\partial_p(D_kA_p)-\partial_p(D_pA_k)\}+\rho\boldsymbol{r}\times\boldsymbol{A}\\ &= \varepsilon_{ijk}\{\partial_k(x_jD_pA_p)-\partial_p(x_jD_kA_p)-\partial_p(x_jD_pA_k)\\ &\qquad -\delta_{kj}D_pA_p+\delta_{pj}D_kA_p+\delta_{pj}D_pA_k\}+\rho\boldsymbol{r}\times\boldsymbol{A}.\end{aligned}$$

ところが

$$\varepsilon_{ijk}\delta_{kj} = \varepsilon_{ijj} = 0,$$
$$\varepsilon_{ijk}\delta_{pj}(D_kA_p+D_pA_k) = \varepsilon_{ipk}(D_kA_p+D_pA_k) = 0$$

であるから，

$$\boldsymbol{r}\times\boldsymbol{g} = \rho\boldsymbol{r}\times\boldsymbol{A}+\varepsilon_{ijk}\{\partial_k(x_jD_pA_p)-\partial_p(x_jD_kA_p)-\partial_p(x_jD_pA_k)\} \qquad (5.8)$$

となる．これを $\boldsymbol{L}$ の式に代入して計算すれば

$$\boldsymbol{L} = \iiint_{\mathrm{V}} (\boldsymbol{r}\times\boldsymbol{A})\rho dV + \iint_{\mathrm{S}} \boldsymbol{r}\times\{(\boldsymbol{D}\times\boldsymbol{n})\times\boldsymbol{A}-(\boldsymbol{D}\cdot\boldsymbol{n})\boldsymbol{A}\}dS \qquad (5.9)$$

が得られる．とくに，閉曲面 S を無限に遠ざけると (S → S$_\infty$), (5.9)は

$$\boldsymbol{L} = \iiint_{\mathrm{V}} (\boldsymbol{r}\times\boldsymbol{A})\rho dV \qquad (5.10)$$

と簡単化される．

(ii) 静電ポテンシャル ϕ を使う.

$\boldsymbol{D}=\varepsilon_0\boldsymbol{E}$ を仮定すると，(5.1)により，$\boldsymbol{D}$ は

$$\boldsymbol{D} = -\varepsilon_0 \operatorname{grad} \phi \tag{5.11}$$

のように表わされる．ϕ は静電ポテンシャルである．

$$\boldsymbol{g} = \boldsymbol{D}\times\boldsymbol{B} = -\varepsilon_0 \operatorname{grad} \phi\times\boldsymbol{B} = -\varepsilon_0\varepsilon_{ijk}(\partial_j\phi)B_k.$$

$$\varepsilon_{ijk}(\partial_j\phi)B_k = \varepsilon_{ijk}\{\partial_j(\phi B_k)-\phi\partial_j B_k\}$$
$$= \varepsilon_{ijk}\partial_j(\phi B_k)-\phi \operatorname{rot} \boldsymbol{B}.$$

ところが，第6章の§6により

$$\operatorname{rot} \boldsymbol{B} = \mu_0\boldsymbol{J}_f = \mu_0(\boldsymbol{J}+\boldsymbol{J}_m), \tag{5.12}$$

$$\boldsymbol{J}_m = (1/\mu_0)\boldsymbol{M} \tag{5.13}$$

である．ここで $\boldsymbol{J}$ は電流密度，$\boldsymbol{J}_m$ は磁化電流密度，$\boldsymbol{J}_f$ は自由電流密度，$\boldsymbol{M}$ は磁気分極である．したがって，けっきょく

$$\boldsymbol{g} = -\varepsilon_0\varepsilon_{ijk}\partial_j(\phi B_k)+\varepsilon_0\mu_0\,\phi\boldsymbol{J}_f \tag{5.14}$$

となる．これから，(5.8)を得たのと同様の計算で，

$$\boldsymbol{r}\times\boldsymbol{g} = \varepsilon_0\mu_0\,\boldsymbol{r}\times\phi\boldsymbol{J}_f-\varepsilon_0\{\partial_i(\phi x_p B_p)-\partial_p(\phi x_p B_i)+2\phi B_i\} \tag{5.15}$$

が得られる．(5.14), (5.15)を領域Vについて積分すれば

$$\tilde{\boldsymbol{g}} = \frac{1}{c^2}\iiint_{\mathrm{V}}\phi\boldsymbol{J}_f\,dV + \varepsilon_0\iint_{\mathrm{S}}\phi\boldsymbol{B}\times\boldsymbol{n}\,dS, \tag{5.16}$$

$$\begin{aligned}\boldsymbol{L} = &\frac{1}{c^2}\iiint_{\mathrm{V}}\phi\boldsymbol{r}\times\boldsymbol{J}_f\,dV - 2\varepsilon_0\iiint_{\mathrm{V}}\phi\boldsymbol{B}\,dV\\ &+\varepsilon_0\iint_{\mathrm{S}}\phi\boldsymbol{r}\times(\boldsymbol{B}\times\boldsymbol{n})dS\end{aligned} \tag{5.17}$$

となる．ただし，$\varepsilon_0\mu_0=1/c^2$ を考慮した．

S → S_∞ に対しては，(5.16), (5.17)は

$$\tilde{\boldsymbol{g}} = \frac{1}{c^2}\iiint_{\mathrm{V}}\phi\boldsymbol{J}_f\,dV, \tag{5.18}$$

$$\boldsymbol{L} = \frac{1}{c^2}\iiint_{\mathrm{V}}\phi\boldsymbol{r}\times\boldsymbol{J}_f\,dV - 2\varepsilon_0\iiint_{\mathrm{V}}\phi\boldsymbol{B}\,dV \tag{5.19}$$

のように簡単化される．

参照の便宜のために，(5.7)と(5.10)を再記しよう．

$$\tilde{\boldsymbol{g}} = \iiint_{\mathrm{V}}\boldsymbol{A}\rho dV, \tag{5.20}$$

$$\boldsymbol{L} = \iiint_V (\boldsymbol{r} \times \boldsymbol{A}) \rho dV. \tag{5.21}$$

N 1　(5.18)～(5.21)は，$r \to \infty$ のとき $\phi \to 0$, $\boldsymbol{A} \to 0$ という条件のもとに導かれたものである．もし，$r \to \infty$ のとき $\phi \to c$, $\boldsymbol{A} \to \boldsymbol{A}_0$ (c, $\boldsymbol{A}_0$ は定数)であれば，(5.20)，(5.21)の $\boldsymbol{A}$ を $\boldsymbol{A} - \boldsymbol{A}_0$ でおきかえればよい．また，(5.18)，(5.19)はそのまま成り立つ．(読者の演習問題とする．)

N 2　点電荷，線電荷，線電流のように電荷や電流が集中しているばあいには(5.18)，(5.20)，(5.21)の積分は容易に計算できる．しかし，$\boldsymbol{L}$ に対する(5.19)の公式では $\phi\boldsymbol{B}$ の空間積分が必要になるので，これは実用上不便である．

電荷 q の荷電粒子については，(5.20)，(5.21)は $\tilde{\boldsymbol{g}} = q\boldsymbol{A}$, $\boldsymbol{L} = q\boldsymbol{r} \times \boldsymbol{A} = \boldsymbol{r} \times \tilde{\boldsymbol{g}}$ を与える．すなわち，磁場の中で荷電粒子はあたかも運動量 $q\boldsymbol{A}$ をもつかのように見える．しかし，実はこの運動量は空間全体に貯えられている．また，運動量が $q\boldsymbol{A}$ のように表わされるのは静磁場のばあいに限ることを忘れてはならない．つまり，静磁場のベクトル・ポテンシャル $\boldsymbol{A}(\boldsymbol{r})$ は，点 $\boldsymbol{r}$ に電荷 q をもちこんだときに空間に貯えられる電磁運動量を表わすのである．静電ポテンシャル $\phi(\boldsymbol{r})$ が，点 $\boldsymbol{r}$ に電荷 q をもちこんだときの電場のエネルギーの **増加** を表わす（2章の§10の定理）ことと比較すればおもしろいだろう．

§6.　軸対称磁場のベクトル・ポテンシャル

(5.20)，(5.21)の公式を適用するためには，ベクトル・ポテンシャル $\boldsymbol{A}$ の具体的な表式が必要である．典型的なばあいについて考えよう．

一般に，磁束密度 $\boldsymbol{B}$ は $\boldsymbol{A}$ を使って

$$\boldsymbol{B} = \mathrm{rot}\,\boldsymbol{A}, \quad \mathrm{div}\,\boldsymbol{A} = 0 \tag{6.1}$$

のように表わされる．第6章の§6により

$$\mathrm{rot}\,\boldsymbol{B} = \mu_0 \boldsymbol{J}_f, \tag{6.2}$$

$$\boldsymbol{J}_f = \boldsymbol{J} + \boldsymbol{J}_m, \quad \boldsymbol{J}_m = (1/\mu_0)\,\mathrm{rot}\,\boldsymbol{M}, \tag{6.3}$$

$$\Delta \boldsymbol{A} = -\mu_0 \boldsymbol{J}_f \tag{6.4}$$

の関係が成り立つ．また，任意の閉曲線Cについて

$$\int_C \boldsymbol{A} \cdot d\boldsymbol{r} = \iint_S \mathrm{rot}\,\boldsymbol{A} \cdot d\boldsymbol{S} = \Phi(\mathrm{C}), \tag{6.5}$$

$$\Phi(\mathrm{C}) = \iint_{\mathrm{S}} \boldsymbol{B}\cdot d\boldsymbol{S} \tag{6.6}$$

が成り立つ．$\Phi(\mathrm{C})$ は C をつらぬく磁束である．さて，(6.4) は Poisson の方程式であるから，その解は

$$\boldsymbol{A} = \frac{\mu_0}{4\pi}\iiint_{\mathrm{V}} \frac{\boldsymbol{J}_f}{r_{\mathrm{QP}}} dV \tag{6.7}$$

で与えられる．ただし，P は考える点，Q は積分点，r_{QP} は距離 $\overline{\mathrm{QP}}$ である．

以上は一般論であるが，とくに軸対称の磁場については，対称軸を z 軸にとり，円柱座標 (λ, φ, z), あるいは球座標 (r, θ, φ) を考えるのが便利である（図5）．このとき，$\boldsymbol{B}, \boldsymbol{J}_f, \boldsymbol{A}$ はそれぞれ

$$\boldsymbol{B} = B_\lambda \boldsymbol{e}_\lambda + B_z \boldsymbol{e}_z = B_r \boldsymbol{e}_r + B_\theta \boldsymbol{e}_\theta, \tag{6.8}$$

$$\boldsymbol{J}_f = J_{f\varphi} \boldsymbol{e}_\varphi, \tag{6.9}$$

$$\boldsymbol{A} = A_\varphi \boldsymbol{e}_\varphi \tag{6.10}$$

のように表わされる．$\boldsymbol{e}_\lambda, \boldsymbol{e}_\varphi, \boldsymbol{e}_z, \boldsymbol{e}_r, \boldsymbol{e}_\theta$ はそれぞれ $\lambda, \varphi, \ldots$ の増す方向の単位ベクトルである．また成分 $B_\lambda, A_\varphi, \ldots$ はすべて φ には依存しない．$\boldsymbol{J}_f, \boldsymbol{A}$ が対称軸を回る方向をもつことに特に注意してほしい．

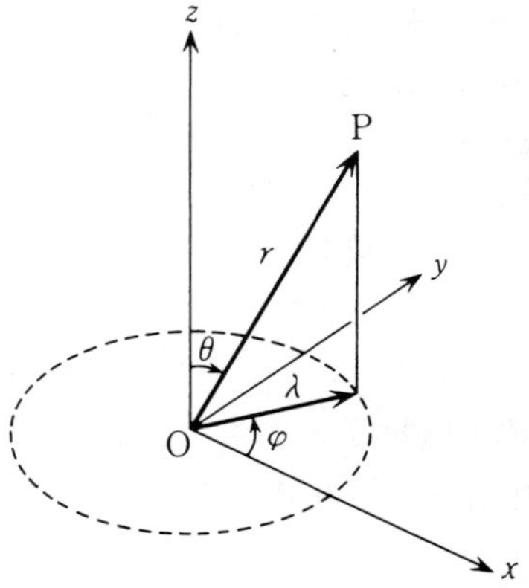

(a)

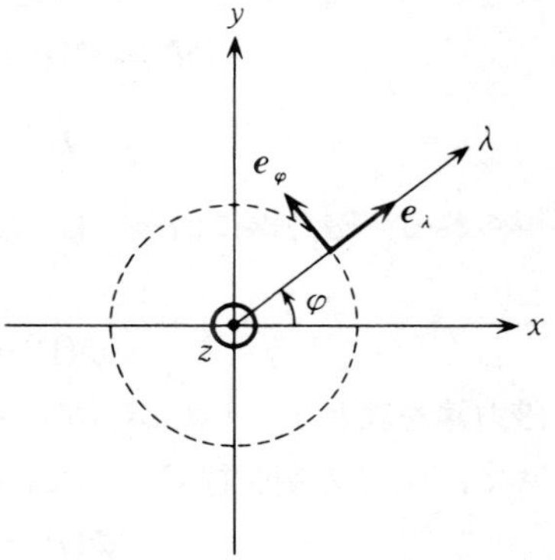

(b)

図5

さて，対称軸を含む1つの平面を考える（図6）．任意の点 P と対称軸上の任意の点 A とを結ぶ曲線 C を対称軸のまわりに回転して得られる曲面 $\hat{\mathrm{C}}$ を通りぬける磁束は，C の形によらず P だけに依存する．これを $\Phi(\mathrm{P})$ で表わ

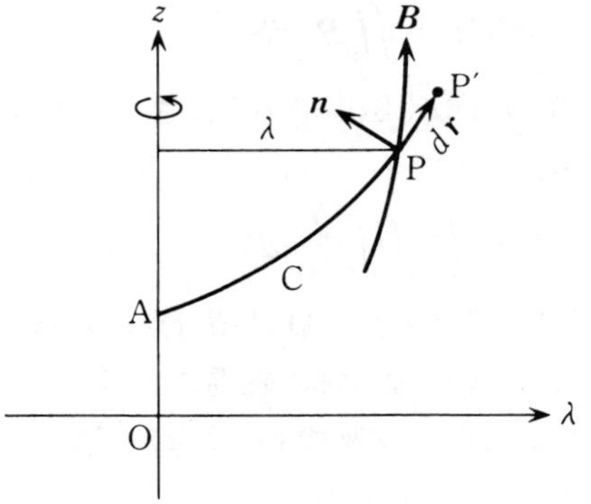

図6

そう．すなわち $\Phi(\mathrm{P})$ は点 P の関数であって，

$$\Phi(\mathrm{P}) = 2\pi\int_{\mathrm{A}}^{\mathrm{P}} B_n\lambda\, ds \tag{6.11}$$

で与えられる．ただし，曲線 C 上を A から P に進むとき，進行方向に対して左向きの法線ベクトルを $\boldsymbol{n}$ とする．B_n は磁束密度 $\boldsymbol{B}$ の法線方向の成分である．このように定めると，$\Phi(\mathrm{P})$ は回転曲面 $\hat{\mathrm{C}}$ を z の正の方向に通りぬける磁束を表わすことになる．P の近くに点 P′ をとると，(6.11) により

$$\delta\Phi \equiv \Phi(\mathrm{P}') - \Phi(\mathrm{P}) = 2\pi B_n\lambda\, \delta s,$$

$$\therefore \quad B_n = \frac{1}{2\pi\lambda}\frac{\partial\Phi}{\partial s} \tag{6.12}$$

が得られる．磁力線に沿っては $B_n=0$ であるから，Φ は一定である．すなわち

$$\Phi(\mathrm{P}) = \mathrm{const} \tag{6.13}$$

は磁力線を表わす．したがって，$\Phi(\mathrm{P})$ を **磁力線関数** とよぶことにしよう．

さて，(6.5) の閉曲線 C として，z 軸上に中心をもち点 P を通る円をとると

$$\Phi(\mathrm{P}) = 2\pi\lambda A_\varphi \tag{6.14}$$

が得られる．すなわち，軸対称の磁場のベクトル・ポテンシャル $\boldsymbol{A}=A_\varphi\boldsymbol{e}_\varphi$ と磁力線関数 $\Phi(\mathrm{P})$ との間には密接な関係がある．

(6.14) を (6.12) に代入すれば

$$B_n = \frac{1}{\lambda}\frac{\partial}{\partial s}(\lambda A_\varphi) \tag{6.15}$$

となる．この公式は，$\boldsymbol{B}$ の任意の方向の成分を求める際に役立つ．

（i） **円柱座標** (λ, φ, z)

$\boldsymbol{n} = \boldsymbol{e}_z$, $\delta s = \delta\lambda$ とすれば，(6.15)は

$$B_z = \frac{1}{\lambda}\frac{\partial}{\partial\lambda}(\lambda A_\varphi), \quad B_\lambda = -\frac{\partial A_\varphi}{\partial z} \tag{6.16}$$

の第1式を与える．第2式を得るには，$\boldsymbol{n} = \boldsymbol{e}_\lambda$, $\delta s = -\delta z$ とすればよい．

（ii） **球座標** (r, θ, φ)

$\boldsymbol{n} = \boldsymbol{e}_r$, $\delta s = r\delta\theta$ とすれば，(6.15)は

$$B_r = \frac{1}{r\sin\theta}\frac{\partial}{\partial\theta}(\sin\theta\, A_\varphi), \quad B_\theta = -\frac{1}{r}\frac{\partial}{\partial r}(rA_\varphi) \tag{6.17}$$

の第1式を与える．第2式を得るには，$\boldsymbol{n} = \boldsymbol{e}_\theta$, $\delta s = -\delta r$ とすればよい．

つぎに，典型的な種々のばあいについて，$\boldsymbol{A}$ の具体的な表式を与えよう．

例1 円柱状の領域 $(\lambda < a)$ に限られた一様な磁場

$\lambda < a$ に対しては $\Phi(\mathrm{P}) = \pi\lambda^2 B$, $\lambda > a$ に対しては $\Phi(\mathrm{P}) = \pi a^2 B$ である（図7）．したがって，(6.14)により

$$A_\varphi = \begin{cases} \dfrac{1}{2}B\lambda, & \lambda < a \\ \dfrac{1}{2}B\dfrac{a^2}{\lambda}, & \lambda > a. \end{cases} \tag{6.18}$$

円柱の外部の $\boldsymbol{B}=0$ の領域でも $\boldsymbol{A} \neq 0$ であることに注意！

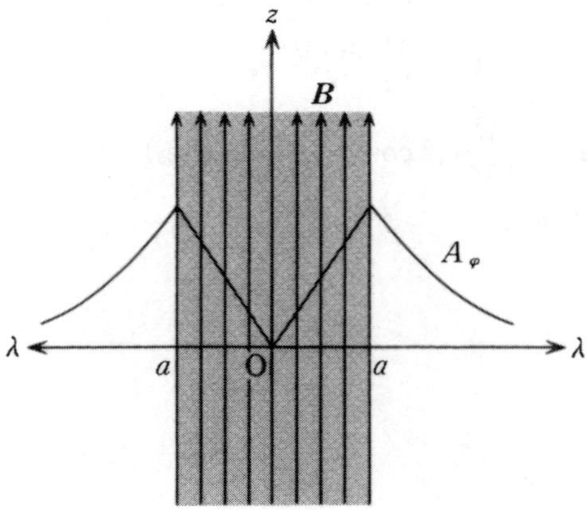

図7

例 2　磁気 2 重極

磁気 2 重極の静磁ポテンシャル ϕ_m は (11.11.36) の第 1 項，すなわち

$$\phi_m = -\frac{1}{4\pi\mu_0}\tilde{M}_\alpha\partial_\alpha\left(\frac{1}{r}\right) \tag{6.19}$$

で与えられる．ただし $\tilde{\boldsymbol{M}}$ は磁気 2 重極のモーメントである．また，媒質は真空として，μ_1 の代わりに μ_0 を使う．磁場の磁束密度 $\boldsymbol{B}$ は，(11.11.35) により，

$$\boldsymbol{B} = \frac{1}{4\pi}\tilde{M}_\alpha\partial_\alpha\partial_i\left(\frac{1}{r}\right), \tag{6.20}$$

ベクトル・ポテンシャル $\boldsymbol{A}$ は，(11.11.25) の第 2 項

$$\boldsymbol{A} = -\frac{\mu_0}{4\pi}J_{\alpha i}\partial_\alpha\left(\frac{1}{r}\right) \tag{6.21}$$

で与えられる．ただし，係数 $J_{\alpha i}$ は，(11.10.7), (11.11.32) により，

$$\mu_0 J_{\alpha i} = \varepsilon_{\alpha iq}G_q = \varepsilon_{\alpha iq}\tilde{M}_q \tag{6.22}$$

である．これらを書き直すと

$$\phi_m = \frac{\tilde{\boldsymbol{M}}\cdot\boldsymbol{r}}{4\pi\mu_0 r^3}, \tag{6.23}$$

$$\boldsymbol{A} = \frac{1}{4\pi r^3}\tilde{\boldsymbol{M}}\times\boldsymbol{r}, \tag{6.24}$$

$$\boldsymbol{B} = -\frac{1}{4\pi}\tilde{\boldsymbol{M}}\cdot\nabla\left(\frac{\boldsymbol{r}}{r^3}\right) = -\frac{1}{4\pi}\left\{\frac{\tilde{\boldsymbol{M}}}{r^3} - \frac{3(\tilde{\boldsymbol{M}}\cdot\boldsymbol{r})\boldsymbol{r}}{r^5}\right\} \tag{6.25}$$

となる．さらに，極座標では

$$\phi_m = \frac{\tilde{M}}{4\pi\mu_0}\frac{\cos\theta}{r^2}, \tag{6.26}$$

$$\boldsymbol{A} = \frac{\tilde{M}}{4\pi}\frac{\sin\theta}{r^2}\,\boldsymbol{e}_\varphi, \tag{6.27}$$

$$\boldsymbol{B} = \frac{\tilde{M}}{4\pi r^3}(2\cos\theta\,\boldsymbol{e}_r + \sin\theta\,\boldsymbol{e}_\theta) \tag{6.28}$$

のように表わされる（図 8）．

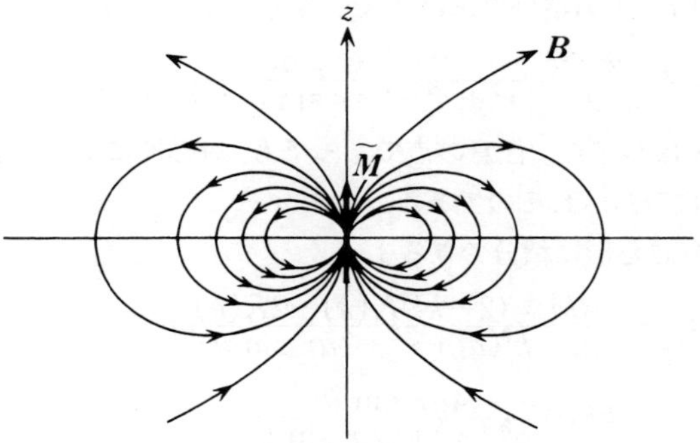

図8

例 3　円電流

xy 平面上におかれた半径 a の円形導線 C に電流 I が流れている (図 9)．このとき磁場のベクトル・ポテンシャル $\boldsymbol{A}$ は，(6.7) により

$$\boldsymbol{A} = \frac{\mu_0 I}{4\pi}\int_{\mathrm{C}} \frac{d\boldsymbol{r}}{r_{\mathrm{QP}}} = \frac{\mu_0 I a}{4\pi}\int_0^{2\pi} \frac{\boldsymbol{e}_\varphi d\varphi}{r_{\mathrm{QP}}}$$

で与えられる．とくに点 P を xz 平面内にとると，座標は $(r\sin\theta, 0, r\cos\theta)$ である．積分点 Q の座標は $(a\cos\varphi, a\sin\varphi, 0)$ であるから，

$$\begin{aligned} r_{\mathrm{QP}}^2 &= (r\sin\theta - a\cos\varphi)^2 + a^2\sin^2\varphi + r^2\cos^2\theta \\ &= r^2 + a^2 - 2ar\sin\theta\cos\varphi. \end{aligned}$$

また，

$$\boldsymbol{e}_\varphi = -\sin\varphi\,\boldsymbol{i} + \cos\varphi\,\boldsymbol{j}$$

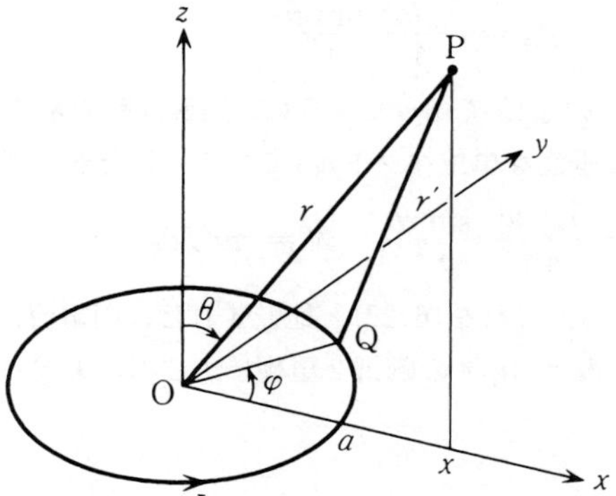

図9

である．これらを上の $\boldsymbol{A}$ の積分表示に代入すると，$\boldsymbol{A} = A_\varphi \boldsymbol{j}$ となる．ただし

$$A_\varphi = \frac{\mu_0 I a}{4\pi}\int_0^{2\pi}\frac{\cos\varphi\, d\varphi}{(r^2+a^2-2ar\sin\theta\cos\varphi)^{1/2}}. \tag{6.29}$$

点 P が xz 平面上とはかぎらず任意の点であっても，対称性により，同じ A_φ を使って $\boldsymbol{A}$ は $A_\varphi \boldsymbol{e}_\varphi$ の形に表わされるのである．

さて，(6.29)は閉じた形に積分できる：

$$A_\varphi = \frac{\mu_0 I a}{\pi}\frac{(2-k^2)K(k)-2E(k)}{k^2(a^2+r^2+2ar\sin\theta)^{1/2}}, \tag{6.30}$$

$$k^2 = \frac{4ar\sin\theta}{a^2+r^2+2ar\sin\theta}. \tag{6.31}$$

ここで $K(k)$, $E(k)$ はそれぞれ，**第1種** および **第2種** の **完全楕円積分** で，k はその **母数** である．k が小さいとき，つぎの展開が成り立つ．

$$K(k) = \frac{\pi}{2}\left\{1+2\frac{k^2}{8}+9\left(\frac{k^2}{8}\right)^2+\cdots\right\},$$

$$E(k) = \frac{\pi}{2}\left\{1-2\frac{k^2}{8}-3\left(\frac{k^2}{8}\right)^4-\cdots\right\}.$$

したがって，(6.30)の分子は $(\pi/16)k^4+\cdots$ となり，

$$A_\varphi = \frac{\mu_0 I a}{4}\frac{ar\sin\theta}{(a^2+r^2+2ar\sin\theta)^{3/2}}\{1+O(k^2)\} \tag{6.32}$$

が得られる．この近似式は $r\gg a$, $r\ll a$, $|\sin\theta|\ll 1$ のそれぞれのばあいに成り立つ．$r\gg a$ は円電流から遠く離れたところ，$r\ll a$ は円電流の中心付近，$|\sin\theta|\ll 1$ は対称軸の近くに相当する．

とくに $r\gg a$ に対しては，(6.32)は

$$A_\varphi = \frac{\mu_0 I a^2}{4}\frac{\sin\theta}{r^2} \tag{6.33}$$

と簡単化される．第11章の §13 で知ったように，円形回路の電流モーメントは $\mathcal{M} = \pi a^2 I\boldsymbol{n}$ ($\boldsymbol{n}$ は回路の面に垂直な単位ベクトル)である．したがって，(6.33)は

$$A_\varphi = \frac{\mu_0|\mathcal{M}|}{4\pi}\frac{\sin\theta}{r^2},\quad \mathcal{M} = \pi a^2 I\boldsymbol{e}_z \tag{6.34}$$

と書き表わすことができる．これを(6.27)と比較すれば，円電流による磁場は，遠方では，磁気モーメント $\tilde{\boldsymbol{M}} = \mu_0\mathcal{M}$ の磁気2重極によるものと見なされることがわかるだろう．

例 4　点磁荷（磁気単極）

点磁荷の存在は現在まだ確認されていないが，点電荷と平行的に理論的なとり扱いが可能である．まず，点磁荷 q_m の静磁ポテンシャルは

$$\phi_m = \frac{q_m}{4\pi\mu_0}\frac{1}{r} \tag{6.35}$$

で与えられる．磁場は $\boldsymbol{H} = -\mathrm{grad}\,\phi_m$ であるから，磁束密度 $\boldsymbol{B} = \mu_0\boldsymbol{H}$ は

$$\boldsymbol{B} = \frac{q_m}{4\pi r^2}\boldsymbol{e}_r = \frac{q_m}{4\pi}\frac{\boldsymbol{r}}{r^3} \tag{6.36}$$

である．この式を使って磁力線関数 $\Phi(\mathrm{P})$ を計算する．ただし，図 6 の z 軸上の点 A を原点より上側，つまり z 軸の正の部分にとるものとする．計算は簡単で，結果は

$$\Phi(\mathrm{P}) = (1/2)q_m(1-\cos\theta) \tag{6.37}$$

である．これを(6.14)に代入すれば

$$A_\varphi = \frac{q_m}{4\pi r}\,\frac{1-\cos\theta}{\sin\theta} = \frac{q_m}{4\pi r}\tan\frac{\theta}{2} \tag{6.38}$$

が得られる．

この結果で注目すべきことは，$\boldsymbol{A}$ の特異点は点磁荷の位置 $(\boldsymbol{r}=0)$ だけではなくて，$\theta=\pi$, すなわち z 軸の負の部分全体にひろがっていることである．2 重極，4 重極，… などの特異性が原点 $(\boldsymbol{r}=0)$ に集中することといちじるしく異なるのである．

§7.　点電荷と点磁荷による電磁運動量と電磁角運動量

電磁運動量と電磁角運動量についての (5.6), (5.9), (5.16), (5.17) の公式は，領域 V に電磁場の特異点が存在するばあいには適用できない．そこで，点電荷や点磁荷が存在するばあいには別のとり扱いが必要になる

（i）　点磁荷

いま，1 個の点電荷 q と 1 個の点磁荷 q_m だけが存在するものとしよう(図 10)．電荷と磁荷はそれぞれ点 O，点 $\mathrm{O_1}$ にあるとすれば，任意の点 P では

$$\boldsymbol{D} = \frac{q}{4\pi r^3}\boldsymbol{r},\quad \boldsymbol{B} = \frac{q_m}{4\pi r_1^3}\boldsymbol{r}_1. \tag{7.1}$$

ただし，$\boldsymbol{r} = \overrightarrow{\mathrm{OP}}$, $\boldsymbol{r}_1 = \overrightarrow{\mathrm{O_1P}}$ である．したがって

$$\boldsymbol{g} = \boldsymbol{D}\times\boldsymbol{B} = \frac{qq_m}{(4\pi)^2}\frac{1}{r^3 r_1^3}\boldsymbol{r}\times\boldsymbol{r}_1. \tag{7.2}$$

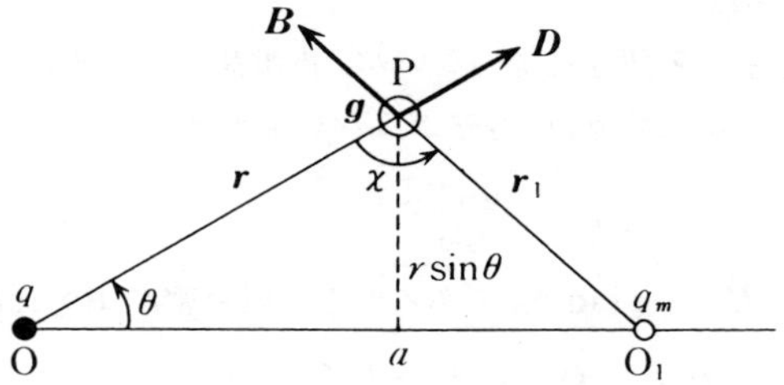

図10

明らかに $\boldsymbol{g}$ は直線 OO_1 を対称軸とする回転対称性をもつ．したがって，全空間にわたって積分すれば

$$\tilde{\boldsymbol{g}} = 0 \tag{7.3}$$

となる．しかし，対称軸 OO_1 のまわりのモーメント，すなわち電磁角運動量 $\boldsymbol{L}$ は 0 ではない．

点 P と対称軸 OO_1 の距離は $r \sin\theta$ であるから，OO_1 のまわりの $\boldsymbol{g}$ のモーメントは $gr\sin\theta$．これを全空間にわたって積分すれば

$$L = \iiint gr\sin\theta\, dV, \quad dV = r\sin\theta\, d\varphi\cdot rd\theta\cdot dr$$
$$= 2\pi\int_0^\pi \sin^2\theta\, d\theta\int_0^\infty gr^3 dr.$$

ところが，

$$|\boldsymbol{r}\times\boldsymbol{r}_1| = rr_1\sin\chi = ar\sin\theta$$

であるから，(7.2)から

$$g = \frac{qq_m}{(4\pi)^2}\frac{a}{r^2r_1^3}\sin\theta$$

が得られる．したがって

$$L = \frac{qq_m a}{8\pi}\int_0^\pi \sin^3\theta\, d\theta\int_0^\infty \frac{rdr}{r_1^3} \tag{7.4}$$

となる．ここで

$$r_1^2 = r^2 + a^2 - 2ar\cos\theta \tag{7.5}$$

である．$\xi = r - a\cos\theta$ とおけば r についての積分ができて

$$\int_0^\infty \frac{rdr}{r_1^3} = \frac{1+\cos\theta}{a\sin^2\theta} \tag{7.6}$$

が得られる．これを(7.4)に代入すれば

$$L = \frac{qq_m}{4\pi} \tag{7.7}$$

となる．ベクトル $\boldsymbol{L}$ は $\overrightarrow{\mathrm{OO_1}}$ の方向をもつから，けっきょく

$$\boldsymbol{L} = \frac{qq_m}{4\pi}\hat{\boldsymbol{r}}_{em}, \quad \hat{\boldsymbol{r}}_{em} = \frac{\boldsymbol{r}_{em}}{r_{em}} \tag{7.8}$$

のように表わされる．ただし，$\boldsymbol{r}_{em} = \overrightarrow{\mathrm{OO_1}}$, すなわち $\boldsymbol{r}_{em}$ は電荷に対する磁荷の位置ベクトルで，$\hat{\boldsymbol{r}}_{em}$ はその方向の単位ベクトルである．$\boldsymbol{L}$ の大きさが電荷と磁荷の相対的な位置によらず一定であることに特に注意してほしい．

（ii） 磁極対，磁気 2 重極

正負の点磁荷 q_m, $-q_m$ の 1 対を考える．これを **磁極対** という．その位置を $\boldsymbol{r}+\delta\boldsymbol{r}$, $\boldsymbol{r}$ としよう．さらに原点($\boldsymbol{r}=0$)には点電荷 q があるとする．このばあいの電磁運動量 $\tilde{\boldsymbol{g}}$ と電磁角運動量 $\boldsymbol{L}$ を求めよう．

定義により，$\tilde{\boldsymbol{g}}$ と $\boldsymbol{L}$ については‘重ね合わせ’が可能である．したがって，いまのばあい，(i)の結果を応用することができる．まず，電磁運動量 $\tilde{\boldsymbol{g}}$ については，ただちに

$$\tilde{\boldsymbol{g}} = 0 \tag{7.9}$$

であることがわかる．

つぎに，電磁角運動量については，

$$\boldsymbol{L} = \frac{qq_m}{4\pi}\frac{\boldsymbol{r}+\delta\boldsymbol{r}}{|\boldsymbol{r}+\delta\boldsymbol{r}|} - \frac{qq_m}{4\pi}\frac{\boldsymbol{r}}{r} = \frac{qq_m}{4\pi}\delta\left(\frac{\boldsymbol{r}}{r}\right) \tag{7.10}$$

である．ところが，$\delta\boldsymbol{r} \to 0$ のとき

$$\delta\left(\frac{\boldsymbol{r}}{r}\right) = \frac{1}{r}\delta\boldsymbol{r} - \frac{\delta r}{r^2}\boldsymbol{r} = \frac{1}{r^3}\{r^2\delta\boldsymbol{r} - (r\delta r)\boldsymbol{r}\}$$

$$= \frac{1}{r^3}\{(\boldsymbol{r}\cdot\boldsymbol{r})\delta\boldsymbol{r} - (\boldsymbol{r}\cdot\delta\boldsymbol{r})\boldsymbol{r}\} = \frac{1}{r^3}\boldsymbol{r}\times(\delta\boldsymbol{r}\times\boldsymbol{r}).$$

そこで

$$q_m\delta\boldsymbol{r} \to \boldsymbol{m} \tag{7.11}$$

となるような極限を考えると，(7.10)は

$$\boldsymbol{L} \to \frac{q}{4\pi}\frac{1}{r^3}\boldsymbol{r}\times(\boldsymbol{m}\times\boldsymbol{r}) \tag{7.12}$$

となる．一般に点電荷の位置を $\boldsymbol{r}_e$, 磁極対の位置を $\boldsymbol{r}_m$ とすれば，上式で $\boldsymbol{r} \to \boldsymbol{r}_{em} = \boldsymbol{r}_m - \boldsymbol{r}_e$ とおきかえればよい．磁極対は (7.11)の極限で磁気モーメント $\boldsymbol{m}$ の磁気 2 重極となると考えられ，そのベクトル・ポテンシャルは，(6.24)により，

$$\boldsymbol{A}(\boldsymbol{r})=\frac{1}{4\pi R^3}\boldsymbol{m}\times\boldsymbol{R},\quad \boldsymbol{R}=\boldsymbol{r}-\boldsymbol{r}_m \tag{7.13}$$

で与えられる．したがって，$\boldsymbol{r}=\boldsymbol{r}_e$ とおけば(7.12)は

$$\boldsymbol{L}=q\boldsymbol{r}_{me}\times\boldsymbol{A}(\boldsymbol{r}_e),\quad \boldsymbol{r}_{me}=\boldsymbol{r}_e-\boldsymbol{r}_m \tag{7.14}$$

のように表わされる．これは，$\boldsymbol{L}$ に対する一般公式(5.21)が磁気 2 重極を含むばあいには成り立たないことを示している．また，$\tilde{\boldsymbol{g}}$ に対する公式(5.20)も磁気 2 重極については成り立たないのである．((5.20) によれば一般に $\tilde{\boldsymbol{g}}\neq 0$ であるが，磁気 2 重極についてはつねに $\tilde{\boldsymbol{g}}=0$ である！)

§8.　Feynman のパラドックス再論

準備が整ったので，Feynman のパラドックスについてあらためて考えてみよう．いま，電流 I の流れるコイルと電荷 q を考える(図 11)．電流 I が時間的に変化すると，コイルをつらぬく磁束 Φ が変化し，誘導電場が生じる．これによって電荷 q には力が働く．また，コイルは（その反作用として？）力を受けるかも知れない．さて，この系の電磁運動量を $\tilde{\boldsymbol{g}}$, 電荷に働く電磁力を $\boldsymbol{F}_1$, コイルに働く電磁力を $\boldsymbol{F}_2$ とすれば，運動量保存の法則は

$$\frac{d\tilde{\boldsymbol{g}}}{dt}+\boldsymbol{F}_1+\boldsymbol{F}_2=0 \tag{8.1}$$

のように表わされる．

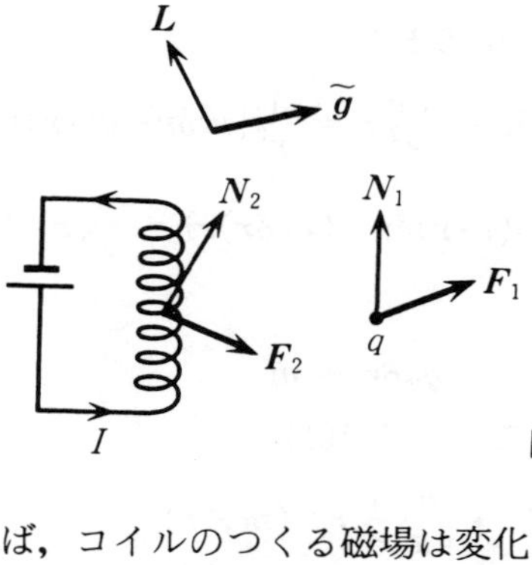

図11

電流 I が変化すれば，コイルのつくる磁場は変化し，したがって電磁運動量 $\tilde{\boldsymbol{g}}$ も変化するだろう．それゆえ，一般に $\boldsymbol{F}_1+\boldsymbol{F}_2\neq 0$, つまり作用・反作用の法則は成り立たないだろう……

これは一応もっともらしい推論である．しかしほんとうに正しいのだろう

か？　それを確かめるには実際 $\tilde{\boldsymbol{g}}$ を求めてみなければならない．

$\tilde{\boldsymbol{g}}$ についてはわれわれは (5.18), (5.20)，すなわち

$$\tilde{\boldsymbol{g}} = \frac{1}{c^2}\iiint_V \phi \boldsymbol{J}_f dV, \tag{8.2}$$

$$\tilde{\boldsymbol{g}} = \iiint_V \boldsymbol{A}\rho dV \tag{8.3}$$

の公式を知っている．いまのばあい磁化電流 $\boldsymbol{J}_m$ はないから，$\boldsymbol{J}_f$ は真電流 $\boldsymbol{J}$ である．そして $\boldsymbol{J}dV = I d\boldsymbol{r}$ と書ける．ただし，導線Cの線要素ベクトルを $d\boldsymbol{r}$ とする．したがって

$$\tilde{\boldsymbol{g}} = \frac{I}{c^2}\int_C \phi d\boldsymbol{r} \tag{8.4}$$

となる．さて，導線は導体であるから

$$\text{C に沿って}\quad \phi = \text{const.} \tag{8.5}$$

これを(8.4)に代入すると，$\int_C d\boldsymbol{r} = 0$ であるから，けっきょく

$$\tilde{\boldsymbol{g}} = 0 \tag{8.6}$$

が得られる．つまり，予想に反して電磁運動量はこのばあい 0 なのである．これは§3で紹介した“有限の長さのソレノイド・コイルでは $\tilde{\boldsymbol{g}}$ は 0 ではない”という霜田［2］の議論と矛盾する．

つぎに，公式(8.3)を利用してみよう．電荷が存在するのは点電荷 q 自身と，導線上だけである．導線の電荷線密度を σ とすれば，$\rho dV = \sigma ds$ である．ただし，ds は導線の線要素である．したがって，(8.3)は

$$\tilde{\boldsymbol{g}} = q\boldsymbol{A} + \int_C \boldsymbol{A}\sigma ds \tag{8.7}$$

となる．もしここで単純に $\sigma = 0$, すなわち導線には電荷がないとすれば $\tilde{\boldsymbol{g}} = q\boldsymbol{A}$ となる．つまり，“電荷 q に働く電気力 $\boldsymbol{F}_1$ は電磁運動量 $\tilde{\boldsymbol{g}}$ の転換によってまかなわれる”という霜田の議論と一致するように見える．しかし，これは正しくない．実は，図2で小球が1個だけあるばあいでは，静電誘導によって，ソレノイド上の小球に近い部分には小球の電荷と反対符号，遠い部分では同符号の電荷が誘導される．そのため $\sigma \neq 0$ となり，(8.7)の右辺の第1項と第2項はたがいにうち消しあうことになるのである．要するに，(8.2)と(8.3)の公式はともに厳密であるが，この問題のとり扱いについては，σ の分

布があらかじめ定量的にわからないために，(8.3)は役に立たないのである．

つぎに角運動量について考えよう．われわれは (5.19)，(5.21)，すなわち

$$\boldsymbol{L} = \frac{1}{c^2}\iiint_V \phi \boldsymbol{r}\times \boldsymbol{J}_f dV - 2\varepsilon_0 \iiint_V \phi \boldsymbol{B} dV, \tag{8.8}$$

$$\boldsymbol{L} = \iiint_V (\boldsymbol{r}\times \boldsymbol{A})\rho dV \tag{8.9}$$

の公式を知っている．点電荷 q と線電流 I のばあい，(8.8)，(8.9)は

$$\boldsymbol{L} = \frac{I}{c^2}\int_C \phi \boldsymbol{r}\times d\boldsymbol{r} - 2\varepsilon_0 \iiint_V \phi \boldsymbol{B} dV, \tag{8.10}$$

$$\boldsymbol{L} = q\boldsymbol{r}\times \boldsymbol{A} + \int_C (\boldsymbol{r}\times \boldsymbol{A})\sigma ds \tag{8.11}$$

となる．さて，導線に沿って $\phi = \text{const} = c$ である．ところが§5の **N 1** によれば，ϕ を $\phi - c$ でおきかえることができる．したがって(8.10)の右辺第1項の積分は消えて

$$\boldsymbol{L} = -2\varepsilon_0 \iiint_V (\phi - c)\boldsymbol{B} dV \tag{8.12}$$

となる．それゆえ，電磁角運動量 $\boldsymbol{L}$ については，(8.6)のような単純明快な結論は得られない．ただ (8.11) によれば，つぎのような定性的な議論が可能である．

Feynman のパラドックスのばあい，ソレノイドが非常に短かければ，コイルに誘導される線電荷はごくわずかで，$\sigma \fallingdotseq 0$ と考えられる．(帯電球が対称的に配置されていることに注意！) したがって(8.11)は

$$\boldsymbol{L} \fallingdotseq q\boldsymbol{r}\times \boldsymbol{A} \quad (\text{短いソレノイド}) \tag{8.13}$$

を与える．(電荷 Q の小球が N 個あるばあいには $q = NQ$ である．) ソレノイドが長くなるにつれて，(8.11)の右辺の第2項の影響が増加し，$\boldsymbol{L}$ はしだいに減小する．そして，極限では

$$\boldsymbol{L} \fallingdotseq 0 \quad (\text{長いソレノイド}) \tag{8.14}$$

となる．これを見るには (8.12)を使う．長いソレノイドでは，静電遮蔽によって，内部で $\phi = \text{const}$ が成り立つ．§5の **N 1** により，この const を 0 としてもよいから，(8.12)の右辺は 0 となるのである．

けっきょく，**Feynman のパラドックス** は‘短い’ソレノイドについてのみ成り立つのである．もしソレノイドが長ければ，電流を切ったとき絶縁体の

円板は回転しないだろう．しかし，図1の円板を，ソレノイドののっている部分と帯電球ののっている部分とに同心円状に切り離し，別々に支えるようにすると，電流を切ったとき，両方の部分はたがいに反対の向きに回転するはずである．**霜田のパラドックス(1)** がこのばあいに相当することは明らかであろう．

§9.　霜田のパラドックス(2)再論

図3，図4で示したような霜田のパラドックス(2)を定量的にとり扱ってみよう．円電流 I, 磁極対 $(q_m, -q_m)$, 磁気2重極 $\tilde{\boldsymbol{M}}$ に対するベクトル・ポテンシャル $\boldsymbol{A}$ の具体的な表式はすでに知られているので，これらと点電荷とより成る系の電磁運動量 $\tilde{\boldsymbol{g}}$ と電磁角運動量 $\boldsymbol{L}$ は(5.18)～(5.21)の公式を使えば求められる．

いま，図12-(a), (b), (c)で示す3つのばあいについて考える．電荷 q に働く力を $\boldsymbol{F}$，円形コイル(あるいは棒磁石，磁極対)に働く力とモーメント(原点Oに関する)を $\boldsymbol{F}', \boldsymbol{N}'$ とし，全系の電磁運動量と電磁角運動量(原点Oに関する) を $\tilde{\boldsymbol{g}}, \boldsymbol{L}$ とすれば，保存法則により，

$$\frac{d\tilde{\boldsymbol{g}}}{dt} + \boldsymbol{F} + \boldsymbol{F}' = 0, \tag{9.1}$$

$$\frac{d\boldsymbol{L}}{dt} + \boldsymbol{r}\times\boldsymbol{F} + \boldsymbol{N}' = 0 \tag{9.2}$$

が成り立つ．ただし，円形コイル，棒磁石，磁極対の重心を原点Oとする．また $\boldsymbol{r}$ は電荷 q の位置ベクトルである．円電流，磁石および磁極対は遠方では磁気2重極と同等であるから，$\boldsymbol{r}$ の大きいとき，(a)，(b)，(c)の3つのばあいに共通して

$$\boldsymbol{A} = \frac{\tilde{M}}{4\pi r^2}\,\boldsymbol{j}, \tag{9.3}$$

$$\boldsymbol{B} = -\frac{\tilde{M}}{4\pi r^3}\,\boldsymbol{k} \tag{9.4}$$

が成り立つ．ただし $\boldsymbol{r} = (x, 0, 0)$ とする．$\boldsymbol{j}, \boldsymbol{k}$ はそれぞれ y 軸および z 軸方向の単位ベクトルである．(9.3), (9.4)は(6.27), (6.28)にほかならない．また，円電流については，(6.34)により $\tilde{M} = \mu_0\pi a^2 I$ である．

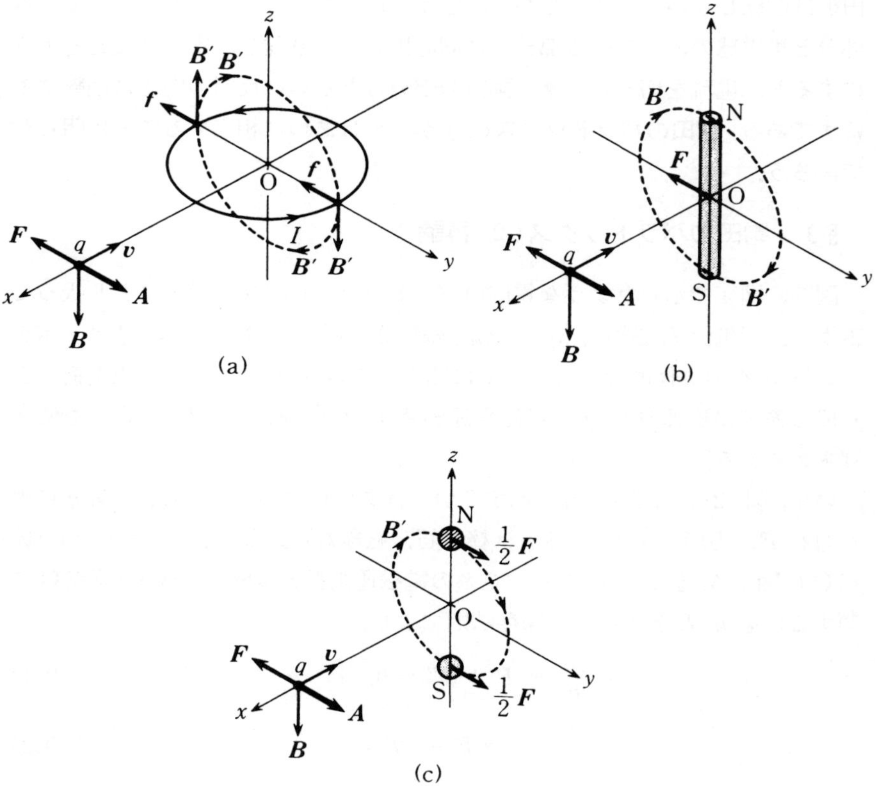

図12

電荷 q に働く力 $\boldsymbol{F}$ は Lorentz 力の公式によってただちに得られる．

$$\boldsymbol{F} = q\boldsymbol{v} \times \boldsymbol{B} = -qvB\,\boldsymbol{j} = -\frac{q\tilde{M}v}{4\pi r^3}\boldsymbol{j}. \tag{9.5}$$

円形コイルや棒磁石に働く力 $\boldsymbol{F}'$ を求めるには別々のとり扱いが必要である．

（**a**）**円形コイル**　(8.6)の結果がそのまま使える．すなわち

$$\tilde{\boldsymbol{g}} = 0 \tag{9.6}$$

である．これを(9.1)に代入して(9.5)を使えば

$$\boldsymbol{F}' = -\boldsymbol{F} = \frac{q\tilde{M}v}{4\pi r^3}\boldsymbol{j} \tag{9.7}$$

が得られる．

円形コイルの各部分に働く Ampère 力 $\boldsymbol{f}=Id\boldsymbol{r}\times\boldsymbol{B}$, ($\boldsymbol{B}$ は z 軸に平行) の作用線は中心 O を通るから

$$\boldsymbol{N}'=0 \tag{9.8}$$

が成り立つ．これを(9.2)に代入すると

$$\frac{d\boldsymbol{L}}{dt}=-\boldsymbol{r}\times\boldsymbol{F}=r\boldsymbol{i}\times\frac{q\tilde{M}v}{4\pi r^3}\boldsymbol{j}$$

$$=\frac{q\tilde{M}v}{4\pi r^2}\boldsymbol{k}=-\frac{q\,\tilde{M}\dot{r}}{4\pi r^2}\boldsymbol{k} \qquad \because \quad v=\dot{r}$$

が得られる．時間 t について積分すれば

$$\boldsymbol{L}=\frac{q\tilde{M}}{4\pi r}\boldsymbol{k}=q\boldsymbol{r}\times\boldsymbol{A} \tag{9.9}$$

が得られる．

（**b**） **棒磁石**　(5.20), (5.21)により

$$\tilde{\boldsymbol{g}}=\iiint_{\mathrm{V}}\boldsymbol{A}\rho dV, \tag{9.10}$$

$$\boldsymbol{L}=\iiint_{\mathrm{V}}(\boldsymbol{r}\times\boldsymbol{A})\rho dV. \tag{9.11}$$

いまのばあい，磁石には電荷はないから，点電荷 q だけを考えればよい．したがって

$$\tilde{\boldsymbol{g}}=q\boldsymbol{A}, \tag{9.12}$$

$$\boldsymbol{L}=q\boldsymbol{r}\times\boldsymbol{A} \tag{9.13}$$

である．

$$\frac{d\tilde{\boldsymbol{g}}}{dt}=q\frac{d\boldsymbol{A}}{dt}=-\frac{q\tilde{M}}{2\pi r^3}\dot{r}\,\boldsymbol{j}$$

$$=\frac{q\tilde{M}v}{2\pi r^3}\boldsymbol{j} \qquad \because \quad \dot{r}=-v$$

$$=-2\boldsymbol{F}. \qquad \because \quad (9.5)$$

したがって，(9.1)により

$$\boldsymbol{F}'=\boldsymbol{F}=-\frac{q\tilde{M}v}{4\pi r^3}\boldsymbol{j}. \tag{9.14}$$

つぎに，(9.3), (9.13)により

$$\boldsymbol{L}=q\boldsymbol{r}\times\boldsymbol{A}=qrA\boldsymbol{k}=\frac{q\tilde{M}}{4\pi r}\boldsymbol{k}. \tag{9.15}$$

$$\therefore \quad \frac{d\boldsymbol{L}}{dt} = -\frac{q\tilde{M}}{4\pi r^2}\dot{r}\,\boldsymbol{k} = \frac{q\tilde{M}v}{4\pi r^2}\,\boldsymbol{k}. \tag{9.16}$$

これを(9.2)に代入すれば

$$\boldsymbol{N}' = 0 \tag{9.17}$$

が得られる．すなわち，棒磁石には中心軸のまわりに回転させるような力は働かない．

（c）　**磁極対**　(7.9), (7.14)により

$$\tilde{\boldsymbol{g}} = 0, \tag{9.18}$$

$$\boldsymbol{L} = q\boldsymbol{r}\times\boldsymbol{A}. \tag{9.19}$$

すなわち，電磁運動量 $\tilde{\boldsymbol{g}}$ は円形コイルのばあいと同じで，電磁角運動量 $\boldsymbol{L}$ は棒磁石のばあいと同じである．したがって，力 $\boldsymbol{F}'$ は円形コイルのばあいと，またモーメント $\boldsymbol{N}'$ は棒磁石のばあいと一致する：

$$\boldsymbol{F}' = -\boldsymbol{F} = \frac{q\tilde{M}v}{4\pi r^3}\,\boldsymbol{j}, \tag{9.20}$$

$$\boldsymbol{N}' = 0. \tag{9.21}$$

円形コイル，棒磁石，磁極対が遠方につくる磁場がすべて同じであるにもかかわらず，それらの受ける力 $\boldsymbol{F}'$ がたがいに異なる（$\boldsymbol{N}'$ はすべて0）ことはまことに奇妙である．正にパラドックスというべきであろう．しかし，それは事実として認めなければならないのである．

霜田の議論では，(a)のばあい，$\boldsymbol{F}'$ の向きが反対になっている．それはなぜだろう？

点電荷 q は円形コイル上に‘静電誘導’により線密度 σ の電荷を誘導する(図13)．その誘導電荷は，点電荷 q の運動につれてコイル上を動く．つまり新たに電流 I' が生ずる．（これは‘電磁誘導’による電流ではない！）この電流 I' にコイルのつくる磁場 $\boldsymbol{B}$ の及ぼす Ampère 力 $\boldsymbol{f}'=I'd\boldsymbol{r}\times\boldsymbol{B}$ はいたるところ $+y$ 方向の成分をもつので，その合力 $\boldsymbol{F}_1'$ は $+y$ 方向を向いている．一方，点電荷 q の運動によってつくられる磁場がもともとコイルに流れている電流 I に及ぼす Ampère 力 $\boldsymbol{f}=Id\boldsymbol{r}\times\boldsymbol{B}'$ の合力 $\boldsymbol{F}_0'$ は $-y$ 方向を向く(図3)．$\boldsymbol{F}'=\boldsymbol{F}_0'+\boldsymbol{F}_1'$ がコイルの受ける力であって，これが $-\boldsymbol{F}$ に等しいのである．つまり，§4の議論では‘静電誘導’による電流 I' の効果が見落されていたのである．

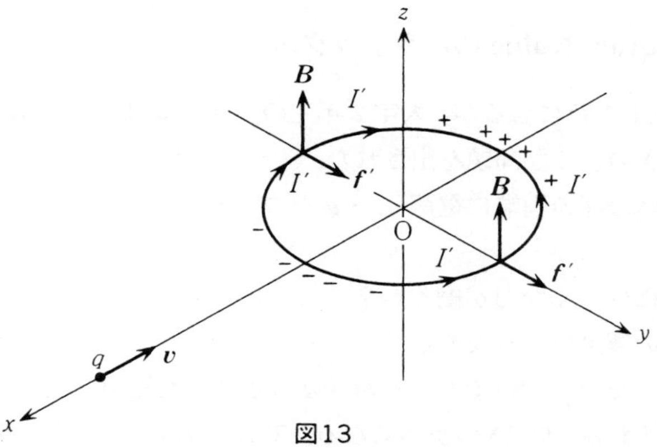

図13

これで霜田のパラドックス(2)は完全に解決された．(a)，(b)，(c)の3つのばあいを表の形で比較対照してみよう．表の中で，$\boldsymbol{F}'$ は円形コイル，棒磁石，磁極対に働く力を表わし，$\boldsymbol{F}'=F'\boldsymbol{j}$ とする．電磁運動量を考慮しない'素朴な推論'のばあいについては $\boldsymbol{F}'$ の向きだけが与えられている．また運動量保存の法則に合致するか否かを ○，× で示す．現実には存在しない磁極対のばあいを除き，素朴な推論がつねに正解とは逆方向の力 $\boldsymbol{F}'$ を与えることに特に注意してほしい．

電荷に働く力	素朴な推論		電磁運動量を考慮			
$\boldsymbol{F}=-\dfrac{q\tilde{M}v}{4\pi r^3}\boldsymbol{j}$	$\boldsymbol{F}'$の向き	保存法則	$\tilde{\boldsymbol{g}}$	$\boldsymbol{L}$	$\boldsymbol{F}'(I'=0)$	$\boldsymbol{F}'$(正解)
円形コイル	$F'<0$	×	0	$q\boldsymbol{r}\times\boldsymbol{A}$	$\boldsymbol{F}$	$-\boldsymbol{F}$
棒磁石	$F'>0$	○	$q\boldsymbol{A}$	$q\boldsymbol{r}\times\boldsymbol{A}$	$\boldsymbol{F}$	
磁極対	$F'>0$	○	0	$q\boldsymbol{r}\times\boldsymbol{A}$	$-\boldsymbol{F}$	

Q 上述のパラドックスは，電流が変化したり荷電粒子が運動するという非定常な電磁場に関係するものです．それを'静'電磁場の電磁運動量や電磁角運動量を使って議論してもよいのでしょうか？

A いわゆる'準静的'なとり扱いをしているわけです．第4章の§7のQ&Aを思い出してください．運動する電荷のつくる磁場についてのBiot-Savartの法則は非相対論的近似において成り立つのであって，まさに準静的なとり扱いによって得られたものです．

§10.　Trouton-Noble のパラドックス

もう 50 年以上の昔になるが，大学 2 年生のとき，電磁気学の試験で，清水武雄先生がつぎのような問題を出された．

問題　絶縁体の棒の両端に電荷 q, $-q$ をつける．この棒が速度 $\boldsymbol{v}$ で運動するとき

（a）　棒にはどんな力が働くか？

（b）　棒の運動はどうなるか？

問が（a）であったか，（b）であったか，はっきりした記憶はない．

問題を図示すれば，図 14 のようになる．筆者は正直に，電荷の運動によって生ずる磁場を考え，運動する電荷がその磁場から受ける力を計算した．その結果，棒は進行方向に対して垂直になろうとする回転力を受けるという結論に達した．試験の後で同級生と語り合ったところ，棒には回転力が働かないという者もあった．その理由は単純明快で，棒とともに動く座標系で考えればよいというのである．なるほど，その座標系では，棒の両端につけられた電荷の間に Coulomb 力が働くだけで，それによって棒は圧縮されるが，回転力は受けないはずである．なんらめんどうな計算を要しない点でもこの解はすぐれている．しかし，筆者の計算にも間違いはなさそうである．甲論乙駁，論争をしたが，いずれが正解であるかについて結論は出なかった．これは一種のパラドックスとして長く記憶に残っていた．

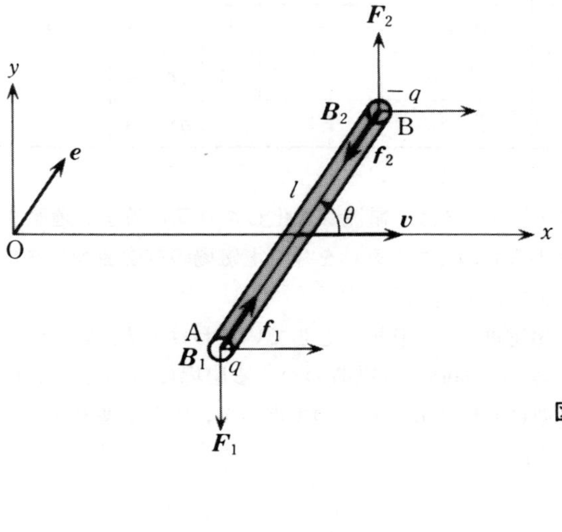

図14

この問題が Trouton-Noble の実験として相対論の歴史で有名であることは，実は数年前，はじめて江沢洋教授から教えられた．平行平板コンデンサーが斜め方向に運動するとき，コンデンサーにどのような力が働くかという問題は上述の問題と本質的に同じであって，正直に計算すれば，確かにコンデンサーには運動速度に比例する回転力が働くのである．したがって，地球上にあるコンデンサーは（太陽のまわりを回転する）地球の公転速度に比例する回転力を受けるだろう．公転速度は季節によって変化するから，コンデンサーのつりあいの姿勢も変化するだろう．Trouton と Noble［5］はこう考えて，コンデンサーのつりあいの姿勢の季節変化を測定することによって地球の公転速度を検出しようと試みた．しかし，結果は否定的であった．つまり，コンデンサーの姿勢の変化は認められなかったのである．

Trouton-Noble の実験に関連するものとして，上述の‘棒’のパラドックスを **Trouton-Noble のパラドックス** とよぶことにしよう．

まず，正直な計算をしてみる．棒の長さを l，進行速度 $\boldsymbol{v}$ に対する傾きを θ とする．棒の A 端には電荷 q，B 端には電荷 $-q$ がつけてある．電荷による Coulomb 場は

$$\boldsymbol{E}_1 = \boldsymbol{E}_2 = E\boldsymbol{e}, \quad E = \frac{q}{4\pi\varepsilon_0 l^2}. \tag{10.1}$$

ただし，添字 1，2 はそれぞれ A, B の位置を表わす．また，$\boldsymbol{e}$ は $\overrightarrow{\mathrm{AB}}$ の方向の単位ベクトルである．

電荷の運動によって生ずる磁場は，Biot-Savart の法則により

$$\boldsymbol{H}_1 = \boldsymbol{H}_2 = H\boldsymbol{k}, \quad H = \frac{qv}{4\pi l^2}\sin\theta. \tag{10.2}$$

電荷 q に働く力は，Lorentz 力の公式により，

$$\boldsymbol{F} = q\boldsymbol{v}\times\boldsymbol{B} = \mu_0 q\,\boldsymbol{v}\times\boldsymbol{H}$$

として計算される．(10.2)を代入すれば，

$$\boldsymbol{F}_1 = -\boldsymbol{F}_2 = -F\boldsymbol{j}, \quad F = \frac{\mu_0 q^2 v^2}{4\pi l^2}\sin\theta \tag{10.3}$$

が得られる．この 2 つの力のモーメントは

$$\boldsymbol{N} = N\boldsymbol{k}, \quad N = Fl\cos\theta = \frac{\mu_0 q^2 v^2}{4\pi l}\sin\theta\cos\theta \tag{10.4}$$

である．確かに，棒には棒を進行方向に対して垂直にするような回転力が働

いている！

さて，電荷 q には Coulomb 力 $\boldsymbol{f}_1 = q\boldsymbol{E}_1$ と Lorentz 力 $\boldsymbol{F}_1$ が働いている．電荷は速度 $\boldsymbol{v}$ で運動しているから，電磁場は単位時間あたり

$$\tilde{W}_1 = (\boldsymbol{f}_1 + \boldsymbol{F}_1)\cdot\boldsymbol{v} = q\boldsymbol{E}_1\cdot\boldsymbol{v} \qquad \because \quad \boldsymbol{F}_1\cdot\boldsymbol{v} = 0$$

だけ電磁エネルギーを失っている．つまり，これだけのエネルギーが棒に流入する．（電磁場が棒にする仕事である！）同様に，電荷 $-q$ のところで，単位時間あたり，$\tilde{W}_2 = -q\boldsymbol{E}_2\cdot\boldsymbol{v}$ の電磁エネルギーが失われる．(10.1)により

$$\tilde{W}_1 = -\tilde{W}_2 = \frac{q^2 v}{4\pi\varepsilon_0 l^2}\cos\theta. \tag{10.5}$$

ここまでは電磁気学としての議論である．棒の立場ではどうか？

A 端から流入したエネルギー $\tilde{W}_1$ は B 端から出てゆくのであるから，棒の内部には A から B に向うエネルギーの流れがあるはずである．さて，電磁場の理論では，エネルギーの流れ (Poynting ベクトル) $\boldsymbol{S}=\boldsymbol{E}\times\boldsymbol{H}$ に伴って必然的に運動量 $\boldsymbol{g}=\boldsymbol{D}\times\boldsymbol{B}$ が存在する．そこで，もし，電磁気を含む一般の物理現象について‘エネルギーと運動量の保存法則’を要請するならば，整合性からいって，いかなる現象についても，つぎの要請をするべきであろう．

要請　エネルギーの流れ $\boldsymbol{S}$ には運動量密度 $\boldsymbol{g}$ が付随する．ただし

$$\boldsymbol{g} = \varepsilon_0\mu_0\boldsymbol{S} = \boldsymbol{S}/c^2. \tag{10.6}$$

もし，この要請を採用すると，棒の内部には，その各断面を通って $\tilde{W}_1$ の流れがあるから，単位長さあたり $\tilde{W}_1/c^2$ の $\boldsymbol{e}$ 方向の運動量を貯えることになる．棒の全長では，運動量は

$$\boldsymbol{p} = (\tilde{W}_1 l/c^2)\boldsymbol{e} = \frac{\mu_0 q^2 v}{4\pi l}\cos\theta\,\boldsymbol{e} \tag{10.7}$$

である．空間に固定した原点 O に関するモーメントは

$$\boldsymbol{L} = \boldsymbol{r}\times\boldsymbol{p} = px\sin\theta\,\boldsymbol{k}. \tag{10.8}$$

ただし，x は棒の重心の x 座標である．“棒の姿勢が一定であっても，$\boldsymbol{L}$ は時間とともに増加する”ことに注意すべきである．

$$\frac{d\boldsymbol{L}}{dt} = p\dot{x}\sin\theta\,\boldsymbol{k} = \frac{\mu_0 q^2 v^2}{4\pi l}\sin\theta\cos\theta\,\boldsymbol{k}. \qquad \because \quad \dot{x} = v$$

これを(10.4)と比較すれば

$$\frac{d\boldsymbol{L}}{dt} = \boldsymbol{N} \tag{10.9}$$

が得られる．すなわち，“棒に加えられる回転力のモーメント $\boldsymbol{N}$ は，棒の姿勢を一定に保つために使われる”．けっきょく，（a）“棒には回転力が働く”という解と，（b）“棒は回転しない”という解は，両方とも正解であったということになる．（清水先生はどのような解を期待されたのであろうか？ 残念ながらいまは知る由もない！）

第4章の§9では，等速運動する帯電体の **自己モーメント** が必ずしも0ではないと述べたが，ここで扱った‘棒’の問題は正にその1つの例である．

Feynman や霜田のパラドックスが電磁気学の範囲で完全に解決されるのに対して，Trouton-Noble のパラドックスは，電磁気学から一歩踏み出して(10.6)の要請をおくことによってはじめて解決されるのである．

§11.　電子の剛体球モデル，Poincaré 応力

電子のモデルとしてつぎのようなものがある．半径 a の球面上に一様な面密度 σ で電荷を分布させると，全電荷は $q=4\pi a^2\sigma$ となる(図15)．この球を電子と考えるのである．これを **剛体球モデル** とよぶことにしよう．電場は電束密度：

$$\boldsymbol{D} = \frac{q}{4\pi r^2}\boldsymbol{e}_r \tag{11.1}$$

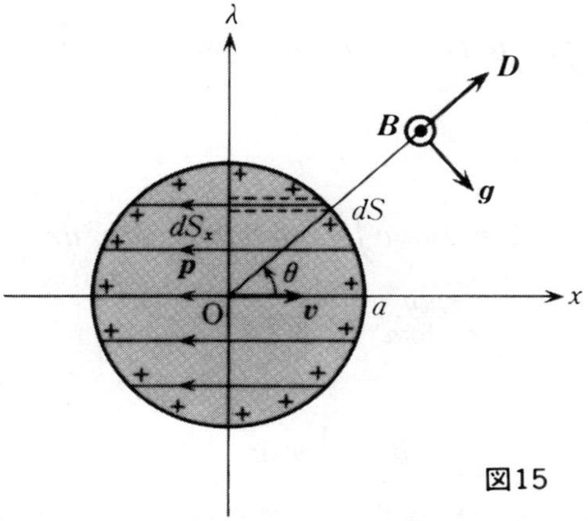

図15

で与えられる．球が静止しているとき，電磁場のエネルギーは

$$\tilde{U} = \iiint_{r>a} \frac{1}{2}\boldsymbol{E}\cdot\boldsymbol{D}\, dV = \frac{1}{2\varepsilon_0}\iiint_{r>a} D^2\, dV$$

$$= \frac{1}{2\varepsilon_0}\int_a^\infty D^2\cdot 4\pi r^2 dr = \frac{q^2}{8\pi\varepsilon_0 a} \tag{11.2}$$

である．Einstein の相対性理論によれば，このエネルギーは

$$\tilde{U} = m_0 c^2 \tag{11.3}$$

の関係式によって質量 m_0 に対応づけられる．電子のモデルとしては，$q = -e$, $2a = r_e$, $m_0 = m_e$ ととればよい．ただし，e は電気素量，r_e は電子の古典半径，m_e は電子の静止質量である．

つぎに，この球が速度 $\boldsymbol{v}$ で運動するばあいを考える．このとき，磁場が現われ，電磁力線網が形成されるだろう．したがって，球の周囲の空間は電磁運動量をもつことになる．これを求めよう．まず，帯電球の運動によって生ずる磁場 $\boldsymbol{H}$ は，(4.14.1)により，

$$\boldsymbol{H} = \boldsymbol{v}\times\boldsymbol{D} = Dv\sin\theta\, \boldsymbol{e}_\varphi \tag{11.4}$$

である．したがって，電磁運動量密度は

$$\boldsymbol{g} = \boldsymbol{D}\times\boldsymbol{B} = \mu_0\boldsymbol{D}\times\boldsymbol{H}$$

$$= -\mu_0 D^2 v\sin\theta\, \boldsymbol{e}_\theta. \tag{11.5}$$

ただし，(11.1), (11.4)を使う．

$$\boldsymbol{e}_\theta = -\sin\theta\, \boldsymbol{i} + \cos\theta\, \boldsymbol{e}_\lambda \tag{11.6}$$

に注意して，$\boldsymbol{g}$ を全空間（実は球の外部 $r>a$）にわたって積分すれば

$$\tilde{\boldsymbol{g}} = \iiint_{r>a} \boldsymbol{g}\, dV, \qquad dV = r\sin\theta\, d\varphi\cdot rd\theta\cdot dr$$

$$= \tilde{g}\boldsymbol{i} \tag{11.7}$$

が得られる．ただし

$$\tilde{g} = 2\pi\mu_0 v\int_0^\pi \sin^3\theta\, d\theta\int_a^\infty D^2 r^2 dr$$

$$= \frac{\mu_0 q^2 v}{6\pi a} = \frac{4}{3}m_0 v.$$

すなわち

$$\tilde{\boldsymbol{g}} = \frac{4}{3}m_0\boldsymbol{v} \tag{11.8}$$

である．Newton 力学では，質量 m_0 の質点が速度 $\boldsymbol{v}$ で運動するとき，その運

動量は $m_0\boldsymbol{v}$ である．(11.8)はこの事実に反するもので，一見パラドックスのような印象を与える．これに対して Poincaré [6] はつぎのような説明を与えた．電荷を球面上に保つためにはなんらかの非電磁的な力が必要である．それは球の内部に非電磁的な応力を生ずる．球の運動に際して，その応力は運動量を生み出すだろうというのである．実際 Mϕller は球を弾性体として相対性理論によるとり扱いを行ない，弾性応力が付加的な運動量を生ずることを示している（[7] の p. 193)．Poincaré の考えた非電磁的な応力は一般に **Poincaré 応力** とよばれている．

ここでは，(10.6)の要請を採用すればごく簡単に‘付加的な運動量’が求められることを示そう．球面上では Maxwell 応力 $\boldsymbol{T}_n=(1/2)(\boldsymbol{E}\cdot\boldsymbol{D})\boldsymbol{n}=(\sigma^2/2\varepsilon_0)\boldsymbol{n}$ が働いているから，球が速度 $\boldsymbol{v}$ で動くとき，球の面積要素 dS は単位時間あたり

$$(\boldsymbol{T}_n\cdot\boldsymbol{v})dS=\frac{\sigma^2}{2\varepsilon_0}v\cos\theta\,dS=\frac{\sigma^2 v}{2\varepsilon_0}dS_x \tag{11.9}$$

だけの仕事をされている．ただし，dS_x は x 軸に垂直な球の赤道面への dS の射影面積とする．(11.9)は球の前面 $(0<\theta<\pi/2)$ では正，背面 $(\pi/2<\theta<\pi)$ では負である．つまり，電磁エネルギーが球の前面では吸収され，球の背面からはわき出している．これは球の内部に前面から背面に向う単位面積あたり $\sigma^2 v/2\varepsilon_0$ の(非電磁的な)エネルギーの流れがあることを意味する．したがって，(10.6)の要請によれば，球の内部には，単位体積あたり

$$\boldsymbol{p}=-\frac{\sigma^2 v}{2\varepsilon_0 c^2}\boldsymbol{i}=-\frac{1}{2}\mu_0\sigma^2 v\,\boldsymbol{i} \tag{11.10}$$

の運動量が存在することになる．これは球全体では

$$\tilde{\boldsymbol{p}}=\frac{4\pi}{3}a^3\boldsymbol{p}=-\tilde{p}\boldsymbol{i},$$

ただし

$$\tilde{p}=\frac{2\pi}{3}\mu_0\sigma^2a^3v=\frac{\mu_0q^2v}{24\pi a}=\frac{1}{3}m_0v$$

となる．すなわち

$$\tilde{\boldsymbol{p}}=-\frac{1}{3}m_0\boldsymbol{v} \tag{11.11}$$

である．(11.8)とあわせ考えると

$$\tilde{\boldsymbol{g}} + \tilde{\boldsymbol{p}} = m_0 \boldsymbol{v} \tag{11.12}$$

が得られる．けっきょく，電磁運動量 $\tilde{\boldsymbol{g}}$ と非電磁的運動量 $\tilde{\boldsymbol{p}}$ の総和が，Newton 力学での速度と運動量の関係を満たすことになるのである．

この結果からただちに上の簡単な‘電子の剛体球モデル’が適切であると結論すべきではない．むしろ，一見パラドックスのように見える(11.8)の関係が Maxwell の電磁気理論の範囲では正しいものであって，$\boldsymbol{p} = m\boldsymbol{v}$ の関係を要求すれば電子の存在のためにはなんらかの非電磁的な力が必要であることを示唆すると解釈するべきであろう．

§12.　ま　と　め

Feynman のパラドックスと霜田のパラドックスは電磁運動量と電磁角運動量の重要性を理解する上でかっこうの題材を提供する．まず，静電磁場について電磁運動量と電磁角運動量の一般公式を導いた．これを利用するためにはベクトル・ポテンシャル $\boldsymbol{A}$ の具体的な表式が必要である．そこで，軸対称の磁場について，$\boldsymbol{A}$ の諸性質を調べた．このばあい，$\boldsymbol{A} = A_\varphi \boldsymbol{e}_\varphi$ であって，A_φ は磁力線関数 $\Phi(\mathrm{P})$ と $\Phi(\mathrm{P}) = 2\pi\lambda A_\varphi$ の関係で結ばれている．点磁荷，磁気 2 重極，円電流について $\boldsymbol{A}$ を求めた．これらの知識を用いれば，Feynman や霜田のパラドックスは明快に解決される．円電流，棒磁石，磁極対が遠方では，磁気 2 重極として，同じ磁場をつくるにもかかわらず，運動する電荷（のつくる磁場）によって受ける力はそれぞれ異なることは特に興味がある．

電磁気学の範囲では解決されないパラドックスの例として Trouton-Noble のパラドックスと電子の剛体球モデルのパラドックスを考察した．これらは Maxwell の電磁気理論の内部矛盾を示すものではなくて，むしろ非電磁的な力の存在を示唆するものとして評価すべきであろう．

参　考　文　献

[1]　Feynman, R. P., Leighton, R. B. & Sands, M. L.: The Feynman Lectures on Physics, vol. **II** (Addison-Wesley, 1965). 宮島龍興訳：ファインマン物理学，III，電磁気学（岩波書店，1969）217.

[2]　霜田光一：電磁誘導の新しいパラドックス，日本物理教育学会誌，**33** 巻 **3** 号（1985）234〜235.

［3］ 霜田光一：電磁誘導のパラドックスの解，日本物理教育学会誌，**34** 巻 **1** 号 (1986) 25.

［4］ 霜田光一：ローレンツ力の反作用，日本物理教育学会誌，**25** 巻 **4** 号 (1977) 198～201.

［5］ Trouton, F. T. & Noble, H. R.: *Phil. Trans. Roy. Soc.* (A), **202** (1904) 165.

［6］ Poincaré, H.: *Rend. Palermo,* **21** (1906) 129.

［7］ Møller, C.: The Theory of Relativity (Clarendon Press, Oxford, 1952).

参　考　書

本書を読むのに参考書は必要ではないが，執筆の際に筆者が参考したものを挙げる．

[1] de Groot, S. R.：The Maxwell Equations (North-Holland, 1969).

[2] Feynman, R. P., Leighton, R. B. & Sands, M. L.：The Feynman Lectures on Physics, vol. II (Addison-Wesley, 1965). 宮島龍興訳：電磁気学（岩波書店，1969）．戸田盛和訳：電磁波と物性（岩波書店，1971）．

[3] 平川浩正：電磁気学（培風館，1968）．

[4] 平川浩正：電気力学（培風館，1973）．

[5] 古屋照雄：電気磁気学（槇書店，1980）．

[6] 飯田修一：新電磁気学，上，下（丸善，1975）．

[7] Jackson, J. D.：Classical Electrodynamics, 2nd ed. (John Wiley, 1975).

[8] 加藤正昭：演習　電磁気学（サイエンス社，1980）．

[9] 小林稔：電気力学（岩波書店，1977）．

[10] 小出昭一郎編：電磁気学演習（裳華房，1981）．

[11] Landau, L. D. & Lifshitz, E. M.：Electrodynamics of Continuous Media (Addison-Wesley, 1960).

[12] 宮島龍興：電磁気学（みすず書房，1966）．

[13] 宮副泰：電磁気学，Ｉ，II（朝倉書店，1983）．

[14] Møller, C.：The Theory of Relativity (Clarendon Press, 1953).

[15] 長岡洋介：電磁気学，Ｉ，II（岩波書店，1982，1983）．

[16] 中山正敏：電磁気学（裳華房，1986）．

[17] 中山正敏：基礎演習シリーズ 電磁気学（裳華房，1986）．

[18] Panofsky, W. K. H. & Phillips, M.：Classical Electricity and Magnetism, 2nd ed. (Addison-Wesley, 1962).

[19] Penfield, P. & Haus, H. A.：Electrodynamics of Moving Media (M. I. T. Press, 1951).

[20] Purcell, E. M.：Electricity and Magnetism (Berkeley Physics Course, vol. 2) (McGraw-Hill, 1963). 飯田修一監訳：バークレー物理学コース **2** 電磁気学，上，下（丸善，1970，1971）．

[21] Rosensweig, R. E.：Ferrohydrodynamics (Cambr. Univ. Press, 1985).
[22] Stratton, J. A.：Electromagnetic Theory (McGraw-Hill, 1941).
[23] 霜田光一・近角聡信編：大学演習 電磁気学（裳華房，1981）.
[24] 高橋秀俊：電磁気学（裳華房，1959）.
[25] 富山小太郎：電磁気学（岩波書店，1972）.

2003年8月補足

本書初版の出版後に刊行された拙著3編を参考書として補足する.

[26] Isao Imai : On the definition of macroscopic electro magnetic quantities, *Journal of the Physical Society of Japan*, **60**, 4110～4118 (1991).
[27] 今井功：古典物理の数理（岩波書店，2003）.
[28] 今井功：新感覚物理入門――力学・電磁気学の新しい考え方（岩波書店，2003）.

[26]は本書の構想を専門家向きにまとめたもので，とくに物質中の電磁場についてミクロ（微視的）とマクロ（巨視的）の関連について詳細な叙述が含まれている.

[27]は本書の構想を数理的に展開したもの，[28]はできるだけ数学を避け物理的イメージをより詳しく述べたものである．本書を読了された後，[27]，[28]は得られた知識の整理に役立つだろう．とくに[28]は物理的イメージを主眼とするので，本書を読み進まれる途中でも随時併読されるようお奨めしたい.

あ と が き

『数理科学』誌上に 1985 年 3 月から 1989 年 8 月まで断続的に 20 回にわたって掲載した「電磁気学を考える」を整理し，補足して本書の形で出版する運びになった．永年の望みが果されてほっとしたところである．電磁気学とは専門違いの筆者がこの書物を書くにいたった背景を述べたいと思う．

学生時代に電磁気学の講義を聴いて以来，わからない点，はっきりしない点がいろいろあった．思いつくままに，大小とりまぜて雑然と並べると，つぎのようになる．

（1） 清水武雄先生の試験問題（Trouton-Noble のパラドックス）
（2） 物質中の $\boldsymbol{E}, \boldsymbol{D}$ と $\boldsymbol{H}, \boldsymbol{B}$ の定義
（3） 電気回路の起電力，回路上の電位
（4） 単極誘導
（5） 磁力線の速度
（6） Poynting ベクトルは電磁波以外にも実在するか？
（7） 磁極は磁場から力を受けるか？
（8） 物質の各部分に働く電磁力
（9） 物質中での Maxwell 応力
（10） $\boldsymbol{E}$-$\boldsymbol{H}$ 対応と $\boldsymbol{E}$-$\boldsymbol{B}$ 対応
（11） 電磁気の単位
………

このような疑問を抱きながらも，いわば局外者として，深刻に考えないままに過していたが，電磁流体力学の研究や講義をするようになって，事情が変って来た．扱っている現象をできるだけ直観的なイメージに訴えて考察するのが重要だと考えたからである．この点 Maxwell の方程式はあまりにも抽象的過ぎる．そこで，まず，これと‘数学的に同等’な積分形，すなわち Faraday の誘導法則と Ampère の回路法則を基本法則とすることを考えた．電磁場理論は，偏微分方程式の手を借りないだけ，幾分初等的になる．しかし，そのうち気づいたことは，電磁場理論では運動量とエネルギーの保存法則が成り立つことである．（もっとも，Poynting ベクトル $\boldsymbol{S}$ と運動量密度 $\boldsymbol{g}$

を，保存法則が成り立つように，定義するのであるが.） 保存法則なら直観的に理解しやすい. それなら，むしろ保存法則を基本においてMaxwellの方程式が導けないものだろうか？ これは筆者にとって正に‘Copernicusの転回’であった. この発想の転換が，第3章で述べた理論体系をつくるもとになった.

このように，力線の性質を基本法則に採用すれば，原子・分子の集合体としての物質についても，その内部の電磁場の巨視的な平均をとることは概念的に簡単である. ただ，電場や磁場のようなベクトル量 $\boldsymbol{F}$ の平均として‘意味のある’ものを考えなければならない. そのためには‘横の平均’$\langle\boldsymbol{F}\rangle_{\perp}$，‘縦の平均’$\langle\boldsymbol{F}\rangle_{/\!/}$ という2種の平均を新しく導入することにした. これが第5章の内容である.

第3章と第5章が基礎として固まると，あとはこれを組織的に理論展開するだけでよい.

以上が，連載をはじめたときの基本構想であった. 連載の1回分として6ページ程度という制約があるが，各回だけで理解できるようにしたいということで繰り返しが多く，逆に言い足りない点があるのは止むを得なかった. しかし，編集者の村松武司氏は寛容にもページ数の超過をお許し下さった. 単行書としてまとめるに当って読み直してみると，“電磁場は運動量とエネルギーの保存法則が成り立つ力学系である”という文句とともに基本法則 I，II，IIIが繰り返し出てくることに気がついた. しかし，在来の理論体系との違いを強調するために，この繰り返しはあえて削除することはしなかった.

全巻を通読してみると，冒頭の疑問点は，自分なりに，すべて解決されたと思う. ただ，本文中では $\boldsymbol{E}$-$\boldsymbol{H}$ 対応と $\boldsymbol{E}$-$\boldsymbol{B}$ 対応について直接言及しなかったが，筆者の意見は自ら明らかであろう. つまり，電場の記述には $\boldsymbol{E}$，$\boldsymbol{D}$ が，また磁場の記述には $\boldsymbol{H}$，$\boldsymbol{B}$ がともに必要であり，$\boldsymbol{E}\leftrightarrow\boldsymbol{H}$，$\boldsymbol{D}\leftrightarrow\boldsymbol{B}$ の対応関係が（それぞれ力線の力学的性質および幾何学的性質を表現するものとして）合理的であると考えられるのである. 真空中では $\boldsymbol{E}$ と $\boldsymbol{B}$ だけで電磁場が記述されるからといって，任意の物質についてもそうだとは言いきれない. たとえば米の量を表わすのに，米1升といっても，米1 kgといってもよいが，任意の物質については体積も質量も両方とも重要であることはいうまでもないだろう. なお，運動物体の電磁気学で現われるOhmの法則(9.3.3)：

$$\boldsymbol{j} = \sigma(\boldsymbol{E} + \boldsymbol{v} \times \boldsymbol{B})$$

と，電磁的に線形の物質に対する(9.4.5)と(9.4.6)の関係式：

$$\boldsymbol{D} = \varepsilon\boldsymbol{E} + (\varepsilon\mu - \varepsilon_0\mu_0)\boldsymbol{v} \times \boldsymbol{H},$$
$$\boldsymbol{B} = \mu\boldsymbol{H} - (\varepsilon\mu - \varepsilon_0\mu_0)\boldsymbol{v} \times \boldsymbol{E}$$

に注意してほしい．Ohm の法則からは，一見 $\boldsymbol{E}$ と $\boldsymbol{B}$ が基本的な物理量のように思われるかも知れないが，線形物質では $\boldsymbol{E}$, $\boldsymbol{D}$；$\boldsymbol{H}$, $\boldsymbol{B}$ がすべて同等の重要性をもつことが認められるだろう．

電磁現象はたしかに複雑多彩である．学生時代以来，筆者は，電磁気学は力学よりも一段高級な理論体系を構成するように思っていた．おそらくこれは一般の通念であろう．しかし，実は，理論体系としては——たとえば流体力学が力学の一分野であるのと同じ意味で——電磁気学は力学の一分野と位置づけられる．そして，Maxwell の方程式は Navier-Stokes の方程式に対応する！ Navier-Stokes の方程式を知らなくても流体現象が理解できるように，Maxwell の方程式を知らなくても電磁現象の本質は理解できるのである．もちろん，具体的な問題を議論する際の Maxwell の方程式の重要性を否定するつもりはない．ただ，Maxwell の方程式を電磁気学の基本法則として過大評価するべきではないと思うのである．

電磁気学をすでに学ばれた読者の方々も，多分筆者と同様，電磁気学にいろいろ腑に落ちない点があると感じられたことであろう．その疑問点が本書によって多少なりともなっとくできたとすれば，筆者にとってまことにうれしいことである．最後に，電磁気学を教えられる先生方には，Maxwell の方程式に頼らなくても電磁気の本質は理解できるということを学生達に吹きこんでいただきたいとお願いする．つまり，*Back to Faraday !* である．

索　　引

あ　行

か　行

さ　行

た　行

な　行

は　行

ま　行

や　行

ら　行

欧　字

著者略歴

今　井　　功
いま　い　　いさお

1936 年　東京大学理学部物理学科卒業
1951 年　朝日文化賞受賞
1959 年　学士院恩賜賞受賞
1979 年　文化功労者
1988 年　文化勲章受章
　　　　　東京大学名誉教授 工学院大学名誉教授
　　　　　日本学士院会員 理学博士
2004 年　逝去

主要著書
「流体力学」（岩波書店，1970）
「流体力学（前編）」（裳華房，1973）
「等角写像とその応用」（岩波書店，1979）
「応用超関数論 I, II」（サイエンス社，1981）
「複素解析と流体力学」（日本評論社，1989）
「古典物理の数理」（岩波書店，2003）
「新感覚物理入門――力学・電磁気学の新しい考え方」
（岩波書店，2003）
「演習力学［新訂版］」（共著，サイエンス社，2006）

新装版 電磁気学を考える

1990 年 2 月 25 日 ©　初 版 発 行
2003 年 10 月 10 日　初版第 7 刷発行
2025 年 2 月 25 日 ©　新 装 版 発 行
2025 年 3 月 10 日　新装第2刷発行

著　者　今 井　功　　発行者　森 平 敏 孝
　　　　　　　　　　　印刷者　山 岡 影 光
　　　　　　　　　　　製本者　小 西 惠 介

発行所　**株式会社　サ イ エ ン ス 社**

〒151–0051 東京都渋谷区千駄ヶ谷 1 丁目 3 番 25 号
営業　☎ (03) 5474–8500 (代)　振替 00170–7–2387
編集　☎ (03) 5474–8600 (代)
FAX　☎ (03) 5474–8900

印刷　三美印刷(株)　　製本　(株)ブックアート

《検印省略》

ISBN978-4-7819-1628-6

PRINTED IN JAPAN

サイエンス社のホームページのご案内
https://www.saiensu.co.jp
ご意見・ご要望は
rikei@saiensu.co.jp　まで．